電腦網際網路(第七版)(國際版)
(附部分內容光碟)

Computer Networking
A Top-Down Approach, Global Edition, 7/E

James F. Kurose, Keith W. Ross 原著

全華翻譯小組　編譯

 全華圖書股份有限公司　印行

Ｐ Pearson

關於作者

Jim Kurose

Jim Kurose 是麻州大學安默斯特分校計算機科學系的傑出教授。他目前從麻州大學休假，擔任美國國家科學基金會助理主任，帶領計算機與資訊科學暨工程理事會。

Kurose 博士曾在教學上榮獲多次表揚，其中包括國家科技大學（八次）、麻州大學，以及東北研究所協會所頒發的傑出教師獎。他曾獲頒 IEEE Taylor Booth 教育勳章，以表揚他在麻州全民資訊技術推行團體中的領導者角色。他曾多次獲得研討會最佳論文獎，並獲得 IEEE Infocom 成就獎及 ACM Sigcomm 時間考驗論文獎。

Kurose 博士曾經擔任 IEEE 通訊期刊以及 IEEE/ACM 網路期刊的主編。多年來他一直活躍於 IEEE Infocom、ACM SIGCOMM、ACM Internet Measurement Conference 以及 ACM SIGMETRICS 等會議的議程委員會，也曾經擔任這些會議的技術議程共同主席。他是 IEEE 與 ACM 的榮譽會員。他的研究興趣包括網路協定與架構、網路量測、多媒體通訊、模型建構以及效能評估。他在哥倫比亞大學取得計算機科學博士學位。

Keith Ross

Keith Ross 是上海紐約大學工程與計算機科學院長，以及紐約大學計算機科學與工程系 Leonard J. Shustek 講座教授。之前，他曾是 University of Pennsylvania 的教授（13 年）、Eurecom Institute 的教授（5 年），以及 Polytechnic University 的教授（10 年）。他從 Tufts University 獲得 B.S.E.E 學位，從 Columbia University 獲得 M.S.E.E. 學位，並從 The University of Michigan 獲得計算機和控制工程的 Ph.D. 學位。Keith Ross 也是 Wimba 的創始人和首任 CEO，Wimba 公司開發了數位學習的線上多媒體應用程式，在 2010 年由 Blackboard 所併購。

Ross 教授的研究興趣包括網路隱私、社交網路、點對點網路、網際網路量測、內容播送網路和隨機模型。他是 ACM 會員、IEEE 的榮譽會員，曾獲頒 Infocom 2009 的最佳論文獎，和 Multimedia Communications 在 2011 和 2008 年的最佳論文獎（由 IEEE 通訊協會所頒贈）。他曾經擔任過許多期刊的編輯群和許多會議的主任委員，包括 IEEE/ACM Transactions on Networking、ACM SIGCOMM、ACM CoNext，以及 ACM Internet Measurement Conference。他也曾擔任聯邦交易委員會關於 P2P 檔案分享的顧問。

序言

歡迎閱讀《電腦網際網路：由上而下的教學方式》第七版。自從十六年前第一版出版以來，本書已被數百家大專院校所採用，翻譯成超過十四種語言，被全世界超過十萬名學生與從業人員所使用。本書已經獲得讀者廣大的迴響，並且佳評如潮。

第七版有哪些新內容？

我們認為本書會成功的其中一個重要原因，是因為我們持續地提供最新與最即時的計算機網路教學方法。雖然我們在第七版中有做修改，但是未曾更動我們認為（曾經使用過本書的教師與學生也一致肯定的）本書最重要的層面：一種由上而下的教學方式，我們著重於網際網路與計算機網路的當代議題、原理與實務並重，以及在學習計算機網路上淺顯易懂的教學方式。雖然如此，第七版也做了大量的修改和更新。

　　本書的長期讀者會注意到，自本書出版以來，我們第一次改變了各章的組織架構。以前在同一章中介紹的網路層，現在分為第四章（主要關注網路層中所謂的「資料層」元件）和第五章（主要關注網路層中的「控制層」）。擴充的網路層涵蓋範圍反映了軟體定義網路（SDN）重要性的迅速提升，可說是數十年來網路中最重要且最令人興奮的進步。雖然 SDN 是一項相對較新的創新，但在實務中已經被迅速採用——因此，很難想像介紹現代計算機網路時不介紹 SDN。以前在第九章討論的網路管理，現在納入新的第五章。與往常一樣，我們更新了書中許多部分，以反映自第六版以來網路動態領域的最新變化。與往常一樣，紙本書中拿掉的資料可以在本書英文版的專屬網站上找到。本書最重要的更新如下：

- 更新第一章，以反映網際網路不斷擴大的範圍和使用。
- 第二章（涵蓋應用層）有重大更新。我們刪除了 FTP 協定和分散式雜湊表上的資料，以納入應用層視訊串流和內容傳遞網路的新小節，以及 Netflix 和 YouTube 的案例研究。Socket 程式設計的小節已從 Python 2 升級至 Python 3。
- 涵蓋傳輸層的第三章已經適度更新。非同步傳輸模式（ATM）網路的資料已替換成較為現代的網際網路顯式壅塞通知（ECN），也指導了相同的原理。
- 第四章介紹網路層的「資料層」元件——個別路由器的轉送功能，用於判斷到達路由器輸入連結之一的封包如何轉送到該路由器的輸出連結之一。我們更新了本書前版中所有傳統的網際網路轉送的內容，並增加了有關封包排程的資料。我們在 SDN 中加了一個關於廣義轉送的新小節。貫穿本章還有許多更新，我們刪除了多播和廣播通訊來放新的內容。
- 第五章，我們將介紹網路層的控制層功能——全網路邏輯，用於控制資料報如何沿著從來

源端主機到目標端主機的端點到端點的路由器路徑進行路由。跟本書前版一樣，我們介紹了繞送演算法以及今日網際網路中使用的繞送協定（使用 BGP 的更新處理）。我們在 SDN 控制層加了一個重要的新小節，介紹在所謂的 SDN 控制器中實作的繞送和其他功能。

- 第六章（現在涵蓋連結層的內容）更新了乙太網和資料中心網路的內容。

- 第七章涵蓋無線網路和行動網路，包含有關 802.11 網路（所謂的「WiFi」）和行動網路（包括 4G 和 LTE）的更新。

- 第八章涵蓋了網路安全性，在本書第六版已有大量更新，在第七版中只有適度的更新。

- 第九章，關於多媒體網路的內容，現在比第六版中的分量略少，因爲視訊串流和內容傳遞網路的部分已經挪到第二章，而封包排程的部分則已納入第四章。

- 每章章末的習題也增加了新的材料。如同我們對先前每一版本的處理方式一般，我們將一些作業習題做了修改、新增、和刪除。

　　與往常一樣，我們出版本書新版本的目的是要繼續爲計算機網路提供一個專注和符合現代的處理，強調原理和實務並重。

讀者

這本書是提供給計算機網路的入門課程使用。它可以供計算機科學系或電機工程系使用。就程式語言上的設定來說，本書只假設同學們有撰寫過 C、C++、Java 或 Python 的經驗（即使如此，我們也只在少數幾個地方有做如此的假設）。雖然本書比其他許多計算機網路的基礎教科書更爲嚴謹也更具分析性，但是我們幾乎沒有使用任何高中未曾教過的數學概念。

　　我們特意地避免使用任何進階的微積分、機率、或隨機程序的概念（雖然我們有爲具有這些進階背景的同學們提供了一些作業習題）。因此，這本書很適宜於大學部的課程或是研究所第一年的課程。本書對於電信業界的從業人員，應當也有所幫助。

本書與眾不同之處為何？

計算機網路的課題極端複雜，牽涉到許多彼此交纏難解的概念、協定和技術。爲了應付這種廣大的範疇與複雜度，通常許多計算機網路教科書會以網路架構的「層級」做爲其編排依據。透過分層式的編排，同學們便能夠釐清計算機網路的複雜課題——他們能夠瞭解架構中一部份的概念與協定，同時也能掌握各部分要如何結合的大方向。從教學的觀點來說，我們的個人經驗告訴我們，這種分層式的教學方式確實成效良好。然而，我們發現傳統的教學方式——由下而上，也就是說，從實體層到應用層——並不是現代計算機網路課程最佳的教學方式。

由上而下的教學方式

本書在 16 年前開疆拓土，以由上而下的方式來介紹網路——也就是說，我們從應用層開始，然後一路往下介紹到實體層。我們從教師與同學等處得到的迴響，證實了這種由上而下的教學方式有許多優點，在教學上也確實成效良好。首先，它把重點放在應用層上（這是網路中「高度發展的領域」）。確實，近來許多的計算機網路革新——包括資訊網、點對點檔案分享、媒體串流——都是發生在應用層上。與其他大多數教科書所採用方式的不同處在於我們較早著眼於應用層議題；而其他的教科書只會有少量與網路應用、網路應用需求、應用層設計模型（例如：用戶端－伺服端、點對點），以及應用程式設計介面相關的內容。其次，我們身為教師的經驗（以及許多曾使用過本書的教師的經驗）告訴我們，在課程一開始就教授網路應用，會是引發學生學習興趣的強力手段。學生們會興奮地想要瞭解網路應用的運作方式——諸如電子郵件或資訊網之類，這些多數同學日常會使用的應用程式。一旦同學們瞭解了應用程式，接著便能夠瞭解支援這些應用程式所需的網路服務。再接著，同學便能夠檢視各種較低層級有可能提供並實作這些服務的方式。因此在一開始便討論應用程式，能夠提供本書其他部分的學習動機。

其三，由上而下的教學，讓教師在一開始便能夠介紹網路應用的開發。同學們不只會瞭解到常用的應用程式與協定的運作方式，也會瞭解到要建立自己的網路應用程式與應用層協定有多麼的容易。透過由上而下的教學，同學們可以及早接觸 socket 程式設計、服務模型、以及協定的概念——這些是在所有後續的層級中都會一再出現的重要概念。透過以 Java 所撰寫的 socket 程式設計範例，我們強調了核心的概念，卻不會因複雜的程式碼而使同學感到困惑。電機工程與計算機科學系的大學部同學應該不致對於理解這些 Java 程式碼感到困難。

聚焦於網際網路

雖然我們從第四版開始，就已經把「Featuring the Internet（聚焦於網際網路）」這句話從本書的標題中拿掉了，但是這並不意味著我們的焦點不再聚焦於網際網路上！事實上，事情絕非如此！反之，由於網際網路已然如此普及，我們認為任何網路教科書都必然會有大量的篇幅聚焦在網際網路上，因此這句副標便顯得有些多餘。我們持續使用網際網路的架構與協定，做為我們學習計算機網路基礎概念的主要手段。當然，我們也有涉及其他網路架構的概念與協定。但是我們的焦點顯然還是放在網際網路上，這項事實從我們用網際網路的五層架構為骨幹來編排本書，便可見一斑：應用、傳輸、網路、連結與實體層。

　　將焦點放在網際網路上的另一項好處在於，大多數計算機科學與電機工程學生都很急切地想要瞭解網際網路與其協定。他們知道網際網路是一種劃時代的革命性技術，他們看到它正在徹頭徹尾地改變著我們的世界。鑑於與網際網路的諸多牽連，同學們自然會很好奇「蓋子底下到底是什麼」。因此，當教師使用網際網路做為教學重點時，很容易讓學生對於基礎的原理感到興味盎然。

教授網路運作的原理

本書兩項獨一無二的特性——由上而下的教學以及聚焦於網際網路——都曾經出現在本書的標題之上。如果我們還能夠在副標中擠入第三句話的話，它將會包含「原理」二字。如今的網路領域已然足夠成熟，讓我們可以指出一些重要的基礎議題。比方說，在傳輸層中，基礎的議題包括：透過不可靠的網路層進行可靠的通訊、連線建立 / 關閉與握手、壅塞與流量控制、多工處理等等。網路層的三項重要基礎議題為判斷兩台路由器之間的「良好」路徑，以及連接大量不同類網路的「良好」路徑，以及管理現代網路的複雜性。在資料連結層，基礎的問題在於共用多重存取的通道。在網路安全中，提供機密性、認證以及訊息完整性的技術，都建立在密碼學的基礎上。這本書會指出基礎的網路議題，並且會學習如何處理這些議題的方法。學習這些原理的同學，將會獲得擁有長久「保存期限」的知識——在今日的網路標準與協定被淘汰許久之後，它們所依憑的原理仍然會長保其重要性與意義。我們相信使用網際網路將同學帶領進門，然後再強調基礎議題與解決方案，這兩者的結合能夠讓同學們快速的瞭解任何網路技術。

網站

購買本書英文版的讀者，都會享有本書英文版專屬網站開通後 12 個月的使用權限，網址為 http://www.pearsonglobaleditions.com/kurose，網站包含了：

- 互動式學習教材。網站包含 VideoNotes ——由作者提供的本書中重要主題的視訊示範，以及與章末習題類似的問題解決方案之演練。我們已經在該網站放了 VideoNotes 以及第一章到第五章的線上習題，並且會一直持續主動地更新內容。如同先前的版本一般，該網站包含有互動式的 Java applets，它們會以動態的方式呈現出許多關鍵的網路概念。網站上也提供了互動式的小測驗，讓同學們能夠檢定自己對於這些主題的基本理解。授課的教師們可以將這些互動性功能加入到其講義之中，或是用之來做簡單的小實驗。

- 額外的技術性教材。由於我們在本書的每個版本之中都加入了新的素材，我們必須抽去一些現有的主題，以保持本書的長度不致失控。比方說，爲了騰出空間以容納本版的新素材，我們抽去了關於 FTP、分散式雜湊表和多播的題材。我們仍然關注於出現在本書前幾版中的題材，它們都可以在本書英文版的網站上找到。

- 程式設計作業。本書英文版專屬網站也提供了一些詳盡的程式設計作業，其中包括建立多緒執行的網頁伺服器、建立擁有 GUI 介面的電子郵件用戶端、設計可靠資料傳輸協定的傳送端與接收端、設計分散式繞送演算法等等。

- Wireshark 實驗。我們可以藉由觀察網路協定的運作，來大幅加深對於這些協定的理解。本書英文版專屬網站上提供了許多 Wireshark 作業，讓同學們能夠實際觀察兩個協定實體之間所交換的訊息串列。網站上包含了個別的 Wireshark 實驗，針對 HTTP、DNS、TCP、UDP、IP、ICMP、乙太網路、ARP、WiFi、SSL，以及追蹤在滿足抓取網頁的請求時會牽涉到的所有協定。我們也會繼續不時地加入新的實驗。

除了本書英文版的專屬網站以外，作者另外有一個公開的網站 http://gaia.cs.umass.edu/kurose_ross/interactive，包含互動式習題，可以建立類似於特定章末習題的問題（並提供解決方案）。由於學生可以產生出某習題之無窮多個類似範例（並查看解決方案），因此，他們可以一直練習，直到對該教材眞正精通爲止。

教學特色

我們兩人教授計算機網路的歷史都超過 30 年。加起來，我們總共有超過 60 年針對此一課題的教學經驗，在這些年中，我們教導過成千上萬的學生。在這段期間，我們也是計算機網路領域中活躍的研究者（事實上，Jim 與 Keith 第一次見面，是在 1979 年的哥倫比亞大學，兩人身爲碩士班學生時，Mischa Schwartz 所教授的計算機網路課程上）。我們認爲這些經驗使我們對於網路發展曾經走過的道路及其未來可能的方向，擁有良好的認知與洞察力。然而，我們拒絕了將本書題材偏向我們自己所鍾愛的研究課題的誘惑。我們認爲，如果你對我們的研究有興趣，你可以造訪我們的個人網站。因此，本書的主題是關於現代的計算機網路──關於今日的協定與技術，以及這些協定與技術背後的底層原理。我們也相信學習（與教學！）網路可以是一件快樂的事情。書裡的一點幽默感或比喻的使用，以及眞實世界的案例，都希望能讓這些題材變得更爲有趣。

教師的補充教材

針對教這門課程的教師，我們提供了一份完整的補充資料來幫助他們的教學。

- PowerPoint® 投影片。我們提供了所有章節的 PowerPoint 投影片。這些投影片在第七版中有完整的更新。這些投影片包含了所有章節的詳細內容。它們使用圖形與動畫（不只是倚賴單調的文字條列）以便讓投影片看來更有趣也更吸引人。我們提供了原始的 PowerPoint 投影片，以便讓教師能夠自行修改它們來符合自己的教學需求。這些投影片之中，有一些是其他曾經使用本書進行教學的教師所提供的。
- 作業解答。我們提供了書中作業習題的解答手冊。如前面所言，我們在本書的前六章中，加入了許多新的作業習題。

章節之間的關連

本書的第一章呈現了一份集大成的計算機網路綜觀。該章介紹了許多關鍵性的概念與術語，為本書其餘的部分奠定了學習的舞台。其他所有的章節都直接關連於第一章。我們建議，在教完第一章之後，教師應該要依循我們的由上而下哲學，依序教授第二到第六章。在這五章中，每一章都會利用到前一章的題材。在完成前六章之後，教師就可以有一些彈性。最後三章之間並沒有關連性，所以可用任何順序來教授它們。然而，最後三章都與前六章的題材有所關連。許多教師會教授前六章，然後選擇最後三章的其中一章做為「飯後甜點」。

最後一項提醒：我們樂於聆聽你的意見

我們鼓勵同學與教師寄電子郵件給我們，告訴我們任何可能跟本書有關的意見。聽到全世界有這麼多的教師與同學給予我們關於前六版的意見，對我們來說一向是一件美好的事情。我們在本書後續的版本中，納入了許多這些建議。我們也鼓勵教師提供能夠補充現有作業習題的新作業習題（以及解答）給我們。我們會將這些習題張貼在本書網站僅供教師進入的區域中。我們也鼓勵教師與同學建立新的 Java applet，來描繪本書中的概念與協定。如果你設計過你認為適合本書的 applet，請將它寄送給我們。如果你的 applet（包括概念與術語）適合本書，我們會很樂於將它放在本書英文版的專屬網站上，並會附上有關於該 applet 作者之適當參考資訊。

所以，正如諺語所言，「要讓批評與指教持續不斷！」，誠摯地期盼讀者們持續地寄給我們有趣的 URLs、指出我們的錯誤處、反駁我們的說法、告知我們哪些可行和哪些不可行。

告訴我們你認為應該出現在下一個版本和不應該出現在下一個版本中的內容。我們的電子信箱分別為 kurose@cs.umass.edu 和 keithwross@nyu.edu。

感謝

自從 1996 年我們開始撰寫這本書以來,有許多人曾經給予過我們無價的幫助,並影響著我們要如何以最好的方式來編排與教授網路課程的想法。我們想要說聲「大感謝」給所有從本書的第一份草稿到現在的第七版中,曾經給予過我們幫助的人。我們也非常感謝來自全世界數百位曾經針對本書先前的版本提供過想法與評論,以及為本書未來的版本提出建議的讀者——同學、教師、與從業人員。我們要特別感謝:

- Al Aho(哥倫比亞大學)
- Hisham Al-Mubaid(休士頓大學明湖分校)
- Pratima Akkunoor(亞利桑納州立大學)
- Paul Amer(德拉威大學)
- Shamiul Azom(亞利桑納州立大學)
- Lichun Bao(加州大學爾灣分校)
- Paul Barford(威斯康辛大學)
- Bobby Bhattacharjee(馬里蘭大學)
- Steven Bellovin(哥倫比亞大學)
- Pravin Bhagwat (Wibhu)
- Supratik Bhattacharyya(之前在 Sprint)
- Ernst Biersack(Eurécom 學院)
- Shahid Bokhari(工程與科技大學,拉合爾)
- Jean Bolot (Technicolor Research)
- Daniel Brushteyn(之前是賓州大學的學生)
- Ken Calvert(肯塔基大學)
- Evandro Cantu(聖塔卡特琳娜聯邦大學)
- Jeff Case(SNMP Research International)
- Jeff Chaltas(Sprint)
- Vinton Cerf(Google)

- Byung Kyu Choi（密西根科技大學）
- Bram Cohen（BitTorrent, Inc.）
- Constantine Coutras（佩斯大學）
- John Daigle（密西西比大學）
- Edmundo A. de Souza e Silva（里約熱內盧聯邦大學）
- Philippe Decuetos（Eurécom 學院）
- Christophe Diot（Thomson Research）
- Prithula Dhunghel (Akamai）
- Deborah Estrin（加州大學洛杉磯分校）
- Michalis Faloutsos（加州大學河濱分校）
- Wu-chi Feng（奧勒岡研究所）
- Sally Floyd（ICIR，加州大學柏克萊分校）
- Paul Francis（馬克斯普朗克學院）
- David Fullager（Netflix）
- Lixin Gao（麻州大學）
- JJ Garcia-Luna-Aceves（加州大學聖塔克魯茲分校）
- Mario Gerla（加州大學洛杉磯分校）
- David Goodman（NYU-Poly）
- Yang Guo（Alcatel/Lucent 貝爾實驗室）
- Tim Griffin（劍橋大學）
- Max Hailperin（Gustavus Adolphus 學院）
- Bruce Harvey（佛羅里達 A&M 大學，佛羅里達州立大學）
- Carl Hauser（華盛頓州立大學）
- Rachelle Heller（喬治華盛頓大學）
- Phillipp Hoschka（INRIA/W3C）
- Wen Hsin（派克大學）
- Albert Huang（之前是賓州大學的學生）
- Cheng Huang（微軟研究中心）
- Esther A. Hughes（維吉尼亞州立邦聯大學）

- Van Jacobson（全錄 PARC）
- Pinak Jain（之前是 NYU-Poly 的學生）
- Jobin James（加州大學河濱分校）
- Sugih Jamin（密西根大學）
- Shivkumar Kalyanaraman（IBM 研究中心，印度）
- Jussi Kangasharju（達姆斯塔特大學）
- Sneha Kasera（猶他大學）
- Parviz Kermani（IBM 研究中心前身）
- Hyojin Kim（之前是賓州大學的學生）
- Leonard Kleinrock（加州大學洛杉磯分校）
- David Kotz（達特茅斯學院）
- Beshan Kulapala（亞利桑納州立大學）
- Rakesh Kumar（彭博社）
- Miguel A. Labrador（南佛羅里達大學）
- Simon Lam（德州大學）
- Steve Lai（俄亥俄州立大學）
- Tom LaPorta（賓州大學）
- Tim-Berners Lee（全球資訊網組織）
- Arnaud Legout（INRIA）
- Lee Leitner（卓克索大學）
- Brian Levine（麻州大學）
- Chunchun Li（之前是 NYU-Poly 的學生）
- Yong Liu（NYU-Poly）
- William Liang（之前是賓州大學的學生）
- Willis Marti（德州 A&M 大學）
- Nick McKeown（史丹福大學）
- Josh McKinzie（派克大學）
- Deep Medhi（密蘇里大學，堪薩斯城分校）
- Bob Metcalfe（International Data Group）

- Sue Moon（KAIST）
- Jenni Moyer（Comcast）
- Erich Nahum（IBM 研究中心）
- Christos Papadopoulos（科羅拉多州立大學）
- Craig Partridge（BBN Technologies）
- Radia Perlman（Intel）
- Jitendra Padhye（微軟研究中心）
- Vern Paxson（加州大學柏克萊分校）
- Kevin Phillips（Sprint）
- George Polyzos（雅典經濟與商學大學）
- Sriram Rajagopalan（亞利桑納州立大學）
- Ramachandran Ramjee（微軟研究中心）
- Ken Reek（羅徹斯特科技學院）
- Martin Reisslein（亞利桑納州立大學）
- Jennifer Rexford（普林斯頓大學）
- Leon Reznik（羅徹斯特科技學院）
- Pablo Rodrigez（Telefonica）
- Sumit Roy（華盛頓大學）
- Dan Rubenstein（哥倫比亞大學）
- Avi Rubin（約翰霍普金斯大學）
- Douglas Salane（約翰傑伊學院）
- Despina Saparilla（思科系統）
- John Schanz（Comcast）
- Henning Schulzrinne（哥倫比亞大學）
- Mischa Schwartz（哥倫比亞大學）
- Ardash Sethi（德拉威大學）
- Harish Sethu（卓克索大學）
- K. Sam Shanmugan（堪薩斯大學）
- Prashant Shenoy（麻州大學）

- Clay Shields (喬治城大學)
- Subin Shrestra (賓州大學)
- Bojie Shu (之前是 NYU-Poly 的學生)
- Mihail L. Sichitiu (北卡州立大學)
- Peter Steenkiste (卡內基美隆大學)
- Tatsuya Suda (加州大學爾灣分校)
- Kin Sun Tam (紐約州立大學奧本尼分校)
- Don Towsley (麻州大學)
- David Turner (加州州立大學，聖伯納迪諾分校)
- Nitin Vaidya (伊利諾大學)
- Michele Weigle (克蘭姆森大學)
- David Wetherall (華盛頓大學)
- Ira Winston (賓州大學)
- Di Wu (中山大學)
- Shirley Wynn (NYU-Poly)
- Raj Yavatkar (Intel)
- Yechiam Yemini (哥倫比亞大學)
- Dian Yu (紐約大學，上海)
- Ming Yu (紐約州立大學賓漢頓分校)
- Ellen Zegura (喬治亞理工學院)
- Honggang Zhang (沙福克大學)
- Hui Zhang (卡內基美隆大學)
- Lixia Zhang (加州大學洛杉磯分校)
- Meng Zhang (之前是 NYU-Poly 的學生)
- Shuchun Zhang (之前是賓州大學的學生)
- Xiaodong Zhang (俄亥俄州立大學)
- ZhiLi Zhang (明尼蘇達大學)
- Phil Zimmermann (獨立顧問)
- Mike Zink (麻州大學)
- Cliff C. Zou (中佛羅里達大學)

　　我們也想要感謝整個 Pearson 團隊——特別是 Matt Goldstein 和 Joanne Manning ——他們在第七版完成了極爲傑出的工作（同時，也容忍兩位非常吹毛求疵的作者，這兩個傢伙似乎死性難改地永遠趕不上截稿期限！）。也要感謝我們的插畫家，JanetTheurer 與 Patrice Rossi Calkin，感謝他們爲這本書先前的版本帶來美麗的插圖，還有 Katie Ostler 和她在 Cenvo 的團隊，感謝他們在製作這版書籍上美好的成果。最後，我們最特別感謝的是兩位 Addison-Wesley 的前任編輯 Michael Hirsch 以及 Susan Hartman。本書如果沒有他們的妥善掌控、持續的鼓舞、近乎無窮無盡的耐心、良好的幽默感以及堅持不懈，將不會是今日你所看到的模樣（甚至可能根本不會出現在這世界上！）。

感謝（國際版）

Pearson 要感謝以下這幾位在本書國際版（英文版）內容審稿方面所做的付出與貢獻：

合作者

Mario De Francesco（Aalto University）

審閱者

Arif Ahmed（National Institute of Technology Silchar）

Kaushik Goswami（加爾各答聖澤維爾學院）

Moumita Mitra Manna（Bangabasi 學院）

目錄

目錄

第 3 章　傳輸層

第 4 章　網路層：資料層

目錄

第 5 章　網路層：控制層

第 6 章　連結層與區域網路

目錄

目錄

參考資料（註：本單元置於隨書光碟中）

本書第 8 章、第 9 章、參考資料之內容，均收錄於隨書光碟中

Chapter 1

計算機網路和網際網路

今日的網際網路或許可說是人類有史以來建立過最大型的工程系統，擁有數以億計相連在一起的電腦、通訊連結以及交換器；數十億使用者透過膝上型電腦、平板電腦、智慧型手機互相連接；還有許多以網際網路互相連接的「東西」，包括遊戲機、監控系統、手錶、眼鏡、溫控器、體重計、汽車等等。既然網際網路如此龐大，又擁有這麼多不同的元件與用途，我們是否想要了解網際網路（以及更廣泛的計算機網路）是如何運作的嗎？有任何基本守則或架構能提供我們基礎，以了解這個驚人龐雜的系統嗎？就算有，學習計算機網路有可能是件既有趣又歡樂的事情嗎？幸運的是，這些問題的答案都是擲地有聲的「有」！事實上，我們在本書的目標，就是提供你對於蓬勃發展的計算機網路領域一份最新的指引，以及你所需的基本守則與實用觀點，讓你不只能了解今日的網路，也能夠了解未來的網路。

本書的第一章呈現了關於計算機網路及網際網路的概觀。本章的目標是描繪大方向，以奠定本書其他部分的脈絡，從而透過各棵大樹，看見整座森林。在此介紹性的章節中，我們會涵蓋許多基礎性知識，並討論大量計算機網路的內容，但卻不會讓大家失去大方向。

在本章中，我們的計算機網路綜觀架構如下：在說明一些基本術語及觀念以後，我們會先檢視組成網路的基本軟硬體。接著我們會從網路的邊際開始，觀察在網路中運作的終端系統與網路應用程式。接著我們會探索計算機網路的核心，檢視負責傳輸資料的連結與交換器，以及負責將終端系統連接至網路核心的連線網路與實體媒介。我們會了解到，網際網路是一個由網路所組成的網路，也會了解到這些網路如何彼此相連。

在講述完關於計算機網路邊際及核心的綜括概念之後，在本章後半部我們會探取更廣泛抽象的觀點。我們會檢驗計算機網路中的延遲、遺失以及產出率，並針對端點到端點產出率與延遲提供簡單的量化模型：這些模型會考量進傳輸延遲、傳播

延遲以及佇列延遲。然後，我們會介紹計算機網路一些關鍵的架構性原則，也就是所謂的協定分層和服務模型。我們也會學到計算機網路很容易受各種不同的攻擊所侵擾；我們會審視其中一些攻擊，並考量要如何將計算機網路建造得更安全些。最後，我們會以一份計算機網路的簡史，為本章做結。

1.1　什麼是網際網路？

在本書中，我們會使用公眾網際網路，一種特定的計算機網路，作為我們討論計算機網路及其協定的主要工具。然而什麼是網際網路？有兩種回答這個問題的方式。首先，我們可以描繪網際網路的基本元素，亦即組成網際網路的軟硬體基本元件。或者，我們可以將網際網路描繪為：提供服務給分散式應用程式的基礎網絡設施。讓我們先從基本元素的勾勒開始，利用圖 1.1 來說明我們的討論。

1.1.1　關於基本元素的描述

網際網路是一種計算機網路，它連接了全世界數十億計的計算裝置。不久前，這些計算裝置主要還是傳統的桌上型 PC、Linux 工作站，還有負責儲存傳送如網頁、電子郵件訊息等資訊的所謂的伺服器。然而，越來越多非傳統形式的網際網路「物品」被連接到網路上，例如可攜式電腦、智慧型手機、平板電腦、電視、遊戲機、溫控器、家用電子保全系統、家用電器、手錶、眼鏡、汽車、交通控制系統等等。的確，計算機網路已經開始聽起來有些過時，因為有許多非傳統的裝置都連上了網際網路。在網際網路的行話中，這些裝置都稱作**主機**（**host**）或**終端系統**（**end system**）。根據估計，2015 年時，有將近 50 億台裝置連接至網際網路，2020 年時這個數字會達到 250 億 [Gartner 2014]。2015 年的估計，全球有超過 32 億名網際網路的使用者，大約占全世界人口的 40% [ITU 2015]。

　　終端系統是藉由**通訊連結**（**communication links**）與**封包交換器**（**packet switches**）所構成的網路相連在一起。我們將在 1.2 節看到，通訊連結有多種型態，由不同類型的實體媒介所構成，包括同軸電纜、銅線、光纖以及無線電頻譜等等。不同的連結能夠以不同的速率傳送訊息，其中連結的**資料傳輸率**（**transmission rate**）是以每秒位元數為計量單位。當某個終端系統有資料要傳遞給另一個終端系統時，傳送端系統會將資料切分為區段，並且在每個區段前加上標頭位元組。如此所得到的資訊包裹，在計算機網路的行話中稱為**封包**（**packets**），這些封包接著會透過網路被傳送給目的端系統，然後它們會被重組為原始資料。

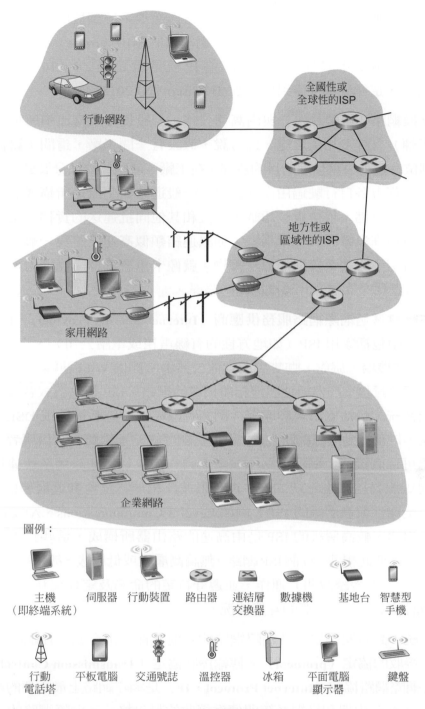

圖例：

主機　　伺服器　行動裝置　路由器　連結層　數據機　　基地台　智慧型
（即終端系統）　　　　　　　　　　交換器　　　　　　　　　　手機

行動　　平板電腦　交通號誌　溫控器　　冰箱　　平面電腦　　鍵盤
電話塔　　　　　　　　　　　　　　　　　　顯示器

圖 1.1　構成網際網路的元素

　　封包交換器會從其中一個向內通訊連結取得抵達的封包，然後將該封包從其中一個向外通訊連結轉送出去。封包交換器有多種型態與運作方式，在現今的網際網路中最知名的兩種是**路由器**（**router**）和**連結層交換器**（**link-layer switch**）。這兩種交換器都會將封包轉送到其最終目的地。連結層交換器通常會被使用在連線網路中，

路由器則通常會被使用在網路核心中。封包從傳送端系統到接收端系統所經歷的一連串通訊連結及封包交換器，稱爲封包通過網路的**路由（route）**或**路徑（path）**。Cisco 預測，在 2016 年底時，每年全球的 IP 流量會超過 ZB（10^{21} 位元組），到 2019 年的時候，這個流量會達到每年 2 ZB [Cisco VNI 2015]。

封包交換網路（傳輸封包）與由高速公路、一般道路及交流道所構成的運輸網路（運輸車輛）有許多相似之處。比方說，假設有一間工廠，這間工廠需要將大量貨物搬運到位在數千公里以外的目的倉儲。在工廠，這些貨物被分裝到一批卡車上。接著每輛卡車都會各自行駛過由高速公路、一般道路與交流道所構成的網路抵達目的倉儲。在目的倉儲，貨物會被卸載，並且和其他同批運送的貨物聚集在一起。由此觀之，封包在許多方面與卡車相似，通訊連結類似高速公路與一般道路，封包交換器類似交流道，終端系統則類似建築物。就像卡車會選擇一條通過運輸網路的路徑，封包也會選擇一條通過計算機網路的路徑。

終端系統會透過**網際網路服務供應商（Internet Service Providers，ISP）**來存取網際網路，其中包括家用 ISP（如地方性的有線電視或電話公司）、企業 ISP、大學 ISP 等；還有在機場、旅館、咖啡店或其他公共場所提供 WiFi 連線的 ISP。每家 ISP 本身都是一個由封包交換器與通訊連結所構成的網路。ISP 提供各式各樣的網路連線服務給終端系統，包括家用寬頻連線（例如有線電視纜線數據機或 DSL）、高速區域網路連線，以及行動無線網路。ISP 也提供網際網路連線給內容供應者，讓網站和視訊伺服器可以直接連上網際網路。網際網路的功能就是把終端系統連接在一起，所以提供連線服務給終端系統的 ISP 也必須彼此相連。這些較低層級的 ISP，是透過全國性及全球性較高層級的 ISP，例如 Level 3 Communications、AT&T、Sprint 和 NTT，彼此相連。較高層級的 ISP 是由高速的路由器所構成，這些路由器則是透過高速的光纖連結彼此相連。每個 ISP 網路，無論高層級或低層級，都是獨立經營管理、依循 IP 協定（參看後續說明）運作，並遵守特定的命名及定址規範。在 1.3 節我們會更仔細地討論 ISP 以及它們的互連情況。

終端系統、封包交換器以及網際網路的其他元件，都會執行在網際網路中控制資訊傳送與接收的**協定（protocol）**。**傳輸控制協定（Transmission Control Protocol，TCP）**以及**網際網路協定（Internet Protocol，IP）**是網際網路上最重要的兩種協定。IP 協定規定了在路由器和終端系統間傳送接收的封包格式。網際網路的主要協定統稱爲 **TCP/IP**。我們會在這個介紹性的章節裡開始探討協定。不過，這只是個開始——本書大部分的篇幅都在關注計算機網路協定！

針對網際網路指出協定的重要性後，重要的是每個人都要同意每一個協定所做的事情，使得人們可以產生出能夠相互操作的系統和產品。這就是「標準」出場的時候了。**網際網路標準（Internet standards）**係由「網際網路工程工作小組（Internet

Engineering Task Force，IETF）」所開發 [IETF 2016]。IETF 標準文件被稱作**建議需求（requests for comments，RFC）**。最初，RFC 是一般性的建議需求（其名稱由此而來），負責解決網際網路先驅所面臨到的網路與協定設計問題 [Allman 2011]。之後，RFC 變得相當技術性且詳盡。它們定義了諸如 TCP、IP、HTTP（針對網頁）、SMTP（針對電子郵件）等協定，目前有超過 7,000 份 RFC 存在。也有其他團體會指定網路元件的標準，特別是針對網路連結的部分。例如，IEEE 802 LAN/MAN 標準委員會 [IEEE 802 2016] 便制定了乙太網路（Ethernet）以及無線 WiFi 的標準。

1.1.2　關於服務的描述

上述討論已經指出許多組成網際網路的部分。不過我們也可以從另一個完全不同的角度來描述網際網路——亦即，將其描述為提供服務給應用程式的基礎設施。除了電子郵件和上網等傳統應用外，網際網路應用還包括智慧型行動電話和平板電腦的應用，包括網際網路傳訊、即時道路交通資訊、來自雲端的音樂串流、電影和電視串流、線上的社群網路、視訊會議、多人連線遊戲，以及以地理位置為基礎的推薦系統。我們說這些應用是**分散式應用（distributed applications）**，因為它們牽涉到多個會彼此交換資料的終端系統。重要的是，網際網路應用程式是在終端系統上執行——它們並不是在網路核心的封包交換器上執行。雖然封包交換器會幫助資料在終端系統之間交換，但是它們跟身為資料來源或目的地的應用程式並沒有關連。

讓我們再多探討一些所謂「提供服務給應用程式的基礎設施」指的是什麼意思。為達此目的，假設你有個很棒的，關於分散式網際網路應用程式的新點子，這個點子可能會為人類帶來偉大的福祉，或只是簡單地能讓你既有錢又有名。你要如何將這個點子轉變為實際的網際網路應用程式？由於應用程式是在終端系統上執行，你需要撰寫在終端系統上執行的軟體組件。比方說，你可能會用 Java、C 或 Python 來撰寫你的軟體組件。現在，因為你在開發的是分散式的網際網路應用程式，所以在不同終端系統上執行的軟體組件會需要彼此傳送資料。於是此處我們抵達了核心議題——此議題造成了另一種描述網際網路的方式，亦即應用程式的平台。在某個終端系統上執行的軟體組件，要如何指揮網際網路遞送資料給在另一個終端系統上執行的另一個軟體組件？

連接在網際網路上的終端系統會提供 **socket 介面（socket interface）**，應用程式介面會規範在終端系統上執行的軟體組件要如何要求網際網路基礎設施遞送資料，交給在另一個終端系統上執行的特定目的端軟體組件。網際網路 socket 介面是一組傳送端軟體必須遵循的規則，以便網際網路能夠遞送資料給目的軟體組件。我們會在第二章詳加討論網際網路 socket 介面。現在，讓我們先打一個簡單的比方，在本書中會經常使用這個比喻。假設 Alice 想要利用郵政服務寄一封信給 Bob。當然，

Alice 不能只是把信（資料）寫好，然後丟出她的窗外。而是，郵政服務會要求 Alice 把信放在信封裡；在信封中央寫下 Bob 的全名、地址以及郵遞區號；把信封封好；在信封右上角貼上一枚郵票；最後，把信封丟入某個官方的郵箱中。因此，郵政服務有其「郵政服務介面」，或一套自己的規矩，Alice 必須遵循這套規矩，以便讓郵政服務將她的信交給 Bob。同樣地，網際網路也有一套 socket 介面，傳送資料的軟體必須遵循此一 socket 介面，以便讓網際網路能將資料遞送給會接收該筆資料的軟體。

當然，郵政服務不只提供顧客一項服務。它還提供快遞、掛號、一般服務以及其他多種服務。同樣地，網際網路也提供其應用程式多種服務。當你在開發網際網路應用程式時，你也必須為你的應用程式選擇其中一種網際網路服務。我們會在第二章描繪網際網路的服務。

這種描繪網際網路的第二種方式——一種提供服務給分散式應用程式的基礎設施——相當重要。越來越多的情況是，網際網路基本組件的發展，是由新的應用程式需求所驅動。因此，我們必須牢記，網際網路是一種新的應用正不停被發明出來，並佈建在其上的基礎設施。

我們方才提供了兩種網際網路的描述方式，其中一種以軟硬體組件加以描述，另一種則以提供服務給分散式應用程式的基礎設施加以描述。但或許你還是對於網際網路是什麼感到困惑。什麼是封包交換、TCP/IP ？什麼是路由器？出現在網際網路中的通訊連結有哪幾種？什麼是分散式應用程式？我們要如何將烤麵包機或氣候感測器連上網際網路？如果你現在有點被這堆東西搞得暈頭轉向，請別擔心，本書的目的就是要介紹網際網路的基本元素，掌控網際網路如何運作，以及網際網路為何能夠運作的原則。我們會在接下來的章節裡，說明這些重要的術語和問題。

1.1.3　什麼是協定 ?

現在我們對於網際網路是什麼已經有些瞭解，讓我們來思考另一個重要的計算機網路術語：協定。什麼是協定？協定會做些什麼？

◈ 人類的比喻

因為永遠是我們人類在執行協定，所以先考量一些與人類的相似之處，可能會讓你最容易瞭解計算機網路協定的概念。想想看，當你要問某人時間時，你會做什麼事情。圖 1.2 顯示出某種典型的交流方式。人類的協定（或至少是良好的禮貌）指出，一個人會先以打招呼（圖 1.2 的第一個「Hi」）開始和另一個人的溝通。對於「Hi」典型的回應，就是也回應一個「Hi」訊息。一般而言，這個人會認為一個友善的「Hi」回應，表示他可以繼續跟對方交談，並詢問現在的時間。如果得到的回應不是一開

始的「Hi」（像是「不要打擾我！」或「我不會說英文」或一些不宜刊載於此處的回應），可能表示對方不希望或無法繼續溝通。在這種情況下，人類的協定就會讓我們不再進一步詢問。有時候，某人可能會完全得不到任何關於問題的回應，在這種情況下，他通常會放棄向對方詢問時間。請注意，在人類的協定中，我們會送出特定的訊息，並且採取一些特定動作來回應所收到的回覆訊息或其他事件（例如，在某段時間內沒得到回應）。很清楚地，傳送和接收訊息，以及在傳遞接收這些訊息或發生其他事件時所採取的動作，在人類的協定中扮演著核心的角色。如果人類使用不同的協定（舉例來說，如果其中一個人有禮貌，但是另一個人卻不懂禮貌，或者某個人有時間概念，但另一個人卻沒有時間概念），則該協定不但無法進行溝通，也無法完成有用的工作。在網路中也是如此，它需要兩個（或者更多）通訊實體執行相同的協定，以便完成某項工作。

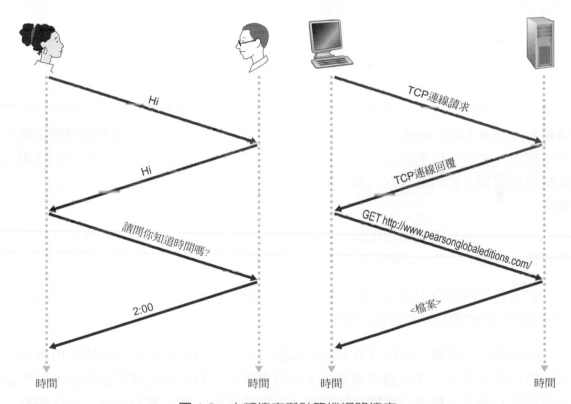

圖 1.2　人類協定與計算機網路協定

　　讓我們考慮第二個和人類相似的地方。假設你正在上一門大學課程（舉例來說，計算機網路的課程！）。老師如誦經般地說著有關協定的事情，令你感到困惑。老師停下來詢問「有沒有任何問題？」（這是一個傳送給所有還沒睡著的學生並且被他們所接收到的訊息）。你舉起手（傳送一個約定俗成的訊息給老師）。你的老師回應你一個笑容，說：「請說…」（一個被傳送來鼓勵你提出問題的訊息——老師熱愛被問問題），然後你提出問題（也就是說，將你的訊息傳送給老師）。老師聽

到你的問題（接收到你的問題訊息），並且回答了問題（傳送回應給你）。再一次，我們瞭解到訊息的傳送與接收，以及傳送接收這些訊息時所採取的一連串習慣行為，是這個問題與答覆協定的核心。

◈ 網路協定

除了交換訊息與採取行為的是某件裝置上的硬體或軟體組件（例如：電腦、路由器或其他具有網路能力的裝置）以外，網路協定其實類似於人類的協定。網際網路中所有包含兩個以上遠端通訊實體的活動，都是由協定所掌控。比方說，兩台實體相連的電腦，其網路介面卡中以硬體實作的協定，會控制該兩張網路介面卡之間「線路」上的位元流；終端系統中的壅塞控制協定（congestion-control protocols）則會控制傳送端與接收端之間封包的傳輸速率；路由器中的協定則會決定封包從來源端到目的端的路徑。網際網路中到處都有協定在執行，因此，本書大部分的內容都與計算機網路協定有關。

　　舉一個你可能很熟悉的計算機網路協定為例，請想想當你對網頁伺服器發出請求，也就是說，當你在網頁瀏覽器上輸入某個網頁的 URL 時，會發生什麼事情。圖1.2 的右半部描繪了該項情境。首先，你的電腦會送出一筆連線請求訊息給網頁伺服器並等待回應。網頁伺服器終將收到你的連線請求訊息，並回傳一個連線回覆訊息。知道現在「可以」請求網頁文件，你的電腦接著會在一個 GET 訊息中，送出它想要從網頁伺服器上抓取的網頁名稱。最後，網頁伺服器會傳回該網頁（檔案）到你的電腦。

　　以上所介紹有關人類和電腦的例子，訊息的交換以及傳送接收這些訊息時所採取的動作，都是協定的關鍵定義元素：

協定定義了兩個以上的通訊實體間，交換訊息的格式和順序，以及傳送接收訊息或發生其他事件時所要採取的動作。

　　網際網路，或廣義的計算機網路，都會大量地使用協定。不同的協定用來完成不同的通訊工作。在你讀過本書之後，你將會學習到有些協定簡單而直接，有些協定卻複雜而艱深。精通計算機網路領域，等同於瞭解什麼是網路協定，為什麼要使用網路協定，以及如何使用網路協定。

1.2　網路邊際

在前一節中，我們呈現了一個高階的網際網路及網路協定綜觀。現在我們將稍微深入一點探究計算機網路（特別是網際網路）的組成元件。在這一節中，我們會先從網路的邊際部分開始，檢視一些我們最熟悉的元件——意即我們每天都會使用到的

筆記型電腦、智慧型手機等裝置。在下一節中，我們將從網路的邊際部分轉移到網路的核心部分，並檢視計算機網路中的交換及路由機制。

　　回想一下前一節，在計算機網路的行話中，連結到網際網路上的電腦或其他裝置，通常被稱爲終端系統。如圖 1.3 所示，正因爲它們位於網際網路的邊際，所以被稱爲終端系統。網際網路的終端系統包括桌上型電腦（桌上型 PC、麥金塔和 UNIX 工作站）、伺服器（例如：網頁與電子郵件伺服器）以及行動電腦（可攜式電腦、平板電腦以及可連上無線網際網路的電話)。此外，還有越來越多不同的裝置被連接到網路上，成爲終端系統（參見歷史案例）。

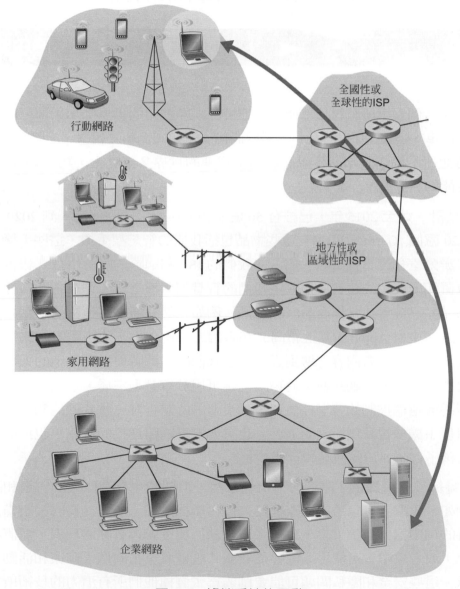

圖 1.3　終端系統的互動

終端系統也被稱為**主機**（**host**），因為它們會主持（也就是執行）應用程式，例如網頁瀏覽器程式、網頁伺服器程式、電子郵件讀取程式或電子郵件伺服器程式。在全書中，我們會交替使用主機和終端系統這兩個名詞；也就是說，主機＝終端系統。有時候主機會被進一步分成兩大類：**用戶端**（**client**）和**伺服器**（**server**）。非正式地說，用戶端比較傾向於桌上型和行動式 PC、智慧型手機等；伺服器則傾向於功能更強大的機器，像是那些負責存放與散播網頁、串流視訊、傳送電子郵件等的機器。今日，伺服器讓我們可以從該處接收查詢結果、電子郵件、網頁和視訊，它們大部分都委身在大型的**資料中心**（**data centers**）之中。舉例來說，Google 有 50–100 個資料中心，包括大約 15 個大型資料中心，每個中心有超過十萬台伺服器。

歷史案例

物聯網

你能想像一個幾乎所有物品都能無線連接到網際網路的世界嗎？大部分的人、汽車、自行車、眼鏡、手錶、玩具、醫院設備、家庭感測器、教室、視訊監控系統、氣壓感測器、商店貨架商品以及寵物都相連的世界？事實上，物聯網（IoT）的世界可能即將到來。

據估計，截至 2015 年，已經有 50 億個物品與網際網路連接，到 2020 年時將達到 250 億個 [Gartner 2014]。這些物品包括我們的智慧型手機，這些手機已經在家中、辦公室和汽車裡跟隨我們，向我們的 ISP 和網際網路應用程式報告我們的地理位置和所使用的資料。但除了我們的智慧型手機之外，還有各種各樣非傳統的「物品」已經可以當作商品一般提供。例如，與網際網路連接的穿戴式設備，包括手錶（來自 Apple 與其他廠商）和眼鏡。舉例來說，連接網際網路的眼鏡可以將我們看到的所有內容上傳到雲端，讓我們能夠即時與世界各地的人分享我們的視覺體驗。與網際網路連接的物品已經可用於智慧型家居，包括可透過我們的智慧型手機遠端控制的連網控溫器，以及連網的體重計，讓我們能夠以圖形方式從智慧型手機檢視我們節食的進展。也有與網際網路連接的玩具，包括能夠識別和解讀孩子言語並適當回應的玩偶。

物聯網為用戶提供了潛在的革命性優勢，但同時也存在巨大的安全和隱私風險。例如，攻擊者可以透過網際網路入侵物聯網設備，或是從物聯網設備進入收集資料的伺服器。舉例來說，攻擊者可以劫持與互聯網有關的玩偶，並直接與孩子交談；或者攻擊者可能侵入儲存從穿戴式設備收集來的個人健康和活動資訊的資料庫。這些安全和隱私問題可能會削弱為了發揮他們所有潛力的技術所需的消費者信心，還可能導致採用較不普及 [FTC 2015]。

1.2.1 連線網路

在考量過位於「網路邊際（edge of the network）」的應用程式與終端系統後，接下來讓我們考量連線網路（access network）——將終端系統與從該終端系統到其他任何遠端系統之路徑上的第一具路由器（也稱作「邊際路由器」）兩者相連的實體連結。圖 1.4 展示出一些在不同型態設定（家庭、企業和廣域無線）中所使用的連線網路，它們以套色的粗體線條來表示。

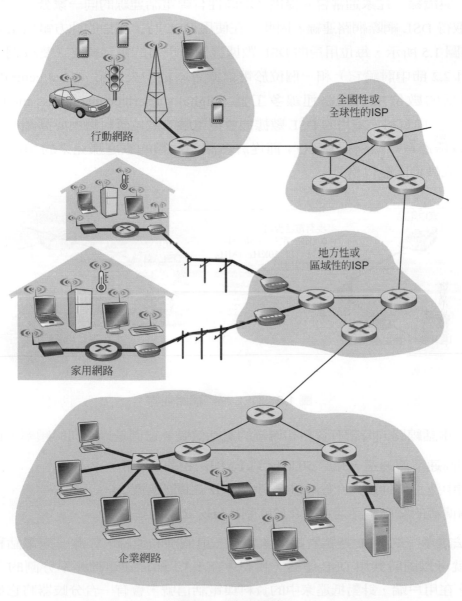

圖 1.4　連線網路

◈ 家用連線：DSL、纜線、FTTH、撥接與衛星

2014 年，在已開發國家中，超過 78% 的家庭有網際網路連線，而像是韓國、瑞士、芬蘭和瑞典甚至超過 80% 的家庭有網際網路連線，而且幾乎都是透過高速的寬頻連線來上網 [ITU 2015]。有鑑於家用連線的日益普及，讓我們從考慮如何把家庭連線到網際網路來開始我們對網路連線的鳥瞰。

今日兩種最普遍的寬頻家用連線類型，是**數位用戶迴路**（**digital subscriber line**，**DSL**）與纜線。住家通常會向提供其地區性有線電話連線的同一家公司（例如中華電信）取得 DSL 網際網路連線。因此，在使用 DSL 時，用戶的地方電信業者也是其 ISP。如圖 1.5 所示，每位用戶的 DSL 數據機使用現有的電話線路（雙絞銅線對，我們會在 1.2.2 節中討論它）和一個位於電信業者本地中央機房（local central office，CO）內部的數位用戶迴路連線多工器（digital subscriber line access multiplexer，DSLAM）互換資料。家用的 DSL 數據機會把電腦的數位資料轉換成高頻率的音訊，使之可以透過電話線路傳到 CO；而從許多諸如此類的家庭那兒來的類比信號會在 DSLAM 處轉換回數位格式。

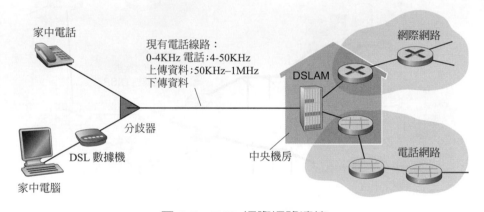

圖 1.5　DSL 網際網路連線

家用電話線路同時帶有資料和傳統的電話信號，它們是以不同的頻率來編碼的：

◆ 一個高速下傳通道，介於 50 kHz 到 1 MHz 之間的頻帶。
◆ 一個中速上傳通道，介於 4 kHz 到 50 kHz 之間的頻帶。
◆ 一個傳統的雙向電話通道，介於 0 到 4 kHz 之間的頻帶。

這個方法讓單一的 DSL 連結看起來像是有三道個別的連結，如此一來電話和網際網路連線就可以同時共用 DSL 連結（我們會在 1.3.1 節描述這種頻率分割的多工處理技術）。在用戶端，針對抵達家中的資料與電話信號，會有一台分歧器將它們分開，然後將資料訊號轉送給 DSL 數據機。在電信業者端，在 CO 處，則由 DSLAM 將資料與電話信號分開，然後將資料傳入網際網路。會有數以百計，甚至數以千計的家庭連接到單一台 DSLAM [Dischinger 2007]。

　　DSL 標準定義了下傳傳輸率為 12 Mbps 而上傳傳輸率為 1.8 Mbps [ITU 1999]，以及 55 Mbps 下傳和 15 Mbps 上傳 [ITU 2006]。由於上傳與下傳速率不同，此種連線被稱作不對稱（asymmetric）連線。實際運行的上傳與下傳速率可能比上述的速率要小，因為 DSL 業者可能故意地限制家用的速率，取決於該家庭所用的速率服務層級（高速要花高價），或是因為最大的速率會受限於家庭和 CO 之間的距離、雙絞線的等級和電氣干擾的程度。工程師在設計 DSL 時本來就是針對家庭和 CO 之間的短距離來設計的；一般而言，假如你家與 CO 的距離不是在 5 到 10 哩之間，那麼你可能要訴諸其他的網際網路連線方式。

　　相較於 DSL 利用的是電信業者現有的地區性電話基礎設施，**纜線網際網路連線**（**cable Internet access**）利用的則是有線電視公司現有的有線電視基礎設施。住家會從提供有線電視服務的同一家公司取得纜線網際網路連線服務。如圖 1.6 所示，光纖會連接到街區層級匯聚點的電纜頭端，接著再使用傳統的同軸電纜以抵達個別的住家或公寓。每個街區層級的匯聚點通常會支援 500 到 5,000 戶家庭。因為此種系統同時運用了光纖與同軸電纜，因此此系統經常被稱作混合光纖同軸（hybrid fiber coax，HFC）。

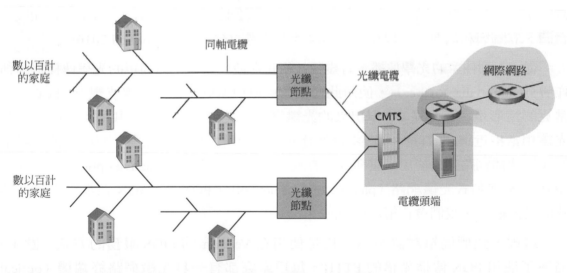

圖 1.6　混合光纖同軸連線網路

　　電纜網際網路連線需要特殊的數據機，稱作纜線數據機（cable modem）。就像 DSL 數據機一樣，纜線數據機通常是一具外部裝置，透過乙太網路埠連結到家用的電腦（我們會在第六章相當詳盡地討論乙太網路）。在電纜頭端處，纜線數據機終端系統（cable modem termination system，CMTS）的功能類似於 DSL 網路的 DSLAM——會把從許多家庭纜線數據機那兒來的類比信號轉回成數位格式。纜線數據機會將 HFC 網路切分成兩個通道，一個下傳通道，一個上傳通道。就像 DSL 一樣，連線通常是不對稱的，比起上傳通道，下傳通道通常會被配給較高的傳輸速

率。DOCSIS 2.0 標準定義了最高的下傳速率為 42.8 Mbps 而最高的上傳速率為 30.7 Mbps。如同 DSL 網路的情況一般，最高可能的速率可能無法達成，原因為使用較低速率的服務層級或是傳輸媒介的缺陷。

　　電纜網際網路連線其中一項重要特性，就是它是一種共用的廣播媒介。具體來說，每個頭端發出的封包，都會透過每道連結下傳到每戶人家；而住家所發出的每個封包，也都會透過上傳通道到達頭端。基於這個原因，如果有好幾位使用者同時使用下傳通道下載視訊檔案，則每位使用者接收視訊檔案的實際速率，將遠小於纜線的總下傳速率。另一方面來說，如果只有幾位使用者正在使用網路，而且他們全都在瀏覽網頁的話，則每位使用者或許都可以用纜線的最高下傳速率下載網頁，因為這些使用者不太可能會剛好在同一時刻請求網頁。因為上傳通道也是共用的，所以需要一種分散式的多重存取協定以協調傳輸並且避免碰撞（當我們在第六章討論乙太網路時，會較詳細地討論關於碰撞的議題）。

　　在美國，雖然目前家用寬頻上網方面 DSL 和纜線網路的占有率超過 85%，但一個能提供更高速率的新興科技就是**光纖到府**（fiber to the home，**FTTH**）的安置 [FTTH Council 2016]。正如其名，FTTH 的概念很簡單——從 CO 處提供一條光纖路徑直接到家中。今天有許多國家——包括阿拉伯聯合大公國、南韓、香港、日本、新加坡、台灣、立陶宛和瑞典——現在的家用滲透率超過 30% [FTTH Council 2016]。

　　從 CO 到住家的光學傳播，有幾種技術正在彼此競爭。最簡單的光學傳播網路稱作**導向光纖**（direct fiber），使用此種技術，每戶家庭都會有一條光纖牽到 CO。更常見的情形是，每條從 CO 牽出來的光纖實際上是由多戶家庭所共用；一直到這條光纖相當接近這些家庭時，它才會被分開成個別用戶專屬的光纖。有兩種彼此競爭的光學傳播網路架構使用了這種分歧方式：**主動式光纖網路**（active optical network，AON）與**被動式光纖網路**（passive optical network，PON）。AON 在本質上是交換式的乙太網路，我們會在第六章中討論。

　　這裡，我們簡單討論 PON，它是使用在 Verizon 的 FIOS 服務的方式。圖 1.7 描繪了使用 PON 傳播架構的 FTTH。每戶家庭都有一具**光纖網路終端機**（optical network terminator，ONT），ONT 會透過專屬的光纖連接到街區的分歧器。這台分歧器會將一些家庭（通常少於 100 戶）結合成單一的、共用的光纖，這條光纖會連接到業者 CO 中的一台**光纖線路終端機**（optical line terminator，OLT）上。這台 OLT 會提供光學訊號與電子訊號之間的轉換，然後透過業者的路由器連接到網際網路上。在家中，使用者會將家用路由器（通常是無線路由器）連接到 ONT，然後透過這台家用路由器連線網際網路。在 PON 架構中，所有從 OLT 傳送給分歧器的封包都會在分歧器被複製成多個（與纜線頭端類似）。

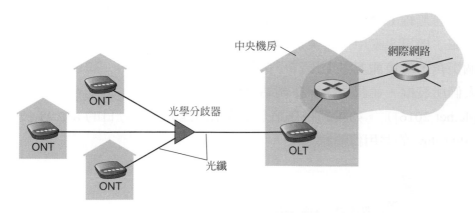

圖 1.7　FTTP 網際網路連線

　　FTTH 有能力提供每秒數 Gb 上下的網際網路連線速率。不過，大多數的 FTTH ISP 都有提供不同速率的方案，較高的速率自然要花費較多錢。在 2011 年美國 FTTH 用戶平均的下傳速率大約為 20 Mbps（做個比較：纜線連線約為 13 Mbps，而 DSL 連線則小於 5 Mbps）[FTTH Council 2011b]。

　　還有其他方式可以為家庭提供網路連線，分別是衛星連線和撥接連線。第一種是有些地區（例如鄉村地區）都無法提供 DSL、纜線和 FTTH，我們可以使用衛星連結，以超過 1 Mbps 的速度將住家連上網際網路；StarBand 與 HughesNet 是其中兩家這種衛星連線的供應商。第二種是透過傳統電話線路的撥接連線，其工作模式和 DSL 是一樣的——一台家用數據機透過電話線路連接到在 ISP 中的一台數據機。與 DSL 和其他的寬頻連線作比較，撥接連線的速率低到可憐的 56 kbps。

◈ 在企業（和家庭）中的連線：乙太網路和 WiFi

在企業或大學校園中，以及愈來愈多的家庭用戶，會使用區域網路（local area network，LAN）將終端系統連接到邊際路由器。雖然有多種 LAN 技術，但是到目前為止，乙太網路在企業、大學網路和家用網路中仍然是最為普遍的連線技術。如圖 1.8 所示，乙太網路使用者使用雙絞銅線對連接到一個乙太網路交換器，該技術會在第六章詳盡地討論。乙太網路交換器，或是一個由相互連接交換器所構成的網路，會再連接上較大的網際網路。使用乙太網路連線，使用者通常是以 100 Mbps 或 1 Gbps 連線到乙太網路交換器，而伺服器可能會有 1 Gbps 甚至有 10 Gbps 的連線速率。

　　然而，現在愈來愈多人們用可攜式電腦、智慧型手機、平板電腦和其他「物品」以無線的方式做網路連線（請參見之前的專欄「物聯網」）。在一個無線 LAN 設定中，無線使用者從一個存取點處接收封包，並傳送封包給該存取點，而該存取點連接到企業的網路（最可能是固線式的乙太網路），而該企業網路接下來連接到固線式的網際網路。無線 LAN 的使用者通常必須位於存取點數十公尺之內。基於 IEEE

802.11 技術的無線 LAN 連線，亦即 WiFi，現在幾乎無所不在——大專院校、辦公室、咖啡館、機場、家中，甚至飛機上都有它的蹤影。在許多城市中，人們有可能站在某個街角，然後籠罩在十幾二十個基地台的涵蓋範圍內（想要取得一份由樂在其中的人們所發掘，並將之登錄在網站上供人瀏覽的 802.11 基地台全球地圖，請參見 [wiggle.net 2016]）。如我們將在第七章詳盡討論的——今日的 802.11 技術——提供超過 100 Mbps 的共用傳輸速率。

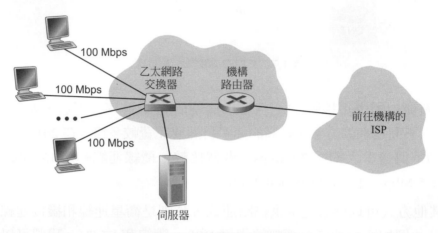

圖 1.8　乙太網路網際網路連線

　　雖然乙太網路和 WiFi 連線網路一開始是佈署在企業（公司、大學）環境中，但現在它們在家用網路中也已經變成是相當常見的元件。有許多家庭會結合寬頻家用連線（亦即纜線數據機或 DSL）和廉價的無線 LAN 技術以建立功能強大的家庭網路 [Edwards 2011]。圖 1.9 展示出一個典型的家庭網路。這個家庭網路包括可隨處移動的筆記型電腦和固接連線的 PC；一座基地台（無線存取點），會跟無線的個人電腦和其他的無線裝置進行通訊；一台纜線數據機，提供網際網路的寬頻存取連線；以及一台路由器，將基地台與桌上型個人電腦與纜線數據機相互連接。這個網路讓家庭成員可以使用寬頻連線到網際網路，其中一個成員可以從廚房移動到後院或臥室。

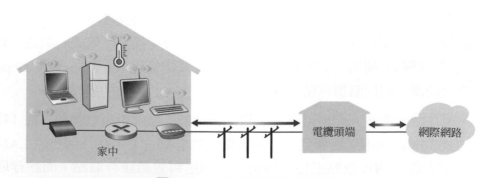

圖 1.9　一個典型的家庭網路

◈ **廣域無線連線：3G 和 LTE**

以下的情景愈來愈常見：人們在移動時利用如 iPhones 和 Android 的裝置來發送訊息、在社群網路終分享照片、看電影、用串流方式聽音樂。這些裝置透過某蜂巢電話系統業者所經營的基地台使用和蜂巢電話系統相同的無線基礎架構來傳送／接收封包。不像 WiFi 的是，使用者只要位於以該基地台為中心方圓數十公里之內即可（而非方圓數十公尺之內）。

電信公司已經在所謂的第三代（3G）無線技術上投注了大量的資本，這種技術提供了速度超過 1 Mbps 的封包交換式廣域無線網際網路連線。但是更為高速之廣域無線網際網路連線技術——廣域無線網路的第四代（4G）——正如火如荼地佈署中。LTE（代表「長期進化（Long-Term Evolution）」——這個縮寫實在是年度最差字頭語的候選人）有了 3G 技術當其根基，有使傳輸速率可超過 10 Mbps 的潛力。在一些商用佈署的情況中，已有報告指出 LTE 下傳速率可達數十個 Mbps。無線網路和行動網路的基本原理，以及 WiFi、3G 和 LTE 技術（和更多的內容！）將會在第七章中探討。

1.2.2 實體媒介

在前一小節中，我們概略介紹了網際網路中一些最重要的網路連線技術。在我們說明這些技術時，我們也指出了它們所使用的實體媒介。例如，我們說過 HFC 使用的是光纖與同軸電纜的組合，DSL 和乙太網路使用銅線，也說過行動連線網路使用的是無線電頻譜。在這個小節中，我們會簡介這些媒介和其他網際網路中常用的傳輸媒介。

為了定義實體媒介所代表的涵意，讓我們思考一下一個位元它簡短的生命。請想想一個位元會從某個終端系統開始旅程，通過一連串的連結和路由器，到達另一個終端系統。這個可憐的位元會像踢皮球似地被轉送很多很多次！來源終端系統會先送出這個位元，不久後這一連串路由器中的第一具路由器會收到這個位元；接著，第一具路由器會送出這個位元，不久後第二具路由器會收到這個位元；依此類推。因此，從來源端移動到目的端時，我們的位元會經過一連串的傳輸端／接收端配對。對每一對傳輸端／接收端而言，位元是藉由跨越**實體媒介（physical medium）**上的電磁波或光脈衝來傳送的。實體媒介可能有多種外觀和形式，而且傳輸路徑上的各對傳輸端／接收端，不一定要使用同樣的媒介。實體媒介的例子包括雙絞銅線、同軸電纜、多模光纖電纜（multimode fi ber-optic cable）、地表上的無線電頻譜和衛星無線電頻譜等。實體媒介分成兩大類：**導引式媒介（guided media）**和**非導引式媒介（unguided media）**。使用導引式媒介，電波會沿著固體媒介被引導，例如光纖電纜、雙絞銅線或同軸電纜。使用非導引式媒介，電波則會在大氣層或外太空中傳輸，例如無線 LAN 或數位衛星通道。

　　但是在我們開始探討各種不同媒介的特性之前，讓我們先談一下它們的成本。實體連結（銅線、光纖等）的實際價格，比起其他的網路鋪設成本，相對來說通常較為廉價。特別是，裝設實體連結的相關人工成本可能比媒介材料本身的價格高上好幾個量級。基於這個原因，許多建商會在大樓的每個房間中都安裝雙絞線、光纖和同軸電纜。即使我們一開始只使用其中一種媒介，但很可能不久之後我們就會使用到其他媒介，如此一來我們就不需要鋪設額外的線路，而能夠省下這些錢。

◈ 雙絞銅線

最便宜且最常被使用的導引式媒介就是雙絞銅芯線。電話網路已經使用它超過一百年了。事實上，從電話筒到本地電話交換機的有線連結中，超過 99% 使用的都是雙絞銅芯線。我們大部分的人在自己的家中（或是父母家或祖父母家！）或工作地點都看過雙絞銅芯線。雙絞銅芯線是由兩條絕緣的銅線所組成，每條銅線直徑約 1 厘米，被整理成規律的螺旋狀。兩條銅線會互絞在一起，以減少另一對雙絞線接近時造成的電磁干擾。一般而言，多對雙絞線會一起被包裹在保護隔離層中，以封裝至一條電纜中。一對雙絞線會形成單一的通訊連結。**無遮蔽雙絞線（Unshielded twisted pair，UTP）** 通常會被使用於建築物內的計算機網路，也就是 LAN。現今使用雙絞線的 LAN 中，其資料傳輸速率範圍介於 10 Mbps 到 1 Gbps 之間。可達到的資料傳輸速率取決於銅線的粗細，以及傳輸端與接收端之間的距離。

　　當光纖技術在 1980 年代興起之後，許多人開始不太喜歡使用雙絞線，因為它們相對來說傳輸速率較慢。有些人甚至覺得光纖技術將會完全取代雙絞線。但是雙絞線不會這麼輕易就放棄。現在的雙絞線技術，例如第 6a 類 UTP，在遠達 100 公尺的距離內都可以達到 10 Gbps 的資料傳輸速率。最後，雙絞線脫穎而出，成為高速區域網路鋪設的主要選擇方案。

　　如我們之前所討論的，雙絞線也經常使用在家用網際網路連線中。我們看過撥接數據機技術可以在雙絞線上達到 56 kbps 的傳輸速率。我們也看過 DSL（數位用戶迴路）技術，讓家用使用者可以在雙絞線上以超過數十 Mbps 的傳輸速率連線網際網路（當使用者住在 ISP 的總局附近時）。

◈ 同軸電纜

就像雙絞線一樣，同軸纜線也是由兩條銅製的導體組成，但是這兩條導體是以同軸排列，而非平行排列。利用這種建構技術與特殊的絕緣和屏蔽，同軸電纜可以得到較高的位元傳輸率。在有線電視系統中，同軸電纜相當普及。如我們先前所見，有線電視系統最近已和纜線數據機結合，以提供家庭用戶數十 Mbps 以上的網際網路連線速率。在有線電視與纜線網際網路連線中，傳輸端會將數位訊號平移到特定頻帶

裡，並且將所產生的類比訊號從傳輸端傳送給一個或多個接收端。同軸電纜可以使用為導引式的**共用媒介**（**shared medium**）。具體地說，可以有多個終端系統直接連接到纜線上，其中所有的終端系統都可以收到其他終端系統所傳送的任何資料。

◈ 光纖

光纖是很細且具有彈性的介質，可傳導光的脈衝，其中每個脈衝都代表一個位元。單條光纖可以支援極高的位元傳輸速率，高達每秒數十甚至數百 Gb。光纖不會受電磁波干擾，在 100 公里以內訊號的衰減程度非常低，而且非常不容易被竊聽。這些特性都使得光纖成為長途導引式傳輸媒介，特別是跨海連結的優先選擇。目前在美國以及其他地區，已有許多長途電話網路只使用光纖搭建。光纖也普遍被使用在網際網路的主要骨幹上。然而，光學裝置——例如傳輸端、接收端與交換器——的高成本讓它們不易被用來鋪設短程的傳輸（例如使用在 LAN 中，或使用在家用連線網路中）。光學載波（Optical Carrier，OC）標準連結速率範圍從 51.8 Mbps 到 39.8 Gbps 不等；這些規格通常被稱作 OC-n，其中連結速率等於 n ∞ 51.8 Mbps。今日所使用的標準包括 OC-1、OC-3、OC-12、OC-24、OC-48、OC-96、OC-192、OC-768 [Mukherjee 2006, Ramaswami 2010] 提供了各式各樣關於光學網路鋪設的觀點。

◈ 地表無線電通道

無線電通道是利用電磁頻譜夾帶訊號。它們是一種相當吸引人的傳輸媒介，因為它們不需要安裝實體線路，可以穿透牆壁，提供行動用戶連線功能，並且可以長距離載送訊號。無線電通道的特性大幅取決於載送訊號的傳播環境和傳送距離。環境因素會決定路徑遺失（path loss）和遮蔽衰減（shadow fading，指訊號傳輸一段距離並經過阻蔽的物體後，會減少的訊號強度）、多路徑衰減（multipath fading，導因於干擾物體所造成的反射訊號），以及干擾（導因於其他傳輸或電磁訊號）。

　　地表無線電通道可以大致分為兩類：其一是運作於區域的無線電通道，這種通道通常可以橫跨數十到數百公尺；另一者則是運作於廣域的無線電通道，可以橫跨數十公里。1.2.1 節所描述的無線 LAN 技術使用的是區域性的無線電通道；行動電話連線技術使用的則是廣域性的無線電通道。我們會在第七章詳細討論無線電通道。

◈ 衛星無線電通道

通訊衛星會連結兩個以上建立在地面上的微波傳輸端／接收端（稱為衛星中繼站 [ground station]）。衛星會接收某個頻帶的傳輸，使用中繼器（repeater，稍後會討論）重建原始訊號，然後使用另一個頻率來傳送訊號。有兩種衛星會被用來進行通訊：**同步衛星**（**geostationary satellite**）與**低軌道衛星**（**low-earth orbiting [LEO] satellite**）[Wiki Satellite 2016]。

　　同步衛星永遠保持在地面上空的固定位置。為了達到位置固定不變，衛星必須放置在地表上空 36,000 公里高的軌道上。從一地站到衛星再回到另一地站的遙遠距離，會造成嚴重的訊號傳播延遲 280 ms。儘管如此，可以在數百 Mbps 的速率下運作的衛星連結，仍然經常被使用在沒有 DSL 連線亦無纜線網際網路連線的區域中。

　　LEO 衛星會被放置在靠近地球許多的地方，也不會一直保持在地球上空的固定位置。它們會繞地球旋轉（如同月亮一般），也可能會彼此通訊，以及和地面中繼站通訊。為了持續照顧到某個區域，必須放置多具衛星在軌道上。現今，有許多低軌道通訊系統正在發展中。LEO 的衛星技術或許也會被用來進行網際網路連線。

1.3　網路核心

在檢驗過網際網路的邊際之後，現在讓我們更深入挖掘網路的核心——將網際網路終端系統相連在一起，由封包交換器與連結所構成的網絡。圖 1.10 使用套色的粗線標示出網路的核心。

1.3.1　封包交換

在一個網路的應用中，終端系統彼此**互換訊息**（**messages**）。訊息可能包含任何應用設計者想要的東西。訊息可能會執行某項控制功能（例如，在圖 1.2 的握手範例中的訊息「Hi」），也可以包含資料，例如電子郵件訊息、JPEG 影像或 MP3 音訊檔案。要從一個來源終端系統傳送一訊息到目的終端系統，來源處需要把很長的訊息切割成小型的資料塊，也就是所謂的**封包**（**packets**）。在訊息來源端和目的端之間，這些封包每個都會通過通訊連結和**封包交換器**（**packet switch**。其中有兩種主要的型態，即**路由器**（**router**）和**連結層交換器**（**link-layer switches**））。封包在每道通訊連結上，都會以相當於該連結最高的傳輸速率進行傳輸。所以，假如一來源終端系統或是一個封包交換器在一傳輸率為 R bps 的連結送出一個長度為 L 位元的封包，則傳送該封包所需的時間為 L/R 秒。

◈ 儲存轉送傳輸

大部分封包交換器都會在連結的輸入端使用**儲存轉送傳輸**（**store-and-forward transmission**）。儲存轉送傳輸意指交換器必須先接收到整個封包，才能夠開始將封包的第一個位元傳輸到外部連結。為了要更詳盡地探討儲存轉送傳輸機制，我們考慮一個簡單的網路，它有兩個終端系統並以單一具路由器來相互連接，如圖 1.11 所示。路由器典型上會有許多個入射連結，因為它的工作就是把某個到達的封包交換到某一個離開連結處；在這個簡單的範例中，路由器的工作很簡單，就是把一個從（輸入）連結那兒來的封包轉送到唯一一個其他的連結。在這個範例中，來源端有三個封包，

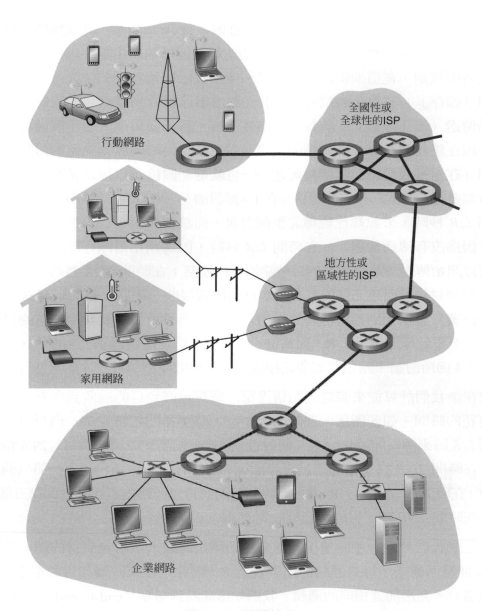

圖 1.10　網路核心

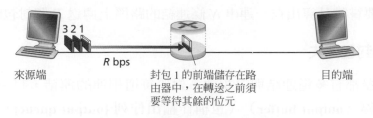

圖 1.11　儲存和轉送封包交換

每一封包均長 L 位元，均要送到目的端。在圖 1.11 所示的某一時間瞬間，來源端已經傳送出封包 1 的某些部分，而封包 1 的前端已經抵達路由器。因為路由器採用儲存轉送傳輸機制，在這個瞬間路由器無法傳出它已經接收到的位元；它必須要先緩衝（即「儲存」）該封包的位元。只有在路由器已經收到該封包的所有位元之後它才開始傳送（即「轉送」）該封包到向外連結。為了要更深入地了解儲存轉送傳輸機制，現在讓我們計算從來源端開始傳送封包直到目的端收到完整的封包所需要花的時間（在這裡我們將忽略傳播延遲——也就是一個位元以接近光速的速度橫越過線材所需要花的時間——該課題將會在 1.4 節討論）。來源端在時間 0 開始進行傳送；在時間 L/R 秒時，來源端已經傳完整個封包，而該整個封包已經被路由器所接收和儲存（因為沒有傳播延遲）。在時間 L/R 秒時，因為路由器剛好收到整個封包，所以它可以開始傳送該封包到朝向目地端的外向連結；在時間 2L/R 秒時，路由器就會傳送完整個封包，而該完整的封包就會被目的端接收。因此，整體延遲為 2L/R。但假如交換器是在位元到達的同時馬上轉送出去（而不用要等到收到完整的封包才轉送），那麼整體延遲會是 L/R，因為位元並沒有被綁在路由器那兒。但是，正如我們將會在 1.4 節所討論，路由器需要先接收、儲存和處理整個封包才能再進行轉送。

現在讓我們計算從來源端開始傳送第一個封包直到目的端收到所有的三個封包所需要花的時間。如前所述，在時間 L/R 時，路由器開始轉送第一個封包。但也是在時間 L/R 時來源端開始傳送第二個封包，因為它剛剛完成第一個封包的完整傳送。因此，在時間 2L/R 時，目的端已經收到第一個封包而路由器已經收到第二個封包。類似地，在時間 3L/R 時，目的端已經收到前兩個封包而路由器已經收到第三個封包。最後，在時間 4L/R 時，目的端已經收到全部的三個封包！

現在讓我們考慮一般的情況：從來源端開始傳送一個封包到目的端，其路徑是由 N 條連結所構成，每條連結的速率皆為 R（因此，在來源端和目的端之間有 N-1 個路由器）。套用前述相同的邏輯，我們知道端點到端點（end-to-end）的延遲為：

$$d_{\text{end-to-end}} = N\frac{L}{R} \tag{1.1}$$

你現在可能想要嘗試計算出在一連串 N 條連結的路徑上傳送 P 個封包的延遲。

◈ 佇列延遲與封包遺失

每具封包交換器都有多道連結與之相連。對於每道相連的連結，封包交換器都會有一個**輸出緩衝區**（**output buffer**）（也稱作**輸出佇列** [output queue]），儲存著路由器準備傳送給該連結的封包。這些輸出緩衝區在封包交換中扮演著關鍵性的角色。如果某個抵達的封包需要通過某道連結進行傳輸，卻發現該道連結正忙著傳輸其他封包，則該抵達的封包就必須在輸出緩衝區中等待。因此，除了儲存轉送延遲外，

封包也會遭遇輸出緩衝區的**佇列延遲**（queuing delay）。這些延遲時間並不固定，取決於網路的壅塞程度爲何。因爲緩衝區空間有限，所以抵達的封包可能會發現緩衝區已經全部被其他等待傳輸的封包給佔滿了。在這種情況下，就會發生**封包遺失**（packet loss）——這個剛抵達的封包，或某個已在佇列中的封包，可能會被丟棄。

　　圖 1.12 描繪了一個簡單的封包交換網路。正如在圖 1.11 所示，封包是用三維的方塊來呈現的。方塊的寬度表示封包的位元數。在此圖中，所有封包的寬度都相同，因此有著相同的長度。假設主機 A 和 B 都要傳送封包給主機 E。主機 A 和 B 首先會沿著 100 Mbps 的乙太網路連結，傳送它們的封包給第一個路由器。接著這具路由器會將這些封包導引到一條 15 Mbps 的連結。假如，在一小段時間中，封包到路由器的到達率（單位用每秒的位元數）超過 15 Mbps，在傳到該連結之前，路由器在該連結的輸出緩衝區中封包佇列將會發生壅塞。舉例來說，假如主機 A 和 B 兩者在同一時間皆密集的送出連續五個封包，那麼大部分的封包將會花一些時間在佇列中等待。事實上，這種狀況與日常生活中的許多情況完全類似——舉例來說，我們到銀行辦事情而在櫃員前面排隊，或是在一收費亭前大排長龍。我們會在 1.4 節更詳細的檢驗此一佇列延遲。

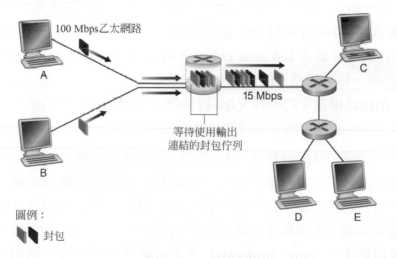

圖 1.12　封包交換

◈ **轉送表和繞送協定**

早先我們曾說過，路由器會抓取其中一個相連的通訊連結上抵達的封包，然後從另一個相連的通訊連結將該封包轉送出去。但是路由器要怎麼決定它應當將封包從哪個連結轉送出去？事實上，這個決定在不同類型的計算機網路中，會用不同的方式完成。在這裡，我們簡單地描述在網際網路中的運行方式。

　　在網際網路中，每一個末端系統都有一個位址稱爲 IP 位址，當某一來源末端系統想要傳送一個封包到一目的末端系統時，來源端會把目地端的 IP 位址寫入封包的

標頭處。就像郵政地址一樣,這些位址具有階層性的架構。當封包到達網路中的路由器時,路由器會檢查封包目的位址的其中一部分,然後將該封包轉送到相鄰的路由器。更具體的說,每具路由器都有一個**轉送表**(**forwarding table**),會將目的位址(或目的位址的其中一部分)對映到向外連結。當封包抵達路由器時,路由器會檢查目的位址,並使用此位址搜尋轉送表,以找出適當的向外連結。然後,路由器就會將這個封包導引到該向外連結。

這種端點到端點的路由程序,類似於不使用地圖,反而比較偏好問路的汽車駕駛人。舉例來說,假設 Joe 正從費城開車前往「156 Lakeside Drive in Orlando, Florida」。Joe 會先開到鄰近的加油站,詢問如何到達「156 Lakeside Drive in Orlando, Florida」。加油站的員工會指出地址中 Florida 的部分,告訴 Joe 他需要開上州際高速公路 I-95 South,這條高速公路有一個交流道在加油站旁邊。他也會告訴 Joe,一旦他到 Florida 後,應該再問那邊的人。然後,Joe 便一直沿 I-95 South 直到抵達 Florida 的 Jacksonville,他在那裡詢問另一個加油站的員工,以便知道方向。這位員工指出地址中的 Orlando 部分,告訴 Joe 應該繼續開上 I-95 直到 Daytona Beach,然後再問另一個人。在 Daytona Beach,另一位加油站員工也指著地址中的 Orlando 部分,告訴 Joe 應該走 I-4 直接抵達 Orlando。Joe 開上 I-4 並且在 Orlando 的出口下高速公路。Joe 詢問另一位加油站員工,這次員工指著地址中的 Lakeside Drive 部分,告訴 Joe 要去 Lakeside Drive 必須依循的道路。當 Joe 抵達 Lakeside Drive 後,他詢問一位騎腳踏車的小孩要如何抵達他的目的地。這位小孩指著地址中的 156 部分,指出該棟房子的所在。Joe 終於抵達了他的最終目的地。在以上的比喻中,加油站員工和騎腳踏車的小孩就像是路由器。

我們方才了解到,路由器會使用封包的目的位址作為轉送表的索引,以之來判斷適當的向外連結。不過這句話帶來另一個問題:我們要怎麼建立轉送表?我們要用人力設定一具具的路由器,還是網際網路會使用較自動化的程序?我們會在第五章深入研究這個議題。不過為了在此吊吊你的胃口,我們現在告訴你,網際網路有一些特殊的**繞送協定**(**routing protocols**)用來自動設定轉送表。例如,繞送協定可能會判斷從每具路由器到每個目的地的最短路徑,然後使用最短路徑的結果來設定路由器中的轉送表。

實際上,你要如何看待網際網路中封包所採取的端點到端點路徑呢?我們現在要請你親自動手做做看:和 Trace-route 程式互動。先造訪 www.traceroute.org,選擇某一特別國家的一個來源端,然後從那個來源端路由到你的電腦(關於 Traceroute 的討論,請參見 1.4 節)。

1.3.2　電路交換

要將資料搬移通過由連結與交換器構成的網路有兩種基本方式：**電路交換**（circuit switching）與**封包交換**（packet switching）。我們在前幾節中已經討論過封包交換網路了，我們現在把目光轉到電路交換網路。

在電路交換網路中，路徑上所有為了在終端系統間提供通訊所需的資源（緩衝區、連線傳輸速率等），在終端系統間的整個通訊處理行程中都會被預約保留。在封包交換網路中，這些資源則不會被保留；處理行程的訊息會視需求使用資源，它也可能必須等待（亦即，在佇列中等待）以使用某條通訊連結。打一個簡單的比方，請想想兩間餐廳，其中一家需要訂位，另一家則不需要也不接受訂位。對於需要事先訂位的餐廳，在我們離開家之前，必須先打一通電話確認訂位。但是當我們抵達餐廳時，原則上，我們可以馬上有位置坐並可以開始點菜。對於不需要訂位的餐廳，我們則不需要麻煩地預留桌位。但是當我們抵達餐廳，在能夠有位置坐之前，我們可能必須等待空桌出現。

傳統的電話網路就是電路交換網路的例子。請想想當某人想透過電話網路傳送資訊（聲音或傳真）給另一人時，會發生什麼事情。在傳送者可以傳送資訊之前，網路必須先在傳送端和接收端之間建立連線。這是一種真正的連線，在傳送者與接收者之間路徑上的交換器，都會為此連線保持連通狀態。在電話業的術語中，此一連線稱作**迴路**（circuit）。當網路建立此一迴路時，在此次連線期間，它都會在網路連結上保留固定的傳輸速率（該速率是每一連結最大傳輸容量的一部分）。因為一固定的傳輸率已經被保留給這筆傳送端和接收端之間的連線，所以傳送端可以用受保障的固定速率傳輸資料給接收者。

圖 1.13 描繪了一組電路交換網路。在這個網路中，四具電路交換器以四道連結相連在一起。這些連結每道都有 4 條迴路，因此每道連結可以同時支援 4 筆連線。主機（例如 PC 和工作站）各自直接連接到其中一台交換器。當兩台主機想要進行通訊時，網路會在兩台主機之間建立一筆專用的**端點到端點連線**（end-to-end connection）。因此，為了讓主機 A 能夠傳送訊息給主機 B，網路必須先在這兩道連結上各保留一條迴路。在這個範例中，該專用的端點到端點連線使用第一個連結的第二個迴路和第二個連結的第四個迴路。因為每道連結都有 4 條迴路，對這筆端點到端點連線所使用到的每道連結而言，在該筆連線期間，該筆連線只得到該連結頻寬的 1/4。因此，舉例來說，假如在相鄰交換器之間的連結有 1 Mbps 的傳輸率，那麼每一條端點到端點電路交換連線會有 250 kbps 的固定傳輸率。

相對的是，考慮一台主機想要透過封包交換網路傳送一個封包到另外一台主機其間所會發生的事情，如網際網路。就像電路交換一樣，封包也會經由一連串的通

訊連結進行傳遞。但和電路交換不同的是，這回封包要進入的網路並沒有預約保留任何的連接資源。如果其中有某條連結因為同時也有其他封包要在該條連結上傳輸而導致壅塞，則我們的封包必須在該條傳輸連結傳送端的緩衝區中等待，而因此遭到延遲。網際網路會盡可能地即時傳送封包，但是它不提供任何保障。

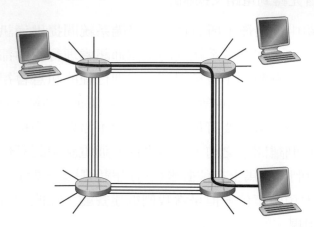

圖 1.13　包含四具交換器與四道連結的簡單電路交換網路

◎ 電路交換網路的多工

連結中的迴路可以利用**分頻多工**（**frequency-division multiplexing，FDM**）或**分時多工**（**time-division multiplexing，TDM**）來實作。使用 FDM，連結的頻譜會被分配給該道連結上建立的連線。更具體地說，該道連結會在連線期間提供專用的頻帶給每一筆連線。在電話網路中，此一頻帶的寬度通常是 4 kHz（意即 4,000 赫茲或每秒 4,000個週期）。不意外地，頻帶的寬度就稱為**頻寬**（**bandwidth**）。FM 廣播電台使用的也是 FDM，以共用 88 MHz 到 108 MHz 之間的頻譜，其中每個電台都會被配給一個指定的頻帶。

TDM 的連結會將時間切分成固定長度的時框（frame），每個時框再切分成固定數目的時槽（time slot）。當網路在連結上建立連線時，網路就會在每個時框中分配一個專用的時槽給該筆連線。這些時槽只供該筆連線專用，我們可以使用一個時槽（在每個時框中）來傳送該筆連線的資料。

圖 1.14 描繪了最多支援四道迴路的特定網路連結的 FDM 與 TDM。對於 FDM而言，頻域（frequency domain）會被分割成四個頻帶，每個頻帶的頻寬都是 4 kHz。對於 TDM 而言，時域（time domain）會被分割成時框，每個時框有四個時槽；在循環式的 TDM 時框中，每道迴路都會被分配到同一個專用的時槽。對於 TDM 而言，迴路的傳輸速率等於時框速率乘以一個時槽中的位元數。例如，假使連結每秒傳送8,000 個時框，每個時槽包含 8 個位元，則迴路的傳輸速率就是 64 kbps。

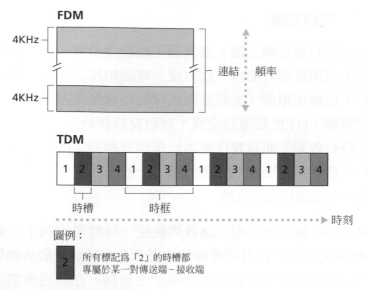

圖 1.14　使用 FDM，每道迴路都會持續取得一部分的頻寬。使用 TDM，每道迴路會在短暫的時間週期中（亦即在時槽中），週期性地取得全部的頻寬

　　封包交換的擁護者總是批評電路交換很浪費，因為專用迴路在**沈靜期**（**silent period**）會處於閒置狀態。舉例來說，當一個人在電話中停止講話時，閒置的網路資源（位於該筆連線路由上各道連結的頻帶或時槽）沒有辦法由其他正在進行的連線所使用。讓我們看看另一個資源可能處於低使用率的例子，請想想一個放射線研究人員使用電路交換網路來取得遠端一系列的 X 光照片。放射線研究人員建立一筆連線，取得一張照片，仔細觀察該張照片，然後再請求一張新的照片。網路資源會被分配給該筆連線，但是當放射研究人員沈思時，這些資源並未被使用（也就是說，浪費掉了）。封包交換的擁護者也樂於指出，建立一條端點到端點的迴路，以及保留端點到端點的頻寬是一件複雜的事情，需要複雜的訊號軟體來協調端點到端點間路徑上交換器的運作。

　　在我們結束電路交換的討論之前，讓我們計算一個跟數值有關的範例，以便更深入瞭解這個主題。讓我們考慮在電路交換網路中，從主機 A 傳送 640,000 位元的檔案到主機 B，需要多少時間。假設這個網路中所有的連結都使用具有 24 個時槽的 TDM，且位元傳輸率為 1.536 Mbps。我們也假設主機 A 在可以開始傳送檔案之前，需要 500 毫秒的時間來建立一條端點到端點的迴路。傳送該檔案需要花多久時間？每條迴路的傳輸速率為 (1.536 Mbps) / 24 = 64 kbps，所以需要 (640,000 位元) / (64 kbps) = 10 秒來傳送該檔案。將這 10 秒加上建立迴路的時間，總共需要 10.5 秒來傳送這個檔案。請注意，傳輸時間與連結數目無關：無論端點到端點的迴路是經由一道連結或一百道連結，它的傳輸時間依然是 10 秒（實際的端點到端點延遲時間也包含傳播延遲；請參見第 1.4 節）。

◈ 封包交換較之於電路交換

在說明完電路交換和封包交換之後,讓我們來比較這兩者。封包交換的批評者經常會質疑封包交換不適用於即時服務(比方說,電話和視訊會議),因為其端點到端點延遲並不固定,也無法預測(主要是因為佇列延遲並不固定也無法預測)。封包交換的擁護者則辯稱:(1) 比起電路交換,封包交換提供更好的頻寬分享,並且 (2) 它比較簡單,比較有效率,而且實作成本比電路交換低。[Molinero-Fernandez 2002] 是一份比較封包交換與電路交換的有趣討論。一般而言,不喜歡事先向餐廳訂位的人,較為偏好封包交換勝於電路交換。

為什麼封包交換比較有效率呢?讓我們檢視一個簡單的例子。假設有許多使用者共用一道 1 Mbps 的連結。此外假設每位使用者會交替地處於活動期與非活動期,在活動期間使用者會固定以 100 kbps 的速率產生資料,在非活動期間則不會產生資料。進一步假設使用者只有百分之十的時間在活動(其他 90% 的時間則閒閒地在喝咖啡)。使用電路交換,不論何時,它必須永遠為使用者保留 100 kbps。例如,使用電路交換 TDM 時,如果一秒鐘的時框被分為 10 個 100 ms 的時槽,則每位使用者都會在每個時框裡被分配到一個時槽。

因此,此一電路交換連結只能夠同時支援 10(= 1 Mbps/100 kbps)位使用者。使用封包交換,特定使用者活動的機率是 0.1(也就是 10 %)。假使有 35 位使用者,則同時有 11 位或更多使用者正在活動的機率大約是 0.0004(習題 P8 會描述如何計算這個機率)。當同時只有 10 位以下使用者正在活動(發生的機率是 0.9996)時,資料的總到達速率小於等於 1 Mbps,亦即連結的輸出速率。因此,當正在活動的使用者少於等於 10 位時,通過該道連結的使用者封包流基本上不會有延遲現象,就像電路交換的情況一樣。當同時有多於 10 位使用者在活動時,封包的總到達速率便會超過連結的輸出容量,輸出佇列將會開始變長 (它會一直成長,直到總輸入速率降回低於 1 Mbps 為止,此時,佇列長度會開始縮短)。因為此例中同時有多於 10 位使用者在活動的機率非常小,所以封包交換所提供的效能幾乎等同於電路交換,但同時它卻能容許超過三倍以上的使用者數量。

現在讓我們考慮第二個簡單的例子。假設有 10 位使用者,其中某個使用者突然產生一千個 1,000 位元的封包,此時其他使用者仍然保持靜止而未產生封包。若使用每個時框 10 個時槽,每個時槽 1,000 位元的 TDM 電路交換,該位正在活動的使用者在每個時框中都只能夠使用自己的時槽來傳輸資料,同時時框內的其他 9 個時槽卻一直處於閒置狀態。在該位活動使用者的一百萬位元資料全都傳送出去之前,需要 10 秒鐘的時間。如果使用封包交換,該位活動使用者便能夠持續以 1 Mbps 的完整連結速率傳送封包,因為同時間並沒有其他使用者產生需要與該位活動使用者的

封包一起進行多工處理的封包。在這種情況下，所有該位活動使用者的資料在 1 秒內便能傳輸完畢。

上例說明了封包交換的效能會優於電路交換效能的兩種情況。這兩個例子也強調出這兩種在多重資料串流間共用連結傳輸速率的形式，彼此之間決定性的差異所在。電路交換不管需求為何，便會預先分配傳輸連結的使用，讓已被配置但是不被需要的連結時間閒置無用。另一方面來說，封包交換則會依需求來分配連結的使用。連結的傳輸容量是以逐封包為基礎進行共用，只有擁有封包需要透過該連結進行傳輸的使用者才能共用。

雖然封包交換和電路交換在今日的電信網路中都非常普遍，但趨勢肯定是朝著封包交換的方向走，今日甚至有許多電路交換電話網路，正緩慢地轉換為封包交換。特別是在昂貴的越洋電話部分，電話網路通常都會使用封包交換。

1.3.3　一群網路的網路

我們先前看過，終端系統（PC、智慧型手機、網頁伺服器、郵件伺服器等）會經由連線 ISP 連接到網際網路。連線 ISP 會提供有線或無線的連線能力，使用多種連線技術包括 DSL、纜線、FTTH、Wi-Fi 和行動電話。請注意連線 ISP 並不一定是一電信業者或是一纜線公司；反而，舉例來說，它可能是一所大學（為學生、教員和職員提供網際網路連線），或是一間公司（為它的員工提供網際網路連線）。但是把末端使用者和內容供應者連接上一個連線 ISP 只是完成「連接數十億末端系統之網際網路」此一拼圖的一小部分而已。為了完成這個拼圖，連線 ISP 它們本身也必須要相互的連接。這可由產生一群網路的一個網路來達成目的──了解這個術語是了解網際網路的關鍵。

經年累月地，構成網際網路之一群網路的網路已經演化成一個非常複雜的結構。造成此一演化其中許多的驅動力是經濟和國家政策，而不是效能考量。為了了解今日的網際網路架構，我們以逐步增加的方式建構一系列的網路架構，每一個新的架構會是現今複雜網際網路的一個更佳的近似。我們最後的目標是要把連線 ISP 相互的連接，使得所有的終端系統可以彼此地互送封包。一個天真的想法就是把每一個連線 ISP 直接地和每一個其他的連線 ISP 相連。當然，這樣的網絡設計實在是太花錢了，因為每一個連線 ISP 與全世界其他數十萬台連線 ISP 的每一台之間都要有一個個別的通訊連結。

我們的第一個網路架構，網路架構 1，把所有的連線 ISP 和單一一個全球轉運 ISP 相連。我們（想像的）全球轉運 ISP 是一個路由器和通訊連結的網路，它不僅擴展整個地球，在數十萬台連線 ISP 的每一台附近最少會有一具路由器。當然，要全球 ISP 建構一個如此龐大的網路是非常昂貴的。為了要獲利，很自然的它會對每一

個接上線的連線 ISP 收費，費用取決於（但是不一定是直接正比於）該連線 ISP 和全球 ISP 互換的資訊流量。因為連線 ISP 要付費給全球轉運 ISP，所以連線 ISP 被稱為是用戶（**customer**）而全球轉運 ISP 被稱為是**供應者**（**provider**）。

現在假如某一公司建構和營運一個全球轉運 ISP 而賺了錢，那麼很自然的其他的公司也會建構和營運他們自己的全球轉運 ISP 來和原來的那個全球轉運 ISP 瓜分市場。這導致出網路架構 2，該架構由數十萬台連線 ISP 和多個全球轉運 ISP 構成。連線 ISP 必然較喜歡網路架構 2 而非網路架構 1，因為現在它們可以在眾多相互競爭的全球轉運供應者之間挑出一個它們認為在服務和費率上的較佳者。然而，請注意全球轉運 ISP 它們本身必須相互連接：否則連接到某個全球轉運供應者的連線 ISP 就無法與連接到其他全球轉運供應者的連線 ISP 相互通訊了。

網路架構 2，剛剛描述的那一個，是一個兩層的層級架構，全球轉運供應者位於在高的那層而連線 ISP 位於在低的那層。這裡假設了全球轉運 ISP 不但有能力靠近每一個連線 ISP，而且如此做也不太花什麼錢。事實上，雖然某些 ISP 真的有令人驚艷的全球覆蓋率而且和許多的連線 ISP 直接相連接，但是沒有 ISP 會出現在世界的每一個城市中。真實的情況是，在任何給定的區域中，會有一個**地區**（**regional**）**ISP** 和在該區域中的連線 ISP 相連接。每一個地區 ISP 然後連接到**第一層**（**tier-1**）**ISPs**。第一層 ISP 類似我們前述（想像的）全球轉運 ISP；但是第一層 ISP，事實上是真的存在的，並沒有出現在世界的每一個城市中。大約有 12 個第一層 ISP，包括 Level 3 Communications、AT&T、Sprint 和 NTT。有趣的是，沒有任何集團正式承認自己提供的服務是第一層；俗話說的好——如果你還需要問自己是不是團體的一份子，那答案大概就是「不」。

回到這個網路群的網路，那兒不但有多個相互競爭的第一層 ISP，在一個區域中可能會有多個相互競爭的地區 ISP。在這樣的一個層級架構中，每一個連線 ISP 付費給它所連接的地區 ISP，而每一個地區 ISP 付費給它所連接的第一層 ISP（一個連線 ISP 也可以直接接到第一層 ISP，那麼它就要付費給它所連接的第一層 ISP 了）。因此，這個層級架構的每一層都有用戶－供應者關係。請注意第一層 ISP 不用付費給任何人，因為它們處於該層級架構的最頂端。更進一步地複雜化此一情況，在某些區域中，可能會有一個較大的地區 ISP（可能範圍佈及一整個國家），而在該區域中一些較小的地區 ISP 會連接到它；該較大的地區 ISP 然後連接到某第一層 ISP。舉例來說，在中國，在每一城市中會有一些連線 ISP，它們連結到省級 ISP，省級 ISP 再連接到國家級 ISP，國家級 ISP 最後再連接到第一層 ISP [Tian 2012]。我們把這種多層層級架構稱為網路架構 3，但是它仍然只是今日網際網路的一個粗略近似而已。

若要建構一個更接近於今日網際網路的網路，我們必須加入接續點（points of presence，PoPs）、多點上層連接（multi-homing）、對等（peer）和網際網路互換

點（Internet exchange points, IXPs）到網路架構 3 中。除了最底層（連線 ISP）之外，PoP 存在於層級架構的每一層之中。一個 **PoP** 簡單來說就是在供應者網路中由一個或多個路由器（在相同的地點）所構成的路由器群，用戶 ISP 可從那兒連接到供應者 ISP。用戶網路若要連接到某個供應者的 PoP，通常該用戶會向第三方電信業者租用一條高速連結，直接將它的某具路由器連接到位於該供應者之 PoP 的路由器。任一個 ISP（除了第一層 ISP 之外）可以選擇**多點上層連接**（**multi-home**），也就是說，連接到兩個或多個供應者 ISP。所以，舉例來說，一個連線 ISP 可以和兩個地區 ISP 做多點上層連接，或者它可以和兩個地區 ISP 做多點上層連接同時和一個第一層 ISP 連接。類似地，一個地區 ISP 可以和多個第一層 ISP 連接。當一個 IS 做多點上層連接時，就算它的其中一個供應者當機，它還是可以持續地對網際網路傳送和接收封包。

我們剛才提過，用戶 ISP 付費給它們的供應者 ISP 以得到全球網際網路的接取服務。用戶 ISP 要付給供應者 ISP 的費用多寡取決於它和供應者互換的資訊流量。為了要降低這些費用，一對鄰近具相同層級的 ISP 可以**對等**（**peer**），也就是說，它們可以直接地把它們的網路連接在一起，使得在它們兩者之間資訊流量可以透過該直接連線傳送而不用透過上層的媒介。當兩個 ISP 對等時，通常不用費用，也就是說，兩 ISP 它們不需付費用給彼此。如前所述，第一層 ISP 彼此之間對等，不用費用。關於對等點與用戶供應關係簡單易懂的討論，請參見 [Van der Berg 2008]。繼續我們的討論，一個第三方公司可以產生一個**網際網路互換點**（**Internet Exchange Point，IXP**），它是一個匯聚點，在那兒多個 ISP 可以一起彼此對等。IXP 通常在一棟獨立的大樓，有著它自己的交換器 [Ager 2012]。在今日網際網路中大約有超過 400 個 IXP [Augustin 2009]。我們稱此一生態系統——由連線 ISP、地區 ISP、第一層 ISP、PoP、多點上層連接、對等點和 IXP 所建構出之系統——為網路架構 4。

現在我們終於到達了網路架構 5，它描述了今日的網際網路。網路架構 5，如圖 1.15 所示，建構在網路架構 4 之上，但多了**內容供應者網路**（**content provider networks**）。Google 是目前這種內容供應者網路中的佼佼者。我們在寫本書時，據估計，Google 有 50 到 100 個資料中心，全球分布在北美洲、歐洲、亞洲、南美洲和澳洲。這些資料中心的某些內部有超過十萬台伺服器，而其他的資料中心較小，內部只有數百台伺服器。Google 資料中心全部是藉由 Google 其私有的 TCP/IP 網路連接在一起，它覆蓋整個地球，但仍然和公用的網際網路區隔開來。最重要的是，Google 私有網路只傳送 / 接收 Google 伺服器之間的流量。如圖 1.15 所示，Google 私有網路嘗試要「旁路化」網際網路的上層，策略為和較低層級的 ISP 對等（故免費），藉由直接連接到它們或是藉由在 IXP 處連接到它們 [Labovitz 2010]。然而，因為還有許多的連線 ISP 仍然只能透過第一層網路才能和它們連繫，所以 Google 網路

也連接到第一層 ISP，並付費給那些 ISP，因為還是有和它們互換資訊流量。藉由產生自己的網路，一個內容供應者不但能降低付給高層 ISP 的費用，也可以對其服務給末端使用者的內容有較大的控制能力。Google 網路的基礎架構會在 2.6 節做更為詳細的描述。

　　總地來說，今日的網際網路－一群網路的網路——是複雜的，由一打左右的第一層 ISP 和數十萬個較低層 ISP 所構成。ISP 所涵蓋的範圍不盡相同，有些橫跨數個大陸與海洋，有些則侷限在地表上的狹小區域中。較低層的 ISP 會連接到較高層的 ISP，較高層的 ISP 則會彼此相互連接。使用者和內容供應者都是較低層 ISP 的用戶，較低層 ISP 則是較高層 ISP 的用戶。在最近這幾年，大型的內容供應者也已經產生出它們自己的網路，並盡可能地直接地連接到較低層的 ISP。

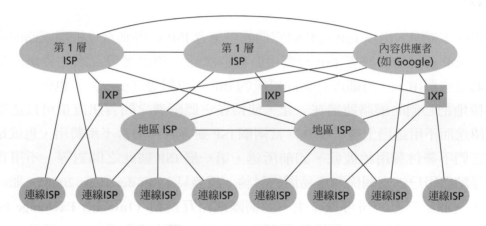

圖 1.15　ISP 的相互連接

1.4　封包交換網路的延遲、遺失與產出率

回顧 1.1 節，我們說過可以將網際網路視為某種基礎設施，提供服務給終端系統上執行的分散式應用程式。理想上，我們希望網際網路服務能夠在瞬間、不遺失任何資料地，在兩個終端系統之間搬移任何我們所需的資料量。天啊，這是個遠大的目標，是個現實中無法達成的目標。現實是，計算機網路必然會對終端系統間的產出率（每秒可傳輸的資料量）有所限制，必然會在終端系統間造成延遲，也真的會遺失封包。一方面來說，不幸的是現實的物理定律造成了延遲與遺失，以及產出率的限制。但另一方面來說，正因為計算機網路有這些問題，所以有許多迷人的議題環繞著如何處理這些問題——數量不僅足以填滿一堂關於計算機網路的課程，更能激發出數以百計的博士論文！在本節中，我們會開始檢視並量化計算機網路的延遲、遺失及產出率。

1.4.1　綜觀封包交換網路中的延遲

請回想一下，封包從某台主機（來源端）出發，經過一連串路由器，最後在另一台主機（目的端）結束它的旅程。當封包沿著這條路徑從一個節點（主機或路由器）移動到下一個節點（主機或路由器）時，它會在路徑上的各個節點遭遇到數種不同類型的延遲。這些延遲之中，最重要的就是**節點處理延遲**（**nodal processing delay**）、**佇列延遲**（**queuing delay**）、**傳輸延遲**（**transmission delay**）和**傳播延遲**（**propagation delay**）；這些延遲總計為**總節點延遲**（**total nodal delay**）。為了深入瞭解封包交換與計算機網路，我們必須瞭解這些延遲的本質和重要性。

◈ 延遲類型

讓我們來探索圖 1.16 情境中的這些延遲。作為來源端與目的端之間端點到端點路由的一部分，封包是從上游的節點送出，通過路由器 A 與路由器 B。我們的目標是分析路由器 A 的節點延遲特性。請注意，路由器 A 有一道向外連結朝向路由器 B。這道連結前端包含一個佇列（也稱為緩衝區）。當封包從上游節點抵達路由器 A 時，路由器 A 會檢查封包的標頭以判斷該封包適當的向外連結，然後將封包導向該連結。在此例中，封包的向外連結便是朝向路由器 B 的連結。只有當連結上沒有其他封包正在傳輸，而且佇列中沒有其他封包排在它前面時，封包才可以在連結上傳輸；如果連結目前處於忙碌狀態，或是有其他封包已在佇列中等待使用連結，新到來的封包便會加入到佇列中。

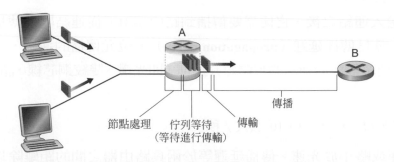

圖 1.16　路由器 A 的節點延遲

◈ 處理延遲

檢查封包標頭並判斷要將封包導向何處所需的時間，都是**處理延遲**（**processing delay**）的一部分。處理延遲也可能包含其他因素，例如，針對從上游節點傳送封包的位元，到路由器 A 時所發生的位元層級錯誤進行檢查所需的時間。高速路由器的處理延遲通常只有微秒量級或更短。在進行節點處理之後，路由器會將封包導向通往路由器 B 之連結前端的佇列（我們會在第四章詳盡地討論路由器的運作方式）。

◈ 佇列延遲

封包在佇列中等候被傳輸到連結上時，會經歷**佇列延遲**（queuing delay）。特定封包的佇列延遲長度，取決於之前抵達佇列等候傳輸通過連結的封包數量有多少而定。如果佇列是空的，也沒有其他封包正在傳輸，我們的封包佇列延遲就會是 0。另一方面來說，如果網路流量很大，而且有許多其他的封包也在等待傳輸，佇列延遲就會很長。我們馬上就會看到，封包抵達佇列時預期會看到的封包數量，是抵達該佇列的流量強度與流量性質的函數。在實際操作上，佇列延遲的量級可能是微秒到毫秒之間。

◈ 傳輸延遲

假設封包是以封包交換網路常見的方式，以先到先服務的策略進行傳輸，如此一來，只有在所有先抵達的封包都已經傳輸出去之後，我們的封包才能夠進行傳輸。我們將封包的長度標記為 L 位元，將從路由器 A 到路由器 B 的連結傳輸速率標記為 R bits/sec。比方說，對於 10 Mbps 的乙太網路連結而言，傳輸速率為 R = 10 Mbps；對於 100 Mbps 的乙太網路連結而言，傳輸速率則為 R = 100 Mbps。**傳輸延遲**（**transmission delay**）（如 1.3 節所討論的，也稱為儲存轉送延遲）就等於 L/R。也就是將全部的封包位元送入（亦即傳輸到）連結所需的時間量。在實際操作上，傳輸延遲的量級通常是微秒到毫秒之間。

◈ 傳播延遲

一旦位元被送入連結之後，它便需要傳播到路由器 B。從連結開端傳播到路由器 B 所需的時間，就是**傳播延遲**（**propagation delay**）。位元傳播的速率，等於連結傳播的速率。傳播速率取決於連結的實體媒介為何（即光纖、雙絞銅芯線，諸如此類等），其範圍為

$$2 \cdot 10^8 \text{公尺} / \text{秒 至 } 3 \cdot 10^8 \text{公尺} / \text{秒}$$

亦即等於光速或略小於光速。傳播延遲等於兩具路由器之間的距離除以傳播速率。也就是說，傳播延遲時間等於 d/s；其中 d 為路由器 A 到路由器 B 的距離，s 則是連結的傳播速率。一旦封包的最後一個位元傳播到節點 B，它和之前所有的封包位元都會被儲存在路由器 B 中。整個程序會繼續下去，但現在由路由器 B 來執行轉送。在廣域網路中，傳播延遲的量級為毫秒。

◈ 傳輸延遲和傳播延遲的比較

剛接觸計算機網路領域的人，有時會難以理解傳輸延遲和傳播延遲的差異。它們的差異很細微，但很重要。傳輸延遲指的是路由器將封包送出所需的時間；它是封包

長度和連結傳輸速率的函數，與兩具路由器之間的距離無關。另一方面來說，傳播延遲則是位元從一具路由器傳播至下一具路由器所需的時間；它是兩具路由器之間距離的函數，與封包的長度或連結傳輸速率無關。

打個比方可能會幫助你釐清傳輸延遲和傳播延遲的概念。請想想每隔 100 公里就有一個收費站的高速公路，如圖 1.17 所示。你可以將收費站之間的高速公路區段想像成連結，將收費站想像成路由器。假設車子以每小時 100 公里的速度行駛（亦即傳播）在高速公路上（也就是說，當車子離開收費站時，它會瞬間加速到時速 100 公里，並且在兩個收費站之間維持這個速度）。接著請假設有 10 輛車子以車隊的方式一起行駛，以固定的次序彼此跟隨。你可以將每輛車想像成一個位元，將車隊想像成一個封包。同時請假設每個收費站會以每 12 秒一輛的速率服務（亦即傳輸）車輛，並且假設現在是深夜，因此該車隊是高速公路上僅有的車輛。最後，假設每當車隊的第 1 輛車抵達收費站時，它會在入口等待其他 9 輛車到達，在它後面排成一排（因此，在整隊車隊開始轉送之前，必須先儲存在收費站）收費站將整隊車隊送上高速公路所需的時間為 (10 部車子)／(5 部車子／分鐘) = 2 分鐘。這個時間類似於路由器的傳輸延遲。1 輛車子從收費站開到下個收費站所需的時間為 100 公里／(100 公里／小時) = 1 小時。這個時間類似於傳播延遲。因此，從車隊「儲存」在收費站前面，一直到車隊「儲存」在下一個收費站前面，中間所經歷的時間，就是傳輸延遲和傳播延遲的總和——在這個例子中是 62 分鐘。

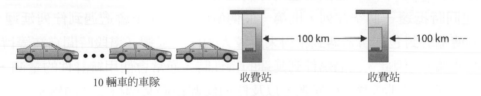

圖 1.17 車隊的比喻

讓我們進一步探討這個比喻。如果收費站服務一個車隊的時間，比車子在收費站之間行駛的時間還要長，會發生什麼事呢？舉例來說，假設現在車子以時速 1,000 公里的速度行駛，而收費站服務車子的速率是每分鐘一輛車。如此一來，收費站之間的行駛時間是 6 分鐘，服務一個車隊的時間則是 10 分鐘。在這種情況下，車隊中的前幾部車子會在車隊最後幾部車子離開第一個收費站前，就抵達第二個收費站。這種情形也會發生在封包交換網路中——封包的第一個位元抵達路由器的時候，可能還有許多其他的封包位元仍然在先前的路由器中等待傳輸。

如果一圖勝過千言，那一部動畫必然勝過百萬言。本書英文版的專屬網站提供了互動式的 Java applet，精采地描繪並比較了傳輸延遲與傳播延遲的差異。我們十分鼓勵讀者使用這個 applet。[Smith 2009] 對於傳輸延遲、傳播延遲和佇列延遲也提供了一個非常值得一讀的討論。

如果我們令 d_{proc}、d_{queue}、d_{trans} 和 d_{prop} 分別代表處理、佇列、傳輸、和傳播延遲，則總節點延遲便等於

$$d_{nodal} = d_{proc} + d_{queue} + d_{trans} + d_{prop}$$

這些延遲因素的成分比例變動很大。比方說，我們可以忽略連接同個大學校園內兩具路由器之連結的 d_{prop}（例如幾微秒）；然而，對於兩具由同步衛星連結相連的路由器而言，d_{prop} 則為數百毫秒，可能是 d_{nodal} 的主要部分。同樣地，d_{trans} 的長度也可能從可以忽略不計到影響重大。對於 10 Mbps 以上的傳輸速率而言（例如，對 LAN 而言），d_{trans} 通常可以忽略；然而，當大型的網際網路封包傳送通過低速的撥接數據機連結時，它可以達到幾百毫秒。處理延遲 d_{proc} 通常可以忽略；然而，它會強烈影響路由器的最大產出率，亦即路由器能夠轉送封包的最大速率。

1.4.2　佇列延遲與封包遺失

節點延遲中最複雜也最有趣的成分，就是佇列延遲，d_{queue}。事實上，佇列延遲在計算機網路中是如此重要又有趣，以致於有數千篇論文和大量的書籍在撰寫這個主題 [Bertsekas 1991；Daigle 1991；Kleinrock 1975, 1976；Ross 1995]！關於佇列延遲，此處我們只會提供一個高階而直覺性的討論；好奇心比較強的讀者也許會想要瀏覽一些書籍（甚至最終寫了一篇關於這個主題的博士論文！）。與其他三種延遲（即 d_{proc}、d_{trans} 和 d_{prop}）不同，每個封包的佇列延遲可能都會有所差異。舉例來說，如果 10 個封包同時抵達一個空佇列，則第一個傳輸的封包並不會遭遇到佇列延遲，然而最後一個傳輸的封包卻會遭遇到相對來說較大的佇列延遲（這段時間它在等待其他 9 個封包的傳輸）。因此，在描繪佇列延遲的特性時，通常會使用統計性的量測，例如：平均佇列延遲、佇列延遲的變異數，以及佇列延遲超過某個特定值的機率。

佇列延遲何時較大，何時又不顯著呢？問題的答案取決於資料流抵達佇列的速率、連結的傳輸速率、以及抵達之資料流的性質；也就是說，資料流是週期性地到達，或突然爆量地到達。為了獲得一些深入的瞭解，我們令 a 表示封包到達佇列的平均速率（a 的單位是封包／秒）。請回想一下，R 為傳輸速率；也就是說，它是位元從佇列送出的速率（單位為位元／秒）。為了簡化，請同時假設所有的封包都包含 L 位元。如此一來，位元抵達佇列的平均速率便是 La 位元／秒。最後，假設該佇列非常大，所以基本上它可以存放無窮多位元。比值 La/R 稱為**流量強度（traffic intensity）**，通常在估算佇列延遲的程度中扮演著重要的角色。如果 $La/R > 1$，則位元抵達佇列的平均速率將會超過位元可以從佇列送出的速率。在這種不幸的情形下，佇列可能會無止盡的增長，而佇列延遲將會趨近於無窮大！因此，流量工程的其中一項黃金守則就是：設計你的系統，使得它的流量強度不會大於 1。

現在請考慮 $La/R \le 1$ 的情況。此時，抵達之資料流的性質，將會對於佇列延遲有所影響。比方說，如果封包是週期性地到達——也就是說，每 L/R 秒就會有一個封包到達——則每個封包抵達的都是空佇列，因此不會有佇列延遲。另一方面來說，如果封包是爆量到達而不是週期性地到達，就會有顯著的平均佇列延遲。舉例來說，假設每隔 $(L/R)N$ 秒就會有 N 個封包同時到達。如此一來，第一個傳輸的封包不會有佇列延遲；第二個傳輸的封包會有 L/R 秒的佇列延遲；更一般性地說，第 n 個傳送的封包會有 $(n-1)L/R$ 秒的佇列延遲。我們將它留作習題，讓你來計算此例中的平均佇列延遲。

上述兩個週期性到達的例子有點偏於理論。通常，封包抵達佇列的過程是隨機的；也就是說，封包的抵達並不會遵循任何固定模式，間隔時間也是隨機的。在更實際的狀況下，量值 La/R 通常並不足以完整描述佇列延遲的統計特性。不過，對於佇列延遲的程度有直覺性的認知，還是有用處的。明確的說，如果流量強度趨近於零，則封包的抵達會很少而且間隔很遠，抵達佇列的封包也不太可能發現佇列中還有其他封包存在。因此，平均佇列延遲將會趨近於零。另一方面來說，當流量強度接近於 1 時，有些時間區段的抵達速率將會超過傳輸容量（源於封包抵達速率的變動），在這些時間區段中佇列將會形成；當抵達速率低於傳輸容量時，佇列的長度就會消減。不過，隨著流量強度趨近於 1，佇列的平均長度會越來越長。圖 1.18 顯示出平均佇列延遲對於流量強度的定性相依。

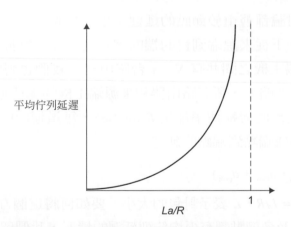

平均佇列延遲

La/R

1

圖 1.18　平均佇列延遲與流量強度的相依性

圖 1.18 的一個重要觀點是，事實上當流量強度接近於 1 時，平均佇列延遲將會急遽地增加。在強度上小比例的增加，將造成延遲時間在比例上多增加許多。或許你已經在高速公路上體驗過這種現象。如果你慣於在經常壅塞的道路上開車，道路經常壅塞的事實意味著它的流量強度接近於 1。如果某些事件造成交通流量比平常還要大一點點，你所遭遇到的延遲可能會非常巨大。

　　為了真切地好好感受一下到底什麼是佇列延遲，我們再次鼓勵你拜訪本書英文版的專屬網站，它提供了一個關於佇列的互動式 Java applet。如果你將封包的抵達速率設定得夠高，使流量強度超過 1，你就會看到佇列漸漸地隨時間建立起來。

◈ 封包遺失

在上述討論中，我們假設佇列能夠存放無限量的封包。在現實中，連結前端的佇列容量有限，雖然佇列的容量嚴重取決於路由器的設計和成本。因為佇列容量有限，所以當流量強度接近於 1 時，封包延遲並不會真的逼近無限大。反之，封包在抵達時可能會發現一個已經滿載的佇列。由於沒有空間可以存放這樣的封包，路由器將會丟棄（drop）該封包；也就是說，該封包將會遺失（lost）。當流量強度大於 1 時，這種佇列的溢位同樣可以在關於佇列的 Java applet 中見到。

　　從終端系統的觀點來看，封包遺失看起來就像是封包被傳入網路的核心，卻再也沒有從網路中出現在目的端。遺失的封包比例會隨著流量強度的增加而增加。因此，節點的性能通常不會只用延遲時間來量測，同樣也會使用封包遺失的機率來測量。正如我們會在後續章節中討論的，遺失的封包可能會以端點到端點的基礎被重新傳輸，以確保所有的資料最終都會從來源端被傳送到目的端。

1.4.3　端點到端點延遲

到目前為止我們的討論都著重於節點的延遲；也就是說，單獨一具路由器的延遲。現在讓我們來考量一下從來源端到目的端的總延遲。為了掌握這個概念，請假設在來源端主機與目的端主機之間共有 $N - 1$ 台路由器。我們也暫時假設網路是暢通的（因此佇列延遲可以忽略），所有路由器和來源端主機的處理延遲都是 d_{proc}，所有路由器和來源端主機送出的傳輸速率都是 R bits/sec，每道連結的傳播延遲都是 d_{prop}。節點的延遲會累積形成端點到端點的延遲，

$$d_{end\text{-}end} = N (d_{proc} + d_{trans} + d_{prop})$$

其中，同樣地，$d_{trans} = L/R$，L 表示封包的大小。要如何將這個方程式一般化到各節點的延遲有所差異，以及各節點都有平均佇列延遲的情形，我們留給你自行推導。

◈ Traceroute

為了親自感受計算機網路的端點到端點延遲，我們可以利用 Traceroute 程式。Traceroute 是一個簡單的程式，可以在任何網際網路主機上執行。當使用者指定某個目的端主機名稱時，來源端主機上的程式會往目的端送出多個特殊的封包。當這些封包努力往目的端前進時，它們會經過一連串的路由器。當路由器收到這些特殊封包的其中一個時，它會回傳給來源端一個簡短的訊息，包含該路由器的名稱與位址。

更明確地說，假設來源端與目的端之間有 $N-1$ 台路由器。則來源端會將 N 個特殊的封包送到網路中，每個封包都定址向最終的目的端。這 N 個特殊的封包會被標註為 1 到 N，其中第一個封包標註為 1，最後一個封包標註為 N。當第 n 具路由器收到標註為 n 的第 n 個封包時，這具路由器並不會將該封包轉送往目的端，而是會傳回一個訊息給來源端。當目的端主機接收到第 N 個封包時，它也會傳回一個訊息給來源端。來源端會記錄下送出封包與收到相應的回傳訊息之間所消耗的時間；它也會記錄下回傳訊息的路由器（或目的主機）名稱及位址。以此方式，來源端便可以重建封包從來源端流動到目的端的路由，也可以判斷出與所有中介路由器之間的來回延遲時間。實際上，Traceroute 會重複剛才所描述的實驗三次，所以來源端實際上會往目的端送出 $3 \cdot N$ 個封包。RFC 1393 對於 Traceroute 有詳盡的描述。

此處是一個 Traceroute 程式的輸出範例，其追蹤的路由是從來源端主機 gaia.ts.umass.edu（位於麻州大學）到主機 cis.poly.edu（位於布魯克林的紐約理工大學）。程式的輸出共有六欄：第一欄是上述的 n 值，也就是路由上的路由器編號；第二欄是路由器的名稱；第三欄是路由器的位址（格式為 xxx.xxx.xxx.xxx）；最後三欄則是三次實驗的來回延遲時間。假設來源端從任何一個路由器收到的訊息少於三個（源於網路中的封包遺失），Traceroute 會在路由器編號後頭加上一個星號，告知該路由器的來回時間少於三次。

```
1  cs-gw (128.119.240.254) 1.009 ms 0.899 ms 0.993 ms
2  128.119.3.154 (128.119.3.154) 0.931 ms 0.441 ms 0.651 ms
3  -border4-rt-gi-1-3.gw.umass.edu (128.119.2.194) 1.032 ms 0.484 ms 0.451 ms
4  -acr1-ge-2-1-0.Boston.cw.net (208.172.51.129) 10.006 ms 8.150 ms 8.460 ms
5  -agr4-loopback.NewYork.cw.net (206.24.194.104) 12.272 ms 14.344 ms 13.267 ms
6  -acr2-loopback.NewYork.cw.net (206.24.194.62) 13.225 ms 12.292 ms 12.148 ms
7  -pos10-2.core2.NewYork1.Level3.net (209.244.160.133) 12.218 ms 11.823 ms 11.793 ms
8  -gige9-1-52.hsipaccess1.NewYork1.Level3.net (64.159.17.39) 13.081 ms 11.556 ms 13.297 ms
9  -p0-0.polyu.bbnplanet.net (4.25.109.122) 12.716 ms 13.052 ms 12.786 ms
10 cis.poly.edu (128.238.32.126) 14.080 ms 13.035 ms 12.802 ms
```

在上列執行蹤跡中，來源端與目的端之間共有 9 台路由器。這些路由器大部分都有名稱，並且全部都有位址。例如，路由器 3 的名稱是 `border4-rt-gi-1-3.gw.umass.edu`，位址則是 `128.119.2.194`。請注意同一具路由器所提供的資料，我們看到來源端到此路由器之間三次來回延遲時間試驗的第一次為 1.03 毫秒。接著兩次來回延遲分別為 0.48 和 0.45 毫秒。這些來回延遲包含方才所討論的所有延遲，包括傳輸延遲、傳播延遲、路由器處理延遲以及佇列延遲。因為佇列延遲會隨時間而變動，送往路由器 n 的封包 n 其來回延遲時間，可能有時會長於送往路由器 $n+1$ 的封包 $n+1$ 的來回延遲時間。事實上，我們在上例中便可以觀察到這個現象：到路由器 6 的延遲時間長於到路由器 7 的延遲時間！

想要自己試試 Traceroute 嗎？我們**強烈**建議你拜訪 http://www.traceroute.org，這個網站提供了一個網頁介面，裡面包含一份可供你進行路由追蹤的大量來源端列表。你可以選擇其中一個來源端，然後提供任何目的端主機名稱。接著，這個 Traceroute 程式便會執行所有的工作。有一些免費軟體提供圖形介面的 Traceroute；其中一個我們的最愛是 PingPlotter [PingPlotter 2016]。

◈ 終端系統、應用程式與其他延遲

除了處理、傳輸與傳播延遲外，終端系統中還可能有其他顯著的延遲。舉例來說，一個想要傳輸封包到共用媒介（例如在 WiFi 或纜線數據機的情境）的終端系統，源於要與其他終端系統共用媒介，其協定中的某些規定可能會令其蓄意延遲其傳輸；我們會在第六章詳盡考量這類協定。另一種重要的延遲是媒介的封包化延遲，這種延遲會出現在網路電話（Voice-over-IP，VoIP）的應用中。在 VoIP 中，傳送端在將封包交給網際網路之前，必須先用編碼後的數位化語音填滿封包。這個填滿封包所需的時間——稱作封包化延遲——可能會很嚴重，而且會影響到 VoIP 通話使用者所感受到的品質。這個議題會在章末的習題中更進一步地加以探討。

1.4.4　計算機網路的產出率

除了延遲與封包遺失外，計算機網路另一項關鍵的效能量測標準，便是端點到端點的產出率。要定義產出率，請思考一下從主機 A 跨越計算機網路傳輸一個大型檔案給主機 B。這筆傳輸可能是，比方說，在 P2P 檔案分享系統中，從一個對等點傳輸一個龐大的影片片段到另一個對等點。任一片刻的**瞬間產出率**（**instantaneous throughput**）等於主機 B 接收到該檔案的速率（以 bits/sec 表示）（有許多應用程式，包括許多 P2P 檔案分享系統，會在使用者介面上顯示出下載時的瞬間產出率——或許你之前就觀察到這件事了！）。如果該檔案包含 F 位元，而在該筆傳輸中主機 B 要花 T 秒來接收全部 F 位元，如此一來該筆檔案傳輸的**平均產出率**（**average throughput**）就等於 F/T bits/sec。對某些應用，比如網際網路電話來說，極需低延遲時間，以及瞬間產出率持續高於某個門檻（例如，對某些網際網路電話應用來說是超過 24 kbps，對某些即時影像應用來說則是超過 256 kbps）。對其他應用來說，包括與檔案傳輸相關的應用，延遲並非關鍵因素，重點是要盡可能地得到最高的產出率。

　　要對產出率的重要概念有更深入的理解，讓我們考量一些例子。圖 1.19 (a) 顯示了兩具終端系統，一個伺服器跟一個用戶端，由兩道通訊連結及一具路由器相連。請考量某筆從伺服器到用戶端的檔案傳輸產出率。令 R_s 表示伺服器與路由器之間的連結速率；R_c 表示路由器與用戶端之間的連結速率。假設整個網路中唯一在傳送的位元只有從該伺服器到該用戶端的。現在我們要問的是，在這個理想情境中，伺服

器到用戶端的產出率為何？為了回答此一問題，我們可以把位元想像成水流，通訊連結則想像成水管。顯然，伺服器無法使用高於 R_s bps 的速率透過其連結注入位元；路由器也無法使用高於 R_c bps 的速度轉送位元。如果 $R_s < R_c$，則伺服器所注入的位元會直接「流」過路由器，並且以 R_s bps 的速率抵達用戶端，得到 R_s bps 的產出率。另一方面來說，如果 $R_c < R_s$，則該路由器就無法用跟接收位元一樣快的速率將位元轉送出去。在此情況下，位元只會以速率 R_c 離開該路由器，得到 R_c 的端點到端點產出率（此外也請注意，如果位元持續以速率 R_s 抵達路由器，並且持續以速率 R_c 離開路由器，則路由器累積等待傳輸給用戶端的位元數會增加又增加——這是我們最不希望看到的情形！）。因此，對於這個簡單的雙連結網路來說，其產出率為 $\min\{R_c, R_s\}$，也就是說，等於**瓶頸連結（bottleneck link）**的傳輸速率。在判斷出產出率之後，現在我們便可以估算出從伺服器傳輸一個 F 位元的大型檔案到用戶端所花的時間為 $F/\min\{R_s, R_c\}$。舉一個具體的例子，假設你正在下載一個 $F = 32$ 百萬位元的 MP3 檔案，伺服器的傳輸速率為 $R_s = 2$ Mbps，你的連線連結則是 $R_c = 1$ Mbps。如此一來傳輸該檔案所需的時間便是 32 秒。當然，這些產出率和傳輸時間的運算式都只是近似值，因為它們並未考慮到封包層級跟協定的相關議題。

現在圖 1.19 (b) 描繪出一個在伺服器與用戶端之間擁有 N 道連結的網路，這 N 道連結的傳輸速率分別為 R_1、R_2、$\cdots$、R_N。運用跟雙連結網路相同的分析方式，我們發現從伺服器到用戶端的檔案傳輸產出率為 $\min\{R_1, R_2, \cdots, R_N\}$，同樣是伺服器到用戶端路徑上瓶頸連結的傳輸速率。

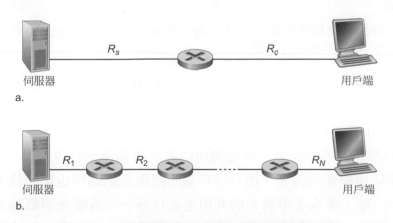

圖 1.19　從伺服器到用戶端的檔案傳輸產出率

現在請想想另一個由今日的網際網路所引發的例子。圖 1.20 (a) 顯示了兩具終端系統，一台伺服器與一台用戶端，連接到一個計算機網路。請考量從伺服器到用戶端的檔案傳輸產出率。該具伺服器使用一條速率為 R_s 的連線連結連接到該網路，用戶端則使用一條速率為 R_c 的連線連結連接到該網路。現在假設在該通訊網路核心的所有連結都有非常高的傳輸速率，遠高於 R_s 跟 R_c。實際上，今日的網際網路核心確

實都配有高速的連結，鮮少遇到壅塞情形。同時，請假設整個網路所傳送的位元只有從該台伺服器到該台用戶端的那些。因為在此例中，計算機網路的核心就像一根大水管，所以，位元從來源端流動到目的端能夠達到的速率同樣是 R_s 跟 R_c 的最小值，亦即產出率 = $\min\{R_s, R_c\}$。因此，今日網際網路產出率的限制因素，通常是連線網路。

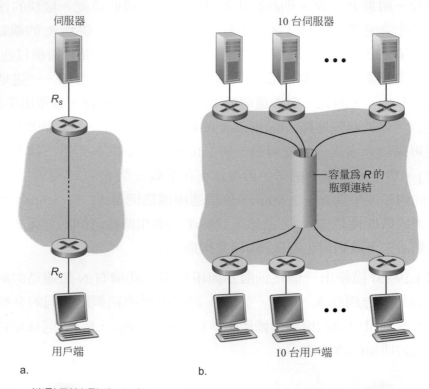

圖 1.20　端點到端點產出率：(a) 用戶端從伺服器下載檔案；(b) 10 台用戶端從 10 台伺服器進行下載

作為最後的例子，請考量圖 1.20 (b)，其中有 10 台伺服器與 10 台用戶端連接到計算機網路的核心。在此例中，有 10 筆下載同時在發生，牽涉到 10 對用戶端及伺服器。假設這 10 筆下載是同時間內該網路僅有的資料流。如圖所示，核心內有一道 10 筆下載全部都會經過的連結。令這個連結 R 的傳輸速率為 R。讓我們假設所有伺服器的連線連結速率都同為 R_s，所有用戶端的連線連結速率也都同為 R_c，而核心中所有的連結——除了那條速率為 R 的共用連結以外——傳輸速率都遠大於 R_s、R_c 與 R。現在我們要問，這些下載的產出率為何？很明顯地，如果共用連結的速率 R 很大的話——比方說，是 R_s 跟 R_c 的數百倍——如此一來，各筆下載的產出率同樣是 $\min\{R_s, R_c\}$。然而，如果共用連結的速率跟 R_s 和 R_c 屬於同一量級的話呢？這種情況下的產出率為何？讓我們看一個明確的例子。假設 R_s = 2 Mbps，R_c = 1 Mbps，R = 5 Mbps，而共用連結會將其傳輸速率平分給 10 筆下載。如此一來，各筆下載的瓶頸就不再是連線網路，而變成了核心內的共用連結，它只提供每筆下載 500 kbps 的產出率。因此，現在每筆下載的端點到端點產出率減少到 500 kbps。

　　圖 1.19 與圖 1.20 (a) 的例子顯示出產出率取決於資料流經之連結的傳輸速率。我們發現，在沒有其他資料流介入時，產出率可以簡單地近似為來源端與目的端之間路徑上的最小傳輸速率。圖 1.20 (b) 的例子顯示出在較為一般性的情況下，產出率不只取決於路徑沿線上連結的傳輸速率，也取決於介入的資料流量。特別是，如果有其他許多資料流也會通過該連結的話，擁有高傳輸速率的連結仍有可能變為檔案傳輸的瓶頸連結。我們會在習題與後續章節中更為詳盡地檢視計算機網路的產出率。

1.5　協定層級與其服務模型

從截至目前為止的討論可以看出，網際網路顯然是極度複雜的系統。我們已經看過網際網路包含許多部分：眾多應用程式與協定、各式各樣的終端系統、封包交換器以及多種連結層的媒介。面對這樣龐雜的情形，我們是否有希望釐清網路的架構，或者至少釐清我們關於網路架構的討論？幸運地，這兩個問題的答案都是肯定的。

1.5.1　分層式架構

在開始嘗試整理我們對於網際網路架構的想法之前，先讓我們看一個跟人有關的比喻。實際上，在日常生活中，我們總是在應付複雜的系統。比方說，請想像一下如果有某人要你描述一下航空系統。你要如何找到某種架構來描述這個複雜系統？這個系統包括售票代理商、行李託運員、登機門管理員、機長、飛機、飛航管制、以及管理飛機航線的全球性系統！其中一種描述這個系統的方法，可能是描述當你搭乘某家航空時，所需採取的一連串動作（或其他人為你採取的動作）。你購買你的機票、託運你的行李、走向登機門、最後搭上飛機。飛機起飛，然後飛往目的地。飛機著陸之後，你從登機門下機，然後取回你的行李。如果你對該趟旅程不滿意，你可以向售票代理商抱怨該次航班（不過你的努力不會有任何成果）。此一情境如圖 1.21 所示。

圖 1.21　搭乘飛機：行動

　　我們已經可以看到一些跟計算機網路類似的地方：你正被航空公司從出發地送往目的地；在網際網路中封包則從來源端主機被送往目的端主機。不過這並不是我們正在尋找的相似處。我們所尋找的是圖 1.21 中的某種架構。請檢視圖 1.21，我們注意到兩側都有票務功能；對於已購票的乘客還有行李功能，而對於已購票且已託運行李的乘客，則有登機門的功能。對於已經通過登機門的旅客（也就是指已購票、託運過行李、也已通過登機門的乘客），則會有起飛和著陸功能，飛行時則會有飛機巡航的功能。這點提醒我們，可以用水平的方式來審視圖 1.21 中的功能，如圖 1.22 所示。

　　圖 1.22 將航空功能分成幾個層級，提供一個我們可以藉之來討論航空旅程的架構。請注意各個層級，結合其下的層級，都實作了某種功能，某項服務。在票務與其下的層級，旅客已經完成從航空櫃檯到航空櫃檯的轉移。在行李與其下的層級，旅客已經完成行李託運到行李取回的轉移。請注意，行李層級只為已購票的旅客提供服務。在登機門層級中，旅客和行李都已經完成出境門到入境門的轉移。在起降層級中，旅客和其行李也已經完成跑道到跑道的轉移。每一層都提供各自的服務，藉由 (1) 在該層內執行某些動作（例如，旅客會在登機門層級登機和下機），以及 (2) 使用其正下方層級的服務（例如，登機門層級會利用起降層級的跑道到跑道轉移服務）。

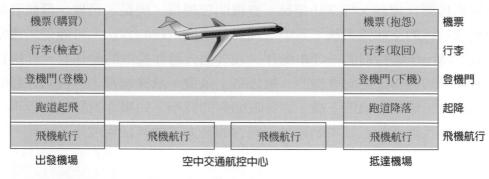

機票(購買)			機票(抱怨)	機票
行李(檢查)			行李(取回)	行李
登機門(登機)			登機門(下機)	登機門
跑道起飛			跑道降落	起降
飛機航行	飛機航行	飛機航行	飛機航行	飛機航行

出發機場　　　　　　空中交通航控中心　　　　　　抵達機場

圖 1.22　航空功能的水平分層

　　分層式架構讓我們可以討論龐雜系統中，具備完善定義的特定部分。這種簡化方式本身就相當具有價值，因為它提供了模組化的能力，讓我們可以輕易許多地修改層級所提供的服務實作方式。只要該層級仍然提供相同的服務給其上層，並使用其下層所提供的相同服務，則當某一層級的實作改變時，系統的其他部分仍然可以維持不變（請注意，改變服務的實作方式與改變服務，兩者大不相同！）。例如，如果登機門的功能改變了（舉例來說，按身高不同讓旅客登機和下機），航空系統的其餘部分仍然維持不變，因為登機門層級依然提供相同的功能（讓旅客登機和下機）；在改變之後，它只是使用不同的方式來實作該功能而已。對於龐雜且經常更

新的系統而言，能夠改變服務的實作方式而不影響系統的其他元件，是分層的另一項重要優點。

◈ 協定分層

關於航空的事情說得夠多了，現在讓我們將焦點轉向網路協定。為了提供設計網路協定的架構，網路設計者將協定——以及實作這些協定的網路軟硬體——整理成多個**層級**（layer）。每個協定都屬於某個層級，就像圖 1.22 航空架構中的每種功能都屬於某個層級。同樣地我們也關注於層級提供給其上一層級的**服務**（service）——所謂層級的**服務模型**（service model）。就如同航空的例子一般，每個層級都會透過 (1) 在該層內執行某些動作，以及 (2) 使用其下一層級所提供的服務，來提供其服務。比方說，第 n 層所提供的服務包括將來自網路某一邊的訊息可靠地傳遞給另一邊。我們可能會使用第 $n-1$ 層不可靠的邊際到邊際訊息傳遞服務，加上第 n 層偵測並重傳遺失訊息的功能，來實作這項服務。

協定層級可以用軟體、硬體、或同時使用兩者來實作。應用層的協定——例如 HTTP 和 SMTP——幾乎都是以終端系統上的軟體來實作；傳輸層協定也是如此。因為實體層和資料連結層要負責掌控特定連結上的通訊，它們一般會實作在跟該連結相連的網路介面卡上（例如乙太網路或 WiFi 介面卡上）。網路層通常會結合硬體和軟體來實作。此外也請注意，就像在分層的航空架構中，功能是傳布在構成系統的各座機場與航控中心一樣，第 n 層的協定也是散佈在各終端系統、封包交換器以及其他構成網路的元件裡。也就是說，這些網路元件通常每個都會包含第 n 層協定的一小部分。

協定分層有其概念和結構上的優點 [RFC 3439]。如我們所見，分層可以提供結構化的途徑來討論系統元件。模組化讓我們更易於更新系統元件。然而，我們也得一提，有些研究者和網路工程師極力反對分層 [Wakeman 1992]。分層的潛在缺點之一，就是某一層的功能有可能和較低層的功能雷同。例如，許多協定堆疊都提供了以個別連結為基礎的，以及以端點到端點為基礎的錯誤復原機制。第二種潛在的缺點是某一層的功能可能需要某一種只出現在另外一層的資訊（例如時間戳記值）；這與各層級相互獨立的目標是相違的。

總體來說，各層級的協定合稱為**協定堆疊**（protocol stack）。網際網路的協定堆疊包含五層：實體層、連結層、網路層、傳輸層與應用層，如圖 1.23 (a) 所示。如果你檢視本書的目錄，便會發現我們大致上就是利用網際網路協定堆疊的層級來編排本書。我們採取**由上而下的方法**（top-down approach），先討論應用層，然後再往下進行。

a. 五層的網際網路
　協定堆疊

b. 七層的-ISO OSI
　參考模型

圖 1.23　網際網路協定堆疊 (a) 與 OSI 參考模型 (b)

◈ 應用層

應用層是網路應用程式與其應用層協定的棲身之所。網際網路的應用層包含許多協定，例如 HTTP 協定（供網頁文件的請求與傳輸使用）、SMTP（供電子郵件訊息的傳輸使用），以及 FTP（供兩具終端系統間的檔案傳輸使用）。我們會發現，某些網路功能，例如將網際網路終端系統人性化的名稱如 www.ietf.org 轉譯成 32 位元的網路位址，也是藉助特殊的應用層協定來完成的，亦即域名系統（domain name system，DNS）。我們會在第二章看到，要建立並施行我們自己的新應用層協定非常容易。

　　一個應用層協定會傳布在多具終端系統上，某具終端系統上的應用程式會使用該協定來跟另一具終端系統上的應用程式交換資訊封包。我們將應用層的資訊封包稱為**訊息**（**message**）。

◈ 傳輸層

網際網路的傳輸層會在應用程式端點間傳輸應用層訊息。網際網路有兩種傳輸協定：TCP 與 UDP，兩者都可以用來傳輸應用層訊息。TCP 提供其應用程式連線導向的服務。這項服務包括保證能夠將應用層訊息傳送到目的地，以及流量的控制（亦即使傳送端 / 接收端的速度相互配合）。TCP 也會將較長的訊息切割成較短的區段，並提供壅塞控制機制，以便在網路壅塞時，來源端可以調節它的傳送速率。UDP 協定則提供其應用程式無連線的服務。這是一種最低限度的服務，不提供可靠性、不提供流量控制、也不提供壅塞控制。在本書中，我們將傳輸層的封包稱為**區段**（**segment**）。

◈ 網路層

網際網路的網路層會負責將稱為**資料報**（**datagram**）的網路層封包從一台主機移動到另一台。來源端主機的網際網路傳輸層協定（TCP 或 UDP）會將傳輸層區段和目的端位址送給網路層，就好像你會將寫上寄件地址的信件交給郵局一樣。如此一來網路層便會提供將區段傳送到目的端主機傳輸層的服務。

　　網際網路的網路層包括著名的 IP 協定，IP 協定定義了資料報的欄位，以及終端系統與路由器該如何處理這些欄位。IP 協定只此一種，所有擁有網路層的網際網路成員都必須執行此一 IP 協定。網際網路的網路層也包含繞送協定，此協定會判斷資料報在來源端與目的端之間要採取的路由。網際網路有許多繞送協定。如我們在 1.3 節所見，網際網路是網路所組成的網路，而在網路中，網路管理者可以執行任何他想要的繞送協定。雖然網路層除了 IP 協定之外，還包含多種繞送協定，但它經常被簡稱為 IP 層，這反映了 IP 是將網際網路黏合在一起的接著劑的事實。

◈ 連結層

網際網路的網路層會經由來源端與目的端之間，一連串的路由器來繞送資料報。為了將封包從某個節點（主機或路由器）搬移到路由上的下一個節點，網路層必須仰賴連結層的服務。詳言之，在每個節點上，網路層會將資料報向下交給連結層，由連結層將資料報遞送給路由上的下一個節點。在下一個節點上，連結層會再將資料報向上交給網路層。

　　連結層所提供的服務取決於連結上所使用的特定連結層協定為何。例如，有些連結層協定會提供可靠的傳送服務，從傳輸節點，通過連結，到接收節點。請注意，這種可靠的傳送服務不同於 TCP 的可靠傳送服務，TCP 提供的是終端系統到終端系統之間的可靠傳送服務。連結層協定的例子包括乙太網路、WiFi 和纜線連線網路的 DOCSIS 協定。由於資料報通常需要跨越多道連結以從來源端移動到目的端，因此資料報在其路由的不同連結上，可能會由不同的連結層協定來處理。例如，資料報在某道連結上可能是由乙太網路所處理，然後在下一道連結上由 PPP 所處理。網路層會從各種不同的連結層協定接收不同的服務。在本書中，我們將連結層的封包稱作**訊框**（**frame**）。

◈ 實體層

有別於連結層的工作是將整個訊框從一個網路元件搬移到另一個相鄰的網路元件，實體層的工作則是將訊框中個別的位元從一個節點搬移到下一個節點。本層的協定也同樣依連結不同而有所不同，而且更取決於連結的實際傳輸媒介為何（例如雙絞銅芯線、單模光纖）而定。比方說，乙太網路就有多種實體層協定：一個針對雙絞

銅芯線的協定、一個針對同軸電纜的協定、一個針對光纖的協定,諸如此類等。在各個情況下,位元都會用不同的方式跨過連結。

◈ OSI 模型

在詳盡討論過網際網路協定堆疊之後,我們應該要提一下,這並非唯一一種協定堆疊。比如說,回溯到 1970 年代晚期,國際標準組織(International Organization for Standardization,ISO)提議將計算機網路編整為七個層級,稱作開放式系統互連(Open Systems Interconnection,OSI)模型 [ISO 2016]。OSI 模型成形於網際網路協定的前身剛萌芽時,也只是當時正在發展中的多種不同套協定的其中一種而已;事實上,原始 OSI 模型的發明者在創建此模型時,腦袋裡可能根本就沒有網際網路的存在。然而,從 1970 年代晚期開始,許多訓練課程與大專課程都注意到 ISO 的提議,並且依照這個七層模型來編排課程。因為此一模型對於網路教育的先入影響,這個七層模型持續在某些網路教科書與訓練課程裡陰魂不散。

OSI 參考模型的七個層級如圖 1.23 (b) 所示,為:應用層、呈現層、會談層、傳輸層、網路層、資料連結層以及實體層。這些層級其中五層的功能大致等同於名稱類似的網際網路層級。因此,讓我們來考量一下 OSI 參考模型中多出的兩個層級——呈現層與會談層。呈現層的角色是提供服務,讓進行通訊的應用程式得以解讀彼此所交換之資料的意義。這些服務包括資料壓縮、資料加密(顧名思義)以及資料解密(讓應用程式不必掛心於內部資料的表示／儲存格式——在不同電腦上,格式可能會有所不同)。會談層提供了資料交換的界限標定與同步化,包含用來建立檢查點與回復策略的工具。

網際網路缺少 OSI 參考模型中兩個層級的事實,引來兩個有趣的問題:這兩個層級所提供的服務難道不重要嗎?如果有某個應用程式需要這些服務的其中之一怎麼辦?網際網路對於這兩個問題的回答是相同的——這取決於應用程式的開發者。這取決於應用程式的開發者認不認為某項服務是重要的,如果此項服務確實重要,就看應用程式的開發者要不要將這個功能加入到應用程式中。

1.5.2　封裝

圖 1.24 描繪出資料走下傳送端系統的協定堆疊,上下中介的連結層交換器與路由器的協定堆疊,然後走上接收端系統的協定堆疊,所經過的實體路徑。如我們將在本書稍後討論的,路由器與連結層交換器都是封包交換器。與終端系統相似,路由器與連結層交換器也將它們的網路軟硬體編排為多個層級。但是路由器與連結層交換器並沒有實作協定堆疊中所有的層級;它們一般只會實作底部的幾個層級。如圖 1.24 所示,連結層交換器只實作第 1 與第 2 層;路由器只實做第 1 至第 3 層。這代表,

例如，網際網路路由器可以實作 IP 協定（第 3 層的協定）連結層交換器則不行。稍後我們會看到，雖然連結層交換器無法辨別 IP 位址，但是它們能夠辨別第 2 層的位址，例如乙太網路位址。請注意主機會實作全部五個層級；這與網際網路架構將大部分的複雜事情放到網路邊際的觀點是一致的。

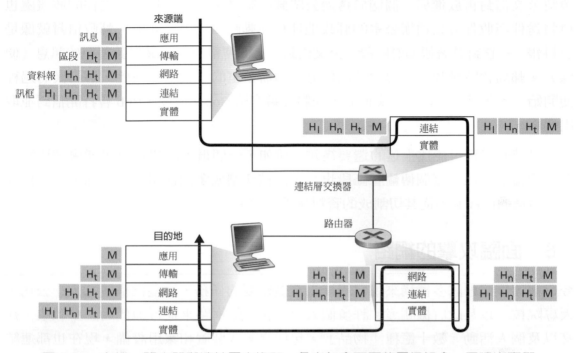

圖 1.24　主機、路由器與連結層交換器；各自包含不同的層級組合，反映出它們在功能上的差異

　　圖 1.24 也描繪出重要的**封裝（Encapsulation）**概念。在傳送端主機，**應用層訊息（Application-Layer Message）**（圖 1.24 中的 M）會被送給傳輸層。在最簡單的狀況下，傳輸層會接收這個訊息並附加上額外的資訊（所謂的傳輸層標頭資訊，圖 1.24 中的 H_t），這份資訊會被使用在接收端的傳輸層中。應用層訊息與傳輸層標頭資訊合在一起，便構成**傳輸層區段（Transport-Layer Segment）**。因此傳輸層區段會將應用層訊息封裝在內。這些被加入的資訊可能包含了讓接收端傳輸層能將訊息向上傳送給適當應用程式的資訊、讓接收端能夠判斷是否有訊息的位元在路由中被更改過的錯誤偵測位元等。傳輸層接著會將區段交給網路層，網路層則會加入網路層標頭資訊（圖 1.24 中的 H_n），例如來源端與目的端終端系統的位址，形成**網路層資料報（Network-Layer Datagram）**。這份資料包接著會被交給連結層，而連結層（當然！）也會加上自己的連結層標頭資訊以構成**連結層訊框（link-layer frame）**。因此，我們看到在每一層中，封包都有兩種欄位：**標頭欄位與內容欄位（payload field）**。內容通常是來自於上一層的封包。此處一個有用的比喻是，透過公眾郵政服務，從某家企業的分公司傳送一張公文便條到另一間分公司。假設 Alice 位在其中一家分公司的

辦公室中，想要送一張便條給位在另一間分公司辦公室裡的 Bob。這張便條就像是**應用層訊息**。Alice 把便條放到公文信封內，信封正面寫著 Bob 的名字與所在部門。這份公文信封就像是傳輸層區段──它包含標頭資訊（Bob 的名字與部門編號），並且封裝著應用層訊息（便條）。當送件分公司辦公室的收發處收到公文信封時，它會將公文信封再放進另一個適於透過公眾郵政服務寄送的信封裡。送件的收發處也會將送件與收件分公司辦公室的郵政地址寫在郵政信封上。此處，**郵政信封**就像是資料報──它封裝著傳輸層區段（公文信封），而傳輸層區段又封裝著原始訊息（便條）。郵局會將郵政信封傳送給收件分公司辦公室的收發處。在此，解封裝的過程便開始了。收發室會取出公文便條，並將之轉交給 Bob。最後，Bob 會打開信封並取出便條。

封裝的過程可能比上述的還要複雜。例如，一個很大的訊息有可能會被切割成多個傳輸層區段（每個傳輸層區段也有可能被切割成多個網路層資料報）。在接收端，這樣的區段必須從其切割成的資料報重建回來。

1.6　面臨攻擊的網路

今日網際網路對許多機構來說已經成為至關緊要的任務，這些機構包括大小公司、大專院校、以及政府機關等。許多個人也仰賴網際網路來進行他們的許多職業、社交以及個人活動。數十億種「物品」，包括穿戴式裝置和家用設備，現在也都連結到網際網路上。但是在所有這些好用的，令人興奮的事物後頭，存在著黑暗的一面，在此地「壞蛋們」試圖大肆破壞我們的日常生活，他們會損壞我們連上網際網路的電腦、侵犯我們的隱私、讓我們所仰賴的網際網路服務無法運作。

網路安全領域便是在探討這些壞蛋們會如何攻擊計算機網路，以及即將成為計算機網路專家的我們，要如何防禦網路以抵擋這些攻擊，或更進一步地，如何設計出新型的，先天對這些攻擊免疫的架構。鑑於現有的攻擊頻率與多樣化，以及未來更具破壞性的新型攻擊所帶來的威脅，網路安全成了近幾年來計算機網路領域的核心議題。這本教科書其中的一項特色就是，它將網路安全的議題納入關注之中。

由於我們尚未擁有關於計算機網路跟網際網路協定的專業技能，此處我們會從考察一些今日較為猖獗的安全相關問題開始。這可以讓我們更渴望於吸收後續章節中更大量的討論。所以此處我們用幾個簡單的問題開場，什麼東西會出問題？計算機網路脆弱在哪裡？今日較盛行的攻擊類型有哪些？

◇ **壞蛋們可以透過網際網路將惡意軟體放進你的主機**

我們將裝置連上網際網路，因為我們想要從網際網路接收 / 傳送資料。這包括了各式各樣的好東西，包括 Instagram 的貼文、網際網路的搜尋結果、串流音樂、視訊會議、串流電影，諸如此類等。然而，不幸地，伴隨這些好東西而來的是不懷好意的玩意——統稱為**惡意軟體**（malware）——它們也可能進入並感染我們的裝置。一旦惡意軟體感染了我們的裝置，它可能會做盡各種偷雞摸狗的事，包括刪除我們的檔案、安裝會蒐集我們的私人資訊，例如社會安全號碼、密碼或所敲打的按鍵，然後將這些資訊（透過網際網路，當然！）送回給壞蛋們的間諜軟體。我們受累的主機也有可能會被迫加入一個由數千具同樣受累的裝置所構成的網路，總稱為**傀儡網路**（botnet），這個網路受到壞蛋們的控制，它會散播垃圾信件，或是對目標主機進行分散式服務阻斷攻擊（即將加以討論）。

　　大部分現今出現的惡意軟體都具有**自我複製性**（self-replicating）：一旦它感染了一台主機，便會從這台主機尋找透過網際網路進入其他主機的途徑；而從新感染的主機，它會再次尋找進入更多台主機的途徑。以此方式，具自我複製性的惡意軟體便能以指數的速度繁衍。惡意軟體可以用病毒或蠕蟲的方式來散播。**病毒**（virus）是需要使用者以某種形式參與，才能感染使用者裝置的惡意軟體。經典的案例便是包含惡意的可執行程式碼的電子郵件附件。如果使用者收到並開啟這樣的附件，這位使用者便不經意地在其裝置上執行了這個惡意軟體。通常，這種電子郵件病毒具有自我複製性：一旦被執行，該病毒就會寄出附有完全相同的附件，一模一樣的訊息給，例如，使用者通訊錄裡所有的收件者。**蠕蟲**（Worms）是不需要使用者明顯的參與，就能夠進入使用者裝置內的惡意軟體。例如，使用者可能正在執行一個無抵禦能力的網路應用程式，攻擊者可以傳送惡意軟體給這個應用程式。在某些情況下，不需要使用者任何的介入，應用程式就有可能會從網際網路上接收這個惡意軟體並執行它，而產生蠕蟲。新感染裝置上的蠕蟲接著會掃瞄網際網路，尋找其他正在執行同一個無抵禦能力的網路應用程式的主機。當它找到其他無抵禦能力的主機時，它會傳送一份自己的副本給這些主機。今日，惡意軟體四下猖獗，要加以防禦必須付出昂貴代價。在你努力閱讀本書之際，我們鼓勵你想想以下問題：計算機網路的設計者可以做些什麼，來幫助連上網際網路的裝置防禦惡意軟體的攻擊？

◇ **壞蛋們有可能攻擊伺服器與網路基礎設施**

安全威脅有一大類可以歸類為**服務阻斷**（denial-of-service，DoS）攻擊。顧名思義，DoS 攻擊會讓網路、主機或基礎設施的其他部分無法被合法使用者使用。網頁伺服器、電子郵件伺服器、DNS 伺服器（在第二章中討論）以及機構網路，都有可能遭受 DoS 攻擊。網際網路 DoS 極為常見，每年都會發生數千件 DoS 攻擊 [Moore

2001]。網站「Digital Attack Map」將全世界每天最常受 DoS 攻擊的前幾個地點以視覺化的方式呈現 [DAM 2016]。絕大部分的網際網路 DoS 攻擊可以歸為以下三類之一：

◆ **弱點攻擊**。這種攻擊牽涉到，送出一些妥善編造的訊息給目標主機所執行之具有弱點的應用程式或作業系統。如果封包依正確的順序被送給有弱點的應用程式或作業系統，其服務就可能會中止；或更糟的情況，該主機可能會當機。

◆ **頻寬滿載**。攻擊者送出洪水般的封包給目標主機——封包多到塞滿目標的連線連結，讓合法的封包無法抵達該伺服器。

◆ **連線滿載**。攻擊者會在目標主機上建立大量半開或全開的 TCP 連線 (我們會在第三章討論 TCP 連線)。這台主機可能會被這些假的連線拖入泥沼，無法再接受合法的連線。

現在讓我們更詳盡地探討關於頻寬滿載攻擊。請回想一下我們在 1.4.2 節關於延遲與遺失的分析討論，很明顯地，如果伺服器的連線速率為 R bps，則攻擊者就需要以接近 R bps 的速率送出資料流，以造成傷害。如果 R 非常大，則單一的攻擊來源可能沒辦法產生足以傷害該伺服器的流量。更甚者，如果所有資料流都從單一來源發出，則上游的路由器就有可能偵測到該攻擊，並且在資料流接近伺服器之前，就先擋下所有從該來源所發出的資料流。在**分散式服務阻斷（distributed DoS，DDoS）**攻擊中，如圖 1.25 所繪，攻擊者會控制多個來源，並且讓每個來源都對目標猛烈地送出資料流。使用此種方法，所有受控來源的總流量速率需要接近 R，以癱瘓服務。控制數千台主機構成的傀儡網路進行 DDoS 攻擊在今日是經常發生的情形 [DAM 2016]。DDoS 攻擊比起來自單一主機的 DoS 攻擊要難以偵測防範許多。

在你努力閱讀本書時，我們鼓勵你思考以下問題：計算機網路的設計者能夠做什麼來抵禦 DoS 攻擊？我們會了解到，三種 DoS 攻擊需要不同的防禦措施。

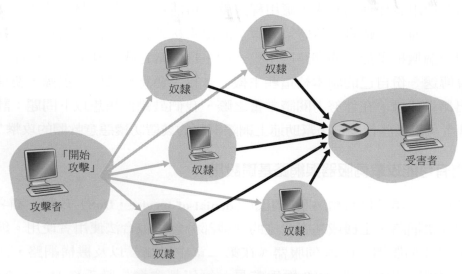

圖 1.25　分散式服務阻斷攻擊

◈ 壞蛋們有可能竊聽封包

今日有許多使用者會透過無線裝置存取網際網路，例如使用 WiFi 連線的膝上型電腦，或使用行動電話網際網路連線的手持裝置（包含於第七章）。雖然無所不在的網際網路連線極度便利，也為行動使用者提供了不可思議的新應用，但是它也製造了重大的安全弱點——在無線傳輸者附近放置一個被動接收器，這個接收器就能取得所有傳輸出的封包副本！這些封包可能包含各式各樣的敏感資訊：密碼、社會安全號碼、交易機密以及私人訊息等。會記錄下所有經過的封包副本的被動接收器，稱為**封包竊聽器 (packet sniffer)**。

竊聽器也可能會被裝設在有線的環境中。在有線的廣播環境，例如許多乙太網路 LAN 中，封包竊聽器可以取得所有經過該 LAN 傳送的封包副本。如 1.2 節所述，纜線連線技術同樣會廣播封包，因此也會受到竊聽的威脅。此外，有辦法接觸到某機構連往網際網路的連線路由器或連線連結的壞蛋，可能有辦法放置一個竊聽器，記錄下所有從該組織出入的封包副本。接著我們便可以在離線分析竊聽到的封包以取得敏感資訊。

封包竊聽軟體可以從許多網站上免費取得，也有商業產品可購買。我們知道有教授網路課程的老師曾指派練習實驗，內容跟撰寫封包竊聽與應用層的資料重建程式有關。事實上，本書所附的 Wireshark [Wireshark 2016] 實驗（參見章末有關 Wireshark 實驗的介紹）所使用的正是這樣的封包竊聽器！

因為封包竊聽器是被動的——也就是說，它們並不會注入封包到通道中——我們難以偵測到它們。所以，當我們傳送封包到無線通道時，我們必須接受也許會有某個壞蛋正在記錄我們的封包副本的可能性。如你可能已經猜到的，其中一些對付封包竊聽的最佳防禦措施，與密碼學有關。當我們在第八章將密碼學應用到網路安全之際，將會加以檢視。

◈ 壞蛋們有可能偽裝成你信任的某人

要建立一個包含任意來源位址、封包內容與目的位址的封包，然後將這個親手編造的封包送入網際網路，容易得叫人吃驚（隨著你繼續閱讀這本書，你馬上也會擁有要如何進行這件事的知識！），網際網路則會盡責地將這個封包轉送給其目的地。想像一下，接收到這樣的封包而未加懷疑的接收者（例如網際網路路由器），以為（假的）來源位址是真的，於是執行了封包內容裡所含的某些命令（例如修改它的轉送表）。將具有假的來源位址的封包注入到網際網路的能力，稱為 **IP 詐騙**（**IP spoofing**），這僅是使用者要偽裝成另一個使用者的諸多方法之一而已。

要解決這個問題，我們需要端點認證（end-point authentication），也就是說，一種讓我們能夠有把握地判斷某則訊息是否真的來自於我們所以為之處的機制。同樣地，在你繼續閱讀本書的章節時，我們鼓勵你思考一下：要怎麼為網路應用與協定完成此種機制。我們會在第八章探討端點認證的機制。

在結束本節之際，我們值得思考一下，網際網路一開始是怎麼陷入這種不安全的景況的。答案，基本上，是因為網際網路本來就是這樣設計的，建立在「一群互信的使用者連接到一個透明的網路」這樣的模型之上 [Blumenthal 2001]──這是一個（定義上來說）不需要安全性的模型。原始的網際網路架構有許多層面深切地反映出這種互信的概念。例如，使用者能夠傳送封包給其他任何使用者是既有的能力，而非一種請求 / 許可的能力，而預設上使用者的身份則是採用其表面上宣稱的數值，而非透過認證。

然而今日的網際網路確實不只跟「互信的使用者」有關而已。儘管如此，今日的使用者在不一定信任彼此的情況下仍然需要溝通，他們有可能想要匿名地通訊，有可能想間接地透過第三方進行通訊（例如網頁快取，我們將在第二章加以研究，或行動協助代理程式，我們將在第七章加以研究），也可能不信任硬體、軟體，甚至他們的通訊所經過的空氣。現在在我們繼續閱讀本書之前，有許多安全相關的挑戰：我們應該要尋找對抗竊聽、端點偽裝、中間人攻擊、DDoS 攻擊、惡意軟體，以及其他威脅的防禦機制。我們應當謹記於心，在互信的使用者之間進行通訊只是特例，而非常例。歡迎來到現代的計算機網路世界！

1.7　計算機網路和網際網路的歷史

1.1 到 1.6 節呈現了一個計算機網路與網際網路技術的總覽。現在你所知道的知識，應該足以讓你的家人和朋友印象深刻了！然而，如果你真的想要在下一次雞尾酒會中成為大紅人，你應該用一些迷人的網際網路歷史趣聞來點綴點綴你的演說 [Segaller 1998]。

1.7.1　封包交換的發展：1961–1972

計算機網路領域和今日網際網路的起源可以追溯到 1960 年代早期，當時電話網路是世界上最主要的通訊網路。請回想一下 1.3 節，電話網路使用的是電路交換，以將資訊從傳送端傳輸到接收端──由於聲音在傳送端和接收端之間是以固定的速率進行傳輸，這是個恰當的選擇。源於 1960 年代早期電腦日益增加的重要性（與昂貴的價格）以及分時電腦的出現，人們自然會（至少從後見之明看來很完美！）思考要如何將電腦連結在一起的問題，以便讓位於不同地理位置的人們可以共用它們。這類

使用者所產生的資料流可能是叢發性的——由活動的週期，例如傳送指令給遠端的電腦時；跟隨著非活動的週期（例如在等待回覆或處理接收到的回應時）所構成。

　　世界各地有三個不知道彼此工作內容的研究團隊開始發明封包交換，以作為效率及容錯性較高的電路交換替代方案 [Leiner 1998]。第一個公開發表的封包交換技術成果是由 Leonard Kleinrock [Kleinrock 1961; Kleinrock 1964] 所提出，當時他是 MIT 的研究生。利用佇列理論，Kleinrock 的成果優雅地展示了封包交換方法對於叢發性資料流來源的良好效能。1964 年，服務於 Rand Institution 的 Paul Baran [Baran 1964] 已經開始研究將封包交換應用於軍事網路的安全語音傳輸，在英國的國家物理實驗室（NPL）中，Donald Davies 和 Roger Scantlebury 也正在發展他們對於封包交換的想法。

　　MIT、Rand 和 NPL 的研究成果奠定了今日網際網路的基礎。但是網際網路也有一段悠長的歷史採取「讓我們動手建立然後示範給大家看」的態度，這段歷史也同樣可以回溯到 1960 年代。J.C.R.Licklider [DEC 1990] 和 Lawrence Roberts 都是 Kleinrock 在 MIT 的同事，兩人持續領導著美國國防部高級研究計畫局（Advanced Research Projects Agency，ARPA）的計算機科學計劃。Roberts 為 ARPAnet 發表了一份整體計劃 [Roberts 1967]，ARPAnet 是第一個使用封包交換的計算機網路，也是今日公眾網際網路的直系祖先。1969 年勞工節，在 Kleinrock 的監督之下第 1 台封包交換器被安裝在 UCLA，不久之後另外 3 台 IMP 也被安裝在 Stanford Research Institute（SRI）、UC Santa Barbara 和 University of Utah（圖 1.26）。1969 年末，初萌芽的網際網路前身只有四個節點大。Kleinrock 還記得最最初次從 UCLA 使用網路遠端登入到 SRI 時，便造成了系統當機 [Kleinrock 2004]。

　　1972 年時，ARPAnet 已經成長到大約 15 個節點，在 1972 年的計算機通訊國際研討會上，Robert Kahn 第一次公開展示它。第一個 ARPAnet 終端系統間的主機到主機協定稱作網路控制協定（network-control protocol，NCP），此協定也在此時完成 [RFC 001]。有了端點到端點協定，便可以開始撰寫應用程式。BBN 的 Ray Tomlinson 於 1972 年撰寫了第一個電子郵件程式。

1.7.2　專屬網路和互連網路：1972–1980

一開始的 ARPAnet 是單一的封閉網路。如果要和 ARPAnet 的主機通訊，人們必須實際連接到另一台 ARPAnet 的 IMP。早在 1970 年代中期，就出現了 ARPAnet 以外的獨立封包交換網路：ALOHANet，一個微波網路，連接了夏威夷群島上的各間大學 [Abramson 1970]，以及 DARPA 的封包衛星 [RFC 829] 和封包無線電網路 [Kahn 1978]；Telenet，一個基礎於 ARPAnet 技術的 BBN 商用封包交換網路；Cyclades，一個由 Louis Pouzin 所創建之法國封包交換網路 [Think 2012]；1960 年末到 1970 年

初的分時網路，如 Tymnet 和 GE 資訊服務網路等等 [Schwartz 1977]；IBM 的 SNA（1969–1974）；它和 ARPAnet 的功能類似 [Schwartz 1977]。網路的數量不斷增加。由最完美的後見之明來看，發展一套可以將各網路連結在一起的包覆網路，其時機已經成熟了。互連網路的創始工作（由美國國防部高級研究計劃局 [Defense Advanced Research Projects Agency，DARPA] 所贊助），本質上就是在建立網路的網路，此事由 Vinton Cerf 和 Robert Kahn [Cerf 1974] 所進行；他們創造了網際網路化（internetting）這個詞彙來描述這份工作。

圖 1.26　一部早期的介面訊息處理器（IMP）與 L. Kleinrock（Mark J. Terrill, AP/Wide World Photos）

這些架構性準則被制訂在 TCP 中。然而，早期的 TCP 版本與今日的 TCP 大有不同。早期的 TCP 版本結合了藉由終端系統重傳機制所進行的可靠、依序的資料傳輸（今日仍然是 TCP 的一部分），以及轉送的功能（今日由 IP 執行此項工作）。早期的 TCP 試驗，加上了解到為應用程式提供不可靠的，無流量控制的端點對端點傳輸服務，如語音封包，有其重要性，導致 IP 從 TCP 中分離出來，以及 UDP 協定的發展。今日我們所見的三種主要網際網路協定——TCP、UDP 和 IP——概念上都出現在 1970 年代末期。

除了 DARPA 的網際網路相關研究之外，還有其他許多重要的網路活動正在進行。在夏威夷，Norman Abramson 正在發展 ALOHAnet，這是一個以封包為基礎的無線電網路，讓夏威夷群島上多個遠端位置得以相互通訊。ALOHA 協定 [Abramson 1970] 是第一個多重存取協定（multiple-access protocol），它允許分散在不同地理位置的使用者共用單一的廣播通訊媒介（無線電頻率）。Metcalfe 和 Boggs 在開發乙太網路協定 [Metcalfe 1976] 時，便是根基於 Abramson 的多重存取協定成果。有趣的是，Metcalfe 和 Boggs 開發乙太網路協定的動機，是來自於連結多部 PC、印表機與共用磁碟的需求 [Perkins 1994]。25 年前，剛好在 PC 革命和網路的爆發性成長之前，Metcalfe 和 Boggs 奠定了今日 PC LAN 的基礎。

1.7.3　網路的蓬勃發展：1980–1990

在 1970 年代末期，大約有 200 台主機連接到 ARPAnet。到了 1980 年代末期，連接到公眾網際網路，一個看起來與今日的網際網路十分類似的網路聯盟，主機數目達到數十萬台。1980 年代是快速成長的時期。

這種成長大部分源自於一些個別建立計算機網路將大專院校連結在一起的努力成果。BITNET 為東北幾州的數間大學提供電子郵件和檔案傳輸服務。CSNET（電腦科學網路）被建立，以連結沒有 ARPAnet 使用權的大學研究人員。1986 年，NSFNET 被創建以供人們使用 NSF 所贊助的超級電腦中心。從最初 56 Kbps 的主幹速率開始；到 80 年代末，NSFNET 的主幹已經以 1.5 Mbps 的速率運作，並成為連結區域性網路的重要主幹。

在 ARPAnet 社群中，許多構成今日網際網路架構的最後成分正逐漸就位。1983 年 1 月 1 號，人們正式部署 TCP/IP 成為 ARPAnet 的新標準主機協定（取代 NCP 協定）。從 NCP 轉換到 TCP/IP [RFC 801] 是一個指標性的日子——從那天開始所有的主機都需要使用 TCP/IP 進行傳輸。在 1980 年代末期，TCP 加入了一項重要的擴充，實作以主機為基礎的壅塞控制 [Jacobson 1988]。DNS，用來將人類可理解的網際網路名稱（例如 gaia.cs.umass.edu）對應到其 32 位元 IP 位址，也被開發出來 [RFC 1034]。

　　和上述 ARPAnet 的發展（大部分都是美國的努力）同步進行的是，在 1980 年代早期，法國啓動了 Minitel 計畫，這是個野心勃勃的計劃，企圖將資料網路帶入每個人的家中。透過法國政府的贊助，Minitel 系統由公用封包交換網路（建立在 X.25 這套協定上）、Minitel 伺服器，以及內建低速數據機的廉價終端機所構成。法國政府在 1984 年免費贈送 Minitel 終端機給想要擁有它的家庭，使得 Minitel 計劃大大的成功。Minitel 的站台包括免費站台——例如電話簿站台——以及依使用比例收費的的私人站台。在 1990 年代中期的顛峰期間，它提供超過 20,000 種不同的服務，範圍從家庭銀行，到專門的研究資料庫。超過 20% 的法國人使用過它，每年產生的盈餘超過美金 10 億元，並提供 10,000 個工作機會。在大部分美國人聽過網際網路的 10 年前，Minitel 已經出現在大部分的法國家庭中了。

1.7.4　網際網路的爆炸性成長：1990 年代

伴隨許多象徵網際網路仍然持續發展並且即將商業化的事件，我們來到了 1990 年代。ARPAnet，網際網路的前身，正逐漸消失。1991 年，NSFNET 解除了 NSFNET 的商業目的使用限制。NSFNET 本身在 1995 年退役，網際網路的主幹資料流，轉由商業的網際網路服務供應商負責載送。

　　然而，1990 年代的主要事件是全球資訊網（World Wide Web）的崛起，它將網際網路帶進了全世界數百萬人的家庭與商業機構中。資訊網以一種平台的方式運作，讓我們能夠在其上使用並佈署數百種在今日我們早已視爲理所當然的新應用，包括搜尋（如 Google 和 Bing）網際網路商務（如 Amazon 和 eBay）和社交網路（如 Facebook）。

　　資訊網是由 Tim Berners-Lee 在 1989-1991 年間 [Berners-Lee 1989] 服務於 CERN 時所發明的，主要根基於 Vannevar Bush 從 1940 年代開始 [Bush 1945] 和 Ted Nelson 從 1960 年代開始的 [Xanadu 2012] 超文件早期研究中所衍生的想法。Berners-Lee 和他的伙伴開發了最初版的 HTML、HTTP、網頁伺服器以及瀏覽器——資訊網的四個主要元件。約在 1993 年末，運作中的網頁伺服器約有 200 台，這些伺服器只是後起伺服器的一小群先鋒而已。大約在這個時候，有一些研究者開始開發具有 GUI 介面的網頁瀏覽器，其中包括 Marc Andreessen，他和 Jim Clark，一起成立 Mosaic Communications，後來成爲 Netscape Communications Corporation [Cusumano 1998；Quittner 1998]。1995 年時，大學生每天都會使用 Mosaic 和 Netscape 瀏覽器在資訊網上漫遊。約莫在此際，有許多公司——不論大小——都開始使用網頁伺服器並透過資訊網進行貿易。1996 年時，Microsoft 開始製作瀏覽器，從此展開了 Netscape 和 Microsoft 之間的瀏覽器之戰，Microsoft 在幾年後贏得了這場競賽 [Cusumano 1998]。

　　1990 年代後葉是網際網路大量成長和創新的時期，有許多大公司和數千個新興公司創造著網際網路的產品與服務。在千禧年末，網際網路提供了數百種風行的應用程式，包括四種殺手級應用：

◆ 電子郵件，包括附加檔案和可透過網頁存取的電子郵件。

◆ 資訊網，包括網頁瀏覽與網際網路商務。

◆ 即時訊息，包括由 ICQ 所創建的聯絡人清單。

◆ 點對點 MP3 檔案分享，由 Napster 所創建。

有趣的是，前兩個殺手級應用來自於研究社群，後兩者則由少數的年輕企業家所創造。

　　1995 年到 2001 年間也是網際網路在金融市場大幅波動的時期。有數以百計的網際網路新興公司甚至在開始獲利之前，便進行了第一次公開募股並開始在股票市場進行交易。許多公司在還沒有任何重要收益串流時，就已經價值數十億美元。網際網路股在 2000 到 2001 年之間崩盤，許多新興公司也隨之倒閉。然而，還是有數家公司崛起，成為網際網路場域的大贏家，包括 Microsoft、Cisco、Yahoo、e-Bay、Google 以及 Amazon。

1.7.5　新千禧

計算機網路持續快速的革新。在各方面都有長足的進步，包括更快速路由器的佈署和在連線網路和在網路骨幹中有更高的傳輸速率。但以下的發展特別值得注意：

◆ 從千禧年的初期開始，我們已經看到寬頻網際網路連線到府的積極佈建，不只是有纜線數據機和 DSL，還有光纖到府，如在 1.2 節所討論。這高速網際網路連線已經為視訊應用奠定一展身手的舞台，包括使用者產生視訊的散佈（例如 YouTube），電影和電視影集的隨選串流（例如 Netflix），和多人視訊會議（例如 Skype、Facetime、Google Hangouts)。

◆ 隨者高速（54 Mbps 和更快）的公眾 WiFi 網路以及透過 4G 行動電話網路之中速（快到數十 Mbps）網際網路連線逐漸地無所不在，不只使得當我們在移動時還隨時掛在網路上此一情景變的可能，而且還可以開發出一些新的地點限定應用，例如 Yelp、Tinder、Yik Yak、Waz 等。連接到網際網路的無線裝置數量已經在 2011 年超過連接到網際網路的有線裝置數量。這個高速的無線連線已經為快速出現的手持電腦（iPhones、Androids、iPads 等等）設定了一展身手的舞台，讓使用者可以享受即時和無限的網際網路存取。

◆ 線上社交網路，像是 Facebook、Instagram、Twitter、WeChat（中國大陸極為流行），已經在網際網路之上產生巨大的人類網路。許多社交網路大量用來傳遞訊

息和分享照片。今日許多網際網路使用者主要「活」在 Facebook 中。透過它們的 API，線上社交網路為新的網路應用和分散式遊戲產生平台。

◆ 如在 1.3.3 節所討論，線上服務供應者，如 Google 和微軟，已經佈署了它們自己廣大的私有網路，它們不但把它們自己分布在全球的資料中心連接在一起，而且盡可能得旁繞過網際網路，並和較低層的 ISP 直接對等。結果是，Google 幾乎是瞬間地就可以提供搜尋的結果和電子郵件存取，就如同它們的資料中心就在個人的電腦之中執行一般。

◆ 許多網際網路商務公司現在「雲端」執行它們的應用程式——如在 Amazon 的 EC2 中，在 Google 的 Application Engine 中，或是在 Microsoft 的 Azure 中。許多公司和大學也已經把它們的網際網路應用程式（舉例來說，電子郵件和網頁主機）移到雲端。雲端公司不只提供可做大型運算的應用程式和儲存環境，也提供可連線到它們高效能私有網路的應用程式。

1.8　總結

在本章中，我們已經涵蓋了大量的題材！我們看到狹義地構成網際網路和廣義地構成計算機網路的各式各樣軟硬體組件。我們從網路的邊際開始介紹，觀察終端系統及其應用，以及提供給在終端系統上執行之應用程式的傳輸服務。我們也審視了連線網路中通常會看到的連結層技術以及實體媒介。然後我們更深入地探索網路，進入網路的核心，辨別封包交換與電路交換這兩種電信網路中傳送資料的基本方法，我們也檢視了這兩種方法的優缺點。我們也檢視了全球網際網路的架構，學習到網際網路是由網路所構成的網路。我們看到網際網路的階層式架構，由較高層和較低層的 ISP 所構成，它讓網際網路的規模得以包含數以千計的網路。

在本介紹性章節的第二部分，我們檢視了計算機網路領域的幾個核心主題。我們首先檢視了封包交換網路中的延遲、產出率與封包遺失。我們建立了傳輸、傳播、佇列延遲，以及產出率的簡單量化模型；我們會在全書的習題中，大量地使用這些延遲模型。接著，我們檢視了協定分層和服務的模型，它們是網路的主要架構原則，我們也會在全書中一直參考到這些模型。我們也考察了網際網路時代一些較為猖獗的安全性攻擊。我們以簡要的計算機網路歷史來結束對於網路的介紹。第一章本身就可以構成一堂計算機網路的短期課程。

所以，我們確實在第一章裡涵蓋了大量的資料！如果你一時被搞得暈頭轉向，請別擔心。在接下來的章節裡我們還會將這些觀念全部複習一次，並且更詳細地探討它們（這是承諾，不是恐嚇！）。此刻，我們希望你讀完本章之後，能夠對於組成網路的元素有初步的基礎知識、對於網路的術語有初步的理解（不必羞於回來參

考本章），並且對於學習更多關於網路的知識，有不斷增長的渴望。這便是本書其餘部分的任務。

◈ **本書導覽**

在開始任何旅程之前，我們都應該先瞄一眼地圖，以便熟悉一下眼前的主要道路和各個路口。對於我們即將展開的旅程，最終目的就是要對於計算機網路是何、如何、為何，得到深刻的瞭解。我們的地圖便是本書的章節順序：

1. 計算機網路和網際網路
2. 應用層
3. 傳輸層
4. 網路層：資料層
5. 網路層：控制層
6. 連結層和區域網路
7. 無線與行動網路
8. 計算機網路的安全性
9. 多媒體網路

第二章到第六章是本書的五個核心章節。你應該有注意到，這些章節是依循網際網路五層協定堆疊最上面的四層來安排的，每層一個章節。更進一步要注意的是，我們的旅程將由網際網路協定堆疊的最頂層，亦即應用層開始，然後一層一層的往下看。由上而下進行旅程背後的用意是：當我們瞭解應用程式之後，我們就可以瞭解要支援這些應用程式所需的網路服務。如此一來，我們便能夠接著探討網路架構實作這些服務的各種可能方式。因此早點探討應用程式，可以提供繼續學習書中其他內容的動機。

本書的後半部——第七到第九章——著重於現代計算機網路中三個極為重要的（而且大致是彼此獨立的）主題。在第七章中，我們會檢視無線與行動網路，包括無線 LAN（包括 WiFi 和藍牙）、行動電話網路（包括 GSM、3G 和 4G）以及行動性（使用 IP 和 GSM 網路）。在第八章（計算機網路的安全性），我們會先檢視加密的基礎和網路安全性，接著我們會探討如何將這些基本理論應用到更廣泛的網際網路情境中。最後一章（多媒體網路），我們會檢視音訊和視訊的應用，例如網際網路電話、視訊會議和預儲媒體的串流化。我們也會觀察要如何設計封包交換網路，以提供穩定的服務品質給音訊和視訊應用。

習題與問題

第 1 章　複習題

第 1.1 節

R1. 主機與終端系統有何不同？試列舉終端系統的種類。請問網頁伺服器是終端系統嗎？

R2. 描述可能由兩個透過電話對話的人發起和結束對話所使用的協定。

R3. 爲何標準對協定而言是重要的？

第 1.2 節

R4. 試列舉六種連線技術。請將之分別歸類爲家用連線、公司連線或行動連線。

R5. 請問 HFC 的傳輸速率是專用的，還是使用者共用的？ HFC 的下傳通道有可能發生碰撞嗎？爲什麼？

R6. 哪些連接網路的技術最適合在農村地區提供網際網路連線？

R7. 撥接數據機和 DSL 都使用電話線（雙絞銅線）作爲其傳輸媒介。爲什麼 DSL 較撥接連線快？

R8. 乙太網路可以傳輸的幾種實體介質爲何？

R9. 撥接數據機、HFC、DSL 和 FTTH 都被用來進行家用連線。請針對這幾種連線技術提供其傳輸速率的範圍，並說明它們的傳輸速率是共用的還是專用的。

R10. 試描述今日最常用的幾種無線網際網路連線技術及其特徵。如果你可以在數種技術中做選擇，請問你爲何會選擇某一種，而不選其他的？

第 1.3 節

R11. 假設傳送端主機和接收端主機之間只有唯一一台封包交換器。傳送端主機和該交換器，以及該交換器和接收端主機之間的傳輸速率，分別爲 R_1 和 R_2。假設該交換器使用儲存轉送封包交換，則傳送長度爲 L 的封包，其端點到端點的總延遲時間是多少？（請忽略佇列延遲、傳播延遲和處理延遲）

R12. 請問電路交換網路較之封包交換網路的優勢何在？請問在電路交換網路中，TDM 較之 FDM 的優勢何在？

R13. 假設有多位使用者共用一道 2 Mbps 的連結。此外假設每位使用者在傳輸時，速率都持續保持 1 Mbps，但是每位使用者只會使用 20% 的時間進行傳輸（請參閱 1.3 節有關統計式多工的討論）。

　　a. 使用電路交換可以支援多少位使用者？

b. 在本題剩下的部分，請假設我們使用的是封包交換。爲什麼如果同時只有 2 個以下的使用者在進行傳輸，基本上就不會發生佇列延遲？爲什麼如果同時有 3 個使用者在進行傳輸，就會發生佇列延遲？

c. 試求特定使用者正在進行傳輸的機率。

d. 假設現在有 3 位使用者。試求在任一時刻，3 位使用者都同時在進行傳輸的機率。試求佇列處於增長情況的時間比例。

R14. 爲什麼處於同一級別的兩個 ISP 通常會彼此同行？ IXP 如何賺錢？

R15. 爲什麼內容供應商今天被視爲不同的網際網路實體？內容供應商如何連接到其他 ISP ？爲什麼？

第 1.4 節

R16. 請考量透過一條固定的路由，由來源端主機送出封包到目的端主機。請列舉端點到端點延遲中的各項延遲因素。這些延遲中，哪些是固定的？哪些是變動的？

R17. 請拜訪本書英文版的專屬網站的 Transmission Versus Propagation Delay applet。請在可使用的速率、傳播延遲跟封包尺寸中，找出一個組合可以讓傳送端在封包的第一個位元抵達接收端之前，就完成傳輸。請找出另一個組合，使封包的第一個位元能在傳送端完成傳輸之前就抵達接收端。

R18. 用戶可以透過遠端無線或雙絞線電纜直接連接到伺服器，以傳輸 1500 位元組的檔案。無線和有線媒介的傳輸速率分別爲 2 Mbps 和 100 Mbps。假設在空氣中的傳輸速率爲 3×10^8 m/s，而雙絞線的傳輸速率爲 2×10^8 m/s。若用戶位於距伺服器 1 公里遠的地方，在使用這兩種技術時，節點時延爲何？

R19. 假設主機 A 想要傳送一個大型檔案給主機 B。從主機 A 到主機 B 的路徑包含 3 道連結，速率分別爲 R_1 = 500 kbps、R_2 = 2 Mbps、R_3 = 1 Mbps。

a. 假設網路中沒有其他資料流，請問該筆檔案傳輸的產出率爲何。

b. 假設這個檔案有 4 百萬位元組。大致上來說，將這個檔案傳給主機 B 要花多少時間？

c. 請重做 (a) 跟 (b)，但現在請將 R_2 降低至 100 kbps。

R20. 假設終端系統 A 想要傳送一個大型檔案給終端系統 B。請用非常高階的描述，解釋終端系統 A 要如何使用該檔案建立封包。當這些封包有其中之一抵達了路由器，該路由器會使用封包中的哪些資訊來判斷要從哪道連結將封包轉送出去？爲什麼網際網路的封包交換，很像一路上問路，從一個城市行駛到另一個城市？

R21. 請拜訪本書英文版的專屬網站上的 Queuing and Loss applet。請問最高發送速率與最低傳輸速率為何？若使用這兩種速率，請問流量強度為何？請用這兩種速率執行該 applet，並判斷要過多久才會發生封包遺失。然後請重複一次這個實驗，再判斷一次要過多久才會發生封包遺失。請問兩個數值相同嗎？為什麼？

第 1.5 節

R22. 如果兩個終端系統透過多個路由器，而且它們之間的資料連結確保可靠的資料傳輸，請問兩個終端系統之間的傳輸協定提供可靠的資料傳輸是必要的嗎？為什麼？

R23. 網際網路協定堆疊的五個層級為何？這五個層級每一層的主要責任為何？

R24. 何謂封裝和解封裝？為什麼分層式的協定堆疊需要它們？

R25. 在網際網路協定堆疊中，路由器會處理哪些層級？連結層交換器會處理哪些層級？主機會處理哪些層級？

第 1.6 節

R26. 你正在一間大學的教室裡，你想要在上課時透過你同學們的筆電來窺視他們造訪的網站。如果他們所有人都夠過大學的 WiFi 連上網際網路，你能怎麼做？

R27. 試描述要如何建立傀儡網路，又要如何用之來進行 DDoS 攻擊。

R28. 假設 Alice 跟 Bob 正透過計算機網路在彼此傳送封包。假設 Trudy 將自己安置在網路中的某處，使他可以捕捉下所有 Alice 送出的封包，並送出任何他希望的東西給 Bob；他也可以捕捉下所有 Bob 送出的封包，並送出任何他希望的東西給 Alice。試列出一些 Trudy 在此處可以做的壞事。

習題

P1. 試設計並描述一個可以使用在自動提款機與銀行中央電腦之間的應用層協定。你的協定應該要可以驗證用戶的金融卡和密碼、查詢用戶的帳戶餘額（由中央電腦所維護）以及讓用戶提款（亦即支付款項給用戶）。你的協定主體應該要能夠處理最常見的情況，也就是帳戶餘額不足，無法提供提款服務。請列出自動櫃員機和銀行中央電腦所交換的訊息，以及這些訊息所採取的行動來制定你的協定。試畫出你的協定在一般提款沒有發生錯誤時所進行的操作，請使用類似圖 1.2 的示意圖來繪製。請明確指出你的協定對於下層的端點到端點傳輸服務所做的假設。

P2. 等式 (1.1) 為發送一個長度為 L 的封包以傳輸速率 R 經過 N 個連結所產生的端點到端點延遲。請將這個式子歸納為在 N 個連結上連續發送 P 個這樣的封包。

P3. 考慮以穩定速率傳輸數據的應用程式（例如，發送方每 k 個時間單元產生一個 N 位元單位，其中 k 很小且固定）。而且，當這樣的應用程式啟動時，它將繼續運行相當長的一段時間。請回答以下問題，並簡要說明你的答案：

a. 封包交換網路或電路交換網路是否更適合這種應用？為什麼？

b. 假設使用封包交換網路，並且該網路中的唯一流量來自如上所述的這種應用。此外，假設應用資料速率的總和小於每條連結的容量。請問，是否需要某種形式的壅塞控制？為什麼？

P4. 請考量圖 1.13 的電路交換網路。請回想一下，每道連結上都有 4 道迴路。請以順時針方向把四個交換器標記為 A、B、C 和 D。

a. 在任何時刻，此一網路同時最多可以進行幾筆連線？

b. 假設所有的連線都是在交換器 A 和 C 之間。同時最多可以進行幾筆連線呢？

c. 假設在交換器 A 和 C 之間我們要做出 4 條連線，在交換器 B 和 D 之間我們要做出另外 4 條連線。我們可以用這 4 條迴路做出所有的 8 條連線嗎？

P5. 請回想 1.4 節中車隊的比喻。請假設傳播速率為 100 公里 / 小時。

a. 假設該車隊要行駛 150 公里，從某座收費站前出發，通過第二座收費站，最後抵達第三座收費站前。請問其端點到端點延遲為何？

b. 請重做 (a)，現在假設車隊有 8 輛車子而非 10 輛。

P6. 此一基本題會開始探討傳播延遲和傳輸延遲這兩個資料網路的核心概念。請考量兩台主機 A 跟 B，透過一條速率為 R bps 的單一連結相連。假設兩台主機相距 m 公尺，連結的傳播速率為 s 公尺 / 秒。主機 A 欲傳送一個大小為 L 位元的封包給主機 B。

a. 請用 m 和 s 來表示傳播延遲 d_{prop}。

b. 請用 L 和 R 來判斷封包的傳輸時間 d_{trans}。

c. 請忽略處理和佇列延遲，試求端點到端點延遲的運算式。

d. 假設主機 A 在時間 $t = 0$ 開始傳輸封包。請問在時間 $t = d_{trans}$ 時，封包的最後一個位元在哪裡？

e. 假設 d_{prop} 大於 d_{trans}。請問在時間 $t = d_{trans}$ 時，封包的第一個位元在何處？

f. 假設 d_{prop} 小於 d_{trans}。請問在時間 $t = d_{trans}$ 時，封包的第一個位元在何處？

g. 假設 $s = 2.5 \cdot 10^8$，$L = 100$ 位元，$R = 56$ kbps。試求會令 d_{prop} 等於 d_{trans} 的距離 m。

P7. 在本題中，我們會考量透過封包交換網路從主機 A 傳送即時語音到主機 B（VoIP）。主機 A 會即時將類比語音訊號轉換成數位的 64 kbps 位元串流。然

後，主機 A 會將各位元組合成 56 位元組的封包。主機 A 跟 B 之間有一道連結；其傳輸速率為 2 Mbps，傳播延遲為 10 ms。當主機 A 採樣到一個封包時，便會將它傳送到主機 B。一旦主機 B 收到整個封包，便會將封包的位元轉換成類比訊號。請問一個位元從（主機 A 的原始類比訊號）生成到解碼（成為主機 B 類比訊號的一部分）需要多少時間呢？第二個位元呢？其他的位元呢？

P8. 假設有多位使用者共用一條 3 Mbps 的連結。此外假設每位使用者在進行傳輸時需要 150 kbps，但是每位使用者只會在 10% 的時間中進行傳輸（請參見在 1.3 節封包交換和電路交換的比較）。

   a. 使用電路交換可以支援多少位使用者？

   b. 在本題剩下的部分，請假設我們使用的是封包交換。試求特定使用者正在進行傳輸的機率。

   c. 假設有 120 位使用者。試求在任何特定時間點，剛好有 n 位使用者同時在進行傳輸的機率（提示：請使用二項式分佈）。

   d. 請找出有 21 位以上的使用者同時在進行傳輸的機率。

P9. 請思考一下 1.3 節關於統計式多工的討論，在該段討論中，我們提供了一個 1 Mbps 連結的例子。使用者忙碌時，會以 100 kbps 的速率產生資料，但是使用者忙於產生資料的機率只有 $p = 0.1$。假設我們以 1 Gbps 的連結取代 1 Mbps 的連結。

   a. 請問使用電路交換，同時最多可支援的使用者數目 N 為何？

   b. 現在請考量封包交換，使用者人數為 M。請寫出有超過 N 位使用者正在傳送資料的機率方程式（用 p、M 和 N 表示）。

P10. 考量圖 1.16 所示之網路。假設圖左方的兩個主機開始同時向路由器 B 傳輸大小為 1500 位元組的封包。假設主機和路由器 A 之間的連結速率為 4 Mbps，其中一個連結有 6 ms 的傳播延遲，另一個連結有 2 ms 的傳播延遲。請問路由器 A 會發生佇列延遲嗎？

P11. 以 P10 的場景重做一次，但現在假設主機和路由器 A 之間的連結有不同的速率 R_1 byte/s 和 R_2 byte/s，以及不同的傳播延遲 d_1 和 d_2。假設兩個主機的封包長度為 L 位元組，請問當路由器 A 未發生佇列延遲時，傳播延遲的值為何？

P12. 考量透過一路由器相連結的用戶和伺服器。假設路由器在接收第一批 h 位元組的封包（而非全部的封包）後就會開始發送正進來的封包。假設連結速率為 R byte/s，而且用戶以 L 位元組的大小向伺服器發送封包。請問端點到端點的延遲為何？假設傳播延遲、傳遞延遲、佇列延遲都忽略，請將之前的結果歸納為用戶端和伺服器由 N 個路由器互連的情況。

P13.

　　(a) 假設有 N 個封包同時抵達某道連結，而這道連結上目前並沒有封包正在傳輸或等待。每個封包的長度都是 L，連結的傳輸速率為 R。請問這 N 個封包的平均佇列延遲為何？

　　(b) 現在假設每 LN/R 秒會有 N 個如此的封包抵達該連結。試求封包的平均佇列延遲。

P14. 請考量路由器緩衝區的佇列延遲。令 I 表示流量強度；亦即 $I = La/R$。假設當 $I < 1$ 時，佇列延遲的公式為 $IL/R(1 - I)$。

　　a. 請寫出總延遲時間的公式，亦即佇列延遲加上傳輸延遲。

　　b. 請以 L/R 的函數形式繪製總延遲時間。

P15. 令 a 代表封包到達一個連結的速率，單位為封包／秒，而 μ 代表連結的傳輸率，單位為封包／秒。基於前一個習題所得到的總延遲的公式（也就是，佇列延遲加上傳輸延遲），以 a 和 μ 推出總延遲的公式。

P16. 考慮一路由器在外向連結前端的緩衝區。在這個習題中，你將會使用 Little 的公式，它是排隊理論的一個很有名的公式。令 N 代表在緩衝區中的封包加上正被傳送封包的平均數。令 a 代表到達該連結的封包率。令 d 代表一個封包經歷的平均總延遲 （也就是，佇列延遲加上傳輸延遲）。Little 的公式為 $N = a \cdot d$。假設緩衝區包含 10 個封包。假如平均封包佇列延遲為 10 ms，而該連結的傳輸率為 100 封包／秒，利用 Little 的公式，假設沒有封包遺失，請問緩衝區中封包的平均數為何？

P17. 考量如圖 1.12 所示之網路。等式 (1.2) 在此場景中成立嗎？如果成立的話，是在什麼條件下？若不成立，為什麼？（假設 N 是圖中來源端和目的端之間的連結數）

P18. 請分別在一天的三個不同小時中，在同一洲的來源端與目的端之間執行 Traceroute。

　　a. 請分別計算這三小時各自的平均來回延遲和來回延遲的標準差。

　　b. 請找出這三小時不同時刻路徑上的路由器數目。請問有任何一小時的路徑有所改變嗎？

　　c. 請試著判斷 Traceroute 封包從來源端到目的端所經過的 ISP 網路數量。具有相似名稱或相似 IP 位址的路由器，應視為同一家 ISP 的一部分。請問在你的實驗中，最大的延遲是發生在相鄰 ISP 之間的對等介面上嗎？

　　d. 請針對位於不同洲的來源端與目的端，重複上述步驟。請比較洲內與跨洲的結果。

P19.

(a) 造訪網站 www.traceroute.org，並執行 Traceroute，從法國兩個不同的城市到美國的同一個目地主機。在這兩次 Traceroute 中，有多少連結是一樣的？橫越大西洋的連結是一樣的嗎？

(b) 重做 (a)，但是這次選法國的一個城市和德國的一個城市。

(c) 選一個美國的城市，並執行 Traceroute 到兩個主機，那兩個主機位於中國不同的城市中。在這兩次 Traceroute 中，有多少連結是一樣的？這兩次 Traceroute 在到達中國之前是分開的嗎？

P20. 請考量圖 1.20(b) 所對應的產出率例子。現在請假設有 M 對用戶端—伺服器，而非 10 對。令 R_s、R_c、R 分別表示伺服器連結、用戶端連結、與網路連結的速率。假設其他所有連結都有豐沛的容量，而且網路中除了這 M 對用戶端—伺服器所產生的資料流之外，沒有別的資料流存在。請用 R_s、R_c、R 與 M 推導產出率的一般化運算式。

P21. 假設一用戶和一伺服器可以透過如圖 1.19 的 (a) 或 (b) 連結，假設 $R_i = (R_c + R_s) / i$，$i = 1, 2, ..., N$。請問在何種情況下，網路 (a) 比網路 (b) 有更高的吞吐量？

P22. 考慮圖 1.19(b)。假設在伺服器和用戶端之間的每一道連結都有一封包遺失機率 p，而這些連結的封包遺失機率是獨立的。一個封包（由伺服器端所送出）成功地被接收端所接收的機率為何？假如一個封包在一個從伺服器到用戶端的路徑中遺失了，那麼伺服器會重傳該封包。就平均而言，為了要讓一個封包（由伺服器端所送出）可以成功地被用戶端接收，伺服器會重傳該封包幾次？

P23. 考慮圖 1.19(a)。假設我們知道沿著從伺服器到用戶端的路徑中瓶頸連結是第一個連結，其速率為 R_s 位元 / 秒。假設我們從伺服器連續傳兩個封包到用戶端，而且在該路徑中沒有其他的流量。假設每一封包長 L 位元，兩個連結有相同的傳播延遲 d_{prop}。

a. 封包到達目地端的間隔到達時間為何？也就是說，從第一個封包的最後一個位元到達直到第二個封包的最後一個位元到達中間隔了多少時間？

b. 現在假設第二個連結是瓶頸連結（也就是說，$R_c < R_s$），有沒有可能第二個封包在第二個連結的輸入佇列處排隊？請解釋之。現在假設伺服器在送出第一個封包後隔了 T 秒才送出第二個封包。T 要多大才能保證不用在第二個連結的輸入佇列處排隊？請解釋之。

P24. 考慮一用戶，他需要發送 1.5 Gb 的資料到一台伺服器。該用戶住在一個小鎮，鎮上只能利用撥接連線。某天，一台巴士來造訪這個小鎮，它是來自於最靠近這個小鎮的城市，距離這個小鎮 150 公里遠，並且停在這名用戶的門前。巴士有一台 100 Mbps 的 WiFi 連線，可以在郊區從用戶端收集資料，並且在它

返回城市後，透過 1 Gbps 的連結傳輸到網際網路。假設巴士的平均速度是 60 km/h，請問該用戶將資料傳輸到伺服器最快的方式為何？

P25. 假設兩台主機 A 跟 B 之間相距 20,000 公里，並以一道 $R = 2$ Mbps 的直接連結相連。假設跨越該道連結的傳播速率為 $2.5 \cdot 10^8$ m/s。

    a. 請計算頻寬延遲乘積 $R \cdot d_{prop}$。

    b. 請考量從主機 A 傳送一個 800,000 位元的檔案到主機 B。假設該檔案是以單一一筆大訊息的方式持續地傳送。請問在任一時刻，連結上最多會有多少位元？

    c. 試解釋頻寬延遲乘積的意義。

    d. 請問此連結上每個位元的寬度（以公尺表示）為何？它有比足球場還要長嗎？

    e. 請以傳播速度 s，傳輸速率 R，以及連結長度 m，推導出位元寬度的一般化運算式。

P26. 參考習題 P25，但現在 $R = 1$ Gbps。

    a. 請計算頻寬延遲乘積 $R \cdot d_{prop}$。

    b. 請考量從主機 A 傳送一個 800,000 位元的檔案到主機 B。假設該檔案是以單一一筆大訊息的方式持續地傳送。請問在任一時刻，連結上最多會有多少位元？

    c. 請問此連結上每個位元的寬度（以公尺表示）為何？

P27. 考慮如圖 1.19(a) 的狀況。假設 R_s 是 20 Mbps，R_c 是 10 Mbps，伺服器持續發送流量至用戶端。另假設伺服器和用戶之間的路由器可以緩衝最多 4 則訊息。請問伺服器在幾則訊息之後，路由器會開始發生封包遺失？

P28. 請將習題 P27 中獲得的結果歸納為路由器可以緩衝 m 個訊息的情況。

P29. 假設某具同步衛星和地球上的基地台之間有道 10 Mbps 的微波連結。衛星每分鐘都會拍攝一張數位照片，並將之傳送給基地台。假設傳播速率為 $2.4 \cdot 10^8$ m/s。

    a. 請問該連結的傳播延遲為何？

    b. 請問其頻寬延遲乘積 $R \cdot d_{prop}$ 為何？

    c. 令 x 表示照片的大小。如果該道微波連結要能夠持續進行傳輸，則 x 的最小值為何？

P30. 請考量我們在 1.5 節討論分層時所舉出的航空旅行例子，以及當協定資料單元沿著協定堆疊順流而下時，被加入到資料單元的標頭。當旅客和行李沿著航空協定堆疊向下移動時，有任何意義與標頭相同的概念被加到旅客與行李之上嗎？

P31. 在現代的封包交換網路中，包括網際網路，來源主機會將很長的應用層訊息（例如影像或音樂檔）切割成較小的封包，然後才將封包送到網路上。接著接收端會將資料重組回原來的訊息。這個過程我們稱之為**訊息分段**（message segmentation）。圖 1.27 描繪了有無使用訊息分段的端點到端點傳輸。請考量長度為 $8 \cdot 10^6$ 位元的訊息，要從圖 1.27 中的來源端傳送至目的端。假設圖中每道連結都是 2 Mbps。請忽略傳播、佇列與處理延遲。

a. 請考量如果不使用訊息分段，將訊息從來源端傳送至目的端。請問訊息從來源端主機移動到第一具封包交換器需要花多少時間？請記住每具交換器使用的都是儲存轉送封包交換，請問將訊息從來源端主機移動到目的端主機總共要花多少時間？

b. 現在假設訊息被分段成 800 個封包，每個封包長度為 10,000 位元。請問將第一個封包由來源端主機移動到第一具封包交換器需要花多少時間？當第一個封包從第一具交換器被傳送到第二具交換器時，第二個封包會從來源端主機被傳送到第一具交換器。當第一具交換器完整接收到第二個封包時，時間經過了多久？

c. 在使用訊息分段時，將檔案完整的由來源端搬移至目的端需要花多少時間？請將此結果與你在 (a) 部分所得到的答案相比較。

d. 除了降低延遲之外，使用訊息分段的理由有哪些？

e. 請討論使用訊息分段的缺點。

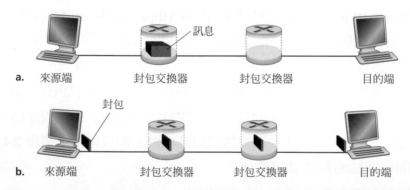

圖 1.27　端點到端點傳輸：(a) 不使用訊息分段；(b) 使用訊息分段

P32. 考慮習題 P31，假設傳播延遲是 250 ms，請重新計算使用訊息分段以及不使用訊息分段來傳輸源資料所需的時間。請問，若有傳播延遲的話，訊息分段會更有利嗎？

P33. 請考量將某個 F 位元的大型檔案從主機 A 傳送到主機 B。A 跟 B 之間有兩道連結（與一具交換器），連結本身是暢通的（換言之，沒有佇列延遲）。主機 A 會將檔案分段成大小皆為 S 位元的區段，並且在每個區段中加入 80 位元的

標頭，形成大小為 $L = 80 + S$ 位元的封包。每道連結的傳輸速率都是 R bps。試求能夠令從主機 A 搬移檔案到主機 B 的延遲時間最小的 S 值。請忽略傳播延遲。

P34. 早期版本的 TCP 結合了轉發和可靠遞送的功能。這些 TCP 變體如何位於 ISO/OSI 協定堆疊中？為什麼後來將轉發功能與 TCP 分開？後果是什麼？

▌Wireshark 實驗

「不聞不若聞之，聞之不若見之；見之不若知之，知之不若行之；學至於行而止矣。」

論語、效儒篇第八

我們對於網路協定的瞭解通常可以透過觀察其運作，以及實際著手操作來大為加深——觀察兩個協定實體所交換的訊息序列、探究協定運作的細節、讓協定執行特定的動作、以及觀察這些動作和它們所導致的後果。這些事情可以在模擬的情境或真實的網路環境如網際網路中進行。本書網站上的 Java applet 採用了第一種方法。而在 Wireshark 實驗中，我們會採用第二種方法。你將會在各式各樣的情境下使用你桌上、家裡或實驗室的電腦執行網路應用程式。你會觀察到你電腦上的網路協定與網際網路上其他的協定實體互動並交換訊息。因此，你和你的電腦將會是這些現場實驗中不可或缺的一部分。做中看——做中學。

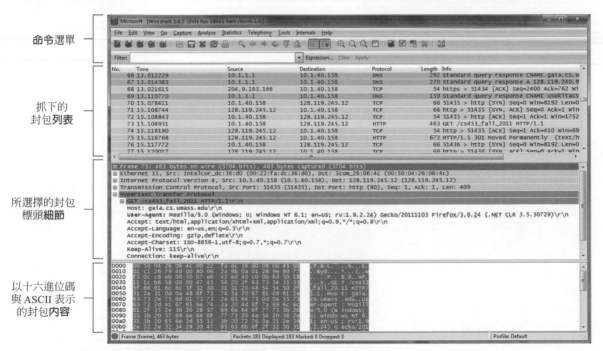

圖 1.28　一個 Wireshark 的畫面截取圖（感謝 Wireshark Foundation 允許我們可以複印 Wireshark 畫面擷取圖）

　　用來觀察執行中的協定實體所交換之訊息的基本工具，稱為封包竊聽器（Packet sniffer）。如其名所示，封包竊聽器會被動地將你的電腦所送出與收到的訊息給拷貝（竊聽）起來；它也會顯示這些被攔截的訊息中各協定欄位的內容。圖 1.29 顯示了 Wireshark 封包竊聽器的畫面抓圖。Wireshark 是一套免費的封包竊聽器，可以在 Windows、Linux/Unix 以及 Mac 電腦上執行。在全書中，你將會發現 Wireshark 實驗讓你得以探索許多在該章節中所學到的協定。在這第一個 Wireshark 實驗中，你會取得並安裝一個 Wireshark，存取某個網站，並擷取和檢視在你的網頁瀏覽器和該網頁伺服器之間所交換的協定訊息。

　　你可以在本書英文版網站 www.pearsonglobaleditions.com/kurose 上找到這個第一次 Wireshark 實驗的完整細節（包含如何取得與安裝 Wireshark 的指南）。

訪談

Leonard Kleinrock

Leonard Kleinrock 是加州大學洛杉磯分校（UCLA）的計算機科學教授。1969 年，他在 UCLA 的電腦成為網際網路的第一個節點。他在 1961 年所發明的封包交換原理，成為網際網路背後的主要技術。他在紐約市立學院（CCNY）取得電機工程學士，在麻省理工學院（MIT）取得電機工程碩士和博士學位。

▶ **是什麼動機讓你決定要專攻網路／網際網路技術？**

1959 年，當我還是 MIT 的博士生時，我環顧周遭，發現大部分的同學都在從事資訊理論與編碼理論的相關研究。MIT 有位偉大的研究者 Claude Shannon，他投身於這些領域，並且已解決大部分的重要問題。剩下的研究問題則相當困難而且少有結果。所以我決定投入一個沒有其他人思考過的新領域。回想在 MIT 時，有一大堆電腦圍繞著我，我很清楚，這些機器很快就會需要彼此互相通訊。在當時，並沒有任何有效率的途徑可以這麼做，所以我決定要開發新技術，以讓我們能夠創造出有效率又可靠的資料網路。

▶ **你在電腦業界的第一份工作是什麼？內容為何？**

為了取得電機工程學士的學位，我在 1951 到 1957 年間就讀於 CCNY 的夜間部。白天時，我在一家叫做 Photobell 的小型工業電子公司擔任技術士，之後成為工程師。在那裡，我將數位技術引進它們的生產線。基本上，我們會使用光電裝置來偵測某些物品的存在（盒子、人員等），使用當時稱為雙穩態多諧振盪器（bistable multivibrator）的電路，正是我們將數位處理帶入此項偵測領域所需的技術。這些電路剛好是計算機的建構區塊，後來在今日的用語中，被稱為正反器（flip-flop）或開關（switch）。

▶ **當你送出第一筆主機到主機的訊息時 (從 UCLA 到 Stanford Research Institute)，你心中想到什麼事情？**

坦白說，我們對於此一事件的重要性全無所知。我們並沒有像過往許多發明者一樣，準備一則特殊的，對歷史而言有重大意義的訊息（像摩斯的「What hath God wrought.（上帝行了何等大事。）」或貝爾的「Watson, come here! I want you.（華生，來這，我需要你！）」或阿姆斯壯的「That's one small step for a man, one giant leap for mankind.（這是我的一小步，卻是人類的一大步。）」）。這些傢伙真聰明！他們很瞭解媒體跟公關。我們唯一所想的，就是登入到 SRI 的那台電

腦。所以我們鍵入了「L」，它被正確的收到，然後我們鍵入「o」，它也被收到，然後我們鍵入「g」，就把 SRI 的主機搞當了！所以，結果是，我們的訊息成為史上最短，但或許也是最具啟示性的訊息，那就是「Lo!」，就是「Lo and behold!（唉呀，您瞧瞧！）」的「Lo!」。

那年稍早，UCLA 通訊引述了我的話，我說一旦網路建立起來，我們就有可能在家中或辦公室取得運算能力，就像使用電力和電話連線一樣容易。所以，我當時的願景是希望網際網路能夠普及化、可隨時執行、隨時使用，擁有任何裝置的任何人都可以從任何位置連線，而且那個連線是肉眼看不到的。然而，我從未預期我 99 歲的母親會使用網際網路——但是她真的做到了！

▶ **你對於網路未來的願景為何？**

我的願景中最簡單的部分是關於基礎設施本身的預測。我預期我們可以看見大量遊牧運算（nomadic computing）、行動裝置與智慧空間的布設。事實上，因為輕薄、價廉、高性能、可攜式的運算與通訊設備（加上無所不在的網際網路）的出現，已經讓我們有辦法成為遊牧民族。遊牧運算意指終端使用者在各地旅行時，不管旅行到哪，不管他們攜帶或使用的裝置為何，都能夠讓他們在不知不覺中取用網際網路服務的技術。我的願景中較困難的部分在於應用和服務，它們一直以戲劇性的方式讓我們驚訝不已（電子郵件、搜尋技術、全球資訊網、部落格、社交網路、使用者創作；以及音樂、相片、視訊的分享等等）。我們正處於新型態驚人的、革命性的行動應用進入我們手持裝置的時代邊緣。

下一步會讓我們得以從網際空間的黑暗時代前進到智慧空間的實體世界。我們的周遭環境（桌子、牆、車輛、手錶和腰帶等等）將會因為科技，因為致動器、感測器、數位邏輯、運算處理、儲存裝置、相機、麥克風、喇叭、顯示器以及通訊能力而活起來。這些嵌入式科技讓我們的環境可以提供我們想要的 IP 服務。當我走進房間時，它會知道我來了。我能夠自然地和我的周遭環境溝通，就像使用英文一樣；我的請求會得到回應，從牆上的顯示器、從我的眼鏡或透過語言、立體顯像（hologram）等，顯示網頁給我看。

再進一步來看，我看見了包含以下其他關鍵元素的網路未來。我看見智慧型軟體代理人被部署在網路中，功能是探勘資料、處理資料、觀察趨勢，然後動態調整執行我們的工作。我看見多上許多的網路流量不完全是由人類產生，而是由那些嵌入式裝置和智慧型軟體代理人所產生。我看見大量自我組織的系統控制這個龐大且快速的網路。我看見大量的資訊瞬間傳遍網路，經歷各式各樣的處理和過濾。網際網路本質上會成為遍布全球的神經系統。當我們迎向 21 世紀時，我看見這些以及更多的事物。

▶ **哪些人曾在專業上啓發你？**

顯然是 MIT 的 Claude Shannon，他是一位傑出的研究者，他能夠將他的數學想法用高度直覺的方式，與眞實的世界相互連結。他也是我的博士論文審核委員。

▶ **對於即將進入網路／網際網路領域的學生，你有任何建議嗎？**

網際網路和其開展的是一個浩瀚全新的疆界，充滿了驚人的挑戰。它依然有革新的空間。不要讓今日的技術限制你的想像力。擴展你的視野，想像什麼可能發生，然後讓它發生。

2

應用層

網路應用是計算機網路存在的理由——如果我們想不到任何有用的應用，就不會有任何設計網路協定以支援這些應用的需求。自從網際網路的興起開始，我們已經建立了許多有用和好玩的應用。這些應用一直是網際網路之所以會如此成功其背後的驅動力，驅使在家庭、學校、政府和商務中的人們把網際網路融入到他們日常的生活中。

這些應用包含在 1970 與 1980 年代廣受歡迎的文字介面經典應用：文字電子郵件、電腦的遠端存取、檔案傳輸和新聞群組。它們也包含 1990 年代中期的殺手級應用——全球資訊網——包含網頁瀏覽、搜尋和電子商務。它們還包含兩個在千禧年末問世的殺手級應用，即時訊息通和 P2P 檔案分享。自 2000 年開始，我們已經看到流行的語音和視訊應用的大爆發，包括：網路電話（VoIP）和視訊會議，如 Skype、Facetime 和 Google Hangouts；使用者產生的視訊散播，如 YouTube，以及隨選電影，如 Netflix；多人參與連線遊戲的高度發展，包括第二人生（Second Life）和魔獸世界（World of Warcraft）。在此同時，我們也已經看到新一代社交網路應用的出現——如 Facebook、Instagram、Twitter 和 WeChat ——它在由路由器和通訊連結所構成的網際網路上面建立了令人著迷的人類網路。最近，由於智慧型手機的誕生，已經有很多行動應用程式，包括打卡、找約會對象，以及道路交通狀況預測的應用程式（例如：Yelp、Tinder、Waz 和 Yik Yak）。明顯地，新穎又刺激的網際網路應用開發並沒有慢下來。或許本書的某些讀者將會發明出下一世代的殺手級網際網路應用！

在本章中，我們會研究網路應用的概念面與實作面觀點。一開始，我們會先定義主要的應用層概念，包括應用程式所需的網路服務、用戶端與伺服端、行程以及傳輸層介面。我們深入探討幾種網路應用，包括資訊網、電子郵件、DNS、點對點（P2P）檔案傳布（第九章聚焦於多媒體應用，包括串流視訊和 VoIP）。接著，我們會介紹網路應用程式的開發，使用 TCP 與 UDP。更明確地說，我們會學習 socket

API，然後使用 Python 檢視一些簡單的用戶端－伺服端應用程式。我們也會在章末提供幾項好玩又有趣的 socket 程式作業。

　　要學習網路協定，應用層是個很好的出發點，因爲這是你熟悉的場域。我們有許多熟悉的應用程式，仰賴著我們將要學習的協定進行運作。這會讓我們對於協定到底是什麼玩意得到良好的觀感，也會讓我們看到許多在學習傳輸層、網路層與連結層協定時，同樣會遇到的議題。

2.1　網路應用的原理

假設你有個新的網路應用點子。也許這個應用能夠爲人類帶來偉大的服務，或是它能取悅你的教授，或是它會替你帶來鉅額的財富，又或者你只是因爲好玩而開發它。不論動機爲何，現在讓我們來探討一下，你要如何將這個點子轉變爲現實世界的網路應用。

　　網路應用程式開發的核心，在於撰寫程式，以在不同的終端系統上執行，並透過網路彼此通訊。例如，在資訊網應用中，有兩種不同的程式會彼此進行通訊：在使用者主機（桌上型電腦、筆記型電腦、平板電腦、智慧型手機等等）上執行的瀏覽器程式，以及在網頁伺服器主機上執行的網頁伺服器程式。再看另一個例子，在 P2P 檔案分享系統中，每台主機上都會有一個程式參與檔案分享群體。在此一情況下，各台主機上的程式可能相似或相同。

　　因此，在開發你的新應用時，你需要撰寫能在多具終端系統上執行的軟體。要編寫這個軟體，舉例來說，可以 C、Java 或 Python 編寫。重點是，你不需要編寫在網路核心裝置，例如路由器或連結層交換器上執行的軟體。縱使你想要爲這些網路核心裝置撰寫應用軟體，你也無法這麼做。如同我們在第一章所學到的，也如同先前圖 1.24 所示，網路核心裝置並不會在應用層上運作，而是在較低的層級運作——明確地說，是在網路層以下。這種基本設計——亦即，將應用軟體限制在終端系統內——如圖 2.1 所示，有助於快速地開發部署大批的網路應用程式。

2.1.1　網路應用程式架構

在埋首撰寫軟體程式之前，你應該要先有這個應用程式的大架構計畫。請記得應用程式的架構與網路架構（例如第一章所討論的五層式網際網路架構）完全不同。從應用程式開發者的角度來看，網路架構是固定的，提供一組特定的服務給應用程式。另一方面，**應用程式架構**（**application architecture**）則是由應用程式開發者所設計，規範此一應用程式該如何建構在各種終端系統上。在選擇應用程式架構時，程式開發者可能會引用兩種現代網路應用最常使用的架構範本之一：用戶端－伺服端架構，或點對點（P2P）架構。

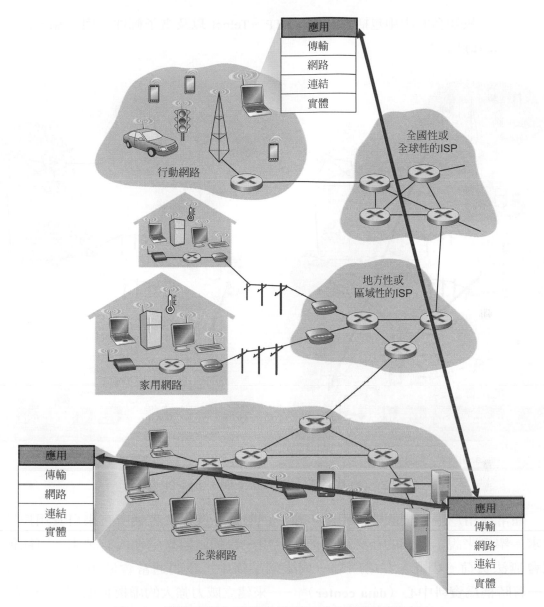

圖 2.1　網路應用在終端系統間所進行的應用層通訊

　　在**用戶端－伺服端架構**（**client-server architecture**）中，會有一台永遠開啓的主機，叫做伺服器，它會服務其他許多主機的請求，這些主機稱作用戶端。典型的例子是資訊網應用，永遠開啓的網頁伺服器會服務用戶端主機上執行的瀏覽器發出的請求。當網頁伺服器收到從用戶端主機傳來的物件請求，它會傳送被請求的物件至用戶端主機作爲回應。請注意在用戶端－伺服端架構下，用戶端彼此之間並不會直接通訊；例如，在資訊網應用中，兩個瀏覽器並不會直接進行通訊。另一個用戶端－伺服端架構的特性是，伺服器會有一個固定的、眾所周知的位址，稱作 IP 位址（我們很快便會加以討論）。因爲伺服器有一個眾所周知的固定位址，而且永遠開啓，所以用戶端可以隨時傳送封包至伺服器的位址，以聯繫該伺服器。使用用戶端－伺

服端架構，較知名的應用包括資訊網、FTP、Telnet 以及電子郵件。用戶端－伺服端架構如圖 2.2 (a) 所示。

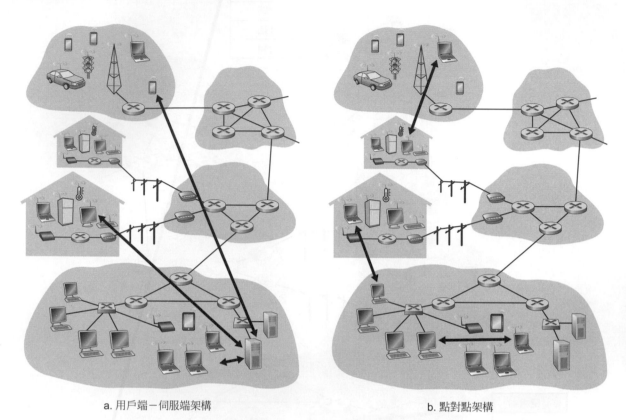

a. 用戶端－伺服端架構　　　　　　　　　　　b. 點對點架構

圖 2.2　(a) 用戶端—伺服端架構；(b) P2P 架構

　　通常在用戶端—伺服端應用中，單一伺服器主機無法容納所有來自其用戶端的請求。舉例來說，熱門的社交網站如果只用一台伺服器來處理所有請求，可能很快就會無法負荷。因此，在用戶端—伺服端架構中，我們通常會使用大型的主機群——有時稱為**資料中心（data center）**——來建立威力強大的虛擬伺服器。最熱門的網際網路服務——像是搜索引擎（例如：Google、Bing、百度）、線上商務（例如：Amazon、eBay、阿里巴巴）、網頁電子郵件（例如：Gmail 和 Yahoo Mail）、社交網路（例如：Facebook、Instagram、Twitter 和微信）——使用一個或多個資料中心。如 1.3.3 節所述，Google 在全球分佈著 30 到 50 個資料中心，這些資料中心共同處理搜尋、YouTube、Gmail 和其他服務。資料中心可能擁有數十萬台伺服器，必須對其進行供電和維護。此外，服務供應商必須支付從其資料中心發送資料的經常性互聯互通和頻寬成本。

　　在一個 **P2P 架構**中，對於在資料中心專用的伺服器只有最低的需求（或是零需求）。反之，應用程式所利用的是在一對對間歇性連線，稱作對等點（peer）的主機之間進行的直接通訊。這些對等點並不屬於服務供應者，而是由使用者所控制的

桌上型與膝上型電腦，其中大多數對等點位於家中、大學中以及辦公室中。因為這些對等點並不會透過專門的伺服器進行通訊，所以這種架構叫做點對點架構。今日許多最受歡迎也是流量最為密集的應用，都是根基於 P2P 架構上。這些應用包括檔案分享（例如 BitTorrent）、點對點輔助的下載加速（例如迅雷）、網際網路電話以及視訊會議（例如 Skype）。P2P 架構如圖 2.2(b) 所描繪。我們得提一下，有些應用會使用混合性架構，結合用戶端－伺服端與 P2P 的元素。例如，許多即時訊息應用會使用伺服器來追蹤使用者的 IP 位址，但是使用者之間的訊息則是直接在使用者主機之間傳送的（不會經由中介的伺服器）。

　　P2P 架構其中一項最令人讚嘆的特性就是其**自我擴充性**（**self-scalability**）。例如，在 P2P 檔案分享應用中，雖然每個對等點都會因請求檔案而產生工作負荷，但是每個對等點也會透過散布檔案給其他對等點，而增加了系統的服務容量。P2P 架構也具有成本效益，因為它們通常不需要大量的伺服器基礎設施和伺服器頻寬（但是擁有資料中心的用戶－伺服器設計可就不是這麼一回事了）。然而，未來的 P2P 應用會面臨因它們高度集中的架構而帶來的安全性、效能和可靠性的挑戰。

2.1.2　行程通訊

在建立你的網路應用程式之前，你也需要對在多台終端系統上執行的程式如何彼此通訊有基本的瞭解。以作業系統的術語來說，進行通訊的其實不是程式，而是**行程**（**process**）。我們可以把行程想像成是在終端系統內執行的程式。當行程在同一台終端系統上執行時，它們可以使用由終端系統的作業系統所控制的規則，透過行程間通訊機制彼此通訊。不過在本書中，我們並不會特別關注於同一台主機上的行程間如何進行通訊，我們感興趣的是在不同主機上（可能使用不同的作業系統）執行的行程如何進行通訊。

　　兩台不同終端系統上的行程，會經由計算機網路交換**訊息**（**message**）以彼此通訊。傳送端行程會建立並傳送訊息到網路上；接受端行程則會接收這些訊息，並且可能回傳訊息作為回應。圖 2.1 描繪出：行程會利用五層協定堆疊中的應用層來彼此通訊。

◈ 用戶端與伺服端行程

網路應用是由一對彼此透過網路傳送訊息的行程所構成。例如，在資訊網應用中，用戶端瀏覽器行程會與網頁伺服器行程交換訊息。在 P2P 檔案分享系統中，檔案會從一個對等點的行程，傳輸到另一個對等點的行程。針對每一對通訊行程，我們通常會將其中一個行程標記為**用戶端**（**client**），另一個行程標記為**伺服端**（**server**）。以資訊網而言，瀏覽器是用戶端行程，網頁伺服器則是伺服端行程。以 P2P 檔案分享而言，正在下載檔案的對等點會被標記為用戶端，正在上傳檔案的對等點則為伺服端。

你可能已經觀察到在某些應用，例如 P2P 檔案分享中，行程可以同時是用戶端與伺服端。確實，在 P2P 檔案分享系統中，行程可以同時上傳與下載檔案。然而，單單就一對行程間的某次通訊會談而言，我們還是可以將其中一個行程標記為用戶端，將另一個行程標記為伺服端。我們定義用戶端與伺服端行程如下：

> 在一對行程間的某次通訊會談中，開啟通訊的（也就是在會談開始時先聯繫另一行程的）行程會被標記為用戶端。等待被聯繫以開始會談的行程則為伺服端。

在資訊網中，瀏覽器行程會啟動與網頁伺服器行程的聯繫；因此瀏覽器行程是用戶端，網頁伺服器行程則是伺服端。在 P2P 檔案分享中，如果是對等點 A 要求對等點 B 傳送特定的檔案，則在這次的通訊會談中，對等點 A 便是用戶端而對等點 B 則是伺服端。在不會造成混淆時，我們有時也會使用術語「應用程式的用戶端和伺服端」。在本章末，我們會對於用戶端與伺服端網路應用程式兩者的簡單程式碼都進行逐步的分析。

◈ 行程與計算機網路之間的介面

如前所述，大多數應用程式都是由成對的通訊行程所構成，而每一對中的兩筆行程都會彼此傳送訊息。從行程傳送給另一行程的任何訊息，都一定會通過底層的網路。行程會透過稱作 **socket** 的軟體介面，以從網路傳送及接受訊息。讓我們思考一個比喻，來幫助我們瞭解行程與 socket。行程就像屋子，socket 則像是屋子的門。當行程想要傳送訊息給另一台主機上的另一行程時，它會將訊息推出門（socket）外。傳送訊息的行程認為門外有進行傳輸的基礎設施，會將訊息傳輸到目的端行程的門口。一旦訊息抵達目的端主機，也會通過接收端行程的門（socket），接著接收端行程便會處理此一訊息。

圖 2.3 描繪了兩筆透過網際網路進行通訊的行程之間的 socket 通訊（圖 2.3 假設這兩個行程所使用的底層傳輸協定是網際網路的 TCP 協定）。如圖所示，socket 是主機中位於應用層和傳輸層之間的介面。因為 socket 是建構網路應用時所使用的程式設計介面，所以它也稱作應用程式與網路之間的**應用程式設計介面**（**Application Programming Interface，API**）。應用程式開發者對於 socket 的應用層這端的所有事物都具有控制權，但是對於 socket 的傳輸層那端，則只有極少的控制權。應用程式開發者對於傳輸層端僅有的控制權為 (1) 選擇傳輸協定和 (2) 可能擁有修正少數傳輸層參數的能力，例如最大緩衝區和最大區段的大小（將在第三章中討論）。一旦應用程式開發者選擇某個傳輸協定後（如果可選擇的話），該應用程式就會使用此協定所提供的傳輸層服務來進行建構。我們將在 2.7 節中詳細探討 socket。

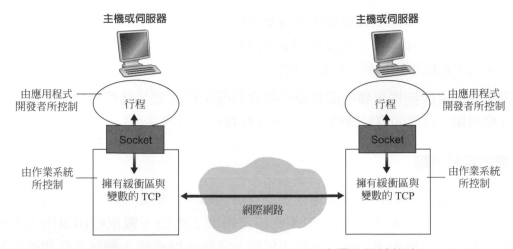

圖 2.3　應用程式行程、socket 以及底層的傳輸協定

◈ 行程定址

為了要寄送一封郵政郵件到一個特定的目的地，該目的地需要有一個地址。類似地，為了要讓一個在某主機上執行的行程送傳出封包給在另一主機上執行的行程，接收端行程需要有一個位址。為了識別接收端行程，我們需要指定兩份資訊：(1) 主機名稱或位址，以及 (2) 目的端主機中代表接收端行程的識別碼。

在網際網路中，主機是以 **IP 位址**（**IP address**）來加以識別。我們會在第四章相當詳盡地討論 IP 位址。目前，我們唯一要知道的事情是 IP 位址是一個 32 位元的量值，而我們可以認為這個量值會獨一無二地識別某台主機。除了要知道訊息的目的主機位址外，傳送端主機也必須指示出該具主機上所執行的接收端行程（更明確地說，接收端 socket）為何。我們需要此一資訊，因為一台主機上通常正在執行多個網路應用程式。目的端的**埠號**（**port number**）便是供此目的使用。常見的應用已經被指定給特定的埠號。例如，網頁伺服器是用埠號 80 加以識別。郵件伺服器（使用 SMTP 協定）是用埠號 25 加以識別。我們可以在 http://www.iana.org 找到一份所有網際網路標準協定眾所週知的埠號。我們會在第三章詳細地檢視埠號。

2.1.3　應用程式可使用的傳輸服務

請回想一下，socket 是介於應用程式行程與傳輸層協定之間的介面。傳送端的應用程式會將訊息透過 socket 推出。在 socket 的另一端，傳輸層協定必須負責將訊息交給接收端 socket 的「門」。

許多網路，包括網際網路，都提供不止一種傳輸層協定。你在開發應用程式時，必須從可用的傳輸層協定中選擇一個。你該如何選擇呢？最可能的情況是，你會研究這些可使用的傳輸層協定所提供的服務，然後選擇服務最符合你的應用程式需求

的協定。情形就像是在選擇要搭火車還是飛機在兩個城市之間旅行一般。你必須選擇其中一個，而各種運輸方式提供的是不同的服務（例如，火車提供了在市中心上下車的便利，飛機則提供較短的旅行時間）。

　　傳輸層協定能夠提供哪些服務給呼叫它的應用程式呢？我們可以大致將可能的服務分為四類：可靠的資料傳輸、產出率、時程與安全性。

◈ 可靠的資料傳輸

如第一章所討論的，封包有可能遺失在計算機網路中。例如，某個封包有可能使路由器的緩衝區溢位，或是因為其中某些位元損壞了而被主機或路由器所丟棄。對許多應用而言——例如電子郵件、檔案傳輸、遠端主機連線、網頁文件傳輸以及金融應用——資料遺失可能會產生極慘烈的後果（在金融應用中，銀行與顧客都會受害！）。因此，為了支援這些應用，我們必須採取某些措施以確保從應用程式其中一端送出的資料，能正確完整地傳送到應用程式的另一端。如果協定提供這種具有保障的資料傳送服務，我們說此協定提供的是**可靠的資料傳輸**（reliable data transfer）。傳輸層協定中可能提供給應用程式的重要服務之一，便是行程到行程的可靠資料傳輸。如果傳輸層協定提供此一服務，傳送端行程便只需將資料交給socket，然後信心滿滿地知道這筆資料會正確無誤地抵達接收端行程。

　　如果傳輸層協定不提供可靠的資料傳輸，傳送端行程送出的資料有可能永遠無法抵達接收端行程。這對於**可容忍遺失的應用**（loss-tolerant application）來說或許是可以接受的，其中最值得注意的便是如傳統音訊／視訊此類可容忍一定程度資料遺失的多媒體應用。在這些多媒體應用中，遺失的資料可能會造成影音播放的小小疙瘩——並非嚴重的損害。

◈ 產出率

我們在第一章介紹過可達到的產出率（available throughput）的概念，對於兩筆行程之間通過網路路徑進行的通訊會談而言，產出率等於傳送端行程傳送位元給接收端行程可以達到的速率。因為也會有其他會談共用這條網路路徑上的頻寬，也因為其他這些會談會來來去去，所以可達到的產出率有可能會隨時間而波動。這些觀察自然會讓我們想到另一項傳輸層協定可以提供的服務，亦即，保證產出率可以維持在某個指定的速率以上。透過這種服務，應用程式可以要求保障產出率為 r bits/sec，接著傳輸協定便會保證可達到的產出率永遠高於 r bits/sec。這種保障產出率的服務對許多應用來說相當吸引人。例如，如果某個網際網路電話應用會以 32 kbps 將音訊編碼，則此應用便需要使用這個速率將資料送入網路並投遞到接收端的應用程式。如果傳輸協定無法提供此一產出率，應用程式就需要以較低的速率進行編碼（並得到

足以容納此一較低編碼取樣率的產出率）或者此應用程式應該要放棄，因為只得到所需產出率的一半，對於這個網際網路電話應用來說是幾乎沒有任何用處的。擁有產出率需求的應用我們稱之為**頻寬敏感性應用**（**bandwidth-sensitive application**）。現今有許多多媒體應用程式屬於頻寬敏感性應用，不過有些多媒體應用可能會使用可調整式編碼技術，以讓數位影音的編碼速率相符於目前可達到的產出率。

　　相較於頻寬敏感性應用有特定的產出率需求，**彈性應用**（**elastic applications**）則會依據當時可用的產出率，不論是多是少，盡量加以利用。電子郵件、檔案傳輸以及網頁傳輸都是彈性應用。當然，產出率越高越好。俗話說得好，一個人不能太富有、太瘦或擁有太多產出率！

◈ 時程

傳輸層協定也能夠提供時程的保障。如同產出率的保障，時程的保障也有各式各樣的形式。某個時程保障的例子可能是傳送者送入 socket 的每個位元，都必須在 100 ms 以內抵達接收者的 socket。這種服務對互動式即時應用來說很吸引人，例如網際網路電話、虛擬環境、遠端會議以及多人遊戲等，這些應用在資料傳送上都需要嚴格的時程限制，才能達到效果（請參閱第九章，[Gauthier 1999；Ramjee 1994]）。例如，如果網際網路電話發生長時間的延遲，可能會在談話中造成不自然的停頓；在多人遊戲或虛擬互動環境中，如果從採取行動到看見來自環境（例如，來自端點到端點連線另一端的玩家）的反應之間有冗長的延遲，會使得此一應用感受到的真實度降低。對於非即時性的應用而言，較低的延遲時間永遠比較高的延遲時間來得好，但是對於端點到端點的延遲並沒有嚴格的需求限制。

◈ 安全性

最後，傳輸協定可以提供應用程式一種或多種安全性服務。例如，在傳送端主機中，傳輸協定可以將所有傳送端行程所傳輸的資料加以編碼，而在接收端主機中，傳輸層協定則可以在將資料傳送給接收端行程之前，先加以解碼。縱使資料在傳送端與接收端行程之間可能會因為某種原因而被觀看，這種服務仍然可以提供兩個行程間的機密性。傳輸協定除了機密性以外也可以提供其他安全性服務，包括資料完整性與端點認證，這些主題我們將在第八章中詳盡討論。

2.1.4　網際網路所提供的傳輸服務

直到目前為止，我們所考量的，普遍來說都是計算機網路能夠提供的傳輸服務。現在讓我們將範圍更縮小一點，來檢視網際網路所提供的傳輸服務。網際網路（以及更一般性地，TCP/IP 網路）提供兩種傳輸層協定供應用程式使用，UDP 與 TCP。你（身為軟體開發者）在建立網際網路應用程式時，首先要決定的事情之一，就是要使用 UDP 還是 TCP。這兩種協定分別提供不同組合的服務給使用它們的應用程式。圖 2.4 列出一些我們所選擇的應用的服務需求。

應用	資料遺失	頻寬	時間敏感
檔案傳輸 / 下載	不可遺失	彈性	否
電子郵件	不可遺失	彈性	否
網頁文件	不可遺失	彈性 (數 kbps)	否
網際網路電話 / 視訊會議	可容忍遺失	音訊：數 kbps – 1 Mbps 視訊：10 kbps – 5 Mbps	是：數百 msec
串流預儲音訊 / 視訊	可容忍遺失	同上	是：數秒
互動式遊戲	可容忍遺失	數 kbps – 10 kbps	是：數百 msec
即時訊息	不可遺失	彈性	也是，也不是

圖 2.4　一些選列的網路應用需求

◈ TCP 服務

TCP 服務模型包括連線導向服務與可靠的資料傳輸服務。當應用程式使用 TCP 作為其傳輸協定時，便會得到這兩項 TCP 所提供的服務。

◆ **連線導向服務**（**Connection-oriented service**）：在開始傳送應用層訊息之前，TCP 會先在用戶端和伺服端之間交換傳輸層控制資訊。這個所謂的握手程序會提醒用戶端和伺服端，要它們準備處理大量出現的封包。在握手階段之後，我們說 **TCP 連線**（**TCP connection**）已經存在於兩個行程的 socket 之間。這筆連線是一種全雙工連線（full-duplex connection），意即兩行程可以同時透過該連線彼此傳送訊息。當應用程式完成訊息傳送之後，就必須切斷該連線。在第三章，我們會詳細地討論連線導向服務並說明要如何實作。

◆ **可靠的資料傳輸服務**。通訊中的行程可以仰賴 TCP 正確無誤並且依正確順序傳送完所有資料。當應用程式的一端將位元組串流送入 socket 之後，便可以信賴 TCP 會將這份位元組串流原封不動地傳送給接收端 socket，不會有任何位元組遺失或重複被傳送。

　　TCP 也包含壅塞控制機制，一種為網際網路的整體福祉著想，而非只為通訊中行程的直接利益著想的服務。當傳送端及接收端之間的網路壅塞時，TCP 壅塞控制機制會調節傳送端行程（不論是用戶端或伺服端）的流量。如我們將在第三章看到的，TCP 壅塞控制也會試圖限制每筆 TCP 連線以達到公平地分享網路頻寬的目的。

◈ UDP 服務

UDP 是一種極簡的輕量型傳輸協定，只提供最低限度的服務。UDP 並不會進行連線，因此在兩行程開始通訊之前並不會先進行握手。UDP 提供的是不可靠的資料傳輸服務──意即，當行程將訊息送入 UDP socket 時，UDP 不保證所有訊息最終都會到達接收端行程。此外，真正抵達接收端行程的訊息，也不一定會依序抵達。

　　UDP 並不包含壅塞控制機制，因此 UDP 的傳送端可以用任何它喜歡的速度將資料送給其下的層級（網路層）（但，請注意，源於中介連結的頻寬限制或壅塞，實際的端點到端點產出率可能會小於這個速率）。

安全性焦點

安全的 TCP

不管是 TCP 或 UDP 都沒有提供任何加密方法──傳送端行程交給其 socket 的資料，跟經由網路傳送給目的端行程的資料完全相同。因此，比方說，如果傳送端行程以明文（亦即未加密的）傳送一份密碼，這份明文的密碼便會經過所有傳送端與接收端之間的連結，而有可能在中間任何一道連結上遭到竊聽而被發現。因為隱私權和其他的安全性議題對許多應用來說變得相當重要，所以網際網路社群開發了一種 TCP 的補強，稱為**安全 Socket 層級**（Secure Sockets Layer，SSL）。以 SSL 補強後的 TCP 不只會做所有傳統 TCP 會做的事情，也會提供關鍵的行程到行程安全性服務，包括加密、資料完整性以及端點認證。我們要強調的是，SSL 並不是第三種網際網路傳輸協定（並非與 TCP 和 UDP 位於相同的層級）；SSL 是一種 TCP 的補強，而這種補強是在應用層實作的。明確地說，如果某個應用程式想要使用 SSL 的服務，它需要將 SSL 的程式碼（現成的，高度最佳化過的函式庫與類別）同時納入應用程式的用戶端與伺服端。SSL 擁有自己的 socket API，類似傳統 TCP 的 socket API。應用程式在使用 SSL 時，傳送端行程會把明文資料交給 SSL socket；傳送端主機的 SSL 接著會將資料加密，並將加密後的資料交給 TCP socket。加密後的資料會透過網際網路傳送到接收端行程的 TCP socket。接收端的 socket 會將加密後的資料交給 SSL，將資料解密。最後，SSL 會將明文資料透過其 SSL socket 交給接收端行程。我們會在第八章詳盡探討 SSL。

◈ **網際網路傳輸協定並未提供的服務**

我們已經將可能的傳輸協定服務分成四類：可靠的資料傳輸、產出率、時程與安全性。其中，TCP 和 UDP 分別提供了哪些服務？我們提過，TCP 提供了可靠的端點到端點資料傳輸。我們也知道 TCP 可以輕易地在應用層以 SSL 補強，從而提供安全性服務。但是在我們關於 TCP 及 UDP 的簡短描述中，顯然完全未曾提及產出率或時程的保障——這些是今日的網際網路傳輸協定並未提供的服務。這是否意謂著時間敏感性應用，例如網際網路電話，無法在今日的網際網路上運作？答案顯然是否定的——網際網路已經運作時間敏感性應用許多年了。這些應用通常運作得相當良好，因為它們已經被設計為能夠盡最大可能地應付這種缺乏時間保障的狀況。我們會在第九章探討幾種這類設計技巧。然而，當延遲時間過長時，再精巧的設計也有其極限，這也是公眾網際網路常見的情形。總之，今日的網際網路通常能夠為時間敏感性應用提供令人滿意的服務，但是它無法提供任何關於時程或頻寬的保障。

圖 2.5 列出一些廣受歡迎的網際網路應用所使用的傳輸協定。我們知道電子郵件、遠端終端機連線、資訊網還有檔案傳輸，使用的全都是 TCP。這些應用選擇 TCP 主要是因為 TCP 提供了可靠的資料傳輸服務，並且保證所有的資料最終都會到達目的地。我們也知道網際網路電話通常是透過 UDP 進行運作。網際網路電話應用的每一端都需要用某個低限速率將資料送過網路（參見圖 2.4 的即時音訊）；而 UDP 比 TCP 更有可能達成這項任務。此外，網際網路電話應用可以容忍資料遺失，因此它並不需要 TCP 所提供的可靠資料傳輸服務。

應用	應用層協定	底層傳輸協定
電子郵件	SMTP [RFC 5321]	TCP
遠端終端機存取	Telnet [RFC 854]	TCP
網頁	HTTP [RFC 2616]	TCP
檔案傳輸	FTP [RFC 959]	TCP
串流多媒體	HTTP（例如 YouTube）	TCP
網際網路電話	SIP [RFC 3261]、RTP [RFC 3550] 或私人協定（例如 Skype）	UDP 或 TCP

圖 2.5　廣受歡迎的網際網路應用，其應用層協定及其下層的傳輸協定

2.1.5　應用層協定

我們方才說過，網路行程會藉由將訊息送入 socket 以彼此通訊。然而這些訊息是如何編排的呢？訊息中各個欄位的意義為何？行程何時會傳送訊息？這些問題將帶領我們進入應用層協定的領域。**應用層協定**（**application-layer protocol**）定義了在不同終端系統上執行的應用程式要如何相互傳送訊息。明確地說，應用層協定定義：

◆ 所交換的訊息類型，例如：請求訊息和回應訊息。

◆ 各種訊息類型的語法，例如：訊息中的欄位以及要如何撰寫這些欄位。

◆ 欄位的語意，意指欄位內的資訊所代表的意義。

◆ 決定行程要在何時傳送及回應訊息，以及這些事情要如何進行的規則。

　　有些應用層協定被詳載於 RFC 中，因此是屬於公共領域的。舉例來說，資訊網的應用層協定，HTTP（超文件傳輸協定，HyperText Transfer Protocol [RFC 2616]）便記載於 RFC 之中。如果瀏覽器的開發者遵循 HTTP RFC 的規則，該份瀏覽器就能夠從任何也遵循 HTTP RFC 規則的網頁伺服器取得網頁。其他有許多應用層協定具有專利，並不意欲讓人在公共領域使用。比方說，現今許多 P2P 檔案分享系統使用的都是具有專利的應用層協定。

　　重要的是，網路應用和應用層協定之間有所區別。應用層協定只是網路應用的一部分而已。讓我們來看兩個例子。資訊網是一種用戶端─伺服端應用，讓使用者在需要時能夠從網頁伺服器取得文件。資訊網應用由許多元件構成，包括文件格式的標準（亦即 HTML）、網頁瀏覽器（例如 Firefox 和 Microsoft Internet Explorer）、網頁伺服器（例如 Apache 及 Microsoft 伺服器）還有應用層協定。資訊網的應用層協定，HTTP，定義了在瀏覽器與網頁伺服器之間訊息傳送的格式和順序。因此，HTTP 只是網頁應用的一部分而已（雖然以我們的觀點來看是很重要的一部分）。另一個例子，網際網路電子郵件應用也包含許多元件，包括存放使用者信箱的郵件伺服器、讓使用者能夠閱讀和撰寫訊息的郵件閱覽器、定義電子郵件訊息結構的標準，以及定義伺服器之間要如何傳遞訊息、伺服器與郵件閱覽器之間要如何傳遞訊息、還有郵件訊息各部分的內容（例如郵件訊息的標頭）要如何解讀的應用層協定。電子郵件主要的應用層協定為 SMTP（簡易郵件傳輸協定；Simple Mail Transfer Protocol [RFC 5321]）。因此，電子郵件主要的應用層協定 SMTP，只是電子郵件應用的一部分而已（儘管是很重要的一部分）。

2.1.6　本書所涵蓋的網路應用

每天都有人在開發公領域和具專利的網際網路新應用。我們不會像百科全書一樣，涵蓋一大堆網際網路應用，而是選擇將重點放在一些常見且重要的應用上。在本章中，我們會討論五種重要的應用：資訊網、電子郵件、目錄服務、視訊串流和 P2P 應用。我們會先討論資訊網，除了因為它是非常常見的應用之外，也因為它的應用層協定 HTTP 較為簡單直接而易於理解。接著我們會討論電子郵件，它是網際網路的第一個殺手級應用。電子郵件比資訊網要來得複雜，因為它利用到多種應用層協定，而非一個。在電子郵件之後，我們會討論 DNS，它為網際網路提供了目錄服務。大多數使用者並不會直接跟 DNS 互動，而是透過其他的應用程式（包括網頁、檔案

傳輸和電子郵件）間接地呼叫 DNS。DNS 妥善地描繪了要如何將核心網路的部分功能（將網路名稱轉譯爲網路位址）實作在網際網路的應用層上。我們接著討論 P2P 檔案分享應用，並且以隨選視訊串流的討論來完成我們的應用學習之旅，包括在內容傳遞網路（CDN）上發佈儲存的視訊等。在第九章，我們將更深入地探討多媒體應用，包含網路語音協定和視訊會議。

2.2　資訊網和 HTTP

直到 1990 年代早期，網際網路主要還是被研究者、教授或大學生用來登入遠端主機、從本地主機傳送檔案到遠端主機，或反之，用來從遠端主機傳送及接收新聞，或傳送及接收電子郵件等。雖然這些應用極爲有用（現在依然如此），但基本上網際網路在學術界以外並沒有人知曉。然後，1990 年代初期，一個重要的新應用登場了——全球資訊網 [Berners-Lee 1994]。資訊網是第一個擄獲普羅大眾目光的網際網路應用。它徹底改變了人們在工作環境內外的互動方式，而且這個改變還在持續發生。它將網際網路的地位從僅是許多資料網路之一，拉抬成爲基本上是唯一僅有的資料網路。

　　或許資訊網吸引大多數使用者的一點，是能夠依需求來操作。使用者可以在想要時，得到他們想要的。這與廣播或電視不同，廣播或電視強迫使用者必須在內容供應者有供應內容時才能收聽或收看。除了能依需求取得內容外，資訊網還有許多其他美好的特色令人喜愛珍賞。任何個人都能夠極簡單就把資訊放在資訊網上——每個人都可以用極低的成本成爲發行人。超連結和搜尋引擎幫助我們在訊息的瀚海中巡航，照片和影音刺激我們的感官，表單、JavaScript、Java applet 以及其他許多元件，讓我們能夠和網頁與網站互動。此外，資訊網及其協定爲許多平台提供服務，比方說 YouTube、Web-based 電子郵件（例如：Gmail），以及大多數網際網路應用，包括 Instagram 和 Google 地圖。

2.2.1　HTTP 的概觀

超文件傳輸協定（HyperText Transfer Protocol，HTTP）是資訊網的應用層協定，位於資訊網的核心。它定義於 [RFC 1945] 與 [RFC 2616]。HTTP 由兩個程式所實作：一個用戶端程式與一個伺服端程式。在不同終端系統上執行的用戶端程式和伺服端程式，會藉著交換 HTTP 訊息來互相通話。HTTP 定義了這些訊息的結構，以及用戶端和伺服端要如何交換訊息。在詳細解釋 HTTP 之前，我們應該先回顧一些資訊網的術語。

　　網頁（**Web page**）（也稱為文件）是由許多物件所構成。**物件**（**object**）其實就是可以用單一 URL 來定址的檔案，例如 HTML 檔、JPEG 圖片、Java applet 或視訊片段。大多數網頁都是由**基礎的 HTML 檔案**（**base HTML file**）加上數個參考物件所構成。例如，如果某個網頁包含了 HTML 文件和 5 張 JPEG 圖片，該網頁便包含六個物件：基礎的 HTML 檔案再加上 5 張圖片。基礎的 HTML 檔案會在頁面中使用物件的 URL 以參照其他物件。每則 URL 都包含兩部分：存放物件的伺服器主機名稱和該物件的路徑名稱。比方說，在

```
http://www.someSchool.edu/someDepartment/picture.gif
```

其中，`www.someSchool.edu` 是主機名稱，`/someDepartment/picture.gif` 則是路徑名稱。因為**網頁瀏覽器**（例如 Internet Explorer 與 Firefox）實作的是 HTTP 的用戶端，所以在討論資訊網時，我們會交替地使用「瀏覽器」和「用戶端」這兩個詞。實作 HTTP 伺服端的網頁伺服器會存放網頁的物件，每個物件都有一則 URL 予以定址。常用的網頁伺服器包括 Apache 和微軟的 Internet Information Server。

　　HTTP 定義了網頁用戶端要如何向網頁伺服器請求網頁，以及伺服端要如何將網頁傳送給用戶端。稍後我們會詳細討論用戶端和伺服端之間的互動，圖 2.6 則描繪出一般性的概念。當使用者請求網頁（例如按下超連結）時，瀏覽器會送出頁面中物件的 HTTP 請求訊息給伺服端。伺服端會收到請求，然後以包含這些物件的 HTTP 回應訊息予以回應。

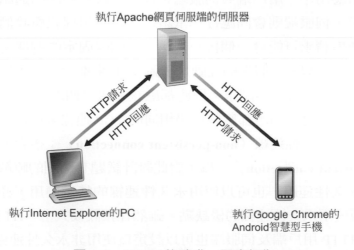

執行Apache網頁伺服端的伺服器

HTTP請求
HTTP回應
HTTP回應
HTTP請求

執行Internet Explorer的PC

執行Google Chrome的
Android智慧型手機

圖 2.6　HTTP 的請求—回應行為

　　HTTP 使用 TCP 作為其下層的傳輸協定（而非在 UDP 上運作）。HTTP 用戶端會先開啟與伺服端的 TCP 連線。一旦建立了連線，瀏覽器和伺服器行程就會透過其 socket 介面來使用 TCP。如 2.1 節所述，用戶端的 socket 介面是用戶端行程與 TCP 連線之間的門戶；伺服端的 socket 介面則是伺服端行程與 TCP 連線之間的門戶。用

戶端會將 HTTP 請求訊息傳送給其 socket 介面，並從其 socket 介面接收 HTTP 回應訊息。同樣地，HTTP 伺服器也會經由其 socket 介面來接收請求訊息，並將回應訊息傳送給其 socket 介面。一旦用戶端將訊息傳送給其 socket 介面後，這筆訊息便離開了用戶端的掌握，而交由 TCP「接手」處理。請回想 2.1 節，TCP 會爲 HTTP 提供可靠的資料傳輸服務。這意味著用戶端行程所送出的每筆 HTTP 請求訊息，最終都會完整無缺地到達伺服端；同樣地，每筆伺服端行程送出的 HTTP 回應訊息，最終也都會完整無缺地到達用戶端。此處，我們看到分層式架構最大的優點之一——HTTP 不需要擔心資料的遺失，或 TCP 要如何復原遺失的資料，或如何在網路中重新排列資料的細節。這是 TCP 和協定堆疊較下層協定的任務。

　　一個要注意的重點是，伺服端傳送被請求的檔案給用戶端時，並不會儲存任何跟用戶端有關的狀態資訊。如果同一個用戶端在幾秒鐘內要求了兩次相同的物件，伺服端並不會回應說它剛剛才提供該物件給用戶端過；反之，伺服端會重送該物件，就像完全忘記先前曾經做過什麼一樣。因爲 HTTP 伺服器不會維護跟用戶端有關的資訊，所以我們說 HTTP 是**無狀態協定**（stateless protocol）。我們也要提醒你，如 2.1 節所述，資訊網使用的是用戶端—伺服端應用程式架構。網頁伺服器是永遠開啓的，有固定的 IP 位址，服務著可能來自數百萬具不同瀏覽器的請求。

2.2.2　非永久性與永久性連線

在許多網際網路應用中，用戶端與伺服端會進行一段長時間的通訊，其間用戶端會送出一連串請求，伺服端則會回應每一筆請求。視應用程式與我們如何使用應用程式而定，這一連串請求可能會一個接一個送出，間隔固定的週期送出，或是不定時地送出。當這些用戶端—伺服端的互動是透過 TCP 來進行時，應用程式開發者需要作一項重要的抉擇——每一對請求 / 回應都應該要透過**個別的** TCP 連線來傳送，還是所有的請求與其相應的回應都應該透過**相同的** TCP 連線來傳送？以前者的方式，我們稱該應用爲**非永久性連線**（non-persistent connection）；後者，我們則稱之爲**永久性連線**（persistent connection）。爲了對此設計議題有深刻的瞭解，讓我們藉由某個可以使用非永久性連線，也可以使用永久性連線的特定應用，亦即 HTTP 作爲討論背景，來檢視一下永久性連線的優缺點。雖然在預設模式上，HTTP 使用的是永久性連線，但是 HTTP 用戶端及伺服端也可以設定爲使用非永久性連線。

◈ 使用非永久性連線的 HTTP

讓我們一步步分析在使用非永久性連線時，從伺服端傳輸網頁給用戶端的過程。讓我們假設該網頁是由一份基礎的 HTML 檔案和 10 張 JPEG 圖片所構成，而這 11 個物件都存放在同一台伺服器上。我們進一步假設其基礎 HTML 檔案的 URL 爲

```
http://www.someSchool.edu/someDepartment/home.index
```

以下是會發生的事情：

1. HTTP 用戶端行程會開啓一筆 TCP 連線到伺服器 `www.someSchool.edu` 的埠號 80，亦即 HTTP 的預設埠號。伴隨著 TCP 連線，用戶端與伺服端會各開啓一個 socket。

2. HTTP 用戶端會透過其 socket 送出一筆 HTTP 請求訊息。這筆請求訊息包含路徑名稱 `/someDepartment/home.index`（我們等一下會較詳盡地討論 HTTP 訊息）。

3. HTTP 伺服端行程會從其 socket 收到該請求訊息，從其儲存裝置 (RAM 或磁碟) 取得物件 `/someDepartment/home.index`，將該物件封裝進 HTTP 回應訊息中，然後透過其 socket 將回應訊息傳送給用戶端。

4. HTTP 伺服端行程會告知 TCP 關閉 TCP 連線。(但是 TCP 在還沒有確定用戶端已經完整無缺地收到回應訊息之前，並不會眞的結束該連線)。

5. HTTP 用戶端收到回應訊息。TCP 連線終止。訊息指出該封裝物件是一份 HTML 檔案。用戶端會將檔案從回應訊息中取出，檢視這份 HTML 檔案，並發現它參照到 10 份 JPEG 物件。

6. 針對每份被參照的 JPEG 物件，再重複一次前四個步驟。

當瀏覽器收到網頁時，會將該網頁顯示給使用者。兩種不同的瀏覽器可能會用不太一樣的方式來解讀（意指顯示給使用者）網頁。HTTP 並未干預用戶端要如何解讀網頁。HTTP 規格（[RFC 1945] 與 [RFC 2616]）只定義了用戶端 HTTP 程式和伺服端 HTTP 程式之間的通訊協定。

上述步驟描繪了使用非永久性連線時的情形，其中每筆 TCP 連線都會在伺服器送出物件之後關閉——該筆連線並不會繼續服務其他的物件。請注意，每筆 TCP 連線都只會傳輸剛好一筆請求訊息與一筆回應訊息。因此，在這個例子中，當使用者請求網頁時，總共會產生 11 筆 TCP 連線。

在上述步驟中，對於用戶端究竟是透過 10 筆接續進行的 TCP 連線取得 10 張 JPEG 圖片，還是有某些 JPEG 圖片是透過同步進行的 TCP 連線取得，我們故意含糊其詞。事實上，使用者可以設定現代的瀏覽器來控制平行處理的程度。在預設模式下，大部分瀏覽器允許同時開啓 5 到 10 筆 TCP 連線，其中每筆連線都負責處理一筆請求 / 回應。如果使用者願意的話，他也可以將最大同步連線數目設定爲一，在這種狀況下，10 筆連線就會接續地被建立。就如我們將在下一章所見，使用同步連線可以縮短回應時間。

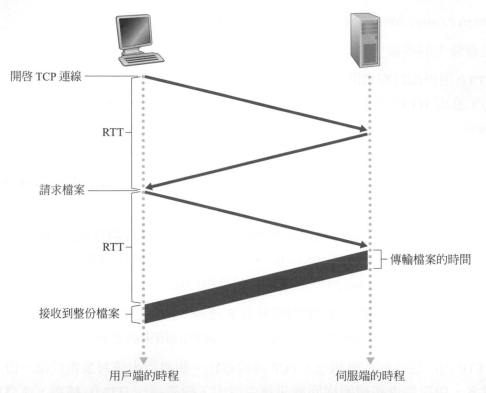

開啟 TCP 連線

RTT

請求檔案

RTT

傳輸檔案的時間

接收到整份檔案

用戶端的時程　　　　　　　　伺服端的時程

圖 2.7　請求與接收 HTML 檔案所需時間的簡單計算

　　在繼續討論之前，讓我們粗略計算一下，以評估從用戶端請求基礎的 HTML 檔案，到完整地收到該檔案所經過的總時間。為此目的，我們定義**來回時間（round-trip time，RTT）**，等於某個小封包從用戶端行進到伺服端，然後再回到用戶端所花費的時間。RTT 包含封包傳播延遲、中介路由器和交換器中的封包佇列延遲以及封包處理延遲（我們已經在 1.4 節討論過這些延遲）。現在，請想想當使用者按下超連結時，會發生什麼事情。如圖 2.7 所示，這會使瀏覽器開啟一筆瀏覽器和網頁伺服器之間的 TCP 連線；這牽涉到一次「三次握手（three-way handshake）」——用戶端會傳送一小段 TCP 區段給伺服端，伺服端會確認並回應以一小段 TCP 區段，最後，用戶端會再次回覆確認給伺服端。三次握手的前兩個步驟會使用一次 RTT。在完成握手的前兩部分之後，用戶端會將 HTTP 請求訊息與三次握手的第三個部分（確認）一併送入 TCP 連線。一旦請求訊息抵達伺服器，伺服器便會將 HTML 檔案送入 TCP 連線。這筆 HTTP 請求／回應會吃去另一次 RTT。因此，總回應時間大約是兩次 RTT 再加上 HTML 檔案在伺服端的傳輸時間。

◈ 使用永久性連線的 HTTP

非永久性連線有一些缺點。首先，針對每份請求的物件，都必須建立並維護一筆全新的連線。針對每一筆連線，我們都必須在用戶端與伺服端配置 TCP 緩衝區並維護 TCP 變數。這會帶給網頁伺服器很大的負擔，因為它同時可能要服務數百個不同

的用戶端。其次，如我們方才所述，每份物件都會經兩次 RTT 的傳遞延遲———一次 RTT 用於建立 TCP 連線，另一次 RTT 則用於請求和接收物件。

使用 HTTP 1.1 永久性連線，伺服端在傳送回應後，會保持該筆 TCP 連線繼續開 啟。後續在相同用戶端與伺服端之間的請求和回應，都可以透過同一筆連線來傳送。 具體的說，整份網頁（在上例中，為基礎的 HTML 檔與 10 張圖片）可以只透過一筆 永久性的 TCP 連線來傳送。更甚者，存放於同一台伺服器上的多份網頁，也可以只 用一筆永久性的 TCP 連線從該伺服器傳送給同一個用戶端。這些物件的請求可以接 連送出，不需要等待尚未處理完的請求得到回應（管線化）。通常，HTTP 伺服器會 在連線閒置一段時間（可加以設定的逾時間隔）後關閉該連線。當伺服端收到接連 送出的請求時，也會接連地送出物件。HTTP 的預設模式使用的是管線化的永久性連 線。最近，HTTP/2 [RFC 7540] 以 HTTP 1.1 為基礎，允許相同連線中交錯的多重請 求和回應，以及在該連線中對 HTTP 訊息的請求和回應排出優先順序的機制。我們 將在第二章和第三章的習題中，量化比較非永久性和永久性連線的效能。我們也鼓 勵你參閱 [Heidemann 1997；Nielsen 1997; RFC 7540]。

2.2.3　HTTP 的訊息格式

HTTP 規格 [RFC 1945; RFC 2616; RFC 7540] 包含了 HTTP 訊息格式的定義。HTTP 訊息有兩種，請求訊息和回應訊息，我們接著便來討論這兩種訊息。

◈ HTTP 請求訊息

以下我們提供典型的 HTTP 請求訊息：

```
GET /somedir/page.html HTTP/1.1
Host: www.someschool.edu
Connection: close
User-agent: Mozilla/5.0
Accept-language: fr
```

仔細觀察這個簡單的請求訊息，我們可以學到許多觀念。首先，我們看到訊息 是用普通的 ASCII 文字撰寫，所以普通會使用電腦的人就能夠看懂它。其次，我們 看到該訊息包含五行，每行末尾都有一個歸位（carriage return）字元和一個換行（line feed）字元。最後一行則會多跟隨一對歸位和換行。雖然這個特別的請求訊息只有五 行，不過請求訊息可能包含多上許多行，也可能少到只包含一行。HTTP 請求訊息 的第一行稱為**請求行**（**request line**）；後續的行則稱為**標頭行**（**header line**）。請求 行有三個欄位：方法欄位、URL 欄位和 HTTP 版本欄位。方法欄位可以使用數種不 同的數值，包括 GET、POST、HEAD、PUT 以及 DELETE。大部分的 HTTP 請求訊息 使用的都是 GET 方法。瀏覽器請求物件時會使用 GET 方法，所請求的物件則由 URL

欄位來識別。在本例中，瀏覽器所請求的是 /somedir/page.html 這個物件。版本欄位用意不言自明；在本例中，瀏覽器實作的版本是 HTTP/1.1。

現在，讓我們來看看本例中的標頭行。標頭行 Host:www.someschool.edu 指出該物件棲身的主機。你可能會認為這行標頭並不需要，因為已經有一筆 TCP 連線連往該主機了。但是，如我們將在 2.2.5 節所見，主機標頭行所提供的資訊，是網頁代理伺服器快取所需。藉由加入標頭行 Connection: close，瀏覽器會告知伺服器它不想使用永久性連線；它希望伺服器在送出請求物件後關閉該筆連線。User-agent: 標頭行會指出正在對伺服器發出請求的使用者代理程式為何，意即瀏覽器的類型。在此例中，使用者代理程式是 Mozilla/5.0，一種 Netscape 的瀏覽器。這行標頭很有用，因為伺服器確實可以傳送相同物件的不同版本給不同類型的使用者代理程式。（每個版本都以相同的 URL 定址）。最後，Accept-language: 標頭指出如果伺服器中有這種物件的法文版存在的話，則使用者想要收到法文版；否則，伺服器會送出其預設版本。Accept-language: 只是多種 HTTP 可使用的內容協商標頭之一。

在看過一個例子之後，現在讓我們來觀察請求訊息的一般格式，如圖 2.8 所示。我們看到這個一般格式大致符合於我們先前所舉的例子。然而，你可能注意到，在這些標頭行（以及額外的歸位和換行）之後，還有一個「資料主體（entity body）」存在。使用 GET 方法時，資料主體會是空的，但是它會在 POST 方法中被使用。HTTP 用戶端通常會在使用者填寫表單時使用 POST 方法──例如，當使用者提供搜尋關鍵字給搜尋引擎時。使用 POST 訊息，使用者仍然會向伺服器請求網頁，但網頁的特定內容會依使用者填入表單欄位的內容不同而有所不同。如果方法欄位的數值是 POST，資料主體就會包含使用者輸入表單欄位的內容。

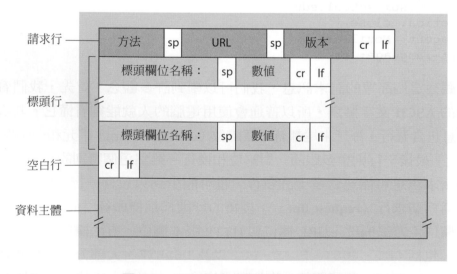

圖 2.8　HTTP 請求訊息的一般格式

　　如果我們沒有提及不一定要使用 POST 方法來處理表單所產生的請求的話，就是我們的疏忽。反之，HTML 表單其實經常會使用 GET 方法，將（表單欄位中）輸入資料加入所請求的 URL 中。比方說，如果某個表單使用 GET 方法，包含兩個欄位，填入這兩個欄位的數值分別是 monkeys 跟 bananas，則其 URL 的結構就會是 www.somesite.com/animalsearch?monkeys&bananas。在你日常的網頁瀏覽中，你可能已經注意到這種延伸的 URL。

　　HEAD 方法類似 GET 方法。當伺服器收到使用 HEAD 方法的請求時，它會回應一則 HTTP 訊息，但是忽略其請求的物件。應用程式開發者通常會使用 HEAD 方法來除錯。PUT 方法通常會與網頁發行工具一起使用。它允許使用者可以將物件上傳到特定網頁伺服器的特定路徑（目錄）。需要上傳物件給網頁伺服器的應用程式也會使用 PUT 方法。DELETE 方法則讓使用者或應用程式得以刪除網頁伺服器上的物件。

◈ HTTP 回應訊息

以下我們提供典型的 HTTP 回應訊息。這則回應訊息有可能是方才所討論的請求訊息範例的回應。

```
HTTP/1.1 200 OK
Connection: close
Date: Tue, 18 Aug 2015 15:44:04 GMT
Server: Apache/2.2.3 (CentOS)
Last-Modified: Tue, 18 Aug 2015 15:11:03 GMT
Content-Length: 6821
Content-Type: text/html

(data data data data data ...)
```

　　讓我們仔細觀察這則回應訊息。它包含三個區塊：開頭的**狀態行**（**status line**）、六行**標頭行**（**header line**）和**資料主體**（**entity body**）。資料主體是訊息的實質內容——它包含所請求的物件本身（以 data data data data data... 表示）。狀態行有三個欄位：協定版本欄位、狀態代碼和相應的狀態訊息。在此例中，狀態行指出伺服器正在使用 HTTP/1.1，而且萬事 OK（意即已找到伺服器，並且正在傳送所請求的物件）。

　　現在，讓我們來觀察標頭行。伺服器會使用標頭行 Connection:close 告知用戶端，在送出訊息後，它就要準備關閉 TCP 連線。HTTP 回應訊息中的 Date: 標頭行會指出伺服器建立並送出 HTTP 回應的時間與日期。請注意，這並不是指物件建立或最後修改的時間；而是指伺服器從其檔案系統中取得物件，將該物件插入回應訊息，然後送出回應訊息的時間。Server: 標頭行指出訊息是由 Apache 網頁伺服器所產生的；它類似於 HTTP 請求訊息中的 User-agent: 標頭行。Last-Modified:

標頭行會指出該物件建立或最後修改的時間與日期。我們馬上就會較詳盡地描述 `Last-Modified:` 標頭，無論是對本地用戶端的物件快取，或是對網路快取伺服器（也稱為代理伺服器）的物件快取來說，這份標頭都很重要。`Content-Length:` 標頭行會指出所傳送物件的位元組數目。`Content-Type:` 標頭行指出資料主體中的物件是 HTML 文件（物件類型是由 `Content-Type:` 標頭正式予以指定，而非由副檔名）。

在看過例子之後，現在讓我們來檢視回應訊息的一般格式，如圖 2.9 所示。這則回應訊息的一般格式符合我們先前所舉的回應訊息例子。讓我們多談一些有關狀態代碼及其用語的事情。狀態代碼及其相關用語會指出該筆請求的結果。一些常見的狀態代碼與其相關用語包括：

◆ `200 OK`：請求成功，而且相關資訊已經於回應訊息中傳回。

◆ `301 Moved Permanently`：所請求的物件已經永久移除；新的 URL 會被標記於回應訊息的 `Location:` 標頭中。用戶端軟體會自動取得新的 URL。

◆ `400 Bad Request`：這是一個一般性的錯誤碼，表示伺服器無法理解該筆請求。

◆ `404 Not Found`：所請求的文件不存在於該伺服器上。

◆ `505 HTTP Version Not Supported`：伺服器不支援所請求的 HTTP 協定版本。

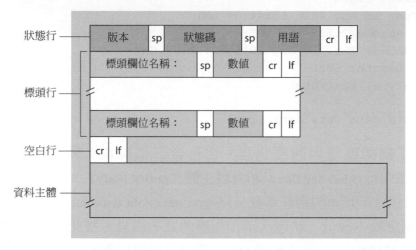

圖 2.9　HTTP 回應訊息的一般格式

想看看真實的 HTTP 回應訊息嗎？我們強烈建議你試試看，而且它非常容易！首先，Telnet 到你喜愛的網頁伺服器。然後輸入一行請求訊息，請求該伺服器上的某個物件。比方說，如果你可以使用命令列的話，請輸入：

```
telnet gaia.cs.umass.edu 80

GET /kurose_ross/interactive/index.php HTTP/1.1
Host: gaia.cs.umass.edu
```

（在輸入最後一行之後，請按下兩次歸位鍵）。這樣就會開啓一筆 TCP 連線到主機 gaia.cs.umass.edu 的埠號 80，然後送出 HTTP 請求訊息。你應該會看到一則回應訊息，其中包括本書的互動式回家作業問題。如果你只想觀察 HTTP 訊息行而不想接收物件本身，請將 GET 改爲 HEAD。

在本節中，我們討論了一些可以用在 HTTP 請求和回應訊息中的標頭行。HTTP 規格定義了許多許多標頭行，可供瀏覽器、網頁伺服器、和網路快取伺服器插入到訊息中。我們所討論的只是所有標頭行的一小部分而已。以下我們會再提到一些標頭行，其他還有少數標頭行我們會在 2.2.5 節討論網路網頁快取時加以討論。[Krishnamurty 2001] 提供了一份關於 HTTP 協定，具高度可讀性的廣泛討論，內容包含標頭與狀態代碼；此外也請參閱 [Luotonen 1998] 以瞭解開發者的觀點。

瀏覽器是如何決定要將哪些標頭行加入到請求訊息中呢？網頁伺服器又如何決定要將哪些標頭行加入到回應訊息中呢？瀏覽器會依據瀏覽器的類型與版本（例如，HTTP/1.0 版的瀏覽器不會產生任何 1.1 版的標頭行）、使用者的瀏覽器設定（例如偏好的語言），以及瀏覽器目前是否擁有該物件可能已經過期的快取版本，來產生標頭行。網頁伺服器的行爲也很類似：有各種不同的產品、版本和設定，這些全都會影響到會被加入到回應訊息中的標頭行。

2.2.4　使用者與伺服器的互動：Cookie

我們之前提過，HTTP 伺服器是無狀態的。這簡化了伺服器的設計，讓工程師能夠開發出可以同時處理數千筆 TCP 連線的高效能網頁伺服器。然而，我們經常會希望網站能夠識別不同的使用者，不管是因爲伺服器可能會想要限制使用者的存取，或是因爲伺服器想要根據使用者的身分提供不同的內容。爲了這些目的，HTTP 會使用 cookie。Cookie，定義於 [RFC 6265]，讓網站能夠追蹤使用者。今日主要的商業網站大多都會使用 cookie。

如圖 2.10所示，cookie 技術包含四項元件：(1) HTTP 回應訊息中的 cookie 標頭行；(2) HTTP 請求訊息中的 cookie 標頭行；(3) 保存於使用者終端系統上，由使用者瀏覽器管理的 cookie 檔；(4) 網站上的後端資料庫。利用圖 2.10，讓我們逐步觀察這個例子，看 cookie 是如何運作的。假設 Susan 永遠是從家中的 PC 使用 Internet Explorer 來存取資訊網，而她第一次連上 Amazon.com。讓我們假設，過去她曾經拜訪過 eBay 網站。當該筆請求抵達 Amazon 網頁伺服器時，伺服器會建立一份獨一無二的識別編號，並在其後端資料庫上建立一筆以該識別編號爲索引的記錄。接著，Amazon 網頁伺服器會回應 Susan 的瀏覽器，並且在 HTTP 回應中加入 Set-cookie: 標頭行，其中包含該識別編號。例如，該標頭行可能如下：

```
Set-cookie: 1678
```

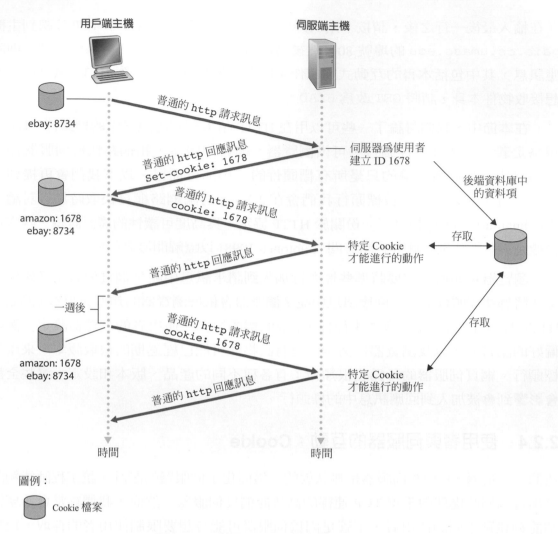

用戶端主機　　　　　　　　　　伺服端主機

ebay: 8734

普通的 http 請求訊息

普通的 http 回應訊息
Set-cookie: 1678

伺服器為使用者
建立 ID 1678

後端資料庫中
的資料項

amazon: 1678
ebay: 8734

普通的 http 請求訊息
cookie: 1678

特定 Cookie
才能進行的動作

存取

普通的 http 回應訊息

一週後

普通的 http 請求訊息
cookie: 1678

存取

amazon: 1678
ebay: 8734

特定 Cookie
才能進行的動作

普通的 http 回應訊息

時間　　　　　　　　　　　時間

圖例：

Cookie 檔案

圖 2.10　利用 cookie 保存使用者狀態

　　當 Susan 的瀏覽器收到此一 HTTP 回應訊息時，它會看到 Set-cookie: 標頭。接著，瀏覽器便會在其所管理的特殊 cookie 檔案中加上一行資料。這行資料包括該具伺服器的主機名稱，以及 Set-cookie: 標頭中的識別編號。請注意，該 cookie 檔案中已經有一項關於 eBay 的項目了，因為 Susan 之前曾經拜訪過 eBay 網站。當 Susan 繼續瀏覽 Amazon 網站時，每當她請求網頁時，她的瀏覽器都會查閱她的 cookie 檔案，取出她在該網站的識別編號，然後在 HTTP 請求中加入包含該識別編號的 cookie 標頭行。具體地說，每一筆她送給 Amazon 伺服器的 HTTP 請求都會包含標頭行：

```
Cookie: 1678
```

藉此方式，Amazon 伺服器便能夠追蹤 Susan 在 Amazon 網站的行為。雖然 Amazon 網站不一定知道 Susan 的姓名，它卻確切知道使用者 1678 拜訪過哪些網頁，順序為

何，以及在什麼時間！ Amazon 會使用 cookie 來提供其購物車服務——Amazon 可以維護一份所有 Susan 意欲購買的商品清單，如此一來 Susan 便可以在該次會談結束時一併為所有的商品付款。

如果 Susan 在，比方說，一週後又回到 Amazon 網站，她的瀏覽器依然會將標頭行 Cookie:1678 放入請求訊息中。Amazon 也會根據 Susan 過去在 Amazon 拜訪過的網頁，推薦商品給 Susan。如果 Susan 自己也在 Amazon 註冊的話——提供完整的姓名、電子郵件位址、郵政住址以及信用卡資料——Amazon 就可以將這些資訊加入到其資料庫中，藉此將 Susan 的姓名對應到其識別編號（以及所有過去她曾在該網站拜訪過的網頁！）。這就是 Amazon 與其他電子商務網站提供「一鍵購物（one-click shopping）」的方式——當 Susan 之後再拜訪該網站並選購某項商品時，便不需要再重新輸入姓名、信用卡號或住址。

經由這些討論，我們看到 cookie 可以用來識別使用者。當使用者第一次造訪網站時，可以提供一份使用者識別資料（可能是他的姓名）。在之後的會談中，瀏覽器便會傳送 cookie 標頭給伺服器，藉此讓伺服器可以辨認該使用者。因此 cookie 可以用來在無狀態的 HTTP 之上，建立一個使用者會談層。例如，當使用者登入到網頁電子郵件應用程式（例如 Hotmail）時，瀏覽器便會送出 cookie 資訊給伺服器，讓伺服器在使用者與應用程式的整個會談期間，都能夠辨認該名使用者。

雖然 cookie 通常能夠簡化使用者的網際網路購物體驗，但是它們也備受爭議，因為我們也可以視之為隱私權的侵犯。就如我們方才所見，結合 cookie 和使用者所提供的帳號資訊，網站就能獲知大量使用者的相關資料，而有可能將這些資訊販賣給第三者。Cookie Central [Cookie Central 2016] 包含了許多關於 cookie 爭議的資訊。

2.2.5　網頁快取

網頁快取（Web cache），又稱為**代理伺服器（proxy server）**，是一種能代替原始的網頁伺服器來滿足 HTTP 請求的網路實體。網頁快取有自己的磁碟儲存空間，並且會在其儲存空間中保存最近被請求過的物件副本。如圖 2.11 所示，使用者可以設定其瀏覽器，令所有的使用者 HTTP 請求都先導向到網頁快取。一旦瀏覽器如此設定，每一筆瀏覽器的物件請求就都會先被導向到網頁快取。舉例來說，假設有一個瀏覽器正在請求物件 http://www.someschool.edu/campus.gif。以下是會發生的事情：

1. 瀏覽器會建立一筆 TCP 連線到網頁快取，並送出該物件的 HTTP 請求給網頁快取。

2. 網頁快取會檢查看看該物件是否有儲存在本機上的副本。如果有的話，網頁快取會將該物件放在 HTTP 回應訊息裡，傳回給用戶端瀏覽器。

3. 如果網頁快取沒有該物件，則網頁快取會開啓一筆 TCP 連線到原本的伺服器，亦即 `www.someschool.edu`。網頁快取接著會傳送該物件的 HTTP 請求到快取至伺服器的 TCP 連線中。原始伺服器在收到這筆請求後，就會將該物件放入 HTTP 回應中，傳送給網頁快取。

4. 當網頁快取收到物件時，它會在本機的儲存空間中儲存一份副本，並將一份副本放在 HTTP 回應訊息中，傳送給用戶端瀏覽器（透過用戶端瀏覽器與網頁快取之間現有的 TCP 連線）。

請注意，快取同時是伺服端與用戶端。當它從瀏覽器接收請求並且傳送回應時，便是伺服端。當它傳送請求並且從原始伺服器接收回應時，便是用戶端。

通常網頁快取是由 ISP 所購買並安裝的。比方說，一所大學可能會在其校園網路中安裝一台快取，並設定校園中所有的瀏覽器都指向該台快取。或者，大型的家用 ISP（例如 Comcast）也可能會在其網路中安裝一或多台快取，並將其出產的瀏覽器預設成指向它所安裝的快取。

網頁快取因爲兩個原因而被布設在網際網路中。第一，網頁快取能顯著降低用戶端請求的回應時間，特別是當用戶端與原始伺服器之間的瓶頸頻寬，遠小於用戶端與快取之間的瓶頸頻寬時。如果就像常見的情形一般，用戶端和快取之間有高速的連線，加上如果快取伺服器曾經請求過該物件，則快取就能夠快速地將物件遞交給用戶端。第二，如同我們即將要用一個例子加以說明的，快取伺服器可以顯著減少機構到網際網路的連線連結上的資料流。藉由減少資料流，該機構（比方說，公司或大專院校）就不必急著將頻寬升級，從而將成本降低。此外，網頁快取還可以大幅減少網際網路的整體資訊網流量，由此增進了所有應用的效能。

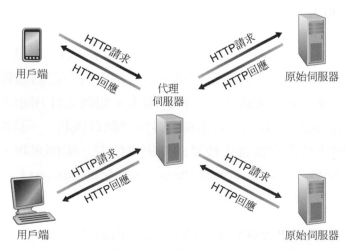

圖 2.11   透過網頁快取請求物件的用戶端

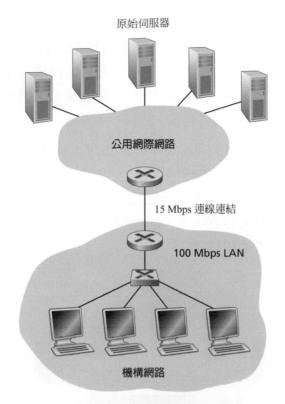

圖 2.12　機構網路與網際網路之間的瓶頸

　　為了更深入瞭解快取的效益,讓我們考量圖 2.12 中的情境的例子。這張圖顯示了兩組網路——機構的網路,以及公眾網際網路的其他部分。該機構網路是一組高速的 LAN。機構網路的某台路由器和網際網路的某台路由器,透過一道 15 Mbps 的連結相連。原始伺服器連接在網際網路上,但是遍布於全球各地。假設物件的平均大小為 1 Mbits,而該機構的瀏覽器對於原始伺服器發出請求的平均速率為每秒 15 則。假設 HTTP 請求訊息小到可以忽略,因此不會在網路或連線連結(從該機構的路由器到網際網路的路由器)上製造任何流量。此外請假設從圖 2.12 中連線連結的網際網路端路由器轉送出一筆 HTTP 請求(封裝在一份 IP 資料報中),到它收到回應(通常封裝在多份 IP 資料報中),其間所花的總時間平均為 2 秒鐘。非正式的說法,我們稱最後這種延遲為「網際網路延遲(Internet delay)」。

　　總回應時間——意即,從瀏覽器請求物件到它收到物件所花的時間——是 LAN延遲、連線延遲(亦即二台路由器之間的延遲)以及網際網路延遲的總合。現在讓我們來進行一個非常粗略的計算來估計此延遲時間。LAN的流量強度(參閱1.4.2節)為:

(15 請求 / 秒) · (1 Mbits / 請求) / (100 Mbps) = 0.15

而連線連結(從網際網路路由器到機構路由器)上的流量強度為:

(15 請求 / 秒) · (1 Mbits / 請求) / (15 Mbps) = 1

LAN 上 0.15 的流量強度，通常最多只會造成數十毫秒的延遲；因此，我們可以忽略 LAN 的延遲。然而，如 1.4.2 節所討論的，當流量強度接近於 1 時（如圖 2.12 的連線連結的情形），連結上的延遲將會變得非常大並且可能無止盡地增長。因此，滿足請求的平均回應時間其量級將以分鐘計，甚至更長，這對於該機構的使用者而言是無法接受的。我們顯然必須做些什麼。

　　一個可能的解決方案是增加連線速率，比方說，從 15 Mbps 增加到 100 Mbps。這樣可以將連線連結的流量強度降低至 0.15，也就是說，二台路由器之間的延遲將會變得微不足道。在這種情況下，總回應時間大約就是 2 秒鐘，也就是網際網路的延遲時間。但這個解決方案也意味著，該機構必須將它的連線連結從 15 Mbps 升級至 100 Mbps，這是個昂貴的提議。

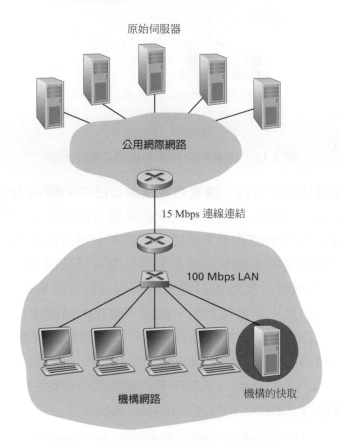

圖 2.13　在機構網路中加入一台快取

　　現在，讓我們來考量另一種不升級連線連結的解決方案，而是在該機構網路中安裝一台網頁快取。圖 2.13 描繪了這個解決方案。擊中率（hit rate）——快取可滿足請求的比例——在實際操作上通常介於 0.2 到 0.7 之間。為了便於說明，讓我們假設這台快取能夠提供該機構 0.4 的擊中率。因為用戶端和快取都連接到相同的高速 LAN，所以有 40% 的請求可以在幾乎瞬間，比方說，10 毫秒內被快取所滿足。儘管

如此，還是有 60% 的請求需要由原始伺服器來滿足。但由於只有 60% 的請求物件會通過連線連結，所以連線連結的流量強度可以由 1.0 降到 0.6。通常，低於 0.8 的流量強度只會導致少量的延遲，比方說，在 15 Mbps 的連結上，大約數十毫秒而已。這個延遲時間比起網際網路的 2 秒鐘延遲而言，是可以忽略的。基於這些考量，平均延遲時間便等於：

$$0.4 \cdot (0.01\ \text{秒}) + 0.6 \cdot (2.01\ \text{秒})$$

只比 1.2 秒高一點點。因此，這項解決方案提供了比第一項解決方案還低的回應時間，而且不需要該機構升級其通往網際網路的連結。當然，該機構還是得去購買並安裝一台網頁快取。但這個成本並不高——許多快取使用的是在廉價 PC 上執行的公領域軟體。

　　透過**內容傳遞網路**（**Content Distribution Networks，CDN**）的使用，網頁快取正逐漸地在網際網路中扮演重要的角色。一家 CDN 公司在世界各地上安裝許多的快取遍佈整個網際網路，因此把許多的資料流量局部化了。目前有分享式的 CDN（如 Akamai 和 Limelight）和專用的 CDN（如 Google 和 Netflix）。我們將會在第 2.6 節中更為詳盡地討論 CDN。

◈ 有條件的 GET

雖然快取可以減少使用者所感受到的回應時間，但是它也引發了一個新的問題——快取中的物件副本有可能是過時的。換句話說，網頁伺服器所存放的物件，可能在用戶端快取副本之後被修改過。幸運的是，HTTP 提供了一種機制，讓快取能確認其物件的版本為最新。這種機制稱為**有條件的 GET**（**conditional GET**）。HTTP 請求訊息如果 (1) 使用 GET 方法，並且 (2) 包含 If-Modified-Since: 標頭行，便是所謂的有條件 GET 訊息。

　　為了說明有條件的 GET 訊息要如何運作，讓我們逐步分析一個例子。第一步，代理快取會代表發出請求的瀏覽器，傳送一筆請求訊息給網頁伺服器：

```
GET /fruit/kiwi.gif HTTP/1.1
Host: www.exotiquecuisine.com
```

第二步，網頁伺服器會將含有所請求物件的回應訊息傳送給快取：

```
HTTP/1.1 200 OK
Date: Sat, 3 Oct 2015 15:39:29
Server: Apache/1.3.0 (Unix)
Last-Modified: Wed, 9 Sep 2015 09:23:24
Content-Type: image/gif

(data data data data data ...)
```

快取伺服器會把物件轉送給發出請求的瀏覽器，同時也將該物件快取於本機。重要的是，快取也會一併儲存物件最後修改的日期。第三步，一星期後，另一個瀏覽器也透過快取請求同一樣物件，而該物件仍然在快取中。因為該物件在過去這個星期中可能已經在網頁伺服器中遭到修改，快取會發出有條件的 GET 來進行最新資料的查核。具體地說，快取會送出：

```
GET /fruit/kiwi.gif HTTP/1.1
Host: www.exotiquecuisine.com
If-modified-since: Wed, 9 Sep 2015 09:23:24
```

請注意，If-modified-since: 標頭行的數值跟伺服器一星期前送出的 Last-Modified: 標頭行完全相同。這個有條件的 GET 是在告訴伺服器，只有在指定的日期之後，該物件有被修改過時，才需要傳送此物件。假設該物件從 9 Sep 2015 09:23:24 之後就未曾被修改過。接著，第四步，網頁伺服器會傳送一則回應訊息給快取：

```
HTTP/1.1 304 Not Modified
Date: Sat, 10 Oct 2015 15:39:29
Server: Apache/1.3.0 (Unix)
```

（ 空的資料主體 ）

我們觀察到，在回應有條件的 GET 時，網頁伺服器仍然會送出回應訊息，但是並不會在回應訊息中包含所請求的物件。包含所請求的物件不只浪費頻寬，也會增加使用者所感受到的回應時間，特別是當物件很大時。請注意，最後這筆回應訊息的狀態行為 304 Not Modified，它告知快取，可以繼續進行處理，將其（代理快取）快取的物件副本轉送給發出請求的瀏覽器。

　　我們關於 HTTP 的討論便在此完結，這是第一個我們詳加研究的網際網路協定（應用層協定）。我們檢視過 HTTP 訊息的格式，以及在傳送接收這些訊息時，資訊網用戶端與伺服端所進行的動作。我們也稍微研究了資訊網應用的基礎設施，包括快取、cookie 以及後端資料庫，這些東西都在某些方面跟 HTTP 協定有所關連。

2.3　網際網路電子郵件

自從網際網路出現以來，電子郵件便風行於各地。在網際網路剛萌芽時，電子郵件是最受歡迎的應用 [Segaller 1998]；經過許多年，它的功能也變的越來越精巧而強大。它依然是網際網路最重要，使用率最高的應用之一。

　　就像傳統的郵件一樣，電子郵件也是一種非同步的通訊媒介——人們可以在方便的時候再閱讀或寄送它，而不需要配合其他人的時程。和傳統郵件不同之處在於，

電子郵件快速、易於分送而且廉價。現代的電子郵件有許多強大的功能,包含的訊息通常帶有附加檔案、超連結、HTML 格式文件以及嵌入的相片。在本節中,我們將探討位於網際網路電子郵件核心的應用層協定。但是在我們深入探討這些協定之前,讓我們先從高層級的觀點來檢視網際網路郵件系統及其主要元件。

　　圖 2.14 呈現了一份網際網路郵件系統的高層級觀點。我們從圖中可以看到,它有三個主要元件:**使用者代理程式**(**user agent**)、**郵件伺服器**(**mail server**)和**簡單郵件傳輸協定**(**Simple Mail Transfer Protocol**,**SMTP**)。現在,我們以寄件者 Alice 傳送電子郵件訊息給收件者 Bob 的情境,來描述這三項元件。使用者代理程式讓使用者能夠讀取、回覆、轉送、儲存和編寫訊息。微軟的 Outlook 和 Apple Mail 都是電子郵件使用者代理程式。Alice 寫好訊息之後,她的使用者代理程式會將訊息傳送給她的郵件伺服器,這份訊息便會被放置在郵件伺服器的輸出訊息佇列中。當 Bob 想要閱讀訊息時,他的使用者代理程式會從其郵件伺服器上的信箱中取回訊息。

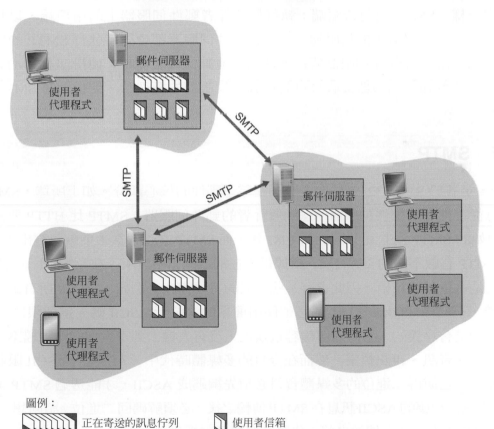

圖例:

▨▨▨ 正在寄送的訊息佇列　　▯ 使用者信箱

圖 2.14　網際網路郵件系統的高層級觀點

郵件伺服器構成了電子郵件基礎設施的核心部分。每位收件者，例如 Bob，都會在某一台郵件伺服器上持有一個**信箱**（**mailbox**）。Bob 的信箱會管理並維護傳送給 Bob 的訊息。典型的訊息會從寄件者的使用者代理程式開始其旅程，它會前往寄件者的郵件伺服器，然後前往收件者的郵件伺服器，在此處該訊息會被投入收件者的信箱。當 Bob 想要存取信箱中的訊息時，持有該信箱的郵件伺服器會對 Bob 進行認證（透過使用者名稱和密碼）。Alice 的郵件伺服器也必須處理 Bob 的郵件伺服器所發生的錯誤狀況。如果 Alice 的伺服器無法傳送郵件給 Bob 的伺服器，Alice 的伺服器會將訊息保存在它的**訊息佇列**（**message queue**）中，稍後再嘗試傳送該訊息。伺服器通常每隔 30 分鐘左右會再嘗試一次；如果在數天後仍然無法成功傳送，伺服器便會移除該訊息，並且用一封電子郵件訊息通知寄件者（Alice）。

SMTP 是網際網路電子郵件的主要應用層協定。它使用 TCP 的可靠資料傳輸服務，將郵件從寄件者的郵件伺服器傳送到收件者的郵件伺服器。就像大多數的應用層協定一樣，SMTP 也包含兩端：執行於寄件者郵件伺服器上的用戶端，以及執行於收件者郵件伺服器上的伺服端。每一台郵件伺服器都會同時執行 SMTP 的用戶端與伺服端。當某台郵件伺服器傳送郵件給其他郵件伺服器時，便扮演著 SMTP 的用戶端。當某台郵件伺服器接收來自其他郵件伺服器的郵件時，便扮演著 SMTP 的伺服端。

2.3.1　SMTP

SMTP，定義於 RFC 5321，位於網際網路電子郵件的核心部分。如上所述，SMTP 會將訊息從寄件者的郵件伺服器傳送到收件者的郵件伺服器。SMTP 比 HTTP 要古老許多（原始的 SMTP RFC 可以回溯到 1982 年，而 SMTP 在這很久之前就已經出現了）。儘管 SMTP 有數不清的美好特質，證據是它在網際網路中無所不在；然而不管怎麼說，它畢竟是古董級的技術，因此會有某些古老的特性存在。例如，它限制所有郵件訊息的主體（不只標頭的部分），都必須使用簡單的 7 位元 ASCII 碼。這種限制在 1980 年代初期是有意義的，當時的傳輸容量缺乏，沒有人會去郵寄大型的附加檔案、或大型的影像、音訊、視訊檔案。然而在今日的多媒體時代中，7 位元的 ASCII 限制就有些困擾——它使得二進位的多媒體資料必須先編碼成 ASCII，才能透過 SMTP 進行傳送；它也使得相應的 ASCII 訊息在 SMTP 傳輸之後，必須解碼回二進位。請回想一下 2.2 節，HTTP 並不需要在傳送之前，先將多媒體資料編碼成 ASCII。

為了描繪 SMTP 的基本操作方式，讓我們逐步檢視某個常見的情境。假設 Alice 想要傳送一則簡單的 ASCII 訊息給 Bob。

1. Alice 會呼叫她的電子郵件使用者代理程式，提供其 Bob 的電子郵件位址（例如 bob@someschool.edu），撰寫訊息，然後指示使用者代理程式送出該訊息。

2. Alice 的使用者代理程式會將訊息傳送給她的郵件伺服器，在該處此訊息會被放入到訊息佇列中。

3. 在 Alice 的郵件伺服器上執行的 SMTP 用戶端，會看到訊息佇列中的訊息。它會開啓一筆 TCP 連線到 Bob 的郵件伺服器上執行的 SMTP 伺服端。

4. 在一些初始的 SMTP 握手程序後，SMTP 用戶端就會將 Alice 的訊息傳入 TCP 連線。

5. 在 Bob 的郵件伺服器上，SMTP 的伺服端會收到這則訊息。接著，Bob 的郵件伺服器會將這則訊息放入 Bob 的信箱內。

6. Bob 會在他方便的時候，呼叫他的使用者代理程式來讀取這則訊息。

圖 2.15 為此情境做了總整理。

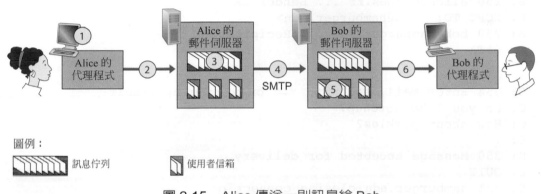

圖例：

訊息佇列　　　　使用者信箱

圖 2.15　Alice 傳送一則訊息給 Bob

　　一項重要的觀察是，SMTP 通常不會使用中介的郵件伺服器來傳送郵件，縱使兩台郵件伺服器位於世界的兩端亦然。如果 Alice 的伺服器位於香港，Bob 的伺服器位於聖路易，則他們所使用的 TCP 連線，便是香港與聖路易伺服器之間的直接連線。特別是，如果 Bob 的郵件伺服器無法運作，訊息依然會被存放在 Alice 的郵件伺服器，並等待重新傳送——訊息並不會暫時棲身在某中介郵件伺服器中。

　　現在，讓我們更仔細地觀察，SMTP 是如何將訊息從寄件者的郵件伺服器傳送到收件者的郵件伺服器。我們會發現 SMTP 協定與人類面對面互動時所使用的協定，有許多相似之處。首先，SMTP 的用戶端（執行於寄件的郵件伺服器主機上）會使用 TCP 建立連線到 SMTP 伺服端（執行於收件的郵件伺服器主機上）的埠號 25。如果伺服器無法運作，用戶端會稍後再做嘗試。一旦建立了連線，伺服端和用戶端會執行一些應用層的握手程序——就像人類在向他人傳遞資訊之前會先自我介紹一樣，SMTP 的用戶端和伺服端也會在傳遞資訊之前，先自我介紹。在 SMTP 的握手階段中，SMTP 用戶端會指出寄件者（產生訊息的人）的電子郵件位址和收件者的電子郵件位址。一旦 SMTP 用戶端和伺服端彼此自我介紹之後，用戶端便會送出訊息。

SMTP 可以倚賴 TCP 的可靠資料傳輸服務，將訊息無誤地傳送到伺服器。如果用戶端還有其他訊息要傳送給伺服器，則它會在同一筆 TCP 連線上重複此項程序；否則，它會指示 TCP 關閉連線。

接著，讓我們看一個 SMTP 用戶端（C）和 SMTP 伺服端（S）之間訊息交換的對話記錄實例。用戶端的主機名稱為 crepes.fr，伺服端的主機名稱則為 hamburger.edu。以 C: 開頭的 ASCII 文句，是用戶端傳送給其 TCP socket 的文句；以 S: 開頭的 ASCII 文句，則是伺服端傳給其 TCP socket 的文句。以下對話記錄緊接著 TCP 連線的建立而發生。

```
S: 220 hamburger.edu
C: HELO crepes.fr
S: 250 Hello crepes.fr, pleased to meet you
C: MAIL FROM: <alice@crepes.fr>
S: 250 alice@crepes.fr ... Sender ok
C: RCPT TO: <bob@hamburger.edu>
S: 250 bob@hamburger.edu ... Recipient ok
C: DATA

S: 354 Enter mail, end with "." on a line by itself
C: Do you like ketchup?
C: How about pickles?
C: .
S: 250 Message accepted for delivery
C: QUIT
S: 221 hamburger.edu closing connection
```

在上例中，用戶端由郵件伺服器 crepes.fr 送出訊息（「Do you like ketchup?How about pickles?」）給郵件伺服器 hamburger.edu。在對話中，用戶端發出五則命令：HELO（**HELLO** 的縮寫）、MAIL FROM、RCPT TO、DATA 和 QUIT。這些命令的意義如其名稱所示。用戶端也會送出只包含一個句點的一行文句，向伺服器表示訊息結束（以 ASCII 的術語來說，每筆訊息都是以 CRLF.CRLF 結束，其中 CR 和 LF 分別代表歸位和換行字元）。伺服器會送出回覆給每個命令，而每筆回覆都包含一則回覆碼和一些（選用的）英文解釋。此處我們要提及，SMTP 使用的是永久性連線：如果寄件者的郵件伺服器有數筆訊息要傳送給同一台郵件伺服器，它可以透過同一筆 TCP 連線來傳送所有的訊息。對於每則訊息，用戶端都會使用新的 MAIL FROM: crepes.fr 開始寄件程序，並且以單獨的句號指示訊息結尾；只有在所有訊息都送出後，用戶端才會送出 QUIT。

我們強烈建議你利用 Telnet 跟 SMTP 伺服器直接對話。要進行這件事情，請發出

```
telnet serverName 25
```

其中 serverName 是本地郵件伺服器的名稱。當你執行這個動作時，你便在你的本
地主機與郵件伺服器之間建立了一筆 TCP 連線。在輸入此行之後，你應該會立即
收到來自伺服器的 220 回覆。接著，請在適當的時刻分別送出 SMTP 命令 HELO、
MAIL FROM、RCPT TO、DATA、CRLF.CRLF 和 QUIT。我們也強烈建議你做章末的
程式作業 3。在該份作業中，你會建立一個簡單的使用者代理程式，實作 SMTP 的
用戶端。它讓你能夠經由本地郵件伺服器，傳送電子郵件訊息給任何收件者。

2.3.2　與 HTTP 的比較

現在，讓我們簡單地比較 SMTP 與 HTTP。這兩種協定都是用來將檔案從一台主機
傳送到另一台；HTTP 會從網頁伺服器傳送檔案（也稱為物件）給網頁用戶端（通常
是瀏覽器）；SMTP 則會從郵件伺服器傳送檔案（意即電子郵件訊息）給另一台郵
件伺服器。在傳輸檔案時，永久性 HTTP 與 SMTP 使用的都是永久性連線。因此，
這兩種協定具有相同的特徵。然而，它們也有重要的差異。首先，HTTP 主要是一種
取得式協定（pull protocol）——有人會在網頁伺服器上裝載資訊，使用者則會在方
便時使用 HTTP 從伺服器取得資訊。明確地說，TCP 連線是由想要接收檔案的主機
所開啓。另一方面來說，SMTP 主要是一種送出式協定（**push protocol**）——寄件者
的郵件伺服器會將檔案送出給收件者的郵件伺服器。明確地說，TCP 連線是由想要
傳送檔案的主機所開啓。

　　第二個不同點，我們先前曾經略微提及，就是 SMTP 要求每筆訊息，包括訊息
的主體，都必須以 7 位元的 ASCII 格式編碼。如果訊息之中包含非 7 位元的 ASCII
字元（例如帶有重音的法文字元）或二進位資料（例如影像檔），則該筆訊息就必
須編碼為 7 位元的 ASCII。HTTP 的資料並無此限制。

　　第三個不同點與同時包含文字與影像（可能還有別種媒體）的文件處理方式有
關。如我們在 2.2 節所知道的，HTTP 會將每份物件都封裝在各自的 HTTP 回應訊息
中。SMTP 則會將訊息中所有的物件都放在一份訊息中。

2.3.3　郵件訊息格式

當 Alice 撰寫傳統信件給 Bob 時，可能會把各式各樣的週邊標頭資訊寫在信的開頭，
例如 Bob 的地址、Alice 自己的回郵地址、日期等等。同樣地，當某人傳送電子郵件
給另一人時，包含週邊資訊的標頭也會出現在訊息主體本身的前面。這些週邊資訊
包含在一連串的標頭行中，定義於 RFC 5322。標頭行與訊息主體之間是以一行空白
加以分隔（意即一組 CRLF）。RFC 5322 規定了郵件標頭行的確切格式，以及它們
所代表的意義。就像 HTTP 一樣，每行標頭行所包含的都是可讀的文字，由關鍵字
加上冒號，然後再接著數值所構成。有些關鍵字是必要的，其他關鍵字則是選用的。

每份標頭都必須包含 From: 標頭行和 To: 標頭行；標頭也可能包含 Subject: 標頭行以及其他可選用的標頭行。重要的是，請注意，這些標頭行與我們在 2.3.1 節所討論的 SMTP 命令是不同的東西（雖然它們有一些共同的關鍵字，例如「from」和「to」）。該節所討論的命令是 SMTP 握手協定的一部分；本節所檢視的標頭行則是郵件訊息本身的一部分。

典型的訊息標頭看起來就像：

```
From: alice@crepes.fr
To: bob@hamburger.edu
Subject: Searching for the meaning of life.
```

訊息標頭後面會接著一行空白，然後接著訊息主體（使用 ASCII 編碼）。你可以使用 Telnet 傳送一份包含數行標頭行的訊息給郵件伺服器，其中也包括 Subject: 標頭行。要進行這件事情，請輸入 telnet serverName 25，如 2.3.1 節所討論的。

2.3.4　郵件存取協定

一旦 SMTP 將訊息從 Alice 的郵件伺服器傳送到 Bob 的郵件伺服器，該筆訊息就會被放進 Bob 的信箱裡。在這一整段討論中，我們都默默地假設 Bob 會登入伺服器主機，然後執行在該台主機上運作的郵件檢視器來閱讀他的信件。直到 1990 年代早期，這都還是標準的處理方法。但今日，郵件存取會使用用戶端─伺服端架構──一般使用者會透過在使用者終端系統，例如辦公室的 PC、膝上型電腦或 PDA 上執行的用戶端程式來閱讀電子郵件。透過在本地的 PC 上執行郵件用戶端程式，使用者便可以享用豐富的功能，包括觀看多媒體訊息和附加檔案的能力。

既然 Bob（收件者）是在本地 PC 上執行使用者代理程式，我們自然會想要把郵件伺服器也放在他的本地 PC 上。使用這種方式，Alice 的郵件伺服器就可以直接跟 Bob 的 PC 進行對話。然而，這種做法卻有個問題。請回想一下，郵件伺服器會管理信箱，並執行 SMTP 的用戶端和伺服端。如果 Bob 的郵件伺服器棲身在他的本地 PC 上，則 Bob 的 PC 必須保持全天開啟，並且連接到網際網路上，以接收有可能在任何時間到達的新郵件。這對許多網際網路使用者來說是不切實際的。相反地，一般使用者會在其本地 PC 上執行使用者代理程式，但是其所存取的信箱，是儲存在一台永遠開啟的共用郵件伺服器上。這台郵件伺服器是跟其他的使用者一起共用，通常是由使用者的 ISP（例如，大專院校或公司）所維護。

現在讓我們考量一下 Alice 傳送給 Bob 的電子郵件會經過的路徑。我們方才知道，在此路徑上的某一點，電子郵件訊息需要被投遞給 Bob 的郵件伺服器。只要讓 Alice 的使用者代理程式直接將訊息傳送給 Bob 的郵件伺服器，便可以簡單地完成這件事情。這也可以使用 SMTP 來完成──的確，SMTP 的設計，就是為了將電子郵

件從一台主機傳送給另一台主機。然而，通常寄件者的使用者代理程式並不會直接跟收件者的郵件伺服器對話。反之，如圖 2.16 所示，Alice 的使用者代理程式會使用 SMTP 將電子郵件訊息傳送給她的郵件伺服器，然後 Alice 的郵件伺服器會使用 SMTP（作為 SMTP 用戶端）將電子郵件訊息轉交給 Bob 的郵件伺服器。為什麼要使用兩階段的程序？主因是，如果不經由 Alice 的郵件伺服器轉送，則當目的郵件伺服器無法連線時，Alice 的使用者代理程式將會求助無門。讓 Alice 先將電子郵件交給她自己的郵件伺服器，Alice 的郵件伺服器便可以重複嘗試將訊息傳送給 Bob 的郵件伺服器，比方說，每 30 分鐘重試一次，直到 Bob 的郵件伺服器正常運作為止（而如果是 Alice 的郵件伺服器當機了，她至少有辦法向她的系統管理員抱怨！）。SMTP RFC 定義了要如何使用 SMTP 命令經由多台 SMTP 伺服器轉交訊息。

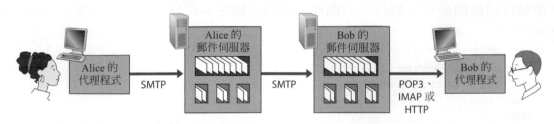

圖 2.16　電子郵件協定與其通訊實體

　　然而，我們的拼圖還欠缺一塊！像 Bob 這樣，在自己的本地 PC 上執行使用者代理程式的收件者，要如何取得位於其 ISP 的郵件伺服器上的訊息？請注意，Bob 的使用者代理程式不能使用 SMTP 來取得訊息，因為取得訊息是一種取回動作，SMTP 卻是一種送出式協定。拼圖的完成，仰賴於加入一種特殊的郵件存取協定，這種協定會從 Bob 的郵件伺服器將訊息傳送到其本地 PC。今日有一些常用的郵件存取協定，包括郵局協定—第 3 版（**Post Office Protocol-Version 3，POP3**）、**網際網路郵件存取協定（Internet Mail Access Protocol，IMAP**）以及 HTTP。

　　圖 2.16 提供了網際網路郵件所使用的協定總整理。我們會使用 SMTP 來將郵件從寄件者的郵件伺服器傳送到收件者的郵件伺服器；我們也會使用 SMTP 來將郵件從寄件者的使用者代理程式，傳送到寄件者的郵件伺服器。而郵件存取協定，例如 POP3，則會被用來將郵件從收件者的郵件伺服器，傳送到收件者的使用者代理程式。

◈ POP3

POP3 是一種極簡的郵件存取協定。POP3 定義於 [RFC 1939]，這份文件相當簡短易讀。因為這種協定相當簡單，所以其功能也相當有限。當使用者代理程式（用戶端）開啟一筆 TCP 連線到郵件伺服器（伺服端）的埠號 110 時，POP3 便會開始運作。利用所建立的 TCP 連線，POP3 的運作會經歷三個階段：認證、交易處理以及更新。在第一階段，認證期間，使用者代理程式會送出使用者名稱和密碼（以明文），以

認證使用者。在第二階段，交易處理期間，使用者代理程式會取回訊息；同時在此階段中，使用者代理程式也可以將訊息標記爲刪除、取消刪除記號、以及取得郵件統計資訊。第三階段，更新，發生在用戶端發出 quit 指令，結束 POP3 會談之後；此時，郵件伺服器會刪除被標記爲刪除的訊息。

在 POP3 的交易處理期間，使用者代理程式會發出命令，伺服器則會針對每筆命令予以回覆。伺服器有兩種可能的回應：+OK（有時後面會跟著伺服端傳送給用戶端的資料），伺服器用來表示上一則命令沒有問題；以及 -ERR，伺服器用來表示上一則命令發生錯誤。

認證階段包含兩個主要的命令：user <username> 和 pass <password>。爲了說明這兩個命令，我們建議你直接使用埠號 110，Telnet 到一台 POP3 伺服器，然後執行這兩個命令。假設你的郵件伺服器名稱是 mailServer。你會看到如下訊息：

```
telnet mailServer 110
+OK POP3 server ready
user bob
+OK
pass hungry
+OK user successfully logged on
```

如果你拼錯某個命令，POP3 伺服器就會回應 -ERR 訊息。

現在，讓我們來檢視交易處理階段。使用 POP3 的使用者代理程式通常可以（由使用者）設定爲「下載並刪除」或「下載並保留」。POP3 使用者代理程式會發出哪一連串命令，取決於它使用的是這兩種操作模式的何者。在下載並刪除模式中，使用者代理程式會發出 list、retr 和 dele 命令。舉例來說，假設使用者信箱裡有兩筆訊息。在以下對話中，C:（代表用戶端）爲使用者代理程式，S:（代表伺服端）則爲郵件伺服器。其交易內容大致類似：

```
C: list
S: 1 498
S: 2 912
S: .
C: retr 1
S: (blah blah ...
S: ................
S: .........blah)
S: .
C: dele 1
C: retr 2
S: (blah blah ...
S: ................
```

```
S: .........blah)
S: .
C: dele 2
C: quit
S: +OK POP3 server signing off
```

使用者代理程式會先要求郵件伺服器列出每一筆儲存訊息的大小。然後它會從伺服器取回並刪除每一筆訊息。請注意，在認證階段之後，使用者代理程式只能夠使用四個命令：`list`、`retr`、`dele` 和 `quit`。這些命令的語法定義在 RFC 1939 中。在處理完 `quit` 命令之後，POP3 伺服器會進入更新階段，然後從信箱中移除訊息 1 和 2。

這種下載並刪除模式的一個問題是，收件者 Bob 可能會四處活動而想要從多台機器存取他的郵件訊息，例如，他的辦公室 PC、家中的 PC 和可攜型的電腦。下載並刪除模式會將 Bob 的郵件訊息分散到他的三台電腦中；特別是，如果 Bob 先使用辦公室的 PC 來讀取某封訊息，則之後他晚上回到家，就無法從他的可攜型電腦再次閱讀該封訊息。在下載並保留模式中，使用者代理程式下載訊息後，仍然會將訊息保留在郵件伺服器中。在這種狀況下，Bob 便可以從不同的電腦重複讀取該封訊息；他可以在工作時存取該封訊息，本週稍後他也可以再次從家中存取該封訊息。

在使用者代理程式和郵件伺服器的 POP3 會談期間，POP3 伺服器會維護一些狀態資訊；明確的說，它會追蹤那些被標記為刪除的使用者訊息。然而，POP3 伺服器並不會在不同的 POP3 會談間保留狀態資訊。缺少跨會談的狀態資訊，大幅簡化了 POP3 伺服器的實作難度。

◈ IMAP

利用 POP3 進行存取，一旦 Bob 將其訊息下載到本機後，便可以建立郵件資料夾，並且將下載的訊息存放到資料夾中。然後，Bob 就可以刪除訊息、在資料夾之間搬移訊息以及搜尋訊息（依寄件者姓名或訊息主旨）。但是這種模式——意即，資料夾和訊息存放於本機——對於漫遊使用者來說會出現問題，他們通常會比較希望能夠在遠端伺服器上維護資料夾的階層架構，從而可以從任何電腦加以存取。POP3 不可能辦到這件事—— POP3 協定沒有提供使用者任何建立遠端資料夾，以及將訊息移入資料夾的功能。

為了解決此一問題和其他的問題，研究者發明了 IMAP 協定，定義於 [RFC 3501]。就像 POP3 一樣，IMAP 也是一種郵件存取協定。它比 POP3 具備更多功能，但是也複雜許多（因此，其用戶端和伺服端的實作也複雜許多）。

IMAP 伺服器會將每封訊息都放到一個資料夾中；當訊息一抵達伺服器，便會被放入收件者的 INBOX 資料夾中。然後，收件者便可以將訊息移至使用者建立的新資

料夾、讀取訊息、刪除訊息,諸如此類等。IMAP 協定提供一些命令,讓使用者可以建立資料夾,並且在這些資料夾之間搬移訊息。IMAP 也提供一些命令,讓使用者能夠搜尋遠端資料夾中符合特定條件的訊息。請注意,不同於 POP3,IMAP 伺服器會在不同的 IMAP 會談間維護使用者的狀態資訊——例如資料夾名稱,以及哪筆訊息屬於哪個資料夾等。

　　IMAP 的另一項重要功能就是它提供了讓使用者代理程式能夠取得訊息部分元件的命令。例如,使用者代理程式可以只取得訊息的標頭部分,或多部分 MIME 訊息的其中一部分。當使用者代理程式和郵件伺服器之間只有低頻寬的連線 (例如低速的數據機連結) 時,這種功能就會派上用場。使用低頻寬的連線,使用者可能不想要下載信箱中所有的訊息,特別是避免可能包含音訊或視訊片段之類內容的長訊息。你可以在 IMAP 的官方網站 [IMAP 2009] 中,讀到所有關於 IMAP 的資訊。

◈ 網頁電子郵件

今日有越來越多使用者是透過他們的網頁瀏覽器來傳送或存取電子郵件。Hotmail 在 1990 年代中期引進了透過網頁的郵件存取方式;現在 Yahoo、Google 以及幾乎所有的主要大學與企業,也都會提供網頁電子郵件服務。透過這項服務,使用者代理程式就是一般的網頁瀏覽器,使用者則是透過 HTTP 與遠端的信箱進行通訊。當收件者,例如 Bob,想要存取信箱中的訊息時,其電子郵件訊息是利用 HTTP 協定從 Bob 的郵件伺服器傳送給 Bob 的瀏覽器,而非 POP3 或 IMAP 協定。當寄件者,例如 Alice,想要寄一封電子郵件訊息時,該郵件訊息也是透過 HTTP 從他的瀏覽器傳送到郵件伺服器,而非 SMTP。然而,Alice 的郵件伺服器依然會使用 SMTP 與其他的郵件伺服器來傳送接收訊息。

2.4　DNS—網際網路目錄服務

我們人類可以用許多方法來識別身分。例如,我們可以用寫在出生證明上頭的姓名來識別身分。我們可以用我們的社會安全號碼來識別身分。我們可以用我們的駕照號碼來識別身分。雖然這些識別代號都可以用來識別某人的身分,但是在某些情形下,某個代號可能會比其他代號要來得合適。例如,IRS(惡名昭彰的美國國稅局)的電腦系統偏好使用固定長度的社會安全號碼,而非出生證明上頭的姓名。另一方面來說,一般人則較為偏好較好記的出生證明姓名,而非社會安全號碼(說真的,你能想像有人會說:「嗨,我叫 132-67-9875。來見見我丈夫,178-87-1146。」嗎?)。

　　就像人類可以用多種方法來識別身分,網際網路主機亦然。其中一種識別主機的方法,便是**主機名稱(hostname)**。主機名稱——例如 www.facebook.com、wwwgoogle.com 和 gaia.cs.umass.edu——比較好記,所以人類比較喜歡使用。

然而，主機名稱對於主機究竟位於網際網路何處，只提供極少的資訊，甚至隻字未提（例如，主機名稱 www.eurecom.fr 以國碼 .fr 結尾，告訴我們這台主機可能位於法國；然而除此之外，就再也沒有透露任何事情了）。此外，因為主機名稱可以包含不同長度的數字和字母字元，所以路由器很難處理。基於這些原因，主機也可以利用所謂的 **IP 位址**（**IP addresses**）來加以識別。

我們會在第四章較詳盡地討論 IP 位址，但是現在先簡單提一下相關的事情，將會對你有所助益。IP 位址包括 4 個位元組，並且具有嚴格的階層架構。IP 位址看起來像是 121.7.106.83，其中點號用來分隔各個以十進位表示、數值為 0 到 255 的位元組。IP 位址是階層式的，因為當我們由左至右掃描位址時，我們會獲得越來越確切的，關於主機在網際網路上所處位置的資訊（意即，在由網路構成的網路中，是位在哪個網路中）。同樣地，當我們由下而上掃描郵件地址時，我們也會獲得越來越確切的，關於該地址所在位置的資訊。

2.4.1　DNS 所提供的服務

我們已經看過兩種用來識別主機的方法——主機名稱或 IP 位址。人們比較偏好好記的主機名稱代號，路由器則偏好固定長度，具階層結構的 IP 位址。為了調和這兩種偏好，我們需要目錄服務以將主機名稱轉譯成 IP 位址。這就是**網域名稱系統**（**Domain Name System，DNS**）的主要任務。DNS 是 (1) 實作成 **DNS 伺服器**階層架構的分散式資料庫，也是 (2) 一種讓主機可以查詢此一分散式資料庫的應用層協定。DNS 伺服器通常是執行 Berkeley Internet Name Domain（BIND）軟體 [BIND 2016] 的 UNIX 機器。DNS 協定是透過 UDP 來運作，使用埠號 53。

DNS 經常會被其他應用層協定——包括 HTTP 以及 SMTP ——用來將使用者所提供的主機名稱轉譯為 IP 位址。舉例來說，請想想當某台使用者主機上執行的瀏覽器（亦即 HTTP 的用戶端）請求 URL www.someschool.edu/index.html 時會發生什麼事情。為了讓該台使用者主機能夠傳送 HTTP 請求訊息給網頁伺服器 www.someschool.edu，這台使用者主機必須先取得 www.someschool.edu 的 IP 位址。完成這項任務的過程如下：

1. 同一台使用者主機會執行 DNS 應用的用戶端。
2. 瀏覽器會從 URL 中取出主機名稱 www.someschool.edu，然後將主機名稱轉交給 DNS 應用的用戶端。
3. DNS 用戶端會傳送一筆包含該主機名稱的查詢訊息給 DNS 伺服器。
4. DNS 用戶端最後會收到一份回覆，其中包含該主機名稱的 IP 位址。
5. 一旦瀏覽器收到來自 DNS 的 IP 位址，便可以開啟一筆 TCP 連線到位於該 IP 位址埠號 80 上的 HTTP 伺服器行程。

　　我們從此例中看到，DNS 會對使用它的網際網路應用造成額外的延遲——有時延遲相當顯著。幸運地，如下我們將要討論的，我們所需的 IP 位址通常會被快取在「鄰近」的 DNS 伺服器上，幫助我們減少 DNS 的網路流量，以及平均的 DNS 延遲。

　　DNS 除了將主機名稱轉譯成 IP 位址外，也提供了一些別的重要服務：

◆ **主機別名**（**Host aliasing**）。名稱很複雜的主機，可以擁有一或多個別名。比方說，像是 relay1.west-coast.enterprise.com 的主機名稱，便可以有兩個別名如 enterprise.com 和 www.enterprise.com。在此種情況下，我們將主機名稱 relay1.west-coast.enterprise.com 稱為**正規主機名稱**（**canonical hostname**）。如果主機名稱有別名，通常都會比正規主機名稱來得好記。應用程式可以呼叫 DNS，提供主機名稱的別名，來取得該台主機的正規主機名稱和其 IP 位址。

◆ **郵件伺服器別名**（**Mail server aliasing**）。理由很明顯，我們非常希望電子郵件位址能夠好記一點。比方說，如果 Bob 有一個 Yahoo Mail 帳號，則 Bob 的電子郵件位址可能很簡單，像是 bob@yahoo.mail。然而，Yahoo Mail 郵件伺服器的主機名稱要比簡單的 yahoo.com 要來得複雜且難記許多（例如，其正規主機名稱長的可能像是 relay1.west-coast.hotmail.com 之類的）。郵件應用程式可以呼叫 DNS，提供主機名稱的別名，以取得主機的正規主機名稱和 IP 位址。事實上，MX 記錄（請見後面說明）讓公司的郵件伺服器和網頁伺服器，可以擁有相同的主機名稱（別名）；比方說，某間公司的網頁伺服器與郵件伺服器都可以叫做 enterprise.com。

◆ **負載分配**（**Load distribution**）。DNS 也會被用來在重複的伺服器，例如重複的網頁伺服器之間，進行負載分配。忙碌的網站，例如 cnn.com，會使用多台重複的伺服器，其中各台伺服器會在不同的終端系統上執行，並且各自擁有不同的 IP 位址。因此對於重複的網頁伺服器而言，會有一組 IP 位址連結到同一個正規主機名稱。DNS 資料庫中會包含這組 IP 位址。當用戶端使用對應到一組位址的主機名稱發出 DNS 查詢時，伺服器會回應整組 IP 位址，但每次回覆都會輪流改變其中位址的順序。因為用戶端通常會將其 HTTP 請求訊息傳送給整組 IP 位址中的第一個位址，DNS 輪流改變順序，便可以在重複的伺服器之間分配流量。DNS 的輪流改變順序也會使用於電子郵件上，如此一來多台郵件伺服器便能夠擁有相同的別名。近來如 Akamai 等內容傳布公司會以更高明的方式 [Dilley 2002] 來使用 DNS，以提供網頁內容的分配（參見第 2.6.3 節）。

　　DNS 制訂於 RFC 1034 和 RFC 1035，更新於幾份額外的 RFC 中。DNS 是一套複雜的系統，此處我們只接觸到它運作的主要層面而已。有興趣的讀者可以參考這些 RFC，以及 Abitz 與 Liu 合著的書 [Abitz 1993]；也請參見回顧性論文 [Mockapetris

1988] 與 [Mockapetris 2005]，前者對於 DNS 是什麼跟爲什麼要使用 DNS，提供了很棒的描述。

實務原理

DNS：使用戶端—伺服端模式的關鍵網路功能

就像 HTTP、FTP 和 SMTP 一樣，DNS 協定也是一種應用層協定，因爲它 (1) 使用用戶端—伺服端模式執行於兩具彼此通訊的終端系統之間，並且 (2) 仰賴下層的端點到端點傳輸協定，以在彼此通訊的終端系統間傳遞 DNS 訊息。然而，從另一種觀點來看，DNS 扮演的角色卻與資訊網、檔案傳輸、電子郵件等應用，有相當大的差異。不同於這些應用，DNS 並非使用者會直接與之互動的應用。反之，DNS 提供的是核心的網際網路功能——亦即，爲使用者的應用程式和其他網際網路上的軟體，將主機名稱轉譯成下層的 IP 位址。我們在 1.2 節指出過，網際網路架構大部分複雜之處位於網路的「邊際」。DNS 使用位於網路邊際的用戶端和伺服端，實作至關重要的名稱到位址轉譯程序，是此種設計哲學的另一個例證。

2.4.2 綜觀 DNS 如何運作

現在，我們會針對 DNS 如何運作，呈現一份高層級的綜觀。我們的討論會著重於主機名稱到 IP 位址的轉譯服務。

假設某個在使用者主機上執行的應用程式（例如網頁瀏覽器或郵件閱覽器），需要將主機名稱轉譯成 IP 位址。這個應用程式會呼叫 DNS 的用戶端，指出其需要轉譯的主機名稱（在許多使用 Unix 的電腦上，gethostbyname() 是應用程式要進行轉譯時所需呼叫的函式）。接著，使用者主機上的 DNS 會接手，傳送一筆查詢訊息到網路中。所有 DNS 查詢和回覆訊息都會被放在 UDP 資料報中傳送給埠號 53。在數毫秒到數秒的延遲之後，使用者主機上的 DNS 便會收到提供所需之對應位址的 DNS 回覆訊息。這份對應位址接著會被轉交給發出呼叫的應用程式。因此，從使用者主機中發出呼叫的應用程式的角度來看，DNS 就像個黑盒子，提供了簡單直接的轉譯服務。然而事實上，實作這項服務的黑盒子很複雜，它包含大量傳布於全球各地的 DNS 伺服器，以及一份應用層協定，指示了 DNS 伺服器與進行查詢的主機要如何彼此溝通。

一種簡單的 DNS 設計方式，就是只使用一台 DNS 伺服器，包含所有的位址對應。在這種集中式的設計中，用戶端只需要將所有的查詢訊息都交給唯一的 DNS 伺服器，這台 DNS 伺服器也會直接回應發出查詢的用戶端。雖然，這種設計的簡易性很吸引人，但是它並不適用於現今的網際網路，因爲網際網路擁有大量（且持續增加）的主機。集中式設計的問題包括：

◆ **單點失效**：如果這台 DNS 伺服器掛了，則整個網際網路也會跟著掛掉！

◆ **大量的網路流量**：單一台 DNS 伺服器必須處理所有的 DNS 查詢（包括所有從數億台主機產生的 HTTP 請求訊息和電子郵件訊息）。

◆ **遠距離集中式資料庫**：單一台 DNS 伺服器無法「靠近」所有進行查詢的用戶端。如果我們將唯一的 DNS 伺服器放在紐約市，則所有從澳洲發出的查詢都必須前往地球的另一端，其間也許會經過慢速壅塞的連結。這可能會導致嚴重的延遲時間。

◆ **維護**：單一台 DNS 伺服器必須存放網際網路上所有主機的記錄。這個集中式資料庫不只龐大，還必須經常更新以處理每一台新建立的主機。

　　總而言之，使用單一 DNS 伺服器的集中式資料庫**無法擴充**。因此，DNS 採用分散式設計。事實上，DNS 是要如何在網際網路上實作分散式資料庫的優秀範例。

◎ 分散式、階層式的資料庫

為了解決擴充性問題，DNS 使用了大量的伺服器，以階層的方式編排並散播於世界各地。沒有任何單一的 DNS 伺服器擁有網際網路上所有主機的位址對應。反之，這些位址對應會散播在許多 DNS 伺服器中。粗略地說，DNS 伺服器有三類——根（root）DNS 伺服器、高階網域（top-level domain，TLD）DNS 伺服器以及官方（authoritative）DNS 伺服器——它們以階層的方式編排，如圖 2.17 所示。要了解這三類伺服器是如何互動的，請假設有某個 DNS 用戶端想要知道主機名稱 www.amazon.com 的 IP 位址。粗略地說，DNS 會進行以下事件。用戶端會先聯繫其中一台根伺服器，根伺服器會傳回高階網域 com 的 TLD 伺服器的 IP 位址。接著，用戶端會聯繫這些 TLD 伺服器的其中一台，這台 TLD 伺服器會傳回 amazon.com 的官方伺服器的 IP 位址。最後，用戶端會聯繫其中一台 amazon.com 的官方伺服器，這台伺服器會傳回主機名稱 www.amazon.com 的 IP 位址。我們馬上便會更詳盡地檢驗這個 DNS 查詢過程。但是先讓我們更仔細地檢視一下這三類 DNS 伺服器：

◆ **根 DNS 伺服器**。全球共有超過 400 個根網域名稱伺服器分散各地。圖 2.18 中有較深陰影標示的國家是擁有根網域名稱伺服器的國家。這些根網域名稱伺服器由 13 個不同的組織所管理。根網域名稱伺服器的完整列表與管理這些伺服器的組織及其 IP 位址，可以在 [Root Servers 2016] 查得。根網域名稱伺服器提供 TLD 伺服器的 IP 位址。

◆ **高階網域 DNS 伺服器**。每個高階網域——高階網域，如 com、org、edu 和 gov 等，以及所有國家級的高階網域，如 uk、fr、ca 和 jp ——都有 TLD 伺服器（或伺服器叢集）。com 高階網域的 TLD 伺服器是由 Verisign Global Registry Services 公

司負責維護，edu 高階網域的 TLD 伺服器則是由 Educause 公司負責維護。支援
TLD 的網路公共建設可能很大且複雜；在 [Osterweil 2012] 可看到 Verisign 網路
的綜觀。於 [TLD list 2016] 可見所有 TLD 的列表。TLD 伺服器為官方 DNS 伺服
器提供 IP 位址。

◆ **官方 DNS 伺服器：**所有機構，只要在網際網路上有可供大眾使用的主機（如網
頁伺服器以及郵件伺服器），就必須提供可供大眾存取的 DNS 記錄，以將這些
主機的名稱對應到 IP 位址。該機構的官方 DNS 伺服器會存放這些 DNS 記錄。
機構可以選擇實作自己的官方 DNS 伺服器來保存這些記錄；也可以選擇付費，
把這些記錄儲存在某家服務供應商的官方 DNS 伺服器中。大多數的大學與大型
公司都會實作並維護他們自己的主要及次要（後備）官方 DNS 伺服器。

　根伺服器、TLD 伺服器以及官方 DNS 伺服器，都是 DNS 伺服器階層的成員，
如圖 2.17 所示。還有一種重要的 DNS 伺服器，叫做**區域 DNS 伺服器**（**local DNS
server**）。區域 DNS 伺服器嚴格來說並不屬於伺服器階層架構，但是無可諱言的，
它位於 DNS 架構的核心。每家 ISP──例如家用網路 ISP 或機構的 ISP──都會有
一台區域 DNS 伺服器（也稱為預設域名伺服器，default name server）。當主機連線
到 ISP 時，ISP 會提供它其中一台，或多台區域 DNS 伺服器的 IP 位址（通常是透過
DHCP，我們將在第四章加以討論）給該台主機。只要開啟 Windows 或 Unix 的網路
狀態視窗，你便可以輕易地得知你的區域 DNS 伺服器的 IP 位址。主機的區域 DNS
伺服器通常「鄰近」於主機。在機構的 ISP 中，區域 DNS 伺服器可能與主機位在同
一個 LAN 上；在家用 ISP 中，則通常只與主機相隔數個路由器。主機在進行 DNS
查詢時，這筆查詢會先被送給區域 DNS 伺服器，區域伺服器會扮演代理伺服器的角
色，將查詢訊息轉送給 DNS 伺服器的階層架構，以下我們將更詳盡地加以討論。

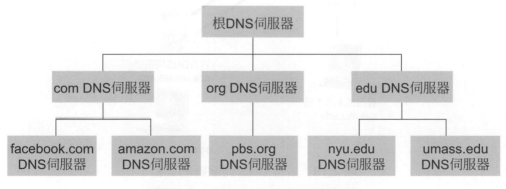

圖 2.17　部分的 DNS 伺服器階層

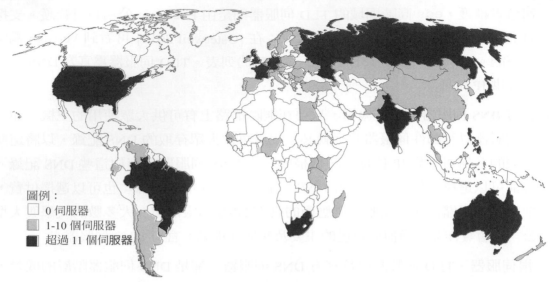

圖 2.18　2016 年的 DNS 根伺服器（名稱、組織、地點）

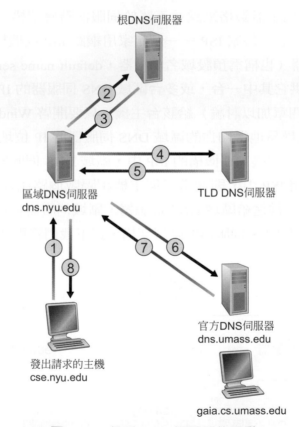

圖 2.19　各種 DNS 伺服器的互動

　　讓我們看一個簡單的例子。假設主機 cse.nyu.edu 需要 gaia.cs.umass.edu 的 IP 位址。同時假設 NYU 的區域 DNS 伺服器叫做 dns.nyu.edu，gaia.cs.umass.edu 的官方 DNS 伺服器叫做 dns.umass.edu。如圖 2.19 所示，主機 cse.nyu.edu 會先傳送一筆 DNS 查詢訊息給其區域 DNS 伺服器 dns.nyu.edu。

這筆查詢訊息包含要轉譯的主機名稱，亦即 gaia.cs.umass.edu。該台區域 DNS 伺服器會將這筆查詢訊息轉送給根 DNS 伺服器。根 DNS 伺服器會注意到 edu 的尾碼，然後將負責 edu 的 TLD 伺服器 IP 位址列表回傳給區域 DNS 伺服器。接著區域 DNS 伺服器會重送查詢訊息給其中一台 TLD 伺服器。TLD 伺服器會注意到 umass. edu 的尾碼，然後回應以麻州大學的官方 DNS 伺服器，亦即 dns.umass.edu 的 IP 位址。最後，區域 DNS 伺服器會直接重送查詢訊息給 dns.umass.edu，它會回應以 gaia.cs.umass.edu 的 IP 位址。請注意在此例中，為了取得一筆主機名稱的位址對應，總共送出了 8 筆 DNS 訊息：4 筆查詢訊息與 4 筆回覆訊息！我們馬上就會看到要如何使用 DNS 快取來減少這些查詢資料流。

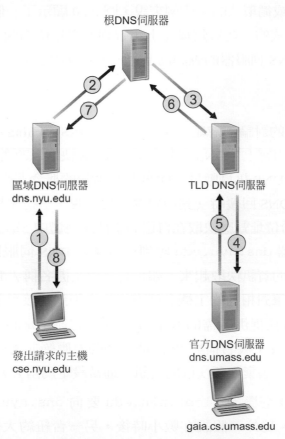

圖 2.20　DNS 的遞迴式查詢

　　在上例中，我們假設 TLD 伺服器知道所查詢之主機名稱的官方 DNS 伺服器為何。但情況通常並非如此。反之，TLD 伺服器可能只知道某台中介 DNS 伺服器，而這台中介 DNS 伺服器才知道負責該主機名稱的官方 DNS 伺服器。比方說，請再次假設麻州大學有一台自己的 DNS 伺服器叫做 dns.umass.edu。再假設麻州大學的每個學系也都有自己的 DNS 伺服器，而每個學系的 DNS 伺服器則是所有該學系的主機的官方伺服器。在這個情形下，當中介 DNS 伺服器 dns.umass.edu 收到某個

主機名稱結尾爲 cs.umass.edu 的查詢時，它會傳回 dns.cs.umass.edu 的 IP 位址給 dns.nyu.edu，這是所有主機名稱結尾爲 cs.umass.edu 的主機的官方伺服器。區域 DNS 伺服器 dns.nyu.edu 接著會傳送查詢給該官方 DNS 伺服器，該台伺服器會將所需的位址對應資訊傳回給區域 DNS 伺服器，後者會再將位址對應回傳給發出請求的主機。在這種情況下，總共會送出 10 筆 DNS 訊息！

　　圖 2.19 所示的例子同時使用了**遞迴式查詢**（recursive query）以及**循環式查詢**（iterative queries）。從 cse.nyu.edu 傳送給 dns.nyu.edu 的查詢屬於遞迴式查詢，因爲該筆查詢要求 dns.nyu.edu 代表它取得位址對應。但是接下來的三筆查詢都是循環式的，因爲所有的回覆都是直接傳回給 dns.nyu.edu。理論上，任何 DNS 查詢都可以是遞迴式或循環式的。舉例來說，圖 2.20 顯示了一個 DNS 查詢鏈，其中所有的查詢都是遞迴式的。在實際操作上，查詢通常是依循圖 2.19 的模式：從發出請求的主機到區域 DNS 伺服器的查詢爲遞迴式，其餘的查詢則爲循環式。

◈ DNS 快取

截至目前爲止，我們的討論都忽略了 **DNS 快取**（DNS caching），這是 DNS 系統一個至爲重要的功能。事實上，DNS 大量的利用 DNS 快取以改善效能延遲，並減少網際網路中四處飛奔的 DNS 訊息數量。DNS 快取背後的概念非常簡單。在查詢鏈中，當 DNS 伺服器收到 DNS 回覆時（其中包含，比方說，一份主機名稱與 IP 位址的對應），它便可以將這份位址對應快取在自己的本機記憶體中。舉例來說，在圖 2.19 中，每當區域 DNS 伺服器 dns.nyu.edu 收到來自某台 DNS 伺服器的回覆時，就可以把任何包含在回覆中的資訊快取起來。如果有一對主機名稱 / IP 位址被快取在 DNS 伺服器中，則當另一筆對相同的主機名稱進行的查詢到達該台 DNS 伺服器時，這台 DNS 伺服器便可以直接提供所需的 IP 位址，即使它並不是該主機名稱的官方 DNS 伺服器。因爲主機以及主機名稱與 IP 位址之間的對應絕非永久不變，所以 DNS 伺服器每隔一段時間便會丟棄它所快取的資訊（通常設定爲兩天）。

　　舉例來說，假設主機 apricot.nyu.edu 要向 dns.nyu.edu 查詢主機名稱 cnn.com 的 IP 位址。另外，假設在數小時後，另一台紐約大學的主機，比方說，kiwi.nyu.edu，也要向 dns.nyu.edu 查詢相同的主機名稱。因爲有了快取，區域 DNS 伺服器就可以立刻傳回 cnn.com 的 IP 位址給第二台發出請求的主機，而不需要查詢任何其他的 DNS 伺服器。區域 DNS 伺服器也可以快取 TLD 伺服器的 IP 位址，藉之讓區域 DNS 伺服器在查詢鏈中能跳過根 DNS 伺服器。事實上，因爲快取的關係，除了極少數的 DNS 查詢外，所有根伺服器都被跳過了。

2.4.3 DNS 記錄與訊息

共同參與實作 DNS 分散式資料庫的 DNS 伺服器,儲存著**資源記錄**(**resource records**,**RRs**),其中也包括提供主機名稱與 IP 位址對應資訊的 RR。每一筆 DNS 回覆訊息都會攜帶一或多筆資源記錄。在本小節與下一小節中,我們會提供一份關於 DNS 資源記錄與訊息的簡短概述;更深入的細節可以參見 [Albitz 1993] 或 DNS 的 RFC [RFC 1034; RFC 1035]。

資源記錄包含四項數值,由以下欄位所構成:

(Name, Value, Type, TTL)

TTL 是資源記錄存活的時間;它會決定資源何時應該要從快取中移除。在以下提供的範例記錄中,我們忽略了 TTL 欄位。Name 和 Value 的涵義取決於 Type:

◆ 如果 Type=A,則 Name 為主機名稱,Value 則為該主機名稱的 IP 位址。因此,一筆 Type A 的記錄提供了標準的主機名稱與 IP 位址的對應資訊。舉例來說,(relay1.bar.foo.com, 145.37.93.126, A)就是一筆 Type A 記錄。

◆ 如果 Type=NS,則 Name 為網域(例如 foo.com),Value 則為該網域的官方 DNS 伺服器主機名稱,它知道要如何取得該網域內主機的 IP 位址。這類記錄是用來在查詢鏈中進一步繞送 DNS 查詢。舉例來說,(foo.com, dns.foo.com, NS)就是一筆 Type NS 記錄。

◆ 如果 Type=CNAME,則 Value 便是主機別名為 Name 的正規主機名稱。這類記錄可以提供某個主機名稱的正規名稱給發出查詢的主機。舉例來說,(foo.com, relay1.bar.foo.com, CNAME)就是一筆 CNAME 記錄。

◆ 如果 Type=MX,則 Value 便是主機別名為 Name 的郵件伺服器的正規名稱。舉例來說,(foo.com, mail.bar.foo.com, MX)就是一筆 MX 記錄。MX 記錄讓郵件伺服器的主機名稱可以使用簡單的別名。請注意,藉由使用 MX 記錄,公司就可以使用相同的別名來代表其郵件伺服器和其他伺服器(例如網頁伺服器)。要取得郵件伺服器的正規名稱,DNS 用戶端會查詢 MX 記錄;要取得其他伺服器的正規名稱,DNS 用戶端則會查詢 CNAME 記錄。

如果 DNS 伺服器是某個主機名稱的官方 DNS 伺服器,則該台 DNS 伺服器就會持有該主機名稱的 Type A 記錄(即使該台 DNS 伺服器並非官方伺服器,也可能持有 Type A 記錄在快取中)。如果伺服器並非某個主機名稱的官方伺服器,這台伺服器便會持有該主機名稱所屬網域的 Type NS 記錄;這台伺服器也會持有一筆 Type A 記錄,提供 NS 記錄 Value 欄位中的 DNS 伺服器的 IP 位址。舉例來說,假設某台 edu TLD 伺服器並非主機 gaia.cs.umass.edu 的官方伺服器。則這台 TLD 伺

服器會持有主機 gaia.cs.umass.edu 所屬網域的相關記錄，比方說（umass. edu, dns.umass.edu, NS）。這台 edu TLD 伺服器也會持有一筆 Type A 記錄，將 DNS 伺服器 dns.umass.edu 對應到它的 IP 位址，例如（dns.umass.edu, 128.119.40.111, A）。

◈ DNS 訊息

本節稍早，我們提過 DNS 的查詢及回覆訊息。這是僅有的二種 DNS 訊息。此外，查詢和回覆訊息具有相同的格式，如圖 2.21 所示。DNS 訊息中各欄位的意義如下：

◆ 開頭 12 個位元組為**標頭區段**（header section），其中包含數個欄位。第一個欄位是 16 位元的數字，用來識別查詢訊息。這個識別碼會被複製到查詢的回覆訊息中，讓用戶端能夠比對收到的回應與送出的查詢。旗標欄位中包含數個旗標。1 位元的查詢／回覆旗標會指出該筆訊息是查詢訊息 (0) 還是回覆訊息 (1)。1 位元的官方旗標，如果該台 DNS 伺服器是所查詢名稱的官方 DNS 伺服器，便會在回覆訊息中設定這個旗標。1 位元的遞迴需求旗標，當用戶端（主機或 DNS 伺服器）希望 DNS 伺服器能夠在沒有相關記錄時進行遞迴式查詢，便會設定這個旗標。1 位元的遞迴可用欄位，如果 DNS 伺服器支援遞迴式查詢，便會設定這個旗標。標頭中還有四個「數量」欄位。這四個欄位會指出在標頭之後四種資料區段出現的數量。

◆ **詢問區段**（question section）中存放的是目前正在進行的查詢的相關資訊。這個區段包含 (1) 一個名稱欄位，存放正在查詢的名稱，以及 (2) 一個類型欄位，指出我們針對該則名稱所詢問的問題類型——例如與該則名稱相關的主機位址（Type A）或該則名稱的郵件伺服器（Type MX）。

◆ 在來自 DNS 伺服器的回覆中，**答覆區段**（answer section）中存放的是一開始所查詢之名稱的相關資源記錄。請回想一下，每筆資源記錄都包含 Type（例如 A、NS、CNAME 和 MX）、Value 和 TTL 欄位。一筆回覆訊息可以在答覆中傳回多筆 RR，因為一個主機名稱可能擁有多個 IP 位址（例如，本節先前曾經討論過的重複網頁伺服器）。

◆ **官方區段**（authority section）包含的是關於其他官方伺服器的記錄。

◆ **附加區段**（additional section）包含的是其他有用的記錄。例如，在 MX 查詢的回覆訊息中，答覆欄位包含的是一筆資源記錄，提供郵件伺服器的正規主機名稱。附加區段則會包含一筆 Type A 記錄，提供該台郵件伺服器正規主機名稱的 IP 位址。

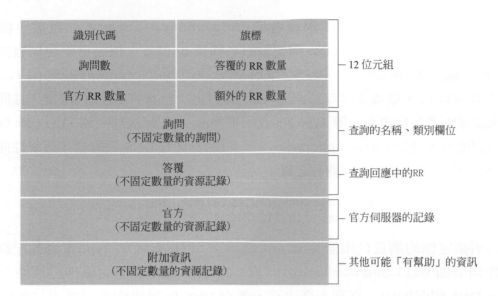

圖 2.21　DNS 訊息格式

　　如果你想要直接從你正在使用的主機，傳送 DNS 查詢訊息到某一台 DNS 伺服器時，該怎麼做呢？透過 nslookup 程式，我們便可以輕易地完成這項任務，這個程式在大多數的 Windows 跟 UNIX 平台上都可以取得。舉例來說，使用 Windows 主機，開啟「命令提示字元」程式，只要鍵入「nslookup」，便可以叫出 **nslookup 程式**。叫出 nslookup 之後，你便可以傳送 DNS 查詢給任何一台 DNS 伺服器（根、TLD 或官方伺服器）。在收到來自 DNS 伺服器的回覆之後，nslookup 會顯示出該則回覆所包含的記錄（以人類可讀的格式）。除了從你自己的主機上執行 nslookup 以外，你也可以造訪許多讓你可以從遠端執行 nslookup 的網站（只要在搜尋引擎中鍵入「nslookup」，你就會被帶領到其中一個這樣的網站）。在章末的 DNS Wireshark 實驗將會讓你以更為詳盡的方式探索 DNS。

◈ **在 DNS 資料庫中加入記錄**

上述討論都著重於要如何從 DNS 資料庫中取得記錄。你可能會好奇，記錄一開始要如何進入資料庫。讓我們以一個具體案例作為討論背景，來觀察這項要如何完成。假設你剛創立了一家有趣的新公司叫做 Network Utopia。第一件你一定會想做的事情，便是向網域名稱註冊商註冊網域名稱 networkutopia.com。**網域名稱註冊商**（**registrar**）是一個商業實體，它會驗證網域名稱的獨一性，將網域名稱輸入 DNS 資料庫（如以下將討論的），以及為這項服務向你酌收少許費用。在 1999 年以前，唯一一家註冊商，Network Solutions，獨佔了 com、net 以及 org 網域的網域名稱註冊權。但現在，已有許多註冊商在競爭顧客，Internet Corporation for Assigned Names and Numbers（ICANN）也核可了許多不同的註冊商。你可以在 http://www.intenic.net 取得經核可的註冊商的完整名單。

當你向某家註冊商註冊了網域名稱 networkutopia.com，你也需要提供這家註冊商你主要及次要官方 DNS 伺服器的名稱及 IP 位址。假設這兩台伺服器的名稱與 IP 位址分別為 dns1.networkutopia.com、dns2.networkutopia.com、212.212.212.1，以及 212.212.212.2。針對這二台官方 DNS 伺服器，註冊商接著會確認這兩者各自擁有一筆 Type NS 及一筆 Type A 記錄被加入到 TLD com 伺服器中。明確地說，針對 networkutopia.com 的主要官方 DNS 伺服器，這家註冊商會在 DNS 系統中加入以下二筆資源記錄：

```
(networkutopia.com, dns1.networkutopia.com, NS)
(dns1.networkutopia.com, 212.212.212.1, A)
```

你也必須確定你的網頁伺服器 www.networkutopia.com 的 Type A 資源記錄，以及郵件伺服器 mail.networkutopia.com 的 Type MX 資源記錄都已經輸入到你的官方 DNS 伺服器中（直到不久之前，各台 DNS 伺服器的內容都還是靜態設定的，比方說，透過系統管理者所建立的設定檔來設定。近日，DNS 協定中加入了 UPDATE 選項，讓資料能夠透過 DNS 訊息動態地加入資料庫中或是從資料庫中刪除。[RFC 2136] 與 [RFC 3007] 詳載了 DNS 的動態更新）。

安全性焦點

DNS 的弱點

我們已經知道，DNS 是網路基礎設施的關鍵元素，有許多重要的服務——包括資訊網與電子郵件——沒有了它就會無法運作。因此我們自然會問，DNS 會被攻擊嗎？ DNS 是隻坐以待斃的鴨子，等著被擊倒而喪失服務能力，同時把大多數的網際網路應用一起拖下水嗎？

我們腦裡會浮現的第一種攻擊是針對 DNS 伺服器的 DDoS 的頻寬滿載攻擊（參見 1.6 節）。比方說，攻擊者可以試著送出洪水般的封包給各台 DNS 根伺服器，多到讓大多數合法的 DNS 查詢永遠得不到答案。實際上，這種針對 DNS 根伺服器的大規模 DDoS 攻擊真的在 2002 年 10 月 21 號發生過。在這次攻擊中，攻擊者操控了一組傀儡網路，送出大量的 ICMP ping 訊息給 13 台 DNS 根伺服器（我們會在第四章討論 ICMP。目前，我們只需要知道 ICMP 封包是種特殊的 IP 資料報即可）。幸運的是，這場大規模攻擊所造成的損害極少，對於使用者使用網際網路的感受幾乎沒有任何影響。攻擊者確實成功的將洪水般的封包導向根伺服器。但是有許多 DNS 根伺服器被封包過濾器所保護著，這些過濾器被設定為會永遠擋下所有送往根伺服器的 ICMP ping 訊息。這些受保護的伺服器因此免於受害，而能夠正常地運作。此外，大多數的區域 DNS 伺服器都快取了頂層網域伺服器的 IP 位址，這點讓查詢程序通常可以跳過 DNS 根伺服器。

對於 DNS 可能比較有效的 DDoS 攻擊會是傳送洪水般的 DNS 查詢給頂層網域伺服器，例如，送給所有處理 .com 網域的頂層網域伺服器。要過濾前往 DNS 伺服器的 DNS 查詢比較困難；而且頂層網域伺服器並不像根伺服器一樣容易跳過。不過這種攻擊的嚴重性會部分被區域 DNS 伺服器的快取所化解。

DNS 也可能會遭受其他方式的攻擊。在中間人攻擊中，攻擊者會攔截來自主機的查詢訊息，然後回傳以假造的回覆。在 DNS 毒害（poisoning）攻擊中，攻擊者會送出假造的回覆給 DNS 伺服器，欺騙伺服器將假造的記錄接收到快取中。這兩種攻擊都能夠用來，例如，將不加懷疑的資訊網使用者轉向到攻擊者的網站。然而，這些攻擊很難實作，因為它們需要攔截封包或是扼制伺服器 [Skoudis 2006]。

另一種重要的 DNS 攻擊並非針對 DNS 服務本身的攻擊，而是利用 DNS 的基礎設施來發動 DDoS 攻擊某台目標主機（例如，你的大學的郵件伺服器）。在這種攻擊中，攻擊者會送出 DNS 查詢給許多官方 DNS 伺服器，其中每一筆查詢都包含捏造的目標主機來源位址。接著，DNS 伺服會將它們的回覆直接送給目標主機。如果我們有辦法編造查詢，讓回應（就位元組而言）遠大於查詢（所謂的放大性），攻擊者就有可能不需要讓自己產生大量的資料流，也能夠擊倒目標。這種利用 DNS 進行的反射式攻擊，截至目前為止只取得有限的成果 [Mirkovic 2005]。

總而言之，DNS 已然表現出自己對攻擊的防禦強度好得令人吃驚。截至目前為止，還沒有任何攻擊曾經成功地阻擾過 DNS 服務。有人曾經進行過成功的反射式攻擊；然而，只要妥當的設定 DNS 伺服器，就能夠對付這些攻擊（目前的狀況便是如此）。

一旦這些步驟都完成之後，人們便可以造訪你的網站，寄送電子郵件給你公司的員工。讓我們來驗證這句話的真實性，以總結我們關於 DNS 的討論。以下驗證也能夠幫助我們對於 DNS 的學習更為紮實。假設人在澳洲的 Alice 想要觀看網頁 www.networkutopia.com。如先前所討論的，她的主機會先送出 DNS 查詢給她的區域 DNS 伺服器。這台區域 DNS 伺服器接著會聯繫某台 TLD com 伺服器（如果這台區域 DNS 伺服器沒有快取任何 TLD com 伺服器的位址，它也必須先聯繫根 DNS 伺服器）。這台 TLD 伺服器包含了上列 Type NS 及 Type A 資源記錄，因為註冊商已經將這些資源記錄加入到所有的 TLD com 伺服器中。TLD com 伺服器會傳送一筆回覆給 Alice 的區域 DNS 伺服器，回覆中包含二筆資源記錄。接著這台區域 DNS 伺服器會傳送一筆 DNS 查詢給 212.212.212.1，請求 www.networkutopia.com 所對應的 Type A 記錄。這筆記錄會提供所需之網頁伺服器的 IP 位址，亦即 212.212.71.4，

區域 DNS 伺服器會將之傳回給 Alice 的主機。Alice 的瀏覽器現在便可以開啓一筆 TCP 連線到主機 212.212.71.4，然後透過該連線送出 HTTP 請求。哇！你在漫遊網際時，眼下可是有許多你看不到的事情正在發生呢！

2.5　點對點應用

本章到目前爲止所描述的應用——包括資訊網、電子郵件、與 DNS ——使用的全都是用戶端—伺服端架構，相當仰賴於永遠開啓的基礎設施伺服器。請回想一下 2.1.1 節，使用 P2P 架構，對於永遠開啓的基礎設施伺服器只有極少的（或不需任何）依賴。反之，一對對暫時連線，稱爲對等點的主機，會彼此直接進行通訊。對等點並不屬於任何服務供應商，而是使用者所控制的桌上型或膝上型電腦。

在本節中，我們考量一個非常自然的應用開始我們對 P2P 的探索，亦即，從單一的伺服器傳布大型檔案到大量的主機（稱爲對等點）。這個檔案可能是新版本的 Linux 作業系統、現有作業系統或應用程式的軟體補強、MP3 音樂檔案或 MPEG 影片檔。在用戶端—伺服端檔案傳布中，伺服器必須傳送檔案副本給所有對等點——這會製造大量的伺服器負擔，並消耗大量的伺服器頻寬。在 P2P 檔案傳布中，每個對等點都能將任何它所收到的部分檔案，重新傳布給任何對等點，由此幫助伺服器進行傳布程序。2016 年時，最流行的 P2P 檔案傳布協定便是 BitTorrent [BitTorrent 2009]。BitTorrent 最初是由 Bram Cohen 所開發，現在已有許多遵循 BitTorrent 協定獨立開發的不同 BitTorrent 用戶端，就像有許多遵循 HTTP 協定的網頁瀏覽器用戶端一樣。在這一小節中，我們會先檢視在檔案傳布的情境下，P2P 架構的自我擴充性。接著我們會較詳盡地描述 BitTorrent，著重於其最重要的特性與功能。

◈ P2P 架構的擴充性

爲了比較用戶端—伺服端架構與點對點架構，並說明 P2P 與生俱來的自我擴充性，我們現在同時使用這兩種架構，就傳布檔案給固定一批對等點，來考量一個簡單的量化模型。如圖 2.22 所示，伺服器與對等點都是透過連線連結連接到網際網路上。令伺服器的連線連結上傳速率爲 u_s，第 i 個對等點的連線連結上傳速率爲 u_i，下載速率則爲 d_i。此外令欲傳布的檔案大小爲 F（以位元表示），想要取得該檔案副本的對等點數量爲 N。**傳布時間（distribution time）**等於這 N 個對等點全都收到一份檔案副本所花費的時間。在以下我們關於傳布時間的分析中，不管是用戶端—伺服端架構或 P2P 架構，我們都做了簡化性的（但通常是準確的 [Akella 2003]）假設，認爲網際網路核心有充足的頻寬，亦即所有的瓶頸都位於網路連線。我們也假設伺服端與用戶端並未參與任何其他的網路應用，所以它們所有的上傳與下傳連線頻寬都可以全力用來傳布該檔案。

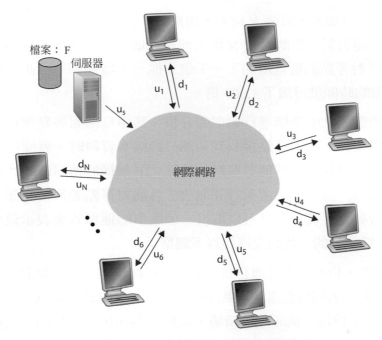

圖 2.22　檔案傳布問題示意圖

　　讓我們先來判斷用戶端─伺服端架構的傳布時間，我們將其表示為 D_{cs}。在用戶端─伺服端架構中，沒有對等點會幫忙傳布檔案。我們進行以下觀察：

◆ 對於這 N 個對等點的每個對等點，伺服器都必須傳送一份檔案的副本過去。因此伺服器必須傳輸 NF 位元。由於伺服器的上傳速率為 u_s，傳布該檔案的時間必然高於 NF/u_s。

◆ 令 d_{min} 表示下載速率最低的對等點的下載速率，也就是說，$d_{min} = \min\{d_1, d_p, \cdots, d_N\}$。這個下載速率最低的對等點，要取得全部 F 位元，所花的時間至少大於 F/d_{min} 秒。因此，最低傳布時間必然高於 F/d_{min}。

將這兩項觀察放在一起，我們會得到

$$D_{cs} \geq \max\left\{\frac{NF}{u_s}, \frac{F}{d_{min}}\right\}$$

我們便得到用戶端─伺服端架構的最低傳布時間下限。在習題中，我們會請你證明，伺服器可以藉由排班其傳輸，以讓我們確實能夠達到這個下限。所以，讓我們將以上所得的下限當作實際的傳布時間，也就是說，

$$D_{cs} = \max\left\{\frac{NF}{u_s}, \frac{F}{d_{min}}\right\} \tag{2.1}$$

從等式 2.1 我們可以知道，只要 N 夠大，用戶端—伺服端的傳布時間就是 NF/u_s。因此，傳布時間會隨著對等點的數量 N 增加而線性增加。因此，比方說，如果從這個禮拜到下個禮拜對等點的數量增加了一千倍，從一千增加到一百萬，則傳布檔案給所有對等點所需的時間就增加了 1,000 倍。

現在讓我們對於 P2P 架構進行類似的分析，其中每個對等點都可以幫助伺服器傳布檔案。具體來說，當對等點接收到某部分的檔案資料時，就能夠利用自己的上傳容量將這些資料再傳布給其他對等點。計算 P2P 架構的傳布時間比用戶端—伺服端架構要來得複雜一些，因為傳布時間取決於各個對等點如何傳布部分檔案給其他的對等點。儘管如此，我們還是可以取得一個簡單的運算式來表示最小的傳布時間 [Kumar 2006]。為此目的，我們先進行以下觀察：

◆ 在開始傳布時，只有伺服器擁有該檔案。要將此檔案交給一群對等點，檔案的每個位元都至少必須被伺服器送入其連線連結一次。因此，最低傳布時間至少等於 F/u_s（不同於用戶端—伺服端的情境，被伺服器送出過一次的位元可能不需要再次被伺服器送出，因為對等點可能會將該位元在彼此之間再次傳布）。

◆ 跟用戶端—伺服端架構相同，下載速率最低的對等點無法在少於 F/d_{min} 秒內取得檔案的全部 F 位元。因此，最低傳布時間至少等於 F/d_{min}。

◆ 最後，我們觀察到，整個系統的總上傳容量等於伺服器的上傳速率加上各個對等點的上傳速率，意即 $u_{total} = u_s + u_1 + \cdots + u_N$。整個系統必須遞交（上傳）$F$ 位元給 N 個對等點，因此總共要遞交 NF 位元。這個過程進行的速率不可能快過 u_{total}。因此，最低傳布時間也至少等於 $NF/(u_s + u_1 + \cdots + u_N)$。

將這三項觀察放在一起，我們便可以得到 P2P 的最低傳布時間，表示為 D_{P2P}。

$$D_{\text{P2P}} \geq \max \left\{ \frac{F}{u_s}, \frac{F}{d_{min}}, \frac{NF}{u_s + \sum_{i=1}^{N} u_i} \right\} \tag{2.2}$$

算式 2.2 提供了 P2P 架構最低傳布時間的下限。事實證明，如果我們想像每個對等點一收到某個位元就可以即刻將之再傳布出去，就必然存在一種轉手傳布策略能確實達到此一下限 [Kumar 2006]（我們會在習題中證明此一結果的某個特例）。即使在現實生活中，被轉手傳布的是檔案的片段，而非個別的位元，算式 2.2 仍是實際最低傳布時間的良好近似值。因此，讓我們把算式 2.2 所提供的下限當作實際的最低傳布時間，亦即，

$$D_{\text{P2P}} = \max \left\{ \frac{F}{u_s}, \frac{F}{d_{min}}, \frac{NF}{u_s + \sum_{i=1}^{N} u_i} \right\} \tag{2.3}$$

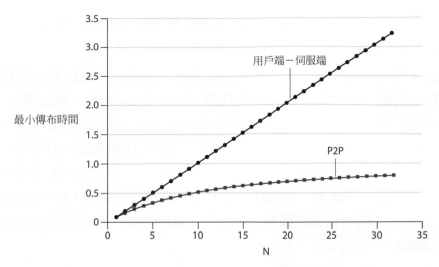

圖 2.23　P2P 架構與用戶端—伺服端架構的傳布時間

圖 2.23 假設所有對等點都擁有相同的上傳速率 u，以比較用戶端—伺服端架構與 P2P 架構的最低傳布時間。在圖 2.23 中，我們設定 $F/u = 1$ 小時，$u_s = 10u$，而 d_{min} $\geq u_s$。因此，一個對等點可以在一小時內傳輸整個檔案，而伺服器的傳輸速率則是對等點上傳速率的 10 倍，此外（為了便於計算），我們將對等點的下載速率設定為大到不會產生任何影響。從圖 2.23 中我們看到，對於用戶端—伺服端架構來說，傳布時間會隨著對等點的增加，而線性地無止盡的增加。然而，對於 P2P 架構來說，最低傳布時間不僅永遠小於用戶端—伺服端架構的傳布時間；對於任何數量 N 的對等點來說，它也永遠小於一小時。因此，使用 P2P 架構的應用是擁有自我擴充性的。這種擴充性直接受惠於對等點既是轉手傳布者也是位元的消費者。

◈ BitTorrent

BitTorrent 是一種熱門的檔案傳布 P2P 協定 [Chao 2011]。在 BitTorrent 術語中，所有參與傳布特定檔案的對等點，統稱為**奔流**（**torrent**）。奔流中的對等點會向彼此下載固定大小的檔案**片段**（**chunk**），一般的片段大小為 256 Kbytes。在對等點剛加入奔流時，沒有任何片段。隨著時間經過，它會累積越來越多片段。在下載片段時，它同時也會將片段上傳給其他對等點。一旦某個對等點取得了整個檔案，它可能會（自私地）離開奔流，或（無私地）留在奔流中繼續上傳片段給其他對等點。此外，任何對等點都可能在任何時刻離開，只取得不完整的片段，然後稍後再重新加入奔流。

現在讓我們更詳盡地檢視一下 BitTorrent 是如何運作的。因為 BitTorrent 是一種相當複雜的協定與系統，我們只會描述它最重要的機制，快速地掃過一些台面下的細節，讓我們可以見樹又見林。每組奔流都會有一個基礎節點，稱為**追蹤者**（**tracker**）。當對等點加入奔流時，會向追蹤者註冊自己，並週期性地告知追蹤者

自己仍在奔流中。如此一來，追蹤者就能夠追蹤參與該奔流的對等點。在任何時刻，參與一組奔流的對等點，可能少於十個，也可能超過千個。

　　如圖 2.24 所示，當一個新的對等點 Alice 加入奔流時，追蹤者會隨機從所有參與的對等點中挑選一部分對等點（爲求具體，比方說 50 個），然後將這 50 個對等點的 IP 位址傳送給 Alice。得到這份對等點清單，Alice 會嘗試與清單上所有的對等點同時建立 TCP 連線。讓我們把所有 Alice 成功建立 TCP 連線的對等點稱爲「相鄰對等點」（圖 2.24 顯示，Alice 只有三個相鄰對等點。正常來說，她會有多上許多的相鄰對等點）。隨著時間流轉，這些對等點中有些可能已經離開，而其他的對等點（最初的 50 個以外的）則可能會試圖與 Alice 建立 TCP 連線。因此對等點的相鄰對等點會隨時間而變動。

　　在任一時刻，每個對等點都會持有部分的檔案片段，不同的對等點持有不同的部分。週期性地，Alice 會詢問所有相鄰的對等點（透過 TCP 連線）以取得它們所擁有的片段列表。如果 Alice 有 L 個不同的相鄰點，就會取得 L 份片段列表。擁有這些知識，Alice 會發出請求（同樣透過 TCP 連線）取得她目前所沒有的片段。

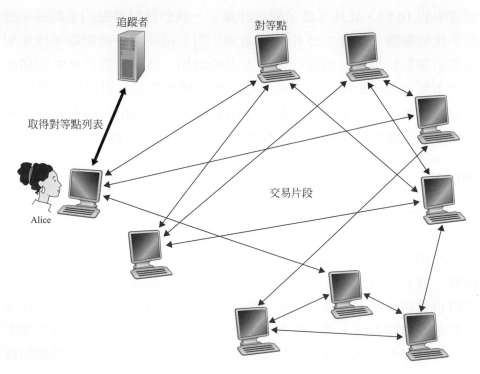

圖 2.24　使用 BitTorrent 傳布檔案

　　所以在任何時刻，Alice 都會擁有部分的片段，也知道她的相鄰點持有哪些片段。擁有這份資訊，Alice 有兩項重要的抉擇要進行。第一，她應該要先向她的相鄰點請求哪些片段？以及第二，她應該要送給哪些鄰接點它們所請求的片段？在決定要請

求哪些片段時，Alice 會使用稱為**最稀有者優先**（**rarest first**）的技巧。這個概念是，判斷在她尚未取得的片段中，哪些片段在其相鄰點中最為稀有（也就是說，在其相鄰點中重複副本最少的片段），然後先請求這些最稀有的片段。以此策略，最稀有的片段會較快被轉手傳布，以期能（約略地）平均分配奔流中每個片段的副本數量。

　　要判斷她該回應哪些請求，BitTorrent 使用了聰明的交易演算法。基本概念是，Alice 會給予目前用最高速率提供資料給她的相鄰點優先權。具體的說，針對每個相鄰點，Alice 都會持續量測她從該相鄰點收到位元的速率，判斷出四個用最高速率餵送位元給她的對等點。於是她會以傳送片段給這四個對等點作為報答。每隔 10 秒，她會重新計算速率，並可能更動這四個對等點的成員。在 BitTorrent 的術語中，我們稱這四個對等點為**無阻的**（**unchoked**）。重要的是，每隔 30 秒，Alice 也會隨機選擇一個額外的相鄰點，將片段傳送給它。讓我們把這個隨機選擇的對等點稱為 Bob。在 BitTorrent 的術語中，我們稱 Bob 為**樂觀無阻的**（**optimistically unchoked**）。因為 Alice 正在傳送資料給 Bob，她可能會成為 Bob 的四個最佳上傳者之一，在這個情況下 Bob 便會開始傳送資料給 Alice。如果 Bob 傳送資料給 Alice 的速率夠高的話，Bob 接著也會成為 Alice 的四個最佳上傳者之一。換句話說，每隔 30 秒，Alice 就會隨機選擇一個新的交易伙伴，並開始跟該伙伴進行交易。如果這兩個對等點對於交易感到滿意，它們就會互相把對方放入它們的最佳四人名單中，並繼續跟彼此交易，直到有其中一方找到更好的伙伴為止。這種策略的作用是，能夠以相匹配的速率上傳的對等點，會較容易找到彼此。選擇隨機的相鄰點也讓新的對等點能夠取得片段，如此一來它們才會有東西可以進行交易。這五個對等點（四個「最佳」對等點以及一個試用對等點）以外的所有相鄰對等點都是「受阻的」，也就是說，它們無法從 Alice 那邊收到任何片段。BitTorrent 還有一些有趣的機制我們並未在此討論，包括切片（mini-chunk，迷你片段）、管線化、隨機優先選擇、終局模式，以及冷落情形的防範等 [Cohen 2003]。

　　我們方才所描述的鼓勵性機制，通常被稱為以德報德（tit-for-tat）[Cohen 2003]。事實證明，這種鼓勵性機制是可以規避的 [Liogkas 2006; Locher 2006; Piatek 2007]。儘管如此，BitTorrent 生態系統依然極為成功，同時有數百萬個對等點，在成千成萬組奔流中活躍地分享檔案。如果 BitTorrent 不使用以德報德的策略（或其變形策略）來設計，即使其他功能都完全相同，BitTorrent 甚至有可能無法存活到今日，因為大多數的使用者都會是不願付出的搭便車者 [Saroiu 2002]。

2.6 影音串流與內容傳遞網路

現在,串流媒體預錄影音佔據了北美住宅 ISP 中大部分的流量,尤其是,2015 年,Netflix 和 YouTube 服務分別消耗了高達 37 % 和 16 % 的住宅 ISP 流量 [Sandvine 2015]。在本節中,我們將概述這個流行的影音串流服務在今日的網際網路上如何實現。我們將看到它們是利用應用層協定和伺服器實現的,而這些協定和伺服器在某些方面具有像快取一般的功能。在第九章中,我們將致力於多媒體聯網,進一步研究網際網路影音以及其他網際網路的多媒體服務。

2.6.1 網際網路影音視訊

在串流預儲視訊應用中,底層媒體是預先錄製的視訊,比方說電影、電視節目、預先錄製的體育賽事,或預先錄製的用戶端所生成的影音視訊(例如:YouTube 上常見的影片)。這些預先錄製的視訊放在伺服器上,用戶端發送請求到這些伺服器來觀看隨選的影片。今天許多網際網路公司提供串流影音視訊,包括 Netflix、YouTube(Google)、Amazon 和優酷。

但是在開始討論影音串流之前,我們應該先快速感受一下影音媒體本身。影音視訊是一連串的影像,通常以固定的速度顯示,例如每秒 24 幅或 30 幅影像。未經壓縮的數位編碼影像由像素陣列組成,每個像素都編碼成一些位元,以表示亮度和色彩。影音視訊的一個重要特徵是它可以被壓縮,因而以位元率交換視訊品質。現今的現成壓縮演算法可以將視訊壓縮到實質所需的任何位元率。當然,位元率越高,影像品質越好,整體用戶觀賞的體驗就越好。.

從網路的角度來看,也許視訊最顯著的特徵是高位元率。壓縮的網際網路視訊通常從低品質的 100 kbps 到串流式高清電影的 3 Mbps 以上;4K 串流媒體預計會有超過 10 Mbps 的位元率。這可以轉化為大量的流量和容量,特別是對高檔的視訊而言。例如,持續時間為 67 分鐘的單個 2 Mbps 視訊將消耗十億位元的容量和流量。到目前為止,視訊串流最重要的性能指標是端點到端點的平均吞吐量。為了提供連續播放,網路必須為串流傳輸應用提供至少與壓縮視訊的位元率一樣大的平均吞吐量。

我們也可以利用壓縮來建立同一影音視訊的多個版本,每個版本的品質等級不同。例如,我們可以利用壓縮來建立相同視訊的三個版本,傳輸速率分別為 300 kbps、1 Mbps 和 3 Mbps。用戶端可以根據當下可用頻寬決定他們想要觀看的版本。具有高速網際網路連線的用戶可能會選擇 3 Mbps 版本;使用智慧型手機觀看 3G 影音視訊的用戶可能會選擇 300 kbps 的版本。

2.6.2　HTTP 串流與 DASH

在 HTTP 串流中，影音視訊只是作爲具有特定 URL 的普通檔案儲存在 HTTP 伺服器上。當用戶想要觀賞視訊時，用戶端與伺服器建立 TCP 連線，並爲該 URL 發出 HTTP GET 請求。伺服器隨後在 HTTP 回應訊息內發送視訊檔案，其速度與底層網路協定和流量條件允許的速度相同。在用戶端，位元組在用戶端應用程式的緩衝區中收集。一旦此緩衝區中的位元組數目超過預定定限，用戶端應用程式就開始回放——具體而言，視訊串流應用會定期從用戶端應用程式緩衝區抓取視訊訊框，解壓縮這些訊框，並將其顯示在用戶的螢幕上。因此，視訊串流應用一邊顯示視訊，一邊接收和緩衝對應於視訊後面的訊框。

如前段所述，雖然 HTTP 串流式傳輸已經在實務中大量地部署（例如，自 YouTube 成立以來），但它有一個主要缺點：所有用戶端都接收相同的視訊編碼，儘管用戶端可用的頻寬量有很大的差異，對不同的用戶端或是同一用戶端的不同時段皆是如此。這導致了一種新型態的 HTTP 串流式傳輸，通常稱爲 **HTTP 上的動態自適應串流**（**Dynamic Adaptive Streaming over HTTP，DASH**）。在 DASH 中，視訊被編碼爲幾個不同的版本，每個版本具有不同的位元率，並相應地具有不同的品質等級。用戶端動態地請求長度爲數秒的視訊片段。當可用頻寬較高時，用戶端自然選擇高速率版本的片段；當可用頻寬較低時，它自然會從低速率版本中進行選擇。用戶端以 HTTP GET 請求訊息一次選擇一個不同的片段 [Akhshabi 2011]。

DASH 允許具有不同網際網路存取速率的用戶以不同的編碼速率在視訊中傳輸。具有低速 3G 連線的用戶端可以接收低位元率（與低品質）的版本，而具有光纖連線的用戶端可以接收高品質版本。如果在對話期間端點到端點的可用頻寬發生變化，DASH 還允許用戶端調整到可用頻寬。此功能對行動通信用戶尤其重要，行動通信用戶通常看到他們的頻寬可用性隨著他們基地台的變化而波動。

使用 DASH 時，每個視訊版本都儲存在 HTTP 伺服器中，每個都有不同的 URL。HTTP 伺服器還有一個**清單檔案**（**manifest file**），它爲每個版本提供一個 URL 及其位元率。用戶端先請求清單檔案並了解各種版本，然後，用戶端透過在每個片段的 HTTP GET 請求訊息中指定一個 URL 和一個位元組範圍來一次選擇一個片段。在下載片段時，用戶端還測量接收到的頻寬並執行速率判定演算法，以選擇後續所請求的片段。當然，如果用戶端有很多視訊快取，而且，如果測量的接收頻寬很高，它將會從高位元率版本中選擇一個片段。當然，如果用戶端的視訊快取很少，而且測量的接收頻寬很低，它將會從低位元率版本中選擇一個片段。因此，DASH 允許用戶端在不同的品質水準之間自由切換。

2.6.3　內容傳遞網路（CDN）

今天，許多網際網路影音視訊公司發送隨選高數據率的串流給每天數百萬計的用戶。例如，YouTube 擁有數百萬計的影音視訊庫，每天向全世界的用戶發送數以億計的視訊串流。將所有這些流量傳輸到世界各地，同時提供持續播放和高度互動，顯然是一項具有挑戰性的任務。

對於一家網際網路影音視訊公司來說，提供串流媒體視訊服務最直接的方法可能是構建一個巨量資料中心，將所有視訊儲存在資料中心，並將視訊直接從資料中心傳輸給位於世界各地的用戶。但是這種方法存在三個主要問題。第一，如果用戶端遠離資料中心，則伺服器到用戶端的封包將跨越許多通信連接，並可能通過許多 ISP，其中一些 ISP 可能位於不同的大陸。如果其中一條連結提供的吞吐量低於視訊的消耗率，則端點到端點吞吐量也將低於消耗率，導致用戶惱人的凍結延遲（回顧第一章，串流的端點到端點吞吐量由瓶頸連結的吞吐量決定）。發生這種情況的可能性隨著端點到端點路徑中連結數量的增加而增加。第二個缺點是，流行的視訊很可能會透過相同的通信連結傳送很多次。這不僅浪費網路頻寬，而且網際網路視訊公司本身也要向供應商 ISP（連接到資料中心）付費，以便一次又一次地將相同的位元組發送到網際網路。這個解決方案的第三個問題是，單一資料中心代表單一故障點──如果資料中心或其連到網際網路的連結故障，則無法分送任何視訊串流。

為了滿足向分佈全球的用戶分發巨量視訊資料的挑戰，幾乎所有主要的視訊串流公司都利用**內容傳遞網路（CDN）**。CDN 管理多個地理位置分散位置中的伺服器，將視訊（以及其他類型的網頁內容，包括文件、影像和音訊）的副本儲存在其伺服器中，並且試圖將每個用戶請求引導到 CDN 的所在地，來提供最好的用戶體驗。CDN 可以是**私有的 CDN（private CDN）**，亦即由內容提供商本身所擁有；例如，Google 的 CDN 分發 YouTube 視訊和其他類型的內容。CDN 也可以是代表多個內容提供商分發內容的**第三方 CDN**；Akamai、Limelight 和 Level-3 都屬於第三方 CDN。對於現代的 CDN 較可讀性的概述是 [Leighton 2009; Nygren 2010]。CDN 通常採用兩種不同的伺服器佈局原理之一 [Huang 2008]：

◆ **深度進入（Enter Deep）**：Akamai 率先推出的一種理念，是透過在全球各地的存取 ISP 中部署伺服器集群，深入到網際網路服務提供商的存取網路中（存取網路在 1.3 節中有描述）。Akamai 在將近 1,700 個位置採用這種方法。它的目標是靠近最終用戶，進而透過減少最終用戶與其接收內容的 CDN 伺服器之間的鏈接和路由器的數量，來改善用戶感受到的延遲和吞吐量。由於這種高度分散的設計，維護和管理集群的任務變得具有挑戰性。

◆ **帶回家（Bring Home）**：Limelight 和許多其他 CDN 公司採用的第二種設計理念，是透過在較少數量的網站（例如十個）上構建大型集群來將 ISP 帶回家。這些 CDN 通常將其集群放置在網際網路交換中心（IXP）中（參見 1.3 節），而不是進入存取 ISP。與深度進入的設計理念相比，帶回家的設計通常會降低維護和管理開銷，但可能會以對最終用戶的高延遲和較低的吞吐量爲代價。

一旦其集群就位，CDN 就會在其集群中複製內容。CDN 可能不希望在每個集群中放置每個視訊的副本，因爲一些視訊很少被觀看，或是僅在某些國家受歡迎。事實上，許多 CDN 並不會將視訊推送到其集群，而是使用簡單的提取策略：如果用戶端自未儲存視訊的集群請求視訊，則集群將檢索視訊（從中央資料庫或從另一個集群），同時將視訊串流傳輸到用戶端時區域性地儲存副本。相似的網頁快取（請參閱第 2.2.5 節），當集群的儲存空間已滿時，它會刪除不常請求的視訊。

◈ CDN 實作

在確定了部署 CDN 的兩種主要方法後，現在讓我們深入探討 CDN 如何運作的細節。當用戶端主機中的瀏覽器被委派去檢索特定視訊（由 URL 識別）時，CDN 必須攔截該請求，以便它可以 (1) 在當時爲該用戶端決定合適的 CDN 伺服器集群，並且 (2) 將用戶端的請求重新定向到該集群中的伺服器。我們將簡短地討論 CDN 如何決定合適的集群，但我們先來看看攔截和重定向請求背後的機制。大多數 CDN 利用 DNS 攔截和重定向請求；有關這種 DNS 使用的有趣討論可參閱 [Vixie 2009]。讓我們考慮一個簡單的例子來說明 DNS 通常如何參與其中。假設內容提供商 NetCinema 使用第三方 CDN 公司 KingCDN 將其視訊分發給其用戶。在 NetCinema 的網頁，其每一個視訊被分派到一個 URL，其中包含字串「video」和視訊本身的獨特的識別碼，例如：**變形金剛** 7 可能會被分配到 http://video.netcinema.com/6Y7B23V。如圖 2.25 所示，接下來有 6 個步驟：

1. 用戶造訪 NetCinema 的網頁。

2. 當用戶點擊鏈接 http://video.netcinema.com/6Y7B23V 時，用戶的主機發送一筆視訊 netcinema.com 的 DNS 查詢。

3. 用戶的區域 DNS 伺服器（LDNS）將 DNS 查詢轉發給 NetCinema 授權的 DNS 伺服器，該伺服器觀察到主機名稱爲 video.netcinema.com 中的字串「video」。爲了將 DNS 查詢「移交」到 KingCDN，而不是回傳一筆 IP 位址，NetCinema 授權的 DNS 伺服器將 KingCDN 域中的主機名稱回傳給 LDNS，例如：a1105.kingcdn.com。

4. 從此時起，DNS 查詢進入 KingCDN 的專屬 DNS 基礎建設。用戶的 LDNS 發送第二筆查詢，現在是爲 a1105.kingcdn.com 發送，而 KingCDN 的 DNS 系統最終

將 KingCDN 內容伺服器的 IP 位址回傳給 LDNS。因此，在 KingCDN 的 DNS 系統中，CDN 伺服器從其接收內容的用戶端是被指定的。

5. LDNS 轉發內容服務 CDN 節點的 IP 位址到用戶的主機。

6. 一旦用戶端接收到 KingCDN 內容伺服器的 IP 位址，它將與該 IP 位址的伺服器建立直接的 TCP 連線，並為該視訊發出 HTTP GET 請求。如果使用 DASH，伺服器會先向用戶端發送一個清單檔案，其中包含一份 URL 列表、每個視訊版本，以及用戶端會動態選擇不同版本的資訊片段。

案例研究

GOOGLE 的網路基礎建設

為了支援其廣泛的雲端服務——包括搜尋、Gmail、日曆、YouTube 視訊、地圖、文件和社群網路—— Google 已經部署了範圍極廣的專用網路和 CDN 基礎設施。Google 的 CDN 基礎架構有三層服務器集群：

◆ 十四個「大型資料中心」，北美八個，歐洲四個，亞洲兩個 [Google Locations 2016]，每個資料中心的伺服器數量約為 100,000 台。這些大型資料中心負責提供動態（通常是個人化的）內容，包括搜尋結果和 Gmail 郵件。

◆ 據估計，世界各地的 IXP 中有 50 個集群，每個集群由 100-500 台伺服器所組成 [Adhikari 2011a]。這些集群負責提供靜態內容，包括 YouTube 視訊 [Adhikari 2011a]。

◆ 許多數以百計的「深度進入」集群位於存取 ISP 內。在這裡，一個集群通常由一個包含數十台伺服器的機架所組成。這些深度進入的伺服器執行 TCP 分割（參見 3.7 節），並提供靜態內容 [Chen 2011]，包括體現搜尋結果的靜態部分網頁。

這些資料中心和集群位置都與 Google 自己的專用網路連接在一起。當用戶進行搜尋查詢時，通常先將查詢透過區域 ISP 發送到附近的深度進入快取，從中檢索靜態內容；在向用戶端提供靜態內容的同時，附近的快取會透過 Google 的專用網路將查詢轉送到其中一個大型資料中心，從中檢索個人化的搜尋結果。對 YouTube 視訊來說，視訊本身可能來自其中一個帶回家快取，而圍繞視訊的部分網頁可能來自附近的深度進入快取，圍繞視訊的廣告來自資料中心。總之，除了區域 ISP 之外，Google 的雲端服務主要由獨立於公共網際網路的網路基礎建設提供。

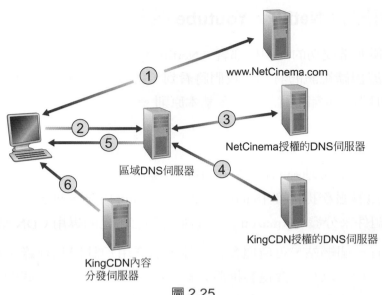

www.NetCinema.com

NetCinema授權的DNS伺服器

區域DNS伺服器

KingCDN授權的DNS伺服器

KingCDN內容
分發伺服器

圖 2.25

◈ 集群選擇策略

任何一個 CDN 部署的核心都是**集群選擇策略（cluster selection strategy）**，亦即將用戶端動態地引導到 CDN 內的伺服器集群或資料中心的機制。正如我們剛剛看到的，CDN 透過用戶端的 DNS 查找來了解用戶端的 LDNS 伺服器的 IP 位址。學習此 IP 位址後，CDN 必須根據此 IP 位址選擇適當的集群。CDN 通常採用專門的集群選擇策略，我們現在簡要地介紹幾種方法，每種方法都有其優點和缺點。

　　一個簡單的策略是將用戶端分配給**地理上最接近**的集群。使用商業地理位置資料庫（例如 Quova [Quova 2016] 和 Max-Mind [MaxMind 2016]），每個 LDNS IP 位址映射到一個地理位置。當收到來自特定 LDNS 的 DNS 請求時，CDN 選擇地理上最接近的集群，即距離 LDNS 最短距離的集群，「如同鳥類飛行一樣」。這樣的解決方案對於大部分的用戶都能運作得很好 [Agarwal 2009]。但是，對於某些用戶端來說，此解決方案可能表現不佳，因為就網路路徑的長度或跳躍數而言，地理上最近的集群可能不是最接近的集群。此外，所有以 DNS 為基礎的方法所固有的問題是，一些最終用戶被配置為使用位於遠程的 LDNS [Shaikh 2001; Mao 2002]，在這種情況下，LDNS 的位置可能遠離用戶的位置。而且，這個簡單的策略忽略了網際網路路徑隨著時間的推移和可用頻寬的變化，總是將同一個集群分配給特定的用戶端。

　　為了根據目前的流量情況確定用戶端的最佳集群，CDN 可以改為對其集群和用戶端之間的延遲和遺失效能進行定期**即時測量**。例如，CDN 可以讓每個集群週期性地向全球所有的 LDNS 發送探測（例如 ping 訊息或 DNS 查詢）。這種方法的缺點之一是許多 LDNS 被配置為不回應這種探測器。

2.6.4　案例研究：Netflix、Youtube 與天天看看

我們透過對三種非常成功的大規模部署（Netflix、YouTube 和天天看看）的觀察，總結我們關於串流預儲視訊的討論。我們將看到，這些系統中的每一個都採用了非常不同的方法，但仍有本節中討論的許多基本原則。

◈ Netflix

2015 年，Netflix 在北美地區的住宅 ISP 中的下傳資料流為 37％，已成為美國線上電影和電視劇的領導服務提供商 [Sandvine 2015]。如同我們後面要討論的，Netflix 視訊由兩個主要組件來分發：Amazon 的雲端服務和它自己的專用 CDN 基礎設施。

　Netflix 擁有一個網站，可處理多種功能，包括用戶註冊和登錄、帳單、瀏覽和搜尋用的電影目錄，以及一套電影推薦系統。如圖 2.26 所示，這個網站（及其相關的後端資料庫）完全在 Amazon 雲中的 Amazon 伺服器上運作。此外，Amazon 雲處理以下極為重要的功能：

◆ **內容取得：**在 Netflix 向其用戶發送電影之前，必須先取得並處理電影。Netflix 接收到電影的主版本並將其上傳到 Amazon 雲中的主機。

◆ **內容處理：**Amazon 雲中的機器為每一部電影創造了許多不同格式的東西，適用於在桌上型電腦、智慧型手機和連接到電視機的遊戲機上執行的各種用戶端視訊播放器。使用格式再配合多種位元率建立許多電影的不同版本，允許使用 DASH 在 HTTP 上做自適應串流。

◆ **上傳版本至 CDN（Uploading versions to its CDN）。**一旦電影的所有版本都建立好，Amazon 雲中的主機就會將版本上傳到其 CDN。

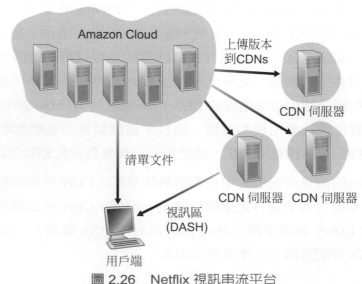

圖 2.26　Netflix 視訊串流平台

當 Netflix 在 2007 年首次推出其視訊串流服務時，它聘請了三家第三方 CDN 公司來發送其視訊內容。此後，Netflix 建立了自己的專用 CDN，現在它可以自己串流傳輸所有視訊（然而，Netflix 仍然使用 Akamai 來分發其網頁）。為了建立自己的 CDN，Netflix 自己已經在 IXP 和住宅 ISP 內部安裝了伺服器機架。目前 Netflix 在 50 個以上的 IXP 位置有伺服器機架；請參閱 [Netflix Open Connect 2016] 了解 Netflix 機架的最新 IXP 列表。Netflix 機架上還有數百個 ISP 位置；請參閱 [Netflix Open Connect 2016]，Netflix 向潛在的 ISP 合作夥伴提供有關為他們的網路安裝（免費）Netflix 機架的說明。機架中的每台伺服器都有數個 10 Gbps 以太網埠口和超過 100 TB 的儲存空間。機架中的伺服器數量有所不同：IXP 安裝通常包含數十台伺服器，並包含整個 Netflix 的串流視訊庫，其中包括支援 DASH 的多種視訊版本；區域 IXP 可能只有一台伺服器，並且只包含最受歡迎的視訊。Netflix 不使用取得式快取（pull-caching，請見 2.2.5 節）來填充 IXP 和 ISP 中的 CDN 伺服器。相反地，Netflix 透過在非高峰時段將視訊推送到其 CDN 伺服器進行分發。對於那些無法容納整個視訊庫的位置，Netflix 只會推送最流行的視訊，這些視訊由每天的資料來判斷。Netflix 的 CDN 設計在 YouTube 視訊 [Netflix Video 1] 和 [Netflix Video 2] 中有詳細描述。.

在描述了 Netflix 體系結構的組成之後，讓我們仔細看看用戶端與電影傳送中涉及的各種伺服器之間的交換。如前所述，用於瀏覽 Netflix 視訊庫的網頁由 Amazon 雲中的伺服器提供。當用戶選擇要播放的電影時，在 Amazon 雲中執行的 Netflix 軟體會先確定哪些 CDN 伺服器具有該電影的副本。在擁有電影的伺服器中，軟體會為該用戶端請求決定「最佳的」伺服器。如果用戶端使用的是安裝在該 ISP 中的 Netflix CDN 伺服器機架的住宅 ISP，並且該機架有所請求的電影副本，則通常會選擇該機架中的伺服器。如果沒有的話，通常才會選擇鄰近的 IXP 伺服器。

一旦 Netflix 確定要發送內容的 CDN 伺服器，它就會向用戶端發送特定伺服器的 IP 位址以及一個清單檔案，該清單檔案包含所請求電影的不同版本的 URL。然後，用戶端和 CDN 伺服器使用專有版本的 DASH 直接進行交換。具體而言，如 2.6.2 節所述，用戶端在 HTTP GET 請求訊息中使用位元範圍標頭，以便從不同版本的電影中請求資訊片段。Netflix 使用大約四秒長的資訊片段 [Adhikari 2012]。在下載資訊片段時，用戶端會測量接收到的吞吐量，並執行速率判定演算法，以判斷要請求的下一個資訊片段的品質。

Netflix 體現了本節前面討論的許多關鍵原則，包括自適應串流和 CDN 分發。但是，由於 Netflix 使用自己的專用 CDN，僅分發視訊（而不是網頁），Netflix 已能夠簡化和定制其 CDN 設計。具體而言，Netflix 不需要採用 DNS 重定向（如 2.6.3 節所述）將特定用戶端連接到 CDN 伺服器；相反地，Netflix 軟體（在 Amazon 雲中執行）直接告訴用戶使用特定的 CDN 伺服器。此外，Netflix 的 CDN 使用送出式快取，而

不是取得式快取（見 2.2.5 節）：內容在非高峰時段的預定時間推入伺服器，而不是在快取錯過時動態地推送。

◈ Youtube

YouTube 每分鐘上傳 300 小時的視訊，每天有數十億的視訊觀看次數 [YouTube 2016]，毫無疑問地，YouTube 是全球最大的視訊分享網站。YouTube 於 2005 年 4 月開始提供服務，並於 2006 年 11 月被 Google 收購。雖然 Google/YouTube 的設計和協定是專有的，但透過多次獨立的測量工作，我們可以對 YouTube 的運作有基本的了解 [Zink 2009；Torres 2011；Adhikari 2011a]。和 Netflix 一樣，YouTube 廣泛使用 CDN 技術來分發其視訊 [Torres 2011]。與 Netflix 類似的是，Google 使用自己的專用 CDN 分發 YouTube 視訊，並在數百個不同的 IXP 和 ISP 位置安裝了伺服器集群。從這些位置而且直接從其龐大的資料中心，Google 將 YouTube 視訊分發出去 [Adhikari 2011a]。但是，與 Netflix 不同的是，Google 使用 2.2.5 節中介紹的拉式快取和 2.6.3 節中描述的 DNS 重定向。大多數的情況下，Google 的集群選擇策略會將用戶端指向用戶端與集群之間 RTT 最低的集群；然而，為了平衡集群間的負荷，有時用戶端（透過 DNS）會被引導到較遠的集群 [Torres 2011]。

　　YouTube 採用 HTTP 串流傳輸，通常為視訊提供少量的不同版本，每種版本都具有不同的位元率和相應的品質水準。YouTube 不採用自適應串流（例如 DASH），而是要求用戶手動選擇版本。為了節省因重新定位或提前終止而浪費的頻寬和伺服器資源，YouTube 使用 HTTP 的位元範圍請求，在視訊的目標數量預取之後，來限制傳輸資料的流量。

　　每天有數百萬個視訊上傳到 YouTube，不僅 YouTube 視訊透過 HTTP 從伺服器串流傳輸到用戶端，YouTube 上傳者也透過 HTTP 將視訊從用戶端上傳到伺服器。YouTube 處理接收到的每個視訊，將其轉換為 YouTube 視訊格式，並以不同的位元率建立多種版本。這些處理完全在 Google 資料中心內進行（請參閱 2.6.3 節有關 Google 網絡基礎架構的案例研究）。

◈ 天天看看（Kankan）

我們剛剛看到專用的伺服器，由專屬的 CDN 運作，將 Netflix 和 YouTube 視訊分發給用戶。Netflix 和 YouTube 不僅要支付伺服器硬體的費用，還要支付伺服器用於分發視訊的頻寬費用。考慮到這些服務的規模以及它們消耗的頻寬流量，這種 CDN 部署可能代價高昂。

　　我們以描述一種完全不同的大規模網際網路視訊點播的方式來結束本節——這個方法允許服務提供商大幅降低其基礎設施和頻寬成本。正如你可能會懷疑的，這

個方法使用 P2P 傳遞，而不是（或者隨同）用戶端伺服器傳遞。自 2011 年以來，天天看看（Kankan，由迅雷擁有並經營）一直在部署 P2P 視訊傳送，並取得了重大的成功，每個月有數千萬的用戶 [Zhang 2015]。

以高品質等級來看，P2P 視訊串流與 BitTorrent 檔案下載非常相似。當一個用戶（peer）想要觀看一段視訊時，它會聯繫追蹤器來發現系統中具有該視訊副本的其他對等的用戶群（peers）。這個請求的用戶接著從擁有該視訊的其他對等用戶群並行地請求視訊片段。然而，與使用 BitTorrent 下載不同的是，請求優先適用於將在不久後播放的視訊片段，以確保連續播放 [Dhungel 2012]。

最近，天天看看已經遷移到混合式的 CDN-P2P 串流系統 [Zhang 2015]。具體來說，天天看看現在在中國部署了數百台伺服器，並將視訊內容推送到這些伺服器。這個天天看看 CDN 在視訊串流的創始階段扮演著重要角色。在大多數的情況下，用戶端從 CDN 伺服器請求內容的開頭，並且平行地請求來自對等用戶群的內容。當總 P2P 流量足夠用於視訊播放時，用戶端將停止從 CDN 串流傳輸，並且僅從對等用戶群串流傳輸。但是，如果 P2P 串流的流量不足，用戶端將重新啟動 CDN 連接，並回到混合式的 CDN-P2P 串流傳輸模式。以這種方式，天天看看可以確保初始啟動延遲很短，同時，最小程度地依賴昂貴的基礎設施伺服器和頻寬。

2.7　Socket 程式設計：建立網路應用程式

既然我們已經看過一些重要的網路應用，現在讓我們來探索一下網路應用程式實際上要如何撰寫。在本節中，我們會撰寫使用 TCP 的應用程式；下節中我們則會撰寫使用 UDP 的程式。請回想 2.1 節，有許多網路應用是由一對程式所構成——一支用戶端程式與一支伺服端程式——棲身於兩台不同的終端系統。當這兩個程式被執行時，會建立用戶端和伺服端行程，這兩個行程透過讀取和寫入 socket 來彼此通訊。在建立網路應用時，開發者的主要工作，便是為用戶端和伺服端程式撰寫程式碼。

網路應用有兩種。一種是針對定義於，比方說，RFC 中的協定標準的實作，或是某些標準文件，例如有時被指定為「開放」的應用，因為指定其操作的規則眾所皆知。在這種實作中，用戶端和伺服端程式都必須遵守 RFC 所制訂的規則。比方說，用戶端程式可能是 HTTP 協定用戶端的實作，如 2.2 節所述，並明確地定義於 RFC 2616；同樣地，伺服端程式也可能是 HTTP 伺服器協定的實作，一樣明確定義於 RFC 2616。如果某個開發者為用戶端程式撰寫了程式碼，而另一位獨立開發者為伺服器程式撰寫了程式碼，而且這兩位開發者都有小心地遵循 RFC 的規定，則這兩個程式就能夠合作進行操作。的確，現今有許多網路應用，會牽涉到由獨立開發者所建立的用戶端程式與伺服端程式之間進行通訊——例如 Google Chrome 瀏覽器會和 Apache 網頁伺服器進行通訊，或者 BitTorrent 的用戶會與 BitTorrent 追蹤器進行通訊。

　　另一類網路應用則是具有專利的網路應用。在此種情況下，用戶端與伺服端程式所使用的應用層協定並不需要遵循任何現有的 RFC 定義。單一的開發者（或開發團隊）會同時建立用戶端和伺服端程式，開發者對於程式碼在做些什麼，也具有全然的控制權。但因為其程式碼所實作的並非公領域的協定，其他獨立的開發者便無法開發可以和該應用交流運作的程式碼。在開發具專利的應用程式時，開發者必須小心避免使用 RFC 所定義的公認埠號。

　　在本節中，我們會檢視在開發用戶端―伺服端應用時會遇到的關鍵性議題。在開發階段中，開發者其中一個要先做出的決定就是，該應用要透過 TCP 還是 UDP 進行運作。請回想一下，TCP 是連線導向的，提供了可靠的位元組串流通道，資料會經此通道在兩個終端系統之間流動。UDP 是無連線的，它會從終端系統傳送個別的資料報到另一個終端系統，而且不對其投遞服務提供任何保障。同時也請回想，當一個用戶端或伺服器程式執行一個由 RFC 定義的協定時，應該使用和協定有關且大家都知道的埠號；相反地，在開發專有應用時，開發者必須小心避免使用這種眾所周知的埠號（在第 2.1 節中，我們曾簡要地討論過埠號，在第三章中會更詳細地談到）。

　　我們透過一個簡單的 UDP 應用程式和一個簡單的 TCP 應用程式來介紹 UDP 和 TCP 的 socket 程式。我們會使用 Python 3 來呈現這兩個簡單的 TCP 和 UDP 應用程式。我們也可以用 Java、C 或 C++ 撰寫程式，但是大多數時候我們會選擇使用 Python，因為用 Python 清楚地揭露重要的 socket 觀念。使用 Python，程式碼的行數會比較少，我們也可以在不會遇到太多困難的情況下，解釋每一行給初學的程式設計者。不過，如果你不熟悉 Python，也不必感到驚慌。如果你有 Java、C 或 C++ 的程式設計經驗，應該能夠輕易地看懂這些程式碼。

　　對於有興趣使用 Java 設計用戶端―伺服端程式的讀者，你可以瀏覽本書英文版的輔助網站；事實上，你可以在那裡找到本節以 Java 編寫的所有範例（以及相關的實驗）。對於有興趣使用 C 語言設計用戶端―伺服端程式的讀者，你可以找到一些良好的參考資料 [Donahoo 2001；Stevens 1997；Frost 1994；Kurose 1996]；我們下面的 Python 範例看起來很像 C。

2.7.1　使用 UDP 的 Socket 程式設計

在本節中，我們會開發一個簡單且透過 UDP 運作的用戶端―伺服端程式；在下節中，我們則會開發一個類似的應用程式，但使用的是 TCP。

　　請回想 2.1 節，在不同主機上執行的行程，是藉由將訊息傳入 socket 來互相通訊。我們說過每個行程都像一間房子，而行程的 socket 就像房子的門。應用程式委身於該房子門內的一邊；而傳輸層協定則側身於門外的一邊和外面的世界接軌。應用程

式的開發者擁有 socket 的應用層這層所有事情的控制權；然而，對於 socket 的傳輸層那層，則只有極少的控制權。

現在，讓我們更仔細地檢視在兩個使用 UDP socket 的通訊行程之間的互動。在傳送端行程可以把一資料封包推出 socket 門外之前，當我們使用的是 UDP 時，傳送端行程必須為這封包加上目的端的位址。在封包通過傳送端的 socket 之後，網際網路將會使用目的端的位址透過網際網路來繞送封包以到達接收端行程中的 socket。當封包到達接收端的 socket 時，接收端行程將會透過 socket 取得該封包，然後檢察該封包的內容並做出適當的動作。

所以你可能會好奇，附在封包的目的端位址裡面有啥東西？正如你所預期的，目的端位址裡面有個成份是目的端主機的 IP 位址。藉由把目的端主機的 IP 位址納入到封包中，網際網路中的路由器將可以透過網際網路把封包繞送到目的端主機。但是因為一台主機可能正在執行許多的網路應用行程，每一個行程可能有一個或多個 socket，所以我們必須也要指出在目的端主機中特定的 socket。當一個 socket 被產生時，一個識別號碼，我們稱之為**埠號（port number）**，會被指派給它。所以，正如你所預期的，封包的目的端位址也包括了 socket 的埠號。總的來說，傳送端行程會在封包那附上目的端位址，該位址是由目的端主機的 IP 位址和目的端 socket 的埠號所構成。而且，正如我們將會馬上看到的，傳送端的來源位址──由來源端主機的 IP 位址和來源端 socket 的埠號所構成──也會附在封包那兒。然而，把來源位址附給封包的這個動作典型上不是由 UDP 應用程式碼所做的，反而，它是自動地由潛在的作業系統所搞定的。

我們將使用以下簡單的用戶端－伺服端應用，來說明 UDP 和 TCP 的 socket 程式設計：

1. 用戶端會從它的鍵盤處讀入一行字元（資料）並將該行資料送給伺服端。

2. 伺服端會接收該資料並將字元轉換成大寫。

3. 伺服端會將修改後的這行資料送給用戶端。

4. 用戶端接收修改後的資料，然後將該行資料印出在其螢幕上。

圖 2.28 以套色特別標記出利用 UDP 傳輸服務進行通訊的用戶端與伺服端跟 socket 有關的主要行動。

現在，讓我們親身體驗一下，檢視此用戶端－伺服端應用程式配對，它們是此一簡單應用的 UDP 實作。在每個程式之後，我們都會提供一份詳盡的逐行分析。我們將從 UDP 用戶端開始，它將會送出一個簡單的應用層級的訊息給伺服器。為了要讓伺服器可以接收和回覆用戶端的訊息，它必須要隨時準備好並且處於執行狀態──也就是說，在用戶端送出它的訊息之前，它必須如同一個行程般的處於執行狀態。

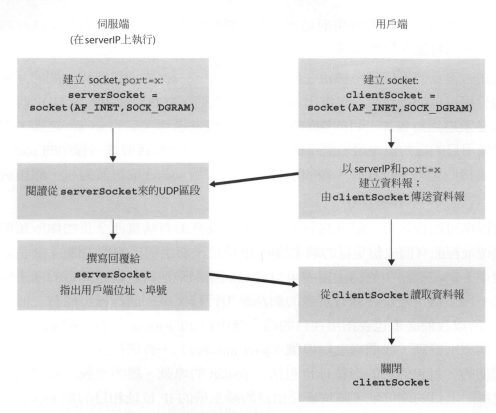

伺服端
(在 serverIP 上執行)

用戶端

建立 socket, port=x:
serverSocket =
socket(AF_INET,SOCK_DGRAM)

建立 socket:
clientSocket =
socket(AF_INET,SOCK_DGRAM)

閱讀從 **serverSocket** 來的 UDP 區段

以 serverIP 和 port=x
建立資料報；
由 **clientSocket** 傳送資料報

撰寫回覆給
serverSocket
指出用戶端位址、埠號

從 **clientSocket** 讀取資料報

關閉
clientSocket

圖 2.27　使用 UDP 的用戶端－伺服端應用

用戶端程式稱為 UDPClient.py，而伺服端程式稱為 UDPServer.py。為了要強調關鍵課題，我們故意始程式碼盡可能的小。「好的程式碼」必然還會有一些或更多輔助性質的程式碼行，特別用來處理錯誤發生的情況。針對於這個應用，我們隨意選擇 12000 來當作伺服端的埠號。

◈ UDPClient.py

以下是該應用的用戶端程式碼：

```
from socket import *
serverName = 'hostname'
serverPort = 12000
clientSocket = socket(AF_INET, SOCK_DGRAM)
message = raw_input('Input lowercase sentence:')
clientSocket.sendto(message.encode(),(serverName, serverPort))
modifiedMessage, serverAddress = clientSocket.recvfrom(2048)
print(modifiedMessage.decode())
clientSocket.close()
```

現在，讓我們來看看在 UDPClient.py 中各行的程式碼。

```
from socket import *
```

在 Python 中，socket 模組形成了所有網路通訊的基礎。藉由包括這一行，我們將可以在我們的程式中建立 socket。

```
serverName = 'hostname'
serverPort = 12000
```

第一行設定變數 serverName 為字串「hostname」。在這裡，我們提供一個字串，它包含伺服器的 IP 位址（如「128.138.32.126」）或伺服器的主機名稱（如「cis.poly.edu」）。如果我們使用主機名稱，那麼一個 DNS 查詢將會自動地執行以獲取 IP 位址。第二行設定整數變數 serverPort 為 12000。

```
clientSocket = socket(AF_INET, SOCK_DGRAM)
```

這行建立用戶端的 socket，叫做 clientSocket。第一個參數指出位址族系；特別的是，AF_INET 指出潛在的網路是使用 IPv4（現在不要擔心這個，我們將在第四章討論 IPv4）。第二個參數指出該 socket 的型態為 SOCK_DGRAM，它意味著它是一個 UDP socket（而非一個 TCP socket）。請注意當我們產生用戶端 socket 時我們並沒有為它指定埠號；反之，我們讓作業系統幫我們做這件事。即然用戶端行程的大門已經被建立了，我們將會想要產生一個訊息送出這個大門。

```
message = raw_input('Input lowercase sentence:')
```

raw_input() 是 Python 的一個內建函式。當這個命令被執行時，在用戶端的使用者會看到「Input lowercase sentence:」的提示字樣。然後使用者使用鍵盤輸入一行字元，該行字元會被放入至變數 message 之中。既然我們有一個 socket 和一訊息，我們將會想要把該訊息透過該 socket 傳送至目地端主機。

```
clientSocket.sendto(message.encode(),(serverName, serverPort))
```

在上面那行中，我們先把 message 從字串型態轉換為位元組型態，我們必須將位元組傳送至 socket，這會由 encode() 方法完成。方法 sendto() 把目的端位址（serverName, serverPort）貼到 message 上並把所得的封包傳送到行程的 socket，clientSocket 中（如前面所述，來源位址也會被貼到封包上，雖然該動作不是由程式碼所做的，而是自動地由潛在的作業系統所搞定的）。藉由 UDP socket 傳送一個用戶端－到－伺服端訊息就是如此的簡單！在傳送封包後，用戶端會等待接收來自伺服端的封包。

```
modifiedMessage, serverAddress = clientSocket.recvfrom(2048)
```

用以上這行程式，當一封包從網際網路那兒到達用戶端的 socket 時，該封包的資料會被放到變數 modifiedMessage 中而該封包的來源位址會被放到變數 serverAddress 中。變數 serverAddress 包含了伺服器的 IP 位址和伺服器的埠

號。UDPClient 這個程式實際上並不需要這個伺服器位址資訊,因為它已經從一開始時就知道伺服器位址了;但是這行 Python 程式碼依然會提供伺服器位址。方法 `recvfrom` 也採用 2048 的輸入緩衝器大小(該緩衝器大小對大部分的目的而言已足夠)。

```python
print(modifiedMessage.decode())
```

這行程式碼在使用者的螢幕上列印出 modifiedMessage。應該會是使用者一開始所輸入的那行字元,但現在已經被改為大寫了。

```python
clientSocket.close()
```

以上這最後一行會將 socket 關閉。行程然後終止。

◈ UDPServer.py

現在,讓我們來看看應用程式的伺服端:

```python
from socket import *
serverPort = 12000
serverSocket = socket(AF_INET, SOCK_DGRAM)
serverSocket.bind(('', serverPort))
print("The server is ready to receive")
while True:
    message, clientAddress = serverSocket.recvfrom(2048)
    modifiedMessage = message.decode().upper()
    serverSocket.sendto(modifiedMessage.encode(), clientAddress)
```

請注意 UDPServer 的一開始很像 UDPClient。它也 import 了 socket 模組,也設定了整數變數 serverPort 為 12000,也產生了型態為 SOCK_DGRAM(一個 UDP socket)的 socket。接下來的程式碼卻和 UDPClient 大大不同:

```python
serverSocket.bind(('', serverPort))
```

以上這行 bind(也就是說,指派)埠號 12000 給伺服端的 socket。因此在 UDPServer 中,程式碼(由應用程式開發者所撰寫)明顯地指派一個埠號給 socket。用這種方式,當任何人傳送一個封包給位於該 IP 位址之伺服器的埠 12000 時,該封包將會直接傳送到這個 socket。UDPServer 然後會進入一個 while 迴圈;該 while 迴圈會讓 UDPServer 無窮盡地接收和處理從用戶端傳來的封包。在該 while 迴圈中,UDPServer 等待封包的到來。

```python
message, clientAddress = serverSocket.recvfrom(2048)
```

這行程式碼類似於我們在 UDPClient 中看到的那行。當一個封包到達伺服端的 socket 時,該封包的資料會被放入變數 message 中,而封包的來源位址會被放入變數

clientAddress 中。變數 clientAddress 包含用戶端的 IP 位址和用戶端的埠號。在這裡，UDPServer 將會利用這個位址資訊，因為它提供了一個回信位址，類似於一般郵局郵件的回信地址。有了這個來源位址資訊，伺服器現在知道要往哪兒傳送它的回覆。

```
modifiedMessage = message.decode().upper()
```

這行程式碼是我們簡單應用的核心。它接收由用戶端所送來的一行字元，在將字串轉換為位元組之後，並使用方法 upper() 來使其大寫字母化。

```
serverSocket.sendto(modifiedMessage.encode(), clientAddress)
```

最後這行程式碼把用戶端的位址（IP 位址和埠號）附加到大寫化後的訊息（將字串轉換為位元組後的），並把所產生的封包送到伺服端的 socket 中（正如之前所提及，伺服器位址也會被貼到封包上，雖然該動作不是由程式碼明顯所做，而是自動地由作業系統所搞定的）。然後網際網路將會把該封包傳送到這個用戶端位址。在伺服端送出該封包後，它還是待在 while 迴圈中，等待另外一個 UDP 封包的到來（來自於任意主機上執行的任意用戶端行程）。

要測試這對程式，你得在一台主機上執行 UDPClient.py，在另一台主機上安裝並編譯 UDPServer.py。請確認你有在 UDPClient.py 中加入正確的伺服器主機名稱或 IP 位址。接著，你要在伺服端主機執行編譯後的伺服端程式 UDPServer.py。這會在伺服端建立一筆行程，此行程會保持閒置，直到有某個用戶端與之聯繫。接著，你要在用戶端執行編譯後的用戶端程式 UDPClient.py。這會在用戶端建立一筆行程。最後，要在用戶端使用這個應用程式，你得鍵入一行文字然後加上一個歸位字元。

想要開發你自己的 UDP 用戶端－伺服端應用程式的話，你可以從稍微修改這兩隻程式開始。例如，你可以不要把所有的字母換成大寫，而是讓伺服端計算字母 s 出現的次數，然後將這個數目傳回。或者你可以修改用戶端程式，使得在接收到大寫化的句子之後，使用者可以繼續再送出更多的句子給伺服端。

2.7.2　使用 TCP 的 Socket 程式設計

不像 UDP，TCP 是一個連線導向的協定。這意味著在用戶端和伺服端可以開始彼此傳送資料之前，它們首先需要握手並建立一條 TCP 連線。TCP 連線的一端接到用戶端 socket 而連線的另外一端接到伺服端 socket。當我們建立 TCP 連線時，我們會提供給它用戶端 socket 位址（IP 位址和埠號）以及伺服端 socket 位址（IP 位址和埠號）。TCP 連線建立後，當某端想要傳送資料給另一端，它只要透過它 socket 把資料丟進 TCP 連線即可。這和 UDP 大異其趣，因為在 UDP 的情況中，在把封包丟進 socket 之前，伺服端必須要把目地端位址貼到封包上。

　　現在，讓我們更仔細地檢視在 TCP 中用戶端與伺服端程式之間的互動。用戶端必須負責開始聯繫伺服端。為了讓伺服端能夠回應用戶端一開始的聯繫，伺服端必須處於待命狀態。這意味了兩件事情。第一，如同在 UDP 的情形一般，TCP 伺服端必須在用戶端試圖開始聯繫之前，就已經先被執行為行程。第二，伺服端程式必須有某種門戶——更精確地說，便是 socket ——來歡迎在任意主機上執行的用戶端行程所發出的初始聯繫。使用我們關於房子／門戶與行程／ socket 的比喻，有時我們會將用戶端一開始的聯繫動作稱作「敲打接待大門」。

　　當伺服端行程正在執行，用戶端行程便可以開啟一筆 TCP 連線到伺服端。在用戶端程式中，這項任務會藉由建立一個 TCP socket 來完成。當用戶端建立它的 TCP socket 時，它會指定伺服端中接待 socket 的位址，亦即伺服端主機的 IP 位址和該 socket 的埠號。一旦用戶端程式建立了它的 socket 之後，用戶端便會啟動三次握手與伺服端建立 TCP 連線。三次握手發生在傳輸層，用戶端與伺服端程式完全不會知曉。

　　在三次握手期間，用戶端行程會敲打伺服端行程的接待大門。當伺服器「聽到」有人敲門，便會建立一道專為這個特定用戶端使用的新門戶——更精確地說，一個新的 socket。在下例中，接待大門是一個 TCP socket 物件，我們稱之為 serverSocket；當用戶端敲打這扇門時，程式會為用戶端建立一道新 socket，我們稱之為 connectionSocket。學生第一次接觸到 TCP socket 概念時，有時候會混淆接待 socket（每一個用戶端想要和伺服端通訊時，一開始接觸的點），和新建立的伺服端連線 socket，後者是後續建立來和每一個用戶端通訊使用的。

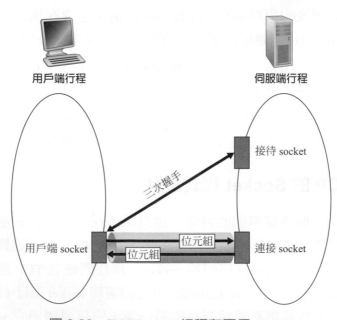

用戶端行程　　　　　　　　　　　　　　伺服端行程

接待 socket

三次握手

用戶端 socket　　　位元組　　　連接 socket
　　　　　　位元組

圖 2.28　TCPServer 行程有兩個 socket

　　從應用程式的觀點來看，用戶端 socket 與伺服端連線 socket 之間的有一道虛擬直通管道。如圖 2.28 所示，用戶端行程可以將任意位元組送入它的 socket，而 TCP 會確保伺服端行程會依用戶端送出的順序（經由連線 socket）收到每個位元組。因此 TCP 提供的是用戶端行程與伺服端行程之間的一種可靠服務。此外，就像人們可以從同一道門進出，用戶端行程不只會將位元組送入其 socket，它也會從其 socket 接收位元組；同樣地，伺服端行程也不只會從其連線 socket 接收位元組，也會將位元組送入其連線 socket。

　　我們將使用以下簡單的用戶端－伺服端應用，來說明 TCP 的 socket 程式設計：用戶端送出一行資料給伺服端，伺服端大寫化之後並把它傳回給用戶端。圖 2.29 以套色特別標記出利用 TCP 傳輸服務進行通訊的用戶端與伺服端跟 socket 有關的主要行動。

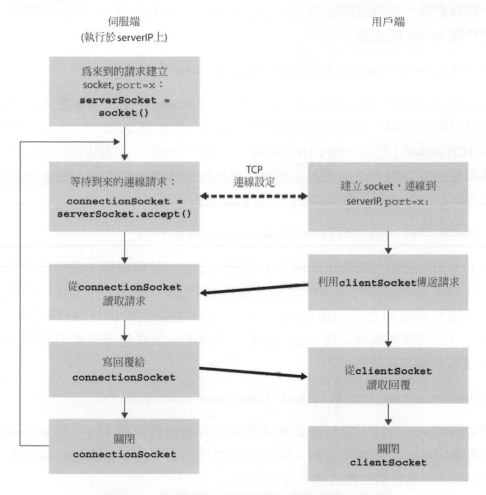

圖 2.29　使用 TCP 之用戶端－伺服端應用程式

◈ **TCPClient.py**

以下是此應用的用戶端程式碼：

```
from socket import *
serverName = 'servername'
serverPort = 12000
clientSocket = socket(AF_INET, SOCK_STREAM)
clientSocket.connect((serverName,serverPort))
sentence = raw_input('Input lowercase sentence:')
clientSocket.send(sentence.encode())
modifiedSentence = clientSocket.recv(1024)
print('From Server: ', modifiedSentence.decode())
clientSocket.close()
```

現在，讓我們看一下程式碼中與 UDP 實作中有顯著差異的幾行。第一個明顯差異行就是用戶端 socket 的產生。

```
clientSocket = socket(AF_INET, SOCK_STREAM)
```

這行程式碼產生用戶端的 socket，叫做 clientSocket。第一個參數再次地指出潛在的網路是使用 IPv4。第二個參數指出該 socket 的型態為 SOCK_STREAM，意味著它是一個 TCP socket（而非一個 UDP socket）。請再次注意，在產生用戶端 socket 時，我們並沒有指定其埠號；我們反而是讓作業系統幫我們做這件事。接下來的這行程式碼就和你在 UDPClient 中所看到的程式碼非常的不同了：

```
clientSocket.connect((serverName,serverPort))
```

回想一下，在用戶端可以使用一條 TCP 連線傳送資料給伺服端（或是反過來說）之前，一條 TCP 連線必須先在用戶端和伺服端之間先建立其來。以上這行程式碼啟始了在用戶端和伺服端之間 TCP 連線。connect() 方法的參數是該連線的伺服端位址。在這行程式碼被執行之後，便會啟動三次握手，而在用戶端和伺服端之間的一條 TCP 連線就會被建立出。

```
sentence = raw_input('Input lowercase sentence:')
```

正如同 UDPClient 一樣，這行程式碼會從使用者處獲得一個句子。字串 sentence 會持續收集字元，直到使用者鍵入歸位字元換行為止。接下來的這行程式碼也和你在 UDPClient 中所看到的程式碼非常的不同：

```
clientSocket.send(sentence.encode())
```

以上這行程式碼會透過用戶端的 socket 送出字串 sentence 進入 TCP 連線中。請注意這個程式並沒有明顯地產生一個封包並把目的端位址貼到該封包上，上述動作是

UDP socket 才會做的事情。用戶端程式僅簡單地把字串 sentence 中的位元組丟入到 TCP 連線中。接著，用戶端會等待接收來自伺服端的位元組。

```
modifiedSentence = clientSocket.recv(2048)
```

當字元從伺服端那兒到達用戶端時，它們會放在字串 modifiedSentence 中。字元會不斷在 modifiedSentence 中累積，直到收到歸位字元結束該行為止。在列印出大寫化的句子之後，我們關閉用戶端的 socket：

```
clientSocket.close()
```

最後一行程式會關閉 socket，也因此關閉用戶端和伺服端之間的 TCP 連線。它會令用戶端的 TCP 送出一筆 TCP 訊息給伺服端的 TCP（見 3.5 節）。

◈ TCPServer.py

現在，讓我們來看看伺服端程式。

```
from socket import *
serverPort = 12000
serverSocket = socket(AF_INET,SOCK_STREAM)
serverSocket.bind(('',serverPort))
serverSocket.listen(1)
print('The server is ready to receive')
while True:
        connectionSocket, addr = serverSocket.accept()
        sentence = connectionSocket.recv(1024).decode()
        capitalizedSentence = sentence.upper()
        connectionSocket.send(capitalizedSentence.encode())
        connectionSocket.close()
```

現在，讓我們看一下在 UDPServer 和 TCPClient 中有顯著差異的幾行。如同 TCPClient 一般，伺服端用以下的程式碼產生一個 TCP socket：

```
serverSocket=socket(AF_INET,SOCK_STREAM)
```

類似 UDPServer，我們把伺服端埠號，serverPort，連結給這個 socket：

```
serverSocket.bind(('',serverPort))
```

但使用 TCP，serverSocket 將會是我們的接待 socket。在建立這個接待大門之後，我們將會等待和傾聽有沒有用戶端敲門：

```
serverSocket.listen(1)
```

這行程式碼讓伺服端傾聽有沒有用戶端要求 TCP 連線。參數指定了在佇列中等待連線的最大數目（最少為 1）。

```
connectionSocket, addr = serverSocket.accept()
```

當某個用戶端敲這個門時,這一行程式碼便會呼叫 serverSocket 的 accept() 方法,它會在伺服端中建立一個新的 socket,稱爲 connectionSocket,給這個特別的用戶端專用。用戶端和伺服端然後完成握手動作,建立了在用戶端 clientSocket 和伺服端 connectionSocket 之間的一條 TCP 連線。有了這條已建好的 TCP 連線,用戶端和伺服端便能夠透過該連線互相傳送位元組資料。使用 TCP,從某一端所送出之所有的位元組不但保證一定可以到達另一端,而且所有傳送的位元組皆會依序到達另一端。

```
connectionSocket.close()
```

在這個程式中,在傳出修改過的句子給用戶端之後,我們關閉連線 socket。但是因爲 serverSocket 仍然保持開啓,另外一個用戶端現在可以敲這個門並送出一個句子給伺服端修改。

至此,我們完成了在 TCP 中做 socket 程式設計的討論。我們鼓勵你在兩台分開的主機中執行這兩個程式,並修改它們來達成些許不同的目標。你應該比較 UDP 程式對和 TCP 程式對,並看看它們是如何的不同。你應該要做一下在第二、四和九章末所描述的 socket 程式設計作業。最後,我們希望在某一天,在精通這些和更進階的 socket 程式之後,你將會寫出屬於你自己紅火的網路應用,變得名利雙收,並請記得本書的作者!

2.8 總結

在本章中,我們研究了網路應用的概念面與實作面觀點。我們了解到用戶端—伺服端架構廣泛地被許多網際網路應用所採用,我們也檢視了這種架構要如何使用在 HTTP、SMTP、POP3 與 DNS 等協定中。我們較詳盡地研讀了這些重要的應用層協定及其相應的應用(資訊網、檔案傳輸、電子郵件以及 DNS)。我們了解到 P2P 架構的日益普及,以及 P2P 是如何被使用在許多應用中。我們也學到串流影音,以及現代的視訊分享系統如何利用 CDN。我們檢視了要如何使用 socket API 來建構網路應用。我們逐步地檢視了使用 socket 來建立連線導向(TCP)與無連線的(UDP)端點到端點傳輸服務。現在,我們在分層式網路架構中向下探索的旅程,已經完成了第一步!

在本書的最一開始,1.1 節中,我們給協定一個相當模糊而簡略的定義:「兩個以上的通訊實體之間在交換訊息時所需的格式以及順序,還有在傳送接收訊息,或處理其他事件時,它們所採取的行爲」。本章涵蓋的題材,特別是針對 HTTP、SMTP、POP3 和 DNS 協定的詳盡研究,已經爲此定義加入了許多實質的成分。協定

是網路建構的關鍵概念；我們對於應用層協定的研究，讓我們有機會可以對於到底什麼是協定，建立更直覺性的感受。

在 2.1 節中，我們描述了 TCP 與 UDP 提供給呼叫它們的應用程式的服務模型。當我們在 2.7 節中開發透過 TCP 及 UDP 運作的簡單應用時，更仔細地檢視了這些服務模型。然而，對於 TCP 和 UDP 要如何提供這些服務模型，我們卻著墨不多。比方說，我們知道 TCP 提供了可靠的資料服務，但是我們並沒有說出它是怎麼辦到的。在下一章中，我們不只會仔細地審視什麼是傳輸協定，也會告訴你要如何實作傳輸協定，以及為何要使用傳輸協定。

在擁有網際網路應用程式架構與應用層協定的相關知識之後，現在我們已經準備好在第三章中繼續向下探索協定堆疊，檢視傳輸層。

作業習題與問題

第 2 章　複習問題

第 2.1 節

R1. 請列出五個不具專利的互聯網應用程序及其使用的應用層協定。

R2. 請問網路架構與應用程式架構有何不同？

R3. 針對一對行程間的通訊會談，何者為用戶端，何者為伺服端？

R4. 在點對點應用中，為什麼術語用戶端和伺服端仍然被使用？

R5. 在一台主機上執行的程序使用哪些資訊來識別在另一台主機上執行的程序？

R6. HTTP 在網路應用中的角色是什麼？需要哪些其他的元件來完成 Web 應用程式？

R7. 參考圖 2.4，我們發現圖中所列的應用沒有一個會同時需要「無資料遺失」和「時程」。你可以想到有哪些應用需要無資料遺失，同時也具有高度的時程敏感性嗎？

R8. 請列出傳輸協定能夠提供的四大類服務。針對每一類服務，請指出 UDP 或 TCP 是否有提供這項服務。

R9. 請回想一下我們可以用 SSL 來補強 TCP，以提供行程到行程的安全性服務，包括加密等。請問 SSL 是在傳輸層還是應用層進行操作？如果應用程式開發者想要用 SSL 來補強 TCP，它必須做些什麼？

第 2.2-2.4 節

R10. 請問握手協定（handshaking protocol）的用意為何？

R11. 無狀態協定是什麼意思？ IMAP 是無狀態的嗎？ SMTP 呢？

R12. 網站如何追蹤用戶？他們需要一直使用 cookies 嗎？

R13. 請描述網頁快取是用什麼方式來減少我們接收所請求物件所需的延遲時間。請問網頁快取能夠減少的，是所有使用者所請求的物件的延遲時間，還是只有部分物件的延遲時間？為什麼？

R14. 請 Telnet 到一台網頁伺服器，然後送出一筆多行的請求訊息。請在該筆請求信息中加入 If-modified-since: 標頭行，以強迫回應訊息必須包含狀態代碼 304 Not Modified。

R15. HTTP 主文的格式是否有任何限制？透過 SMTP 發送的電子郵件正文如何呢？如何透過 SMTP 傳輸任意資料？

R16. 假設 Alice 擁有一個網頁電子郵件的帳號（例如 Hotmail 或 gmail），她傳送了一筆訊息給 Bob，後者會使用 POP3 從其郵件伺服器取得郵件。請討論訊息是如何由 Alice 的主機抵達 Bob 的主機的。請記得列出在這兩台主機之間搬移訊息所使用的一系列應用層協定。

R17. 請印出某封你最近收到的電子郵件訊息的標頭部分。其中包含多少份 Received: 標頭行？試分析該筆訊息中的每一行標頭行。

R18. 假設你有多個設備，並使用 POP3 連接到你的電子郵件提供商。你可以透過多個設備的「下載並保留」來檢索郵件。在這種情況下，你的電子郵件用戶端能否分辨你是否已經閱讀了該郵件？

R19. 為什麼需要 MX 記錄？使用 CNAME 記錄還是不夠嗎？（假設電子郵件用戶端透過 A 類查詢查找電子郵件地址，並且目標主機只執行一封電子郵件。）

R20. 遞迴和迭代 DNS 有什麼區別？

第 2.5 節

R21. 在什麼情況下透過 P2P 下載文件要比透過集中的用戶－伺服器式快得多？請用 Equation 2.2 證明你的答案。

R22. 請考量一個新加入 BitTorrent，沒有持有任何片段的對等點 Alice。沒有任何片段，Alice 就無法成為其他任何對等點的頭四名上傳者，因為她沒有任何東西可以上傳。那麼，Alice 要如何取得她的第一個片段？

R23. 假設 BitTorrent 追蹤器突然不能用了，後果是什麼？檔案仍然可以下載嗎？

第 2.6 節

R24. CDN 通常採用兩種不同的伺服器佈局之一，請命名並簡要描述之。

R25. 除了延遲、耗損和頻寬性能等網絡相關的考量之外，還有什麼其他的重要因素可用於設計 CDN 伺服器選擇策略？

第 2.7 節

R26. 2.7 節所描述的 UDP 伺服器只需要一份 socket，然而 TCP 伺服器卻需要兩份 socket。為什麼？如果 TCP 伺服器要同時支援 n 筆連線，每一筆都來自於不同的用戶端主機，請問 TCP 伺服器總共需要多少份 socket？

R27. 針對 2.7 節所描述的，使用 TCP 運作的用戶端－伺服端應用，請問為什麼其伺服端程式必須在用戶端程式之前執行？使用 UDP 運作的用戶端－伺服端應用，請問為什麼其用戶端程式可以在伺服端程式之前執行？

習題

P1. 是非題：

　　a. 某位使用者請求了一個由一些文字和三張圖片所構成的網頁。為請求此網頁，用戶端會送出一筆請求訊息並收到四筆回應訊息。

　　b. 兩份不同的網頁（例如 www.mit.edu/research.html 和 www.mit.edu/students.html）可以透過同一筆永久性連線來傳送。

　　c. 利用瀏覽器與來源伺服器之間的非永久性連線，我們有可能讓單一一份 TCP 區段載送兩筆不同的 HTTP 請求訊息。

　　d. HTTP 回應訊息中的 Date: 標頭會指出回應中的物件最後被修改的時間。

　　e. HTTP 回應訊息不會有空的訊息內容。

P2. SMS、iMessage 和 WhatsApp 都是智慧型手機的即時訊息系統。在對網際網路做過一些研究之後，請對這些系統中的每一個系統寫一段關於它們所使用的協定的敘述，並寫一段話來說明它們的差異。

　　請考量某個想要取得位於某 URL 的網頁文件的 HTTP 用戶端。一開始我們並不知道 HTTP 伺服器的 IP 位址。請問在此種情境下，除了 HTTP 之外，我們還需要哪些傳輸層和應用層協定呢？

P3. 假設你打開瀏覽器，並在網址欄中輸入 http://yourbusiness.com/ about. html。在網頁顯示之前會發生什麼？請詳述所使用的協定，以及交換訊息的高階描述。

P4. 請考量下列當瀏覽器送出 HTTP GET 訊息時，Wireshark 所捕捉到的 ASCII 字元字串（也就是說，這是某筆 HTTP GET 訊息的真實內容）。字元 *<cr><lf>* 為歸位及換行字元（也就是說，在下列文字中斜體的字元字串 *<cr>* 代表單一的歸位字元，出現在 HTTP 標頭的該處）。試回答下列問題，請指出你是在以下 HTTP GET 訊息中的何處找到答案的。

```
GET /cs453/index.html HTTP/1.1<cr><lf>Host: gai
a.cs.umass.edu<cr><lf>User-Agent: Mozilla/5.0 (
Windows;U; Windows NT 5.1; en-US; rv:1.7.2) Gec
ko/20040804 Netscape/7.2 (ax) <cr><lf>Accept:ex
t/xml, application/xml, application/xhtml+xml, text
/html;q=0.9, text/plain;q=0.8,image/png,*/*;q=0.5
<cr><lf>Accept-Language: en-us,en;q=0.5<cr><lf>Accept-
Encoding: zip,deflate<cr><lf>Accept-Charset: ISO
-8859-1,utf-8;q=0.7,*;q=0.7<cr><lf>Keep-Alive: 300<cr>
<lf>Connection:keep-alive<cr><lf><cr><lf>
```

a. 請問瀏覽器所請求的文件 URL 為何？

b. 請問瀏覽器所執行的是哪一版的 HTTP ？

c. 請問瀏覽器請求的是非永久性還是永久性連線？

d. 請問瀏覽器執行的主機 IP 位址為何？

e. 請問哪一種型態的瀏覽器啟動這份訊息？在一份 HTTP 請求訊息中為何需要該瀏覽器型態？

P5. 下列文字顯示了伺服器為回應上題中的 HTTP GET 訊息，而送出的回覆。試回答下列問題，請指出你是在以下訊息的何處找到答案的。

```
HTTP/1.1 200 OK<cr><lf>Date: Tue, 07 Mar 2008
12:39:45GMT<cr><lf>Server: Apache/2.0.52 (Fedora)
<cr><lf>Last-Modified: Sat, 10 Dec2005 18:27:46
GMT<cr><lf>ETag: "526c3-f22-a88a4c80"<cr><lf>Accept-
Ranges: bytes<cr><lf>Content-Length: 3874<cr><lf>
Keep-Alive: timeout=max=100<cr><lf>Connection:
Keep-Alive<cr><lf>Content-Type: text/html; charset=
ISO-8859-1<cr><lf><cr><lf><!doctype html public "-
//w3c//dtd html 4.0 transitional//en"><lf><html><lf>
<head><lf> <meta http-equiv="Content-Type"
content="text/html; charset=iso-8859-1"><lf> <meta
name="GENERATOR" content="Mozilla/4.79 [en] (Windows NT
5.0; U) Netscape]"><lf> <title>CMPSCI 453 / 591 /
NTU-ST550A Spring 2005 homepage</title><lf></head><lf>
<much more document text following here (not shown)>
```

a. 請問伺服器是否有成功的找到該文件？請問伺服器何時提供了這份文件回覆？

b. 請問這份文件上次修改是何時？

c. 請問正傳回的文件有多少位元組？

d. 請問正傳回的文件前 5 位元組為何？請問伺服器同意建立永久性連線嗎？

P6. 請取得 HTTP/1.1 的規格文件（RFC 2616）。試回答以下問題：

a. 請解釋用來在用戶端和伺服端之間進行信號傳送，以指示永久性連線即將關閉的機制。請問是用戶端、伺服端、還是兩者都能夠送出關閉連線的訊號？

b. 請問 HTTP 提供了何種加密服務？

c. 一個用戶端可以和一給定的伺服端同時開啟 3 個或多個連線嗎？

d. 伺服端或用戶端都可以關閉在它們之間的一條傳輸連線，假如它們其中之一發覺該連線已經閒置了一些時間。有沒有可能一端正在關閉一連線，而另外一端正透過該連線在傳輸資料？請解釋之。

P7. 假設用戶端和區域 DNS 伺服器之間的 RTT 為 TT_l，當區域 DNS 伺服器和其他 DNS 伺服器之間的 RTT 為 RTT_i。假設沒有 DNS 伺服器有快取。

a. 請問圖 2.19 中舉例的情況，其總回應時間是多少？

b. 請問圖 2.20 中舉例的情況，其總回應時間是多少？

c. 假設 DNS 紀錄的請求名稱被快取記錄在區域 DNS 伺服器，上述兩個情況的總回應時間各是多少？

P8. 參考習題 P7，假設該 HTML 檔案參考了位於同一伺服器上，三個相當小的物件。忽略傳輸時間，下列情況會用掉多少時間：

a. 使用非平行 TCP 連線的非永久性 HTTP？

b. 由 5 個平行連線組成之瀏覽器的非永久性 HTTP？

c. 永久性 HTTP？

P9. 請考量圖 2.12 中，一個連結到網際網路的機構網路。假設物件的平均大小為 850,000 個位元，而該機構瀏覽器送往來源伺服器的平均請求速率是每秒 16 筆。請同時假設從連線連結網際網路端的路由器轉送出 HTTP 請求，到它接收到回應為止，平均總共要花 3 秒鐘。請將總平均回應時間表示為平均連線延遲時間（意即從網際網路路由器到機構路由器的延遲）及平均網際網路延遲時間的總和。請使用 $\Delta /(1 - \Delta \beta)$ 來表示平均連線延遲，其中 Δ 為透過連線連結傳送一個物件所需的平均時間，而 β 則為物件抵達該連線連結的速率。

a. 試求總平均回應時間。

b. 現在，請假設該機構的 LAN 中安裝了一台快取。假設其未擊中率為 0.4。試求總回應時間。

P10. 假設你請求一個由一份文件和五張圖片所組成的網頁，該文件的大小為 1 Kb，所有圖片的大小都一樣是 50 Kb，下載速率為 1Mbps，RTT 是 100 ms。請問在下列條件下，獲取完整的網頁需要多長時間？（假設沒有 DNS 名稱需要查詢，而且 HTTP 中請求列和標頭的影響可以忽略）

a. 使用串列連線的非永久性 HTTP。

b. 使用 2 個平行連線的非永久性 HTTP。

c. 使用 6 個串列連線的非永久性 HTTP。

d. 一個連線的永久性 HTTP。

P11. 請產生前述問題中爲獲取第一個和最後一個場景的結果，其文件大小爲 L_d 位元，N 張圖片的每一張大小皆爲 L_i 位元（其中，$0 \leq i < N$），下載速率爲傳輸 R byte/s，RTT 爲 RTT_{avg}。

P12. 請撰寫一個簡單的 TCP 程式，建立一個會接收用戶端輸入的多行資料，並且將這些資料印出在其標準輸出上的伺服器（你可以修改課文中的 TCPServer.py 程式來完成此程式）。請編譯並執行你的程式。請在其他任一台有網頁瀏覽器的電腦上，將瀏覽器的代理伺服器設定爲正在執行你的伺服端程式的主機；同時請恰當地設定埠號。你的瀏覽器現在應該會將其 GET 請求訊息送給你的伺服器，而你的伺服器則應該會將這些訊息印出在它的標準輸出。請使用這個平台來判斷你的瀏覽器是否會爲了本機所快取的物件，產生條件式的 GET 訊息。

P13. 請描述幾個不需要郵件存取協定的場景。

P14. 爲什麼即使使用 TCP 連接目標，SMTP 伺服器也會重試發送訊息？

P15. 請參閱 SMTP 的 RFC 5321。MTA 表示意義爲何？考慮以下收到的垃圾電子郵件（從一封眞實的垃圾電子郵件修改而來）。假設只有這封垃圾電子郵件的原始發啓者是惡意的，而所有其他的主機爲正值的，請指出產生這封垃圾電子郵件的惡意主機。

```
From - Fri Nov 07 13:41:30 2008
Return-Path: <tennis5@pp33head.com>
Received: from barmail.cs.umass.edu
(barmail.cs.umass.edu [128.119.240.3]) by cs.umass.edu
(8.13.1/8.12.6) for <hg@cs.umass.edu>; Fri, 7 Nov 2008
13:27:10 -0500
Received: from asusus-4b96 (localhost [127.0.0.1]) by
barmail.cs.umass.edu (Spam Firewall) for
<hg@cs.umass.edu>; Fri,  7 Nov 2008 13:27:07 -0500
(EST)
Received: from asusus-4b96 ([58.88.21.177]) by
barmail.cs.umass.edu for <hg@cs.umass.edu>; Fri,
07 Nov 2008 13:27:07 -0500 (EST)
Received: from [58.88.21.177] by
inbnd55.exchangeddd.com; Sat, 8 Nov 2008 01:27:07 +0700
From: "Jonny" <tennis5@pp33head.com>
To: <hg@cs.umass.edu>
Subject: How to secure your savings
```

P16. 請閱讀 DNS、SRV、RFC 以及 RFC 2782，請問 SRV 紀錄的目的爲何？

P17. 請考量使用 POP3 來存取你的電子郵件的情況。

    a. 假設你已經設定好你的 POP 郵件用戶端在下載並刪除模式下作業。請完成以下的交易處理：

```
C: list
S: 1 498
S: 2 912
S: .
C: retr 1
S: blah blah ...
S: .........blah
S: .
?
?
```

b. 假設你已經設定好你的 POP 郵件用戶端在下載並保留模式下作業。請完成以下的交易處理：

```
C: list
S: 1 498
S: 2 912
S: .
C: retr 1
S: blah blah ...
S: .........blah
S: .
?
?
```

c. 假設你已經設定好你的 POP 郵件用戶端在下載並保留模式下作業。請使用你 (b) 部分的交易記錄，假設你取回訊息 1 和訊息 2，離開 POP，並在 5 分鐘後再度使用 POP 來取回新的電子郵件。假設在這 5 分鐘內並沒有新的訊息被傳送給你。請提供此第二種 POP 會談的交易記錄。

P18.

a. 請問什麼是 *whois* 資料庫？

b. 請使用各種網際網路上的 *whois* 資料庫來取得二台 DNS 伺服器的名稱。請指出你使用的是哪一份 *whois* 資料庫。

c. 請在你的本地主機上使用 nslookup 來傳送 DNS 查詢給三個 DNS 伺服器上：你的本地 DNS 伺服器，以及二台你在 (b) 部分所找到的 DNS 伺服器。請試試查詢 Type A、NS 以及 MX 的記錄報告。請總結你的發現。

d. 請使用 nslookup 來找出一台擁有多個 IP 位址的網頁伺服器。請問你的機構（學校或公司）的網頁伺服器有多個 IP 位址嗎？

e. 請使用 ARIN whois 資料庫來判斷你的大學所使用的 IP 位址範圍。

f. 請描述攻擊者要如何在發動攻擊前，使用 whois 資料庫以及 nslookup 工具事先探查該機構。

g. 請討論為什麼 whois 資料庫應該要是公眾能夠取得的。

P19. 在這個習題中,我們使用在 Unix 和 Linux 主機上有用的 *dig* 工具來探索 DNS 伺服器的層級架構。回想起在圖 2.21 中,一個在 DNS 層級架構中位於較高層的 DNS 伺服器會委派一個 DNS 查詢給一個在 DNS 層級架構中具較低層的 DNS 伺服器,方式爲藉由把較低層 DNS 伺服器的名字送回給 DNS 用戶端。首先請閱讀 *dig* 的主要頁面,然後回答以下的問題。

　　a. 使用 *dig*,由一個根 DNS 伺服器開始(從根伺服器 [a-m].root-servers.net 的其中之一),啓始一系列的查詢,查詢你們系網頁伺服器的 IP 位址請列出在一系列的查詢委派鏈中 DNS 伺服器的名稱。

　　b. 對一些熱門的網站,如 google.com、yahoo.com 或 amazon.com,重複 (a) 小題。

P20. 考慮圖 2.12 和 2.13 所示的情景。假設某個機構網路的速率爲 R_1,瓶頸連結的速率爲 R_b。假設有 N 個用戶端同時用 HTTP 請求一個大小爲 L 的文件。當代理安裝在機構網路時,檔案傳輸的 R_1 值是多少時間?(假設機構網絡中的用戶端與任何其他主機之間的 RTT 可以忽略不計。)

P21. 假設你的部門對部門中的所有的電腦都有區域 DNS 伺服器,你是普通用戶(亦即不是網路 / 系統管理員)。你能否確定外部網站是否可能在幾秒前從部門中的電腦存取?試說明之。

P22. 請考量分享一個 $F = 15$ Gbits 的檔案到 N 個對等點。伺服器的上傳速率爲 u_s =30 Mbps,各個對等點的下傳速率爲 $d_i = 2$ Mbps,上傳速率則爲 u。針對 N =10、100 和 1,000,以及 $u = 300$ Kbps、700 Kbps 和 2 Mbps,請準備一張圖表,畫出每一對 N 與 u 的組合在使用用戶端─伺服端散布與 P2P 散布時,其最小散布時間爲何。

P23. 請考量使用用戶端─伺服端架構,散布一個 F 位元的檔案給 N 個對等點。請假設一個流動模型,其中伺服器可以同時傳輸給多個對等點,並且用不同的速率傳輸給每個對等點,只要總和的速率不超過 u_s。

　　a. 假設 $u_s/N \le d_{min}$。請描繪一個散布策略,其散布時間爲 NF/u_s。

　　b. 假設 $u_s/N \ge d_{min}$。請描繪一個散布策略,其散布時間爲 F/d_{min}。

　　c. 請歸納出,最小散布時間通常是 $\max\{NF/u_s, F/d_{min}\}$。

P24. 請考量使用 P2P 架構,散布一個 F 位元的檔案給 N 個對等點。請假設一個流動模型。爲求簡化,請假設 d_{min} 非常大,所以對等點下傳的頻寬永遠不會成爲瓶頸。

　　a. 假設 $u_s \le (u_s + u_1 + ... + u_N)/N$。請描繪一個散布策略,其散布時間爲 F/u_s。

　　b. 假設 $u_s \ge (u_s + u_1 + ... + u_N)/N$。請描繪一個散布策略,其散布時間爲 $NF/(u_s +u_1 + ... + u_N)$。

  c. 請歸納出，最小散布時間通常是 $\max\{F/u_s, N_F/(u_s + u_1 + \ldots + u_N)\}$。

P25. 假設 Bob 加入一個 BitTorrent 奔流，但是他並不想要上傳任何資料給任何其他的對等點（所謂的搭便車人）。

  a. Bob 宣稱他可以收到由其他人分享檔案的一份完整拷貝。Bob 的宣稱可能嗎？為什麼或為什麼不？

  b. Bob 進一步宣稱他可以使他的「搭便車」變得更為有效率，只要使用系上電腦教室中的一群電腦（有不同的 IP 位址）即可。他是怎麼做到的？

P26. 考慮一個具有 N 個視訊版（N 種速率和品質）和 N 個音訊版（N 種速率和品質）的 DASH 系統。假設我們想要允許播放器在任何時間選擇 N 個視訊版中的其中一種以及 N 個音訊版中的其中一種。

  a. 如果我們建立檔案，以便音訊與視訊混合在一起，那麼伺服器在給定時間只發送一個媒體流，伺服器需要儲存多少個檔案（每個都有不同的 URL）？

  b. 如果伺服器分別發送音訊與視訊串流，並讓用戶端與串流同步，伺服器需要儲存多少個檔案？

P27. 請在一台主機上安裝並編譯 Python 程式 TCPClient 和 UDPClient，並在另一台主機上安裝並編譯 TCPServer 和 UDPServer。

  a. 假設你在執行 TCPServer 之前先執行 TCPClient。請問發生了什麼事？為什麼？

  b. 假設你在執行 UDPServer 之前先執行 UDPClient。請問發生了什麼事？為什麼？

  c. 如果你在用戶端和伺服端使用不同的埠號，會發生什麼事？

P28. 假設在我們建立 socket 之後，在 UDPClient.py 增加一行：

```
clientSocket.bind(('', 5432))
```

是否有必要更改 UDPServer.py？在做這個更改之前，他們是什麼？

P29. 你能配置你的瀏覽器打開多個同時連線到一個網站嗎？擁有大量同時 TCP 連線的優點和缺點是什麼？

P30. 我們已經看到，Internet TCP socket 將要發送的資料視為位元組流，但 UDP socket 可識別訊息邊界。位元組導向的 API 與使 API 明確識別並保留應用程式定義的訊息邊界相比，有哪些優點和缺點？

P31. Netflix 為其 CDN 採用的伺服器配置策略是什麼？內容如何在不同的伺服器上複製？

Socket 程式設計作業

本書英文版的專屬網站包含 6 個 socket 程式指定作業。前 4 個指定作業總結如下。第 5 個指定作業使用 ICMP 協定,並在第五章結束時進行總結。第 6 個指定作業採用多媒體協定,並在第九章結束時進行總結。強烈建議學生完成中幾個(如果無法全部完成)指定作業。學生可以在本書英文版的專屬網站 www.pearsonglobaleditions. com/kurose 上找到這些作業的全部細節,以及 Python 程式碼的重要摘要。

◈ 指定作業 1:網站伺服器

在這個作業中,你將開發一個簡單的 Python 伺服器,它只能處理一個請求。具體而言,你的 Web 伺服器將 (i) 在用戶端(瀏覽器)聯繫時建立一個連線 socket;(ii) 從該連線接收 HTTP 請求; (iii) 解析請求以確定被請求的特定檔案;(iv) 從伺服器的檔案系統獲取所請求的檔案;(v) 建立一個 HTTP 回應訊息,其中包含以標題行起始的請求檔案;以及 (vi) 透過 TCP 連線向請求瀏覽器發送回應,如果瀏覽器請求伺服器中不存在的檔案,則伺服器應回傳「404 Not Found」的錯誤訊息。

在本書英文版的專屬網站中,我們為你的伺服器提供架構的程式碼。你的工作是完成程式碼,執行你的伺服器,然後透過發送來自在不同主機上執行之瀏覽器的請求來測試你的伺服器。如果你在已經執行 Web 伺服器的主機上執行伺服器,則應為你的 Web 伺服器使用不同於連接埠 80 的埠。

◈ 指定作業 2:UDP Pinger 實驗

在這個程式編寫的作業中,你將使用 Python 編寫用戶端發送 ping 的程式。你的用戶端將發送一個簡單的 ping 訊息到伺服器,從伺服器接收回應的 pong 訊息,並確定用戶端發送 ping 訊息並收到 pong 訊息之間的延遲。這種延遲稱為往返時間(RTT)。用戶端和伺服器提供的功能類似於現代作業系統中可用的標準ping程式提供的功能。然而,標準的 ping 程式使用網際網路控制訊息協定(ICMP)(我們將在第五章中學到)。這裡,我們將建立一個非標準的(但簡單!)以 UDP 為基礎的 ping 程式。

你的 ping 程式將透過 UDP 向目標伺服器發送 10 個 ping 訊息。對於每條訊息,你的用戶端將在回傳相應的 pong 訊息時判斷並列印 RTT。由於 UDP 是不可靠的協定,因此用戶端或伺服器發送的封包可能會丟失。因此,用戶端無法無限制地等待回覆 ping 訊息。你應該讓用戶端等待一秒鐘從伺服器來的回覆;如果沒有收到回覆,用戶端應該假設封包丟失,並據此列印訊息。

在這項作業中，將給你伺服器的完整程式碼（可從本書英文版的專屬網站獲得）。你的工作是編寫用戶端程式碼，這與伺服器程式碼非常相似。建議你先仔細研究伺服器程式碼，然後再自己編寫用戶端程式碼，從伺服器程式碼中剪下及貼上程式碼的重要片段。

◈ 指定作業 3：郵件用戶端

這項編寫程式碼的作業，其目的是要建立一個發送電子郵件到任何一個收件者的簡單郵件用戶端。你的用戶端需要建立一個 TCP 連線到郵件伺服器（例如：Google 的郵件伺服器），使用 SMTP 協定和郵件伺服器對話，透過郵件伺服器送出一筆電子郵件訊息到一位收件者（例如：你的朋友），最後，關閉和該郵件伺服器之間的 TCP 連線。

要完成本項作業，本書英文版的專屬網站會提供你的用戶端的骨架碼。你的工作是完成程式碼，並藉由送出電子郵件到不同的使用者帳號來測試你的用戶端。你也要嘗試透過不同的伺服器（例如：Google 郵件伺服器或透過你學校的郵件伺服器）送出電子郵件。

◈ 指定作業 4：多緒網頁代理伺服器

在本項作業中，你將會開發一個網頁代理伺服器。當這個伺服器接收到來自瀏覽器某個物件的 HTTP 請求，它會為該物件產生一個新的 HTTP 請求，並傳回原伺服器。當代理伺服器接收到與原伺服器的物件相對應的 HTTP 回應時，它會建立一個新的 HTTP 回應，包括該物件，並將其發送給用戶端。該代理伺服器會是多執行緒的，以便能夠同時處理多個請求。

要完成本項作業，本書英文版的專屬網站會提供代理伺服器的骨架碼。你的工作是完成程式碼，然後讓不同的瀏覽器透過你的代理伺服器請求 Web 物件來測試它。

▌Wireshark 實驗

Wireshark 實驗：HTTP

在實驗 1 的 Wireshark 封包竊聽器中跨出第一步後，我們已準備好使用 Wireshark 來探索運作中的協定。在本實驗中，我們將探討 HTTP 協定的幾個層面：基本的 GET ／回覆互動、HTTP 訊息格式、取得大型 HTML 檔案、取得內含 URL 的 HTML 檔案、永久與非永久性連線以及 HTTP 認證與安全性。

　　一如所有的 Wireshark 實驗，你可以在本書英文版的專屬網站 www. pearsonglobaleditions.com/kurose 取得此實驗的完整描述。

Wireshark 實驗：DNS

在本實驗中，我們將進一步審視 DNS 的用戶端，也就是將網際網路主機名稱轉譯爲 IP 位址的協定。請回想 2.5 節中，用戶端在 DNS 裡所扮演的角色相當簡單——用戶端會傳送一筆查詢到它的區域 DNS 伺服器，並接收一筆傳回的回應訊息。當階層式的 DNS 伺服器使用遞迴或循環的方式來解析用戶端的 DNS 查詢時，有許多事情在 DNS 用戶端看不到的地方進行著。然而，從 DNS 用戶端的角度來看，該協定十分簡單——呈現一筆查詢給區域 DNS 伺服器，然後從該伺服器接收回應訊息。在本實驗中，我們將觀察運作中的 DNS。

　　本實驗的完整描述可以從本書英文版的專屬網站 www.pearsonglobaleditions.com/kurose 取得。

訪談

Marc Andreessen

Marc Andreessen 是 Mosaic 的發明者之一，Mosaice 是在 1993 年使得全球資訊網風靡世界的網頁瀏覽器，它有一個乾淨的、易了解的介面，並且是第一個可以在文字行間顯現影像的瀏覽器。在 1994 年，Marc Andreessen 和 Jim Clark 成立網景（Netscape），它的瀏覽器顯然是在 1990 年代中期最受歡迎的瀏覽器。Netscape 也開發了 Secure Sockets Layer（SSL）協定和許多網際網路伺服器產品，包括郵件伺服器和以 SSL 為基礎的網頁伺服器。他現在是風險資本公司 Andreessen

Horowitz 的共同創立者和一般合夥人，鳥瞰開拓投資選擇，持股包括了 Facebook、Foursquare、Groupon、Jawbone、Twitter 和 Zynga。他參與許多的董事會，包括 Bump、eBay、Glam Media、Facebook 和惠普（Hewlett-Packard）。他是 University of Illinois at Urbana-Champaign 的計算機科學學士。

▶ **你是如何地對計算機感興趣？你始終知道你想要從事資訊科技的工作嗎？**

電子遊戲和個人電腦革命在我成長時發揮了關鍵的作用——個人電腦是在 70 年代末和 80 年代初期技術的全新領域。那時不是只有 Apple 和 IBM PC 而已，也有數百家新的公司像是 Commodore 和 Atari。我在 10 歲時用一本叫做《Instant Freeze-Dried BASIC》的書自學程式設計，而在 12 歲時有了我的第一台電腦（一台 TRS-80 Color Computer——上網查一查它是啥吧！）。

▶ **請描述在你的職業生涯期間所從事之一個或兩個最刺激的計劃。當時最大的挑戰為何？**

最刺激的計劃無疑是在 1992–1993 年間最初的 Mosaic 網頁瀏覽器——而最大的挑戰是讓每個人都把它當一回事看待。在那時，每個人都認為互動的未來會是巨型公司所推出的「互動式電視」，而不是剛起步的網際網路。

▶ **有關於網路的未來和網際網路，會讓你興奮的事物為何？你最大的顧慮為何？**

最令人興奮的事物就是程式設計師和企業家可以去開發探索之巨大的應用和服務領域——網際網路所宣洩出的創造性層級已經是我們前所未見的。我最大的顧慮是「不在計劃中的結果」理論（principle of unintended consequences）——我們始終無法知道我們所做的事情會造成什麼樣的後果，如網際網路正被政府使用來執行一種新層次的公民監控。

▶ 隨者網路科技的進展，對於學生而言，有什麼特別的事情是應該要了解的？

變化的速度——最重要的事情就是要學習如何去學習——如何身段柔軟地適應特定科技的變化，和在你的職業生涯期間如何保持一顆開放的心來接受新的機會和可能性。

▶ 那些人在專業方面對你有所啓發？

Vannevar Bush、Ted Nelson、Doug Engelbart、Nolan Bushnell、Bill Hewlett 和 Dave Packard、Ken Olsen、Steve Jobs、Steve Wozniak、Andy Grove、Grace Hopper、Hedy Lamarr、Alan Turing、Richard Stallman。

▶ 對於想要把資訊科技當作是職業的學生你有沒有什麼建議？

對於科技技術是如何的產生的要盡可能的去深度研究，然後也要學習生意是如何經營的。

▶ 科技可以解決世界的問題嗎？

不行，但是我們透過經濟成長來改善人們的生活水平，而歷史上大部分的經濟成長是來自於科技——所以最好的情況也就只有這樣了，不可能再更好了。

傳輸層

傳輸層介於應用層和網路層之間，是分層式網路架構的核心成分。它扮演著關鍵性的角色，為不同主機上執行的應用程式行程直接提供通訊服務。本章所採取的教學方法，是交替地討論傳輸層的原理以及這些原理要如何在既有的協定上實作；一如往常，我們將特別著重於網際網路協定，特別是 TCP 及 UDP 傳輸層協定。

一開始，我們會先討論傳輸層和網路層之間的關係。這會為我們打好基礎，以便檢驗傳輸層的第一項關鍵性功能——將網路層在兩具終端系統間提供的投遞服務，延伸為在兩具終端系統上執行的兩個應用層行程間的投遞服務。我們會在討論網際網路的無連線傳輸協定 UDP 時描這項功能。

接著，我們會回到基本原理，面對計算機網路最基礎的問題之一——兩個個體要如何透過可能會遺失及損毀資料的媒介進行可靠的通訊。透過一系列漸趨複雜（也漸趨真實！）的情境，我們會建立起一組技術，傳輸協定會使用它們來解決這個問題。接下來，我們會說明如何在網際網路的連線導向傳輸協定 TCP 中實作這些原理。

接著，我們會轉向第二項網路通訊的重要基礎問題——控制傳輸層個體的傳輸速率，以免網路出現壅塞，或藉由壅塞中復原。我們將會考量壅塞的前因後果，以及常用的壅塞控制技術。在充分瞭解壅塞控制背後的原理之後，我們將會探討 TCP 控制壅塞的方法。

3.1 導言與傳輸層服務

在前兩章中，我們曾提及傳輸層所扮演的角色，以及它所提供的服務。現在，讓我們快速地複習一下我們已知跟傳輸層有關的事情。

傳輸層協定會在不同主機上執行的應用程式行程間提供**邏輯通訊**（**logical communication**）。所謂邏輯通訊指的是從應用程式的觀點來看，兩台執行行程的主

機就像直接相連一般；但實際上，兩台主機可能位於地球的兩端，透過許多路由器和各式各樣的連結相連。應用程式行程會利用傳輸層所提供的邏輯通訊來彼此傳送訊息，不必掛慮於用來載送這些訊息的實體架構細節為何。圖 3.1 描繪了邏輯通訊的概念。

如圖 3.1 所示，傳輸層協定是實作在終端系統上，而非網路路由器中。在傳送端，傳輸層會將它從傳送端應用程式行程收到的訊息轉換成傳輸層封包，傳輸層封包在網際網路術語中稱為傳輸層區段（segment）。傳輸層區段的建立，是先（可能）將應用程式的訊息分割為較小的片段，然後將傳輸層標頭加到每份片段上，就完成了。傳輸層接著會將區段交給位於傳送端終端系統的網路層，在此處區段會被封裝成網路層封包（資料報）送往目的地。請注意，重要的是，網路路由器只會處理資料報的網路層欄位，也就是說，它們並不會檢查資料報所封裝的傳輸層區段欄位。在接收端，網路層會從資料報中取出傳輸層區段，然後將區段向上交給傳輸層。接著傳輸層會處理它所收到的區段，讓區段內的資料可由接收端應用程式所取用。

網路應用程式可以使用的傳輸層協定不止一個。舉例來說，網際網路就有兩種協定——TCP 跟 UDP。各種協定提供給呼叫它們的應用程式服務都各不相同。

3.1.1　傳輸層與網路層之間的關係

請回想一下，在協定堆疊中，傳輸層緊接於網路層的上方。相較於傳輸層協定提供的是在不同主機上執行行程間的邏輯通訊，網路層協定提供的則是主機間的邏輯通訊。其間差異很細微，卻很重要。讓我們藉由一個跟家庭有關的比喻來檢視其中差異。

請想像有兩棟房子，一棟位於東岸，一棟位於西岸，兩棟房子各住了 12 名孩童。住在東岸房子裡的孩童，是住在西岸房子裡的孩童的表親。這兩棟房子裡的孩童都很喜歡寫信給彼此——每個孩童每個禮拜都會寫一封信給每個表兄弟，每封信都會被裝在個別的信封內，透過傳統的郵政服務郵寄。因此，每家每週都會寄出 144 封信件給另一個家庭（這些孩童如果使用電子郵件的話，就可以省下一大筆錢！）。每家都有一個孩童負責收發信件——西岸是 Ann，東岸則是 Bill。每個禮拜 Ann 都會拜訪她所有的兄弟姊妹，蒐集信件，然後把這些信件交給每天都會來這間房子收信的郵差。當信件寄達西岸的家庭時，Ann 也必須負責將信件分發給她的兄弟姊妹。東岸的 Bill 也要負責類似的工作。

在此例中，郵政服務提供的是兩棟房子之間的邏輯通訊——郵政服務是在房子與房子之間傳送信件，而非人與人之間。另一方面來說，Ann 與 Bill 提供的則是表兄弟姊妹之間的邏輯通訊—— Ann 和 Bill 會從各自的兄弟姊妹處收取及分發信件。請注意，從表兄弟姊妹的觀點來看，Ann 和 Bill 是郵件服務的提供者，雖然他們只

是整個端點到端點投遞過程中的一部分而已（終端系統的部分）。這個關於兩家人的例子，對於解釋傳輸層與網路層之間的關係，是很好的比喻：

應用程式訊息＝信封中的文字

行程＝表兄弟姊妹

主機（也稱為終端系統）＝房子

傳輸層協定＝Ann 跟 Bill

網路層協定＝郵政服務（包括郵差）

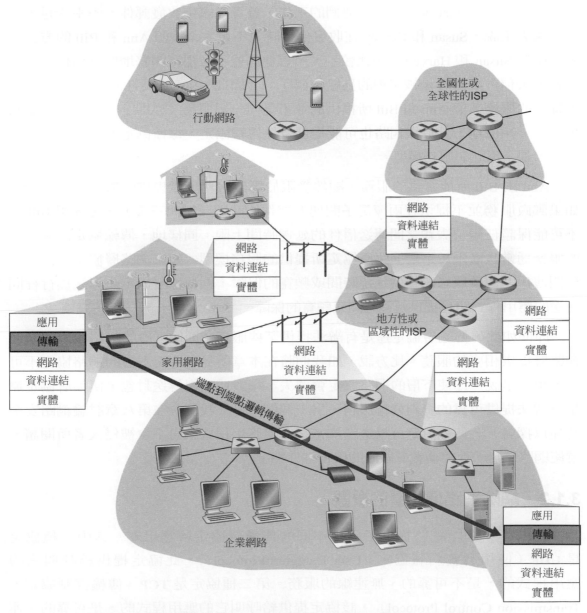

圖 3.1　傳輸層在應用程式行程間提供的是邏輯通訊而非實體通訊

　　我們繼續這個比喻，請注意 Ann 跟 Bill 都只會在各自的家中進行各自的工作；他們並不會涉入，比方說，在中介的郵件中心分類信件，或是將某間郵件中心的信件轉送給另一間郵件中心之類的工作。同樣地，傳輸層協定也只運作於終端系統上。在終端系統中，傳輸層協定會將訊息從應用程式行程移動到網路邊際（意即網路層），或是做反向的移動；它並不會過問訊息在網路核心中要如何移動。事實上，如圖 3.1 所示，中介路由器並不會去處理，也不會去辨識任何傳輸層可能會加到應用程式訊息上頭的資訊。

　　現在，繼續我們的家庭故事，現在假設 Ann 跟 Bill 去度假時，會由另一對表兄妹——Susan 和 Harvey ——暫代他們的工作，負責在家中收發郵件。不幸的是，對這兩家人來說，Susan 和 Harvey 在收發信件時並不會完全按照 Ann 和 Bill 的方式來做。由於 Susan 和 Harvey 年紀比較小，所以他們並不會那麼頻繁地收發信件，偶爾還會遺失信件（有時是被家裡的狗給咬碎了）。因此，Susan 跟 Harvey 這對表兄妹所提供的服務，與 Ann 跟 Bill 所提供的並不是同一組服務（亦即，並非相同的服務模型）。類似地，計算機網路也可能提供多種傳輸協定，每種協定所提供給應用程式的，都是不同的服務模型。

　　Ann 跟 Bill 所能提供的服務，顯然受限於郵政服務所能提供的服務。比方說，如果郵政服務並不提供在兩棟房子間傳遞信件的時限（例如三天），Ann 跟 Bill 也不可能保證任兩位表親之間傳送信件的延遲時間上限。同樣地，傳輸協定能夠提供的服務通常也受限於下層網路層協定所提供的服務模型。如果網路層協定無法為主機間傳送的傳輸層區段提供延遲時間或頻寬的保障，則傳輸層協定也無法為行程間傳送的應用程式訊息提供延遲時間或頻寬的保障。

　　即便如此，傳輸層協定還是有辦法提供某些服務，即便下層的網路協定並未在網路層提供相應的服務。比方說，如我們將在本章所見，即使下層的網路協定不可靠，也就是說，即使下層的網路協定會遺失、損毀或重複傳送封包，傳輸層協定還是有辦法提供可靠的資料傳輸服務。另一個例子是（我們會在第八章討論網路安全時加以探討），傳輸協定可以透過加密來保障應用程式訊息不會被侵入者所閱讀，縱使網路層無法保障傳輸層區段的機密性亦然。

3.1.2　網際網路傳輸層的概觀

請回想一下，網際網路提供了兩種不同的傳輸層協定給應用層。其中一種協定是 **UDP**（使用者資料報協定，User DatagramProtocol），此協定提供給呼叫它的應用程式的，是不可靠的、無連線的服務。第二種協定是 **TCP**（傳輸控制協定，Transmission Control Protocol），該協定提供給呼叫它的應用程式的，是可靠的、連線導向的服務。在設計網路應用時，應用程式開發者必須指定使用這兩種傳輸協定

之一。如我們在 2.7 節所見，應用程式開發者在建立 socket 時，會在 TCP 和 UDP 中兩者擇一。

　　為了簡化術語，我們將傳輸層封包稱為區段（segment）。不過，我們要提一下，網際網路文獻（例如 RFC）有時也會將 TCP 的傳輸層封包稱為區段，UDP 封包則稱為資料報（datagram）。但是，這些網際網路文獻也同時會使用資料報來稱呼網路層封包！對於像本書這種計算機網路的入門書來說，我們相信把 TCP 和 UDP 封包都稱為區段，然後把資料報這個名詞留給網路層封包，比較不會造成混淆。

　　在我們繼續 UDP 和 TCP 的簡介之前，先提一些關於網際網路網路層的事情，將會有所助益（第四章和第五章會詳盡地檢視網路層）。網際網路的網路層協定有個名字——IP，亦即網際網路協定（Internet Protocol）。IP 所提供的是主機間的邏輯通訊。IP 的服務模型屬於**盡力而為投遞服務**（**best-effort delivery service**）。這表示 IP 會「盡力」在通訊主機之間投遞區段，但是不提供任何保障。更明確地說，它不保證區段會送達目的地，也不保證區段會依序送達，更不保證區段中資料的完整性。因此，我們說 IP 是一種**不可靠的服務**（**unreliable service**）。在此，我們也要提一下，每具主機都至少擁有一個網路層位址，也就是所謂的 IP 位址。我們會在第四章詳盡地檢視 IP 定址；在本章中，我們只需記得每台主機都擁有一個 IP 位址即可。

　　在簡單地看過 IP 服務模型之後，現在讓我們來整理一下 UDP 跟 TCP 所提供的服務模型。UDP 跟 TCP 最基本的責任，就是將 IP 所提供的兩具終端系統間的投遞服務，延伸為在終端系統上執行的兩筆行程間的投遞服務。將主機到主機的投遞服務延伸為行程到行程的投遞服務，稱為**傳輸層多工**（**transport-layer multiplexing**）和**解多工**（**demultiplexing**）。我們會在下節中討論傳輸層的多工跟解多工。UDP 和 TCP 也會在其區段標頭中加入錯誤偵測欄位，以提供完整性檢查。這兩種最低限度的傳輸層服務——行程到行程的資料投遞及錯誤檢查——就是 UDP 唯二提供的服務！更明確的說，就像 IP 一樣，UDP 也是不可靠的服務——它不保證行程所送出的資料會完整無缺地抵達目的端行程（甚至可能完全失去蹤影！）。我們會在 3.3 節詳盡地討論 UDP。

　　另一方面來說，TCP 則會為應用程式提供一些額外的服務。第一項，也是最重要的一項服務，就是 TCP 會提供**可靠的資料傳輸**（**reliable data transfer**）。透過流量控制、序號、確認訊息以及計時器（我們會在本章詳盡探討這些技術），TCP 會確保資料能夠正確、依序地從傳送端行程投遞到接收端行程。因此，TCP 會將 IP 所提供的，兩具終端系統間不可靠的服務，轉換成兩筆行程間可靠的資料傳輸服務。TCP 也會提供**壅塞控制**（**congestion control**）。相較於為呼叫它的應用程式所提供的服務，壅塞控制更像一種提供給整個網際網路，尋求總體利益的服務。不嚴謹地說，TCP 的壅塞控制會避免任何一筆 TCP 連線用大量的流量塞滿通訊主機之間的連結和

交換器。TCP 會盡力讓每筆通過壅塞連結的連線，都能公平地分享連結頻寬。TCP 會藉由規範 TCP 連線傳送端將資料流送入網路的速度，來進行壅塞控制。另一方面來說，UDP 的資料流則不受規範。使用 UDP 傳輸的應用可以用任何它想要的速率來傳送資料，而且想傳送多久就傳送多久。

協定如果提供了可靠的資料傳輸及壅塞控制，無可避免地會變得很複雜。我們需要數節的篇幅來討論可靠資料傳輸及壅塞控制的原理，還要用數節的篇幅來討論 TCP 協定本身。我們會在 3.4 到 3.8 節對這些主題加以探討。本章所採用的方式，是交互地討論基本原理跟 TCP 協定本身。比方說，我們會先討論在一般情境下的可靠資料傳輸，然後再討論 TCP 要如何具體地提供可靠的資料傳輸。同樣地，我們會先討論在一般情境下的壅塞控制，然後再討論 TCP 要如何進行壅塞控制。但是在開始投入這些好題材之前，先讓我們討論一下傳輸層的多工與解多工。

3.2　多工與解多工

本節我們會討論傳輸層的多工與解多工，也就是說，將網路層所提供的主機到主機投遞服務，延伸為針對主機上所執行的應用，提供行程到行程的投遞服務。為了讓討論更具體，我們會以網際網路為背景來討論基本的傳輸層服務。然而，我們要強調，所有的計算機網路都需要多工與解多工服務。

在目的端主機上，傳輸層會從下層的網路層接收區段。傳輸層有責任要將這些區段中的資料，送交給主機上執行的正確應用程式行程。讓我們來看一個例子。假設你正坐在電腦前面下載著網頁，同時執行著一筆 FTP 會談和兩筆 Telnet 會談。因此，你總共有四筆網路應用行程正在執行──兩筆 Telnet 行程、一筆 FTP 行程以及一筆 HTTP 行程。當你電腦的傳輸層從下方的網路層收到資料時，它需要將收到的資料交給四筆行程的其中之一。現在，讓我們來檢視要如何完成這項任務。

首先請回想 2.7 節，行程（網路應用的一部分）可以擁有一或多份 **socket**，這是資料從網路進入行程或是從行程進入網路的門戶。因此，如圖 3.2 所示，接收端主機的傳輸層實際上並不是直接將資料交給行程，而是交給中介的 socket。因為在任何時刻，接收端主機上都可能擁有不只一份 socket，所以每份 socket 都會有個獨一無二的識別碼。識別碼的格式會根據該 socket 是 UDP 或 TCP 的 socket 而有所不同，我們馬上就會加以討論。

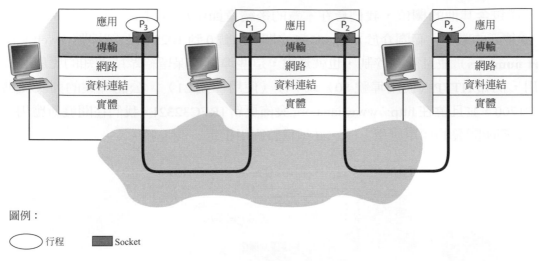

圖例：

◯ 行程　　■ Socket

圖 3.2　傳輸層多工與解多工

現在，我們來想想接收端主機要如何將到來的傳輸層區段交給正確的 socket。為此，每筆傳輸層區段都會包含一組欄位。在接收端，傳輸層會檢查這些欄位，以辨識出應接收的 socket，然後將區段交給該份 socket。這種將傳輸層區段中的資料送交給正確 socket 的任務，就稱為**解多工**（**demultiplexing**）。在來源端主機上，向不同的 socket 收集資料片段，將每份資料片段與標頭資訊（之後解多工時會使用到的）封裝在一起以建立區段，然後把區段交給網路層，這項任務則稱為**多工**（**multiplexing**）。請注意，圖 3.2 中，中間主機的傳輸層必須將來自下方網路層的區段解多工給上層的行程 P1 或 P2；傳輸層會將到達之區段的資料交給相應行程的 socket 來完成這項任務。中間主機的傳輸層也必須從這些 socket 蒐集送出的資料，建立傳輸層區段，然後將這些區段交給下方的網路層。雖然我們是以網際網路傳輸協定為背景來介紹多工與解多工，然而重要的是，請瞭解到，只要當某一層（傳輸層或其他）的單一協定，會被上一層的多種協定所使用時，多工與解多工就會成為我們的考量。

為了說明解多工的任務，請回想上一節所提的家庭比喻。每位孩童都是用名字來加以識別。當 Bill 從郵差處收到一批信件時，他會透過觀察信件的收件人是誰，然後親手把信件送交給兄弟姊妹，以完成解多工的操作。當 Ann 從兄弟姊妹處收集來信件，並且將收集完的信件交給郵差時，就是在進行多工操作。

既然我們瞭解了傳輸層多工與解多工所扮演的角色，現在讓我們來探討一下，它實際上是如何在主機中進行的。從上述討論中我們知道，傳輸層多工需要 (1) socket 擁有獨一無二的識別碼，以及 (2) 每份區段都包含特殊的欄位，指示該區段應該要送交給哪個 socket。這些特殊欄位，如圖 3.3 所示，就是**來源端埠號欄位**（**source port number field**）與**目的端埠號欄位**（**destination port number field**）（UDP 跟 TCP

區段還包含其他的欄位，我們會在本章的後續章節中加以討論）。每筆埠號都是一個 16 位元的數字，範圍介於 0 到 65535 之間。埠號 0 到 1023 為公認埠號（**well-known port numbers**）並且受到管制，也就是說，這些埠號是保留給眾所週知的應用層協定使用，例如 HTTP（使用埠號 80）或 FTP（使用埠號 21）。公認埠號的列表提供於 RFC1700，並且會在 http://www.iana.org 發佈更新 [RFC3232]。我們在開發新應用（例如 2.7 節所開發的簡單應用）時，必須為該應用指定一個埠號。

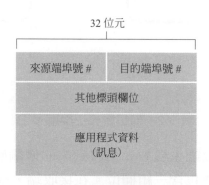

圖 3.3　傳輸層區段中的來源端與目的端埠號欄位

現在，傳輸層要如何實作解多工服務，應該已經很明顯了。我們可以為主機的每份 socket 都指定一個埠號，當區段抵達主機時，傳輸層會檢查區段中的目的端埠號，然後將區段交給相應的 socket。接著，區段的資料會透過該份 socket 被轉交給相繫的行程。如我們將會看到的，基本上這就是 UDP 進行解多工的方式。不過，我們也會看到，TCP 的多工與解多工還要更精巧一些。

◈ **無連線的多工與解多工**

請回想一下 2.7.1 節，在主機上執行的 Python 程式可以透過程式碼

```
clientSocket = socket(AF_INET, SOCK_DGRAM)
```

來建立 UDP socket。當我們以這種方式建立 UDP socket 時，傳輸層會自動為該份 socket 指定一個埠號。更清楚地說，傳輸層會從 1024 到 65535 之中指定一個目前在該具主機中尚未被其他 UDP 埠所使用的埠號。或者，在建立 socket 之後，我們也可以加一行指令碼到我們的 Python 程式中來為該 UDP socket 指定一個特定的埠號（比如說，19157），只要透過 socket 的 **bind()** 方法即可：

```
clientSocket.bind(('', 19157))
```

如果撰寫程式碼的應用程式開發者正在實作的是「眾所週知的協定」的伺服端，開發者便必須指定以相應的公認埠號。通常，應用程式的用戶端會讓傳輸層自動（而且是資訊隱藏的）指定埠號，應用程式的伺服端則會被指定以特定的埠號。

　　在指定埠號給 UDP socket 之後，現在我們便可以精確地描述 UDP 的多工及解多工過程。假設主機 A 上的某個行程使用 UDP 埠 19157，想要傳送一段應用程式資料給主機 B 上的某個行程，後者使用 UDP 埠 46428。主機 A 的傳輸層會建立一份包含應用程式資料、來源端埠號（19157）、目的端埠號（46428）以及其他兩項數值（我們稍後會加以討論，不過它們對我們目前的討論來說並不重要）的傳輸層區段。接著，傳輸層會將所得之區段交給網路層。網路層會將此區段封裝於 IP 資料報中，然後盡力嘗試將該份區段送交給接收端主機。如果此區段抵達了接收端主機 B，接收端主機的傳輸層會檢查區段中的目的端埠號（46428），然後將此區段傳送給埠號46428 所識別的 socket。請注意，主機 B 同時可能會執行多筆行程，其中每筆行程都有自己的 UDP socket 以及相應的埠號。當 UDP 區段從網路抵達時，主機 B 會檢查區段的目的端埠號，將各區段轉交（解多工）給適當的 socket。

　　重要的是，請注意，UDP socket 完全是由目的端 IP 位址與目的端埠號所構成的數對來加以識別。因此，如果兩筆 UDP 區段擁有不同的來源端 IP 位址和來源端埠號，但是擁有相同的目的端 IP 位址和目的端埠號，這兩筆區段便會經由相同的目的端 socket，被轉交給相同的目的端行程。

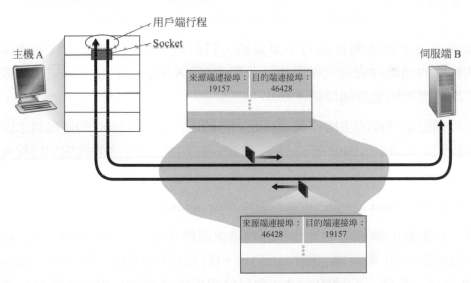

圖 3.4　來源端與目的端埠號的倒轉

　　你現在可能會疑惑，來源端埠號的用途是什麼？如圖 3.4 所示，在從 A 到 B 的區段中，來源端埠號的作用是作為「返回位址」的一部分──當 B 想要回送區段給A 時，B 到 A 區段中的目的端埠號數值便會使用 A 到 B 區段中的來源端埠號數值（完整的返回位址是 A 的 IP 位址加上來源端埠號）。另一個例子，請回想我們在 2.7 節所研究的 UDP 伺服端程式。在 UDPServer.py 中，伺服端使用 recvfrom() 方法從接收自用戶端的區段中取出用戶端（來源端）埠號；然後，它會送出一筆新區段給用戶端，而方才取出的來源端埠號便會被用做新區段的目的端埠號。

◈ **連線導向的多工與解多工**

要瞭解 TCP 的解多工機制，我們必須仔細觀察 TCP socket 與 TCP 連線的建立方式。TCP socket 與 UDP socket 之間有一項細微的差異，就是 TCP socket 是由四項數值來加以識別：來源端 IP 位址、來源端埠號、目的端 IP 位址、目的端埠號。因此，當 TCP 區段從網路中抵達某台主機時，這台主機會使用這四項數值以將區段轉交（解多工）給適當的 socket。更清楚地說，不同於 UDP，兩筆到來的 TCP 區段如果擁有不同的來源端 IP 位址或來源端埠號（但一開始攜帶連線建立請求訊息的 TCP 區段除外），就會被轉交給兩份不同的 socket。為了取得更深入的理解，讓我們重新思考一下 2.7.2 節的 TCP 用戶端─伺服端程式設計範例：

◆ TCP 伺服端應用擁有一份「接待 socket」，會在埠號 12000 等待來自 TCP 用戶端（參見圖 2.29）的連線建立請求。

◆ TCP 用戶端會使用以下這兩行程式碼來建立一個 socket 和送出一個連線建立請求的區段：

```
clientSocket = socket(AF_INET, SOCK_STREAM)
              clientSocket.connect((serverName,12000))
```

◆ 連線建立請求就是個普通的 TCP 區段，目的端埠號為 12000，TCP 標頭中會有某個特殊的連線建立位元被設定（我們會在 3.5 節加以討論）。這份區段也包含用戶端所選擇的來源端埠號。

◆ 當執行伺服端行程的主機作業系統收到目的端埠號為 12000 的連線請求區段時，它會找到正在埠號 12000 等待接受連線的伺服端行程。接著伺服端行程會建立一份新的 socket：

```
connectionSocket, addr = serverSocket.accept()
```

◆ 同時，伺服端的傳輸層會注意到連線請求區段中的下列 4 個數值：(1) 區段中的來源端埠號，(2) 來源端主機的 IP 位址，(3) 區段中的目的端埠號，以及 (4) 自己的 IP 位址。新建立的連線 socket 會以這四項數值來加以識別；所有後續抵達的區段，如果其來源端埠號、來源端 IP 位址、目的端埠號以及目的端 IP 位址都與這四項數值相符，就會被解多工給這份 socket。在 TCP 連線準備妥當之後，現在用戶端和伺服端便可以開始互相傳送資料了。

伺服端主機可以同時支援多份 TCP socket，其中每份 socket 都會連結到一筆行程，而且每份 socket 都是由各自的四項數值來加以識別。當 TCP 區段抵達主機時，這 4 個欄位（來源端 IP 位址、來源端埠號、目的端 IP 位址以及目的端埠號）就會被用來轉交（解多工）區段給適當的 socket。

連接埠掃描

我們知道，伺服端行程會有耐心地在某個開啓的連接埠上等待遠端用戶端的聯繫。某些連接埠是保留給眾所周知的應用的（例如資訊網、FTP、DNS、跟 SMTP 伺服器）；而其他的連接埠則會依常用應用程式的習慣來使用（例如 Microsoft 2000 SQL 伺服器會在 UDP 埠 1434 上聆聽請求）。因此，如果我們知道主機上的某個連接埠是開啓的，我們可能就有辦法將該連接埠對應到主機上所執行的特定應用程式。這對於系統管理者來說非常有用，因爲系統管理者通常會想要瞭解有哪些網路應用正在其網路中的主機上執行。然而攻擊者，爲了「踩盤子」，也會想要知道在目標主機上有哪些連接埠是開啓的。如果某台主機正在執行有已知安全漏洞的應用（例如聆聽連接埠 1434 的 SQL 伺服器會有緩衝區溢位的問題，讓遠端使用者有辦法在無抵禦能力的主機上執行任何的程式碼，這便是 Slammer 蠕蟲所利用的漏洞 [CERT 2003-04]），該具主機就會是攻擊的好目標。

　　判斷有哪些應用正在聆聽哪些連接埠，是一件相當簡單的任務。事實上，有些公領域的程式，稱爲連接埠掃描程式，所執行的便是以上任務。在這些程式中，或許最被廣爲使用的是 nmap，你可以從 http://nmap.org 免費取得 nmap，它也被納入大多數的 Linux 發佈版本中。針對 TCP，nmap 會循序地掃描連接埠，尋找正在接受 TCP 連線的連接埠。針對 UDP，nmap 同樣會循序地掃描連接埠，尋找會回應所傳輸之 UDP 區段的 UDP 連接埠。在這兩種情況中，nmap 都會傳回一份列表，包含開啓的、關閉的、或無法連通的連接埠。執行 nmap 的主機可以企圖掃描位於網際網路任何地方之任意目標的主機。我們會在 3.5.6 節討論 TCP 連線管理時，重新造訪 nmap。

　　圖 3.5 描繪了此一情形，其中主機 C 開啓了兩筆與伺服器 B 的 HTTP 會談，主機 A 則開啓了一筆與伺服器 B 的 HTTP 會談。主機 A 與主機 C 及伺服器 B 都各自擁有獨一無二的 IP 位址——分別是 A、C、跟 B。主機 C 指定了兩個不同的來源端埠號（26145 和 7532）給它的兩筆 HTTP 連線。因爲主機 A 可以自行選擇來源端埠號，不用考慮主機 C，所以它也可能也會將來源端埠號 26145 指定給它的 HTTP 連線。但是這並不會造成問題——伺服器 B 依然能夠正確地解多工兩筆擁有相同來源端埠號的連線，因爲這兩筆連線的來源端 IP 位址並不相同。

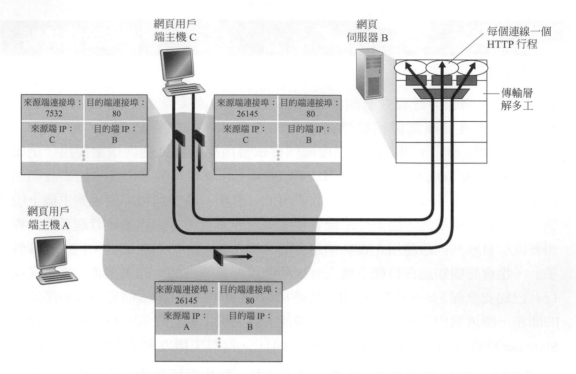

圖 3.5   兩個用戶端使用相同的目的端埠號（80）跟同一個網頁伺服端應用進行通訊

◈ 網頁伺服器與 TCP

在結束這個討論之前，我們再提一下關於網頁伺服器以及它們如何使用埠號的事情，這對你會有所啓發。請想想某台正在執行網頁伺服器的主機，例如使用埠號 80 的 Apache 網頁伺服器。當用戶端（如瀏覽器）傳送區段給伺服器時，所有區段的目的端埠號都是 80。更清楚地說，一開始的連線建立區段，與攜帶 HTTP 請求訊息的區段，其目的端埠號都是 80。如我們方才所述，伺服器是利用來源端 IP 位址與來源端埠號來分辨來自於不同用戶端的區段。

圖 3.5 描繪了一個會爲每筆連線都產生新行程的網頁伺服器。如圖 3.5 所示，這些行程都有各自的連線 socket，HTTP 請求與 HTTP 回應都是透過這份 socket 來進行傳送與接收。然而，我們要告訴你，連線 socket 與行程間並不總是一對一的對應關係。事實上，今日的高效能網頁伺服器通常只會使用一筆行程，但是會爲每筆新的用戶端連線都建立一筆包含一份新的連線 socket 的執行緒（執行緒可以視爲輕量級的子行程）。如果你有完成第二章的第一份程式作業，你所建立的網頁伺服器便是以此方式運作。對於這類伺服器而言，在任何時刻都可能會有許多連線 socket（各自擁有不同的識別碼）連接到相同的行程。

如果用戶端和伺服端使用的是永久性的 HTTP，則在整筆永久性連線期間，用戶端與伺服端都會透過相同的伺服端 socket 來交換 HTTP 訊息。然而，如果用戶端和伺服端使用的是非永久性的 HTTP，則每次請求／回應都會建立然後關閉一筆新的

TCP 連線；因此，每次請求／回應也都會建立然後關閉一份新的 socket。這樣頻繁的建立與關閉 socket，會嚴重影響到忙碌的網頁伺服器的效能（雖然有些作業系統的技巧可以用來減緩這個問題）。對於與永久性及非永久性 HTTP 相關的作業系統議題有興趣的讀者，我們鼓勵你參閱 [Nielsen 1997，Nahum 2002]。

　　既然我們已經討論過傳輸層的多工跟解多工，現在讓我們動身前進，探討網際網路的其中一種傳輸協定，UDP。在下節中我們會看到，UDP 除了多工和解多工服務以外，幾乎沒有在網路層協定上多增加多少功能。

3.3　無連線的傳輸：UDP

在本節中，我們會仔細地檢視 UDP，看看它是如何運作的，又會做些什麼。我們鼓勵你回頭參考 2.1 節，該節包含一份關於 UDP 服務模型的概述；以及 2.7.1 節，該節討論了使用 UDP 的 socket 程式設計。

　　為了讓我們有個討論 UDP 的動機，請假設你對於設計極簡的，無多餘功能的傳輸協定感到興趣。如果是你，你會怎麼做？你可能會先考慮使用完全沒有任何功能的傳輸協定。更清楚地說，在傳送端，你可能會想要從應用程式行程取得訊息後，直接將它們交給網路層；而在接收端，你可能會想要在取得來自網路層的訊息後，直接將它們交給應用程式行程。但是如我們在前一節所瞭解的，我們至少得做一點點事情，不能什麼都不做！至少，傳輸層必須提供多工／解多工的服務，以便在網路層和正確的應用層行程之間傳遞資料。

　　UDP 定義於 [RFC768]，它只會做傳輸協定非做不可的事情。除了多工／解多工機制，以及一些簡單的錯誤偵測外，它並沒有多加別的功能到 IP 上頭。事實上，如果應用程式開發者選擇的是 UDP 而非 TCP，則應用程式幾乎是直接與 IP 對話。UDP 會從應用程式行程取得訊息、加上來源端及目的端埠號欄位以便進行多工／解多工服務，然後再加上兩個小欄位，最後將所得的區段交給網路層。網路層會將這份傳輸層區段封裝成 IP 資料報，然後盡全力地嘗試將該份區段傳送到接收端主機。如果區段順利抵達接收端主機，UDP 便會使用目的端埠號將該區段的資料送交給正確的應用程式行程。請注意，如果使用的是 UDP，則傳送端和接收端的傳輸層實體在送出區段之前，並不會進行握手程序。因此，我們說 UDP 是無連線的。

　　DNS 是一個通常會使用 UDP 的應用層協定實例。當主機上的 DNS 應用想要進行查詢時，它會產生一筆 DNS 查詢訊息，然後將之交給 UDP。主機端的 UDP 不會跟目的端終端系統上執行的 UDP 實體進行任何握手程序，它會將標頭欄位加入到訊息上，然後將所得的區段交給網路層。網路層會將 UDP 區段封裝成資料報，然後將該份資料報傳送給域名伺服器。接著，進行查詢的主機上的 DNS 應用會等待其查詢

的回覆。如果它沒有收到回覆（可能是因為底層網路遺失了查詢或回覆訊息），則它可能會試著重新傳送查詢，試著將查詢送給另一台域名伺服器，或是通知呼叫它的應用程式它無法取得回覆。

　　現在，你可能會很好奇，為什麼應用程式開發者居然有時會選擇使用 UDP 來建立應用程式，而非 TCP。難道我們不會總是比較偏好 TCP 嗎？因為 TCP 提供了可靠的資料傳輸服務而 UDP 沒有？答案是並非如此，其實某些應用比較適於使用 UDP，原因如下：

◆ **對於要傳送哪些資料，要在何時傳送，我們可以在應用層級上有更精密的掌控。**
使用 UDP 時，一旦應用程式行程將資料交給 UDP，UDP 就會馬上將資料封裝在 UDP 區段中，然後立即將區段交給網路層。另一方面來說，TCP 有壅塞控制機制，當來源端和目的端主機之間有一或多道連結變得過於壅塞時，該機制就會抑制傳輸層 TCP 傳送端的運作。TCP 會繼續重送區段，直到目的端確認收到該區段為止，不管這種可靠的投遞服務需要耗時多久。因為即時性應用通常會需要某個低限的傳輸速率，它們不希望區段傳輸有太長的延遲時間，也可以容忍部分的資料遺失，因此 TCP 的服務模型不太符合這類應用的需求。如我們以下會討論的，這些應用可以使用 UDP，然後在應用程式的某部分中，實作任何所需的，除了 UDP 極簡的區段投遞服務以外的其他功能。

◆ **不用建立連線。** 如我們稍後會討論的，TCP 在開始傳輸資料之前，會進行三次握手程序。UDP 則會直接動手，沒有任何預備動作。因此，UDP 並不會為了建立連線而造成任何延遲。這可能就是 DNS 為什麼要使用 UDP 而非 TCP 的主因 —— DNS 如果透過 TCP 來運作，速度會慢上非常多。HTTP 使用的則是 TCP 而非 UDP，因為對含有文字的網頁來說，可靠性相當重要。然而，如我們在 2.2 節簡短討論過的，在使用 HTTP 時，TCP 的連線建立延遲，是下載網頁文件延遲時間的重要成因之一。實際上，Google 的 Chrome 瀏覽器中使用的 QUIC 協定（Quick UDP Internet Connection，[Iyengar 2015]）使用 UDP 作為其底層傳輸協定，並在 UDP 頂層的應用層協議中實現可靠性。

◆ **無連線狀態。** TCP 會在終端系統中維護連線的狀態。這份連線狀態包括接收端與傳送端緩衝區、壅塞控制參數、以及序號和確認編號參數。我們會在 3.5 節看到，我們需要這份狀態資訊來實作 TCP 的可靠資料傳輸服務，以及提供壅塞控制機制。另一方面，UDP 並不會維護連線狀態，也不用追蹤這些參數中的任何一個。因此，當某應用是透過 UDP 而非 TCP 進行運作時，專門用來執行此一應用的伺服器通常可以支援較多運作中的用戶端。

◆ **較小的封包標頭負擔。** 每份 TCP 區段都有 20 位元組的標頭負擔，然而 UDP 只有 8 位元組的標頭負擔。

　　圖 3.6 列出了常見的網際網路應用，以及它們所使用的傳輸協定。如我們所預期的，電子郵件、遠端終端機連線、資訊網以及檔案傳輸，都是透過 TCP 來運作——這些應用都需要 TCP 的可靠資料傳輸服務。儘管如此，還是有許多重要的應用是透過 UDP 而非 TCP 來運作。例如，UDP 會被用來攜帶網路管理（SNMP，請參見 5.7 節）的資料。在這種情況下，我們比較偏好 UDP 而非 TCP，因為網路管理應用一定是經常在網路處於緊張狀態時執行——精確地說，是在可靠的，受壅塞控制的資料傳輸難以抵達目的端時。此外，如我們先前曾提過的，DNS 會透過 UDP 進行運作，藉此迴避 TCP 的連線建立延遲。

　　如圖 3.6 所示，今日 UDP 與 TCP 都會被使用在多媒體應用上，例如網際網路電話、即時視訊會議，以及預儲影音的串流等。我們會在第九章仔細檢視這些應用。現在我們只會告訴你，這些應用都可以容許少量的封包遺失，所以可靠的資料傳輸對於這些應用能否有效運作，並非絕對的關鍵性因素。此外，即時應用如網際網路電話跟視訊會議，對於 TCP 的壅塞控制機制反應非常糟糕。基於這些理由，多媒體應用的開發者可能會選擇透過 UDP 而非 TCP 來運作他們的應用程式。當封包的遺失率不高，加上有些組織會因為安全性因素而攔阻 UDP 資料流時（參見第八章），TCP 對於串流媒體傳輸而言就變成越來越有吸引力的協定了。

應用	應用層協定	底層傳輸協定
電子郵件	SMTP	TCP
遠端終端機連線	Telnet	TCP
網頁	HTTP	TCP
檔案傳輸	FTP	TCP
遠端檔案伺服器	NFS	一般是 UDP
串流多媒體	一般是私人協定	UDP 或 TCP
網際網路電話	一般是私人協定	UDP 或 TCP
網路管理	SNMP	一般是 UDP
網域繞送轉譯	DNS	一般是 UDP

圖 3.6　常用的網際網路應用及其下層的傳輸協定

　　雖然今日我們通常是透過 UDP 來運作多媒體應用，但是這麼做其實是有爭議性的。如我們先前所說的，UDP 沒有壅塞控制機制。但是為了避免網路進入幾乎無法完成任何有效工作的壅塞狀態，壅塞控制是必要的。如果每個人都開啟了高位元傳輸率的視訊串流，而不進行任何壅塞控制，則路由器上便會發生相當大量的封包溢位，以致於只有非常少的 UDP 封包能夠成功地通過來源端到目的端的路徑。更甚者，不受控制的 UDP 傳送端所導致的高遺失率，會造成 TCP 的傳送端急遽地降低它們的

傳輸率（我們將會看到，TCP的傳送端在面臨壅塞時，確實會降低它們的傳輸速率）。因此，UDP 缺乏壅塞控制，會造成 UDP 傳送端跟接收端之間的高遺失率，並且會對於 TCP 會談造成排擠——這是個潛在的嚴重問題 [Floyd 1999]。許多研究者曾經提出過各種新機制來強迫所有的流量來源，包括 UDP 來源，都必須執行調整性的壅塞控制 [Mahdavi 1997; Floyd 2000; Kohler 2006; RFC 4340]。

在討論 UDP 區段的結構前，我們要先告訴你，在使用 UDP 時，應用程式還是有可能擁有可靠的資料傳輸。如果我們將可靠性內建在應用程式本身裡，就能達成這項目標（比方說，加入確認與重傳機制，如我們將在下一節中探討的）。我們前面提到 Google 的 Chrome 瀏覽器中使用的 QUIC 協定 [Iyengar 2015] 在 UDP 頂層的應用層協定中實現了可靠性。不過這並不是件簡單的工作，會讓應用程式開發者花上一長段時間在忙於偵錯上。儘管如此，將可靠性直接內建在應用程式中，可以讓應用程式「魚與熊掌兼得」。也就是說，應用行程可以可靠地進行通訊，卻不用受 TCP 壅塞控制機制所造成的傳輸速率限制。

3.3.1　UDP 區段的結構

圖 3.7 所示的 UDP 區段結構定義於 RFC 768 中。應用程式的資料會被放置在 UDP 區段的資料欄位中。比方說，對 DNS 來說，資料欄位包含的就是查詢訊息或回應訊息。對串流音訊應用來說，資料欄位則會被音訊取樣所填滿。UDP 標頭只有四個欄位，每個欄位包含兩個位元組。如前一節所述，埠號讓目的端主機可以將應用程式資料交給目的端終端系統上所執行的正確行程（也就是說，執行解多工的功能）。長度欄位指出了 UDP 區段中位元組的數目（標頭部分加上資料部分）。一個明顯的長度值是有需要的，因為不同的 UDP 區段可能會有不同的資料欄位大小。接收端主機會使用檢查和（checksum）來檢查區段中是否有發生錯誤。事實上，除了 UDP 區段外，檢查和在計算時也會納入 IP 標頭中的一些欄位。不過我們會忽略這部分的細節，以便讓你能夠由樹見林。以下我們會討論檢查和的計算方式。6.2 節則會說明錯誤偵測的基本原理。長度欄位會以位元組來表示 UDP 區段的長度，包括標頭部分。

圖 3.7　UDP 區段的結構

3.3.2　UDP 檢查和

UDP 檢查和提供了錯誤偵測的功能。也就是說，檢查和會被用來判斷 UDP 區段在從來源端移動到目的端時，裡面的位元是否有遭到更改（比方說，因爲連結上的雜訊，或是在儲存於路由器時遭到更改）。傳送端的 UDP 會對於區段中所有 16 位元字組的總和做 1 補數計算，但任何在加總過程中所發生的溢位都會繞回最低位元再做計算。如此所得的結果會被放入 UDP 區段中的檢查和欄位中。此處我們提供一個簡單的檢查和計算範例。你可以在 RFC 1071 中找到如何有效率地實作此項運算的細節，也可以在 [Stone 1998; Stone 2000] 找到這項運算針對眞實資料進行的效能。舉例來說，假設我們有下列三筆 16 位元字組：

```
0110011001100000
0101010101010101
1000111100001100
```

前兩筆 16 位元字組的總和爲

```
0110011001100000
0101010101010101
1011101110110101
```

將第三筆字組加入上面的總和會得到

```
1011101110110101
1000111100001100
0100101011000010
```

　　請注意，最後一次加法產生了溢位，該溢位位元會繞回最低位元再做計算。將所有的 0 轉換爲 1，並且將所有的 1 轉換爲 0，便可以取得 1 補數。因此，總和 0100101011000010 的 1 補數就是 1011010100111101，這便是檢查和。接收端會將包括檢查和在內的四筆 16 位元字組相加。如果封包中沒有發生任何錯誤，則顯然地接收端所得到的總和會是 1111111111111111。如果有其中任何一位元爲 0，我們就知道該筆封包發生了錯誤。

　　你可能會好奇，既然有許多連結層協定（包括常用的乙太網路協定）也會提供錯誤檢查，爲什麼 UDP 要先提供檢查和的功能。理由是，我們並不能保證來源端與目的端之間所有的連結都會提供錯誤檢查；也就是說，其中可能有某道連結所使用的連結層協定並未提供錯誤檢查功能。此外，縱使區段已正確地傳輸過連結，但在儲存於路由器記憶體時，還是有可能會產生位元錯誤。既然不管是個別連結的可靠性或是記憶體內部的錯誤偵測都沒有保障，若端點到端點的資料傳輸服務要提供錯誤偵測功能，那麼 UDP 就必須在傳輸層以端點到端點爲基礎，提供錯誤偵測機

制。這是系統設計中知名的端點到端點原則（end-end principle）的一項例證 [Saltzer 1984]，這項原則指出，由於某些功能（此例中為錯誤偵測）必須以端點到端點的基礎來實作，所以：「當我們相較於在較高層級提供這些功能的成本時，較低層級所提供的功能可能是多餘，或沒什麼價值的。」

因為我們假設 IP 有可能在任何第 2 層協定上運作，所以在傳輸層提供錯誤檢查作為安全措施是有其作用的。雖然 UDP 會提供錯誤檢查，但是它並不會採取任何錯誤復原的手段。某些 UDP 實作只會簡單地丟棄受損的區段；某些 UDP 實作則會將受損的區段交給應用程式，同時附上警告訊息。

我們關於 UDP 的討論到此結束。我們很快就會看到，TCP 會為其應用提供可靠的資料傳輸，以及其他 UDP 並不提供的服務。自然地，TCP 也比 UDP 來得複雜。不過，在討論 TCP 之前，讓我們先做一件有益的事情；我們要退後一步，來討論一下可靠資料傳輸背後的原理。

3.4　可靠資料傳輸的原理

在本節中，我們會使用一般性的情境作為背景，來考量可靠資料傳輸的問題。這是種恰當的做法，因為實作可靠資料傳輸的問題不只會發生在傳輸層，也會發生在連結層與應用層中。因此，這個一般性的問題對於網路運作而言有著核心的重要性。的確，如果我們想列出網路的「十大」重要基礎問題，這個問題將會是這份名單的首選之一。在下節中我們會檢視 TCP，特別的是，我們會展示 TCP 確實會利用到許多我們即將說明的原理。

圖 3.8 描繪了我們對於可靠資料傳輸的學習框架。提供給上層實體的抽象服務概念，是一條可靠的資料傳輸通道。在這條可靠的通道中，傳輸時不會有任何的資料位元遭到損毀（即 0 變 1 或 1 變 0）或遺失，而且所有位元都會依傳送時的順序送達接收端。這正是 TCP 為網際網路應用所提供的服務模型。

實作這項抽象服務概念，是**可靠資料傳輸協定（reliable data transfer protocol）**的責任。這項任務之所以困難，是因為可靠資料傳輸協定的下層事實上可能是不可靠的。比方說，TCP 便是實作在不可靠的（IP）端點到端點網路層之上的可靠資料傳輸協定。更普遍性地說，兩個可靠通訊端點的下層可能是由單一的實體連結（例如連結層資料傳輸協定的情形）所構成，也可能是由全球性的網際網路（例如傳輸層協定的情形）所構成。然而，為了描述之便，我們只需將下層簡單地視為一道不可靠的點對點通道即可。

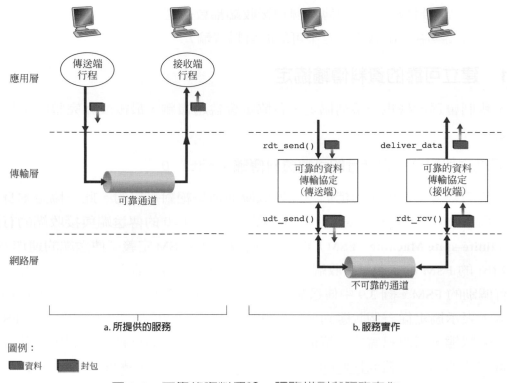

圖例：
■資料　　■封包

圖 3.8　可靠的資料傳輸：服務模型與服務實作

　　在本節中，我們會考量漸趨複雜的底層通道模型，來逐步建立可靠資料傳輸協定的傳送端與接收端。舉例來說，我們將會考慮當潛在的通道可能會破壞位元或遺失整個封包時，需要哪種協定機制。在這裡的整個討論中我們都會採用一個假設，那就是封包會依傳送時的順序送達接收端，而某些封包可能會遺失；也就是說，潛在的通道不會對封包重新排序。圖 3.8 (b) 描繪了我們的資料傳輸協定介面。上層會藉由呼叫 rdt_send() 來使用此資料傳輸協定的傳送端。這項呼叫會將欲投遞的資料交給接收端的上層（此處的 rdt 代表可靠的資料傳輸協定，而 _send 則表示所呼叫的是 rdt 的傳送端。開發任何協定的第一步，就是為它取個好名字！）當封包抵達通道的接收端時，接收端就會呼叫 rdt_rcv()。當 rdt 協定要把資料交給上層時，會透過呼叫 deliver_data() 來完成這項操作。在以下討論中，我們會使用「封包」這個術語，而非傳輸層「區段」。因為本節所發展的理論適用於一般的計算機網路，而不止於網際網路的傳輸層，所以一般性的詞彙「封包」或許會比較適宜於此。

　　在本節中，我們只會考量單向資料傳輸（**unidirectional data transfer**）的情形，也就是說，資料傳輸的方向都是由傳送端到接收端的情形。可靠的**雙向資料傳輸**（**bidirectional data transfer**）（意即全雙工 [full-duplex]）在概念上來說並沒有比較困難，但是解釋起來會複雜許多。雖然我們只考量單向的資料傳輸，但重要的是，請注意到我們協定的傳送端跟接收端依然需要雙向傳輸封包，如圖 3.8 所示。我們馬上就會看到，除了交換包含所傳輸之資料的封包外，rdt 的傳送端和接收端也需要

來回地交換控制封包。rdt 的傳送端和接收端都會透過呼叫 udt_send() 來傳送封包給另一端（其中 udt 代表的是不可靠的資料傳輸）。

3.4.1　建立可靠的資料傳輸協定

現在，我們會逐步檢視一系列協定，各協定會益趨複雜，最後成為完整的可靠資料傳輸協定。

◇ 透過絕對可靠的通道進行的可靠資料傳輸：rdt1.0

首先，我們來考量最簡單的情形，亦即底層通道是絕對可靠的。此一協定本身，我們稱之為 rdt1.0，相當的簡單。圖 3.9 顯示了 rdt1.0 的傳送端與接收端的**有限狀態機（finite-state Machine，FSM）**定義。圖 3.9 (a) 的 FSM 定義了傳送端的運作方式，圖 3.9 (b) 的 FSM 則定義了接收端的運作方式。重要的是，請注意到，傳送端和接收端擁有個別的 FSM。圖 3.9 中傳送端和接收端的 FSM 都只有一個狀態。FSM 描述中的箭號，表示協定從一個狀態到另一個狀態的移轉。（由於圖 3.9 中的兩份 FSM 都只有一個狀態，所以只需要一筆從該狀態本身回到自己的移轉；我們馬上就會看到較複雜的狀態圖）。造成移轉的事件會被標記在表示該筆移轉的水平線上方；而事件發生時會採取的動作，則標記在水平線下方。當某個事件發生但不會採取任何動作，或沒有事件發生卻要採取某個動作時，我們會分別在水平線上方或下方標示 Λ 符號，以明確地表示出缺少動作或事件。FSM 的初始狀態是以虛線箭頭表示。雖然圖 3.9 的 FSM 只有一個狀態，但是我們很快就會看到擁有多個狀態的 FSM，所以辨別每份 FSM 的初始狀態是件重要的事情。

　　rdt 的傳送端只會簡單地透過 rdt_send(data) 事件從上層接收資料，建立包含這份資料的封包（透過動作 make_pkt(data)），然後將該筆封包送入通道。在實際操作上，rdt_send(data) 事件的發生是上層應用進行程序呼叫（例如呼叫 rdt_send()）所造成的。

　　在接收端，rdt 會透過 rdt_rcv(packet) 事件接收來自下層通道的封包，從封包中取出資料（透過動作 extract(packet,data)），然後將資料向上交給上層（透過動作 deliver_data(data)）。在實際操作上，rdt_rcv(packet) 事件的發生是下層協定進行程序呼叫（例如呼叫 rdt_rcv()）所造成的。

　　在這個簡單的協定中，一單位的資料與一封包之間兩者並沒有差異。此外，所有的封包流向都是從傳送端到接收端；有了絕對可靠的通道，就不需要接收端提供任何回饋訊息給傳送端，因為不會有任何事情出錯！請注意，我們也假設接收端接收資料的速率，能夠和傳送端傳送資料的速率一樣快。因此，接收端也不需要要求傳送端降低傳送速率！

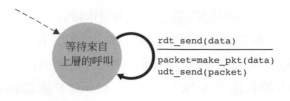

a. rdt1.0: 傳送端

b. rdt1.0: 接收端

圖 3.9　`rdt1.0`– 針對一個完全可靠通道的協定

◎ 透過會產生位元錯誤的通道進行的可靠資料傳輸：rdt2.0

在較實際的底層通道模型中，封包內的位元可能會毀損。這種位元錯誤通常會在封包進行傳輸、傳播、或暫存時，發生在網路的實體元件中。我們暫時繼續假設所有送出的封包，都會以原先送出的順序被收到（雖然其中的位元可能損毀）。

要在這種通道上進行可靠的通訊，在開發此一協定前，先讓我們思考一下人類會如何處理這種狀況。請想想你自己是如何透過電話來傳達一段冗長的訊息。在一般狀況下，聆聽訊息的人可能會在聽到、瞭解、並記錄下每句話之後，都回答「OK」。如果聆聽訊息的人聽到某句話含糊不清時，他會請你重說一次含糊不清的句子。這種口述訊息協定同時使用了**肯定確認（positive acknowledgment）**（「OK」）跟**否定確認（negative acknowledgment）**（「請再說一次」）。這些控制訊息使得接收端能夠讓傳送端知曉有哪些東西已經正確地被接收到，以及有哪些收到的東西包含錯誤而需要重新進行傳送。在計算機網路的情境中，建立在這種重送機制上的可靠資料傳輸協定稱為**自動重複請求（Automatic Repeat reQuest，ARQ）協定**。

基本上，ARQ 協定需要三種額外的協定功能，以處理位元錯誤的發生：

◆ **錯誤偵測**。首先，我們需要某種機制，讓接收端可以在位元錯誤發生時加以偵測。請回想前一節，UDP 正是為了這個目的而使用網際網路檢查和欄位。在第六章中，我們會較詳盡地檢視錯誤偵測及錯誤更正技術；這些技術讓接收端得以偵測封包的位元錯誤，並可能加以修正。目前，我們只需知道這些技術需要傳送端傳送額外的（除了原本就要傳輸的資料位元之外的）位元給接收端；這些位元會被收集放入 `rdt2.0` 資料報的封包檢查和欄位中。

◆ **接收端回饋**。因為傳送端與接收端通常是在不同的終端系統上執行，兩者可能相隔數千里，所以，要傳送端瞭解接收端所看到世界（此處意指某份封包是否有被正確地收到）的唯一方式，就是讓接收端提供明確的回饋訊息給傳送端。使用在口述訊息情境中的肯定（ACK）及否定（NAK）確認回覆訊息，就是這類回饋的例子。我們的 rdt2.0 協定也會以類似的方式，從接收端回送 ACK 或 NAK 封包給傳送端。原則上，這些封包的大小只需要一個位元；比方說，數值 0 可以表示 NAK，數值 1 可以表示 ACK。

◆ **重送**。接收端收到封包時如果包含錯誤，傳送端便得重送該份封包。

　　圖 3.10 顯示了 rdt2.0 的 FSM 示意圖，這是一個使用了錯誤偵測、肯定確認、以及否定確認的資料傳輸協定。

　　rdt2.0 的傳送端有兩種狀態。在左側的狀態中，傳送端協定會等待資料從上層傳送下來。當 rdt_send(data) 事件發生時，傳送端會建立一份封包 (sndpkt)，其中包含要傳送的資料以及封包檢查和（例如 3.3.2 節針對 UDP 區段所討論的情形），然後透過 udt_send(sndpkt) 操作將此封包送出。在右側的狀態中，傳送端協定會等待接收端傳來的 ACK 或 NAK 封包。如果傳送端收到 ACK 封包（圖 3.10 的 rdt_rcv(rcvpkt)&& isACK(rcvpkt) 標記對應到此事件），它便知道最近所傳送的封包已經正確地被收到；因此該協定會返回到等待來自上層的資料的狀態。如果傳送端收到 NAK 封包，則該協定會重送上一份封包，並等待接收端回應這個重送的封包傳回 ACK 還是 NAK。重要的是，請注意到，當傳送端處於等待 ACK 或 NAK 的狀態時，它無法從上層接收其他資料；也就是說，rdt_send() 事件不可能會發生：它只有在傳送端收到 ACK 並離開此狀態時，才會發生。因此，傳送端在確定接收端正確地收到目前所傳送的封包之前，不會再傳送新的資料。因為這種行為模式，我們將 rdt2.0 這類協定稱為**停止並等待**（**stop-and-wait**）協定。

　　rdt2.0 接收端的 FSM 仍然只有一個狀態。當封包抵達時，接收端會根據所收到的封包是否有損毀來回覆以 ACK 或 NAK。圖 3.10 的 rdt_rcv(rcvpkt)&& corrupt(rcvpkt) 標記所對應的便是收到封包並發現其中有錯誤發生的事件。

　　協定 rdt2.0 看起來好像可以運作，但不幸的是，它有個致命的缺陷。清楚地說，我們沒有考慮到 ACK 或 NAK 封包損毀的可能性！（在繼續討論下去前，你應該要想想這個問題可能要如何解決）。不幸的是，我們的些微疏忽，嚴重性並不如表面上看起來的那麼輕微。至少，我們需要增加檢查和位元到 ACK 與 NAK 封包中，以偵測這類錯誤。更困難的問題是，協定該如何從 ACK 或 NAK 封包的錯誤中恢復。此處的困難在於，如果 ACK 或 NAK 損毀了，傳送端將無從得知接收端是否有正確地收到前次所傳送的資料。

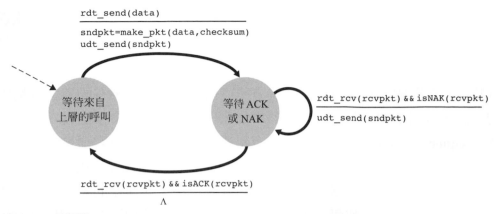

a. rdt2.0: 傳送端

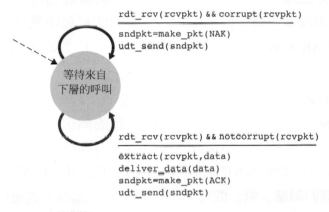

b. rdt2.0: 接收端

圖 3.10　rdt2.0 – 針對可能發生位元錯誤的通道的協定

請想想三種處理 ACK 或 NAK 損毀的可能性：

◆ 第一種可能性，請想想人類在口述訊息的情境中可能會採取的行為。如果發話者沒有聽懂受話者回答的「OK」或「請再說一次」，發話者有可能會問：「你剛剛說什麼？」（因此，這會在我們的協定中加入一種新類型的傳送端到接收端封包）。接著受話者會重複他的回覆。但如果發話者的「你剛剛說什麼？」也損毀了，該怎麼辦呢？受話者無法得知這句含糊不清的句子是口述內容的一部分，還是請求重複上一次的回覆，因此他可能會回應以「你剛剛說什麼？」而當然，這個回應也可能會含糊不清。顯然，我們正在走向一條不歸路。

◆ 第二種可能的方案是，增加足夠的檢查和位元，讓傳送端不只能夠偵測位元錯誤，也能夠加以修復。這樣做可以暫時解決目前通道只會損毀封包而不會遺失封包的問題。

◆ 第三種方法是，當傳送端收到含混的 ACK 或 NAK 封包時，就乾脆重送目前的資料報。然而，這種方法會造成重複的封包（duplicate packet）被送入到傳送端

到接收端的通道中。重複封包最基本的難處在於，接收端並不知道它上次送出的 ACK 或 NAK 訊息是否有正確地被傳送端收到。因此，它無法預知到來的封包包含的是新資料，還是重送的！

對於這個新問題，一種簡單的解決方法（也是幾乎所有現有的資料傳輸協定所採用的方法，包括 TCP）就是在資料報中加入一個新欄位，令傳送端在此欄位中放入**序號**（**sequence number**），以編號其資料報。接著接收端只需要檢查序號，就可以得知所收到的封包是否為重送的封包。在這個簡單的停止並等待協定中，1 位元的序號便已足堪使用，因為它讓接收端得以知曉傳送端正在傳送的是先前曾經傳送過的封包（所收到的封包序號與最近一次所收到的封包序號相同），或是新封包（序號有所改變，以 2 模數運算的方式做「遞增」）。因為我們目前假設通道不會遺失封包，所以 ACK 和 NAK 封包本身並不需要標示出它們所確認的封包序號為何。傳送端知道它所收到的 ACK 或 NAK 封包（無論是否有所損毀），必然是為了回應它最近所送出的資料報而產生的。

圖 3.11 和 3.12 顯示了 rdt2.1 的 FSM 示意圖，這是 rdt2.0 的修正版。rdt2.1 的傳送端與接收端 FSM 現在所擁有的狀態都是前一版的兩倍。這是因為現在協定的狀態必須反映出目前（傳送端）所傳送或（接收端）所等待的封包序號應當是 0 或 1。請注意，在傳送或等待編號為 0 的封包時，其狀態所採取的行動與傳送或等待編號為 1 的封包時是對應的鏡像；唯一的差異只在於序號的處理方式而已。

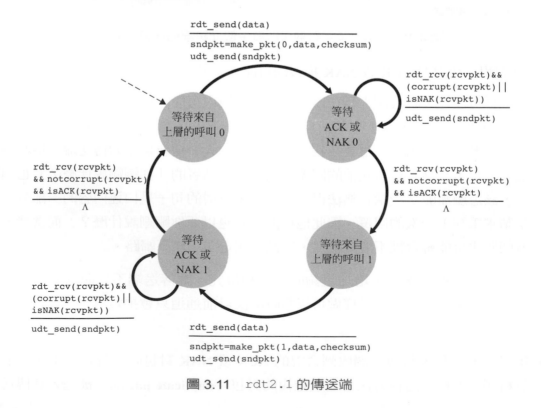

圖 3.11　rdt2.1 的傳送端

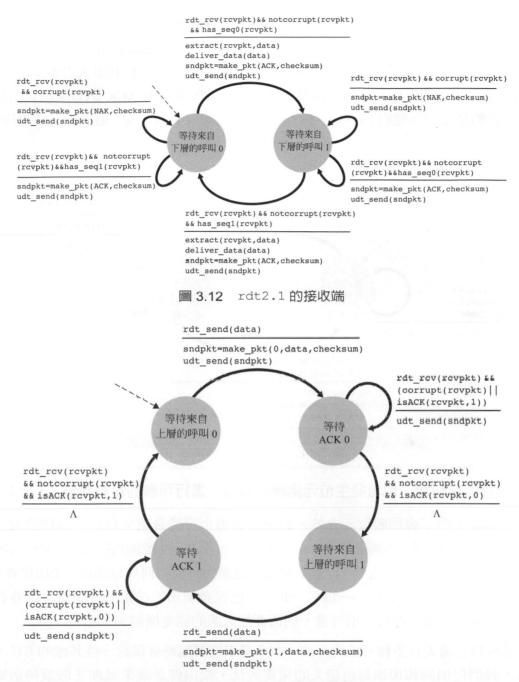

圖 3.12　rdt2.1 的接收端

圖 3.13　rdt2.2 的傳送端

　　協定 rdt2.1 在接收端與傳送端之間，同時使用了肯定確認及否定確認訊息。在收到順序不對的封包時，接收端會為該已收到的封包送出肯定確認。在收到損毀的封包時，接收端則會送出否定確認。如果我們不送出 NAK，而是送出前一次正確收到的封包的 ACK，也可以達成和 NAK 相同的效果。傳送端如果收到兩次針對相同封包的 ACK 訊息 [也就是說，收到**重複的 ACK（duplicate ACK）**]，便會知道接收端並未正確收到被 ACK 確認兩次的封包之後的那份封包。針對會發生位元錯誤的

通道，我們不使用 NAK 的可靠資料傳輸協定為 rdt2.2，如圖 3.13 和 3.14 所示。
rdt2.1 和 rdt2.2 之間一項細微的改變在於，接收端現在必須加入 ACK 訊息所確
認的封包序號（我們是在接收端的 FSM 中，於 make_pkt() 中加入引數 ACK,0 或
ACK,1 來完成這項操作），傳送端現在則必須檢查所收到的 ACK 訊息所確認的封包
序號（我們是在傳送端的 FSM 中，於 isACK() 中加入引數 0 或 1 來進行這項操作）。

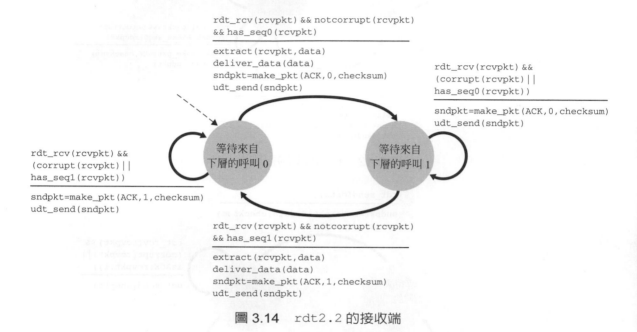

圖 3.14　rdt2.2 的接收端

◇ 透過會遺失封包，也會發生位元錯誤的通道，進行可靠的資料傳輸：rdt3.0

現在請假設，除了會損毀位元之外，底層的通道也可能會遺失封包，這種情況在今
日的計算機網路（包括網際網路）中並不罕見。現在，我們的協定必須處理兩項額
外的考量：如何偵測封包遺失，以及當發生封包遺失時要如何加以處理。使用檢查和、
序號、ACK 封包以及重送——這些 rdt2.2 已經發展出的技術——便可以讓我們回
應後一項考量。要處理第一項考量，則需要加入新的協定機制。

　　處理封包遺失有多種可能的方法（本章章末的習題將會探討一些其他的方法）。
此處，我們把偵測和復原封包遺失的重責大任，交由傳送端來處理。假設傳送端傳
輸了一份資料報，而該份封包，或是接收端對於該份封包的 ACK 訊息，遺失了。無
論是哪種狀況，傳送端都不會收到任何來自於接收端的回覆。如果傳送端願意等久
一點，以確定封包已經遺失，則它只需要簡單地重送該份封包就好。你應該自行確
認一下這種協定確實可以運作。

　　但傳送端得等上多久才能確定有訊息遺失了呢？顯然地，傳送端至少必須等待
傳送端跟接收端之間的來回延遲時間（可能包括在中介路由器之中的緩衝時間），
加上接收端處理封包所需的時間，不論有多久。在許多網路中，最糟情況下的最高

延遲時間連要估計都極為困難，更不要說確切地知曉了。此外，理想上，協定應該
要能夠盡快地從封包遺失中復原；等待最糟狀況的延遲時間意味著在開始執行錯誤
回復前，需要等待一段很長的時間。因此，在實際狀況下傳送端所採用的方式是謹
慎的選擇一個封包有可能已經遺失，但不保證一定遺失的時間量，如果傳送端在該
段時間內並未收到 ACK 訊息，便會重送封包。請注意，如果封包遭遇到特別嚴重的
延遲，傳送端甚至有可能會在資料報或 ACK 都未遺失的情況下重送封包。這會造成
傳送端到接收端的通道中，有可能出現**重複的資料封包**（**duplicate data packet**）。幸
運的是，協定 rdt2.2 已經有足夠的能力（亦即序號）來處理重複封包的情形。從傳送
端的觀點來看，重送才是萬全之策。傳送端並不知道究竟是資料報遺失、ACK 遺失、
或只是封包或 ACK 發生了嚴重的延遲。在任何情況下，傳送端所採取的行動都相同：
重送。實作以時間為基礎的重送機制需要使用能夠在超過指定的時間後，對傳送端
發出中斷的**倒數計時器**（**countdown timer**）。因此，傳送端需要能夠 (1) 在每次送出
封包之後（不論是首次傳送或重送的封包），啟動計時器；(2) 回應計時器的中斷（採
取適當的行動）；以及 (3) 停止計時器。

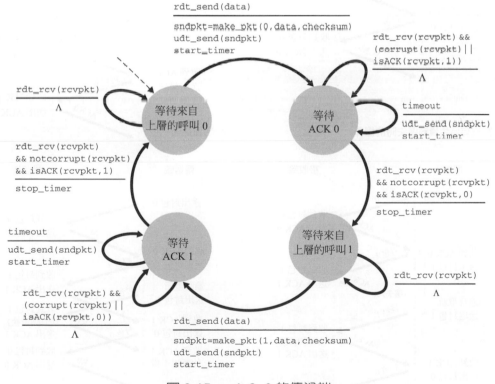

圖 3.15　rdt3.0 的傳送端

　　圖 3.15 展示了 rdt3.0 的傳送端 FSM，這是一個可以透過會損毀或遺失封包
的通道，可靠地傳輸資料的協定；在習題中，我們會要求你提供 rdt3.0 的接收端
FSM。圖 3.16 說明了此種協定如何在沒有封包遺失或延遲的情況下運作，以及它是

如何處理遺失的資料報。在圖 3.16 中，時間是由示意圖上方往下前進；請注意，因為傳輸與傳播延遲的關係，收到封包的時間一定會比送出封包的時間要來得晚。在圖 3.16(b) － (d) 中，傳送端的中括號指出設定計時器的時間，以及稍後逾時的時間。本章章末的習題會探討此種協定一些更細微的層面。因為封包序號會在 0 與 1 之間變換，所以協定 rdt3.0 有時候會被稱為**變換位元協定**（**alternating-bit protocol**）。

　　現在我們已經結合了資料傳輸協定的重要元素。檢查和、序號、計時器、肯定確認封包、以及否定確認封包，每一個元素都在協定的運作中扮演著重要而且不可或缺的角色。我們現在已經擁有一個可運作的可靠資料傳輸協定！

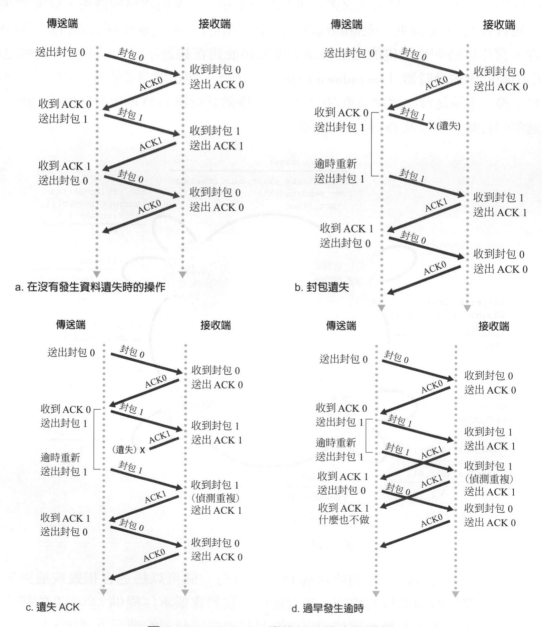

圖 3.16　rdt3.0，變換位元協定的運作

3.4.2 管線化的可靠資料傳輸協定

協定 rdt3.0 是一個能夠正確運作的協定，但是不太可能會有人滿意它的效能，特別是在今日高速網路的環境下。協定 rdt3.0 效能問題的核心在於事實上它是一種停止並等待的協定。

要瞭解這種停止並等待的行為模式對於效能的影響，請考量一下某個理想化的狀況，我們有兩台主機，一台位於美國西岸，另一台則位於東岸，如圖 3.17 所示。這兩台終端系統間的光速來回傳播延遲 RTT 大約是 30 毫秒。請假設兩者是以傳輸速率 R 等於 1 Gbps（每秒 10^9 個位元）的通道相連。假設每個封包的大小 L 皆為 1,000 個位元組（8,000 位元），其中包括標頭欄位與資料，則實際將封包傳輸到這道 1 Gbps 的連結上所需的時間為：

$$d_{trans} \frac{L}{R} = \frac{8000\ 位元/封包}{10^9 位元/秒} = 8\ 微秒$$

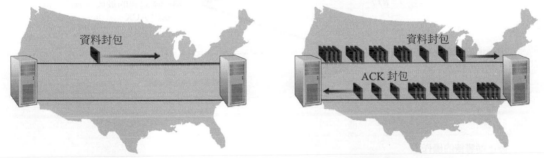

a. 運作中的停止並等待協定　　　　　　　　b. 運作中的管線化協定

圖 3.17　停止並等待相較於管線化的協定

圖 3.18(a) 指出，使用我們的停止並等待協定，如果傳送端在時間 $t = 0$ 開始傳送封包，則在 $t = L/R = 8$ 微秒時，最後一個位元才會在傳送端進入通道。接著，封包會進行 15 毫秒的跨國之旅，封包的最後一個位元會在 $t = RTT/2 + L/R = 15.008$ 毫秒時出現在接收端。為了簡化起見，我們假設 ACK 封包極小（所以我們可以忽略它們的傳輸時間），而且接收端可以在收到資料報的最後一個位元時，便立即送出 ACK，如此一來 ACK 會在 $t = RTT + L/R = 30.008$ 毫秒時出現在傳送端。此時，傳送端才可以傳送下一筆訊息。因此，在 30.008 毫秒中，傳送端只用了 0.008 毫秒來傳送資料。如果我們將傳送端（或通道）的**使用率**（**utilization**）定義為傳送端實際忙於將位元傳入通道的時間比例，則圖 3.18(a) 的分析指出，停止並等待協定有著相當令人沮喪的傳送端使用率 U_{sender}

$$U_{sender} = \frac{L/T}{RTT+L/T} = \frac{.008}{30.008} = 0.00027$$

也就是說，傳送端處於忙碌的時間只有 0.027% ！從另一種角度來看，傳送端在 30.008 毫秒中只能夠送出 1,000 位元組，有效產出率只有 267 kbps——縱使它可以使用 1 Gbps 的連結！請想像一下這位不快樂的網管，花了一大筆錢取得 10 億位元容量的連結，但是只得到每秒 267 千位元的產出率！對於網路協定會如何限制底層網路硬體所提供的容量，這是個活生生的例子。此外，我們還忽略了傳送端與接收端下層協定進行處理的時間，以及會發生在傳送端及接收端之間任何中介路由器上頭的處理和佇列延遲。加入這些影響只會使得延遲時間更加增長，因而使得糟糕的效能更加惡化。

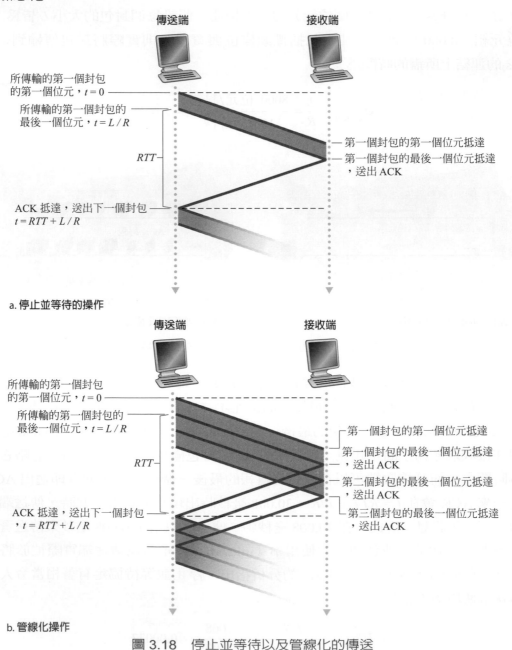

圖 3.18 停止並等待以及管線化的傳送

　　這種特殊的效能問題解決方案很簡單：傳送端不要使用停止並等待的方式運作，反之，允許傳送端同時送出多份封包，不需要等待確認，如圖 3.17(b) 所示。圖 3.18(b) 顯示，如果我們允許傳送端在必須等待確認之前，可以送出三份封包，則傳送端的使用率基本上將會增加為三倍。因為我們可以將許多正在從傳送端傳輸到接收端的封包想像成是在填滿管線，所以這個技術被稱為**管線化（pipelining）**。管線化對於可靠資料傳輸協定會產生下列影響：

◆ 我們必須增加序號的範圍，因為每份傳輸中的封包（不包含重送的）都必須擁有獨一無二的序號，而我們可能會有多份正在傳輸且未經確認的封包。

◆ 協定的傳送端和接收端可能需要暫存多份封包。至少，傳送端必須暫存已經傳送但未經確認的封包。接收端可能也需要暫存已經正確收到的封包，如以下所討論的。

◆ 所需的序號範圍和暫存需求取決於資料傳輸協定回應遺失、損毀和過度延遲的封包的方式。我們可以發現有兩種基本的管線化錯誤回復方法：**回溯 N（Go-Back-N）**與選擇性重複（**selective repeat**）。

3.4.3　回溯 N（GBN）

在回溯 N（**GBN**）協定中，我們允許傳送端可以無需等待確認便傳輸多份封包（如果有多份封包要傳送的話），但是管線中未經確認的封包數量，最多不得超過某個可容許的最大值 N。我們會在本節中詳盡地描述 GBN 協定。但是在繼續閱讀之前，我們鼓勵你去玩玩本書英文版專屬網站上的 GBN applet（一個棒極了的 applet ！）。

　　圖 3.19 顯示出在 GBN 協定中，傳送端對於序號範圍的觀點。如果我們將 base 定義為未被確認封包的最小序號，將 nextseqnum 定義為尚未被使用到的最小序號（亦即下一筆要傳送的封包序號），我們便可以將序號範圍分成四個區間。位於區間 [0,base-1] 之中的序號表示已傳輸並且經過確認的封包。區間 [base,nextseqnum-1] 表示已送出但未經確認的封包。位於區間 [nextseqnum,base+N-1] 中的序號可以用來指派給只要有資料從上層來到，就能夠馬上送出的封包。最後，大於等於 base+N 的序號，在目前管線中未經確認的封包（精確地說，是序號為 base 的封包）尚未被確認之前，都不得使用。

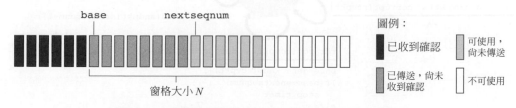

圖 3.19　傳送端對於回溯 N 機制之序號的觀點

　　如圖 3.19 所示，針對已傳輸但未經確認的封包，其序號可容許的範圍可視爲寬度爲 N 份序號的窗格。在協定運作時，這個窗格會在序號的數值空間中向前滑動。因此，N 經常被稱爲**窗格大小（window size）**，GBN 協定本身則經常被稱爲**滑動窗格協定（sliding-window protocol）**。你可能會懷疑，爲什麼我們一開始要限制尚在處理中而未經確認的封包數量爲 N。爲什麼不讓這類封包的數量無限制呢？我們會在 3.5 節看到，流量控制是對於傳送端實施限制的其中一項原因。我們在 3.7 節研究 TCP 壅塞控制時，會檢視另一個這樣做的理由。

　　在實際操作上，封包的序號是夾帶在封包標頭中某個固定長度的欄位裡。如果 k 等於封包序號欄位的位元數，則序號的範圍就是 $[0, 2^k-1]$。因爲序號範圍有限，所有和序號相關的運算都必須使用 2^k 的模數運算來進行（也就是說，我們可以將序號的數值空間想像成一個大小爲 2^k 的環，其中序號 0 緊接在序號 2^k-1 之後）。請回想一下 rdt3.0，它使用的是 1 位元的序號，所以序號的範圍爲 [0,1]。本章章末會有幾個習題探討有限序號範圍所造成的影響。我們會在 3.5 節看到，TCP 擁有 32 位元的序號欄位，其中 TCP 的序號是以位元組串流中位元組的數量來計算，而非封包的數量。

　　圖 3.20 和圖 3.21 描繪了以 ACK 爲基礎，不使用 NAK 的 GBN 協定，其接收端及傳送端的擴充 FSM 示意圖。我們將這份 FSM 示意圖稱爲擴充 FSM，因爲我們加入了代表 base 跟 nextseqnum 的變數（類似於程式語言的變數），也加入了針對這些變數所進行的操作，以及跟這些變數有關的條件性行爲。請注意，擴充 FSM 的表示法，從現在開始看起來會有點像是程式語言的表示法。[Bochman 1984] 對於更多 FSM 技術的擴充、以及其他基礎於程式語言用來描述協定的技術，提供了極佳的考察報告。

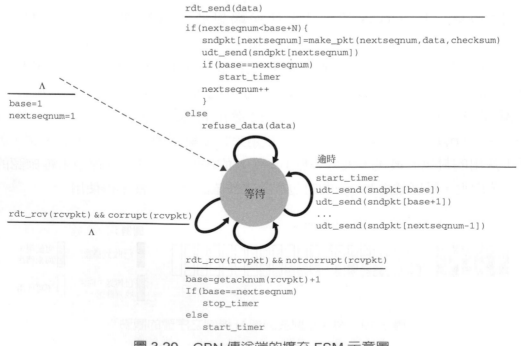

圖 3.20　GBN 傳送端的擴充 FSM 示意圖

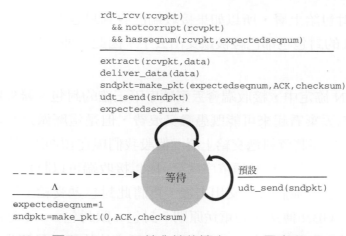

```
rdt_rcv(rcvpkt)
  && notcorrupt(rcvpkt)
  && hasseqnum(rcvpkt,expectedseqnum)
```

```
extract(rcvpkt,data)
deliver_data(data)
sndpkt=make_pkt(expectedseqnum,ACK,checksum)
udt_send(sndpkt)
expectedseqnum++
```

等待

預設

Λ

`udt_send(sndpkt)`

```
expectedseqnum=1
sndpkt=make_pkt(0,ACK,checksum)
```

圖 3.21　GBN 接收端的擴充 FSM 示意圖

GBN 的傳送端必須回應三種事件：

◆ **來自上層的呼叫**。當上層呼叫 `rdt_send()` 時，傳送端會先檢查窗格是否已滿，也就是說，是否已有 N 個尚在處理但未經確認的封包。如果窗格尚未填滿，傳送端就會建立並送出一份封包，同時適當地更新變數。如果窗格已滿，傳送端就會簡單地將資料退回給上層，表示其窗格已滿。上層可能得稍後再重試一次。在實際的實作中，傳送端比較有可能會將這份資料暫存起來（但不會立即送出），或使用同步機制（例如利用號誌或旗標）讓上層只有在窗格未滿時才能夠呼叫 `rdt_send()`。

◆ **收到 ACK**。在我們的 GBN 協定中，針對序號等於 n 的封包的確認訊息，會被視為**累積式確認**（**cumulative acknowledgement**），意指所有序號小於等於 n 的封包都已經被接收端正確地收到。當我們在探討 GBN 的接收端時，很快就會再回到這項議題。

◆ **逾時事件**。此種協定的名稱，「回溯 N」，源自於發生封包遺失或封包過度延遲時傳送端所採取的行為。一如停止並等待協定，此處我們再次使用計時器來回復資料或確認封包的遺失。如果發生逾時情況，傳送端會重送所有先前已經送出但未經確認的封包。圖 3.20 中的傳送端只使用了一份計時器，我們可以視之為已經傳輸出去最久但尚未收到確認的封包的計時器。如果傳送端收到 ACK 訊息，但仍有其他已送出但未經確認的封包，計時器便會重新啟動。如果沒有尚在處理但未經確認的封包，計時器便會停止。

GBN 接收端的行動也很簡單。如果接收端有正確並依序地收到序號為 n 的封包（也就是說，上一份交給上層的資料來自於序號為 n − 1 的封包），則接收端會送出封包 n 的 ACK，然後將該份封包的資料部分交給上層。在其他任何狀況下，接收端都會丟棄該份封包，然後重送最近依序收到之封包的 ACK。請注意，由於接收端一

次只會遞交一份封包給上層,所以如果接收端已收到封包 k 並將之遞交出去,則表示所有序號小於 k 的封包也都已經被遞交出去了。因此,使用累積式確認是 GBN 很自然的選擇。

在我們的 GBN 協定中,接收端會丟棄順序不正確的封包。雖然將正確收到(但順序不對)的封包丟棄看起來可能既愚蠢又浪費,但是這麼做是有理由的。請回想一下,接收端必須依序將資料遞交給上層。假設我們現在預期出現的封包是 n,但抵達的卻是封包 $n+1$。因爲資料必須依序遞交,所以接收端可以將封包 $n+1$ 暫存起來,然後在之後收到封包 n 並將之遞交出去後,再將此封包遞交給上層。然而,如果封包 n 遺失了,源於 GBN 傳送端的重送原則,封包 n 跟封包 $n+1$ 終將都會被重送。因此,接收端可以乾脆地把封包 $n+1$ 丟棄。這種方法的優點是簡化了接收端的暫存機制——接收端無需暫存任何順序不正確的封包。因此,相較於傳送端必須維護窗格的上限與下限,以及 nextseqnum 位於窗格內的位置,接收端唯一要維護的資訊就是依序來說下一份封包的序號。此數值會被儲存於變數 expectedseqnum 中,如圖 3.21 的接收端 FSM 所示。當然,捨棄正確收到的封包,缺點就是之後重送該份封包時,有可能會發生封包遺失或損毀,而因此需要更多次的重送。

圖 3.22 顯示了窗格大小爲 4 份封包時,GBN 協定的運作。因爲這個窗格大小的限制,傳送端會送出封包 0 到 3,但接著它必須等到這些封包有一或多個得到確認後,才能繼續進行傳送。在每收到一筆連續的 ACK 訊息(例如 ACK0 和 ACK1)時,格就會向前滑動,傳送端就可以傳送一個新的封包(分別爲 pkt4 和 pkt5)。在接收端,因爲封包 2 遺失了,所以它發現封包 3、4、5 與順序不符,而將它們捨棄。

在結束我們關於 GBN 的討論之前,值得注意的是,在協定堆疊中此一協定的實作可能會具有類似圖 3.20 中擴充 FSM 的結構。其實作的形式,也可能會由許多不同的程序所構成,這些程序實作了在回應各種可能發生的事件時,所需採取的行動。在這種以事件爲**基礎的程式設計**(**event-based programming**)中,各種程序會被協定堆疊中其他的程序所呼叫(使用),或是被某項中斷所驅動。在傳送端,這些事件可能是 (1) 上層實體對於 rdt_send() 的呼叫,(2) 計時器中斷,以及 (3) 當封包到達時,下層對於 rdt_rcv() 的呼叫。本章章末的程式設計作業,會提供你一個機會,讓你能夠在一個模擬但寫實的網路環境中實際實作這些常式。

在此我們要指出,GBN 協定幾乎包含了所有我們在 3.5 節研究 TCP 的可靠資料傳輸元件時會遭遇到的技術。這些技術包括序號的使用、累積式確認、檢查和以及逾時 / 重送的操作方式。

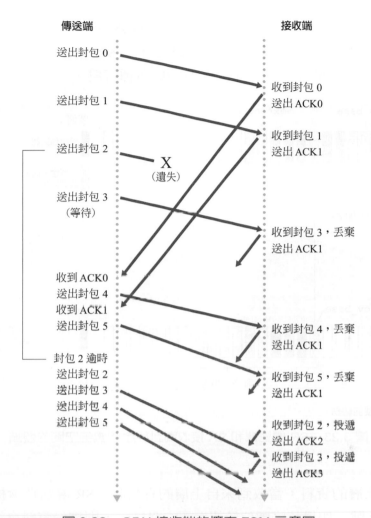

傳送端

接收端

送出封包 0

送出封包 1

送出封包 2

X
（遺失）

送出封包 3
（等待）

收到 ACK0
送出封包 4
收到 ACK1
送出封包 5

封包 2 逾時
送出封包 2
送出封包 3
送出封包 4
送出封包 5

收到封包 0
送出 ACK0

收到封包 1
送出 ACK1

收到封包 3，丟棄
送出 ACK1

收到封包 4，丟棄
送出 ACK1

收到封包 5，丟棄
送出 ACK1

收到封包 2，投遞
送出 ACK2
收到封包 3，投遞
送出 ACK3

圖 3.22　GBN 接收端的擴充 FSM 示意圖

3.4.4　選擇性重複（SR）

在圖 3.17 中，GBN 協定讓傳送端有機會使用封包「填滿管線」，藉此避免我們在停止並等待協定中所指出的通道使用率問題。然而，在某些情境中，GBN 協定本身也會遭遇到效能上的問題。特別是，當窗格大小和頻寬延遲乘積都很大時，管線中可能會有許多封包。因此，單一的封包錯誤有可能會導致 GBN 重送大量的封包，而其中大多封包是無須重送的。隨著通道發生錯誤機率的增加，管線可能會被這些不必要的重送封包給塞滿。請想像一下，在我們的口述訊息情境中，如果每當有一個字聽不清楚時，周圍的 1,000 個字（比方說，1,000 個字的窗格大小）都必須被重述一次。整場談話都會被這些重述的話語給拖慢。

　　如其名稱所示，選擇性重複協定會令傳送端只重送它懷疑接收端並未正確收到（意即遺失或損毀）的封包，以避免不必要的重送。這些獨立的、視需要進行的重送，需要接收端個別地確認已正確收到的封包。我們再次使用大小為 N 的窗格來限制管

線內尚在處理但未經確認的封包數量。然而，跟 GBN 不同的是，傳送端有可能已經收到一些尚在窗格中的封包的 ACK。圖 3.23 顯示了 SR 傳送端對於序號數值空間的觀點。圖 3.24 則詳細說明了 SR 傳送端會採取的各種行為。

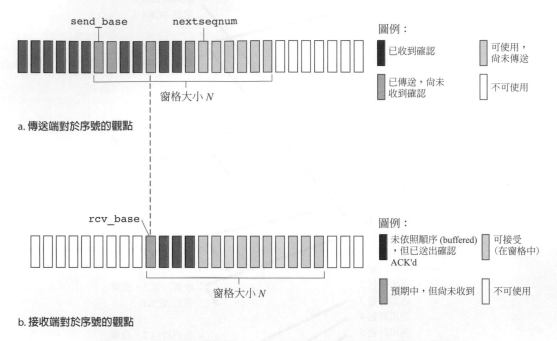

圖 3.23　SR 傳送端和 SR 接收端對於序號數值空間的觀點

---

1. **收到來自上層的資料**：當收到來自上層的資料時，SR 傳送端會檢查下一個可用的封包序號。如果該序號位於傳送端的窗格內，則這份資料會被封裝成封包並送出；否則，它可能會被存入緩衝區，或是退回給上層，稍後再進行傳輸，一如 GBN 所做的。

2. **逾時**：計時器再次被用來防範封包遺失。然而，現在每個封包都必須有其自己的邏輯計時器，因為在逾時時，只有一個封包會被送出。單一的硬體計時器可以用來模擬多個邏輯計時器的操作 [Varghese 1997]。

3. **收到 ACK**：如果收到 ACK，SR 傳送端會將該封包標記為已收到的，假使它位於窗格內的話。如果該封包的序號等於 send_base，則窗格的基底值會向前移動到序號最小的未確認封包上。如果窗格移動使得有尚未傳輸的封包其序號現在落入了窗格之中，則這些封包會被傳輸出去。

圖 3.24　SR 傳送端的事件與行動

　　無論封包是否按照順序，SR 接收端都會確認已經正確收到的封包。脫序的封包會被暫存起來，直到所有漏過的封包（意即擁有較小序號的封包）都被收到為止；

此時，我們就可以將整批封包依序遞交給上層。圖 3.25 條列出 SR 接收端會採取的各種行動。圖 3.26 描繪了在發生封包遺失時，SR 運作的例子。請注意在圖 3.26 中，接收端一開始會暫存封包 3、4、5；在終於收到封包 2 時，會將這些封包與封包 2 一起遞交給上層。

　　重要的是，請注意圖 3.25 的步驟 2，接收端會重複確認（而非忽略）已收到，但序號比目前窗格基底要來得小的封包。你應該要自行確認一下這個重複確認的步驟確實是必要的。比方說，請考量圖 3.23 中傳送端與接收端的序號數值空間，如果封包 send_base 的 ACK 訊息沒有從接收端傳播到傳送端，則傳送端最後一定會重送封包 send_base，即使接收端顯然（對我們而言，而非傳送端！）已經收到該份封包。如果接收端不確認此封包，則傳送端的窗格將永遠不會往前移動！這個例子說明了 SR 協定一個重要的層面（其他許多協定也是一樣）。傳送端跟接收端對於哪些東西已被正確接收，哪些東西尚未被收到，看法並不總是相同。對 SR 協定而言，這表示傳送端與接收端的窗格並不會總是一致。

　　當我們面對現實狀況中有限的序號範圍時，這種傳送端與接收端窗格不同步的狀況，就會造成嚴重的後果。請想想可能會發生什麼事；比方說，當有限的封包序號範圍為四個數字 0、1、2、3，而窗格大小為三時。假設封包 0、封包 1、封包 2 已經被送出並且正確地被接收端收到並加以確認。此時，接收端窗格正位於第四、五、六個封包上，其序號分別為 3、0、和 1。現在請考慮兩種情況。在圖 3.27(a) 所示的第一種情況中，前三個封包的 ACK 遺失了，而傳送端重送了這些封包。因此，接收端接著會收到序號為 0 的封包——傳送端所送出的第一份封包的副本。

　　在圖 3.27(b) 所示的第二種情況中，前三份封包的 ACK 都有正確送達。因此，傳送端會將其窗格前移，並送出序號分別為 3、0、1 的第四、五、六個封包。序號為 3 的封包遺失了，但是序號為 0 的封包卻送達了——一份包含著資料的封包。

　　現在，請考量圖 3.27 的接收端觀點，在傳送端與接收端之間有一道假想的簾幕，因為接收端無法「看到」傳送端所採取的行動。接收端能夠觀察到的，就只有它從通道所收到，以及它所送入通道的訊息。就接收端所能瞭解的，圖 3.27 的兩種情況對它來說是一模一樣的。它沒有任何方法能夠分辨這是第一份封包的重送，還是第五份封包的首次傳送。明顯地，只比序號空間少 1 的窗格大小是無法運作的。然而窗格大小應該要是多小呢？章末的習題會請你證明，對 SR 協定而言，窗格大小必須小於等於序號空間大小的一半。

　　在本書英文版的專屬網站上，你可以找到一份 applet，這份 applet 用動畫展示了 SR 協定的運作。請試著進行跟你對 GBN applet 所做的相同的實驗。請問結果跟你預期的相符嗎？

1. **序號位於 [rcv_base, rcv_base+N-1] 的封包被正確收到**：在此情況中，收到的封包落在接收端的窗格中，一個選擇性的 ACK 封包被傳回給傳送端。如果這個封包之前並未收到過，則會被存入緩衝區。如果這個封包的序號等於接收窗格的基底值（圖 3.22 中的 rcv_base），則此封包以及任何之前暫存在緩衝區中，有著連續編號的封包（rcv_base 開始）會被傳送給上層。於是接收窗格會向前移動傳送給上層的封包數量。舉例來說，請思考圖 3.26。rcv_base=2 的封包被收到時，該封包與封包 3、4、5 都被傳送給上層。

2. **序號位於 [rcv_base-N, rcv_base-1] 的封包被正確收到**：在此情況中，必須產生 ACK 訊息，縱使這是一個接收端之前已經確認過的封包。

3. **其他狀況**：忽略該封包。

圖 3.25　SR 接收端的事件與行動

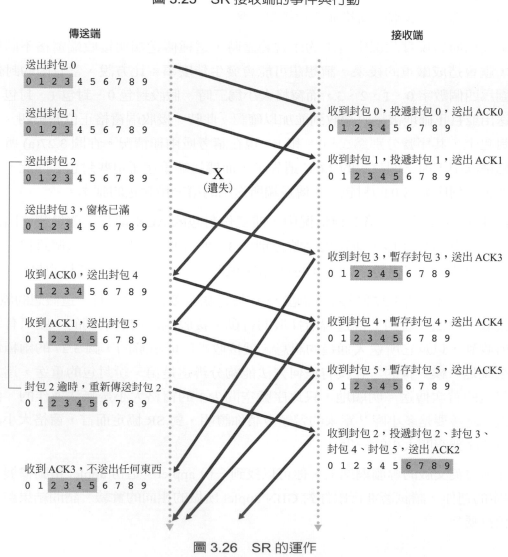

圖 3.26　SR 的運作

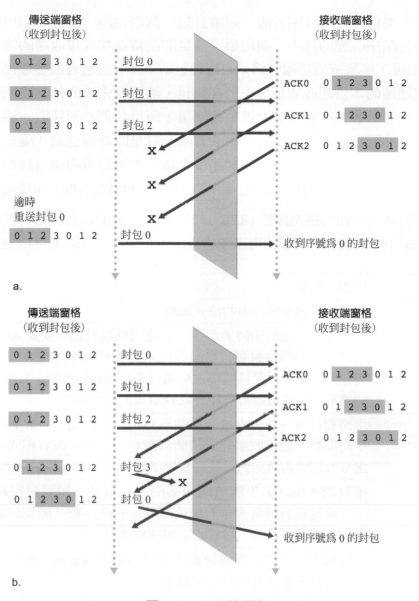

圖 3.27　SR 的運作

　　至此，我們完成了我們對於可靠資料傳輸協定的討論。我們討論了許多基礎知識，也介紹了多種機制，這兩者的結合可以提供我們可靠的資料傳輸。表 3.1 對於這些機制做了一份總整理。現在，既然我們已經看過所有這些機制的運作方式，也能夠瞭解「大方向」；我們鼓勵你再次複習本節，並觀察這些機制是如何循序漸進地被加入，以便支援連接傳送端與接收端之間益趨複雜（且益趨眞實）的通道模型，或增進這些協定的效能。

　　讓我們來考量我們的底層通道模型剩下的最後一項假設，以爲我們可靠資料傳輸協定的討論作結。請回想一下，我們曾經假設過，封包不會在傳送端與接收端之間的通道中改變順序。當傳送端與接收端是透過單一的實體線路相連時，這通常是

合理的假設。然而，當連接兩者的「通道」是一個網路時，封包的順序就有可能發生改變。封包順序改變的其中一個現象，就是即使傳送端或接收端的窗格都不包含 x，卻仍然出現了序號或確認編號爲 x 的舊封包副本。在封包會改變順序的情況下，我們可以把通道的本質想像成是會先暫存封包，然後在未來的任一時間點把這些封包同時發送出去。因爲序號可能會被重複使用，所以我們必須採取一些手段來防範這種重複封包的問題。實際操作所採用的方法，就是除非傳送端「確定」任何先前所傳送之序號爲 x 的封包都已經不在網路中之後，才可以重複使用該份序號。我們是藉由假設封包無法在網路中「存活」超過某個固定的最長時間，來完成這項任務。

TCP 針對高速網路的擴充規格 [RFC 1323] 假設封包的最長存活時間大約爲三分鐘。[Sunshine 1978] 說明了某種使用序號的方法，可以完全免除順序改變的問題。

機制	用途、註解
檢查和	用來偵測傳輸封包中的位元錯誤
計時器	用來進行封包的逾時 / 重送，可能因爲該封包（或其 ACK）遺失在通道中。因爲當封包只是延遲但未遺失時過早逾時，或是當接收端有收到封包，但是接收端送給傳送端的 ACK 遺失時，都可能產生逾時情形，所以接收端可能會收到重複的封包副本。
序號	用來對從傳送端流向接收端的資料進行循序編號。收到的封包序號中的間斷，讓接收端能夠偵測到封包的遺失。擁有相同序號的封包讓接收端能夠偵測到封包的重複副本。
確認訊息	接收端會用之來告訴傳送端某個封包或某一組封包已經正確收到了。確認訊息通常會帶有被確認的封包的序號。確認訊息可能是個別的或是累積式的，端看協定如何實作。
否定確認	接收端會用之來告訴傳送端某個封包並未被正確收到。否定確認通常會帶有未正確收到的封包的序號。
窗格、管線化	傳送端可能會被限制只能傳送序號在某個範圍內的封包。藉由容許多個正在傳輸但尚未被確認的封包，傳送端的使用率就可以比停止並等待操作模式有所增加。我們馬上就會看到窗格大小可能會根據接收端接收與暫存訊息的能力來設定，或是根據網路擁有壅塞的等級來設定，或兩者皆使用。

表 3.1　可靠資料傳輸機制及其用途的總整理

3.5　連線導向傳輸：TCP

現在，既然我們已經看過了可靠資料傳輸背後的原理，請讓我們把焦點轉向 TCP ——網際網路傳輸層的連線導向可靠傳輸協定。在本節中我們會瞭解到，為了提供可靠的資料傳輸服務，TCP 仰賴於許多前一節我們曾討論過的底層原理，包括錯誤偵測、重送、累積式確認、計時器、以及標頭中的序號及確認編號欄位。TCP 定義於 RFC 793、RFC 1122、RFC 1323、RFC 2018、和 RFC 2581。

3.5.1　TCP 連線

我們說 TCP 是一種連線導向（connection-oriented）協定，因為在應用程式行程可以開始傳送資料給另一行程之前，兩筆行程必須先跟彼此進行「握手」程序——也就是說，它們必須送出一些初始區段給對方，以便建立後續資料傳輸所需的參數。在建立 TCP 連線時，連線兩端都需要初始化許多跟 TCP 連線有關的 TCP 狀態變數（這些狀態變數大部分都會在本節與 3.7 節中加以討論）。

　　TCP「連線」並非電路交換網路中端點到端點的 TDM 或 FDM 迴路。相反地，「連線」是合乎邏輯的，因為其連線狀態只存在於兩具通信終端系統上的 TCP 中。回想一下，因為 TCP 協定只會在終端系統上運作，而不會在中介的網路元件（路由器和連結層交換器）上執行，所以中介的網路元件並不會維護 TCP 的連線狀態。事實上，中介路由器對於 TCP 連線全然無知；它們看到的是資料報，而非連線。

　　TCP 連線提供的是全雙工服務（full-duplex service）：如果某台主機上的行程 A，與另一台主機上的行程 B 之間有一筆 TCP 連線，則當有應用層資料從行程 A 流動到行程 B 時，另一筆應用層資料也可以同時從行程 B 流動到行程 A。此外，TCP 連線也永遠是點到點（point-to-point）的；意即，存在於單一傳送端與單一接收端之間。所謂的「群播（multicasting）」（參見線上補充資料）——在單次傳送操作下，將資料從單一傳送端傳送給多個接收端——是無法使用 TCP 來運作的。使用 TCP，兩台主機恰恰好，三台主機就太擁擠了！

　　讓我們來檢視一下，要如何建立 TCP 連線。假設某台主機上執行的行程想要與另一台主機上的另一行程開啟連線。請回想一下，開啟連線的行程稱為用戶端行程，另一行程則稱為伺服端行程。用戶端應用程式行程會先告知用戶端的傳輸層，它想要與伺服端的行程建立連線。請回想 2.7.2 節，一個 Python 用戶端程式會利用下列指令來建立連線：

```
clientSocket.connect((serverName,serverPort))
```

其中 serverName 為伺服器名稱，serverPort 則會被用來識別在伺服端上的行程。用戶端的 TCP 接著會與伺服端的 TCP 建立一筆 TCP 連線。在本節末，我們會更詳細地討論連線建立的程序。現在，我們只需要知道用戶端會先送出一份特殊的 TCP 區段；接著，伺服端會回應以第二份特殊的 TCP 區段；最後，用戶端會再回應以第三份特殊的區段。前兩份區段並未攜帶任何內容，意即不包含任何應用層資料；第三份區段則可能會攜帶內容。因為兩台主機間會傳送三份區段，所以這個連線建立的程序通常會稱為三次握手（**three-way handshake**）。

歷史案例

VINTON CERF、ROBERT KAHN 與 TCP/IP

1970 年代早期，封包交換網路開始蓬勃發展，當時 ARPAnet ——網際網路的前身——還只是眾多網路的其中之一而已。這些網路各個都有自己專屬的協定。兩位研究者，Vinton Cerf 與 Robert Kahn，瞭解到將這些網路彼此相連的重要性，於是他們發明了稱為 TCP/IP 的跨網路協定，TCP/IP 代表傳輸控制協定 / 網際網路協定（Transmission Control Protocol/Internet Protocol）。雖然 Cerf 跟 Kahn 一開始是將此一協定視為單一的實體，但是稍後它便分割成兩塊獨立運作的部分，TCP 與 IP。Cerf 跟 Kahn 於 1974 年 5 月在 IEEE Transactions on CommunicationsTechnology 上發表了有關 TCP/IP 的論文 [Cerf 1974]。

　　TCP/IP 協定是今日網際網路的命脈，它早在 PC、工作站、智慧型手機、和平板電腦出現之前，早在乙太網路、纜線、DSL、WiFi 與其他網路連線技術蓬勃發展之前，也早在資訊網、社群媒體、和串流視訊之前，就被發明出來了。Cerf 和 Kahn 看見了人們對於某種網路協定的需求，這種網路協定一方面要為尚未出現的應用提供廣泛的支援，一方面又要讓任意主機都能夠與連結層協定交互運作。

　　2004 年，Cerf 與 Kahn 得到了 ACM 所頒發，被認為是「計算機界諾貝爾獎」的圖林獎（Turing Award），源於「兩人在建立網際網路上的開創性研究，包括設計與實作網際網路的基礎通訊協定，TCP/IP；以及兩人在網路研究上傑出的領導能力。」

　　一旦 TCP 連線建立了，兩筆應用程式行程便可以開始彼此傳送資料。讓我們考量一下，由用戶端行程傳送資料給伺服端行程。如 2.7 節所述，用戶端行程會透過 socket（行程的門戶）送出資料串流。一旦資料通過該門戶，便會被交到用戶端所執行的 TCP 手上。如圖 3.28 所示，TCP 會將資料引領至連線的**傳送緩衝區**（**send buffer**），這是在一開始的三次握手期間所建立的多份緩衝區之一。有些時候，TCP 會由傳送緩衝區中抓出資料的片段並把該資料傳給網路層。有趣地是，TCP 規格

[RFC 793] 對於實際上 TCP 應於何時送出緩衝資料，態度非常的隨性，它表示 TCP 應該要「在它自己方便時將資料以區段的形式送出」。可以從緩衝區中取出並放入區段的最大資料量，受限於**最大區段大小（Maximum Segment Size，MSS）**的規定。通常在設定 MSS 時，會先判斷本地傳送端主機能夠傳送的最大連結層訊框長度（所謂的**最大傳輸單位 [maximum transmission unit，MTU]**），然後依之設定 MSS 以確保一個 TCP 區段（當封裝在一個 IP 資料報中時）再加上 TCP/IP 標頭長度（典型值為 40 位元組）可以塞入單一一個連結層訊框中。Ethernet 和 PPP 連結層協定它們的 MTU 均為 1500 位元組，因此 MSS 的典型值為 1460 位元組。也有人提出過尋找路徑 MTU 的方法——亦即在來源端至目的端之間的所有連結上都有辦法傳送的最大連結層訊框 [RFC 1191]——然後根據此一路徑 MTU 值來設定 MSS。請注意，MSS 是區段中應用層資料量的最大上限，而非 TCP 區段包含標頭的最大長度上限（這個術語會叫人困惑，但我們必須適應它，因為它已經根深蒂固）。

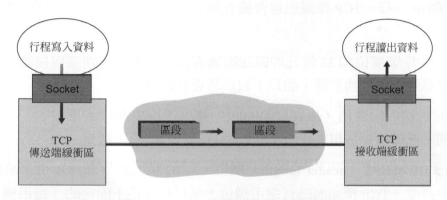

圖 3.28　TCP 的傳送及接收緩衝區

　　TCP 會為每份用戶端資料都加上 TCP 標頭，以建立 **TCP 區段（TCP segment）**。這些區段會被向下交給網路層，在網路層它們會分別被封裝在網路層 IP 資料報中。接著，IP 資料報會被送入網路。當 TCP 在另一端收到區段時，區段的資料會被放入 TCP 連線的接收緩衝區，如圖 3.28 所示。應用程式會從接收緩衝區中讀出資料串流。連線的兩端都擁有各自的傳送緩衝區和接收緩衝區（你可以參見位於本書英文版專屬網站 http://www.awl.com/kurose-ross 的流量控制線上 applet，這份 applet 提供了關於傳送緩衝區與接收緩衝區的動畫。）

　　從上述討論中我們瞭解到，TCP 連線是由位於某台主機上的緩衝區、變數、通往行程的 socket 連線，以及位於另一台主機上的另一組緩衝區、變數與通往行程的 socket 連線所構成。如前所述，在主機之間的網路元件（路由器、交換器以及中繼器）上，並不會配置任何緩衝區或變數給該筆連線。

3.5.2 TCP 區段的結構

在簡單地觀察過 TCP 連線之後,讓我們來檢驗一下 TCP 區段的結構。TCP 區段是由標頭欄位與資料欄位所構成。資料欄位包含一份應用程式資料片段。如前所述,MSS 會限制區段中資料欄位的最大容量。當 TCP 傳送大型檔案,例如網頁中的圖片時,通常會將檔案分割成大小為 MSS 的片段(除了最後一個片段之外,它通常會比 MSS 來得小)。然而,互動式應用所傳輸的資料片段通常會比 MSS 來得小;例如,在 Telnet 這類遠端登入應用中,TCP 區段的資料欄位通常只有一個位元組。因為 TCP 標頭通常是 20 個位元組(比 UDP 標頭多了 12 個位元組),所以 Telnet 送出的區段長度可能只有 21 個位元組。

圖 3.29 顯示了 TCP 區段的結構。就像 UDP 一樣,TCP 的標頭也包含**來源端與目的端埠號**,用來對接收自 / 傳送給上層應用程式的資料,進行多工 / 解多工。此外,也像 UDP 一樣,TCP 標頭也包含**檢查和欄位**。除此之外,TCP 區段的標頭還包括以下欄位:

◆ 32 位元的**序號欄位**和 32 位元的**確認編號欄位**,TCP 的傳送端與接收端會用之來實作可靠的資料傳輸服務,如以下我們將會加以討論的。

◆ 16 位元的**接收端窗格**(**receive window**)**欄位**,用來進行流量控制。我們馬上就會看到,此欄位會被用來表示接收端願意接收的位元組數量。

◆ 4 位元的**標頭長度**(**header length**)**欄位**,以 32 位元的字組為單位,來標記 TCP 標頭的長度。TCP 標頭因為有選用欄位,所以長度是不固定的(選用欄位通常是空的,所以一般的 TCP 標頭長度為 20 個位元組。)

◆ 可選用,長度不固定的**選用欄位**(**options field**),會被使用在傳送端和接收端協調最大區段大小(MSS)時,或者在高速網路中用做窗格的縮放係數(window scaling factor)。此外 TCP 也定義了時間戳記(time-stamping)選項。請參見 RFC 854 與 RFC 1323 取得其他的細節。

◆ **旗標欄位**包含 6 位元。ACK 位元會被用來表示確認欄位中攜帶的數值是有效的;也就是說,這份區段所包含的是針對已被成功接收的區段的確認訊息。**RST**、**SYN** 與 **FIN** 位元會被用來進行連線的建立與中斷,我們會在本節最後加以討論。**CWR** 和 **ECE** 位元用於顯式壅塞通知,這會在 3.7.2 節討論。設定 **PSH** 位元會指示接收端應該要立刻將資料送交給上層。最後,**URG** 位元則會被用來表示這份區段包含被傳送端的上層實體標記為「緊急」的資料。這份緊急資料最後一個位元組的位置,會由 16 位元的**緊急資料指標欄位**(**urgent data pointer field**)所標示。出現緊急資料時,TCP 必須告知接收端的上層實體,並且交給它指向緊急資料尾端的指標(在實際操作上,PSH、URG 和緊急資料指標都未被使用到。不過,

為了完整性，我們還是得提一下這些欄位）。

　　我們作為教師的經驗是，學生有時會覺得關於封包格式的討論比較枯燥，也許有點無聊。想要在 TCP 標頭欄找一個有趣而奇特的觀點，尤其是如果你像我們一樣喜歡樂高（Legos™）的話，請參見 [Pomeranz 2010]。

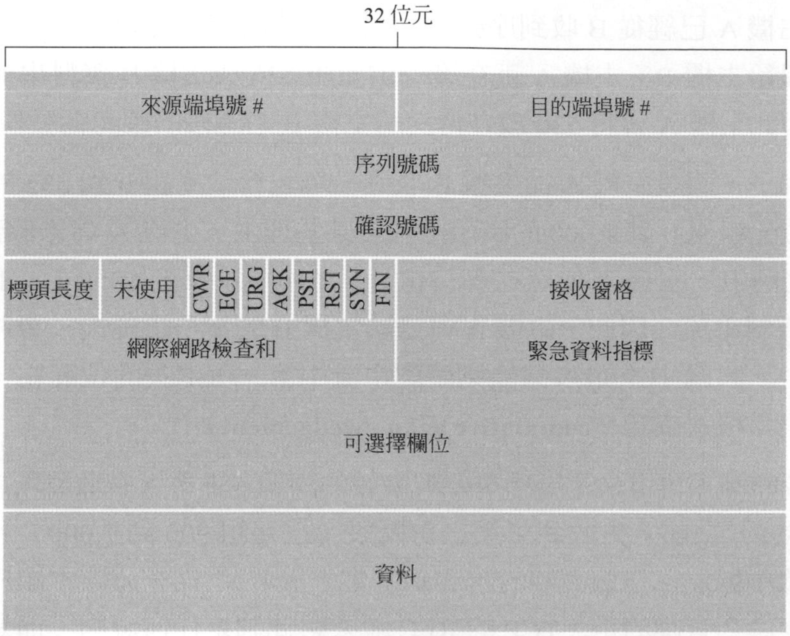

圖 3.29　TCP 區段的結構

◈ 序號和確認編號

TCP 區段標頭中兩個最重要的欄位，就是序號欄位和確認編號欄位。這兩個欄位是 TCP 的可靠資料傳輸服務的關鍵性部分。但是在討論要如何使用這兩個欄位來提供可靠的資料傳輸之前，先讓我們解釋一下 TCP 到底會在這兩個欄位中放入什麼東西。

　　TCP 將資料視為無結構，但有序的位元組串流。TCP 使用序號的方式反映了此種觀點；因為其序號是以所傳輸的位元組串流來編號，而非以所傳輸的區段順序來編號。因此，**區段的序號**會是該份區段中第一個位元組的位元組串流編號。讓我們來看一個例子。假設主機 A 上的行程想透過 TCP 連線傳送一筆資料串流給主機 B 上的行程。主機 A 的 TCP 會暗自將該筆資料串流中的每個位元組加以編號。假設該筆資料串流包含一份大小為 500,000 個位元組的檔案，MSS 為 1,000 位元組，而且該筆資料串流的第一個位元組被編號為 0。如圖 3.30 所示，TCP 會從這筆資料串流中建立出 500 份區段。第一份區段會被指派給序號 0，第二份區段序號 1,000，第三份區段會被指派給序號 2,000，依此類推。每份序號都會被插入到適當的 TCP 區段標頭的序號欄位中。

現在，讓我們來考量一下確認編號。它比序號要來得機巧一點。請回想一下，TCP 是全雙工的協定，因此主機 A 在傳送資料給主機 B 時，同時也可能會從主機 B 接收資料（都是同一筆 TCP 連線的一部分）。每筆來自主機 B 的區段，都包含一份針對從 B 流動到 A 的資料進行編號的序號。**主機 A 放在區段中的確認編號，會是主機 A 預期從主機 B 收到的下一個位元組的序號**。看一些例子會比較有助於瞭解此一狀況。假設主機 A 已經從 B 收到序號從 0 到 535 的所有位元組，同時假設它正好要傳送一筆區段給主機 B。主機 A 正在等待位元組 536 與主機 B 資料串流中所有後續的位元組。因此主機 A 會將 536 放在傳送給主機 B 的區段的確認編號欄位中。

另一個例子，假設主機 A 從主機 B 收到一筆包含位元組 0 到 535 的區段，以及另一筆包含位元組 900 到 1,000 的區段。基於某些理由，主機 A 尚未收到位元組 536 到 899。在此例中，主機 A 依然在等待位元組 536（以及後續的位元組），以便重建主機 B 的資料串流。因此，主機 A 傳送給主機 B 的下一筆區段，會將 536 放入確認編號欄位中。因為 TCP 最多只能夠確認串流中第一個遺失的位元組，所以我們說 TCP 提供的是**累積式確認**（**cumulative acknowledgement**）。

這個最後的例子也引來了一項重要但微妙的議題。主機 A 在收到第二份區段（位元組 536 到 899）之前，先收到了第三份區段（位元組 900 到 1,000）。因此，第三份區段並未依序抵達。這個微妙的議題是：當主機收到 TCP 連線中順序不正確的區段時，會怎麼做？有趣的是，TCP 的 RFC 並未對此制定任何規則，而是將決定權留給實作 TCP 程式的開發者。基本上有兩種選擇：(1) 接收端立即捨棄脫序的區段（如我們之前所討論的，這樣可以簡化接收端的設計）；或者 (2) 接收端保留脫序的位元組，並等待缺漏的位元組將空隙補上。明顯地，後者的選擇對於網路頻寬而言比較有效率，也是實際操作上被採用的方式。

在圖 3.30 中，我們假設初始序號為 0。事實上，TCP 連線的兩端會隨機選擇一個初始序號。這樣做可以將屬於先前已終止的連線，卻尚在網路中傳輸的區段，被誤認為有效的、屬於同樣兩台主機間新建立連線（剛好也使用與舊連線相同的埠號）的區段，其機率減至最低 [Sunshine 1978]。

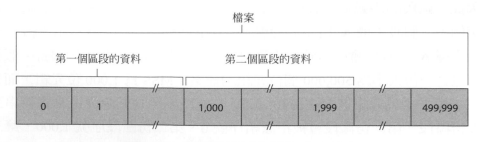

圖 3.30　將檔案資料分割為 TCP 區段

◈ Telnet：序號與確認編號的案例研究

Telnet 定義於 RFC 854，是一種常用的遠端登入應用層協定。它執行於 TCP 上，設計來在任意一對主機之間運作。不同於第二章所討論的大量資料傳輸應用，Telnet 是一種互動式應用。我們在此處討論 Telnet 的案例是因爲這個案例可以妥善地說明 TCP 的序號和確認編號。我們要提醒你，現在有許多使用者比較偏好使用 SSH 協定而非 Telnet，因爲 Telnet 連線所傳送的資料是未加密的（包括密碼！），這使得 Telnet 對於竊聽攻擊毫無招架之力（如 8.7 節將會討論的）。

　　假設主機 A 開啓了一筆與主機 B 的 Telnet 會談。因爲是由主機 A 開啓該筆會談，所以它被標示爲用戶端，主機 B 則被標示爲伺服端。使用者（在用戶端）所鍵入的每個字元都會被傳送給遠端主機；遠端主機也會傳回每個字元的副本，並顯示在 Telnet 使用者的螢幕上。這種「迴響（echo back）」是用來確保 Telnet 使用者所看到的字元，都已經被遠端站台收到並加以處理過。因此，在使用者按下按鍵，到字元顯示在使用者的螢幕上時，其間字元已經穿越了網路兩次。

　　現在，假設使用者鍵入了單一字元「C」，然後去拿了一杯咖啡。讓我們檢視一下用戶端與伺服端之間所傳送的 TCP 區段。如圖 3.31 所示，我們假設用戶端與伺服端的初始序號分別是 42 和 79。請回想一下，區段的序號也就是資料欄位中第一個位元組的序號。因此，用戶端所送出的第一份區段序號爲 42；伺服端所送出的第一份區段序號則爲 79。請回想一下，確認編號是主機正在等待的下一個資料位元組的序號。在 TCP 連線建立之後，但尚未送出任何資料之前，用戶端所等待的是位元組 79，伺服端所等待的則是位元組 42。

　　如圖 3.31 所示，總共會有三份區段被送出。第一份區段是從用戶端傳送到伺服端，資料欄位中包含 1 位元組字母「C」的 ASCII 表示法。如我們方才所述，這個第一份區段的序號欄位值是 42。此外，因爲用戶端尚未從伺服端收到任何資料，所以這個第一份區段的確認編號欄位爲 79。

　　第二份區段則是從伺服端傳送給用戶端。它具有兩項目的。首先，它提供了伺服端已收到之資料的確認訊息。藉由在確認欄位中放入 43，伺服端告訴用戶端它已成功地收到位元組 42 以前的所有資料，現在正在等待位元組 43 以後的資料。這份區段的第二項目的是針對字母「C」發出迴響。因此，第二份區段的資料欄位中包含的是「C」的 ASCII 表示法。這個第二份區段的序號爲 79，亦即這筆 TCP 連線伺服端到用戶端資料流的初始序號，因爲這份區段是伺服端所傳送的第一個資料位元組。請注意，攜帶著用戶端到伺服端資料之確認訊息的區段，也攜帶著伺服端到用戶端的資料；我們稱這種確認訊息是在搭伺服端到用戶端資料區段的**便車**（**piggybacked**）。

第三份區段是從用戶端傳送到伺服端。它唯一的目的，就是確認它已收到來自伺服端的資料（請回想一下，從伺服端到用戶端的第二份區段有包含資料——字母「C」）。此區段的資料欄位是空的（也就是說，這筆確認訊息並未搭任何用戶端到伺服端資料的便車）。這份區段的確認編號欄位為 80，因為用戶端已經收到位元組序號 79 以前的位元組串流，現在正在等待位元組 80 以後的資料。你可能會覺得這份區段也擁有序號是件怪事，因為這份區段並不包含資料。然而因為 TCP 擁有序號欄位，所以這份區段必須擁有某個序號。

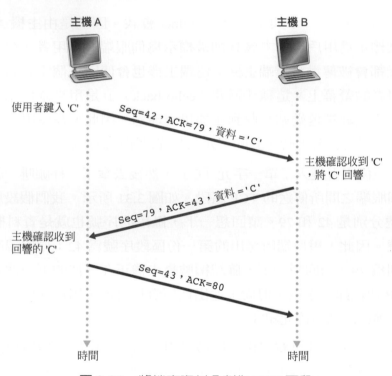

圖 3.31   將檔案資料分割為 TCP 區段

3.5.3   來回時間的評估與逾時

TCP，就像 3.4 節中我們的 rdt 協定，也會使用逾時 / 重送機制以復原遺失的區段。雖然概念上很簡單，然而當我們在實際的協定如 TCP 上實作逾時 / 重送機制時，會產生許多微妙的議題。或許最顯著的問題就是逾時間隔的長度。明顯地，逾時時間應該要比連線的來回時間（RTT），亦即從送出區段開始直到收到確認訊息為止的時間要來得長。否則，主機就會進行不必要的重送。但是要長上多少呢？我們一開始該如何估計 RTT 呢？每份未經確認的區段，是否都應該要予以計時呢？問題如此之多！我們在本節的討論，是根基在 [Jacobson 1988] 對於 TCP 的研究成果，以及目前 IETF 對於管理 TCP 計時器的建議 [RFC 6298] 之上。

◈ 估計來回時間

讓我們從考量 TCP 要如何估計傳送端與接收端之間的來回時間，來開始我們對於 TCP 計時器管理的研究。估計來回時間的方法如下。區段的 RTT 取樣，標記為 SampleRTT，等同於從送出某區段（意即交給 IP）到收到該區段的確認訊息之間所經歷的時間。大部分的 TCP 實作並不會量測它所傳輸的每筆區段的 SampleRTT，而是一次只會量測一筆 SampleRTT。也就是說，在任意一個時刻，在所有已傳輸但未經確認的區段中，TCP 只會估計其中某一區段的 SampleRTT；如此一來，大約每隔一次 RTT，我們就會得到一筆新的 SampleRTT 值。此外，TCP 不會針對重送的區段計算 SampleRTT；它只會針對已經傳送一次的區段量測 SampleRTT[Karn 1987]（本章章末的習題會請你思考為什麼要這樣做。）

明顯地，源於路由器的壅塞，或是終端系統不停變化的負載，各區段的 SampleRTT 值都會有所變動。因為這種變動情形，所以任何 SampleRTT 值都可能會偏離常模。為了估算一般的 RTT，對於 SampleRTT 取某種平均值是很自然的選擇。TCP 會維護 SampleRTT 的平均值，稱為 EstimatedRTT。在取得新的 SampleRTT 時，TCP 會根據以下公式更新 EstimatedRTT 值：

EstimatedRTT $=(1 - \alpha) \cdot$ EstimatedRTT $+ \alpha \cdot$ SampleRTT

以上公式是以程式語言的敘述形式撰寫——**EstimatedRTT** 的新值是舊 **EstimatedRTT** 值與新 **SampleRTT** 值兩者的加權總和。α 的建議值是 $\alpha = 0.125$（亦即 1/8）[RFC 6298]；因此，上述公式會變成：

EstimatedRTT $= 0.875 \cdot$ EstimatedRTT $+ 0.125 \cdot$ SampleRTT

請注意，**EstimatedRTT** 是 **SampleRTT** 的加權平均值。如本章章末的習題所討論的，此一加權平均值給予新樣本高於舊樣本的權重。這很自然，因為較新的樣本比較能夠反映出目前網路的壅塞狀況。在統計學上，這種平均值稱為**指數加權移動平均**（**exponential weighted moving average**，**EWMA**）。「指數」這個詞之所以出現在 EMWA 中，是因為某次 SampleRTT 值的權重，會隨著持續的更新而以指數的比率快速減少。在習題中，我們會要求你推導 EstimatedRTT 中的指數項。

圖 3.32 顯示了針對某筆介於 gaia.cs.umass.edu（位於麻州的安默斯特）與 fantasia.eurecom.fr（位於法國南部）之間的 TCP 連線，以 $\alpha = 1/8$ 估計出的 SampleRTT 及 EstimatedRTT 值。明顯地，SampleRTT 的變動會在 EstimatedRTT 的計算過程中被平滑化。

除了估計 RTT 以外，量測 RTT 的變動程度也相當具有價值。[RFC 6298] 定義了 RTT 的變動程度，DevRTT，它會估計 SampleRTT 通常會與 EstimatedRTT 偏差多少：

$$DevRTT = (1 - \beta) \cdot DevRTT + \beta \cdot | SampleRTT - EstimatedRTT |$$

　　請注意，`DevRTT` 是 `SampleRTT` 與 `EstimatedRTT` 差值的 EWMA。如果 `SampleRTT` 值少有變動，則 `DevRTT` 值就會很小；另一方面來說，如果 `SampleRTT` 值變動很大，`DevRTT` 值就會很大。β 的建議值為 0.25。

實務原理

TCP 藉由與我們在 3.4 節所研究的方法大致類似的方法，使用肯定確認與計時器來提供可靠的資料傳輸。TCP 會確認已正確收到的資料，當它認為某份區段或其相關的確認訊息已經遺失或損毀時，便會重送該區段。某些 TCP 的版本也會包含隱藏性的 NAK 機制—透過 TCP 的快速重送機制，收到三筆針對同一區段的重複 ACK，代表的便是下一區段的 NAK，從而在逾時前便驅動該份區段的重送。TCP 會使用序號以讓接收端能夠辨識遺失或重複的區段。就像我們的可靠資料傳輸協定 `rdt3.0` 一樣，TCP 本身也無法確切分辨某份區段或其 ACK 訊息究竟是遺失、損毀、還是過度延遲。在傳送端看來，TCP 的回應都是相同的：重送有問題的區段。

　　TCP 也會使用管線化，允許傳送端在任何時間都可以擁有多份已送出但未經確認，仍在處理中的區段。我們先前看過，在區段大小與來回延遲時間比值不大時，管線化可以大幅改善會談的產出率。傳送端所能擁有的尚在處理中但未經確認的區段數量，是由 TCP 的流量控制與壅塞控制機制所決定。本節最末會討論 TCP 的流量控制；TCP 的壅塞控制則會在 3.7 節加以討論。目前我們只需知道 TCP 傳送端會使用管線化就可以了。

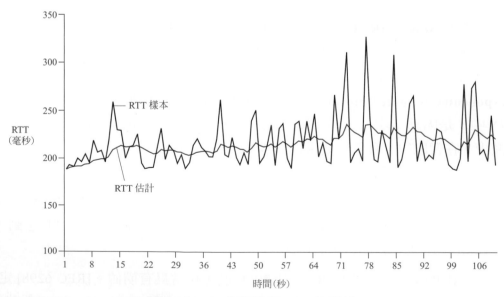

圖 3.32　RTT 取樣與 RTT 估計值

◈ **設定和管理重送的逾時間隔**

已知 EstimatedRTT 與 DevRTT 值，TCP 的逾時間隔該採用什麼數值呢？明顯地，逾時間隔應該要大於等於 EstimatedRTT，否則就會造成不必要的重送。但是逾時間隔也不該比 EstimatedRTT 大太多；否則當區段遺失時，TCP 就無法快速地重送該區段，而造成冗長的資料傳輸延遲。所以，我們會想要將逾時間隔設定為 EstimatedRTT 再加上某個邊際值。當 SampleRTT 值變動很大時，該邊際值應該要大一些；如果少有變動時，該邊際值就應該要小一些。因此，此處我們應該要考量進 DevRTT 值。上述所有考量都被納入到 TCP 判定重送逾時間隔的方法中：

$$\text{TimeoutInterval} = \text{EstimatedRTT} + 4 \cdot \text{DevRTT}$$

我們建議初始的 TimeoutInterval 值設為 1 秒 [RFC 6298]。而且，當逾時發生時，我們倍增 TimeoutInterval 來避免之後一個將馬上會被確認的區段卻被被判定為逾時。然而，一但一個區段被接收而且 EstimatedRTT 被更新，TimeoutInterval 須使用以上的公式再次計算一次。

3.5.4　可靠資料傳輸

請回想一下，網際網路的網路層服務（IP 服務）是不可靠的。IP 不擔保資料報會送達、不擔保資料報會依序送達、也不擔保資料報中資料的完整性。使用 IP 服務，資料報可能會造成路由器緩衝區溢位，而永遠無法抵達其目的地；資料報可能不會依序抵達，資料報中的位元也有可能會遭到損毀（從 0 變 1 或從 1 變 0）。由於傳輸層區段都是由 IP 資料報所攜帶來跨越網路，所以傳輸層區段也可能會遭遇到上述問題。

TCP 在 IP 不可靠的盡力就好服務上，建立了**可靠的資料傳輸服務**。TCP 的可靠資料傳輸服務會確保行程從其 TCP 接收緩衝區中讀出的資料串流並未遭到毀損，中間沒有空缺，也沒有重複，而且順序正確；也就是說，它所讀出的位元組串流，與連線另一端的終端系統所送出的位元組串流完全相同。TCP 要如何提供可靠的資料傳輸，牽涉到許多我們曾在 3.4 節中學習過的原理。

我們之前在開發可靠的資料傳輸技術時，假設每份已傳輸但未經確認的區段都擁有各自的計時器，在概念上來說是最簡單的做法。雖然這麼做理論上很棒，但計時器的管理會帶來很大的負擔。因此，TCP 建議的計時器管理程序 [RFC 6298] 只使用「單一」的重送計時器，即使會有多份已傳輸但未經確認的區段在網路中。本節所描述的 TCP 協定遵循著這個單一計時器的建議。

我們會藉由兩個漸進的步驟，來討論 TCP 要如何提供可靠的資料傳輸。首先，我們會呈現高度簡化過的 TCP 傳送端說明，它只會使用逾時機制來復原遺失的區段；然後，我們會呈現較複雜的說明，這個版本除了使用逾時機制外，還會使用重複確

認。在接下來的討論中，我們會假設所傳送的資料只有從主機 A 到主機 B 單向，而主機 A 正在傳送一份大型檔案。

圖 3.33 呈現了高度簡化過的 TCP 傳送端說明。我們看到 TCP 傳送端中有三件與資料傳輸及重送有關的主要事件：從上層的應用程式接收資料、計時器逾時、以及收到 ACK。在第一項主要事件發生時，TCP 會從應用程式接收資料，將資料封裝在區段中，然後將區段交給 IP。請注意，每份區段都包含一份序號，等於區段中第一個資料位元組的位元組串流編號，如 3.5.2 節所述。此外也請注意，如果計時器尚未被其他區段所使用，則 TCP 會在將區段交給 IP 時，啟動計時器（把計時器想像成是關連到最舊的那一個未經確認區段，會對你有所助益）。該份計時器的逾時間隔為 TimeoutInterval，是由 EstimatedRTT 和 DevRTT 計算出來的，如 3.5.3 節所述。

```
/* Assume sender is not constrained by TCP flow or congestion control, that data from above is less
than MSS in size, and that data transfer is in one direction only. */

NextSeqNum=InitialSeqNumber
SendBase=InitialSeqNumber

loop (forever) {
    switch(event)

        event: data received from application above
            create TCP segment with sequence number NextSeqNum
            if (timer currently not running)
                start timer
            pass segment to IP
            NextSeqNum=NextSeqNum+length(data)
            break;

        event: timer timeout
            retransmit not-yet-acknowledged segment with
                smallest sequence number
            start timer
            break;

        event: ACK received, with ACK field value of y
            if (y > SendBase) {
                SendBase=y
                if (there are currently any not-yet-acknowledged segments)
                    start timer
                }
            break;

    } /* end of loop forever */
```

圖 3.33　簡化過的 TCP 傳送端

第二項主要事件是逾時事件。TCP 會重送造成逾時事件的區段，來回應逾時事件。接著 TCP 會重新啟動計時器。

第三項必須由 TCP 傳送端處理的主要事件，就是收到來自接收端的確認區段（ACK，更精確地說，是包含有效 ACK 欄位值的區段）。當此事件發生時，TCP 會

比對 ACK 值 y 和其變數 SendBase。TCP 狀態變數 SendBase 是最舊的那一個未經確認位元組的序號（因此，SendBase-1 就是接收端已知已正確且依序收到的最後一個位元組的序號）。如前所示，TCP 使用的是累積式確認；因此，y 所確認的是所有位元組編號 y 以前的位元組都已經正確收到。如果 y > SendBase，則這筆 ACK 所確認的便是一或多份之前未經確認的區段。因此，傳送端會更新其 SendBase 變數；如果目前還有任何未經確認的區段，它也會重新啟動計時器。

◈ 幾個有趣的情況

針對 TCP 如何提供可靠的資料傳輸，我們方才描述了一個高度簡化過的版本。然而即使是這個高度簡化過的版本，還是有許多微妙之處。為了充分瞭解這種協定是如何運作的，現在讓我們逐步地來檢視幾種簡單的情境。圖 3.34 描繪了第一種情境，主機 A 傳送一份區段給主機 B。假設這份區段的序號為 92，並且包含 8 位元組的資料。在送出此區段後，主機 A 會等待來自主機 B，帶有確認編號 100 的區段。雖然主機 B 有收到來自主機 A 的區段，但主機 B 傳送給主機 A 的確認訊息卻遺失了。在這種情況下，便會發生逾時事件，所以主機 A 會重送相同的區段。當然，當主機 B 收到重送的區段時，它會從序號觀察到它已經收到過該區段所包含的資料。因此，主機 B 的 TCP 會捨棄這份重送區段中的位元組。

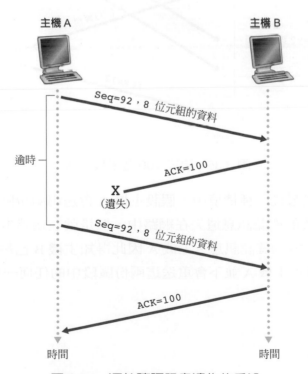

圖 3.34　源於確認訊息遺失的重送

　　在第二種情境中，如圖 3.35 所示，主機 A 連續傳送了兩份區段。第一份區段的序號為 92，包含 8 位元組的資料；第二份區段的序號為 100，包含 20 位元組的資料。假設兩份區段都完整無缺地抵達了主機 B，主機 B 則分別針對這兩份區段送出了各自的確認訊息。第一筆確認訊息的確認編號為 100；第二筆確認訊息的確認編號則為 120。假設在逾時之前，兩筆確認訊息都未到達主機 A。當逾時事件發生時，主機 A 會重新送出序號為 92 的第一份區段，然後重新啟動計時器。只要第二份區段的 ACK 在新的逾時時限前到達，第二份區段就不會被重送。

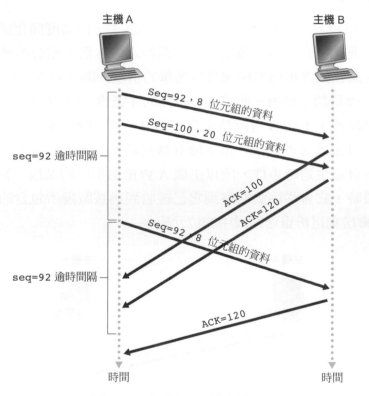

圖 3.35　區段 100 並未被重送

　　在第三種，也是最後一種情境中，假設主機 A 會送出兩份區段，就像第二個例子一樣。第一份區段的確認訊息遺失在網路中，但是就在逾時事件發生之前，主機 A 收到確認編號為 120 的確認訊息。主機 A 因此得知主機 B 已然接收到所有位元組 119 以前的資料；所以主機 A 並不會重送這兩份區段中的任何一份。圖 3.36 描繪了此一情境。

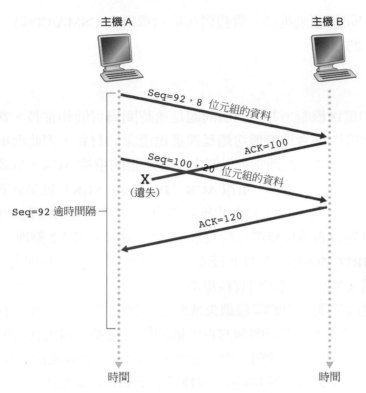

圖 3.36　累積式確認能夠避免的第一份區段的重送

◈ 倍增逾時間隔

我們現在來討論幾種大多數 TCP 實作都會採用的修訂。第一項修訂考量的是在計時器逾時之後，逾時間隔的長度。在此項修訂中，每當發生逾時事件，TCP 就會重送擁有最小序號的未經確認區段，如前所述。但是每當 TCP 進行重送時，它會將下次的逾時間隔設定為先前數值的兩倍，而不是從前次的 EstimatedRTT 與 DevRTT 所推導出來（如 3.5.3 節所述）。舉例來說，假設當計時器首次逾時時，與最舊之未經確認區段相關的 TimeoutInterval 為 0.75 秒。TCP 接著會重送該區段，並且將新的逾時間隔設定為 1.5 秒。如果在 1.5 秒後計時器再次發生逾時，TCP 會再次重送該區段，並且將逾時間隔設定為 3.0 秒。如此一來，在每次重送之後，逾時間隔都會呈指數成長。然而，當計時器是由其他兩種事件（意即收到來自上層應用的資料，以及收到 ACK）所啟動時，TimeoutInterval 的值就會由最近一次的 EstimatedRTT 值和 DevRTT 值推導出來。

　　這項修訂提供了一種有限的壅塞控制形式（我們會在 3.7 節探討更廣泛的 TCP 壅塞控制形式）。計時器逾時最常見的原因便是網路的壅塞；也就是說，在來源端與目的端之間的路徑上，有一台（或多台）路由器收到過多的封包，造成封包被捨棄，或是冗長的佇列延遲。當壅塞發生時，如果來源端持續不停地重送封包，則壅塞的情況可能會越來越嚴重。取而代之的是，TCP 會使用比較溫和的方式來處理，令傳

送端每次重送的間隔越來越長。當我們在第六章研究 CSMA/CD 時，會看到乙太網路也使用了類似的概念。

◈ **快速重送**

使用逾時觸發的重送機制，其中一個問題是逾時間隔可能相當長。當區段遺失時，這種長時間的逾時間隔會迫使傳送端延遲重送遺失的封包，因此而增加了端點到端點的延遲。幸運地，傳送端通常可以藉由留意所謂的重複 ACK，以遠在逾時事件發生之前，便偵測出封包的遺失。重複 ACK（Duplicate ACK）就是針對先前傳送端已收到其確認訊息的區段，再次發出的確認訊息。要瞭解傳送端對於重複 ACK 會如何回應，我們得先看看為什麼接收端要重複送出 ACK。表 3.2 整理了 TCP 接收端的 ACK 產生策略 [RFC 5681]。當 TCP 接收端收到的區段序號比預期會依序收到的下筆序號要來得大時，它便會偵測到資料串流中出現了空隙——亦即，有區段遺失了。這個空隙可能是因為網路中的區段遺失或順序改變所造成的。因為 TCP 並未使用否定確認，所以接收端無法送回明確的否定確認給傳送端。取而代之的是，它會針對最後一個依序收到的資料位元組，再次發出確認訊息（也就是說，產生重複的 ACK 訊息）（請注意，表 3.2 允許接收端在這種情形下無需捨棄脫序的區段）。

事件	TCP 接收端動作
擁有預期序號的區段依序到來。所有在預期序列編號之前的資料都已被確認了。	延遲 ACK。最多花 500 msec 等待另一個依序的區段到來。如果下一個依序區段並未在這段期間收到，則送出 ACK。
擁有預期序號的區段依序到來。另一個依序的區段正在等待傳輸 ACK。	立刻送出單一的累積式 ACK，回應全部依序的區段。
擁有比預期來得大的區段不依序抵達。偵測到縫隙。	立刻送出重複的 ACK，指示出下一個預期的位元組序號（意即縫隙的底端）。
抵達的區段可以部分或完整地填滿收到的資料中的縫隙。	立即送出 ACK，假使區段是從縫隙的底端開始填滿的話。

表 3.2　TCP 產生 ACK 的建議 [RFC 5681]

因為傳送端通常會接續傳送出大量的區段，所以如果有某份區段遺失了，就可能會有許多接踵而來的重複 ACK。如果 TCP 傳送端收到三次同一份資料的重複 ACK，它就會認為這份被 ACK 三次的區段其後的區段已經遺失了（在習題中，我們會考量為什麼傳送端要等待三次重複 ACK，而非只等待一次重複 ACK 的相關問題）。在收到三次重複 ACK 的情況下，TCP 傳送端會執行**快速重送**（**fast retransmit**）[RFC 5681]，它會在該區段的計時器逾時之前，便重送遺失的區段。圖 3.37 描繪了這項過程，其中第二份區段遺失了，然後在計時器逾時之前就被重送出

去。對於使用快速重送的 TCP 而言，下列程式碼片段會取代圖 3.33 的 ACK 接收事件：

```
event: ACK received, with ACK field value of y
        if (y > SendBase) {
        SendBase=y
        if (there are currently any not yet
            acknowledged segments)
          start timer
          }
        else {/* a duplicate ACK for already ACKed
            segment */
          increment number of duplicate ACKs
            received for y
          if (number of duplicate ACKS received
          for y==3)
          /* TCP fast retransmit */
          resend segment with sequence number y
          }
        break;
```

我們先前提過，當逾時 / 重送機制實作在實際的協定如 TCP 中時，會發生許多微妙的問題。上述程序，是累積了 20 年以上的 TCP 計時器使用經驗演變而來的，應該可以說服你事情就是這樣！

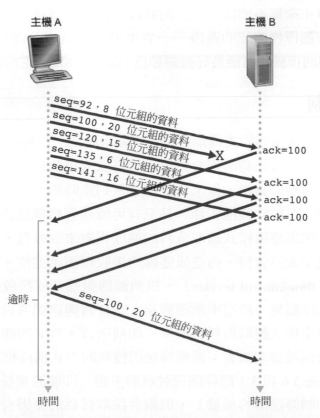

圖 3.37　快速重送：在區段的計時器逾時之前，便重送遺失的區段

◈ 回溯 N 還是選擇性重複？

且讓我們考量下面這個問題，以結束我們對於 TCP 錯誤回復機制的學習：TCP 是 GBN 協定還是 SR 協定？請回想一下，TCP 的確認訊息是累積式的，可能會收到正確但脫序的區段，且不會個別地被接收端確認。因此，如圖 3.33 所示（也請參見圖 3.19），TCP 的傳送端只需要維護已送出但未經確認的位元組之中的最小序號（SendBase），以及下一個將要傳送的位元組序號（NextSeqNum）。以此點而言，TCP 看起來很像 GBN 式的協定。但是，TCP 和回溯 N 之間有一些重大的差異。多數的 TCP 實作會將已經正確收到、但脫序的區段存入緩衝區 [Stevens 1994]。也請想想，當傳送端送出連串區段 1、2、$\cdots$、N，而且所有的區段都依序無誤地抵達接收端時，會發生什麼事情。進一步假設有某個封包 $n < N$ 的確認訊息遺失了，但其餘的 $N - 1$ 筆確認訊息都有在各自的逾時時限之前抵達傳送端。在這個例子中，GBN 不只會重送封包 n，也會重送所有後續的封包 $n + 1$、$n + 2$、$...$、N。但另一方面來說，TCP 最多只會重送一筆區段，亦即區段 n。更甚者，如果區段 $n + 1$ 的確認訊息在區段 n 的逾時時限之前抵達，TCP 甚至不會重送區段 n。

　　有人提出某種 TCP 的修正，亦即所謂的 **選擇性確認**（selective acknowledgement）[RFC 2018]，這種修正允許 TCP 的接收端選擇性地確認脫序的區段，而不只是累積式地確認最後一筆正確無誤地依序收到的區段。在加入選擇性重送機制之後——不重送已經被接收端選擇性確認的區段—— TCP 看起來就十分像是一般的 SR 協定。因此，TCP 的錯誤回復機制可能最好被歸類爲 GBN 和 SR 協定的混種。

3.5.5　流量控制

請回想一下，TCP 連線兩端的主機都會替該筆連線建立一份接收緩衝區。當 TCP 連線收到正確並依序的位元組時，便會將這份資料放入接收緩衝區。相關的應用程式行程會從這份緩衝區讀取資料，但未必是在資料到達時馬上加以讀取。確實，接收端應用程式有可能正在忙於其他工作，甚至有可能在資料抵達許久之後，都還未嘗試讀取該筆資料。如果應用程式讀取資料的速度相對來說較慢，則傳送端很容易會因爲太快速地傳送了太多資料，而造成連線的接收緩衝區溢位。TCP 爲其應用提供了 **流量控制服務**（flow-control service），以消滅傳送端造成接收端緩衝區溢位的可能性。因此，流量控制是一種速率調節服務，它會將傳送端傳送資料的速率，調整至相符於接收端應用程式讀取資料的速率。如前所言，TCP 的傳送端也可能會因爲 IP 網路的壅塞狀況而被抑制流量；這種傳送端控制的方式稱爲 **壅塞控制**（congestion control），我們會在 3.6 與 3.7 節詳細探討這個主題。即使流量控制和壅塞控制所採取的行爲相似（抑制傳送端的流量），但兩者採取行爲的原因有非常顯著的差異。不幸的是，許多作者會交替使用這兩個詞彙，而聰明的讀者就得動腦袋來區分這兩

種狀況。現在，讓我們來討論 TCP 要如何提供流量控制服務。爲了從大處著眼，在這整節中我們都假設 TCP 實作會令接收端捨棄脫序的區段。

TCP 會藉由讓傳送端維護一個稱爲**接收窗格（receive window）**的變數，來提供流量控制。非正式地說，接收窗格是用來讓傳送端對於接收端有多少可用的緩衝區空間得到一些概念。因爲 TCP 是全雙工服務，所以連線兩端的傳送端都會維護各自的接收窗格。讓我們以檔案傳輸作爲討論背景，來研究接收窗格的運作。假設主機 A 正透過 TCP 連線傳送一份大型檔案給主機 B。主機 B 會爲這筆連線配置一份接收緩衝區；以 RcvBuffer 來指示緩衝區的大小。主機 B 的應用程式行程會不時從這份緩衝區中讀取資料。我們定義以下變數：

◆ LastByteRead：主機 B 的應用程式行程從緩衝區所讀出之資料串流的最後一個位元組的編號。

◆ LastByteRcvd：資料串流內，已從網路中抵達，並且已被放入主機 B 之接收緩衝區的最後一個位元組的編號。

因爲 TCP 不允許所配置的緩衝區溢位，所以我們必須讓：

LastByteRcvd - LastByteRead ≤ RcvBuffer

接收窗格，標記爲 rwnd，會被設定成緩衝區中剩餘的空間總量：

rwnd = RcvBuffer - [LastByteRcvd - LastByteRead]

因爲剩餘空間會隨時間而改變，所以 rwnd 是動態的。圖 3.38 說明了變數 rwnd 的運作。

連線要如何利用變數 rwnd 來提供流量控制服務？主機 B 會在每筆送往主機 A 的區段的接收窗格欄位中放入 rwnd 的現值，以告訴主機 A 它的連線緩衝區有多少剩餘空間。一開始，主機 B 會設定 rwnd = RcvBuffer。請注意，爲了完成這項操作，主機 B 必須追蹤幾個與連線相關的變數。

主機 A 也會追蹤兩個意義很明顯的變數 LastByteSent 和 LastByteAcked。請注意，這兩個變數的差值，LastByteSent - LastByteAcked，就是主機 A 已送入連線，但未經確認的資料量。藉由保持未經確認的資料量少於 rwnd 的值，主機 A 就可以確保它不會造成主機 B 的接收緩衝區溢位。因此，主機 A 在整個連線期間都必須保證

LastByteSent - LastByteAcked ≤ rwnd

這種策略會有個小小的技術性問題。要瞭解這個問題，請假設主機 B 的接收緩衝區已經滿載，所以 rwnd = 0。在將 rwnd = 0 這件事情告知主機 A 之後，假設主機 B 沒有任何東西要送給主機 A。現在請想想會發生什麼事情。當主機 B 的應用

程式行程將緩衝區清空時，TCP 並不會傳送包含新 rwnd 值的新區段給主機 A；事實上，TCP 只有在有資料或確認訊息需要傳送時，才會傳送區段給主機 A。因此，主機 A 永遠不會被告知主機 B 的接收緩衝區已經清出了一些空間——主機 A 被阻斷了，無法再傳送任何資料！為了解決這個問題，TCP 規格要求主機 A 在主機 B 的接收窗格為零時，持續送出只包含一個資料位元組的區段。這些區段會被接收端所確認。緩衝區終究會開始清空，確認訊息便會包含非零的 rwnd 值。

本書英文版專屬網站 www.pearsonglobaleditions.com/kurose 提供了一份互動式的 Javaapplet，描繪了 TCP 接收窗格的運作。

在描述過 TCP 的流量控制服務後，此處我們要簡短提一下，UDP 並不提供流量控制，所以，區段在接收端可能因為緩衝區溢位而遺失。例如，考量從主機 A 的行程送出一連串 UDP 區段給主機 B 的行程。在典型的 UDP 實作中，UDP 會將區段加入到某個容量有限的緩衝區尾端，這份緩衝區位於其相應 socket（亦即通往行程的門戶）的「前端」。行程一次會從緩衝區讀出一整份區段。如果行程從緩衝區讀出區段的速度不夠快，緩衝區就會溢位，區段就會被丟棄。

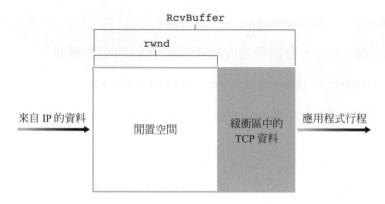

圖 3.38　接收窗格（rwnd）與接收緩衝區（RcvBuffer）

3.5.6　TCP 連線管理

在這個小節中，我們會仔細檢視如何建立及關閉 TCP 連線。雖然這個主題看起來可能不是特別吸引人，但是因為 TCP 的連線建立程序可能會顯著地增加使用者所感受到的延遲（例如在瀏覽網頁時），所以它是個重要的議題。此外，有許多最常見的網路攻擊——包括極為流行的 SYN 滿載攻擊——利用的都是 TCP 連線管理的弱點。讓我們先看一下要如何建立 TCP 連線。假設某台主機（用戶端）上執行的行程想要開啟連線到另一台主機（伺服端）上執行的行程。用戶端應用程式行程會先告知用戶端 TCP，它想要與伺服端上的某筆行程建立連線。用戶端的 TCP 接著會以下列方式，與伺服端的 TCP 建立 TCP 連線：

◆ **步驟 1**。用戶端 TCP 會先傳送一筆特殊的 TCP 區段給伺服端 TCP。這筆特殊的區段不包含任何應用層資料。不過該筆區段標頭中的某個旗標位元（參見圖 3.29），SYN 位元，會被設定爲 1。因此，這個特殊的區段被稱爲 SYN 區段。此外，用戶端會隨機選擇一個初始序號（client_isn），並將此序號放入一開始的 TCPSYN 區段的序號欄位中。這份區段會被封裝在 IP 資料報中傳送給伺服端。已經有許多研究關注於要如何適當地隨機選擇 client_isn，以防堵某些安全性攻擊 [CERT 2001-09]。

◆ **步驟 2**。一旦包含 TCP SYN 區段的 IP 資料報抵達了伺服端主機（假設它確實有抵達！），伺服端便會從資料報中取出 TCP SYN 區段，配置 TCP 緩衝區與變數給該筆連線，然後送出一筆連線許可區段給用戶端 TCP（我們會在第八章看到，在完成三次握手的第三步之前就配置這些緩衝區跟變數，會使得 TCP 無力抵禦稱爲 SYN 滿載的服務阻斷攻擊）。這筆連線許可區段也不包含任何應用層資料。然而，它確實在區段標頭中包含了三項重要資訊。首先，SYN 位元會被設定爲 1。其次，TCP 區段標頭的確認欄位會被設定爲 client_isn+1。最後，伺服器會選擇自己的初始序號（server_isn），並將此數值放入 TCP 區段標頭的序號欄位中。這筆連線許可區段實際上是在說：「我已經收到你要求開啓連線的 SYN 封包，其中包含你的初始序號 client_isn。我同意建立這筆連線。我的初始序號是 server_isn。」這筆連線許可區段稱爲 SYNACK 區段。

◆ **步驟 3**。一旦收到 SYNACK 區段，用戶端也會配置緩衝區與變數給該筆連線。用戶端主機接著會再傳送另一筆區段給伺服端；最後這筆區段會對伺服端的連線許可區段發出確認（用戶端會把數值 server_isn+1 放入 TCP 區段標頭的確認欄位中，以完成此項目的）。SYN 位元會被設定爲零，因爲連線已經建立。這個三次握手的第三階段，有可能會在區段內容中攜帶用戶端給伺服端的資料。

　　一旦這三個步驟都完成之後，用戶端和伺服端主機就可以開始傳送包含資料的區段給彼此。在所有這些未來的區段中，SYN 位元都會被設定爲零。請注意，爲了建立該筆連線，兩台主機之間會傳送三份封包，如圖 3.39 所示。因此，這個連線建立程序通常會被稱爲三次握手（**three-way handshake**）。我們會在習題中探討 TCP 三次握手的幾個層面（爲什麼需要初始序號？爲什麼需要三次握手，而非二次握手？）。有趣的是，我們要告訴你，攀岩者與持索者（亦即位於攀岩者下方，負責掌握攀岩者安全索的人）也會使用與 TCP 相同的三次握手通訊協定，以確保在攀岩者開始攀爬之前，雙方都已準備妥當。

　　天下無不散的宴席，TCP 連線也不例外。參與 TCP 連線的兩筆行程，任一方都可以結束該筆連線。當連線結束時，主機上的「資源」（亦即緩衝區和變數）便會被釋放。舉例來說，假設用戶端決定關閉該筆連線，如圖 3.40 所示。用戶端應用程

式行程會發出一則 close 指令。這會使用戶端 TCP 送出一份特殊的 TCP 區段給伺服端行程。這份特殊區段的標頭內，會有某個旗標位元，FIN 位元，被設定為 1（參見圖 3.29）。當伺服端收到這份區段時，它會傳回一份確認區段給用戶端。接著伺服端會送出它自己的結束連線區段，其中 FIN 位元被設定為 1。最後，用戶端會確認它收到伺服端的結束連線區段。此時，兩台主機上的所有資源都已經被釋放了。

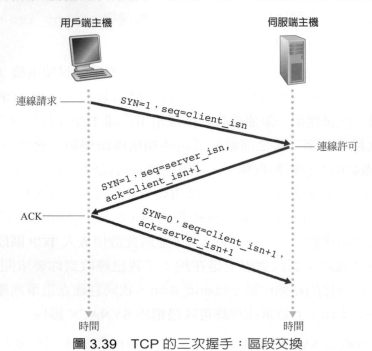

圖 3.39　TCP 的三次握手：區段交換

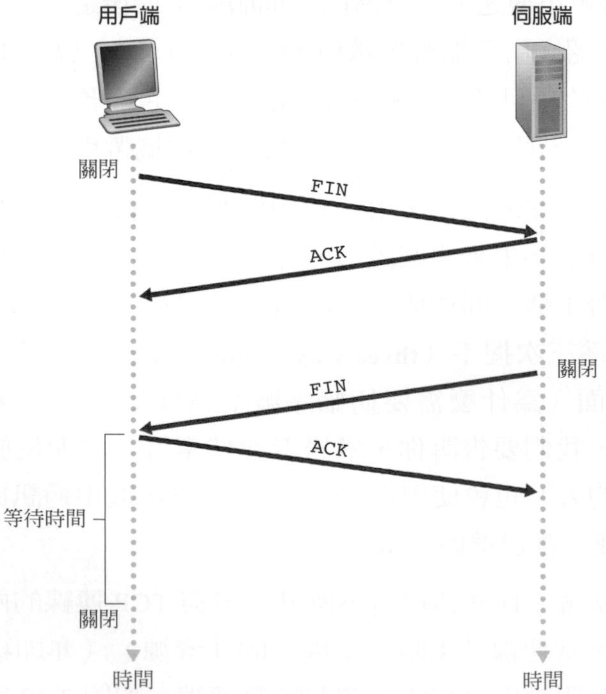

圖 3.40　關閉 TCP 連線

　　在 TCP 連線的生存期間，兩台主機所執行的 TCP 協定會在不同的 **TCP 狀態**（**TCP state**）之間轉換。圖 3.41 描繪了用戶端 TCP 通常會經歷的一連串 TCP 狀態。用戶端 TCP 一開始處於 CLOSED 狀態。用戶端的應用程式會開啟一筆新的 TCP 連線（透過建立一個 Socket 物件，如在第二章中的 Python 範例所示。這會造成用戶端的 TCP 送出一筆 SYN 區段給伺服端的 TCP。在送出 SYN 區段後，用戶端 TCP 會進入 SYN_SENT 狀態。處於 SYN_SENT 狀態時，用戶端 TCP 會等待來自伺服端 TCP，包含前一筆用戶端區段的確認訊息，並且 SYN 位元被設定為 1 的區段。在收到這份區段後，用戶端 TCP 便會進入 ESTABLISHED 狀態。處於 ESTABLISHED 狀態時，TCP 用戶端就可以傳送並接收包含資料內容（亦即應用程式所產生之資料）的 TCP 區段。

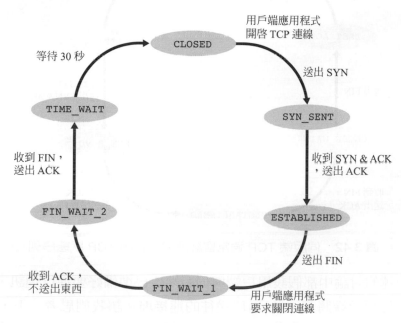

圖 3.41　用戶端 TCP 通常會經歷的一連串 TCP 狀態序列

　　假設用戶端應用程式決定關閉該筆連線（請注意，伺服端也可以選擇關閉該筆連線）。這會令用戶端 TCP 送出 FIN 位元設定為 1 的 TCP 區段，並且進入 FIN_WAIT_1 狀態。處於 FIN_WAIT_1 狀態時，用戶端 TCP 會等待來自於伺服端，包含確認訊息的 TCP 區段。當它收到此一區段時，用戶端 TCP 會進入 FIN_WAIT_2 狀態。處於 FIN_WAIT_2 狀態時，用戶端會等待另一份來自於伺服端，FIN 位元設定為 1 的區段；在收到該份區段後，用戶端 TCP 會確認收到伺服端的區段，然後進入 TIME_WAIT 狀態。如果 ACK 遺失了，TIME_WAIT 狀態會讓 TCP 用戶端重複送出最後的確認訊息。TIME_WAIT 狀態所花費的時間會因實作不同而有所不同，不過典型的數值為 30 秒、1 分鐘、或 2 分鐘。在等待結束之後，連線會正式關閉，用戶端的所有資源（包括埠號）也都會被釋放。

　　在是由用戶端開始關閉連線的前提下，圖 3.42 描繪了伺服端 TCP 通常會經歷的一連串狀態。狀態之間的轉換不言自明。在這兩張狀態轉換示意圖中，我們只有畫出 TCP 連線正常建立與關閉的情形。我們並未說明在某些不正常的狀況下會發生什麼事情，比方說，當連線的兩端同時想要關閉連線時。如果你對於學習這些及其他與 TCP 相關的進階議題有興趣，我們鼓勵你參閱 Stevens 所編寫的，內容更廣泛的書籍 [Stevens 1994]。

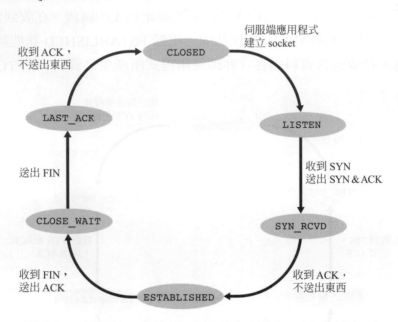

圖 3.42　伺服端 TCP 通常會經歷的一連串 TCP 狀態序列

　　我們在上述的討論中都假設用戶端與伺服端皆已準備好要進行通訊，也就是說，伺服端正在聆聽用戶端將其 SYN 區段送往的連接埠。讓我們思考一下，當主機收到埠號或來源 IP 位址與任何主機中現有的 socket 都不相符的 TCP 區段時，會發生什麼事情。比方說，假設主機收到目的端埠號為 80 的 TCP SYN 封包，但是該具主機並不接受連接埠為 80 的連線（也就是說，它並非運作於連接埠 80 之上的網頁伺服器）。於是，該具主機會傳送一筆特殊的重設（reset）區段給來源端。此一 TCP 區段會將其 RST 旗標位元設定為 1（參見 3.5.2 節）。由此，主機在送出重設區段時，便是在告訴來源端：「我沒有該區段所需的 socket。請不要重送該區段。」當主機收到目的端埠號與任何現有的 UDP socket 都不相符的 UDP 封包時，該具主機會送出一份特殊的 ICMP 資料報，第五章將討論此一狀況。

SYN 滿載攻擊

在我們對 TCP 三次握手的討論中，已經看到伺服端在收到 SYN 時，會配置及初始化連線變數與緩衝區作為回應。接著伺服端會送出 SYNACK 作為回應，然後等待來自用戶端的 ACK 區段。如果用戶端並未送出 ACK 以完成三次握手的第三步，最後伺服端（通常是在一分鐘或更長的時間之後）會終止開啓到一半的連線，並回收配置出去的資源。

　　這種 TCP 連線管理協定為經典的阻斷服務（Denial of Service，DoS）攻擊，即熟知的**SYN 滿載攻擊（SYN flood attack）**，提供了大展身手的舞台。在此種攻擊中，壞蛋會送出大量的 TCP SYN 區段，卻不完成第三步握手程序。面臨洪水般到來的 SYN 區段，伺服端的連線資源很快就會被耗盡，因為它們都會被配置給開啓到一半的連線（但是永遠不會被使用到！）。一旦伺服器的資源耗盡，合法用戶端的服務就會遭到阻斷。這類 SYN 滿載攻擊是有文獻記載的第一批 DoS 攻擊之一 [CERT SYN1996]。幸運的是，一種稱為 SYN cookie 的有效防禦手段 [RFC 4987]，現今已被佈設在大多數的主要作業系統中。SYN cookie 的運作方式如下：

◆ 當伺服端收到 SYN 區段時，它不會知道該筆區段是來自於合法使用者，還是 SYN 滿載攻擊的一部分。因此，伺服端並不會為此 SYN 建立半開的 TCP 連線，而是，伺服端會使用 SYN 區段的來源端與目的端 IP 位址及埠號、還有一個只有伺服端知道的機密數字，透過某個複雜的函數（雜湊函數）來產生初始的 TCP 序號。這個審慎編造的初始序號就是所謂的「cookie」。接著伺服端會送出包含此一初始序號的 SYNACK 封包。重點在於，伺服端並不會記下這份 cookie，或任何跟這筆 SYN 有關的狀態資訊。

◆ 一位合法的用戶端便會傳回一筆 ACK 區段。伺服器在收到這筆 ACK 時，需要驗證這筆 ACK 是否對應於先前所傳送的某筆 SYN。如果伺服端並未維護任何跟 SYN 區段有關的記憶，要怎麼完成這件任務呢？正如你可能已經猜到的，我們是透過 cookie 來完成這件任務。回想起對於一個合法 ACK 而言，其確認欄位的數值會等於 SYNACK 中的初始序號（在這個情況中就是 cookie 值）加一（參見圖 3.39）。伺服端會使用 SYNACK 區段的來源端與目的端 IP 位址及埠號（這些值會和原來的 SYN 中的值一樣）和一個機密數字，執行相同雜湊函數。如果函數的運算結果加一等於在用戶端的 SYNACK 中的確認（cookie）數值，伺服端便會認定該筆 ACK 對應於先前的某筆 SYN 區段，因此是有效的。接著伺服端便會建立一筆完整開啓的連線以及一份 socket。

◆ 在另一方面來說，如果用戶端並未傳回 ACK 區段，則原本的 SYN 也不會對於伺服端造成傷害，因為伺服尚未為原先造假的 SYN 配置任何的資源！

　　既然我們已經對於 TCP 的連線管理有了透徹的瞭解，現在讓我們來重新造訪 nmap 連接埠掃描工具，並且更仔細地檢視它是如何運作的。要查探目標主機上某個特定的 TCP 連接埠，比方說連接埠 6789，nmap 會送出一份目的端埠號為 6789 的 TCP SYN 區段給該具主機。結果有三種可能：

◆ **來源端主機收到來自於目標主機的 TCP SYNACK 區段**。由於這意味著目標主機上有某個應用程式正在使用 TCP 連接埠 6789 來運作，所以 nmap 會傳回「open」。

◆ **來源端主機收到來自目標主機的 TCP RST 區段**。這意味著 SYN 區段有抵達目標主機，但是目標主機並沒有在執行任何使用 TCP 連接埠 6789 的應用。不過攻擊者至少可以知道送往主機連接埠 6789 的區段並沒有被任何來源端與目標主機之間路徑上的防火牆給攔阻下來（我們會在第八章討論防火牆）。

◆ **來源端主機什麼都沒收到**。這可能意味著 SYN 區段被中介的防火牆給攔阻下來，因而永遠無法抵達目標主機。

　　Nmap 是一種威力強大的工具，它不僅可以「查探」開啟的 TCP 連接埠，也可以查探開啟的 UDP 連接埠、查探防火牆及其配置，甚至是查探作業系統與應用程式的版本。這些功能大部分都是透過操作 TCP 連線管理區段來完成的 [Skoudis 2006]。你可以從網站 www.nmap.org 下載 nmap。

　　以上，我們對於 TCP 的錯誤控制與流量控制的介紹便宣告完結。在 3.7 節中，我們會再次回到 TCP，並且更深入地探討 TCP 的壅塞控制機制。然而，在做這件事情之前，先讓我們退回一步，在較為一般性的情境下，來檢視壅塞控制的議題。

3.6　壅塞控制的原理

在前幾節中，我們已經檢視過在面對封包遺失時，用來提供可靠資料傳輸服務的普遍性原理以及 TCP 專門的機制。我們之前也提過，在實際操作上，封包遺失通常是肇因於網路壅塞時路由器緩衝區的溢位。因此，重送封包能夠處理網路壅塞的症狀（遺失特定的傳輸層區段），卻無法治療網路壅塞的病灶——有過多來源端試圖以過高的速率傳送資料。要治療網路壅塞的病灶，我們需要能夠在網路發生壅塞時，對傳送端進行抑制的機制。

　　在本節中，我們會在一般性的情境下考量壅塞控制的問題，試圖瞭解為什麼壅塞是件壞事，以及網路壅塞狀況會如何呈現在上層應用所得到的效能中，還有許多可用來避免，或應對網路壅塞的方法。這樣較一般性地學習壅塞控制是妥當的，因為與可靠的資料傳輸一樣，壅塞控制也在建構網路的「十大」重要基礎問題中名列前茅。我們會討論在非同步傳輸模式（asynchronous transfer mode，ATM）網路中的可用位元速率（available bit-rate，ABR）服務所使用的壅塞控制機制來為本節做結，

下一節則包含詳盡的 TCP 壅塞控制演算法研究。

3.6.1 壅塞的成因與代價

讓我們先透過檢視三項漸趨複雜的壅塞情境,來開始我們對於壅塞控制的一般性研究。在每種情境下,我們都會先檢視壅塞的成因,以及壅塞的代價(從資源的未被充分利用,以及終端系統所得到的糟糕效能的觀點來看)。我們(還)不會著重於要如何應對或防制壅塞,而是會專注於較簡單的議題,瞭解當主機增加其傳輸速率,令網路變得壅塞時會發生什麼事情。

◈ 情境 1:兩個傳送端,一台具有無限量緩衝區的路由器

我們從考量或許是最最簡單的壅塞情境開始:兩台主機(A 和 B)各擁有一筆連線,這兩筆連線的來源端與目的端之間共用了同一台路由器,如圖 3.43 所示。

讓我們假設主機 A 的應用程式正以 λ_{in} 位元組 / 秒的平均速率將資料送入連線(例如,透過 socket 將資料交給傳輸層協定)。因為每份資料單元都只會被送入 socket 一次,所以這些資料可說是原始資料。底層的傳輸層協定很簡單。資料會被封裝並送出;不會執行任何錯誤復原(例如重送)、流量控制或壅塞控制。忽略加入傳輸層及下層標頭資訊所需的額外負擔,因此,在第一個情境中主機 A 會以 λ_{in} 位元組 / 秒的速率送出流量到路由器。主機 B 也是以類似的方式運作,為求簡單起見,我們假設它也是以速率 λ_{in} 位元組 / 秒送出資料。主機 A 和 B 所送出的封包都會經由某台路由器,通過一條容量為 R 的共用輸出連結。這台路由器擁有緩衝區,可以在封包抵達速率超過輸出連結的容量時,用來儲存到來的封包。在這第一種情境下,我們假設該台路由器擁有無限量的緩衝區空間。

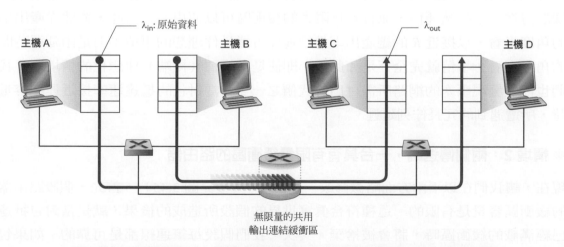

圖 3.43　壅塞情境 1:兩筆連線共用一台擁有無限量緩衝區的路由器

　　圖 3.44 描繪出在這第一種情境下主機 A 的連線效能。左圖描繪了**個別連線產出率**（**per-connection throughput**）（接收端每秒所收到的位元組數目），表示為連線傳送速率的函數。當傳送速率介於 0 與 $R/2$ 之間時，接收端的產出率等於傳送端的傳送速率——所有傳送端送出的東西，接收端都會在有限的延遲時間內收到。然而，當傳送速率大於 $R/2$ 時，產出率仍然只有 $R/2$，產出率的上限源自於有兩筆連線共用連結容量。該道連結無法以超過 $R/2$ 的穩定速率將封包傳送到接收端。無論主機 A 和主機 B 將其傳送速率設定為多高，它們都無法得到高於 $R/2$ 的產出率。

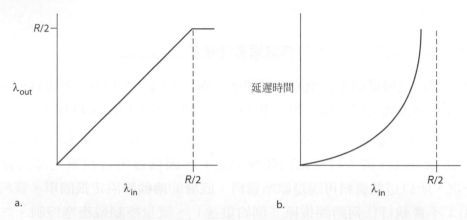

圖 3.44　壅塞情境 1：將產出率與延遲繪製為主機傳送速率的函數

　　達到 $R/2$ 的個別連線產出率表面上似乎是件好事，因為這表示該道連結被充分利用來傳送封包到目的端。然而，圖 3.44 的右圖顯示出，以接近滿載的連結容量進行運作的後果。當傳送速率接近 $R/2$ 時（從左邊接近），平均的延遲時間會變得越來越大。當傳送速率超過 $R/2$ 時，在路由器中等待的平均封包數量將無止盡的增長，來源端與目的端之間的平均延遲時間也會變成無限大（假設連線會永無休止地以這樣的傳送速率持續運作，並且有無限大的緩衝區可以使用）。因此，雖然從產出率的角度來看，以接近 R 的總產出率進行運作可能是件理想的事情；但是由延遲時間的角度來看，事情就完全不是如此了。即使是在這種（極端）理想化的情境下，我們也已然發現壅塞的網路所需付出的代價之一——當封包的抵達速率接近連結容量時，所遭遇到的冗長佇列延遲。

◈ 情境 2：兩個傳送端，一台具有有限量緩衝區的路由器

現在，讓我們在以下兩方面略微修改一下情境 1（參見圖 3.45）。首先，假設路由器的緩衝區容量是有限的。這種符合真實世界的假設所造成的後果，就是當封包抵達已經滿載的緩衝區時，將會被捨棄。其次，我們假設每筆連線都是可靠的。如果包含傳輸層區段的封包被路由器所丟棄，則傳送端終將重送該筆封包。因為封包有可能重送，所以現在我們必須更小心地使用傳送速率這個詞彙。明確地說，我們同樣

將應用程式傳送原始資料給 socket 的速率表示為 λ_{in} 位元組 / 秒。傳輸層傳送區段（包含原始資料重送的資料）到網路中的速率則表示為 λ'_{in} 位元組 / 秒。λ'_{in} 有時候也會被稱作網路的**承擔負載**（offered load）。

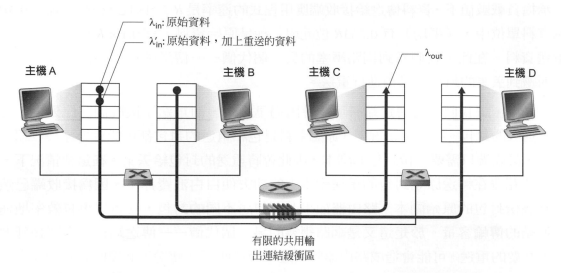

圖 3.45　情境 2：兩台主機（包含重送）與一台具有有限量緩衝區的路由器

　　如此一來，情境 2 的實際效能，將會強烈地取決於執行重送的方式。首先，請考量在非現實的情況中，主機 A 有辦法用某種方式（神奇！）判斷路由器的緩衝區是否有閒置空間，從而只會在緩衝區有空間時，才會傳送封包。在這種情況下，不會有任何的資料遺失發生，亦即 λ_{in} 會等於 λ'_{in}，連線的產出率便等於 λ_{in}。此情形如圖 3.46(a) 所示。由產出率的觀點來看，其效能相當理想——所有送出的資料都會被收到。請注意，在這種情況下主機的平均傳送速率不可能超過 R/2，因為我們假設永遠不會發生封包遺失。

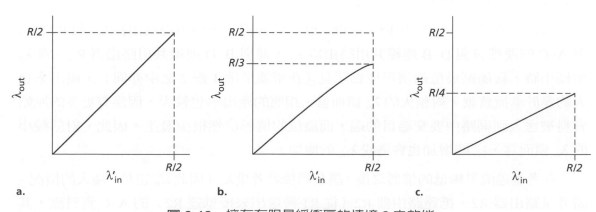

圖 3.46　擁有有限量緩衝區的情境 2 之效能

　　接著，請考量稍微實際一點的情形，傳送端只有在確知封包遺失的情況下，才會重送封包（同樣地，這個假設也有點偏離現實。然而，傳送端可以將其逾時時限

設定得夠大，以便在實質上確定某個未經確認的封包已經遺失了）。這種情形下的效能，看起來可能類似圖 3.46(b)。要瞭解在此一情境下所發生的事情，請考量承擔負載 λ'_{in}（原始資料加上重送資料的總速率）等於 $R/2$ 的情形。根據圖 3.46(b)，在此一承擔負載數值下，資料傳送給接收端應用程式的速率是 $R/3$。因此，在被傳輸的 $0.5R$ 個資料單位中，（平均）有 $0.333R$ 位元組／秒是原始資料，有 $0.166R$ 位元組／秒是重送資料。在此，我們看到網路壅塞的另一個代價——傳送端為了彌補因緩衝區溢位而遭到丟棄的封包，必須進行重送。

　　最後，讓我們考慮傳送端有可能會因過早逾時，而重送了被耽擱在佇列中，但並未遺失的封包。在這種情況下，原始資料封包和重送的封包都可能會抵達接收端。當然，接收端只需要一份封包的副本，因此會將重送的封包給丟棄。在這種情況下，路由器花費在轉送原始封包的重送副本上的功夫便白白浪費掉了，因為接收端已然收到該份封包的原始副本。路由器如果改而傳送不同的封包，便可以更有效率地運用連結的傳輸容量。於是這又是網路壅塞的另一個代價——傳送端在面對冗長延遲時不必要的重送，可能會造成路由器將其連結頻寬使用在轉送不必要的封包副本上。圖 3.46(c) 說明了在假設每份封包都（平均）會被路由器轉送兩次時，產出率與承擔負載的比較。由於每份封包都會被轉送兩次，所以當承擔負載接近於 $R/2$ 時，產出率會趨近於 $R/4$。

◎ 情境 3：四個傳送端、具有限量緩衝區的路由器以及多程路徑

在我們最後的壅塞情境中，有四台主機在傳送封包，每台主機的傳送路徑都會重疊到一段包含兩道連結的路徑，如圖 3.47 所示。我們同樣假設每台主機都會使用逾時／重送機制來實作可靠的資料傳輸服務；所有主機的 λ_{in} 值都相同，所有路由器的連結容量也都是 R 位元組／秒。

　　讓我們考量一下某筆由主機 A 到主機 C 的連線，途中經過路由器 R1 與 R2。這筆 A–C 的連線會與 D–B 連線共用路由器 R1，並與 B–D 連線共用路由器 R2。當 λ_{in} 值極小時，緩衝區溢位的情形極為罕見（在壅塞情境 1 跟 2 之中亦同），產出率也大約等於承擔負載。對稍大的 λ_{in} 值而言，相應的產出率也較大，因為有更多的原始資料被送入到網路中要交給目的端，而溢位的情形依然很少發生。因此，對於較小的 λ_{in} 值而言，λ_{in} 的增加也會造成 λ_{out} 的增加。

　　在考量過流量極低的情形之後，讓我們接著考量 λ_{in}（因此 λ'_{in} 也是）極大的情況。請考量路由器 R2。抵達路由器 R2（從 R1 轉送出來後抵達 R2）的 A–C 資料流，其抵達 R2 的速率最多為 R，亦即從 R1 到 R2 的連結容量，而與 λ_{in} 的數值無關。如果所有連線的（包括 B–D 連線）λ'_{in} 值都極大，則 B–D 資料流抵達 R2 的速率可能會遠大於 A–C 資料流的抵達速率。因為 A–C 與 B–D 資料流必須競爭路由器 R2 有限量

的緩衝區空間，所以隨著來自 B–D 的承擔負載越來越大時，能夠成功通過 R2 的 A–C 資料流（意即不會因為緩衝區溢位而遺失的資料），會變的越來越少。在極限上，當承擔負載趨近於無限大時，閒置的 R2 緩衝區空間會立即被 B–D 的封包所填滿，而 A–C 連線在 R2 的產出率將會減少至零。這意味著，在流量大到極限時，A－C 的端點到端點產出率會減少至零。這些考量造成了圖 3.48 中產出率與承擔負載之間的連動關係。

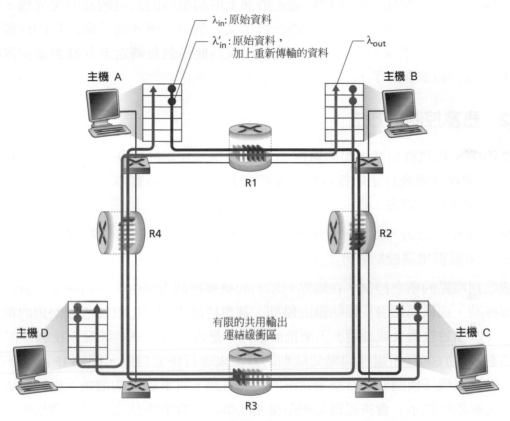

圖 3.47　四個傳送端，具有有限量緩衝區的路由器以及多程路徑

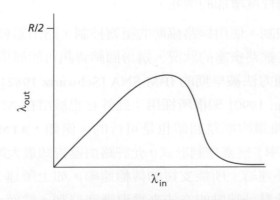

圖 3.48　情境 3 針對有限量緩衝區與多程路徑的效能

　　為什麼產出率終究會隨著承擔負載的增加而減少，如果我們想想網路到底做了多少無用的工作，其原因便很明顯了。在上述的高流量情境中，每當封包被第二站路由器丟棄時，第一站路由器花費在轉送封包給第二站路由器上的工夫，就會被「浪費掉」了。如果第一具路由器直接將封包丟棄並維持閒置狀態，網路就會較公平均富（更精確地說，是均貧）。更確切地說，第一具路由器用來將封包轉送給第二具路由器的傳輸容量，如果用來傳輸不同的封包，將會更有價值（例如，在選擇封包進行傳輸時，如果路由器給予已經通過數個上游伺服器的封包較高的優先權，可能會是較好的做法）。所以，此處我們看到了又一個因為壅塞而丟棄封包的代價——當封包在路徑上被丟棄時，所有上游連結用來將此份封包轉送至其被丟棄位置的傳輸容量，就都被浪費掉了。

3.6.2　壅塞控制的方法

在 3.7 節中，我們會相當詳盡地檢視 TCP 進行壅塞控制的特殊方法。此處，我們會點出兩大類在實際運作上所採行的壅塞控制方法，並討論實作了這些方法的特定網路架構及壅塞控制協定。

　　就最粗略的分野來說，我們可以針對網路層是否有為壅塞控制提供傳輸層明確的協助，來區別壅塞控制的方法：

◆ **端點到端點的壅塞控制**。在端點到端點的壅塞控制方法中，網路層並不會為了壅塞控制，提供傳輸層任何明確的協助。甚至終端系統只能根據所觀察到的網路行為（例如封包遺失或延遲），來推測網路中是否有發生壅塞狀況。我們會在 3.7.1 節看到，TCP 採用這種端點到端點的方法來進行壅塞控制，因為 IP 層並不需要提供給主機任何關於網路壅塞狀況的回饋資訊。TCP 區段的遺失（由逾時或三次重複確認所指示）會被認為是網路壅塞的徵兆，TCP 會依之來減低窗格的大小。我們也會看到某個近來被提出的 TCP 壅塞控制方案，會使用來回延遲時間的增加，作為網路壅塞程度增加的徵兆。

◆ **網路協助的壅塞控制**。使用網路協助的壅塞控制，路由器會提供明確的回饋資訊給傳送端，告知其網路壅塞的狀況。這份回饋資訊可能簡單到只是一個指示連結壅塞的位元。這種方法被早期的 IBM SNA [Schwartz 1982] 與 DEC DECnet [Jain 1989; Ramakrishnan 1990] 架構所採用；此外它也被用在 ATM 網路的壅塞控制中 [Black 1995]。更複雜的網路回饋也是可行的。例如，**ATM ABR（Available Bite Rate，可用位元速率）**壅塞控制形式，允許路由器告知最大的主機傳送端，它（路由器）在某道向外連結上所能支援的傳輸速率。如上所述，IP 和 TCP 的網際網路預設版本採用端點到端點的方法來實現壅塞控制。然而，我們將在 3.7.2 節看到，最近 IP 和 TCP 也可以選擇性地實現網路輔助壅塞控制。

　　對於網路協助的壅塞控制而言，壅塞資訊通常會藉由兩種方式之一由網路回饋給傳送端，如圖 3.49 所示。網路路由器可能會傳送直接的回饋給傳送端。這種通知的形式通常是採用抑制封包（choke packet）（基本上就是在說：「我已經壅塞了！」）的形式來進行。第二種且較為普遍的通知形式是路由器會標記或更新從傳送端流往接收端的某個封包欄位，以指示壅塞狀況。在收到這種有標記的封包時，接收端接著會通知傳送端此一壅塞指示。後者這種通知形式得花上一次完整的來回時間。

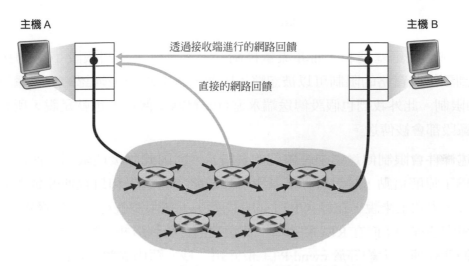

圖 3.49　　兩種網路只是壅塞資訊的回饋路徑

3.7　TCP 壅塞控制

在本節中，我們會回到 TCP 的研究。如我們在 3.5 節中所學，TCP 提供了在兩台不同主機上執行的兩行程間的可靠資料傳輸服務。TCP 的另一項關鍵元素，就是它的壅塞控制機制。如前一節所言，TCP 必須使用端點到端點的壅塞控制機制，而非網路協助的壅塞控制機制，因為 IP 層並不會提供終端系統有關網路壅塞狀況的明確回饋資訊。

　　TCP 所採用的方式，是讓各傳送端依據它們所感受到的網路壅塞程度，限制自己將資料流送入連線的速率。如果 TCP 傳送端察覺到自己跟目的端之間的路徑上幾乎沒有壅塞情形，TCP 傳送端就會增加其傳送速率；如果傳送端察覺到路徑上有壅塞情形，傳送端就會降低其傳送速率。但是這種方法會產生三個問題。第一，TCP 傳送端要如何限制自己將資料流送入連線的速率？第二，TCP 傳送端要如何察知自己和目的端之間的路徑上是否有壅塞情形？第三，傳送端應該要使用何種演算法，以根據它所察知的端點到端點壅塞情形來改變其傳送速率？

首先，讓我們檢視一下 TCP 傳送端要如何限制自己將資料流送入連線的速率。在 3.5 節中，我們看到 TCP 連線的兩端各有一份接收緩衝區、一份傳送緩衝區以及數個變數（LastByteRead、rwnd 等）。傳送端所運作的 TCP 壅塞控制機制會追蹤一個額外的變數，**壅塞窗格（congestion window）**。壅塞窗格，以 cwnd 表示，會限制 TCP 傳送端能夠將資料流送入網路的速率。明確地說，傳送端所送出的未經確認資料量，不得超過 cwnd 與 rwnd 兩者中的較小值，意即：

LastByteSent − LastByteAcked ≦ min{cwnd, rwnd}

為了將重點放在壅塞控制（而非流量控制）上，此後讓我們假設 TCP 的接收緩衝區都大到讓接收窗格的限制可以被忽略；因此，傳送端未經確認的資料量只會受到 cwnd 的限制。此外我們也假設傳送端永遠有資料需要傳送，也就是說，所有壅塞窗格中的區段都會被傳送。

上述條件會限制傳送端未經確認的資料量，而因此間接地限制了傳送端的傳送速率。為了瞭解這點，請思考一下某筆可以忽略資料遺失和封包傳輸延遲的連線。如此一來，大致上來說，在每次 RTT 的一開始，上述限制就會允許傳送端送出 cwnd 個位元組到連線中；而在 RTT 結束時，傳送端則會收到這些資料的確認訊息。因此，傳送端的傳送速率大約等於 cwnd/RTT 位元組 / 秒。藉由調整 cwnd 值，傳送端便可以調整將資料送入連線的速率。

接下來，讓我們想想 TCP 傳送端要如何察知自己和目的端之間路徑上的壅塞狀況。讓我們將 TCP 傳送端的「遺失事件」定義為發生逾時事件，或是從接收端收到三次重複的 ACK（請回想我們在 3.5.4 節的圖 3.33 中關於逾時事件的討論，以及後續加入的，收到三次重複 ACK 時進行快速重送的修訂）。在發生嚴重的壅塞情形時，傳輸路徑上的某具（或多具）路由器會發生緩衝區溢位，造成資料報（內含 TCP 區段）被丟棄。接著，這些被丟棄的資料報會在傳送端造成遺失事件──發生逾時或收到三次重複的 ACK ──傳送端會視之為從傳送端到接收端路徑上發生壅塞情形的徵兆。

在思考過如何偵測壅塞情形後，接下來讓我們考量較樂觀的情況，亦即網路不會壅塞，也就是說不會發生遺失事件的情形。在這種情況下，TCP 傳送端將會收到先前未經確認之區段的確認訊息。如我們將會看到的，TCP 會將這些確認訊息的到達，視為一切正常的徵兆──所有被送入網路的區段，都已成功地送抵目的端──然後它會根據這些確認訊息來增加其壅塞窗格大小（也由此增加其傳輸速率）。請注意，如果確認訊息以較低的速率抵達（例如端點到端路徑有嚴重的延遲，或路徑中包含低頻寬的連結），則壅塞窗格也會以較低的速率在增加。另一方面來說，如果確認訊息以高速抵達，壅塞窗格也會較快速地增加。因為 TCP 會使用確認訊息來驅

動其壅塞窗格大小的增加（或控制其時脈），所以 TCP 被稱為**自動時脈控制**（**self-clocking**）的協定。

即使我們擁有調整 cwnd 值以控制傳送速率的機制，關鍵性的問題依然存在：TCP 的傳送端要如何判斷它在進行傳送時應當使用的速率？如果所有的 TCP 傳送端整體而言傳送的太快了，它們就有可能造成網路的壅塞，引起我們在圖 3.48 中看到的壅塞崩潰狀況。事實上，接下來我們將研讀的 TCP 版本，便是為了處理在早期的 TCP 版本下所觀察到的網際網路壅塞崩潰狀況 [Jacobson 1988] 而被開發出來的。然而，如果 TCP 傳送端太過於小心謹慎而使用了太低的速率進行傳送，它們就有可能無法充分的利用網路頻寬；也就是說，TCP 傳送端可以用較高的速率來進行傳送，也不致於造成網路壅塞。那麼，TCP 傳送端要如何決定其傳送速率，使得它們不會造成網路壅塞，但同時又能夠利用到所有可得的頻寬呢？這些 TCP 傳送端會有明確的居中協調者，還是有某種分散式的方法，讓 TCP 傳送端可以只根據局部資訊，來設定其傳送速率？TCP 是使用下列指導原則來回覆上述問題：

◆ **區段的遺失意味著壅塞的發生，因此，在遺失區段時，TCP 傳送端的速率應當要減低**。請回想一下我們在 3.5.4 節中的討論，發生逾時事件或針對特定區段收到四次確認訊息（一份原始 ACK 與三份重複 ACK）會被解讀為被四次 ACK 的區段之後的那份區段「遺失事件」的暗示，從而驅動此一遺失區段的重送。從壅塞控制的觀點來看，問題在於在回應這類推斷的遺失事件時，TCP 傳送端應當如何減少其壅塞窗格大小，從而減低其傳送速率。

◆ **區段被確認意味網路正在將傳送端的區段投遞給接收端，因此，當先前未經確認之區段的 ACK 抵達時，便可以增加傳送端的速率**。確認訊息的抵達會被認為是一切無事的暗示——區段成功的從傳送端被投遞給接收端，因此網路並未處於壅塞。因此壅塞窗格的大小便可以增加。

◆ **頻寬探測**。由於 ACK 意味著從來源端到目的端的路徑無壅塞狀況，遺失事件則意味著路徑的壅塞，因此，TCP 調整其傳輸速率的策略便是在 ACK 到來時增加其速率，直到發生遺失事件為止，此時，傳輸速率便會被降低。因此，TCP 的傳送端會增加其傳輸速率，以探測會開始發生壅塞狀況的速率，從這個速率倒退，然後再度開始進行探測，以看看會開始發生壅塞狀況的速率是否有所改變。或許 TCP 傳送端的行為就跟不停伸手要糖（並且得到），直到父母說「不可以！」便撤退一會兒，但稍後又會開始要糖的小孩一樣。請注意，在此機制中，網路並沒有給予任何關於壅塞狀況的明確指示——ACK 與遺失事件都只是暗示——每個 TCP 傳送端都是依據其本地資訊，不同步於其他 TCP 傳送端地各自行動。

在看過以上 TCP 壅塞控制的概觀之後，我們現在已經準備好可以來考量知名的 **TCP 壅塞控制演算法**（**TCP condestion-control algorithm**）的細節，此演算法首見於

[Jacobson 1988]，在 [RFC 5681] 中得到標準化。此種演算法有三項主要元素：(1) 緩啓動；(2) 壅塞迴避；以及 (3) 快速復原。緩啓動與壅塞迴避都是 TCP 必須執行的元素，兩者的差異只在於回應收到 ACK 時它們增加 cwnd 大小的方式。我們馬上就會看到，較之於壅塞迴避，緩啓動會較快速地增加 cwnd 的大小（儘管它叫做緩啓動！）。快速復原對於 TCP 傳送端是建議性的，而非強制性的。

實務原理

TCP 斷開：最佳化雲端服務的效能

對於像是搜尋、電子郵件和社交網路的雲端服務，理想的情況是可以提供一個高速的回應速度，讓使用者會有那些服務好像是在他們自己的末端系統（包括他們的智慧型手機）中執行的假象。這會是一個很大的挑戰，因爲使用者通常是非常地遠離資料中心，而後者正是爲雲端服務負責提供其動態內容者。事實上，假如末端系統非常地遠離一資料中心，則 RTT 將會很大，很有可能會因肇因於 TCP 緩啓動而導致有很差的回應時間效能。

　　當作是一份案例研究，考慮接收到一次搜尋回應中的延遲。通常，在緩啓動期間伺服端需要三個 TCP 窗格來傳送回應 [Pathak 2010]。因此，從一個末端系統啓動一條 TCP 連線開始，直到它收到回應的最後一個封包爲止，時間大約是 4 · RTT（一個 RTT 設置該 TCP 連線加上三個資料窗格的三個 RTT）再加上在資料中心的處理時間。在傳回絕大部分的查詢結果時，這些 RTT 延遲會導致出可感受到的延遲。而且，在連線網路中可能會有許多的封包遺失，導致出 TCP 重送和更大的延遲。

　　有一種可緩和這個問題和增進使用者感受效能的方法爲 (1) 布置一些較接近使用者的前端伺服器，和 (2) 藉由斷開在前端伺服器的 TCP 連線，使用 **TCP 斷開**（**TCP splitting**）。使用 TCP 斷開，用戶端建立一條 TCP 連線連到附近的前端，而該前端護一個持續的 TCP 連線，連到一個擁有非常大 TCP 壅塞窗格的資料中心 [Tariq 2008, Pathak 2010, Chen 2011]。使用這種方式，回應時間大約變成 4 · RTT_{FE}+RTT_{BE}+ 處理時間，其中 RTT_{FE} 是在用戶端和前端伺服器的往返時間，RTT_{BE} 是在前端伺服器和資料中心（後端伺服器）的往返時間。假如前端伺服器很接近用戶端，那麼這個回應時間大約會變成 RTT 加上處理時間，因爲 RTT_{FE} 是可以忽略的小而 RTT_{BE} 大約爲 RTT。總的來說，TCP 斷開可以降低網路所造成的延遲，大約從 4 · RTT 降到 RTT，可以有效地改進使用者感受到的效能，特別是對於那些距離最近的資料中心還是很遠的使用者。TCP 斷開也有助於降低肇因於連線網路中遺失的 TCP 重送延遲。今日，Google 和 Akamai 針對它們所支援的雲端服務，大量地使用它們連線網路中的 CDN 伺服器（請參見 7.2 節）來執行 TCP 斷開 [Chen 2011]。

◈ 緩啓動

在開始 TCP 連線時，cwnd 值通常會被初始化爲某個小數值 1 MSS [RFC 3390]，使得初始的傳送速率大約是 MSS/RTT。例如，如果 MSS = 500 個位元組，RTT = 200 ms，如此所得的初始傳送速率大約只有 20 kbps。由於 TCP 傳送端可取得的頻寬可能遠大於 MSS/RTT，所以 TCP 傳送端會想要快速地得知可取得的頻寬數量爲何。因此，在**緩啓動**（**slow-start**）狀態中，cwnd 會從 1 MSS 開始，每當所傳輸的區段得到第一次確認時，便增加 1 MSS。在圖 3.51 的例子中，TCP 會將第一筆區段送入網路，然後等待確認。當這筆確認訊息抵達時，TCP 傳送端便會將其壅塞窗格增加一 MSS，然後送出兩份大小調整至最大的區段。接著這兩份區段也得到確認，於是 TCP 傳送端會針對兩筆得到確認的區段都各將壅塞窗格增加 1 MSS，從而得到大小爲 4 MSS 的壅塞窗格，依此類推。此一過程會造成每回 RTT 中傳送速率都會倍增。因此，TCP 的傳送速率會以低速開始，但是在緩啓動階段中會指數性地成長。

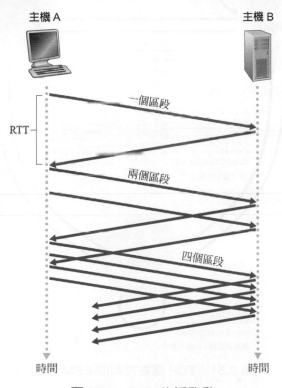

圖 3.50　TCP 的緩啓動

　　但是這種指數性的增長要到何時才會結束？緩啓動爲這個問題提供了數種答案。首先，如果發生了由逾時事件所指出的遺失事件（亦即壅塞狀況），TCP 會將其 cwnd 值設定爲 1，然後重新開始緩啓動程序。它也會將第二個狀態變數，ssthresh（代表「緩啓動門檻（slow start threshold）」的縮寫）的數值設定爲 cwnd/2——在偵測到壅塞狀況時的壅塞窗格值的一半。第二種終止緩啓動的可能，跟 ssthresh

的數值直接密切相關。因為 ssthresh 等於上次偵測到壅塞狀況時 cwnd 值的一半，所以當 cwnd 值達到或超過 ssthresh 值時，還持續將其倍增，可能會有些欠缺考量。因此，當 cwnd 值等於 ssthresh 時，緩啓動會終止，TCP 會轉換進入壅塞迴避模式。如我們將會看到的，TCP 在壅塞迴避模式中，會更加謹慎地增加 cwnd。最後一種會終止緩啓動的可能性是偵測到三次重複的 ACK 時，在此情況下 TCP 會執行快速重送（參見 3.5.4 節）然後進入快速復原狀態，如下所述。我們將 TCP 在緩啓動階段時的行為模式整理於圖 3.51 中，該圖是 TCP 壅塞控制的 FSM。緩啓動演算法的根源可以追溯至 [Jacobson 1988]；類似緩啓動的演算法也在 [Jain 1986] 中被獨立提出。

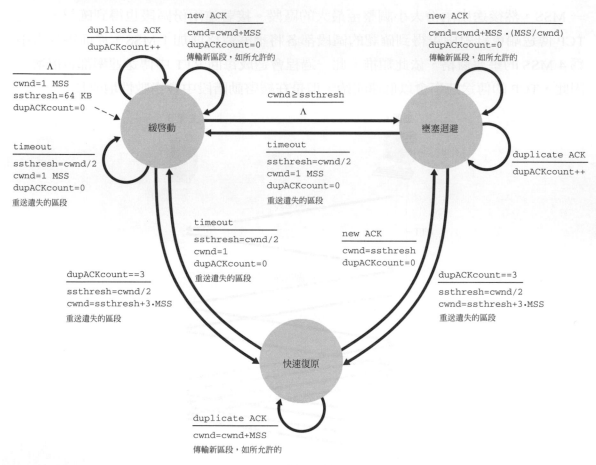

圖 3.51　TCP 壅塞控制的 FSM 描述

◇ **壅塞迴避**

在進入壅塞迴避狀態時，cwnd 值大約等於上次遇到壅塞狀況時 cwnd 值的一半——壅塞可能就在你身邊！因此，相較於每回 RTT 都倍增 cwnd 值，TCP 會採取較為保守的策略，在每回 RTT 中只會將 cwnd 值增加一個 MSS [RFC 5681]。我們可以用幾種方式來完成這項任務。其中一種常見的方法是讓 TCP 傳送端在每次有新的確認訊息抵達時，就將 cwnd 增加 MSS 個位元組（MSS/cwnd）。例如，如果 MSS 等於 1,460

位元組，cwnd 等於 14,600 位元組，則在一回 RTT 中會有 10 筆區段被送出。每筆抵達的 ACK（假設每筆區段都有一筆 ACK）都會將壅塞窗格的大小增加 1/10MSS，因此在收到 10 筆區段的 ACK 後，壅塞窗格的數值便會增加一 MSS。

　　然而，壅塞迴避模式的線性增加（每回 RTT 增加 1 MSS）何時應當要終結？在發生逾時事件時，TCP 的壅塞迴避演算法會採取相同的行為。就像緩啟動的狀況一樣：cwnd 值會被設定為 1 MSS，ssthresh 值則會被更新為當發生遺失事件時 cwnd 值的一半。然而，請回想一下，遺失事件也可能是由三次重複 ACK 事件所觸發的。在此狀況下，網路仍然能夠從傳送端投遞區段到接收端（由收到重複的 ACK 可知）。因此在這種類型的遺失事件發生時，TCP 的行為應該要比面對由逾時事件所指示的遺失事件時要來得和緩一點。TCP 會將 cwnd 值減半（再加 3 MSS 以獎勵收到三次重複的 ACK）然後將 ssthresh 值記錄為收到三次重複 ACK 時 cwnd 值的一半。接著 TCP 便會進入快速復原狀態。

◈ 快速復原

在快速復原狀態下，每收到一次造成 TCP 進入快速復原狀態的遺失區段重複 ACK，cwnd 值便會被增加 1 MSS。最後，當遺失區段的 ACK 抵達時，TCP 便會在降低 cwnd 之後進入壅塞迴避狀態。如果發生逾時事件，快速復原狀態則會在採取與緩啟動及壅塞迴避狀態相同的舉動之後，轉入緩啟動狀態。cwnd 值會被設定為 1 MSS，ssthresh 值則會被設定為遺失事件發生時 cwnd 值的一半。

　　快速復原是建議性的，而非強制性的 TCP 元件 [RFC 5681]。有趣的是，在某個稱作 **TCP Tahoe** 的早期 TCP 版本中，不管是在由逾時事件所指示的遺失事件，或是在由三次重複 ACK 所指示的遺失事件之後，都會無條件的將壅塞窗格砍至 1 MSS，然後進入緩啟動階段。新版本的 TCP，**TCP Reno**，則加入了快速復原。

　　圖 3.52 同時描繪了 Reno 和 Tahoe 的 TCP 壅塞窗格的變化過程。在此圖中，門檻值一開始被設定為 8 MSS。在前八輪傳輸中，Tahoe 跟 Reno 所採取的行為相同。在緩啟動階段中，壅塞窗格以指數方式快速爬升，直到在第四輪傳輸時達到門檻值為止。接著壅塞窗格會線性地爬升，直到發生三次重複 ACK 事件為止，該事件剛好發生在第 8 輪傳輸之後。請注意，在發生該遺失事件時，壅塞窗格等於 12 · MSS。於是 ssthresh 值會被設定為 0.5 · cwnd = 6 · MSS。在 TCP Reno 中，壅塞窗格會被設定為 cwnd = 6 · MSS，然後開始以線性方式增長。在 TCP Tahoe 中，壅塞窗格則會被設定為 1 MSS，然後指數式地增長直到達到 ssthresh 值為止，此時壅塞窗格會開始線性地增長。

　　圖 3.51 呈現了 TCP 壅塞控制演算法的完整 FSM 描述──緩啟動、壅塞迴避與快速復原。圖中也指出何時可以進行新區段的傳輸或舊區段的重送。雖然分辨 TCP

的錯誤控制 / 重送機制與 TCP 的壅塞控制機制很重要，但是了解 TCP 這兩個層面之間密不可分的關連也很重要。

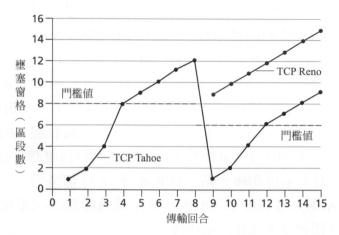

圖 3.52　TCP 壅塞窗格的變化過程（Tahoe 與 Reno）

◈ TCP 壅塞控制：回顧

在深入探討過緩啟動、壅塞迴避與快速復原的細節之後，現在讓我們退回一步以由樹見林，是件值得一做的事情。忽略當連線開始時的緩啟動階段，並假設遺失事件是由三次重複 ACK 所指示而非逾時事件，則 TCP 的壅塞控制便是由每回 RTT 對於 cwnd 線性增加（累進）1 MSS，然後在發生三次重複 ACK 事件時將 cwnd 減半（倍數削減）所構成。因此，我們通常會將 TCP 的壅塞控制稱作累進遞增，**倍數削減**（**additive-increase，multiplicative-decrease，AIMD**）的壅塞控制形式。AIMD 壅塞控制會造成圖 3.53 所示的「鋸齒狀」行為模式，它也良好的說明了我們早先對於 TCP 的頻寬「探測」的直覺想像—— TCP 線性地增加其壅塞窗格大小（並因此增加其傳輸速率）直到發生三次重複 ACK 事件為止。接著 TCP 會以二為倍數削減其壅塞窗格大小，然而 TCP 接著會再次開始線性地增加壅塞窗格大小，探測是否還有額外可取得的頻寬。

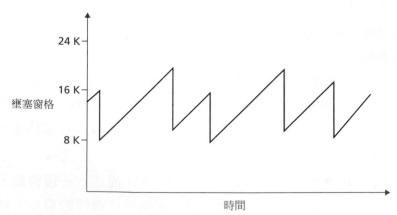

圖 3.53　TCP 壅塞窗格的變化過程（Tahoe 與 Reno）

如前所言，目前大多數的 TCP 實作所使用的都是 Reno 演算法 [Padhye 2001]。Reno 演算法曾經有許多不同版本被提出過 [RFC 3782; RFC 2018]。TCP Vegas 演算法 [Brakmo 1995; Ahn 1995] 會試圖避免壅塞發生，並同時維持良好的產出率。Vegas 的基本概念是 (1) 在發生封包遺失之前，先偵測來源端與目的端之間路由器的壅塞情形，並且 (2) 在偵測到即將發生封包遺失時，線性地降低傳輸速率。TCP Vegas 會藉由觀察 RTT 來預測封包的即將遺失。封包的 RTT 越長，路由器的壅塞情形便越嚴重。截至 2015 年底，在預設情況下，Ubuntu Linux 的 TCP 實現提供了緩啓動、壅塞迴避、快速復原、快速重送和 SACK；也提供了替代的壅塞控制眼算法，例如 TCP Vegas 和 BIC [Xu 2004]。讀者若想要得知 TCP 其各種不同版本之近期研究報告，請參見 [Afanasyev 2010]。

　　TCP 的 AIMD 演算法是根據大量工程上的洞見，以及在實際運作的網路上進行的壅塞控制實驗而開發出來的。在 TCP 開發出來的十年後，理論性的分析證明了 TCP 的壅塞控制演算法是一種分散式的非同步最佳化演算法，它讓使用者與網路效能的多個重要層面，都可以同時得到最佳化 [Kelly 1998]。自此，有大量關於壅塞控制的理論被發展出來 [Srikant 2004]。

◈ TCP 產出率的宏觀描述

鑑於 TCP 的鋸齒狀行爲模式，我們很自然地會去思考，在長時的 TCP 連線中，其平均產出率（亦即平均傳輸速率）可能爲何。在這份分析中，我們會忽略在發生逾時事件之後的緩啓動階段（這些階段通常非常短，因爲傳送端會以指數方式快速地增長並脫離該階段）。在特定的來回期間，TCP 傳送資料的速率會是壅塞窗格與目前 RTT 值的函數。當窗格大小爲 w 位元組，而目前的來回時間爲 RTT 秒時，TCP 的傳輸速率大約等於 w/RTT。接著 TCP 會在每回 RTT 中將 w 增加 1 MSS 以探測是否有額外的頻寬，直到發生遺失事件爲止。我們用 W 來表示發生遺失事件時 w 的數值。假設在連線期間 RTT 跟 W 都接近於常數，則 TCP 傳輸速率的範圍就是從 $W/(2 \cdot RTT)$ 到 W/RTT。

　　這些假設便可以讓我們得到一個高度簡化過的 TCP 在穩定狀態下行爲模式的宏觀模型。當速率增加到 W/RTT 時，網路便會遺失連線的封包；接著速率會被減半，然後在再次到達 W/RTT 之前，在每回 RTT 中增加 MSS/RTT。這個程序會不斷地重複又重複。因爲 TCP 的產出率（亦即速率）會在兩個極值之間線性遞增，所以我們得到

$$連線的平均產出率 = \frac{0.75 \cdot W}{RTT}$$

　　使用這種高度理想化的模型來描繪 TCP 在穩定狀態時的動態，我們也可以推導出一則關於連線遺失率與其可用頻寬之間關連的有趣運算式 [Mahdavi 1997]。我們會在習題中大略描繪此一推導過程。一種更複雜的，其實驗結果被證實與量測資料吻合的模型，為 [Padhye 2000]。

◈ **在高頻寬路徑上的 TCP**

重點是，我們要了解到 TCP 的壅塞控制已經演進了許多年，而且仍然持續地在演進。讀者若想要得知目前 TCP 其各種不同版本的總結和 TCP 演進的討論，請參見 [Floyd 2001, RFC 5681, Afanasyev 2010]。對於過往大量 TCP 連線所攜帶的是 SMTP、FTP 及 Telnet 資料流的網際網路來說良好的策略，對於今日以 HTTP 資料流為主的網際網路，或者對於未來充斥著無法想像的服務的網際網路來說，卻不一定是良好的策略。

　　只要想想網格運算應用和雲端運算應用所需的高速 TCP 連線，便可以了解 TCP 持續演變的需求。例如，請考量某筆使用 1,500 位元組區段，*RTT* 為 100 ms 的 TCP 連線，假設我們要透過這筆連線以 10 Gbps 的速率傳送資料。遵循 [RFC 3649]，我們注意到如果使用上述的 TCP 產出率公式來計算，要達到 10 Gbps 的產出率，我們的平均壅塞窗格大小必須是 83,333 個區段。這是個很大量的區段數目，它會讓我們相當擔心這 83,333 份傳送中的區段可能會有其中一份遺失了。如果有封包遺失了，會發生什麼事情？或者，換個說法，我們可以遺失多少比例的已傳輸區段，而圖 3.51 中的 TCP 壅塞控制演算法仍然能夠達到所需的 10 Gbps 速率？在本章的習題中，我們會帶領你逐步推導出跟 TCP 連線產出率有關的公式，它是遺失率（*L*）、來回時間（*RTT*）以及最大區段大小（MSS）的函數：

$$連線的平均產出率 = \frac{1.22 \cdot MSS}{RTT \sqrt{L}}$$

　　使用這則公式，我們便可以發現要達到 10 Gbps 的產出率，今日的 TCP 壅塞控制演算法只能容忍 $2 \cdot 10^{-10}$ 的區段遺失機率（或換言之，每 5,000,000,000 筆區段遺失一筆）──這是個非常低的比率。這項發現令許多研究者投身於研究特別為此種高速環境設計的新 TCP 版本；請參見 [Jin 2004; RFC 3649; Kelly 2003; Ha 2008; RFC 7323] 關於這些研究成果的討論。

3.7.1 公平性

請考量 *K* 筆 TCP 連線，每筆連線都有不同的端點到端點路徑，不過它們全都會通過某道傳輸速率為 *R* bps 的瓶頸連結（瓶頸連結意指對每一筆連線來說，其連線路徑上所有其他的連結都不會發生壅塞，而且其傳輸容量相較於瓶頸連結的傳輸容量而言

相當豐沛）。假設每筆連線都同時在傳送某份大型檔案，並且沒有任何 UDP 資料流通過這道瓶頸連結。如果每筆連線的平均傳輸速率都約略等於 R/K，我們便說該壅塞控制機制是公平的；也就是說，每筆連線都能平均地分享連結頻寬。

TCP 的 AIMD 演算法公平嗎？特別是考量到不同的 TCP 連線可能會在不同的時間點啟動，而因此在各個時刻它們可能會有不同的的窗格大小？ [Chiu 1989] 對於 TCP 壅塞控制機制為什麼終究能讓所有競爭頻寬的 TCP 連線都公平地分享瓶頸連結的頻寬，提供了簡潔而直覺的說明。

讓我們考量一個簡單的例子，兩筆 TCP 連線共用一條傳輸速率為 R 的連結，如圖 3.54 所示。假設這兩筆連線擁有相同的 MSS 與 RTT（所以如果它們擁有同樣的壅塞窗格大小，它們也會擁有相同的產出率），而且都有大量的資料需要傳送，此外這條共用連結上沒有任何其他的 TCP 連線或 UDP 資料報會通過。此外，請忽略 TCP 的緩啟動階段，並假設 TCP 連線永遠是在 CA 模式（AIMD）下運作。

圖 3.55 描繪了這兩筆 TCP 連線所得到的產出率。如果 TCP 要在這兩筆連線之間公平地分享連結頻寬，則所得的產出率應該會落在從原點發出的 45 度角射線（平均共用頻寬）上。理想上，兩筆連線的產出率總合應該等於 R（當然，如果兩筆連線都得到相等，但為零，的連線容量，並不是我們想要的情形！）。所以我們的目標應該是讓所達到的產出率落在圖 3.56 中平均共用頻寬線與完全頻寬使用線的交點附近。

假設在某個時間點的 TCP 窗格大小會使得連線 1 和連線 2 所得的產出率，位於圖 3.55 的 A 點上。因為這兩筆連線所花費的連結頻寬總量小於 R，所以不會發生資料遺失，而在每回 RTT 中，這兩筆連線都會因為 TCP 的壅塞迴避演算法而將其窗格增加 1 MSS。因此，這兩筆連線的總產出率會沿著從 A 點出發的 45 度射線（因為兩筆連線的增加量相等）前進。最終，這兩筆連線合計消耗的連結頻寬會大於 R，因此終究會發生封包的遺失。假設連線 1 與連線 2 的產出率在到達點 B 時遭遇到封包遺失。接著連線 1 與連線 2 都會將其窗格大小減少一半。因此所得的產出率便落在 C 點，位於從 B 點指向原點之向量的一半位置。因為 C 點的總頻寬使用量小於 R，所以這兩筆連線會再次沿著從 C 點開始的 45 度角射線增加其產出率。最後，遺失的情況會再次發生，例如，這兩筆連線會在 D 點再次將其窗格大小減少一半，依此類推。你應該自行確認這兩筆連所得的頻寬，最後一定會沿著平均共用頻寬線來回地擺盪。你也應該自行確認，無論這兩筆連線位於二維空間的何處，最後都會收斂到這個結果！雖然此情境背後有一些理想化的假設，但是它仍然對於為何 TCP 能夠在連線之間達到平均的頻寬共用，提供了我們直覺性的理解。

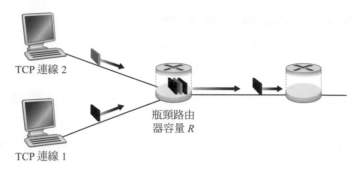

圖 3.54　兩筆共用單一瓶頸相連的 TCP 連線

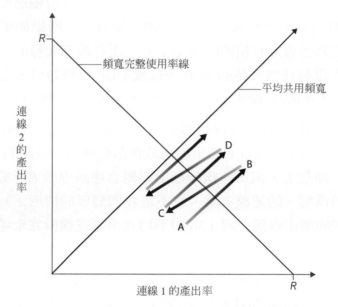

圖 3.55　TCP 連線 1 與 2 所達到的產出率

　　在我們的理想化情境中，我們假設只有 TCP 連線會通過瓶頸連結，而且所有連線都擁有相同的 RTT 值，而且在每一對主機與目的端之間，都只存在單筆 TCP 連線。在實際操作上，這些條件通常都不會成立，使得用戶端─伺服端應用可能會因此而得到非常不平均的連結頻寬共用。更清楚地說，研究者已經證明，當多筆連線共用同一條瓶頸連結時，RTT 較短的會談有辦法較快速地在有頻寬閒置時加以取用（也就是說，能夠較快速地擴大其壅塞窗格），因此比起 RTT 較長的連線，這類會談會享有較高的產出率 [Lakshman 1997]。

◈ 公平性和 UDP

我們剛才已經看到，TCP 的壅塞控制要如何透過壅塞窗格機制來規範應用程式的傳輸速率。許多多媒體應用，例如網際網路電話跟視訊會議，通常正是因為這個原因，而不透過 TCP 進行運作──它們不希望它們的傳輸速率受到抑制，縱使網路已經非常壅塞。反之，這些應用程式比較偏好透過 UDP 進行運作，因為 UDP 並沒有內建

的壅塞控制機制。在透過 UDP 運作時，應用程式可以用固定的速率將其音訊和視訊送入網路並偶爾會遺失封包；而不是在壅塞時將其速率降低到「公平的」等級且不遺失任何封包。由 TCP 的觀點來看，透過 UDP 運作的多媒體應用並不公平──它們不跟其他連線合作，也不會適當地調整其傳輸速率。由於 TCP 的壅塞控制會在面對壅塞狀況（封包遺失）漸增的情況下降低其傳輸速率，但 UDP 來源端卻無需如此做，所以 UDP 來源端有可能會排擠掉 TCP 的資料流。因此現今有一塊研究領域便是在為網際網路開發一種能夠避免 UDP 資料流造成網際網路產出率嚴重停擺的壅塞控制機制 [Floyd 1999; Floyd 2000; Kohler 2006; RFC 4340]。

◈ 公平性和同時的 TCP 連線

然而，即使我們可以強迫 UDP 資料流以公平的方式運作，公平性問題仍然無法完全解決。這是因為沒有任何機制可以阻止以 TCP 運作的應用程式同時使用多筆連線。例如，網頁瀏覽器通常會使用多筆同時進行的 TCP 連線以傳輸單一網頁內的多份物件（大多數瀏覽器可以設定確切的多筆連線數）。當應用程式同時使用多筆連線時，便可以在壅塞的連結上取得較高比例的頻寬。舉例來說，請考量某道速率為 R 的連結，正支援九組運作中的用戶端–伺服端應用，其中每組應用都使用了一筆 TCP 連線。如果有某個新應用加入，並且也使用一筆 TCP 連線，則所有應用都可以取得大致相同的傳輸速率 $R/10$。然而如果這個新應用使用了 11 筆同時進行的 TCP 連線，它就可以不公平地取得超過 $R/2$ 的頻寬配置。因為資訊網流量是如此地遍布於整個網際網路，所以多筆同時進行的連線並不罕見。

3.7.2　顯式壅塞通知：網路輔助的壅塞控制

自從 20 世紀 80 年代後期開始，緩啓動和壅塞迴避的最初標準化 [RFC 1122] 以來，TCP 已經實現了我們在 3.7.1 節研究的端點到端點壅塞控制的形式：TCP 傳送端不是從網路層接收到明確的壅塞指示，而是透過觀察到的丟包來推斷有無壅塞。最近，IP 和 TCP [RFC 3168] 的擴展已經被提出，實現和部署，允許網絡向 TCP 發送者和接收者顯式發送壅塞信號。這種形式的網絡輔助壅塞控制被稱為顯式壅塞通知。如圖 3.56 所示，涉及 TCP 和 IP 協議。最近，有 IP 和 TCP [RFC 3168] 的延伸應用被提出、實現和部署，允許網路向 TCP 傳送端和接收端顯式發送壅塞信號。這種形式的網路輔助壅塞控制被稱為**顯式壅塞通知**（**Explicit Congestion Notification**，**ECN**）。如圖 3.56 所示，與 TCP 和 IP 協定關係緊密。

在網路層，IP 資料報標頭的服務欄位類型（我們將在 4.3 節討論）中的兩個位元（總共有四個可能的值）用於 ECN。有一具路由器使用 ECN 位元的設定是來指示它（路由器）正在經歷壅塞。接著，這個壅塞指示在被標記的 IP 資料報中傳送到目

標主機，然後通知發送指示的主機，如圖 3.56 所示。RFC 3168 沒有提供路由器何時算是壅塞的定義；這個判斷可能是由路由器供應商做出的配置選擇，並且由網路經營者決定的。然而，RFC 3168 的確建議只在面臨持續壅塞時才設定 ECN 壅塞指示。ECN 位元的第二種設定是傳送端的主機用來通知路由器傳送端和接收端已經有 ECN 的能力，因此能夠對回應 ECN 指示的網路壅塞採取行動。

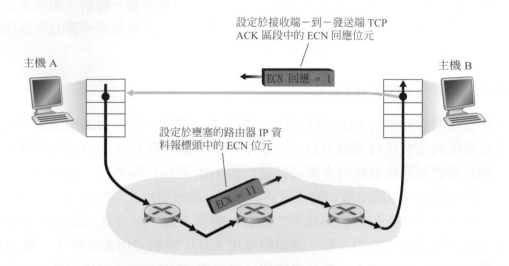

設定於接收端－到－發送端 TCP ACK 區段中的 ECN 回應位元

主機 A

ECN 回應 ＝ 1

主機 B

設定於壅塞的路由器 IP 資料報標頭中的 ECN 位元

ECN ＝ 11

圖 3.56　顯式壅塞通知：網路輔助的壅塞控制

如圖 3.56 所示，當接收端主機中的 TCP 經由接收到的資料報收到 ECN 壅塞指示時，接收端主機的 TCP 藉由在接收端對傳送端的 TCP ACK 區段中設定 ECE（Explicit Congestion Notification Echo，顯式壅塞通知回應）位元，來通知發送端主機的 TCP 壅塞指示（如圖 3.29）。相反地，TCP 發送端透過將壅塞窗格減半來回應具有 ECE 壅塞指示的 ACK，因為它會使用快速重送對遺失的區段做出回應，並且在下一個傳輸 TCP 的傳送端到接收端區段的標頭中設定 CWR（Congestion Window Reduced，壅塞窗格縮減）位元。

除了 TCP 之外的其他傳輸層協定也可以使用網路層信號 ECN。資料報壅塞控制協定（Datagram Congestion Control Protocol ，DCCP）[RFC 4340] 提供了一種利用 ECN 的低開銷、壅塞控制的 UDP-like 的不可靠服務。DCTCP（資料中心 TCP）[Alizadeh 2010] 是專為資料中心網路設計的 TCP 版本，也使用 ECN。

3.8　總結

本章的一開始，我們研究了傳輸層協定可以提供給網路應用的服務。就其中一個極端來說，傳輸層協定可以非常簡單，以極簡的方式服務其應用，只提供通訊行程多工／解多工的功能。網際網路的 UDP 協定，就是這種極簡的傳輸層協定的例子。就另一

個極端而言，傳輸層協定也可以提供各式各樣的保障給應用程式，例如可靠的資料傳輸、延遲時間保障以及頻寬保障等。然而，傳輸層協定所能提供的服務通常受限於底層網路層協定的服務模型。如果網路層協定無法提供延遲時間或頻寬的保障給傳輸層區段，傳輸層協定就無法提供延遲時間或頻寬的保障給行程間傳送的訊息。

我們在 3.4 節中學到，即使底層網路層不可靠，但傳輸層協定依然可以提供可靠的資料傳輸服務。我們看到，提供可靠的資料傳輸有許多微妙之處，但是藉由謹慎地結合確認訊息、計時器、重送和序號，我們就可以完成這項任務。

雖然我們把可靠資料傳輸的討論放在本章中，但我們應該牢記於心，可靠的資料傳輸可以由連結層、網路層、傳輸層或應用層協定所提供。協定堆疊上四層協定中的任何一層都可以實作確認訊息、計時器、重送、序號，並提供上層可靠的資料傳輸。事實上，過去幾年來，工程師和計算機科學家已經各自設計並實作出可以提供可靠資料傳輸的連結層、網路層、傳輸層、還有應用層協定（雖然這些協定中有許多都已經無聲無息地消失了）。

在 3.5 節中，我們更仔細地檢視了 TCP，它是網際網路的連線導向可靠傳輸層協定。我們了解到 TCP 很複雜，其中牽涉到連線管理、流量控制、來回時間估算以及可靠的資料傳輸。事實上，TCP 比我們所描述的還要複雜——我們刻意不去討論在許多不同 TCP 版本中被廣為實作的各種 TCP 補強、修正以及改良方案。不過，所有這些複雜的部分，都不會被網路應用程式所察覺。如果某台主機上的用戶端想要可靠地將資料傳送到另一台主機上的伺服端，它只需要開啟一份 TCP socket 到該具伺服端，並且將資料送入該 socket 即可。用戶端－伺服端應用很幸運地無須知曉 TCP 的複雜部分。

在 3.6 節中，我們從普遍性的觀點來檢視壅塞控制；在 3.7 節中，我們則描繪了 TCP 如何實作壅塞控制。我們學到壅塞控制對於網路的正常運作至爲重要。沒有壅塞控制，網路就會很容易變得無法動彈，端點到端點之間就只能傳輸極少的資料，甚至無法傳輸資料。在 3.7 節中，我們了解到 TCP 實作了端點到端點的壅塞控制機制，TCP 在判斷 TCP 連線路徑上沒有壅塞狀況時，便會以累進的方式增加傳輸速率，在發生資料遺失時，則會以倍數方的式削減傳輸速率。這種機制也會盡力讓通過壅塞連結的每筆 TCP 連線都能夠公平地分享連結頻寬。我們也較深入地檢視了建立 TCP 連線與緩啟動對於延遲所造成的影響。我們觀察到在許多重要情況下，連線建立與緩啟動會顯著地影響到端點到端點的延遲時間。我們要再次強調，由於 TCP 壅塞控制這幾年來不斷的在演進，它依然是一塊有著大量研究投注其中的領域，並且在未來幾年內，很可能還會再繼續演進。

本章關於特定的網際網路傳輸協定的討論，將重點放在 UDP 與 TCP 上——際網路傳輸層的兩員「主力」。然而，二十年來使用這兩種協定的經驗發現，在某些

情況下這兩種協定都無法完全符合我們的需求。因此研究者正努力開發新的傳輸層協定，其中有些目前已經是 IETF 所推行的標準。資料報壅塞控制協定（Datagram Congestion Control Protocol，DCCP）[RFC 4340] 提供了低負擔，訊息導向，類似 UDP 的不可靠服務，但是擁有應用程式可選擇的壅塞控制形式，與 TCP 相容。如果應用程式需要可靠的，或是具準可靠性的資料傳輸，則應用程式或許可以使用我們在 3.4 節所研究的機制，在應用程式本身之中進行此項功能。研究者期望 DCCP 可以使用在諸如串流媒體（參見第九章）這類會在即時性與資料投遞的可靠性之間進行平衡取捨，但是也想要有能力回應網路壅塞狀況的應用上。

在 Google 的 Chromium 瀏覽器中實作的 Google QUIC（快速 UDP 網際網路連線）協定 [Iyengar 2016] 透過重送、糾錯、快速連線設定和以速率為基礎的壅塞控制演算法提供可靠性，為了讓 TCP 變得友善，所有這些都是以 UDP 上層的應用層協定來實作的。在 2015 年初，Google 報告指出，從 Google 的 Chrome 瀏覽器到 Google 伺服器的所有請求中，大約有一半是透過 QUIC 提供的。

DCTCP（資料中心 TCP）[Alizadeh 2010] 是專為資料中心網路設計的 TCP 版本，它使用 ECN 以便更能支援具有資料中心工作負荷特性的短期和長期流量組合。

串流控制傳輸協定（Stream Control Transmission Protocol，SCTP）[RFC 4960, RFC 3286] 是一種可靠的、訊息導向的協定，允許多筆不同的應用層「串流」透過單一的 SCTP 連線進行多工處理（這種方法稱作「多串流（multi-streaming）」）。從可靠度的觀點來看，連線中的不同串流會被個別處理，所以其中一筆串流的封包遺失，並不會影響到其他串流的封包傳送。QUIC 提供類似的多串流語意。當主機連接到兩個以上的網路時，SCTP 也允許資料透過兩條輸出路徑進行傳輸，SCTP 也可以選擇不依序傳送資料，此外還有些其他的功能。SCTP 的流量控制及壅塞控制演算法，基本上與 TCP 相同。

TCP 友好速率控制（TCP-Friendly Rate Control，TFRC）協定 [RFC 5348] 是一種壅塞控制協定，而非完整的傳輸層協定。TFRC 制訂了可以使用在其他傳輸協定如 DCCP 中的壅塞控制機制（事實上，DCCP 所提供的，可讓應用程式選擇的兩種協定，其中有一種就是 TFRC）。TFRC 的目標是和緩 TCP 壅塞控制的「鋸齒狀」行為模式（參見圖 3.53），同時保持長時間的傳送速率與 TCP 的速率不會相去太遠。使用較 TCP 來得平順的傳送速率，TFRC 相當適用於如 IP 電話或串流媒體這類速率平滑很重要的多媒體應用上。TFRC 是一種「以公式為基礎」的協定，它會將量測到的封包漏失率送入某個公式中 [Padhye 2000]，這個公式會估計 TCP 會談在面臨這樣的漏失率時，TCP 的產出率會如何。這個結果會被使用做 TFRC 的目標傳送速率。

只有未來才能告訴我們，DCCP、SCTP、QUIC 或 TFRC，哪一個才會被廣泛使用。雖然這些協定明顯地提供了比 TCP 跟 UDP 更強的能力，然而這些年來 TCP 和

UDP 已經證明自己「夠好了」。「更好」是不是會勝過「夠好」，這取決於技術性、社會性、商業性考量等種種因素的複雜交摻。

在第一章中，我們說過計算機網路可以分割為「網路邊際」與「網路核心」。網路邊際包含了所有發生在終端系統的事情。現在，在討論過應用層與傳輸層之後，我們關於網路邊際的討論已告完結。現在該是來探索網路核心的時候了！我們的旅程將從下兩章開始，先研究網路層，然後繼續挺進第六章，我們將在那兒探討連結層。

▌ 習題與問題

第三章　複習題

第 3.1-3.3 節

R1. 假設網路層提供了下列服務。來源端主機的網路層會從傳輸層接收大小最多為 1,200 位元組的區段，以及目的端主機的位址。接著網路層會保證把該份區段投遞給目的端主機的傳輸層。假設目的端主機上可能正在執行許多網路應用程式行程。試設計極簡的傳輸層協定，可以將應用程式的資料送給目的端主機上的目標行程。假設目的端主機的作業系統會指定一個 4 位元組的埠號給所有正在執行的應用程式行程。請修改此協定，讓它也會提供「返回位址」給目的端行程。在你的協定中，傳輸層必須在計算機網路核心中「做任何事情」嗎？

R2. 請想想在某個星球上，所有人都屬於某個由六人組成的家庭，每家人都住在自己的房子裡。每間房子都有個獨一無二的地址，而每間房子裡的每個人都有個獨一無二的名字。假設這個星球擁有郵政服務，可以將信件從來源端的房子投遞到目的端的房子。此一郵政服務要求 (1) 信件要裝在信封裡，並且 (2) 目的端的房子地址要清楚寫在信封上（除此之外什麼也不必寫）。假設每家人都有一名家庭成員代表會收集並發送信件給其他的家庭成員。信件本身並不一定要提供任何關於收件者是誰的指示。

    a. 請使用上頭習題 R1 的解答作為發想，描述一種家庭代表可以用來將信件從寄件的家庭成員，投遞給收件的家庭成員的協定。

    b. 在你的協定中，郵政服務有必要打開信封並檢視信件，以提供其服務嗎？

R3. 如何完整識別 UDP socket？ TCP scket 又要如何完整識別呢？兩種 socket 的完整識別有什麼區別？

R4. 請描述為什麼應用程式開發者可能選擇 UDP 而不是 TCP 來執行應用程式。

R5. 今天的網際網路中，為什麼語音和視訊流量通常是透過 TCP 而不是透過 UDP 傳送？（提示：我們正在找的答案與 TCP 的壅塞控制機制無關。）

R6. 當應用程式透過 UDP 執行，應用程式是否可以享受可靠的資料傳輸？如果是的話，是用何方式？

R7. 假設主機 C 上的某個行程有一份埠號為 6789 的 UDP socket。假設主機 A 跟主機 B 都會傳送目的端埠號為 6789 的 UDP 區段給主機 C。請問這些區段都會被導向到主機 C 上相同的 socket 嗎？如果是的話，主機 C 要怎麼知道這兩組區段是來自不同的主機？

R8. 假設某台網頁伺服器在主機 C 的連接埠 80 上執行。假設這台網頁伺服器使用的是永久性連線，而且目前正在接收來自兩台不同主機 A 跟 B 所發出的請求。如果這些請求是通過不同的 socket 進行傳送，請問這兩份 socket 的埠號都會是 80 嗎？試討論並解釋之。

第 3.4 節

R9. 在我們的 rdt 協定中，為什麼我們需要引入序號？

R10. 在我們的 rdt 協定中，為什麼我們需要引入計時器？

R11. 假設傳送端和接收端之間的往返延遲是恆定的，而且是傳送端已知的。假設封包可能會遺失，那麼在協定 rdt 3.0 中是否還需要一個計時器？請說明。

R12. 請造訪本書英文版的專屬網站上回溯 N 的 Java applet。

    a. 令來源端送出五份封包，然後在五份封包都還沒有抵達目的端之前，將動畫暫停。然後刪去第一份封包，再繼續進行動畫。請描述發生了什麼事情。

    b. 請重做這個實驗，不過這次讓第一份封包抵達目的地，然後刪除第一筆確認訊息。同樣地，請描述發生了什麼事情。

    c. 最後，請試著送出六份封包。請描述發生了什麼事情？

R13. 請重做 R12，但這次使用選擇性重複的 Java applet。選擇性重複與回溯 N 的有何不同？

第 3.5 節

R14. 是非題

    a. 主機 A 正透過 TCP 連線傳送一份大型檔案給主機 B。假設主機 B 沒有資料要送給主機 A，則主機 B 也無法傳送確認訊息給主機 A，因為主機 B 無法讓確認訊息搭資料的便車。

    b. TCP rwnd 的大小在整個連線期間都不會變動。

    c. 假設主機 A 正透過 TCP 連線傳送一份大型檔案給主機 B。主機 A 所送出的未經確認位元組數量，不能超過接收緩衝區的大小。

    d. 假設主機 A 正透過 TCP 連線傳送一個大型檔案給主機 B。如果這筆連線中某份區段的序號為 m，則下一份區段的序號必定是 $m+1$。

e. TCP 區段的標頭中有一個供 rwnd 使用的欄位。

f. 假設某筆 TCP 連線最近一次的 SampleRTT 為 1 秒鐘。該筆連線目前的 TimeoutInterval 值必定≥ 1 秒鐘。

g. 假設主機 A 透過 TCP 連線傳送了一份序號為 38，內含 4 位元組資料的區段給主機 B。則這份區段的確認編號一定是 42。

R15. 假設主機 A 透過 TCP 連線，接續地將兩份 TCP 區段傳送給主機 B。第一份區段的序號為 90；第二份區段的序號為 110。

a. 第一份區段中會有多少資料？

b. 假設第一份區段遺失了，但是第二份區段有抵達主機 B。在主機 B 傳送給主機 A 的確認訊息中，確認編號會是多少？

R16. 考慮第 3.5 節討論的 Telnet 案例。在用戶端輸入字母「C」之後幾秒鐘，用戶端鍵入字母「R」。在輸入字母「R」之後，傳送了多少區段，以及區段中的序號和區段確認欄位放入了什麼？

第 3.7 節

R17. 考慮兩個主機，即主機 A 和主機 B，透過瓶頸連結將大型檔案傳輸到伺服器 C，速率為 R kbps。要傳輸檔案，主機使用具有相同參數（包括 MSS 和 RTT）的 TCP，並且同時開始傳輸。主機 A 使用單個 TCP 連線傳送個檔案，而主機 B 同時使用 9 個 TCP 連線，每個連線用於檔案的一部分（即資訊片段）。請問，每個主機在檔案件傳輸開始時的總傳輸速率是多少？（提示：主機的整體傳輸速率是其 TCP 連線傳輸速率的總和。）請問這種情況是否公平？

R18. 是非題。考慮 TCP 中的壅塞控制。當計時器在傳送端到期時，ssthresh 的值被設定為其先前值的一半。

R19. 根據第 3.7 節的專欄中對 TCP 分割的討論，TCP 分割的響應時間大約為 $4 \times \text{RTT}_{\text{FE}} + \text{RTT}_{\text{BE}} +$ 處理時間，與使用直接連接時的 $4 \times \text{RTT} +$ 處理時間相反。假設 RTT_{BE} 為 $0.5 \times \text{RTT}$。對於 RTT_{FE} 的值，TCP 分割比直接連線具有較短的延遲？

▌習題

P1. 假設用戶端 A 透過 HTPP 從伺服器 S 請求一個網頁，其 socket 可能的埠號為 33000。

a. 從 A 傳送到 S 的區段，其來源端與目的端埠號為何？

b. 從 S 傳送到 A 的區段，其來源端與目的端埠號為何？

c. 用戶端 A 可以使用 UDP 當作傳輸協定來聯絡伺服器 S 嗎？

d. 用戶端 A 可以在 TCP 連線中請求多個來源嗎？

P2. 請考量圖 3.5。由伺服器傳回給用戶端行程的區段，其來源端及目的端埠號為何？載送這些傳輸層區段的網路層資料報的 IP 位址為何？

P3. UDP 和 TCP 都是使用 1 補數來運算其檢查和。假設你有以下三個 8 位元的位元組：01010011, 01100110, 01110100。請問這三個 8 位元位元組總和的 1 補數為何？（請注意，雖然 UDP 跟 TCP 是用 16 位元字組來計算檢查和，但是本題要求你考量的是 8 位元的總和）請寫出完整的計算過程。為什麼 UDP 需要總和的 1 的補數？亦即，為什麼不使用總和？在 1 補數策略中，接收端要如何偵測錯誤？1 個位元的錯誤有可能沒偵測到嗎？如果是 2 個位元的錯誤呢？

P4. 假設一個主機接收到一個帶有 01011101 11110010 的 UDP 區段（為了看得清楚，我們將每個位元組的值用一個空格分隔）作為檢查和。主機將這個 16 位元的字加到檢查和以外的所有必要欄位中，並取得值 00110010 00001101。請問該區段是否被正確接收？接收端做了什麼？

P5. 假設 UDP 接收端會計算所收到之 UDP 區段的網際網路檢查和，並檢查此數值是否與檢查和欄位中的數值相符。請問，接收端是否可以絕對確定沒有位元錯誤發生？請說明之。

P6. 考慮我們更正協定 rdt2.1 的動機。請證明圖 3.57 中的接收端與圖 3.11 中的傳送端一起運作時，可能導致傳送端和接收端進入死結（deadlock）狀態，會讓傳送端與接收端都在等待永遠不會發生的事件。

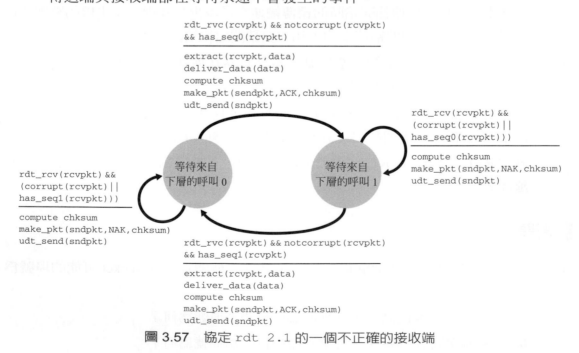

圖 3.57　協定 rdt 2.1 的一個不正確的接收端

P7. 在協定 rdt3.0 中，從接收端流向傳送端的 ACK 封包沒有序號（儘管它們有一個 ACK 欄位，其中包含它們正在確認的封包序號）。為什麼我們的 ACK 封包不需要序號？

P8. 請繪製協定 rdt3.0 接收端的 FSM。

P9. 請列出當資料封包與確認訊息封包損毀時，協定 rdt3.0 的運作歷程。你的歷程看起來應該要類似圖 3.16 所使用的格式。

P10. 請想像一條會遺失封包，但已知最大延遲時間的通道。請修改協定 rdt2.1，加入傳送端的逾時及重送功能。請非正式地說明為什麼你的協定可以正確地透過此通道進行通訊。

P11. 考慮在圖 3.14 中的 rdt2.2 接收端，並在等待來自下層的呼叫 0 和等待來自下層的呼叫 1 這兩個自我轉移（也就是說，從某狀態回到它自己的轉移）的狀態中一個新封包的產生：sndpkt = make_pkt(ACK, 1, checksum) 和 sndpkt = make_pkt(ACK, 0, checksum)。假如這個動作從等待來自下層的呼叫 1 之自我轉移狀態中被移除，該協定還能正確地工作嗎？請解釋你的答案。假如這個動作從等待來自下層的呼叫 0 之自我轉移狀態中被移除，該協定還能正確地工作嗎？（提示：在後者的情況中，假如第一個傳送端－到－接收端的封包毀損，考慮會發生什麼事情。）

P12. rdt3.0 的傳送端對於所有收到的錯誤封包，或是 acknum 欄位值錯誤的確認封包，都會簡單地予以忽略（也就是說，對它們不採取任何的動作）。假設在這種情況下，rdt3.0 協定會簡單地重送目前的資料封包。這種協定仍然能夠運作嗎？（提示：請考量如果只有位元錯誤會發生什麼事情；不會遺失封包，不過有可能發生過早逾時的情況。請想想當 n 值趨近於無限大時，第 n 份封包會被傳送多少次）。

P13. 假設主機 A 使用 UDP 從伺服器 B 串流傳輸一段視訊。同時，我們假設主機 A 看到視訊時網路突然變得非常壅塞。請問，有沒有辦法用 UDP 處理這種情況？用 TCP 可以處理嗎？是否有其他選擇？

P14. 有一個停止並等待的資料傳輸協定，該協定提供錯誤檢查和重送，但僅使用否定確認。假設否定確認不會損壞。請問，這樣的協定是否會在有位元錯誤的通道上工作？如何處理有位元錯誤的有損通道？

P15. 請考量圖 3.17 所示的跨國例子。針對高於 98% 的通道使用率，窗格大小應該要有多大呢？假設封包大小為 1,500 位元組，包括標頭欄位和資料。

P16. 假設有一應用程式使用 rdt 3.0 作為其傳輸層協定。由於停止並等待協定具有非常低的通道利用率（如跨國範例中所示），因此，該應用程式的設計者讓接收端持續傳回若干（超過 2 個）交替的 ACK 0 和 ACK 1，甚至是相對應的

資料還沒有到達接收端時。請問，這個應用程式的設計是否會增加通道利用率？爲什麼？這種方法有沒有任何潛在的問題？試說明之。

P17. 考慮兩個網路實體，A 和 B，它們以一個完美的雙向通道（也就是說，任何送出的訊息都可以正確地收到；該通道不會破壞、遺失或弄亂封包）。A 和 B 用一種交替的方式彼此地互傳訊息：首先，A 必須傳一份訊息給 B，然後 B 必須傳一份訊息給 A，然後 A 必須傳一份訊息給 B，以此類推。假如一個實體所處的狀態是不應該嘗試傳送一份訊息給另外一方，但該實體卻是有一個事件像是上層呼叫 `rdt_send(data)` 嘗試要把資料往下傳，使之能夠傳給另外一端，那麼這個從上層的呼叫可以簡單地被忽略，只要呼叫 `rdt_unable_to_send(data)` 即可，它會告知上層目前不能夠傳送資料。（請注意：這個簡化的假設可以讓你不用去擔心緩衝資料的問題。）

請爲這個規格化出一個 FSM 規格（爲 A 畫一個 FSM，再爲 B 畫一個 FSM！）。請注意在這裡你不需要擔心可靠度機制；這個習題的要點是要產生一個可以反映出兩個實體同步化行爲的 FSM 規格。你應該使用以下的事件和行動，它們和圖 3.9：rdt1.0 協定中的那些有相同的意義：`rdt_send(data)`, `packet = make_pkt(data)`, `udt_send(packet)`, `rdt_rcv(packet)`, `extract(packet,data)`, `deliver_data(data)`。請確定你的協定可以反映出 A 和 B 之間嚴格的交替傳送。而且，請一定要在你的 FSM 描述中指出 A 和 B 的初始狀態。

P18. 我們在 3.4.4 節所探討的一般性 SR 協定中，傳送端會在有訊息可以送出時（如果它位於窗格之內）馬上將其傳輸出去，而不會等待確認訊息。假設我們現在需要一種一次可以同時送出兩筆訊息的 SR 協定。也就是說，傳送端會送出一對訊息，並且只有在它得知先前所送出的第一對訊息已經被正確收到時，才會送出下一對訊息。

假設通道可能會遺失訊息，但是不會損毀訊息或變更訊息的順序。請爲單向的可靠訊息傳輸，設計一種錯誤控制協定。請提供傳送端與接收端的 FSM 描述。請說明傳送端與接收端之間所傳送的封包格式。如果你使用到任何 3.4 節以外的程序呼叫（例如 `udt_send()`、`start_timer()`、`rdt_rcv()` 等等），請清楚說明它們會進行的動作。請提供一個例子（傳送端與接收端的時間歷程）來說明你的協定要如何從遺失封包的情況下復原。

P19. 假設主機 A 和主機 B 使用窗格大小爲 $N = 3$ 且序號範圍夠長的 GBN 協定。假設主機 A 向主機 B 傳送了六個應用程式訊息，除了第一個確認和第五個資料區段以外，所有訊息都被正確接收。請繪製一個時序圖（類似圖 3.22），分別顯示與相對應的序號和確認號碼一起傳送的資料區段和確認。

P20. 請考量某個情境，主機 A 和主機 B 都想要傳送訊息給主機 C。主機 A 跟 C 是透過一條有可能會遺失或損毀訊息（但是不會改變順序）的通道相連。主機 B 跟 C 則是透過另一條性質相同的通道相連（與連接 A 跟 C 的通道完全無關）。主機 C 的傳輸層應該要輪流將來自 A 跟 B 的訊息遞交給上層（也就是說，它應該要先遞交來自於 A 的封包資料，再遞交來自於 B 的封包資料，依此類推）。試設計一種類似停止並等待協定的錯誤控制協定，以可靠地從主機 A 跟 B 傳輸封包給 C，其中主機 C 會進行如上述的輪流遞交。請提供主機 A 跟 C 的 FSM 描述（提示：主機 B 的 FSM 本質上應該與 A 相同）。此外，也請提供你所使用之封包格式的描述。

P21. 假設我們有兩個網路實體 A 跟 B。B 會依據以下慣例提供資料訊息傳送給 A。當 A 收到來自上層的請求，要從 B 取得下一份資料（D）訊息時，A 必須透過從 A 到 B 的通道，傳送一份請求（R）訊息給 B。B 只有在收到 R 訊息時，才能夠透過從 B 到 A 的通道將資料（D）訊息傳回給 A。針對每份 D 訊息，A 都只應遞交一份副本給上層。R 訊息有可能會遺失在從 A 到 B 的通道中（但不會損毀）；而 D 訊息一旦送出後，就一定會正確送達。兩條通道上的延遲時間是未知且不固定的。

請設計一個協定（提供其 FSM 描述），加入適當的機制以彌補從 A 到 B 的通道會遺失資料的問題，並實作出上述在實體 A 上將訊息轉交給上層協定的功能。請只使用絕對必要的機制。

P22. 請考量某種傳送端窗格大小為 4，序號範圍為 1,024 的 GBN 協定。假設在時刻 t 時，接收端所預期的下一份依序抵達的封包序號為 k。假設傳輸媒介不會變更訊息的順序。請回答下列問題：

  a. 在時刻 t 時，傳送端窗格內可能的序號集合為何？請解釋你的答案。

  b. 在時刻 t 時，所有可能正在回傳給傳送端的訊息，其 ACK 欄位所有可能的數值為何？請解釋你的答案。

P23. 請舉一個緩衝無序區段會顯著提高 GBN 協定吞吐量的例子。

P24. 考慮一種情況，主機 A、主機 B 和主機 C 為環狀連線（亦即，主機 A 連線到主機 B、主機 B 連線到主機 C、主機 C 連線到主機 A）。假設主機 A 和主機 C 執行協定 `rdt3.0`，而主機 B 只是將從主機 A 接收到的所有訊息中繼到主機 C。請問這種安排是否能夠將訊息從主機 A 可靠地傳遞到主機 C？主機 B 能夠分辨主機 A 是否正確接收到某個訊息嗎？

P25. 考慮第 3.5.2 節中的 Telnet 案例研究。假設主機 A 和伺服器 S 之間的 Telnet 對話已處於活動狀態，則主機 A 的用戶端鍵入單詞「Hello」。

  a. 請問主機 A 的傳輸層上將會建構多少個 TCP 區段？

    b. 是否保證每個區段在建構以後會被立即傳送到 TCP 連線中？

    c. TCP 是否提供可用於交互式 Telnet 對話的任何機制？

    d. UDP 是否會透過可靠的通道為 Telnet 對話提供可行的替代方案？

P26. 請考量從主機 A 傳輸一筆 L 位元組的大型檔案到主機 B。假設 MSS 為 536 位元組。

    a. 在 TCP 序號不會耗盡的前提下，L 值最大為何？請回想一下，TCP 的序號欄位包含四個位元組。

    b. 請針對你在 (a) 中所求得的 L，計算出傳輸該筆檔案所需的時間。假設每份區段在被包成封包，透過 155 Mbps 的連結送出之前，會被加上總計為 66 個位元組的傳輸層、網路層以及資料連結層標頭。請忽略流量控制和壅塞控制，所以 A 可以連續不斷地送出這些區段。

P27. 主機 A 跟 B 正透過 TCP 連線進行通訊，而主機 B 已經從 A 處收到所有位元組 126 以前的位元組。假設主機 A 接著連續傳送了兩筆區段給主機 B。第一筆和第二筆區段分別包含 80 和 40 個資料位元組。在第一筆區段中，序號為 127，來源端埠號為 302，目的端埠號為 80。每當主機 B 收到來自主機 A 的區段時，都會送出確認訊息。

    a. 請問在主機 A 傳送給主機 B 的第二筆區段中，其序號、來源端埠號以及目的端埠號分別為何？

    b. 如果第一筆區段在第二筆區段之前抵達主機 B，則在第一筆區段的確認訊息中，其確認編號、來源端埠號以及目的端埠號分別為何？

    c. 如果第二筆區段在第一筆區段之前抵達主機 B，在第二筆區段的確認訊息中，其確認編號、來源端埠號以及目的端埠號分別為何？

    d. 假設主機 A 所送出的兩筆區段依序抵達主機 B。第一筆確認訊息遺失了，而第二筆確認訊息則在第一次逾時週期之後才抵達。請繪製一張時程示意圖，畫出上述這些區段以及其他所有被送出的區段及確認訊息（假設不會再發生其他的封包遺失）。請針對你圖中的每筆區段，提供其序號與資料的位元組數；請針對你所增加的每一筆確認訊息，提供其確認編號。

P28. 主機 A 跟 B 之間使用一道 100 Mbps 的連結直接相連。這兩台主機之間存在一筆 TCP 連線，而主機 A 正透過這筆連線在傳送一份大型檔案給主機 B。主機 A 可以用 120 Mbps 的速率將應用程式資料送入連結，但是主機 B 只能夠以 50 Mbps 的最大速率從其 TCP 接收緩衝區中讀出資料。試描述 TCP 流量控制的作用。

P29. 我們在第 3.5.6 節中討論了 SYN cookies。

    a. 為什麼伺服器在 SYNACK 中使用特殊的初始序號是必要的？

b. 假設攻擊者知道目標主機使用 SYN Cookies。攻擊者是否可以透過簡單地向目標傳送 ACK 封包來建立半開放或完全開放的連線？爲什麼可以或爲什麼不可以？

c. 假設攻擊者收集伺服器傳送的大量初始序號。攻擊者是否可以透過傳送帶有初始序號的 ACK 來讓伺服器建立許多完全開放的連線？爲什麼？

P30 考慮第 3.6.1 節情境 2 中顯示的網路。假設發送主機 A 和 B 都有一些固定的逾時值。

a. 論證增加路由器有限緩衝區的大小可能會降低呑吐量（λ_{out}）。

b. 現在假設兩台主機根據路由器的緩衝延遲動態調整其逾時值（如 TCP 所做的）。增加緩衝區大小是否有助於提高呑吐量？爲什麼？

P31. 假設五次測量的 SampleRTT 值（參見 3.5.3 節）分別爲 106 ms、120 ms、140 ms、90 ms 和 115 ms。在獲得每一次的 SampleRTT 值之後，請計算 EstimatedRTT 的值，使用 $\alpha = 0.125$，並假設在這五個樣本中的第一個被取得之前，EstimatedRTT 的值爲 100 ms。在獲得每一次的 SampleRTT 值之後，也請計算 DevRTT 的值，使用 $\beta = 0.25$，並假設在這五個樣本中的第一個被取得之前，DevRTT 的值爲 5 ms。最後，請計算在獲得每一次的樣本值之後的 TCP TimeoutInterval 值。

P32. 請考量估算 RTT 的 TCP 程序。假設 $\alpha = 0.1$。令 SampleRTT$_1$ 爲最近一次的 RTT 取樣，而 SampleRTT$_2$ 爲次近一次的 RTT 取樣，依此類推。

a. 針對某筆特定的 TCP 連線，假設某四筆被傳回的確認訊息其 RTT 取樣分別爲：SampleRTT$_4$、SampleRTT$_3$、SampleRTT$_2$ 和 SampleRTT$_1$。請使用這四筆 RTT 取樣來表示 EstimatedRTT。

b. 請將你的方程式一般化爲有 n 筆 RTT 取樣的狀況。

c. 針對 (b) 部分的方程式，令 n 趨近於無限大。請解釋爲何此種平均值計算過程稱作指數移動平均。

P33. 在 3.5.3 節中，我們討論 TCP 的 RTT 的估計值。爲什麼你會認爲 TCP 避免測量 SampleRTT 的重送區段？

P34. 第 3.5.4 節中的變數 SendBase 和 3.5.5 節中的變數 LastByteRcvd 之間有何關係？

P35. 第 3.5.5 節中的變數 LastByteRcvd 和 3.5.4 節中的變數 y 之間有何關係？

P36. 在 3.5.4 節中，我們看到 TCP 在執行快速重送之前一直等待，直到收到三個重複的 ACK。你認爲爲什麼 TCP 設計人員在收到第一個重複的 ACK 確認後不選擇執行快速重送？

P37. 比較 GBN、SR 和 TCP（沒有延遲的 ACK）。假設這三個協定的逾時值都足夠的長，使得 5 個連續的資料區段和它們對應的 ACK 分別可以被接收端主機（主機 B）和傳送端主機（主機 A）所接收（假如沒有遺失在該通道中的話）。假設主機 A 送出 5 個資料區段給主機 B，而第二個區段（從 A 送出的）遺失了。到最後，所有的 5 個資料區段都會正確地由主機 B 接收。

　　a. 主機 A 總共要送出多少個資料區段而主機 B 總共要送出多少個 ACK？它們的序號值為何？請以分別這三個協定回答問題。

　　b. 假如這三個協定的逾時值都比 5 RTT 要長得多，那麼請問那一個協定會以最短的時間間格成功地送出 5 個資料區段？

P38. 在圖 3.53 我們對 TCP 的描述中，門檻值 ssthresh 在好幾個地方被設定成 ssthresh=cwnd/2，我們說當遺失事件發生時，ssthresh 值設定成窗格大小的一半。當遺失事件發生時，傳送端的傳輸速率一定大約是等於每 RTT 秒送出 cwnd 個區段嗎？請解釋你的答案。假如你的答案是否定的，你可以提出另外一個不同的方式來設定 ssthresh 嗎？

P39. 考慮圖 3.46(b)。如果 λ'_{in} 增加到 R/2 以上，λ_{out} 可以增加到超過 R/3 嗎？請說明。現在考慮圖 3.46(c)。如果 λ'_{in} 增加到 R/2 以上，那麼假設一個封包平均從路由器轉發到接收器兩次，λ_{out} 可以增加到 R/4 以上嗎？請說明。

P40. 請考量圖 3.58。假設 TCP Reno 是造成上述行為的協定，請回答下列問題。針對每種狀況，你都應該要提供一份簡短的討論來解釋你的答案。

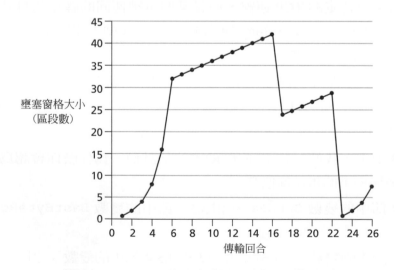

圖 3.58　TCP 窗格大相對於時間的函數圖形

　　a. 請指出 TCP 以緩啟動模式運作的時期。

　　b. 請指出 TCP 以壅塞迴避模式運作的時期。

c. 在第 16 輪傳輸之後，我們是因為收到三次重複的 ACK，還是因為發生逾時事件，而偵測到區段的遺失？

d. 在第 22 輪傳輸之後，我們是因為收到三次重複的 ACK，還是因為發生逾時事件，而偵測到區段的遺失？

e. 在第一輪傳輸時，ssthresh 的初始值為何？

f. 在第 18 輪傳輸時，ssthresh 值為何？

g. 在第 24 輪傳輸時，ssthresh 值為何？

h. 第 70 份區段是在第幾輪傳輸時送出？

i. 假設在第 26 輪傳輸後，我們收到三次重複的 ACK 而偵測到封包遺失的狀況，請問壅塞窗格的大小和 ssthresh 值會變為多少？

j. 假設我們使用 TCP Tahoe（而不是使用 TCP Reno），並假設在第 16 輪時我們收到三次重複的 ACK。請問在第 19 輪時壅塞窗格的大小和 ssthresh 值為何？

k. 再次地假設我們使用 TCP Tahoe 而且在第 22 輪時有一個逾時事件。從第 17 輪到第 22 輪，首末包括在內，送出了多少個區段？

P41. 請參考圖 3.55，它說明了 TCP 的 AIMD 演算法的收斂性。假設 TCP 將窗口格大小減少了一個常數量，以替代乘法式減少。請問，得到的 AIAD 演算法會收斂到一個相等的演算法嗎？請使用類似於圖 3.55 的圖來證明你的答案。

P42. 在 3.5.4 節中，我們討論了逾時事件之後逾時間隔加倍的情況，這種機制是壅塞控制的一種形式。除了這種雙倍逾時間隔機制之外，為什麼 TCP 需以窗格為基礎的壅塞控制機制（如 3.7 節所述）？

P43. 主機 A 正透過 TCP 連線傳送一份大型檔案給主機 B。這筆連線永遠不會遺失封包，計時器也永遠不會逾時。我們將連接主機 A 與網際網路的連結傳輸速率標示為 R bps。假設主機 A 的行程能夠以 S bps 的速率將資料送入其 TCP socket，其中 $S = 10 \cdot R$。此外，也請假設 TCP 的接收緩衝區大到足以存放整份檔案，而傳送緩衝區則只能存放百分之一的檔案。什麼事情會阻止主機 A 的行程持續以 S bps 的速率將資料交給其 TCP socket？ TCP 流量控制？ TCP 壅塞控制？還是其他事情？請詳述之。

P44. 請考量從某台主機透過不會遺失資料的TCP連線傳送一份大型檔案到另一台主機。

a. 假設 TCP 使用的是沒有緩啟動的 AIMD 來進行其壅塞控制。假設每收到一批 ACK，cwnd 就會增加 1 MSS，並假設來回時間大致固定不變，請問 cwnd 從 6 MSS 增加到 12 MSS 需要花多少時間（假設沒有發生遺失事件）？

b. 請問此連線到時刻 = 6 RTT 之前的平均產出率為多少（以 MSS 和 RTT 表示）？

P45. 請回想我們對於 TCP 產出率的宏觀描述。在連線速率從 $W/(2 \cdot RTT)$ 變動到 W/RTT 的期間，只有一筆封包遺失了（在這段期間的最最後）。

a. 試證明其遺失率（封包遺失的比率）等於

$$L= 遺失率 = \frac{1}{\frac{3}{8}W^2 + \frac{3}{4}W}$$

b. 使用以上結果，試證明如果連線的遺失率爲 L，則其平均傳輸速率大約是

$$\approx \frac{1.22 \cdot MSS}{RTT \sqrt{L}}$$

P46. 考慮只有單一一條 TCP（Reno）連線使用一道不會暫存任何資料的 10 Mbps 連結。假設該連結是在傳送主機和接收主機之間唯一的壅塞連結。假設 TCP 傳送端有一個巨大的檔案要傳給接收端，而接收端的緩衝區要比壅塞窗格要大上許多。我們也做了以下的假設：每一個 TCP 區段大小是 1,500 位元組；該連線的雙向傳播延遲是 150 msec；而且該 TCP 連線總是處於壅塞迴避階段，也就是說，請忽略緩啓動。

a. 該 TCP 連線可達到之最大窗格大小（用區段數表示）是多少？

b. 該 TCP 連線可達到之最大窗格大小（用區段數表示）是多少？

c. 在從封包遺失狀態恢復之後，這條 TCP 連線再次到達到其最大窗格要花多少時間？

P47. 考慮在前一個習題中所描述的情境。假設該 10 Mbps 的連結可以緩衝一有限數量的區段。請說明爲了要讓該連結永遠處於忙於傳送資料的狀態，我們所選擇的緩衝區大小最少爲連結速率 C 與在傳送主機和接收主機之間雙向傳播延遲的乘積。

P48. 重做習題 46，但請把該 10 Mbps 連結換成一條 10 Gbps 連結。請注意回答 (c) 小題時，你會發現在從封包遺失狀態恢復之後，壅塞窗格大小要再次到達到其最大的窗格大小要花上很長的時間。請用畫圖的方式來解這一題。

P49. 令 T（以 RTT 爲單位來度量）表示一 TCP 連線把其壅塞窗格大小從 $W/2$ 增加到 W 所花的時間，其中 W 爲最大的壅塞窗格大小。請說明 T 是 TCP 其平均產出率的函數。

P50. 考慮一簡化的 TCP AIMD 演算法，其中壅塞窗格大小是用區段的數目來量測，而非位元數。在加法性質的遞增中，壅塞窗格大小在每一 RTT 後增加一個區段。在乘法性質的遞減中，壅塞窗格大小減少一半（假如結果不是整數，請把小數點的部分去掉）。假設兩條 TCP 連線，C_1 和 C_2，共用單一一條壅塞連結，速率爲每秒 30 個區段。假設 C_1 和 C_2 都是處於壅塞躲避階段。連線 C_1 的 RTT

爲 50 msec 而連線 C_2 的 RTT 爲 100 msec。假設當該連結中的資料速率超過該
連結的速率時，所有的 TCP 連線都會面臨資料區段遺失的情況。

a. 假如 C_1 和 C_2 在時間 t_0 時兩者的壅塞窗格大小都是 10 個區段，在 1000msec 之後它們的壅塞窗格大小爲多少？

b. 最終，這兩條連線會平分該壅塞連結的頻寬嗎？試說明之。

P51. 考慮在前一個習題中所描述的網路。現在假設那兩條 TCP 連線，C_1 和 C_2，有相同的 RTT 100 msec。假設在時間 t_0 時 C_1 的壅塞窗格大小爲 15 個區段但是 C_2 的壅塞窗格大小爲 10 個區段。

a. 在 2200 msec 之後它們的壅塞窗格大小爲多少？

b. 最終，這兩條連線大約會平分該壅塞連結的頻寬嗎？

c. 假如兩條連線在同一時間達到它們最大的窗格大小和在同一時間達到它們最小的壅塞窗格大小，那麼我們稱那兩條連線被同步。最終，這兩條連線會被同步嗎？假如是如此的話，它們最大的窗格大小爲何？

d. 這個同步化有助於該共用連結的使用率嗎？爲什麼？請畫出可以破壞這個同步的一些想法。

P52. 考慮 TCP 壅塞控制演算法的一種修改方式。不用加法性的遞增，我們可以使用乘法性的遞增。每當 TCP 傳送端收到一個有效的 ACK 時，它會把它的窗格大小增加一個小的正常數 a（$0 < a < 1$）倍。請求出在遺失率 L 和最大壅塞窗格大小 W 之間的函數關係。請說明對於這個 TCP 修改版本而言，不管 TCP 的平均產出率爲何，一條 TCP 連線始終花上相同的時間才能把它的壅塞窗格大小從 W/2 增加到 W。

P53. 我們在 3.7 節關於 TCP 的未來的討論中提過，要達到 10 Gbps 的產出率，TCP 只能容忍其區段遺失機率爲 $2 \cdot 10^{-10}$（亦即，每 5,000,000,000 份區段只發生一次遺失事件）。請使用 3.7 節所提供的 RTT 及 MSS 值，展示數值 $2 \cdot 10^{-10}$（5,000,000,000 分之一）的推導過程。如果 TCP 需要支援 100 Gbps 的連線，所能容忍的遺失率爲何？

P54. 我們在 3.7 節關於 TCP 壅塞控制的討論中，暗自假設 TCP 傳送端永遠都有資料可供傳送。現在，請考量 TCP 傳送端在送出大筆資料後，會在時刻 t_1 進入閒置狀態（因爲它沒有更多資料可以傳送）的狀況。TCP 會在相當長的一段時間內保持閒置，然後在時刻 t_2 開始想要傳送更多資料。在時刻 t_2 開始傳送資料時，讓 TCP 使用時刻 t_1 的 cwnd 及 ssthresh 值，其優缺點爲何？你有建議什麼替代方案嗎？爲什麼？

P55. 在本題中，我們會探討 UDP 或 TCP 是否有提供某種程度的端點認證。

a. 請考量某台伺服器收到一筆由 UDP 封包所攜帶的請求，並且也以 UDP 封包回應該筆請求（例如，如 DNS 伺服器所做的）。如果 IP 位址為 X 的用戶端捏造其位址為 Y，則伺服器會將其回應送往何處？

b. 假設伺服器收到 IP 來源端位址為 Y 的 SYN 訊息，並且在回應以 SYNACK 訊息之後，收到 IP 來源端位址為 Y，確認編號正確的 ACK 訊息。假設伺服器選擇的是隨機的初始序號，而且沒有「中間人」存在，伺服器有辦法確定用戶端確實位於位址 Y 嗎（而非位於某個別的位址 X，但捏造自己位在 Y）？

P56. 在此習題中，我們會考量 TCP 的緩啓動階段所造成的延遲。請考量以一道速率為 R 的連結直接相連的用戶端與網頁伺服器。假設用戶端想要取得大小恰好等於 15 S 的物件，其中 S 為最大區段長度（MSS）。我們以 RTT 表示用戶端與伺服端之間的來回時間（假設為常數）。忽略協定標頭，請判斷取得該筆物件所需的時間（包括 TCP 連線建立的時間），當

a. $4 S/R > S/R + \text{RTT} > 2S/R$

b. $S/R + \text{RTT} > 4 S/R$

c. $S/R > \text{RTT}$

程式設計作業

實作可靠的傳輸協定

在這份程式設計作業實驗中，你將會撰寫傳輸層的傳送端與接收端程式碼，以實作一個簡單的可靠資料傳輸協定。這份實驗有二個版本，位元變換協定版或 GBN 版。這份實驗應該會很有趣——你的實作與現實狀況所需的功能只有極小的差異。

　　因為你可能沒有自己的機器（意指你可以修改 OS 的機器），你的程式碼必須在模擬的軟／硬體環境下執行。然而，我們為你的常式所提供的程式設計介面——也就是會從上層或下層呼叫你的實體程式的程式碼——非常接近於實際 UNIX 環境下所提供的介面（事實上，這個程式設計作業中所描述的軟體介面，比起許多教科書所描繪的無限迴圈傳送端與接收端，要來得真實許多）。計時器的停止和啓動也是模擬的，計時器中斷會啓動你的計時器處理常式。

　　完整的實驗作業以及需要跟你自己的程式碼一起編譯的程式碼，都可以從本書英文版的專屬網站上取得：www.pearsonglobaleditions.com/kurose。

▌Wireshark 實驗：探索 TCP

在本實驗中，你將會使用你的網頁瀏覽器從某台網頁伺服器存取檔案。就像先前的 Wireshark 實驗一樣，你也會使用 Wireshark 來捕捉抵達你的電腦的封包。但與先前的實驗不同的是，你也能夠從你下載檔案的網頁伺服器，下載 Wireshark 可解讀的封包歷程。在這份伺服器歷程中，你會看到自己存取網頁伺服器時所產生的封包。你將會分析用戶端及伺服端的歷程，以探索 TCP 的各個層面。特別是，你可以評估你的電腦與該網頁伺服器之間的 TCP 連線效能。你可以追蹤 TCP 的窗格行為，然後推測出封包的遺失、重送、流量控制、壅塞控制行為，並估計來回時間。

如同所有的 Wireshark 實驗一般，本實驗的完整描述可以從本書英文版的專屬網站上取得：www.pearsonglobaleditions.com/kurose。

▌Wireshark 實驗：探索 UDP

在這個簡單的實驗中，你將會對於你所鍾愛的，使用 UDP 的應用（例如 DNS 或多媒體應用如 Skype）進行封包抓取與分析。如我們在 3.3 節所了解到的，UDP 是種簡單的，只有極簡功能的傳輸協定。在這份實驗中，你將會探索 UDP 區段的標頭欄位，以及檢查和的計算。

如同所有的 Wireshark 實驗一般，本實驗的完整描述可以從本書英文版的專屬網站上取得：www.pearsonglobaleditions.com/kurose。

訪談

Van Jacobson

Van Jacobson 目前在 Google 工作，之前是 PARC 的研究員。在 PARC 之前，他曾是 Packet Design 的共同奠基者和首席科學家。在 Packet Design 之前，他曾是思科（Cisco）的首席科學家。在加入思科之前，他曾是 Lawrence Berkeley National Laboratory 的網路研究組（Network Research Group）的領導人，並在 UC Berkeley 和 Stanford 大學教過書。Van 在 2001 年榮獲 ACM SIGCOMM Award，表揚他在通訊網路領域中的終身傑出貢獻；並在 2002 年榮獲 IEEE Kobayashi Award，表揚他「在了解網路壅塞和在開發使得網際網路可成功擴張的壅塞控制機制這兩方面的貢獻」。他在 2004 年被獲選為 U.S. National Academy of Engineering。

▶ **請描述在你的職業生涯期間所從事之一個或兩個最刺激的計劃。當時最大的挑戰為何？**

學校教授我們很多方法來找尋答案。但在我從事的每一個有趣的問題中，所謂的挑戰一直都是找到對的問題。當 Mike Karels 和我開始檢視 TCP 壅塞時，我們花上數月的時間盯著協定和封包的足跡並詢問「為何它會失敗？」。有一天在 Mike 的辦公室，我們其中之一說了「我無法了解它為何會失敗的原因為我從來就沒有了解一開始它究竟是如何工作的。」那結果是個對的問題，並讓我們聚焦在了解使得 TCP 變得可行的「ACK 紀錄」。在那個之後，其餘的就容易了。

▶ **以更為廣泛的方式來說，你所看到的網路連線和網際網路的未來為何？**

對於大部分的人而言，資訊網就是網際網路。網路玩家可能會禮貌地對此一想法微笑，因為我們知道資訊網不過是一個在網際網路上面執行的應用程式，但是假使他們是對的又如何呢？網際網路是有關於讓一對主機可以對談的東西。資訊網是有關於分散式資訊產生和消費的東西。「資訊傳播」是通訊的一個非常廣泛的觀點，「兩方對談」只是其中的一個微小子集合。我們需要以較大的視野來談。今日網路連線藉由假裝它是一個點對點的連線來處理廣播媒體（電台、PONs 等等。）那非常地沒有效率。全世界每秒有數兆個位元的資料正透過拇指碟或智慧型手機在交換，但是我們不知道如何把那個視為「網路連線」。ISP 們正忙於設置快取和 CDN 來擴張地散布視訊和音訊。快取是解決之道的一部分，但是今日的網路連線——從資訊、排隊、或流量理論到網際網路協定規格——其中沒有任

何一個部分告訴我們要如何策畫和布署它。我認為並希望在未來幾年，網路連線將會進展到擁抱由資訊網所撐起之通訊的更大視野。

▶ **有哪些人曾經在專業上啓發過你嗎？**

當我讀研究所時，Richard Feynman 是到我們學校的訪問學者並做了一次學術報告。他談到一部分的量子理論，而那正是我一整個學期都在與其奮鬥掙扎的部分，但他的解釋是如此的簡單且清楚易懂，使得原來對我而言是難懂且胡言亂語的東西卻變成既明顯又老生常談的道理。從這個複雜的世界中觀察並教授給別人其簡單的本質，這項能力對我而言是一個罕見的且奇妙的天份。

▶ **對於那些想要把計算機科學和網路連線當作是職業的學生你有沒有什麼建議？**

這是一個奇妙的領域——自從有文字以來，計算機和網路連線比起其他的發明或許對社會有更大的衝擊。網路連線基本上是有關於把東西連接在一起的東西，研究它有助於你產生許多智慧的連結：螞蟻搜尋和蜜蜂飛舞示範了比 RFC 更好的協定設計，壅塞的交通或是人們從一爆滿的體育館離開時正是壅塞的本質，而學生在感恩節暴風雪之後找尋回到學校的機位正是動態路由繞送的核心。如果你對很多事物都很有興趣，並且想要對世界產生影響，我很難想像有什麼其他更好的領域。

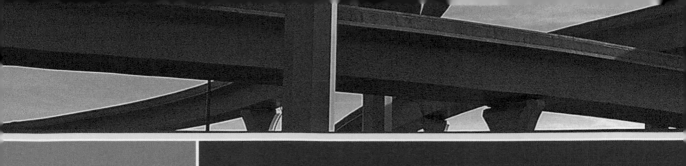

Chapter 4

網路層：資料層

在前一章中，我們學到傳輸層是藉由網路層主機到主機的通訊服務，來提供各種形式的行程到行程之通訊服務。我們也學到，若傳輸層要提供這些服務，並不需要知道網路層實際上是如何實作其通訊服務的。所以，或許你會好奇，主機到主機間通訊服務的內部到底隱藏了哪些機制？到底是什麼東西令它運作的？

在本章和下一章，我們要學習的正是網路層會如何實作其主機到主機的通訊服務。我們將瞭解到，與傳輸層和應用層不同，網路層是存在於網路上的每台主機與路由器之中。因此，網路層協定是協定堆疊中最具挑戰性的一環（因此也是最有趣的部分！）。

由於網路層可能是協定堆疊中最複雜的層級，所以我們將會含括進許多領域。的確，我們會用兩章來介紹網路層。我們將看到網路層可以分解為兩個相互作用的部分——**資料層**（data plane）與**控制層**（control plane）。第四章中，我們先介紹網路層的資料層功能——每個路由器在網路層中運作，決定抵達路由器輸入連結之一的資料報（即網路層封包）如何轉送到該路由器的輸出連結之一。我們會涵蓋傳統的 IP 封包轉送（此處的轉送是以資料報的目的端位址為基礎），以及廣義轉送（此處的轉送和其他功能可使用資料報標頭中幾個不同欄位中的值來執行）。我們會深入學習 IPv4 和 IPv6 協定及網路層的定址。在第五章，我們會介紹網路層的控制層——網路範圍的邏輯，控制著資料報如何在路由器之間沿著從來源主機到目標主機的端點到端點之路徑繞送。我們會涵蓋繞送演算法和繞送協定，例如 OSPF 和 BGP，這兩種在今天的網際網路中有廣泛的使用。通常，這些控制層的繞送協定以及資料層的轉送功能已經在一個路由器中各自獨立地一起實作了。軟體定義的網路（SDN），藉由將這些控制層功能實作為單獨的服務，明確地將資料層和控制層區分開來，通常是在遠端的「控制器」。我們也會在第五章介紹 SDN 控制器。

　　網路層中的資料層與控制層功能的差別，是你在學習網路層時必須銘記在心的一個重要觀念──它會幫助你建構對網路層的思考，並且反映現今電腦網路中網路層角色的觀點。

4.1　網路層的綜觀

圖 4.1 顯示了一個簡單的網路，包含兩台主機，H1 和 H2，以及 H1 與 H2 之間路徑上的數台路由器。假設 H1 正在傳送資訊給 H2，請想想網路層在這些主機與中介路由器中所扮演的角色。H1 的網路層會從 H1 的傳輸層取得區段，將各區段封裝在資料報中，然後將這些資料報送往其鄰近的路由器，R1。在接收端主機 H2 上，網路層會從其鄰近的路由器 R2 收到這些資料報，從中取出傳輸層區段，然後將這些區段上交給 H2 的傳輸層。路由器的主要資料層任務便是將資料報從輸入連結轉送到輸出連結；網路控制層的主要角色是協調這些區域的、每個路由器的轉送行動，以便資料報最終在來源主機和目標主機之間沿著路由器的路徑進行端點到端點的傳輸。請注意，圖 4.1 所示的路由器協定堆疊是修剪過的；意思是，它沒有網路層以上的協定，因為路由器並不會執行諸如我們在第二章跟第三章所檢視過的應用層及傳輸層協定。

4.1.1　轉送及繞送：資料層與控制層

網路層的主要任務看似簡單──就是將封包從傳送端主機移動到接收端主機。為了完成這項任務，我們可以指出兩項重要的網路層功能：

◆ **轉送（Forwarding）**。當封包抵達路由器的輸入連結時，路由器必須將這份封包移動到適當的輸出連結。例如，來自主機 H1，抵達路由器 R1 的封包，必須再被轉送給前往 H2 路徑上的下一具路由器。正如我們將看到的，轉送只是資料層中一個功能被實作（儘管是最常見且最重要的功能！）。在更一般的情況下，也就是我們在 4.4 節將會介紹的，封包可能也會從退出路由器時被封鎖（例如，如果該封包原本位於一個已知的惡意傳送端主機，或者如果封包的目的地是一個被禁止的目的端主機），或是封包可能重複了，並且被傳送到多個往外的連結。

◆ **繞送（Routing）**。網路層必須判斷封包從傳送端流向接收端時所採取的路由或路徑。用來計算這些路徑的演算法便稱為**繞送演算法（routing algorithms）**。例如，繞送演算法會決定圖 4.1 中封包從 H1 流向 H2 的路徑。繞送在網路層的控制層中實作。

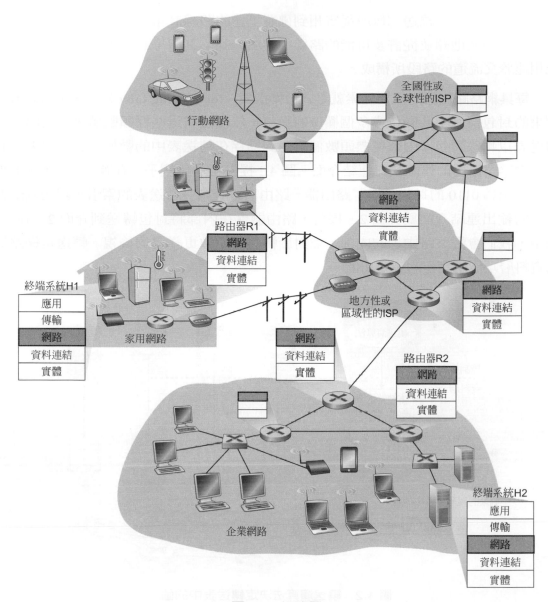

圖 4.1　網路層

　　許多作者在討論網路層時，經常會交替使用繞送和轉送這兩個詞彙。本書會較精確地使用這兩個詞彙。**轉送**意指在路由器本機進行的動作，會將封包從輸入連結介面傳輸到適當的輸出連結介面。轉送發生在每個很短的時間尺度（通常是幾奈秒[nanoseconds]），因此通常在硬體中實作。**繞送**指的則是關於整體網路的程序，會判斷封包由來源端到目的端所採取的端點到端點路徑。相較於轉送，繞送通常發生於較長的時間尺度（通常是幾秒），我們會看到，繞送通常在軟體中實作。以開車來做比喻，請回想 1.3.1 節中，我們的旅行者從賓州到佛羅里達的旅程。在這趟旅程中，駕駛在前往佛羅里達的途中經過了許多交流道。我們可以把轉送想像成通過單一交流道的過程。車子會從其中一條路駛入交流道，然後決定它應該要從哪條路離開交

流道。我們可以把繞送想像成從賓州到佛羅里達的路線計畫過程。在上路前，駕駛者已經查閱過地圖並從許多可能的路線中選出一條；其中每條路線都是由一連串彼此相連於交流道的路段所構成。

　　每具網路路由器的重要元素就是一份**轉送表（forwarding table）**。路由器會檢查到來的封包標頭中某欄位或多個欄位的數值，然後使用這些標頭數值來查詢路由器轉送表以轉送封包。由這些標頭數值對應到儲存在轉送表中的數值，會指出要將封包轉送給路由器的哪個輸出連結介面。圖 4.2 提供了一個例子。在圖 4.2 中，某個標頭欄位值為 0110 的封包抵達了路由器。路由器會查詢其轉送表的索引，然後判斷此封包的輸出連結介面為介面 2。接著，路由器會在內部將封包轉送到介面 2。在 4.2 節中，我們會觀察路由器的內部，並對於轉送功能做更詳盡的檢視。轉送是網路層的資料層功能所實作的重要功能。

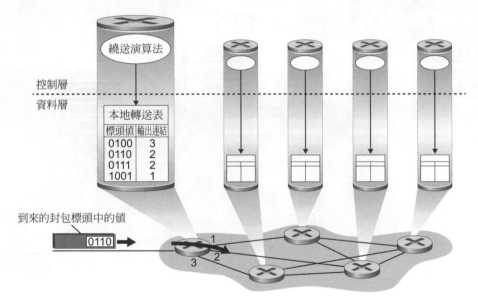

圖 4.2　繞送演算法決定轉送表中的值

◇ 控制層：傳統方法

你現在可能會好奇，要如何設定路由器的轉送表。這是個十分重要的問題，它顯示了繞送（在資料層）與轉送（在控制層）之間重要的交互作用。如圖 4.2 所示，繞送演算法會判斷要在路由器的轉送表中插入哪些數值。在這個例子裡，繞送演算法在每個路由器中執行，同時，轉送和繞送的功能都包含在路由器中。我們在 5.3 節和 5.4 節會看到，一個路由器中的繞送演算法功能與其他路由器中的繞送演算法功能進行通訊以計算其轉送表的值。這種通訊是如何進行的呢？是透過根據路由協定交換包含繞送資訊的繞送訊息！我們將在第 5.2 節到 5.4 節介紹繞送演算法和協定。

　　藉由考量一個假設性的（而且是不真實，但技術上可行的）案例，可以更進一步地描繪轉送與繞送功能兩者在目的上的區別與差異；在這個假想的網路中，所有的轉送表都是由網路操作人員親自在路由器前直接進行設定。在這個例子中，我們不需要任何繞送協定！當然，這些操作人員需要彼此互動，以確保轉送表的設定能使封包抵達他們預期的目的地。然而在回應網路拓樸的變化時，比起繞送協定來說，人工設定可能會比較容易出錯，而且速度慢上許多。因此我們很幸運，因為所有的網路都具有轉送以及繞送的功能！

◈ 控制層：SDN 法

實作圖 4.2 中所示之繞送功能的方法——每個路由器具有與其他路由器的繞送元件溝通聯絡的繞送元件——已經成為繞送供應商在其產品中採用的傳統方法，至少直到最近還是如此。然而，我們對於人類可能會手動配置轉送表的觀察，的確表明了控制層的功能可能還有其他方法來決定資料層轉送表的內容。

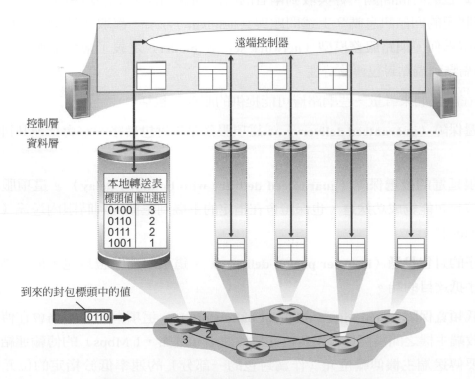

圖 4.3　遠端控制器決定及分送轉送表中的值

　　圖 4.3 展示了另一種方法，其中，實體上分開的（來自路由器）遠端控制器計算及分送每一個路由器使用的轉送表。注意，圖 4.2 和圖 4.3 的資料層元件是相同的。然而，在圖 4.3 中，控制層的繞送功能與實體路由器分開——繞送裝置只負責轉送，遠端控制器則計算及分送轉送表。遠端控制器可能是在具有高可靠性及冗餘的遠端資料中心裡實作，並可由 ISP 或某些第三方管理。路由器和遠端控制器如何溝通呢？

它們是藉著交換包含轉送表的訊息和其他繞送資訊的片段來溝通。圖 4.3 所示的控制層方法是**軟體定義網路**（**software-defined networking，SDN**）的核心，其中網路是「軟體定義的」，因為計算轉送表並與路由器交互作用的控制器是用軟體實作的。這些軟體實作也越來越開放了，也就是類似於 Linux OS 程式碼，它們的程式碼公開可用，允許 ISP（以及網路研究人員和學生！）創新，並提出對控制網路層功能的軟體的更改。我們將在 5.5 節中介紹 SDN 控制層。

4.1.2　網路服務模型

在深究網路層之前，請先讓我們以較廣泛的觀點來總結網路層的資料層可能提供的各種服務。當傳送端主機的傳輸層將封包傳入網路（也就是說，將封包下交給傳送端主機的網路層）時，傳輸層能夠倚賴網路層將封包傳送到目的地嗎？在傳送多份封包時，這些封包是否會按照原先被送出的順序抵達接收端主機的傳輸層？連續送出兩份封包的時間間隔，會與收到兩者的時間間隔相同嗎？網路會提供任何關於網路壅塞狀況的回饋訊息嗎？上述問題與其他問題的答案，都取決於網路層所提供的服務模型為何。**網路服務模型**（**network service model**）定義了傳送端與接收端主機之間的端點到端點封包傳輸特性。

　　現在讓我們來考量一些網路層可能提供的服務，包括：

◆ **投遞保障**（**guaranteed delivery**）。這項服務保證封包最終一定會抵達其目的端主機。

◆ **有限延遲的投遞保障**（**guaranteed delivery with bounded delay**）。這項服務不僅保證封包能夠成功送達，也保證會在指定的主機到主機延遲時限內送達（例如，100 ms 內）。

◆ **依序的封包投遞**（**in-order packet delivery**）。這項服務保證封包會依它們送出的順序抵達目的端。

◆ **最低頻寬保障**（**guaranteed minimal bandwidth**）。這項網路層服務會在傳送端與接收端主機之間模擬具有指定位元傳輸速率（例如，1 Mbps）的傳輸連結行為。只要傳送端主機傳輸位元（作為封包的一部分）的速率低於指定的位元傳輸速率，就不會發生封包遺失，而且所有封包最終都會傳遞到目的端主機。

◆ **安全性**（**Security**）。網路層可以加密來源端的所有資料報，並在目的端將其解密，進而為所有的傳輸層區段提供機密性。

這只是部分網路層可能提供的服務——網路層還有無數種可能提供的服務。

網際網路的網路層只提供一種服務，稱為**盡力而為的服務**（**best-effort service**）。在盡力而為的服務中，它不保證封包會依送出的順序被收到，也不保證送出的封包最終一定會抵達目的端，更不保證端點到端點間的延遲或是最低頻寬。盡力而為的服務，意思大概就是不提供任何服務的婉轉說法。根據這項定義，一個無法把任何封包傳送到目的端的網路，也滿足盡力而為投遞服務的定義！別種網路架構則定義並實作了超越網際網路盡力而為服務的服務模型。例如，ATM 網路架構 [MFA Forum 2016, Black 1995] 提供了保證依序的延遲、有限的延遲和保證最低頻寬。還提出擴充到網際網路架構的服務模型；例如，Intserv 架構 [RFC 1633] 旨在提供端點到端點的延遲保障和無壅塞的通信。有趣的是，儘管有這些完善的替代方案，網際網路基本的盡力而為的服務模型與充足的頻寬配置相結合，可以說已經證明不是只有「夠好」，還可以實現驚人的應用範圍，包括 Netflix 等串流媒體的影音服務以及 IP 視訊與音訊（voice-and-video-over-IP）、即時會議應用，像是 Skype 和 Facetime 等。

◈ 第四章概述

現在既已提供了網路層的概述，我們將在本章接下來的章節介紹網路層的資料層元件。在 4.2 節中，我們將深入研究路由器的內部硬體操作，包括輸入和輸出封包處理、路由器的內部交換機制以及封包排隊和排程。在 4.3 節中，我們將介紹傳統的 IP 轉送，其中，封包根據其目標端的 IP 位址轉送到輸出端埠口。我們將遇到 IP 尋址以及著名的 IPv4 與 IPv6 協定等。在 4.4 節中，我們將介紹更廣義的轉送，封包可以以大量標頭值為基礎（亦即，不僅基於目的端 IP 位址）轉送到輸出端埠口。封包可以在路由器處被阻止或複製，或者可以在軟體控制下重寫某些標頭欄位的值。這種更廣義的封包轉送形式是現代網路資料層的關鍵元件，包括軟體定義網路（SDN）中的資料層。

我們在此順道一提，轉送（forwarding）和交換（switching）這兩個術語經常被計算機網路的研究人員和從業者互換使用；我們也將在本教科書中互換使用這兩個術語。既然我們在討論術語，也就值得一提另外兩個經常互換但我們會更加謹慎使用的術語。我們將保留術語「封包交換器（packet switch）」來表示一種廣義的封包交換裝置，它根據封包標頭檔欄位中的值將封包從輸入連接介面傳輸到輸出連接介面。某些封包交換器，稱為**連結層交換器**（**link-layer switch**）（將在第六章中討論），它們的轉送決定是以連結層訊框的欄位中的值為基礎；因此，交換器被稱為連結層（第 2 層）裝置。其他的封包交換器（稱為路由器）是以網路層資料報中標頭檔的欄位值進行轉送決策。因此，路由器是網路層（第 3 層）裝置（為了充分理解此一重要區別，你可能需要查看第 1.5.2 節，我們討論了網路層資料報和連結層訊框及其關係）。由於本章的重點是網路層，我們大多會使用術語「路由器」代替封包交換器。

4.2　路由器的內部有什麼？

現在我們已經對網路層中的資料層和控制層、轉送和繞送之間的重要區別，以及網路層的服務和功能有了概略的瞭解，讓我們把焦點轉向網路層的轉送功能——實際將封包從路由器的輸入連結傳輸到該路由器適當的輸出連結。

圖 4.4 呈現路由器一般性架構的高層級觀點。我們可以指出路由器的四項元件：

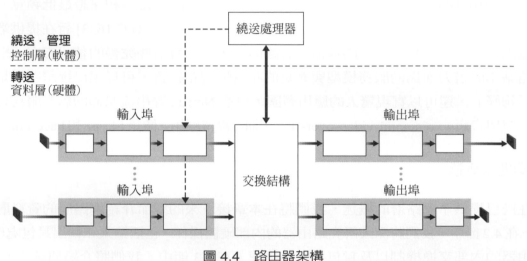

圖 4.4　路由器架構

◆ **輸入埠**（**Input port**）。輸入埠會執行幾項關鍵功能。它會執行實體層功能：當作實體連結進入路由器的終端；所謂的終端，展示在圖 4.4 中輸入埠最左邊的方塊，以及輸出埠最右邊的方塊。輸入埠也會執行連結層功能：我們需要該功能以便和輸入連結另外一端的連結層交互運作；這是由輸入埠及輸出埠中間的方塊所表示。查訊功能，或許是最爲重要的功能，也是在輸入埠被執行；這發生在輸入埠最右邊的方塊中。轉送表也是在這裡被詢問，以便爲一個到來的封包決定要透過交換結構轉送到那一個路由器輸出埠。控制封包（例如，載送繞送協定資訊的封包）會從輸入埠被轉送至繞送處理器。請注意我們在這裡使用的名詞「埠」——指的是實體的輸入和輸出路由器介面——和我們在第二章和第三章所討論之網路應用程式和 socket 所伴隨的軟體埠是非常不同的。實務上，路由器支援的埠數量可以從企業用的路由器中相對較小的數量到 ISP 邊緣路由器中的數百個 10 Gbps 的埠，其中傳入線路的數量往往最大。例如，Juniper MX2020 邊緣路由器支援多達 960 個 10 Gbps 乙太網路埠，總路由器系統容量爲 80 Tbps [Juniper MX 2020 2016]。

◆ **交換結構**（**Switching fabric**）。交換結構會將路由器的輸入埠連接到輸出埠。這個交換結構完全位於路由器內——是一個網路路由器內部的網路！

◆ **輸出埠**（Output port）。輸出埠會將經由交換結構轉送來的封包儲存起來，然後藉由執行必要的連結層與實體層功能將這些封包輸送到輸出連結。因此，輸出埠會執行與輸入埠相反的資料。當一連結是雙向時（也就是說，能夠攜帶兩個方向的資料流），一個連結的輸出埠通常會與該連結的輸入埠在同一張線路卡上配成一對。

◆ **繞送處理器**（Routing processor）。繞送處理器執行控制層功能。在傳統路由器中，它執行繞送協定（我們將在 5.3 節和 5.4 節中研究），維護繞送表和附加的連結狀態資訊，並且計算路由器的轉送表。在 SDN 路由器中，繞送處理器負責與遠端控制器溝通，以便（在其他活動中）接收由遠端控制器計算的轉送表條目，並將這些條目安裝在路由器的輸入埠中。繞送處理器也執行我們將在 5.7 節中學習的網路管理功能。

　　一個路由器的輸入埠、輸出埠和交換結構在一起實作了轉送功能，而且幾乎一定是用硬體實作，如圖 4.4 所示。為了要了解為何需要用硬體實作，考慮一道 10 Gbps 的輸入連結和一個 64 位元組的 IP 資料報，在另一份資料報可能到來之前，輸入埠只有 51.2 ns 可處理資料報。假如 N 個埠被結合在一張路線卡上（實務上經常如此做），資料報處理管線必須要以快 N 倍的速度來運作——這對於軟體實作來說實在是太快了。轉送平面硬體可以被實作成採用某路由器廠商自己的硬體設計，或是使用購買的商用矽晶片（例如，由 Intel 和 Broadcom 這些公司所販賣的晶片）來建構。

　　雖然資料層是在奈秒的時間層級運作，但路由器的控制功能——執行繞送協定、回應往上走或往下走的連結、和遠端控制器（在 SDN 的案例中）溝通，以及執行管理功能——卻是在毫秒或秒的層級運作。這些路由器**控制層**（control plane）功能通常是用軟體實作，並在繞送處理器（通常是一顆傳統的 CPU）上執行。

　　在開始鑽研路由器的內部之前，讓我們回到本章最初的那個比喻，在那兒我們把封包轉送比喻成開車進入或離開一交流道。讓我們假設該交流道是一個環形交通樞紐，在一輛汽車進入該環狀交通樞紐之前，需要有一點的處理。讓我們思考這個過程需要哪些資訊：

◆ **基於目的端的轉送**。假設汽車停在一個入口站，並指示其最終目的地（不是在當地的環狀交通樞紐，而是其旅程的最終目的地）。入口站的服務員查找最終目的地，確定通往最終目的地的環形交叉口出口，並告訴司機要走哪個出口離開環狀交通樞紐。

◆ **廣義的轉送**。服務員也可以根據除了目的地之外的其他許多因素來確定汽車的出口匝道。例如，選定的出口匝道可能取決於汽車的起點，例如發出汽車牌照的州。來自某些州的汽車可能被指示使用一個出口匝道（通過速限低的道路通往目

的地），而來自其他州的汽車可能被指示使用不同的出口匝道（經由高速公路通往目的地）。根據汽車的型號、製造商和出廠年份可能會做出同樣的決定，或者，被認為不適合行駛的汽車可能會被阻擋，不允許經過環狀交通樞紐。在廣義轉送的情況下，任何數量的因素可能都有助於服務員對特定汽車的出口匝道作出選擇。

一旦汽車進入環狀交通樞紐（可能充滿了其他車輛從其他入口匝道進入並前往其他環狀交通樞紐的出口），它最終會離開規定的環狀交通樞紐出口匝道，也可能會遇到其他車輛在該出口處離開環狀交通樞紐。

在這個比喻中，我們可以很輕易地辨認圖 4.4 中的主要路由器元件——入口匝道和入口站對應到輸入埠（帶有查詢功能以決定一個本地的輸出埠）；環狀交通樞紐對應到交換結構；樞紐出口匝道對應到輸出埠。使用這種比喻，考慮在哪兒會發生瓶頸是頗具啟發性的。假如汽車飛快地駛進來（例如，該環狀交通樞紐是在德國或義大利！）但是站務人員反應很慢，會發生什麼事？服務人員的工作速度必須要快到什麼程度，入口匝道才不會有阻塞？就算有一位令人驚艷的快速服務人員，但假如汽車在橫越環狀交通樞紐時很慢——仍然會發生阻塞嗎？假如大部分進入的汽車都是想要從同一個出口匝道離開，樞紐會發生何事——阻塞會發生在該出口匝道或是其他的地方？假如我們想要為不同的汽車指定不同的優先權，或是一開始就不讓特定的汽車進入該交通樞紐，該交通樞紐要如何運作？這些關鍵性的問題全都類似於路由器和交換器設計者所面臨的問題。

在下面的小節中，我們將更詳細地介紹路由器的功能。[Iyer 2008, Chao 2001; Chuang 2005; Turner 1988; McKeown 1997a; Partridge 1998; Sopranos 2011] 提出對特定路由器架構的討論。為了具體和簡單，我們在本節中先假設轉送決策僅是根據封包的目的端位址，而不是基於一組通用的封包標頭欄位。我們將在第 4.4 節介紹更廣義的封包轉送的情況。

4.2.1 　輸入埠處理和以目的端為基礎的轉送

圖 4.5 對輸入處理提供了更詳盡的觀點。如之前所述，輸入埠的線路終端功能以及連結層處理功能，所實作的個別輸入連結的實體層與連結層。輸入埠所執行的查詢則是路由器運作的核心——就是在這裡，路由器使用轉送表來查出輸出埠，一個到來的封包將要透過交換結構轉送到該輸出埠。轉送表是由繞送處理器所計算和更新（使用繞送協定與其他網路路由器中的繞送處理器進行互動），或是從遠端 SDN 控制器接收。該轉送表是由繞送處理器透過一個分開的匯流排（例如一個 PCI 匯流排）複製到線路卡上，如在圖 4.4 中從繞送處理器連到輸入線路卡的虛線所示。由於輸入埠

擁有轉送表的影子副本，所以轉送決策可以在輸入埠處進行，而不需要每一次有封包來就要呼叫中央的繞送處理器，因此避免了一種集中化的處理瓶頸。

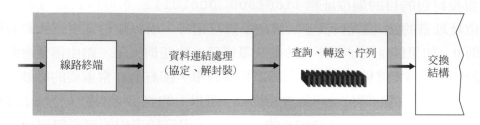

圖 4.5　輸入埠處理

現在讓我們考慮一個「最簡單」的情況，即將到來的封包要切換到的輸出埠是以封包的目的端位址為基礎。在 32 位元 IP 位址的情況下，針對每個可能的目的端位址，轉送表的強制實作只有一個入口。由於有超過 40 億個可能的位址，這個選項完全不可能。

作為如何解決這個規模問題的範例，讓我們假設我們的路由器有四道連結，編號為 0 到 3，而封包會以如下方式被轉送給連結介面：

目的端位址範圍	連結介面
11001000 00010111 00010000 00000000	
到	0
11001000 00010111 00010111 11111111	
11001000 00010111 00011000 00000000	
到	1
11001000 00010111 00011000 11111111	
11001000 00010111 00011001 00000000	
到	2
11001000 00010111 00011111 11111111	
其他	3

明顯地，以這個例子來說，路由器的轉送表並不需要儲存 40 億筆條目。例如，我們可以使用以下只有四筆條目的轉送表：

前置代碼對應			連結介面
11001000	00010111	00010	1
11001000	00010111	00011000	0
11001000	00010111	00011	2
其他			3

　　使用這種型式的轉送表，路由器會將封包目的端位址的**址首**（**prefix**）與表格中的條目進行匹配；如果有找到相符的條目，路由器便會將這份封包轉送給相關的連結。例如，假設封包的目的端位址為 11001000　00010111　00010110　10100001；因為此位址址首的 21 位元與表中的第一筆條目相符，所以路由器會將此封包轉送給連結介面 0。如果位址的址首不符於前三筆條目中的任何一筆，路由器便會將封包轉送給預設的介面 3。這種方法雖然聽起來相當簡單，卻有個非常重要的微妙之處。你也許已經注意到，目的端位址可能會相符於一筆以上的條目。例如，位址 11001000　00010111　00011000　10101010 的前 24 位元相符於表中的第二筆條目，它的前 21 位元則相符於表中的第三筆條目。有多筆相符的條目時，路由器會採用**最長址首相符原則**（**longest prefix matching rule**）；也就是說，它會找到表中最長的相符條目，然後將封包轉送給與這筆最長址首相符條目相關的連結介面。當我們在 4.3 節更詳盡地研究網際網路的定址時，我們就會了解到使用最長址首相符原則的理由。

　　鑑於存在著轉送表，「查找」在概念上是簡單的──硬體邏輯只搜尋轉送表以查找最長址首相符。但是在千兆的傳輸速率下，這種查找必須在幾奈秒內完成（回想一下我們之前 10 Gbps 連結和 64 位元組 IP 資料報的例子）。因此，不僅必須在硬體中執行查找，而且還需要透過大型表的簡單線性搜尋以外的技術；快速查找演算法的調查可以在 [Gupta 2001，Ruiz-Sanchez 2001] 中找到。另外，我們也必須特別注意記憶體存取時間，進而使設計具有嵌入式晶載 DRAM 和更快的 SRAM（用作 DRAM 的快取）記憶體。在實務中，三元內容可定址記憶體（Ternary Content Addressable Memories，TCAM）也經常用於查找 [Yu 2004]。使用 TCAM，向記憶體提供 32 位 IP 位址，該記憶體在基本恆定時間內傳回該位址的轉送表條目的內容。Cisco Catalyst 6500 和 7600 系列的路由器和交換器可以容納超過一百萬個 TCAM 轉送表條目 [Cisco TCAM 2014]。

　　一旦一個封包經由查詢決定了其輸出埠之後，便可以將封包轉送進交換結構中。在某些設計中，假如來自其他輸入埠的封包正在使用交換結構，則一封包可能會暫時被攔阻而無法進入交換結構中。因此，被攔阻的封包必須在輸入埠中排隊等待，然後被安排在稍後的某個時刻再通過交換結構。我們馬上會更仔細地檢視在路由器中（輸入埠與輸出埠）封包的攔阻、佇列與排程。雖然「查找」可以認為是輸入埠處理中最為重要的動作，但是還是要留意許多其他的動作：(1) 實體層和連結層處理一定會發生，如上所述；(2) 封包的版本號碼、檢查和和生存時間三個欄位──它們都會在 4.3 節中介紹──必須被檢查，而後面那兩欄位必須被更新；(3) 必須更新用在網路管理的計數器（像是接收到的 IP 資料報數量）。

　　讓我們藉由以下的觀察結束對輸入埠處理的討論。在網路中，會執行一般廣泛的「匹配加上行動」的抽象概念，而查詢一個 IP 位址（「匹配（match）」）然後把

該封包送進交換結構（「行動（action）」），這個輸入埠步驟便是此概念的一個特例。請注意，許多網路裝置都會這麼做，不是只有路由器會這麼做而已。在連結層交換器中（我們會在第六章中介紹），我們會查詢連結層目的端位址，且除了把訊框送入到交換結構中朝向輸出埠走之外，我們還會採取好幾個行動。在防火牆中（我們會在第八章中介紹）——一個會濾除特定輸入封包的裝置——一個標頭符合某一特定條件（例如，來源 / 目的端 IP 位址和傳輸層埠號的一種組合）的輸入封包可能會被丟棄（行動）。在網路位址轉譯器中（network address translator，NAT，我們會在 4.3 節中介紹），一個傳輸層埠號符合某一特定值的輸入封包，在它被轉送之前，它的埠號要做修改（行動）。的確，「匹配加上行動」此一抽象概念今日在網路裝置中是既功能強大又火紅流行，也是我們將在 4.4 節討論的廣義轉送概念的核心。

4.2.2　交換

交換結構是路由器最核心的部分，經由交換結構，封包才能實際地從輸入埠被交換到（意即被轉送到）輸出埠。交換可以用數種方式來完成，如圖 4.6 所示。

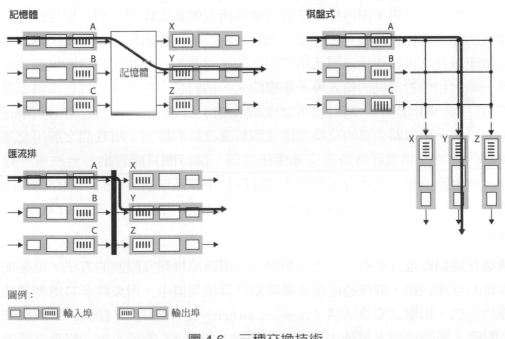

圖 4.6　三種交換技術

◆ **經由記憶體進行交換**。最簡單也是最早期的路由器通常是一般的電腦，其輸入埠跟輸出埠之間的交換動作是在 CPU（繞送處理器）的直接控制下完成的。其輸入埠與輸出埠運作的方式，就像傳統作業系統下的傳統 I/O 設備一樣。有封包到來的輸入埠，會先透過中斷來通知繞送處理器。然後，這個封包會從輸入埠被複製到處理器的記憶體中。接著，繞送處理器會從標頭中取出目的端位址，查找轉

送表，找出適當的輸出埠，然後將這個封包複製到輸出埠的緩衝區。在這個情境中，如果記憶體頻寬容許每秒最多讀出或寫入 B 個封包到記憶體，則總體的轉送產出率（封包從輸入端傳輸到輸出端的總速率）必然小於 $B/2$。也請注意，兩個封包無法在同一時間被轉送，就算它們有不同的目的埠號也一樣，因為在共用的系統匯流排上在同一個時間只有一筆的記憶體讀出 / 寫入可被完成。

許多現代路由器也是透過記憶體來進行交換。然而，它們與早期路由器之間的主要差異在於，其目的端位址的查找以及將封包儲存到適當記憶體位置上的工作，是由輸入線路卡上的處理器所執行的。就某些方面而言，透過記憶體進行交換的路由器看起來非常像是共用記憶體的多處理器，其線路卡上的處理器，會將封包交換到適當輸出埠的記憶體中。Cisco 的 Catalyst 8500 系列交換器 [Cisco 8500 2016] 便是透過共用記憶體在內部交換封包。

◆ **透過匯流排（bus）進行交換**。在這種方法中，輸入埠會透過共用匯流排直接將封包傳輸到輸出埠，不需繞送處理器的介入。典型的做法是要讓輸入埠把一個交換器內部的標籤（標頭）加到封包上，指出該封包是要傳送到本地的那一個輸出埠，並把該封包送上匯流排。該封包會被所有的輸出埠接收到，但是只有符合該標籤的埠才會保留該封包。然後該標籤會在該輸出埠那兒被移除，因為該標籤只是被使用在交換器中橫越匯流排而已。假如有多個封包在同一時間抵達路由器，每一個封包位於不同的輸入埠，那麼除了一個封包之外其餘的封包都得要等待，因為在同一時間只有一個封包可以橫越匯流排。因為每一個封包都必須橫越單一個匯流排，所以路由器的交換速度受限於匯流排的速度；用我們之前用交通樞紐所打的比方，這就好像是該交通樞紐在同一個時間只能容納一台汽車。雖然如此，使用匯流排的交換方式對於那些運作於小型區域網路和公司網路的路由器而言，就已經足夠了。Cisco 6500 [Cisco 6500 2016] 路由器是透過 32 Gbps 的背板匯流排在內部交換封包。

◆ **透過互連網路進行交換**。一種克服單一共用匯流排頻寬限制的方法，就是使用更複雜的互連網路，就像過往在多處理器計算機架構中，用來將多具處理器彼此連接的方法。棋盤式交換結構（crossbar switch）是一種由 $2N$ 條匯流排所構成，將 N 個輸入埠連接到 N 個輸出埠的互連網路，如圖 4.6 所示。每一條垂直匯流排和每一條水平匯流排在一個交叉點處交叉，在任意時間點上那些交叉點可以是斷開的或是閉合的，由交換結構控制器決定（至於斷開或閉合的邏輯則是交換結構本身的一部分）。當一個封包從埠 A 來而需要轉送到埠 Y 時，交換控制器會閉合匯流排 A 和匯流排 Y 相交的交叉點，然後埠 A 會把封包送上它的匯流排，而該封包（只）會被匯流排 Y 接收到。請注意一個從埠 B 來的封包可以在同一時間轉送給埠 X，因為 A-to-Y 和 B-to-X 兩個封包是使用不同的輸入和輸出匯流排。

因此，不像前兩種交換方式，棋盤網路可以在同一時間轉送多個封包。棋盤式交換器是**非阻塞式的**（**non-blocking**）——只要當時沒有其他封包被轉送到該輸出埠，轉送到輸出埠的封包就不會被阻止到達該輸出埠。然而，假如兩個來自不同輸入埠的封包是要前往相同的輸出埠，那麼其中一個必須要在輸入處等待，因為在同一時間只有一個封包可以在任意給定的匯流排上傳送。Cisco 12000 系列交換器 [Cisco 12000 2016] 使用棋盤式交換網路；Cisco 7600 系列可配置為使用匯流排或棋盤式交換器 [Cisco 7600 2016]。

有一些更加精巧的互連網路使用多階段的交換元件，使得來自不同輸入埠的封包可以在同一時間透過交換結構前往同一個輸出埠。請參見 [Tobagi 1990] 以取得有關於交換架構的考察報告。Cisco CRS 採用三階段非阻塞式交換策略。路由器的交換容量也可以透過同時執行多個交換結構來擴充。在這種方法中，輸入埠和輸出埠連接到同時運作的 N 個交換結構。輸入埠將封包分成 K 個較小的資訊片段，並透過這 N 個交換結構中的 K 個將資訊片段發送（「噴射」）到選定的輸出埠，該埠將 K 個資訊片段重新組裝回原始封包。

4.2.3　輸出埠處理

圖 4.7 所示的輸出埠處理過程，會取出儲存於輸出埠記憶體中的封包，並透過輸出連結將之送出。這包括選擇封包進行傳輸和封包去佇列，並執行所需要的連結層和實體層傳輸功能。

圖 4.7　輸出埠處理

4.2.4　佇列會在哪裡產生？

如果我們檢視圖 4.6 所示的輸入埠及輸出埠的功能及配置，很明顯地，封包佇列在輸入埠跟輸出埠都有可能形成，就好像在之前交通樞紐的比喻中，我們指出汽車可能會在交通樞紐的輸入處和輸出處等待。佇列的位置和長度（在輸入埠佇列或輸出埠佇列）將取決於流量荷載、交換結構的相對速率以及線路速率。現在讓我們更詳盡一點地考量這些佇列，因為隨著這些佇列的增長，路由器的記憶體終將會被耗盡；而當已經沒有記憶體可用來儲存到來的封包時，**封包遺失**（**packet loss**）將會發生。

請回想一下，我們之前的討論曾說過，封包會「遺失在網路中」，或是「在路由器遭到丟棄」。這些封包便是在此——在這些路由器的佇列中——遭到丟棄而遺失。

假設輸入與輸出線路的速率（傳輸速率）都有一個相同傳輸速率，即每秒 R_{line} 個封包，並且有 N 個輸入埠與 N 個輸出埠。為了進一步的簡化討論，讓我們假設所有的封包都有相同的固定長度，而封包是以一種同步的方式抵達輸入埠。也就是說，在任意連結上送出一個封包的時間等於在任意連結上收到一個封包的時間，而在如此的一個時間區段中，不是零個就是一個封包可以到達一個輸入連結。我們將交換結構傳輸率 R_{switch} 定義為交換結構能夠從輸入埠將封包移至輸出埠的速率。如果 R_{switch} 至少比 R_{line} 快上 N 倍，那麼在輸入埠就只會有可以忽略的佇列。這是因為即使在最糟糕的狀況下，所有 N 條輸入線路都在接收封包，而所有的封包都要被轉送到同一個輸出埠，每一批 N 筆封包（每一個輸入埠一個封包）在下一批封包到達之前可被交換結構清除掉。

◈ 輸入佇列

如果交換結構的速度不夠快（相對於輸入線路速度），來不及在沒有延遲的情況下將所有抵達的封包傳輸通過交換結構，會發生什麼事呢？在此情況下，則封包佇列也會發生在輸入埠中，因為封包必須先加入輸入埠佇列，以等待輪到它們通過交換結構傳送到輸出埠。為了描繪此種佇列的重要影響，請考量棋盤式交換結構，並假設 (1) 所有連結的速率都相同，(2) 封包從任何輸入埠傳輸到指定輸出埠所需的時間，等同於從輸入連結接收封包所需的時間，(3) 封包會以 FCFS 的方式從輸入佇列移往它們的目標輸出佇列。只要輸出埠不同，多個封包便可以同時進行傳輸。然而，當兩個輸入佇列前端的兩個封包目的地是相同的輸出佇列時，這兩個封包會有其中之一被攔阻而必須在輸入佇列中等待——交換結構一次只能傳輸一個封包到指定的輸出埠。

圖 4.8 說明了一個例子；在此例中，兩個位於輸入佇列前端的封包（標示為深色）目的地都是右上方的同個輸出埠。假設交換結構選擇傳輸左上方佇列前端的封包。在此情況下，左下方佇列的深色封包就必須等待。然而不只是這個深色封包必須等待，左下方佇列中位於該封包之後的淡色封包也都必須等待，即使右邊中間的輸出埠（淡色封包的目的地）並沒有封包在競爭使用。這種現象稱作輸入佇列交換結構的**列前端攔阻**（**head-of-the-line blocking，HOL blocking**）——佇列中的封包必須等待傳送通過交換結構（即使其輸出埠是閒置的），因為它被位於佇列前端的其他封包所攔阻。[Karol 1987] 證明，源於 HOL 攔阻，在某些前提下，只要封包抵達輸入連結的速率到達其容量的 58%，輸入佇列的長度便會無止盡地增長（非正式地說，這等同於會發生嚴重的封包遺失）。[McKeown 1997b] 討論了一些關於 HOL 攔阻的解決方案。

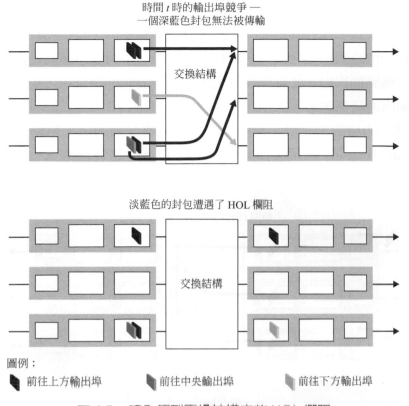

時間 t 時的輸出埠競手──
一個深藍色封包無法被傳輸

交換結構

淡藍色的封包遭遇了 HOL 欄阻

交換結構

圖例：

■ 前往上方輸出埠　　■ 前往中央輸出埠　　■ 前往下方輸出埠

圖 4.8　輸入佇列交換結構中的 HOL 欄阻

◈ 輸出佇列

接著，讓我們思考佇列是否會發生在交換器的輸出埠。假設 R_{switch} 仍然至少比 R_{line} 快上 N 倍，而且，到達 N 個輸入埠的每一個封包全都要前往相同的輸出埠。在這種情況下，在輸出埠只送出單一筆封包到輸出連結的時間中，還會有另外 N 筆新封包到達該輸出埠。由於輸出埠在單位時間（封包傳輸時間）內只能夠傳送單筆封包，因此，到達的 N 筆封包必須要排隊（等待）經由輸出連結進行傳輸。然後，在輸出埠只送出一筆之前被放入佇列的 N 筆封包的時間時，可能還會再有另外 N 筆封包到達。以此類推。因此，即使交換結構比埠的線路速度快 N 倍，也可以在輸出埠形成封包佇列。最終，佇列中的封包數量會成長到耗盡輸出埠可用的記憶體空間；在這種情況下，封包便會被丟棄。

　　當沒有足夠的記憶體來緩衝傳入的封包時，必須決定看是要丟棄到達的封包（稱為**去尾 [drop-tail]** 的策略），還是要移除一個或多個已經在排隊的封包，以便為新到達的封包騰出空間。在某些情況下，在緩衝區充滿了之前丟棄的封包（或標記封包的標頭），以便向發送端提供壅塞信號，可能是有利的。有一些主動式的封包丟棄和標記策略（統稱為**主動式佇列管理 [active queue management，AQM]** 演算法）已經被提出及分析 [Labrador 1999，Hollot 2002]。最廣泛研究和實作的 AQM 演算法之一是**隨機早期偵測（Random Early Detection，RED）**演算法 [Christiansen 2001; Floyd 2016]。

　　輸出埠的佇列如圖 4.9 所示。在時刻 t 時，每個輸入埠都有一筆封包抵達，所有封包的目的地都是最上端的輸出埠。假設線路速率都相同，交換結構以三倍的線路速率運作，則在一個時間單位之後（意即接收或傳送一筆封包所需的時間），三筆原始封包都會被傳輸到輸出埠，並排隊等待送出。在下個時間單位中，這三筆封包會有其中一筆經由輸出連結被送出。在我們的例子中，會有兩筆封包抵達交換結構的輸入端；兩者之中有其一的目的地是最上端的輸出埠。這種佇列的結果是輸出埠的**封包排程**（**packet schedule**）必須在排隊的封包中選擇一個封包進行傳輸——我們將在下一節中介紹這個主題。

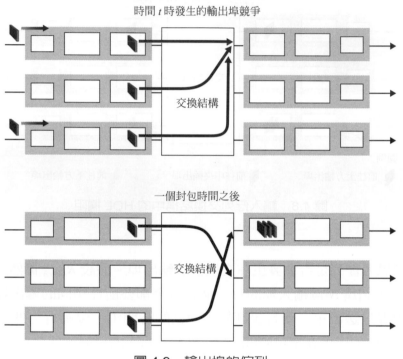

圖 4.9　輸出埠的佇列

　　由於我們需要路由器緩衝區來吸收流量荷載的變動，很自然地我們會問，我們需要多大的緩衝區。多年來，緩衝區大小的估算法則 [RFC 3439] 指出，緩衝區的容量（B）應該要等同於平均來回時間（RTT，例如 250 ms）乘上連結容量（C）。這個結果是根據一份針對較少量的 TCP 流量的佇列動態分析 [Villamizar 1994] 所得到的。因此，一道 RTT 為 250 ms 的 10 Gbps 連結，所需的緩衝區容量為 $B = RTT \cdot C =$ **2.5 Gbits**。然而，最近的理論與實驗成果 [Appenzeller 2004] 卻指出，當連結上有大量的 TCP 資料流（N）通過時，所需的緩衝區容量為 $B = RTI \cdot C / \sqrt{N}$。由於通常會有大量的資料流流經大型的主幹路由器連結（參見如 [Fraleigh 2003]），N 值有可能很大，因此減少所需的緩衝區容量就變得相當重要。[Appenzellar 2004; Wischik 2005; Beheshti2008] 從理論、實作以及操作性的觀點，提供了關於緩衝區容量問題相當具可讀性的討論。

4.2.5　封包排程

現在讓我們回到在向外傳輸連結上決定佇列封包之傳輸順序的問題。你一定有在很多場合裡的很長的隊伍中排隊，並觀察其他也在等候的顧客如何被服務，因此，無庸置疑地，你一定熟悉路由器中常用的許多排隊規則。例如，先到先服務（first-come-first-served，FCFS。也稱為先進先出，first-in-first-out，FIFO）。英國人以在公車站和市集耐心有序的 FCFS 排隊而聞名。其他國家則以優先權順序來排隊，其中某一類的等候顧客會優先於其他等候的顧客。另外還有循環分時排隊（round-robin queueing），將顧客分為幾類（如優先權排隊），但每一類的顧客依次獲得服務。

◈ 先進先出（FIFO）

圖 4.10 描繪了先進先出（FIFO）連結排班守則的佇列模型抽象表示法。如果連結目前正忙於傳送其他封包，則抵達連結輸出佇列的封包會等待被傳輸。如果沒有足夠的緩衝空間來存放到來的封包，則佇列的封包捨棄策略便會判斷是否要丟棄（遺失）這個封包，或是要移除佇列中其他的封包，以騰出空間給新到來的封包，如同前面的討論。在以下討論中，我們會忽略丟棄封包的狀況。當封包完整地透過輸出連結傳輸出去之後（亦即接受完服務之後），便會從佇列中移除。

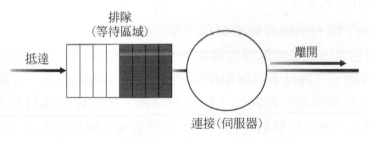

圖 4.10　先進先出（FIFO）佇列抽象表示法

　　FIFO（也稱作先到先服務，First-Come-First-Served，FCFS）排班守則會以封包抵達輸出連結佇列的順序，選擇封包進行連結傳輸。我們都很熟悉 FIFO 佇列排隊的方式，例如在服務中心，到來的顧客會加入單線排隊隊伍的尾端，依序前進，當他們抵達隊伍的最前端時，便可以接受服務。圖 4.11 顯示了運作中的 FIFO 佇列。封包的抵達會以時間線上方的編號箭頭來表示，其中編號表示該筆封包抵達的順序。個別封包的離開則顯示在下方的時間線下面。封包接受服務（被傳輸）所花費的時間，是以兩條時間線之間的套色矩形來表示。在這裡的範例中，我們假設每個封包進行傳輸需要三個時間單位。因為使用 FIFO 守則，封包會以抵達佇列的順序離開佇列。請注意，在封包 4 離開之後，連結會保持閒置狀態（因為封包 1 到 4 都已經傳輸出去，並且從佇列中移除），直到封包 5 抵達為止。

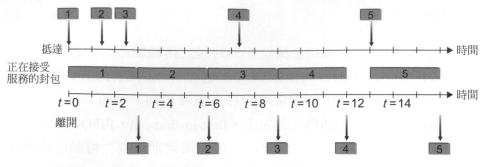

圖 4.11　FIFO 佇列的運作

◇ **優先權佇列**

在優先權佇列（priority queuing）守則中，抵達輸出連結的封包，在圖 4.12 所示的輸出佇列中，會被分為多個優先權類別。實務上，網路商可以配置佇列，讓攜帶網路管理訊息的封包（例如，由來源端或目的端的 TCP/UDP 埠號指示）透過用戶的流量來接收優先權；此外，即時 IP 網路語音傳輸技術的封包可能透過非即時流量，例如 SMTP 或 IMAP 電子郵件封包，接收優先權。每種優先權類別通常都擁有各自的佇列。在選擇封包進行傳輸時，優先權佇列守則會從優先權類別最高的非空佇列（亦即有封包在等待傳輸的佇列）進行封包傳輸。在優先權類別相同的封包中做選擇時，通常是以 FIFO 的方式來進行。

圖 4.13 描繪了擁有兩種優先權類別的優先權佇列的運作。封包 1、3、4 屬於高優先權類別，封包 2、5 則屬於低優先權類別。封包 1 到達佇列後，發現連結是閒置的，於是開始進行傳輸。在封包 1 的傳輸期間，封包 2、3 陸續抵達，分別在低優先權與高優先權佇列中排隊等待。在封包 1 傳輸完之後，我們會選擇封包 3（高優先權封包）而非封包 2（即使它較早抵達佇列，但它是低優先權封包）進行傳輸。在封包 3 傳輸完畢之後，封包 2 會接著開始傳輸。封包 4（高優先權封包）會在封包 2（低優先權封包）的傳輸期間抵達佇列。在**非先佔式的優先權佇列**（**non-preemptive priority queuing**）守則中，一旦封包開始傳輸，便不會遭到中斷。在這種情況下，封包 4 會在佇列中等待封包 2 傳輸完畢之後，才開始傳輸。

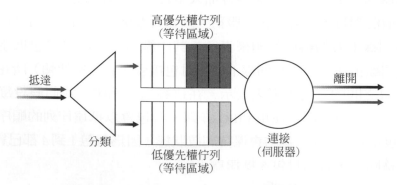

圖 4.12　先進先出（FIFO）佇列抽象表示法

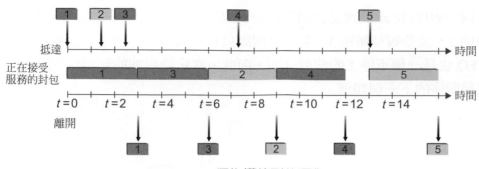

圖 4.13　優先權佇列的運作

◈ 循環分時與加權公平佇列（WFQ）

在循環分時佇列守則（round robin queuing discipline）中，封包也會被分類，就像優先權佇列一樣。然而，循環分時排班在各類別之間並沒有嚴格的服務優先權高下，而是會輪流服務各個類型。在最簡單的循環分時排班形式中，在傳輸類別 1 的封包之後，會接著傳輸類別 2 的封包，再接著類別 1 的封包，再接著類別 2 的封包，依此類推。在所謂不停工的佇列（work-conserving queuing）守則中，只要有（任何類別的）封包在佇列中等待傳輸，就不會讓連結處於閒置狀態。不停工循環分時守則在某個類別中找不到封包時，會立即檢查按循環分時順序的下個類型。

圖 4.14 描繪了包含兩個類別的循環分時佇列的運作。在此例中，封包 1、2、4 屬於類別 1，封包 3、5 則屬於類別 2。封包 1 一抵達輸出佇列，就會馬上開始傳輸。封包 2 跟 3 在封包 1 的傳輸期間抵達佇列，因此會排隊等待傳輸。在傳輸完封包 1 之後，連結排班器會尋找類別 2 的封包，因此會傳輸封包 3。在傳輸完封包 3 之後，排班器會尋找類別 1 的封包，因此會傳輸封包 2。在傳輸完封包 2 之後，封包 4 是佇列中唯一的封包；所以會立即在封包 2 之後進行傳輸。

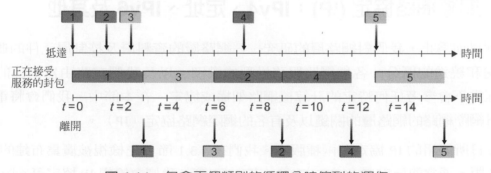

圖 4.14　包含兩個類別的循環分時佇列的運作

某種經常被運用的循環分時佇列，便是所謂的加權公平佇列（weighted fair queuing，WFQ）守則 [Demers 1990;Parekh 1993; Cisco QoS 2016]。WFQ 如圖 4.15 所示。到來的封包會被分類，然後在各個類別的等待區域中排隊等候。與循環分時

排班相同，WFQ 排班器也是以循環的方式來服務各個類型——先服務類別 1，然後服務類別 2，接著服務類別 3，然後（假設只有三個類型）再重複同樣的模式進行服務。WFQ 也是一種不停工的佇列守則，因此，當它發現空的類別佇列時，會馬上移往按服務順序的下一個類別。

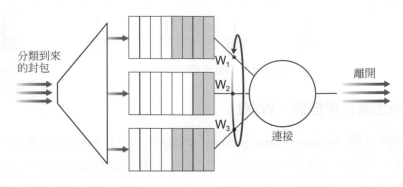

圖 4.15　加權公正佇列（WFQ）

　　WFQ 與循環分時不同的地方在於，在任何一段期間，各類型有可能會得到不同服務量。明確地說，每種類別 i 都會被賦予一個權重 w_i。使用 WFQ，在類別 i 有任何封包要傳送的期間，WFQ 會保證類別 i 能夠得到等於 $w_i/(\sum w_j)$ 的服務比例，其中分母的總和值是對於所有佇列中有封包在等待傳輸的類別計算而得。在最糟的情況下，即使所有的類別都有封包在佇列中等待，類別 i 依然保證可以得到比例為 $w_i/(\sum w_j)$ 的頻寬。因此，對於傳輸速率為 R 的連結而言，類別 i 必然至少能夠得到 $R \cdot w_i/(\sum w_j)$ 的產出率。我們對於 WFQ 的描述是理想化的情境，因為我們並沒有考慮到實際上封包是不連續的資料單位，而且我們不能中斷封包的傳輸來傳輸其他封包；[Demers 1990] 與 [Parekh 1993] 討論了這個關於封包化的議題。

4.3　網際網路協定 (IP)：IPv4、定址、IPv6 及其他

本章到目前為止，我們對網路層的研究——網路層的資料層及控制層元件的概念、對轉送和繞送的區分、各種網路服務模型的識別，以及我們在路由器內部的觀察——經常不會參考任何特定的計算機網路架構或協定。在本節中，我們會將重點放在今日網際網路的網路層的關鍵以及有名的網際網路協定（IP）。

　　今日所使用的 IP 協定有兩種版本。我們在 4.3.1 節會先檢視被廣為布建的 IP 協定第 4 版，通常簡稱為 IPv4 [RFC791]。在 4.3.5 節，我們會檢視 IP 協定第 6 版 [RFC 2460; RFC 4291]，這是被提出來取代 IPv4 的版本。在這兩者之間，我們主要會討論網際網路定址——一個看似相當枯燥又注重細節的主題，但我們會看到這對理解網際網路的網路層如何運作至關重要。掌握 IP 定址就是掌握網際網路的網路層本身！

4.3.1　IPv4 資料報格式

請回想一下，網際網路的網路層封包稱為資料報。我們會從概述 IPv4 資料報的語法及語意開始我們對於 IP 的探討。你大概正在想，沒有東西會比封包的位元語法及語意更無趣的了。話雖如此，但資料報扮演著網際網路的核心角色——所有研究網路的學生與專業人士都必須瞭解它，吸收它，並精通它（只看到協定標頭確實學習起來很有趣，可以查看 [Pomeranz2010]）。IPv4 資料報的格式如圖 4.16 所示。IPv4 資料報的主要欄位如下：

◆ **版本編號（version number）**。這 4 個位元會標記出資料報的 IP 協定版本。藉由檢視版本編號，路由器便可以判斷要如何解讀 IP 資料報的其他部分。不同的 IP 版本會使用不同的資料報格式。IPv4 的資料報格式如圖 4.16 所示。新版本 IP 協定（IPv6）的資料報格式會在 4.3.5 節討論。

◆ **標頭長度（header length）**。因為 IPv4 資料報有可能包含不同數量的選用欄位（包含於 IPv4 的資料報標頭中），所以我們需要這 4 個位元來判斷 IP 資料報的荷載中（例如，傳輸層區段被封裝在此資料報中）真正開始存放資料的位置為何。大多數 IP 資料報並不包含選用欄位，因此一般的 IP 資料報標頭長度為 20 位元組。

◆ **服務類型（type of service）**。服務類型（TOS）位元包含在 IPv4 標頭中，以區別不同種類的 IP 資料報。例如，如果我們能區別即時資料報（如 IP 電話應用所使用的資料報）與非即時的資料流（例如 FTP），應當會有其用處。確切來說，要提供何種層級的服務，是需要路由器的網路管理者來決定的策略性議題。我們已經在 3.7.2 節中探討過兩種用於明確壅塞通知（ECN）的 TOS 位元。

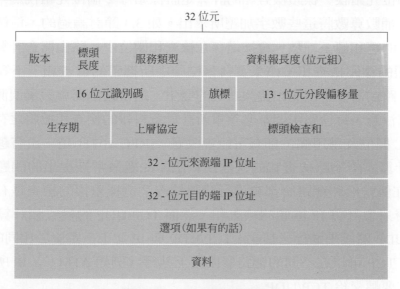

圖 4.16　IPv4 資料報格式

◆ **資料報長度（datagram length）**。此欄位代表 IP 資料報的總長度（標頭加上資料），單位為位元組。因為此一欄位的長度為 16 位元，所以 IP 資料報長度的理論上限為 65,535 個位元組。然而，資料報很少會大於 1,500 個位元組，它允許 IP 資料報符合最大尺寸乙太網訊框的有效荷載欄位。

◆ **識別碼（identifier）、旗標（flag）、分段偏移量（fragmentation offset）**。這三個欄位與所謂的 IP 分段有關，我們馬上就會探討這個議題。有趣的是，新版的 IP 協定，IPv6，並不允許進行分段。

◆ **生存期（time-to-live）**。加入生存期（TTL）欄位的目的是為了確保資料報不會在網路中無窮盡地循環傳送（例如，因為一個長時存在的繞送迴圈）。每當資料報被一具路由器所處理後，這個欄位的數值就會減 1。如果 TTL 欄位值歸 0 的話，路由器就會丟棄這份資料報。

◆ **協定（protocol）**。通常只有當 IP 資料報抵達最終目的地時，才會使用到這個欄位。這個欄位的數值會指出這份 IP 資料報的資料部分，應該要轉交給哪個特定的傳輸層協定。例如，數值 6 表示資料部分要轉交給 TCP，數值 17 則表示資料要轉交給 UDP。要取得所有可能的數值列表，請參見 [IANA Protocol Numbers 2016]。請注意，IP 資料報的協定編號所扮演的角色，跟傳輸層區段的埠號欄位有異曲同工之妙。協定編號是將網路層與傳輸層結合在一起的黏著劑，埠號則是將傳輸層與應用層結合在一起的黏著劑。我們會在第六章看到，連結層訊框也有一個用來結合連結層與網路層的特殊欄位。

◆ **標頭檢查和（header checksum）**。標頭檢查和會幫助路由器偵測所收到的 IP 資料報中的位元錯誤。標頭檢查和的計算是將標頭每 2 個位元組視為一筆數字，然後利用 1 補數算數將這些數字加總所求出。如 3.3 節討論過的，這個稱為網際網路檢查和的總和值 1 補數，會被儲存在檢查和欄位中。路由器會計算每份收到的 IP 資料報的標頭檢查和，如果資料報標頭中所攜帶的檢查和，不等於計算出的檢查和，路由器便會偵測出錯誤狀況的發生。通常路由器會丟棄偵測出錯誤的資料報。請注意，每台路由器都必須重新計算資料報的檢查和並將之存進標頭中，因為 TTL 欄位及選用欄位都有可能會改變。[RFC 1071] 是一份有趣的討論，內容關於計算網際網路檢查和的快速演算法。此處最常被提出的問題是，為什麼 TCP/IP 在傳輸層和網路層都會進行錯誤檢查？這種重複的檢查是有原因的。首先，IP 層只會計算 IP 標頭的檢查和，然而 TCP/UDP 的檢查和計算則會針對整份 TCP/UDP 區段來進行。其次，TCP/UDP 與 IP 並不一定屬於相同的協定堆疊。原則上，TCP 可以在不同的網路層協定上執行（例如 ATM），IP 所攜帶的資料也不一定要轉交給 TCP/UDP。

◆ **來源端與目的端 IP 位址**。當來源端建立資料報時，會將自己的 IP 位址插入到來源端 IP 位址欄位中，並且將最終目的端的位址寫入目的端 IP 位址欄位中。通常來源端主機會透過 DNS 查詢來判斷目的端位址，如第二章所討論的。我們會在 4.3.3 節對 IP 定址進行詳盡的討論。

◆ **選用欄位**（**options**）。選用欄位讓我們能夠擴充 IP 標頭。選用標頭本來就意欲鮮少使用——因此為了減輕負擔，IP 設計者決定不要將選用欄位的資訊加入到所有的資料報標頭中。然而，僅止是選用欄位的存在，就會讓事情變得複雜——因為資料報標頭的長度可能是變動的，所以我們無法預先判定資料欄位的起始位置。同樣地，因為某些資料報有可能會需要處理選用欄位，其他資料報卻可能不需要，所以路由器處理 IP 資料報所需時間的變化幅度會相當大。這些考量對於高效能路由器與主機的 IP 處理程序來說變得特別重要。基於這些理由與其他理由，IPv6 標頭並未包含 IP 選用欄位，如 4.3.5 節所討論的。

◆ **資料**（**data，亦稱荷載 [payload]**）。最後，我們來到最後一項，也是最重要的欄位——資料報一開始需要存在的理由！多數情況下，IP 資料報的資料欄位所包含的是要傳送給目的端的傳輸層區段（TCP 或 UDP）。然而，資料欄位也可以攜帶其他型態的資料，例如 ICMP 訊息（我們將在 5.6 節中加以討論）。

請注意，IP 資料報總共有 20 位元組的標頭（假設沒有選用欄位）。如果資料報攜帶的是 TCP 區段，則每份（未分段的）資料報都會攜帶共 40 位元組的標頭（20 位元組的 IP 標頭，加上 20 位元組的 TCP 標頭），再加上應用層訊息。

4.3.2　IPv4 資料報的分段

我們會在第六章看到，並非所有的連結層協定都能載送相同大小的網路層封包。有些協定可以載送大型的資料報，有些協定卻只能載送小型的資料報。例如，乙太網路的訊框最多只能載送 1,500 位元組的資料，許多廣域連結的訊框所能載送的資料則不得超過 576 個位元組。連結層訊框所能載送的最大資料量，稱為**最大傳輸單位**（**maximum transfer unit，MTU**）。因為每份 IP 資料報都會被封裝在連結層訊框內，以從一具路由器傳輸到下一具路由器，所以連結層協定的 MTU 會嚴格限制 IP 資料報的長度。IP 資料報的大小有嚴格的限制，並不會構成太大的問題。真正的問題是，傳送端與目的端之間路由上的每道連結，所使用的可能都是不同的連結層協定，而這些協定可能都會有不同的 MTU。

要更加瞭解這個轉送問題，請想像你自己是一具連接了多道連結的路由器，而每道連結都執行著具有不同 MTU 的不同連結層協定。假設你從其中一道連結收到了一份 IP 資料報，你檢查你的轉送表，決定該使用哪一道輸出連結，但這道輸出連結

的 MTU 卻小於這份 IP 資料報的長度。恐慌時間來了——你要怎麼把這個過大的 IP 資料報,硬塞進連結層訊框的內容欄位中呢?答案是把 IP 資料報中的資料,分段成兩份,或更多份較小的 IP 資料報,把這些較小的 IP 資料報封裝進個別的連結層訊框中,然後透過輸出連結把這些訊框送出。這些較小的資料報稱為**分段**(**fragment**)。

這些分段在抵達目的端的傳輸層之前,必須先重組起來。的確,TCP 跟 UDP 預計從網路層收到的,都是完整的、沒有分段過的區段。IPv4 的設計者覺得如果在路由器中重組資料報會大幅增加協定的複雜度,而且會拖慢路由器的效能(如果你是一具路由器,你會想要你必須負責的所有工作之外再加上重組分段的工作嗎?)。忠於維持網路核心簡單化的原則,IPv4 的設計者決定將重組資料報的工作交給終端系統,而非由網路的路由器負責。

當目的端主機從同個來源端收到一連串資料報時,它必須判斷這些資料報中是否有其中一些是某份原始的較大型資料報的分段。如果有某些資料報是分段,則目的端必須進一步判斷它何時收到最後一份分段,以及它應當如何將所收到的分段重組回原本的資料報。為了讓目的端主機能夠執行這些重組工作,IP(第 4 版)的設計者在 IP 資料報的標頭中加入了識別碼、旗標以及分段偏移量欄位。在建立資料報時,傳送端主機會在資料報上標記識別碼,以及來源端與目的端位址。通常,傳送端主機每送出一份資料報,就會遞增其識別碼。當路由器需要分段資料報時,所有所得的資料報(即分段)都會被標記來源端位址、目的端位址、原始資料報的識別碼。當目的端收到來自同一台傳送端主機的連串資料報時,便可以檢查這些資料報的識別碼,以判斷有哪些資料報實際上是屬於同一份較大型的資料報的分段。因為 IP 是不可靠的服務,所以可能會有一或多份分段永遠無法抵達目的端。因此,為了讓目的端主機可以完全確定它已經收到原始資料報的最後一份分段,最後一份分段的旗標位元會被設定為 0,其他分段的旗標位元則會被設定為 1。此外,為了讓目的端主機可以判斷是否有分段遺失(也為了讓目的端能夠依照正確的順序重組這些分段),偏移量欄位會被用來標記該份分段位於原始 IP 資料報之中的位置。

圖 4.17 描繪了一個例子。一份大小為 4,000 位元組的資料報(20 位元組的 IP 標頭加上 3,980 位元組的 IP 內容)抵達了路由器,它必須被轉送給一道 MTU 為 1,500 位元組的連結。這意味著原始資料報的 3,980 個資料位元組,必須被分割成三份個別的分段(每份分段也都是 IP 資料報)。

本章的章末習題會讓你更深入了解分段。

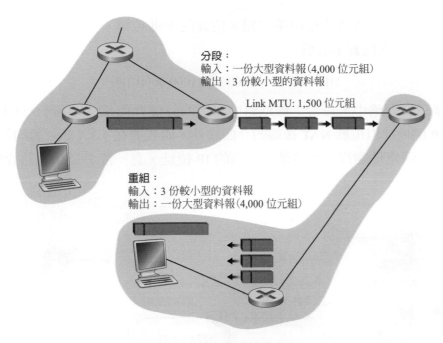

分段：
輸入：一份大型資料報（4,000 位元組）
輸出：3 份較小型的資料報

Link MTU: 1,500 位元組

重組：
輸入：3 份較小型的資料報
輸出：一份大型資料報（4,000 位元組）

圖 4.17　IPv4 分段與重組

4.3.3　IPv4 定址

我們現在將目光轉回 IPv4 的定址。雖然你可能正在想，定址一定是個簡單明瞭的主題，但希望在本節結束時，你會被說服，網際網路定址不只是個豐富、微妙、又有趣的主題，它對於網際網路也具有核心的重要性。[Stewart 2009] 的第一章提供了關於 IPv4 定址的精彩敘述。

然而，在討論 IP 定址之前，我們需要稍微提一下主機跟路由器是如何連接到網路的。一台主機通常只會使用單一的連結連接到網際網路；當主機的 IP 想要傳送資料報時，便會透過該道連結進行傳送。主機與實體連結的交界處稱為**介面**（**interface**）。現在，請想想某具路由器跟它的介面。因為路由器的工作是從某道連結接收資料報，然後將之轉送到另一道連結，所以路由器必然會連接到兩道以上的連結。路由器與其所有連結的交界處，也都稱為介面。因此，路由器會有多個介面，每道連結一個。因為每台主機跟路由器都能夠傳送及接收 IP 資料報；所以，IP 要求主機跟路由器的每個介面都必須擁有自己的 IP 位址。因此，就技術上來說，IP 位址是伴隨著介面，而非伴隨著擁有該介面的主機或路由器。

每筆 IP 位址的長度都是 32 位元（亦即 4 位元組），因此總共有 2^{32} 個（或是大約 40 億個）可能的 IP 位址。這些位址通常會被寫成所謂的**附點十進位表示法**（**dotted-decimal notation**），其中位址的每個位元組都會被寫成十進位的格式，位元組之間則以點號相隔。例如，請考量 IP 位址 193.32.216.9。193 等於位址中第一組

8 位元的十進位值；32 為位址中第二組 8 位元的十進位值；依此類推。因此，位址 193.32.216.9 的二進位表示法為

11000001 00100000 11011000 00001001

在全球網際網路中，每台主機跟路由器上的每個介面都必須擁有一個全世界獨一無二的 IP 位址（但位於 NAT 後端的介面除外，如我們在 4.3.4 節討論的）。然而，我們並不能夠隨意地選擇這些位址。介面的 IP 位址，有一部分是依據該介面所連接的子網路而定。

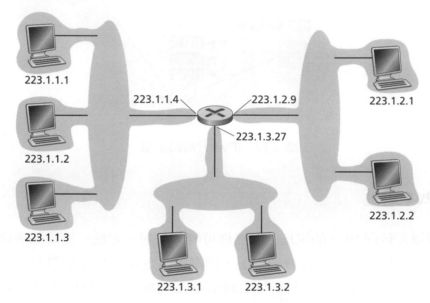

圖 4.18　介面位址與子網路

圖 4.18 提供了一個 IP 定址及介面的例子。在這張圖中，一台路由器（擁有三個介面）被用來連接七台主機。請仔細檢視指派給主機與路由器介面的 IP 位址；有幾件事情需要留意。圖 4.18 左上部分的三台主機，以及它們所連接的路由器介面，IP 位址的形式都是 223.1.1.xxx。也就是說，在它們的 IP 位址中，最左邊的 24 個位元都是相同的。這四個介面也透過一個不包含任何路由器的網路彼此連接。這個網路可能是用一個乙太網路 LAN 相互連接，在此情形下，介面們是透過一個乙太網路交換器（我們將在第六章中討論），或是透過一個無線存取點（我們將在第七章中討論）彼此連接。我們目前暫時會把這個連接這些主機的無路由器網路表示成一朵雲，並會在第六章和第七章中深入討論這種網路的內部。

以 IP 的術語來說，這個連接了三個主機介面以及一個路由器介面的網路，形成了一個**子網路**（**subnet**）[RFC 950]（在網際網路文獻中，子網路也稱為 IP 網路，或簡稱為網路）。IP 定址會指派一個位址給這個子網路：223.1.1.0/24，標記 /24（slash-24）有時稱為**子網路遮罩**（**subnet mask**），表示是這個 32 位元量值最左邊

的 24 位元定義了子網路的位址。因此，223.1.1.0/24 子網路包含了三個主機介面
（223.1.1.1、223.1.1.2 與 223.1.1.3）以及一個路由器介面（223.1.1.4）。任何新連接
到 223.1.1.0/24 子網路的主機，都必須具有形式為 223.1.1.xxx 的位址。圖 4.18 還顯
示了另外兩個子網路：223.1.2.0/24 網路與 223.1.3.0/24 子網路。圖 4.19 說明了圖 4.18
所呈現的三個 IP 子網路。

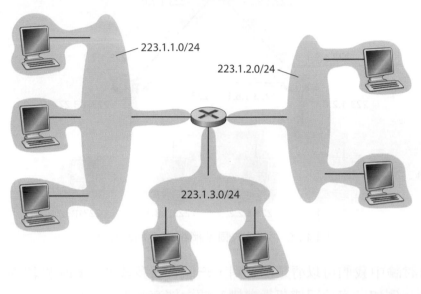

圖 4.19　子網路位址

　　子網路的 IP 定義並不限於將多台主機連接到一個路由器介面的乙太網路區段。
為了更深入瞭解這個問題，請考量圖 4.20，圖中顯示了三台由點到點連結所相連的
路由器。每台路由器都有三個介面，針對兩道點到點連結各有一個介面，另一個介
面則用於一道直接將路由器連接到一對主機的廣播連結。此例中有哪些子網路呢？
三個子網路 223.1.1.0/24、223.1.2.0/24、223.1.3.0/24，類似於我們在圖 4.18 中所看到
的子網路。但請注意，此例中還有其他三個子網路：第一個子網路，223.1.9.0/24，
用於連接路由器 R1 及 R2 的介面；第二個子網路，223.1.8.0/24，用於連接路由器 R2
及 R3 的介面；第三個子網路，223.1.7.0/24，則用於連接路由器 R3 及 R1 的介面。
針對普遍的，由路由器與主機所構成的互連系統，我們可以用以下方法來定義系統
中的子網路：

> 要定義子網路，請將各個介面與其主機或路由器分離，建立多塊孤立的網路，
> 其中，介面為這些孤立網路的端點終端。這些孤立網路每個都是所謂的子網路。

　　如果我們將此程序應用在圖 4.20 的互連系統上，我們便會得到六個孤立網路或
子網路。

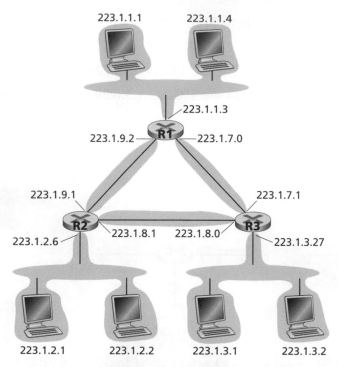

圖 4.20　連接六個子網路的三台路由器

　　從上述討論中我們可以清楚地看到，一個有著多段乙太網路區段與多道點到點連結的組織（例如一家公司或學術機構）便會擁有多個子網路，而特定子網路上的所有裝置都會擁有相同的子網路位址。原則上來說，不同的子網路可以擁有差異相當大的子網路位址。然而在實際操作上，其子網路位址通常相當相似。為了瞭解其原因，接下來讓我們將目光轉向在全球網際網路中，是如何處理定址問題的。

　　網際網路的位址分配策略，稱為**無分級跨網域繞送**（**Classless Interdomain Routing，CIDR**——唸做「cider」）[RFC 4632]。CIDR 歸納了子網路定址的概念。在子網路定址中，32 位元的 IP 位址會被分成兩部分，同樣使用附點的十進位格式 *a.b.c.d/x*，其中 *x* 表示位址第一部分的位元數。

　　形式為 *a.b.c.d/x* 的位址，其最高的 *x* 個有效位元便構成了 IP 位址的網路部分，這部分通常被稱為**址首**（**prefix**）（或網路址首，network prefix）。一個組織通常會被指派給一塊連續的位址，也就是說，一塊有著相同址首的位址範圍（請參見實務原理專欄）。在這種情形下，同一組織中所有裝置的 IP 位址都會使用相同的址首。當我們在 5.4 節談到網際網路的 BGP 繞送協定時，我們會看到，只有這 *x* 個址首位元會被該組織網路以外的路由器所考量。也就是說，當組織外的路由器要轉送目的端位址位於該組織內的資料報時，只需要考量位址的前 *x* 位元即可。這可以大量地減少路由器轉送表的大小，因為只要一筆形式為 *a.b.c.d/x* 的條目，就足以將封包轉送到任何位於該組織內部的目的端。

我們可以將位址中其餘的 32-x 個位元想像成是用來分辨組織的裝置，這些裝置都擁有相同的網路址首。這些位元是組織內的路由器在轉送封包時會加以考量的位元。這些低階位元可能會有（也可能沒有）更進一步的子網路架構，如以下我們將要討論的。例如，假設 CIDR 格式位址 a.b.c.d/21 的前 21 位元代表該組織的網路址首，而該組織內所有裝置的 IP 位址都具有相同的址首。如此一來其餘的 11 位元便可以用來識別組織內的特定主機。該組織的內部結構，可能會如以上所討論的，使用最右端的這 11 個位元在組織內配置子網路。例如，a.b.c.d/24 可能代表該組織內的某個特定子網路。

在採用 CIDR 之前，IP 位址網路部分的長度被限制為 8、16 或 24 位元，這種定址方式稱為**分級定址法（classful addressing）**，因為擁有 8、16 與 24 位元子網路位址的子網路，分別被稱為 A 級、B 級與 C 級的網路。這種對於 IP 位址子網路部分的長度要剛好是 1、2 或 3 個位元組的要求，事實證明在擁有中小型子網路的組織數量激增時，會產生支援上的問題。C 級（/24）子網路最多只能容納 $2^8 - 2 = 254$ 台主機（$2^8 = 256$ 個位址中，有 2 個保留給特殊用途）——對許多組織而言都太少了。然而，B 級（/16）子網路可以支援到 65,634 台主機，又太多了。在分級定址法下，例如，擁有 2,000 台主機的組織，通常會被配給 B 級（/16）的子網路位址。這會讓 B 級的位址空間快速耗盡，而且所分配到的位址空間利用率也相當糟糕。例如，這個使用 B 級位址來配置其 2,000 台主機的組織，它所得到的位址空間最多可以容納 65,534 個介面——因此它會留下超過 63,000 個無法被其他組織所使用的位址。

如果我們再不提到另一種 IP 位址，IP 廣播位址 255.255.255.255 的話，就是我們的疏忽了。當主機送出目的端位址為 255.255.255.255 的資料報時，這個訊息會被送給同一子網路內的所有主機。路由器也可以選擇性地將訊息轉送到鄰近的子網路（不過它們通常不會這麼做）。

在詳盡研究過 IP 定址之後，我們得知道主機跟子網路最開始是怎麼取得它們的位址的。一開始，先讓我們檢視一下組織要如何為其裝置取得一塊位址空間，然後再看看要如何將組織的位址區塊中的位址，分配給各個裝置（例如主機）。

實務原理

在以下的例子中，我們將八個組織連接到網際網路的 ISP，這說明了透過審慎配置 CIDR 格式的位址，會對繞送有何助益。假設，如圖 4.21 所示，該 ISP（我們稱之為 Fly-By-Night-ISP）向外界宣告，任何位址前 20 位元相符於 200.23.16.0/20 的資料報，都應該要傳送給它。外界無需知道在位址區塊 200.23.16.0/20 中，實際上還包含了其他八個組織，而每個組織也擁有各自的子網路。這種使用單一址首來代表多個網路的功能，通常被稱為**位址聚集（address aggregation）**（也稱為**路由聚集 [route aggregation] 或路由彙整 [route summarization]**）。

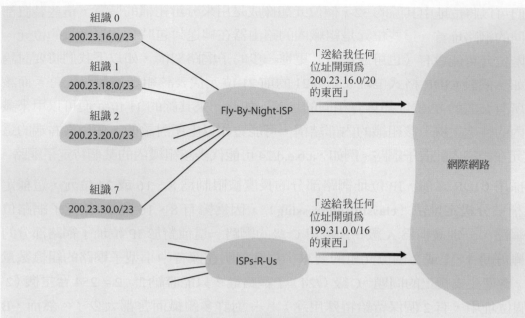

圖 4.21　階層式定址與路由聚集

　　當位址是以區塊方式配置給 ISP，再從 ISP 配置給用戶組織時，位址聚集的效果極為良好。但是，如果位址並非以這種階層的形式來分配時，會發生什麼事情呢？例如，如果 Fly-By-Night-ISP 併購了 ISPs-R-Us 公司，然後讓組識 1 透過其子公司 ISPs-R-Us 連接到網際網路時，會發生什麼事情？如圖 4.21 所示，子公司 ISPs-R-Us 擁有位址區塊 199.31.0.0/16；然而不幸的是，組織 1 的 IP 位址卻不在這個位址區塊內。遇到這種情況該如何解決呢？當然，組織 1 可以將其所有的路由器與主機都重新編號，令其位址位於 ISPs-R-Us 的位址區塊內。但這是個代價很高的解決方案，而且組織 1 未來還有可能再被換到另一家子公司。一般採用的解決方案是讓組織 1 仍然保有自己的 IP 位址 200.23.18.0/23。如此一來，如圖 4.22 所示，Fly-By-Night-ISP 會繼續宣告其位址區塊 200.23.16.0/20，ISPs-R-Us 也會繼續宣告 199.31.0.0/16。然而，現在 ISPs-R-Us 也會宣告組織 1 的位址區塊 200.23.18.0/23。當廣闊的網際網路中的路由器看見位址區塊 200.23.16.0/20（來自 Fly-By-Night-ISP）與 200.23.18.0/23（來自 ISPs-R-Us）時，如果它想要將資料繞送到位於區塊 200.23.18.0/23 之中的位址，則它會使用「最長址首相符」原則（請參見 4.2.1 節），將資料傳送給 ISPs-R-Us，因為 ISPs-R-U 宣告了與目的端位址最長的（最獨特的）相符址首。

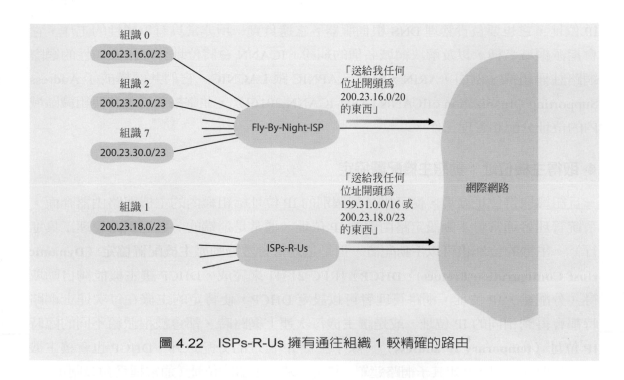

圖 4.22　ISPs-R-Us 擁有通往組織 1 較精確的路由

◈ 取得位址區塊

為了取得一塊 IP 位址以供組織內部的子網路所使用，網路管理者可能會先聯繫它的 ISP，ISP 會從已分配給該 ISP 的大型位址空間中提供位址給該組織。例如，ISP 本身可能被配置給位址區塊 200.23.16.0/20。接著，ISP 可以再將它的位址區塊分割成八個相同大小的連續位址區塊，然後將這些位址區塊分配給最多八個由這家 ISP 所支援的組織，如下所示（為了便於閱讀，我們在這些位址的子網路部分加上底線）。

ISP 的區塊	200.23.16.0/20	11001000 00010111 0001<u>0000 00000000</u>
組織 0	200.23.16.0/23	11001000 00010111 0001000<u>0 00000000</u>
組織 1	200.23.18.0/23	11001000 00010111 0001001<u>0 00000000</u>
組織 2	200.23.20.0/23	11001000 00010111 0001010<u>0 00000000</u>
…… …		…
組織 7	200.23.30.0/23	11001000 00010111 0001111<u>0 00000000</u>

　　從 ISP 取得一組位址是一種取得位址區塊的方法，但並非唯一的方法。明顯地，ISP 本身一定也有取得位址區塊的方法。是否有一個全球性的權威組織，負有管理 IP 位址空間，以及配置位址區塊給 ISP 與其他組織的最高責任呢？的確有這樣的組織存在！ IP 位址是由權威組織 Internet Corporation for Assigned Names and Numbers （網路名稱與數位地址分配機構，ICANN）[ICANN 2016] 根據 [RFC 7020] 所提出的指導原則來進行管理。非營利性組織 ICANN 所扮演的角色 [NTIA 1998] 不僅是分配

IP 位址，它也要負責管理 DNS 根伺服器。它還負責一項非常具有爭議性的工作，它會指派網域名稱，以及解決網域名稱的糾紛。ICANN 會將位址分配給區域性的網際網路註冊組織（例如，ARIN、RIPE、APNIC 跟 LACNIC，它們共同構成了 Address Supporting Organization ofICANN [ASO-ICANN 2016]），並掌控著這些註冊組織區域內的位址分配和管理工作。

◈ 取得主機位址：動態主機配置協定

一旦組織取得位址區塊，便可以分配個別的 IP 位址給組織內的主機與路由器介面。系統管理者通常會手動設定路由器的 IP 位址（通常是遠端的，透過網路管理工具進行）。主機的位址也可以手動配置，但是這通常會透過**動態主機配置協定（Dynamic Host Configuration Protocol，DHCP）** [RFC 2131] 來完成。DHCP 讓主機能夠自動取得（分配給）IP 位址。網路管理者可以設定 DHCP，使特定的主機在每次連上網路時都會得到相同的 IP 位址，或是讓主機每次連上網路時，都會被指派給不同的**臨時 IP 位址（temporary IP address）**。除了主機 IP 位址的分配以外，DHCP 也會讓主機知曉其他的資訊，例如其子網路遮罩、其第一站路由器的位址（通常稱為預設閘道），還有其區域 DNS 伺服器的位址。

　　由於 DHCP 能夠將主機連上網路的網路相關工作自動化，所以它常被稱為**隨插即用協定（plug-and-play protocol）**或 **zeroconf 定址自動化技術（zero-configuration）**。這項功能讓 DHCP 非常吸引網路管理者，因為如果沒有 DHCP，他們就必須手動完成這些工作！DHCP 也被廣泛使用在家用網際網路連線網路、企業網路，以及無線 LAN 等這些會頻繁地有主機加入及離開網路的環境中。例如，請想想某位帶著筆記型電腦，從宿舍房間走到圖書館，然後又走到教室的學生。這位學生在每個地方都有可能會連線到新的子網路上，因此在每個地方他都需要新的 IP 位址。DHCP 相當適合此種情況，因為有許多使用者來來去去，而位址只會在有限的時間內被需要。DHCP 隨插即用功能的價值顯而易見，因為系統管理員要能在每個位置重新配置筆記型電腦是件令人無法想像的事情，而且只有極少數學生（除了那些上過計算機網路課程的人以外！）具備手動設定筆記型電腦的專業知識。

　　DHCP 是一種伺服端—用戶端協定。用戶端通常是個新到來的、想取得網路配置資訊的主機，這些資訊中也包括它本身的 IP 位址。在最簡單的情況下，每個子網路（以圖 4.20 的定址方式而言）都會有一台 DHCP 伺服器。如果子網路上沒有伺服器，我們便需要一具知道負責該網路之 DHCP 伺服器位址的 DHCP 轉播代理裝置（通常是一具路由器）。圖 4.23 顯示了一台連接到子網路 223.1.2/24 的 DHCP 伺服器，而在子網路 223.1.1/24 與 223.1.3/24 中，路由器會為到來的用戶端充當轉播代理裝置。在以下的討論中，我們都會假設子網路中有一台可用的 DHCP 伺服器。

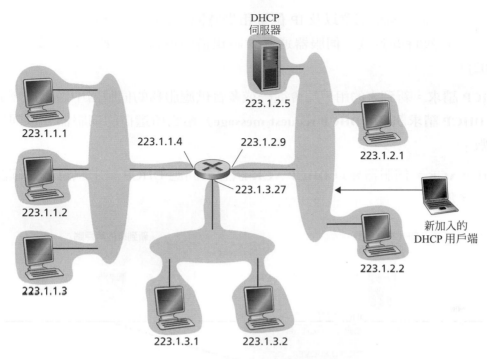

圖 4.23　DHCP 的用戶端—伺服端情境

　　對於新到來的主機而言，DHCP 協定是個四步驟的程序，如圖 4.24 所示，此圖是針對圖 4.23 所示的網路環境所繪製。在此圖中，yiaddr（意指「你的網際網路位址」）代表將要指派給新到來的用戶端的位址。這四個步驟為：

◆ **搜尋 DHCP 伺服器**。新到來的主機的第一項任務，就是尋找它要與之互動的 DHCP 伺服器。這項工作是利用 **DHCP 探索訊息（DHCP discover message）** 來進行，用戶端會以 UDP 封包將之送往連接埠 67。這份 UDP 封包會被封裝在 IP 資料報內。但是這份資料報應該要送給誰呢？主機連自己所連上的網路 IP 位址都不知道，更不要說此網路中的 DHCP 伺服器了。有鑑於此，DHCP 的用戶端在建立包含其 DHCP 探索訊息的 IP 資料報時，會使用廣播目的端 IP 位址 255.255.255.255，以及代表「這台主機」的來源端 IP 位址 0.0.0.0。DHCP 用戶端會將這份 IP 資料報交給連結層，接著連結層便會將此訊框廣播到所有連接在該子網路上的節點（我們會在 6.4 節探討連結層廣播的細節）。

◆ **提供 DHCP 伺服器**。收到 DHCP 探索訊息的 DHCP 伺服器，會回應給用戶端 **DHCP 提供訊息（DHCP offer message）**，這份訊息會被廣播給子網路上所有的節點，同樣使用 IP 廣播位址 255.255.255.255（你可能會想思考一下為什麼這台伺服器的回覆也必須使用廣播）。因為子網路上可能會有多台 DHCP 伺服器，所以用戶端可能會發現自己處於令人羨慕的處境，可以從多台伺服器中做選擇。每筆伺服器的提供訊息都包含伺服器所收到的探索訊息的交易 ID、提供給用戶

端的 IP 位址、網路遮罩以及 IP **位址租借時間**（**address lease time**）──該筆 IP 位址的有效時間長度。伺服器通常會將租借時間設定為數小時或數天 [Droms 2002]。

◆ **DHCP 請求**。新到來的用戶端會從一或多台供應服務的伺服器中做選擇，並回應以 **DHCP 請求訊息**（**DHCP request message**）給它所選擇的伺服器，以回覆配置參數。

◆ **DHCP ACK**。伺服器會以 **DHCP ACK** 訊息來回應 DHCP 請求訊息，以確認其請求的參數。

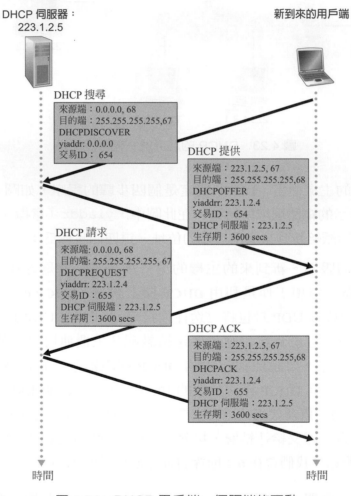

圖 4.24　 DHCP 用戶端─伺服端的互動

　　一旦用戶端收到 DHCP ACK，這項互動程序就完成了，用戶端便能夠在租借期間使用 DHCP 所分配的 IP 位址。由於用戶端可能會想要在過了租借期之後還能使用其位址，DHCP 也提供了一項機制讓用戶端能夠更新它的 IP 位址租約。

　　從行動性的觀點來看，DHCP 確實存在著有一個重大的缺點。由於每當節點連結到新的子網路時，就必須向 DHCP 取得新的 IP 位址，所以當行動節點在子網路之間移動時，便無法維持與遠端應用之間的 TCP 連線。在第六章中，我們會檢視行動 IP ——這是一種對於 IP 基礎架構的擴充，讓行動節點在子網路之間移動時，能使用單一的永久性位址。關於 DHCP 的其他細節，可以在 [Droms2002] 與 [dhc 2016] 之中找到。DHCP 的開放原始碼參考實作，可以從 InternetSystems Consortium [ISC 2016] 取得。

4.3.4　網路位址轉譯（NAT）

基於我們針對網際網路位址與 IPv4 資料報格式的討論，現在我們都很清楚，所有能夠執行 IP 的裝置都需要一個 IP 位址。隨著小型工作室、家庭工作室（SOHO）子網路的激增，這似乎意味著每當有 SOHO 想要架設 LAN 以連接多台機器時，ISP 就必須配給某個範圍的位址，以涵蓋所有此 SOHO 的 IP 設備（包括電話、平板電腦、遊戲機、IP 電視、印表機及其他）。如果子網路增長得更大，ISP 就必須分配更大的位址區塊給該子網路。但如果 ISP 已經將該 SOHO 目前位址範圍前後的連續位址都分配出去了，該怎麼辦呢？而針對如何管理 IP 位址，一般的屋主最想（或最應該要）知道的事情是什麼呢？幸運的是，有一種較簡單的處理位址分配問題的方法，日益廣泛地被使用在這類情境之中：**網路位址轉譯**（**network address translation，NAT**）[RFC 2663; RFC 3022; Huston 2004; Zhang 2007; Cisco NAT 2016]。

　　圖 4.25 顯示了具備 NAT 功能的路由器的運作。這台具備 NAT 功能的路由器位於屋內，其中一個介面屬於圖 4.25 右側家用網路的一部分。家用網路內的定址方法跟我們先前所見的完全相同——此家用網路的四個介面都有相同的子網路位址 10.0.0/24。位址空間 10.0.0.0/8 是 [RFC 1918] 保留給**私人網路**（**private network**），或**使用私人位址的域**（**realm with private address**），如圖 4.25 中家用網路的三塊 IP 位址空間的其中之一。使用私人位址的域意指在該網路中，網路位址只對於其內部的裝置有意義。要瞭解這句話的重要性，請想想全世界有成千上萬個家用網路，許多都使用相同的位址空間 10.0.0/24。在家用網路內的裝置，都可以使用 10.0.0/24 的定址方式互相傳送封包。然而，要轉送到家用網路以外，進入全球網際網路的封包，顯然不能使用這些位址（作為來源端位址或目的端位址），因為有成千上萬的網路使用了這個位址區塊。也就是說，10.0.0/24 的位址只有在該家用網路內有意義而已。但是如果私人位址只在其網路內有意義，那當我們要從位址必須是獨一無二的全球網際網路傳送接收封包時，該如何處理定址問題呢？瞭解 NAT 之後，你便會知道答案。

　　對外界而言，具備 NAT 功能的路由器看起來並不像是一台路由器。反之，對外界而言，這台 NAT 路由器的行為就像是具有單一 IP 位址的單一裝置一樣。在圖 4.25 中，所有離開該家用路由器進入廣闊網際網路的資料流，來源端 IP 位址都是 138.76.29.7，而所有進入該家用路由器的資料流，目的端位址也都必須是 138.76.29.7。基本上，具備 NAT 功能的路由器對外界隱瞞了該家用網路的細節（順帶一提，你可能會好奇，家用網路的電腦要向誰取得它們的位址，而路由器又要向誰取得其單一的 IP 位址。通常，答案都是相同的── DHCP ！路由器會從 ISP 的 DHCP 伺服器取得它的位址，然後路由器會執行 DHCP 伺服端，以提供位址給位於 NAT-DHCP 路由器所控制的家用網路位址空間之中的電腦）。

　　如果所有從 WAN 抵達 NAT 路由器的資料報都擁有相同的目的端 IP 位址（更精確地說，是 NAT 路由器 WAN 端介面的位址），那路由器要怎麼知道它應該要將資料報轉送給哪一台內部主機呢？訣竅在於在 NAT 路由器上使用 **NAT 轉譯表**（**NAT translation table**），除了 IP 位址之外，我們也會將埠號加入轉譯表條目中。

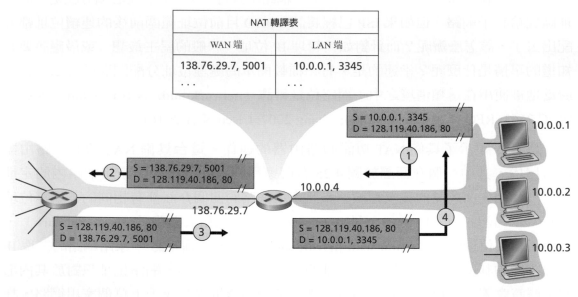

圖 4.25　網路位址轉譯

　　請思考圖 4.25 的例子。假設有位使用者正坐在家用網路主機 10.0.0.1 的前面，並且向某台 IP 位址為 128.119.40.186 的網頁伺服器（連接埠 80）請求網頁。主機 10.0.0.1（隨機地）指派了來源端埠號 3345，並且將資料報送入 LAN。NAT 路由器會收到這份資料報，為這份資料報產生新的來源端埠號 5001，將來源端 IP 位址換成自己 WAN 端的 IP 位址 138.76.29.7，然後將原本的來源端埠號 3345 換成 5001。在產生新的來源端埠號時，NAT 路由器可以選擇任何目前尚未出現在 NAT 轉譯表中的埠號（請注意，因為埠號欄位的長度是 16 位元，所以 NAT 協定可以使用路由器單

一的 WAN 端 IP 位址，同時支援超過 60,000 筆連線！）。路由器的 NAT 也會在其
NAT 轉譯表中加入一筆條目。網頁伺服器並不知道剛抵達且包含 HTTP 請求的資料
報已經被 NAT 路由器處理過，它會回應以目的端位址爲 NAT 路由器的 IP 位址，目
的端埠號爲 5001 的資料報。當這份資料報抵達 NAT 路由器時，路由器會使用目的
端 IP 位址與目的端埠號來查詢 NAT 轉譯表，以便取得家用網路中瀏覽器的正確 IP
位址（10.0.0.1）與目的端埠號（3345）。於是，路由器會改寫資料報的目的端位址
及目的端埠號，然後將資料報轉送入家用網路。

　　近年來 NAT 被普遍地布設，但是 NAT 並不是沒有批評者。首先，有人主張埠
號本應用於行程定址（addressing processes），而非主機定址（addressing hosts）。
違反此規則的確會對於在家用網路中執行的伺服器造成問題，因爲如我們在第二章
所見，伺服器行程必須在公認埠號上等待請求到來，P2P 協定中的用戶群在充當伺
服器時需要接受傳入的連線。這些問題的技術解決方案包括 **NAT 穿越工具**（**NAT
traversal tool**）[RFC 5389] 和通用型隨插即用（Universal Plug and Play，UPnP）之協
定，這是一種允許主機搜尋及配置附近 NAT [UPnP Forum 2016] 的協定。

　　網路架構的純粹主義者也提出了更多關於 NAT 的「哲學」論點。他們主張，路
由器意味著第 3 層（即網路層）設備，路由器最高只應處理到網路層的封包。NAT
違反了此一原則，即主機之間應該直接通訊，不需要中介點來修改 IP 位址及埠號。
但無論喜歡與否，NAT 並沒有成爲網際網路的重要元件，因爲有另外所謂的**中間件**
（**middlebox**）[Sekar 2011] 也在網路層運作，但功能與路由器完全不同。中間件不執
行傳統的資料報轉送，而是執行 NAT、流量負載平衡、流量防火牆等功能（參見專
欄）以及其他功能。我們在 4.4 節中要研究的廣義轉送典範，允許以一種通用、集成
的方式完成其中一些中間件的功能以及傳統的路由器轉送。

安全性焦點

資料報檢查：防火牆與入侵偵測系統

假設你被賦予管理家用、部門、大學或公司網路的工作。攻擊者如果知道你的網
路 IP 位址範圍，便可以輕易送出 IP 資料報到屬於你網路範圍內的位址。這些資
料報可能會做各式各樣偷雞摸狗的事情，包括使用 ping 掃射與連接埠掃描來勘
測你的網路，使用格式不正確的封包來癱瘓沒有抵禦能力的主機，使用洪水般的
ICMP 封包來淹沒你的伺服器，或是在封包中夾帶惡意軟體來感染你的主機。身
爲網路管理者，面對人人都有能力送出惡意封包到你的網路中的這些壞蛋，你該
如何是好？兩種經常用來防禦惡意封包攻擊的機制是防火牆（firewall）與入侵偵
測系統（intrusion detection system，IDS）。

　　身為網路管理者，你可能會先試圖在你的網路與網際網路之間安裝防火牆（現今大多數的連線路由器都具有防火牆的功能）。防火牆會檢查資料報與區段的標頭欄位，拒絕可疑的資料報進入內部網路。例如，我們可能會設定防火牆以攔阻所有的 ICMP 迴響請求封包（見 5.6 節），藉此避免攻擊者對於你的 IP 位址範圍進行傳統的 ping 掃射。防火牆也可以根據來源端與目的端 IP 位址及埠號來攔阻封包。此外，我們也可以配置防火牆來追蹤 TCP 連線，只同意得到核可的連線資料報進入。

　　我們也可以使用 IDS 來增加額外的防護。IDS 通常位於網路的邊界上，會進行「徹底的封包檢查」，它不只會檢視標頭欄位，也會檢視資料報中的內容（包含應用層資料）。IDS 會有一份資料庫，存放著已知屬於某種攻擊的部分封包特徵。發現新攻擊時，這份資料庫會被自動更新。當封包通過 IDS 時，IDS 會試圖使用標頭欄位及內容，與特徵資料庫中的特徵進行匹配。如果找到相符的特徵，IDS 就會產生一筆警告訊息。入侵防禦系統（intrusion prevention system，IPS）與 IDS 類似，但是除了產生警告訊息外，IPS 還會確實地將封包攔阻下來。我們會在第八章中更詳盡地探討防火牆與 IDS。

　　防火牆與 IDS 能夠完全屏蔽你的網路不受任何攻擊所苦嗎？答案顯然是否定的，因為攻擊者會不斷找到新的攻擊方式，而這些攻擊方式的特徵是我們尚無法取得的。然而防火牆與基於特徵運作的傳統 IDS，在保護你的網路不受已知攻擊的侵擾上，還是相當有用。

4.3.5　IPv6

1990 年代早期，Internet Engineering Task Force（IETF）開始致力於開發 IPv4 協定的後繼版本。推動這項任務的主要動機，是因為新的子網路與 IP 節點正以驚人的速度連上網際網路（而且被賦予獨一無二的 IP 位址），讓我們赫然發現 32 位元的 IPv4 位址空間即將使用殆盡。為了因應更大型的 IP 位址空間的需求，人們開發出一種新的 IP 協定，IPv6。IPv6 的設計者根據在 IPv4 上所累積的操作經驗，也利用了這個機會來調整並擴充 IPv4 其他方面的功能。

　　IPv4 的位址何時會被分配殆盡（而因此沒有任何新的網路可以連上網際網路），是個備受爭議的問題。IETF 的 Address Lifetime Expectations 工作小組的兩位領導人分別估計，位址會在 2008 及 2018 年被耗盡 [Solensky 1996]。在 2011 年二月，IANA 分配出尚未被指派之 IPv4 位址其最後剩下的一池給一個區域的網路資訊中心。雖然這些網路資訊中心在它們自己的位址池中仍然有可用的 IPv4 位址，但一旦這些位址被耗盡，就沒有可用的位址區段可以從一個中央位址池那兒被分配出了 [Huston2011a]。[Richter 2015] 是近來對 IPv4 位址空間耗盡的一份調查報告，並提出延長位址空間壽命的步驟。

　　雖然 1990 年代中期的評估據顯示，在 IPv4 的位址空間耗盡之前，我們可能還有不少時間；但我們也知道，我們需要很長一段時間才能在這麼大規模的網路中部署一項新技術，因此，研究者已經開始致力於開發第 6 版 IP（IPv6）的規格 [RFC 2460]（一個常被問到的問題是，IPv5 到哪兒去了？人們一開始期望 ST-2 協定會成為 IPv5，但是後來 ST-2 被廢棄了）。[Huitema 1998] 是關於 IPv6 的絕佳資訊來源。

◈ IPv6 資料報格式

IPv6 的資料報格式如圖 4.26 所示。IPv6 所加入的最重要改變，可以明顯地從資料報的格式中看出：

◆ **擴充的定址能力**。IPv6 將 IP 位址的長度從 32 位元增加到 128 位元。這保證了我們的世界絕對不會沒有 IP 位址可用。現在，地球上的每粒沙子都可以用 IP 來定址。除了單播及群播位址之外，IPv6 還引進了一種新的位址類別，稱為**隨播位址**（**anycast address**），它讓資料報可以傳送給一群主機之中的任何一台（這項特性，例如，可以用來將 HTTP GET 訊息傳送到多台包含所需文件的鏡射站台之中，最接近我們的那台）。

◆ **精簡後的 40 位元組標頭**。如以下將討論的，有些 IPv4 的欄位被捨棄不用，或者變成了非必要的選用欄位。如此所得到的 40 位元組固定長度標頭，讓我們能夠利用路由器更快速地處理 IP 資料報。新的選用欄位編碼方式，讓我們可以更彈性地處理選用欄位。

◆ **資料流標記**。IPv6 對於**資料流**（**flow**）有個令人難解的定義。RFC 2460 指出，這讓我們「針對傳送端要求特別處理的封包，例如要求非預設的服務品質或即時服務，可以將封包標記為屬於某個特定資料流」。例如，音訊跟視訊的傳輸便會以資料流的方式被處理。另一方面來說，比較傳統的應用，例如檔案傳輸和電子郵件，可能就不會被視為資料流。高優先權的使用者（例如，某位付費取得較佳傳輸品質的使用者）所傳輸的流量，也可能會被視為資料流。不管怎麼說，明顯的是，IPv6 的設計者預見了我們終究會需要區分不同的資料流，縱使我們尚未決定資料流的真正意義為何。

　　如上所述，比較一下圖 4.26 跟圖 4.16 便可以凸顯出 IPv6 資料報更簡單精鍊的結構。IPv6 定義了以下欄位：

◆ **版本**（**version**）。這個 4 位元的欄位會指出 IP 的版本編號。不意外地，IPv6 這個欄位所攜帶的數值是 6。請注意，將 4 放入這個欄位，並不會產生有效的 IPv4 資料報（如果會的話，人生也太簡單了──請參閱以下關於從 IPv4 轉換成 IPv6 的討論）。

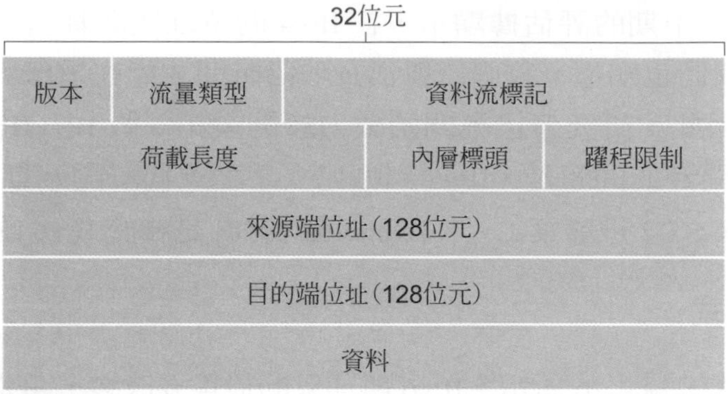

32位元

圖 4.26　IPv6 資料報格式

◆ **流量類型**（**traffic class**）。這個 8 位元流量類型欄位，比如說 IPv4 中的 TOS 欄位，可用於優先處理資訊流中的某些資料報，或是可用於先處理來自某些特定應用程式的資料報（例如，VoIP），再處理來自其他應用程式的資料報（例如，SMTP 電子郵件）。

◆ **資料流標記**（**flow label**）。如上所述，這個 20 位元的欄位可以用來識別資料報的資料流。

◆ **荷載長度**（**payload length**）。這個 16 位元的數值會被視為無號整數，它會指出在固定長度的 40 位元組資料報標頭之後，IPv6 資料報的位元組數量。

◆ **內層標頭**（**next header**）。這個欄位會指出這份資料報的內容（資料欄位）要送交給那個協定（例如 TCP 或 UDP）。這個欄位所使用的數值與 IPv4 標頭的協定欄位所使用的數值相同。

◆ **躍程限制**（**hop limit**）。每當路由器轉送資料報後，就會將此欄位的內容減 1。如果躍程限制計數減到 0，資料報就會被丟棄。

◆ **來源端及目的端位址**（**source and destination addresses**）。RFC 4291 描述了 IPv6 128 位元位址的各種格式。

◆ **資料**（**data**）。這是 IPv6 資料報的內容部分。當資料報抵達其目的端時，內容會從 IP 資料報中被移出，交給內層標頭欄位所指定的協定。

　　上述討論說明了 IPv6 資料報所包含的各個欄位的用途。比較圖 4.26 的 IPv6 資料報格式，與我們在圖 4.16 所看過的 IPv4 資料報格式，我們注意到，有幾個出現在 IPv4 資料報中的欄位，已然不再存在於 IPv6 的資料報中：

◆ **分段／重組**（**Fragmentation/Reassembly**）。IPv6 並不允許中介路由器進行分段跟重組；這些操作只能由來源端與目的端來進行。如果路由器所收到的 IPv6 資料報太大，而無法透過其輸出連結轉送時，路由器只需簡單地丟棄資料報，然後

送出「封包太大」的 ICMP 錯誤訊息（參見 5.6 節）回送給傳送端即可。接著，傳送端可以使用較小的 IP 資料報重送該筆資料。分段跟重組是很耗時的操作；將這項功能從路由器移除，直接將它交給終端系統來處理，可以大幅增加網路的 IP 轉送速率。

◆ **標頭檢查和**（**header checksum**）。因為網際網路的傳輸層協定（例如 TCP 與 UDP）跟連結層協定（例如乙太網路）都會執行檢查和，所以 IP 的設計者或許覺得這項功能對網路層而言是多餘的，因此可以移除。同樣地，主要的考量還是快速地處理 IP 封包。請回想一下我們在 4.3.1 節有關 IPv4 的討論，因為 IPv4 標頭包含 TTL 欄位（類似 IPv6 的躍程限制欄位），所以每台路由器都必須重新計算 IPv4 的標頭檢查和。如同分段和重組一般，這也是 IPv4 其中一項代價高昂的操作。

◆ **選用欄位**（**options**）。選用欄位不再是標準 IP 標頭的一部分。然而，它並沒有消失。取而代之的是，選用欄位變成了 IPv6 標頭的內層標頭欄位可能指向的欄位之一。也就是說，就像 TCP 或 UDP 協定標頭可以是 IP 封包的內層標頭，選用欄位當然也可以是。移除選用欄位，讓我們得以使用固定長度的 40 位元組 IP 標頭。

◈ 從 IPv4 轉換成 IPv6

現在，既然我們已經看過 IPv6 的技術細節，讓我們來考量一件非常實際的事情：建立在 IPv4 之上的公眾網際網路，要如何轉換成 IPv6？問題在於，雖然新的 IPv6 系統可以向前相容，也就是說，它們可以傳送、繞送和接收 IPv4 資料報；但已部署的 IPv4 系統卻無法處理 IPv6 的資料報。我們有幾種可能的選擇 [Huston 2011b, RFC 4213]。

其中一種選擇是，宣告一個揭旗日——在此時此刻，網際網路所有的機器都要被關閉然後從 IPv4 升級到 IPv6。上一次主要技術轉換（從使用 NCP 轉換到使用 TCP，以求取可靠的傳輸服務）發生在將近 35 年之前。即使早在 [RFC 801] 的時代，當時網際網路的規模還很小，而且還處於少數「高人」的管理之下，人們也瞭解這種揭旗日是不可能實行的。今日，牽涉到數十億台裝置的揭旗日，更是件不可思議的事情。

實務中，IPv4 轉換為 IPv6 最廣泛使用的方法是**通道方案**（**tunneling**）[RFC 4213]。通道技術背後的基本思想——應用於 IPv4 轉換成 IPv6 之外的許多其他情境中的關鍵概念，包括我們將在第七章介紹的 all-IP 蜂巢式網路中的廣泛應用——如下。假設兩個 IPv6 節點（例如，圖 4.27 中的 B 跟 E）想要使用 IPv6 資料報進行互動，但是它們卻經由中介的 IPv4 路由器彼此連結。我們將介於兩台 IPv6 路由器之間的 IPv4 路由器稱為**通道**（**tunnel**），如圖 4.27 所示。使用通道方案，通道傳送端的

IPv6 節點（例如，B）會取出整份 IPv6 資料報放入 IPv4 資料報的資料（內容）欄位中。然後，這份 IPv4 資料報會被定址給通道接收端的 IPv6 節點（例如，E），然後送出到通道的第一個節點（例如，C）。通道內的中介 IPv4 路由器會在彼此之間繞送這份 IPv4 資料報，就像它們只是一般的資料報，而完全不知道該份 IPv4 資料報中本身包含了完整的 IPv6 資料報。通道接收端的 IPv6 節點最後會收到這份 IPv4 資料報（它是這份 IPv4 資料報的目的地！），它會判定該份 IPv4 資料報中包含 IPv6 資料報（透過觀察 IPv4 資料報中的協定代碼欄位是 41 [RFC 4213]，說明 IPv4 的有效荷載是 IPv6 資料報），取出 IPv6 資料報，然後繞送該份 IPv6 資料報，就像它是直接從相鄰的 IPv6 節點收到該份 IPv6 資料報一樣。

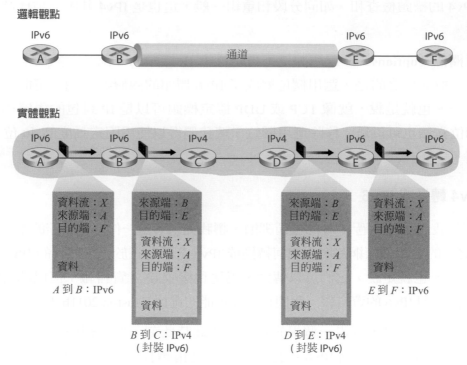

圖 4.27　通道方案

本節的最後，我們要告訴你，雖然 IPv6 的採行一開始起步很慢 [Lawton 2001; Huston 2008b]，但近來則有加速的趨勢。NIST [NIST IPv6 2015] 報告指出，美國政府二級域名支持 IPv6 的超過三分之一。在用戶端，Google 報告 [Google IPv6 2015] 指出只有大約 8% 的用戶透過 IPv6 存取 Google 服務。但其他近期的測量 [Czyz 2014] 則指出 IPv6 的採用有加速的趨勢。諸如具備 IP 功能的電話或其他可攜式裝置的激增，提供了廣泛部署 IPv6 的額外助力。歐洲的 Third Generation Partnership Program [3GPP 2016] 已經指定 IPv6 為行動多媒體的標準定址方案。

我們可以從 IPv6 的經驗中學到的重要教訓之一，就是要改變網路層協定極為困難。從 1990 年代初期，便有許多新的網路層協定被鼓吹為網際網路的下一次重

要革命，但是到目前為止這些協定大部分都只得到有限的影響力。這些協定包括 IPv6、群播協定，以及資源保留協定。的確，在網路層引進新協定就好像更換房子的地基一樣——你很難不拆除整棟房子，或至少暫時重新安置房子的住戶，以便完成這件事情。另一方面來說，網際網路也見證了新協定在應用層的快速部署。最經典的例子，當然就是資訊網、即時訊息通訊、音訊及視訊串流媒體，還有線上遊戲，以及社群媒體的各種形式。引進新的應用層協定就像是替房子塗上一層新漆——做這件事情較為簡單，而且如果你選擇了吸引人的顏色，其他鄰居也會想要複製你的顏色。

總而言之，我們可以預期未來能夠看到網際網路網路層的改變，但是這些改變發生的時間量度，可能會比應用層中發生的改變來得緩慢許多。

4.4　廣義的轉送與 SDN

在 4.2.1 節中，我們注意到網際網路路由器的轉送決策通常只以封包的目的端位址為基礎。但是，在上一節中，我們已經看到有大量的中間件，這些中間件執行許多第 3 層的功能。NAT 中間件重寫標頭 IP 位址和埠號；防火牆根據標頭欄位的值阻擋流量或重定向封包以進行其他處理，例如深度封包檢測（deep packet inspection，DPI）。負載平衡器將請求特定服務（例如，HTTP 請求）的封包轉送到提供該服務的一組伺服器中的一個。[RFC 3234] 列出許多常見的中間件功能。

中間件、第 2 層交換器和第 3 層路由器 [Qazi 2013] 的擴散——每一個都有自己專用的硬體、軟體和管理介面——無疑給許多網路經營者帶來了代價高昂的麻煩。然而，近來軟體定義網路（software-defined networking，SDN）的發展已經承諾，現在也提供了一種統一的方法，以現代的、優雅的、整合式的方式提供這些網路層中的許多功能和特定的連結層功能。

回想一下，4.2.1 節描述根據目的端的轉送為查找目的端 IP 位址（「匹配」），然後將封包發送至交換結構中到指定的輸出埠（「行動」）兩個階段。現在讓我們考慮一個更為一般的「匹配加行動」的典範，其中「匹配」可在與協定堆疊中不同層的不同協定相關聯的多個標頭欄位中進行。「行動」可包括轉送封包到一或多個輸出埠（如根據目的端的轉送）、對跨多個通往某個服務的傳出介面之封包作負載平衡、重寫標頭的值（如在 NAT 中）、有目的地阻擋／丟棄封包（如在防火牆中）、為了進一步的處理和行動而發送封包到一個特殊的伺服器（如在 DPI 中）等等。

在廣義的轉送中，匹配加行動表概括了我們在 4.2.1 節中遇到的根據目的端轉送表的概念。因為可以使用網路層和／或連結層的來源端位址和目的端位址做出轉送決策，所以如圖 4.28 所示的轉送設備更準確地描述為「封包交換器」，而不是第 3

層「路由器」或第 2 層「交換器」。因此，在本節的其餘部分以及 5.5 節中，我們將這些設備稱為封包交換器，採用在 SDN 文獻中廣為採用的術語。

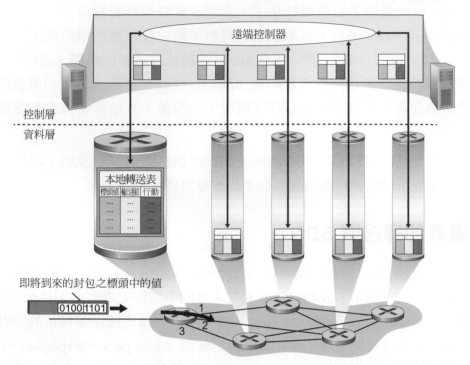

圖 4.28　廣義的轉送：每個封包交換器都包含一個由遠端控制器計算和分發的匹配加行動表

　　圖 4.28 展示了每個封包交換器中的匹配加行動表，該表由遠端控制器計算、安裝及更新。我們注意到，雖然各個封包交換器上的控制元件可以與其他控制元件互動（例如，以類似於圖 4.2 中的方式），但實務上，廣義的匹配加行動的效能是經由遠端控制器實作。你可能需要花一點時間來比較圖 4.2、圖 4.3 和圖 4.28——你注意到圖 4.2 和圖 4.3 所示的基於目的端的轉送和圖 4.28 所示的廣義轉送之間的異同了嗎？

　　以下關於廣義轉送的討論將根據 OpenFlow [McKeown 2008, OpenFlow 2009, Casado 2014, Tourrilhes 2014]——這是一個高度引人注目且成功的標準，它開創了匹配加行動轉送的抽象化及控制器的概念，和 SDN 革命一樣更普遍 [Feamster 2013]。我們將首要考慮 OpenFlow 1.0，它以特別清晰和簡潔的方式引入了關鍵的 SDN 抽象概念和功能性。OpenFlow 後面的版本透過實作和使用所獲得的經驗引入了額外的功能。Open-Flow 現在和較早的版本可以在 [ONF 2016] 上找到。

　　匹配加行動轉送表中的每一項（稱為 OpenFlow 中的**路由表**，flow table）包括：

◆ **一組標頭欄位的值**，傳入的封包將與之匹配。與根據目的端的轉送一樣，以硬體為基礎的匹配是 TCAM 記憶體中執行最快速的，可能有超過一百萬筆目的端位

址的登錄 [Bosshart 2013]。無法與路由表匹配的的封包，可以被丟棄或發送到遠端遙控器，以進行更多處理。實務上，出於性能或成本考量，路由表可以由多個路由表實作 [Bosshart 2013]，但我們這裡會將焦點放在單一路由表的抽象概念。

◆ **一組計數器**，當封包與路由表條目匹配時就更新。這些計數器可能包括已經跟該表條目匹配的封包數量，以及自從上次更新路由表條目以來的時間。

◆ 封包與路由表條目匹配時**要採取的一組行動**。這些行動可能是將封包轉送到特定的輸出埠、丟棄封包、製作封包副本並將它們發送到多個輸出埠，和／或重寫選定的標頭欄位。

我們將分別在 4.4.1 節和 4.4.2 節中分別詳細探討匹配和行動。然後，我們將在 4.4.3 節中研究每一封包交換匹配規則的全網路集合如何能用於實作各種功能，包括繞送、第 2 層交換、防火牆建構、負載平衡、虛擬網路等。最後，我們注意到路由表是一個基本的 API，是一種個別封包交換器的行為可以透過它來編寫的抽象概念。我們會在 4.4.3 節看到，在網路封包交換器的集合中適當地編寫這些路由表的程式／配置這些路由表，可能與全網路的行為很相似。

4.4.1 匹配

圖 4.29 說明了封包標頭的 11 個欄位和即將到來的埠 ID 符合 OpenFlow1.0 的匹配加行動規則。回想 1.5.2 節，連結層（第 2 層）的訊框抵達封包交換器時會包含一個網路層（第 3 層）資料包做為其內容（payload），通常會依次包含傳輸層（第 4 層）區段。我們所做的第一個觀察是，OpenFlow 匹配的抽象概念允許從協定標頭的三個層之選定的欄位做匹配（因此相當肆無忌憚地違反我們在 1.5 節中研究的分層原則）。由於我們還沒有提到連結層，因此可以說圖 4.29 所示的來源端和目的端 MAC 位址是與訊框的發送和接收介面相關的連結層位址。根據乙太網路位址而不是根據 IP 位址進行轉送，我們可以看到支援 OpenFlow 的設備同樣可以作為路由器（第 3 層設備）轉送資料報，也可以作為交換器（第 2 層設備）轉送訊框。對應於上層協定（例如 IP）的乙太網路類型的欄位對應於訊框之有效荷載（payload）將被解多工，VLAN 欄位則與我們將在第六章研究的所謂的虛擬區域網路有關。在 OpenFlow 1.0 規範中可匹配 12 個值的組合，在最近的 OpenFlow 規範中已經增加到 41 個了 [Bosshart 2014]。

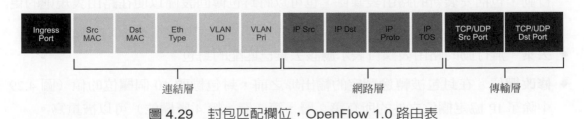

圖 4.29 封包匹配欄位，OpenFlow 1.0 路由表

　　入口埠是指封包交換器上接收封包的輸入埠。封包的 IP 來源位址、IP 目標位址、IP 協定欄位和 IP 服務欄位的類型在前面的 4.3.1 節中討論過。傳輸層來源端和目的端的埠號欄位也可以匹配。

　　路由表條目可能也具有萬用字元（wildcard）。例如，路由表中的 IP 位址 128.119.*.* 將匹配任何資料報的對應位址欄位，該資料報具有 128.119 作為其地址的前 16 位。每個路由表條目也具有相關的優先順序。如果封包匹配多個路由表條目，則所選定的匹配和對應的行動將具有封包匹配的最高優先權。

　　最後，我們觀察到並非 IP 標頭中的所有欄位都可以匹配。例如，OpenFlow 不允許根據 TTL 欄位或資料報長度欄位進行匹配。為什麼某些欄位允許匹配，而其他欄位不允許呢？毫無疑問地，答案與功能性及複雜性之間的權衡有關。選擇抽象概念的「藝術」就是提供足夠的功能性來完成任務（在這種情況下是實作、配置和管理之前透過各種網路層設備所實作的各種網路層功能），沒有過多細節和空洞的抽象概念造成負擔，讓它變得過於龐大又無法使用。Butler Lampson 下了一個很好的註解 [Lampson 1983]：

一次做一件事，並且把它做好。介面應該捕捉抽象概念的最低要素。不要一般化；一般化通常是錯的。

　　鑑於 OpenFlow 的成功，人們可以推測其設計者確實很恰當地選擇了他們的抽象概念。有關 OpenFlow 匹配的更多詳細資訊，請參見 [OpenFlow 2009，ONF 2016]。

4.4.2　行動

如圖 4.28 所示，每個路由表條目都有零行動或多個行動的列表，這些行動決定要用於與路由表條目匹配之封包的處理程序。如果有多個行動，則按照表中指定的順序執行。

　　可能採取的行動中最重要的包括：

◆ **轉送**。即將到來的封包可以被轉送到特定的實體輸出埠，透過所有埠（除了封包抵達的埠之外）進行廣播，或透過一組選定的埠進行多播。封包可以被封裝並發送到這個設備的遠端控制器。然後，控制器可以（或可以不）對該封包採取某些行動，包括安裝新的路由表條目，也可以將封包傳回設備以便在路由表規則的更新組合下進行轉送。

◆ **丟棄**。無行動的路由表條目表示應該丟棄已匹配的封包。

◆ **修改欄位**。在封包被轉送選定的輸出埠之前，封包標頭 10 個欄位的值（圖 4.29 中除了 IP 協定欄位之外的所有第 2 層、第 3 層、第 4 層欄位）可以被重寫。

4.4.3 行動中的 OpenFlow 匹配加行動範例

現在考慮廣義轉送的匹配和行動元件，讓我們將這些想法集合放在圖 4.30 所示的樣本網路內容中。該網路有 6 個主機（h1、h2、h3、h4、h5、h6）和 3 個封包交換器（s1、s2、s3），每個交換器有 4 個局部介面（編號為 1 到 4）。我們將考慮一些我們想要實作的全網路行為，而且 s1、s2、s3 中的路由表條目需要實作此行為。

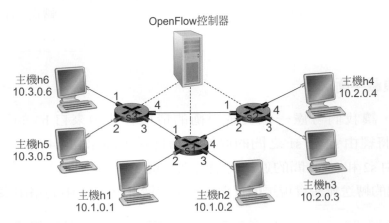

圖 4.30 OpenFlow 匹配加行動網路，具有三個封包交換器、6 個主機和一個 OpenFlow 控制器

◈ **範例 1：簡單的轉送**

這是一個非常簡單的例子，假設所需的轉送行為是從 h5 或 h6 要傳送到 h3 或 h4 的封包要從 s3 轉送到 s1，然後從 s1 轉送到 s2（因此完全避免使用 s3 和 s2 之間的連結）。s1 中的路由表條目為：

s1 路由表（範例 1）	
匹配	行動
Ingress Port = 1；IP Src = 10.3.*.*；IP Dst = 10.2.*.*	轉送 (4)
…	…

當然，我們也需要 s3 中的路由表條目，以便從 h5 或 h6 發送的資料報經由傳出介面 3 轉送到 s1：

s3 路由表（範例 1）	
匹配	行動
IP Src = 10.3.*.*；IP Dst = 10.2.*.*	轉送 (3)
…	…

最後，我們也需要 s2 中的路由表條目來完成第一個範例，以便從 s1 來的資料報
被轉送到它們的目的地不是主機 h3 就是主機 h4：

s2 路由表（範例 1）	
匹配	行動
Ingress port = 2；IP Dst = 10.2.0.3	轉送 (3)
Ingress port = 2；IP Dst = 10.2.0.4	轉送 (4)
…	…

◈ 範例 2：負載平衡

第二個範例，讓我們考慮一個負載平衡的情境，其中來自 h3 的資料報目的地
為 10.1.*.*，將經由 s2 和 s1 之間的直接連結轉送，而來自 h4 的資料報目的地為
10.1.*.*，經由 s2 和 s3 之間的連結轉送（然後從 s3 轉送到 s1）。請注意，使用 IP
的根據目的端的轉送無法實現這個行為。在這種情況下，s2 中的路由表如下：

s2 路由表（範例 2）	
匹配	行動
Ingress port = 3; IP Dst = 10.1.*.*	轉送 (2)
Ingress port = 4; IP Dst = 10.1.*.*	轉送 (1)
…	…

在 s1 處還需要路由表條目以將從 s2 接收的資料報轉送到 h1 或 h2；在 s3 處需
要路由表條目以將在介面 4 接收的資料報從介面 3 的 s2 轉送到 s1。看看你是否可以
在 s1 和 s3 找出這些路由表條目。

◈ 範例 3：建構防火牆

第三個範例，讓我們考慮一個防火牆的情境，其中，s2 只想接收（在其任何介面）
從連接到 s3 的主機所發送的流量。

s2 路由表（範例 3）	
匹配	行動
IP Src = 10.3.*.* IP Dst = 10.2.0.3	轉送 (3)
IP Src = 10.3.*.* IP Dst = 10.2.0.4	轉送 (4)
…	…

如果 s2 的路由表中沒有其他條目，則只有來自 10.3.*.* 的流量被轉送到連接 s2 的主機。

雖然我們在這裡只考慮了一些基本情境，但廣義轉送的多種變化和優勢但願能顯而易見。在章末習題中，我們將探討如何使用路由表建構許多不同的邏輯行為，包括虛擬網路——兩個或多個邏輯上獨立的網路（每個網路都有自己獨立且不同的轉送行為）——使用相同的封包交換器和連結的實體集合。在 5.5 節中，當我們研究計算和分配路由表的 SDN 控制器，以及用於在封包交換器及其控制器之間進行通訊的協定時，我們會再提到路由表。

4.5　總結

在本章中，我們已經介紹了網路層的**資料層**（**data plane**）功能——每一路由器的功能，它決定抵達路由器輸入連結之一的封包如何轉送到該路由器的輸出連結之一。我們首先詳細了解路由器的內部運作，研究輸入埠和輸出埠的功能性與根據目的地的轉送，路由器的內部交換機制，封包排隊管理等等。我們介紹了傳統的 IP 轉送（轉送是以資料報的目的端位址為基礎），也介紹了廣義轉送（轉送和其他功能可以使用資料報標頭中幾個不同欄位的值來執行），並且看到了後一種方法的多功能性。我們還詳細研究了 IPv4 和 IPv6 協定與網際網路定址，我們發現這些協定比預期的更為深入和微妙，也更有趣。

透過對網路層的資料層有了新認識，我們現在可以在第五章深入了解網路層的控制層了！

習題與問題

第四章　複習題

第 4.1 節

R1. 讓我們複習一些本書所使用的術語。回想一下，傳輸層封包稱為區段，連結層封包稱為訊框。那麼，網路層封包的名稱呢？另外，路由器和連結層交換器都稱為封包交換器。請問，路由器和連結層交換器有什麼基本差異？

R2. 我們注意到，網路層功能大致可分為資料層功能和控制層功能。請問，資料層的主要功能是什麼？控制層呢？

R3. 我們區分了在網路層執行的轉送功能和繞送功能。請問，繞送和轉送之間的主要區別是什麼？

R4. 路由器中的轉送表扮演什麼角色？

R5. 我們說網路層的服務模型「定義了發送主機和接收主機之間封包在端點到端點傳輸的特性」。網際網路網路層的服務模型是什麼？網際網路服務模型對主機到主機遞送資料報有何保障？

第 4.2 節

R6. 在 4.2 節中，我們看到路由器通常由輸入埠、輸出埠、交換結構和繞送處理器組成。哪些是在硬體中實作？哪些是在軟體中實作？為什麼？回到網路層資料層和控制層的概念，它們是在硬體中實作，還是在軟體中實作？為什麼？

R7. 高速路由器的每個輸入埠儲存了什麼才能有利於做出快速轉送的判定？

R8. 什麼是根據目的地的轉送？這與廣義轉送有何不同（假設你已經讀了第 4.4 節，軟體定義網路採用的兩種方法）？

R9. 假設即將到來的封包與路由器轉送表中的兩個或多個條目匹配。使用傳統的根據目的地的轉送，路由器運用什麼規則來判斷哪些規則應該用來決定即將到來的封包應該交換的輸出埠？

R10. 路由器中的交換把資料從一個輸入埠轉送到一個輸出埠。請問透過互連網路進行交換比起經由記憶體進行交換和透過匯流排進行交換，它的優點在哪裡？

R11. 在路由器的輸出埠那兒的封包排程器（packet scheduler）的角色為何？

R12. 何謂去尾策略？何謂 AQM 演算法？最為廣泛研究和實作的 AQM 演算法是哪一個？它表現的狀況如何？

R13. 何謂 HOL 攔阻？它是發生在輸入埠還是輸出埠？

R14. 在 4.2 節中，我們研究了 FIFO、優先權、循環分時（RR）和加權公平佇列（WFQ）等封包排程規則。這些排程規則中的哪一個確保所有封包按照它們到達的順序離開？

R15. 舉例說明為什麼網路經營者可能希望某一類的封包優先於另一類封包。

R16. RR 和 WFQ 封包排程之間的基本區別是什麼？是否存在 RR 和 WFQ 的行為完全相同的情況（提示：考慮 WFQ 權重）？

第 4.3 節

R17. 假設主機 A 送給主機 B 一份封裝在 IP 資料報中的 TCP 區段。當主機 B 收到這份資料報時，主機 B 的網路層要如何得知該份區段（意即資料報的內容）應該要交給 TCP，而非 UDP 或其他的協定？

R18. IP 標頭中的哪個欄位可用來確保封包轉送時不會通過超過 N 個路由器？

R19. 回想一下，我們看到網際網路檢查和用於傳輸層區段（在 UDP 和 TCP 標頭中，分別參見圖 3.7 和圖 3.29）和網路層資料報中（IP 標頭，請見圖 4.16）。現在考慮封裝在 IP 資料報中的傳輸層區段。區段標頭和資料報標頭中的校檢查和

是否經由 IP 資料報中任何一般的位元組計算？請說明你的答案。

R20. 當一個大型的資料報被分割成多個較小的資料報時，這些較小的資料報會在哪裡被重新組裝成一個較大的資料報？

R21. 一路由器有八個介面。它將會有多少個 IP 位址？

R22. 請問 IP 位址 202.3.14.25 的 32 位元二進位表示法為何？

R23. 請尋找一台使用 DHCP 以取得其 IP 位址、網路遮罩、預設路由器，及其區域 DNS 伺服器 IP 位址的主機。請列出以上數值。

R24. 假設來源端主機與目的端主機之間有四台路由器。忽略分段，則從來源端主機送往目的端主機的 IP 資料報，會經過多少介面？我們需要查詢多少次轉送表，才能將資料報從來源端移動到目的端？

R25. 假設某應用每 20 ms 就會產生一份 40 位元組的資料片段，而且每份資料片段都會被封裝進 TCP 區段，然後再被封裝進 IP 資料報中。請問每份資料報的管理資料所佔的百分比，與應用程式資料所佔的百分比為何？

R26. 假設你購買了一台無線路由器，然後將之連接到你的纜線數據機上。此外請假設你的 ISP 動態指派了一則 IP 位址給你的連線裝置（也就是你的無線路由器）。假設你家中有 5 台 PC，使用 802.11 無線地連接到你的無線路由器。IP 位址會如何被指派給這 5 台 PC？這台無線路由器有使用 NAT 嗎？為什麼？

R27. 術語「路由聚集（route aggregation）」是什麼意思？為什麼路由器執行路由聚合很有用？

R28. 什麼是「隨插即用（plug-and-play）」或「zeroconf」協定？

R29. 什麼是私人網路位址（private network address）？具有私人網路位址的資料報是否應該存在於較大的公共網際網路中？請說明之。

R30. 請比對 IPv4 與 IPv6 的標頭欄位。兩者有任何共通的欄位嗎？

R31. 有人說過，當 IPv6 使用通道技術通過 IPv4 路由器時，IPv6 是將 IPv4 通道當做連結層協定來使用。你認同這種說法嗎？為什麼？

第 4.4 節

R32. 廣義轉送與根據目的地的轉送有何不同？

R33. 在 4.1 節中根據目的地的轉送中遇到的轉送表與 4.4 節中遇到的 OpenFlow 路由表有什麼差異？

R34. 路由器或交換器的「匹配加行動」操作是什麼意思？在根據目的地轉送的封包交換器的情況下，匹配的是什麼？採取的行動是什麼？在 SDN 的情況下，請說出三個可以匹配的欄位，以及可以採取的三個行動。

R35. 說出 IP 資料報中可以「匹配」OpenFlow 1.0 廣義轉送的三個欄位。 在 OpenFlow 中無法「匹配」的三個 IP 資料報標頭欄位是什麼？

習題

P1. 請考量下圖所示的網路。

    a. 假設這個網路是一個資料報網路。寫出在路由器 A 中的轉送表，使得所有前往主機 H3 的流量都是經由介面 3 轉送。

    b. 假設這個網路是一個資料報網路。你可不可以寫出在路由器 A 中的轉送表，使得所有從 H1 前往主機 H3 的流量都是經由介面 3 轉送，而所有從 H2 前往主機 H3 的流量都是經由介面 4 轉送？（提示：這是一個有訣竅的題目）。

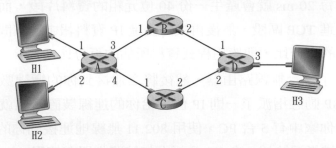

P2. 假設兩個封包在同一個時間到達路由器的兩個不同的輸入埠。並假設在該路由器中的每一個地方都沒有其他的封包。

    a. 假設那兩個封包要被轉送到兩個**不同的**輸出埠。當交換結構使用**共用匯流**時，有可能在同一個時間透過交換結構轉送那兩個封包嗎？

    b. 假設那兩個封包要被轉送到兩個**不同的**輸出埠。當交換結構使用**記憶體**時，有可能在同一個時間透過交換結構轉送那兩個封包嗎？

    c. 假設那兩個封包要被轉送到**同一個**輸出埠。當交換結構使用**棋盤式結構**時，有可能在同一個時間透過交換結構轉送那兩個封包嗎？

P3. 在 4.2 節中，我們注意到假如交換結構的速度比輸入線路速度快 n 倍，那麼最大的佇列延遲為 $(n{-}1)D$。假設所有的封包長度均相同，n 封包會在同一時間抵達 n 個輸入埠，而所有的 n 個封包想要被轉送到不同的輸出埠。封包的最大延遲為何？針對 (a) 記憶體交換結構，(b) 匯流排交換結構，和 (c) 棋盤式交換結構來答題。

P4. 請考量下圖所示的交換結構。假設所有的資料報都有相同的固定長度，交換結構是以一種時間槽式的、同步的方式運作，而且在一個時間槽中一份資料報可以從一輸入埠被傳輸到一輸出埠。該交換結構是棋盤式的，所以在一個時間槽中最多只有一份資料報可以從一輸入埠被傳輸到一指定的輸出埠，但在一個時間槽中不同的輸出埠可以從不同的輸入埠處接收資料報。欲把所示的封

包從輸入埠傳輸到它們的輸出埠，你可以假設任何你想要的輸入佇列排程（也就是說，它不需要有 HOL 阻攔），最少需要多少時間槽數？假設在你可以設計出之最糟糕的排程順序之下，假設一個非空的輸入佇列永遠不閒置，那麼最多需要多少時間槽數？

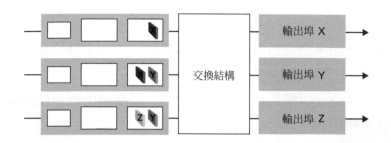

P5. 請考量使用 32 位元主機位址的資料報網路。假設路由器有四道連結，編號從 0 到 3，而封包會以下列方式被轉送給連結介面：

目的端位址範圍	連結介面
11100000 00000000 00000000 00000000 到 11100000 00000000 11111111 11111111	0
11100000 00000001 00000000 00000000 到 11100000 00000001 11111111 11111111	1
11100000 00000010 00000000 00000000 到 11100001 11111111 11111111 11111111	2
其他	3

a. 請提供一份包含五筆項目，使用最長址首比對，並且會將封包轉送至正確連結介面的轉送表。

b. 試描述你的轉送表要如何判斷使用下列目的端位址的資料報，其正確的連結介面為何：

> 11111000 10010001 01010001 01010101
> 11100000 00000000 11000011 00111100
> 11100001 10000000 00010001 01110111

P6. 請考量使用 8 位元主機位址的資料報網路。假設路由器會使用最長址首比對，並擁有以下轉送表：

址首比對	介面
00	0
01	1
100	2
其他	3

針對這四個介面，請指出與每個介面相關的目的端主機位址範圍，以及範圍內的位址數量。

P7. 請考量使用 8 位元主機位址的資料報網路。假設路由器會使用最長址首比對，並擁有以下轉送表：

址首比對	介面
11	0
101	1
100	2
其他	3

針對這四個介面，請指出與每個介面相關的目的端主機位址範圍，以及範圍內的位址數量。

P8. 請考量某台連接了三個子網路的路由器：子網路 1、子網路 2、子網路 3。假設這三個子網路中所有的介面都必須使用址首 223.1.17/24。又假設子網路 1 需要支援到 62 個介面，子網路 2 支援到 106 個介面，子網路 3 則要支援到 15 個介面。請提出三組網路位址（以 a.b.c.d/x 的形式）以滿足這些限制條件。

P9. 假設在一個子網路中有 35 台主機。該 IP 位址結構看起來應該會像什麼樣？

P10. 在 P2P 應用中 NAT 的問題為何？如何避免之？這個解法有一個特別的名稱嗎？

P11. 請考量某個址首為 192.168.56.128/26 的子網路。請提出一個可以指派給該網路的 IP 位址例子（以 xxx.xxx.xxx.xxx 的形式）。假設某家 ISP 擁有形式為 192.168.56.32/26 的位址區塊。假設它想要在此區塊中建立四個子網路，其中每個區塊都有相同數量的 IP 位址。請問這四個子網路的址首為何（以 a.b.c.d/x 的形式）？

P12. 請考量圖 4.20 所示之拓樸。我們將三個擁有主機的子網路（順時針從 12:00 方向開始算起）表示為網路 A、B、C；三個沒有主機的子網路表示為網路 D、E、F。

a. 請依照以下限制條件，指派網路位址給這六個子網路：所有位址都必須從 214.97.254/23 之中進行配置；子網路 A 必須擁有足夠的位址以支援到 250 個介面；子網路 B 必須擁有足夠的位址以支援到 120 個介面；子網路 C 也必須擁有足夠的位址以支援到 120 個介面。當然，子網路 D、E、F 都應該要能夠支援兩個介面。每個子網路的位址配置都應該採用 a.b.c.d/x 或 a.b.c.d/x – e.f.g.h/y 的形式。

b. 請使用 (a) 部分的答案，為這三台路由器提供（使用最長址首比對的）轉送表。

P13. IPsec 被設計為能夠向後相容於 IPv4 及 IPv6。更清楚的說，為了能享用 IPsec 所帶來的好處，我們並不需要置換網際網路中任何路由器或主機的協定堆疊。例如，在傳輸模式（IPsec 的兩種「模式」之一）中，如果兩台主機想要安全地進行通訊，我們只需要這兩台主機可以使用 IPsec 即可。請討論由一個 IPsec 會談所提供的服務。

P14. 請考量將一份 1,600 位元組的資料報，送入一道 MTU 為 500 位元組的連結。假設原始資料報被標記以識別代碼 291。請問總共會產生多少份分段？在 IP 資料報中會產生一些和分段相關之各式各樣的欄位，請問其中的數值為何？

P15. 假設來源端主機 A 與目的端主機 B 之間的資料報被限制在 1,500 位元組以內（包含標頭）。假設 IP 標頭為 20 位元組，請問傳送一份包含 500 萬位元組的 MP3，總共需要多少份資料報？請解釋你是如何計算出你的答案的。

P16. 請考量圖 4.25 中的網路設定步驟。假設 ISP 改指派其路由器的位址為 24.34.112.235，而該家用網路的網路位址則為 192.168.1/24。

a. 請指派位址給該家用網路中的所有介面。

b. 假設每台主機都有兩筆正在進行的 TCP 連線，這些連線全都指向主機 128.119.40.86 的連接埠 80。請提供這六筆連線在 NAT 轉譯表中的對應記錄。

P17. 假設你對偵測在一 NAT 個之後的主機數目很有興趣。你觀察到 IP 層會依序地在每一個 IP 封包上加上一個識別號碼。由一台主機所產生的第一個 IP 封包的識別號碼是一個亂數，之後的 IP 封包的識別號碼會被依序地指派。假設由 NAT 後面主機所產生之所有的 IP 封包都要送到外面的世界。

a. 基於這項觀察，並假設你可以嗅出由 NAT 送到外界的所有封包，你可以陳述出一個簡單的技巧來檢測在一 NAT 個之後的主機數目？請解釋你的答案。

b. 假如識別號碼不是依序指派的而是隨機指派的，你的技巧還能夠使用嗎？請解釋你的答案。

P18. 在本題中，我們將探討 NAT 對 P2P 應用的影響。假設一個使用者名稱為 Arnold 的對等點，透過查詢發現使用者名稱為 Bernard 的對等點擁有他想要下載的檔案。此外假設 Bernard 與 Arnold 都位於 NAT 之後。試設計一種技術，讓 Arnold 能夠與 Bernard 建立 TCP 連線，而不要需要使用該應用專用的 NAT 設定。如果你對於設計此項技術感到困難，請討論為什麼。

P19. 考慮如圖 4.30 所示的 SDN OpenFlow 網路。假設到達 s2 的資料報的所需轉送行為如下：

* 來自主機 h5 或 h6 到的任何資料報，目的地為 h1 或 h2，當其到達輸入埠 1，應經由輸出埠 2 轉送。

* 來自主機 h1 或 h2 到的任何資料報，目的地為 h5 或 h6，當其到達輸入埠 2，應經由輸出埠 1 轉送。

* 到達輸入埠 1 或輸入埠 2 的任何資料報，目的地為 h3 或 h4，應由指定的主機遞送。

* 主機 h3 和 h4 應該能夠相互發送資料報。

在 s2 中指明實作此轉送行為的路由表條目。

P20. 考慮如圖 4.30 所示的 SDN OpenFlow 網路。假設從主機 h3 或 h4 到達 s2 的資料報的所需轉送行為如下：

* 任何來自主機 h3 而目的地為 h1、h2、h5 或 h6 的資料報，在網路中應該以順時針的方向進行轉送。

* 任何來自主機 h4 而目的地為 h1、h2、h5 或 h6 的資料報，在網路中應該以逆時針的方向進行轉送。

在 s2 中指明實作此轉送行為的路由表條目。

P21. 再次考慮上面 P19 的情境。請給出在封包交換器 s1 和 s3 的路由表條目，使得任何到達且帶有 h3 或 h4 來源端位址的資料報被繞送到在 IP 資料報中的目的端位址欄位所指定的目的端主機。（提示：你的轉送表規則應該包括到達的資料報被送往直接連接的主機之情況，或應該轉送到鄰近的路由器，以便在那裏由最終的主機遞送。）

P22. 再次考慮圖 4.30 所示的 SDN OpenFlow 網路。假設我們希望交換器 s2 當作防火牆。請在 s2 中指定實作以下防火牆行為的路由表（請為下面四種防火牆行為中的每一種指定不同的路由表），以遞送發往 h3 和 h4 的資料報。你不需在 s2 中指定將流量轉送到其他路由器的轉送行為。

* 只有從主機 h1 和 h6 到達的流量才應遞送到主機 h3 或 h4（亦即來自主機 h2 和 h5 的到達流量被阻擋）。

* 僅允許將 TCP 流量遞送到主機 h3 或 h4（亦即阻擋 UDP 流量）。

- 僅遞送目的地爲 h3 的流量（即阻擋所有到 h4 的流量）。
- 僅遞送來自 h1 和發往 h3 的 UDP 流量。所有其他流量都被阻擋。

▌ Wireshark 實驗

在本書英文版的專屬網站 www.pearsonglobaleditions.com/kurose 上，你可以找到一份 Wireshark 的實驗作業，檢視 IP 協定的運作，特別是 IP 資料報的格式。

訪談

Vinton G. Cerf

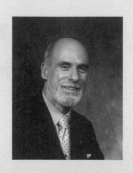

Vinton G. Cerf 是 Google 的副總裁和網際網路首席佈道者。他在 MCI 的各種職位上服務了超過 16 年，最終職位則是技術策略部門的資深副總裁。他以 TCP/IP 協定與網際網路架構的共同設計者而聞名於世。在 1976 到 1982 年任職於美國國防部先進研究計畫署（Department of Defense's Advanced Research ProjectsAgency，DARPA）的期間，他在網際網路、與網際網路相關的資料報、以及安全性等技術的開發上，扮演著關鍵的領導角色。他在 2005 年獲頒美國總統自由獎，在 1997 年獲頒美國國家科技獎。他擁有史丹福大學的數學學士學位，以及 UCLA 的計算機科學碩士與博士學位。

▶ **是什麼事情引領你專攻網路領域？**

1960 年代晚期，我在 UCLA 當程式設計師。我的工作是由美國國防部先進研究計畫署（當時稱為 ARPA，現在稱為 DARPA）所資助。我在 Leonard Kleinrock 教授的研究室工作，這間研究室隸屬於剛成立的 APRAnet 的網路測量中心。ARPAnet 的第 1 個節點於 1969 年 9 月 1 日裝設於 UCLA。我負責撰寫電腦程式，以擷取 ARPAnet 的效能資訊並予以回報，以便將這些資訊與數學模型及網路效能的預測相比較。

其他幾個研究生和我負責處理 ARPAnet 所謂的主機層協定（host level protocol）——讓網路上許多不同種類的電腦，可以相互通訊的程序及格式。這是場對於分散式運算以及分散式通訊新世界（對我而言）的迷人探索。

▶ **你最初在設計 IP 協定時，有想像過它會變得像今日一樣普及嗎？**

當 Bob Kahn 和我在 1973 年開始研究這個主題時，我認為我們大多數時候都非常著重於核心問題：如果我們無法實際改變網路本身，我們該如何讓多樣化的封包網路共同運作。我們希望可以找到一種方法，讓任意一群封包交換網路都能夠不知不覺地彼此相連，如此一來主機電腦便可以進行端點到端點的通訊，而不需要在之間做任何的轉譯。我想我們知道我們正在處理威力強大且具擴充性的技術，但是對於有數億台電腦全都彼此相連在網際網路上的世界究竟是何種樣貌，我懷疑我們是否有著清晰的想像。

▶ 你對於網路與網際網路的未來願景是什麼？你認為它們在發展上，主要的挑戰或障礙為何？

我相信網際網路本身和普遍而言的網路，都將繼續蓬勃發展。目前已經有相當有力的證據顯示，網際網路上將會出現數十億台可連上網際網路的裝置，包括如行動電話、冰箱、個人數位助理、家用伺服器、電視等家電產品，以及一般的筆記型電腦、伺服器等等。主要的挑戰包括行動性的支援、電池使用壽命，網路連線連結的容量、以及將網路的光學核心無止盡地擴充的能力。設計網際網路的跨行星延伸，是我在噴射推進實驗室（Jet Propulsion Laboratory）工作時，曾經深入研究過的專案。我們還需要從 IPv4（32 位元位址）交替至 IPv6（128 位元）。這份挑戰名單可長得很！

▶ 誰曾經在專業上啟發過你？

我的同事 Bob Kahn；我的論文指導教授 Gerald Estrin；我最好的朋友 Steve Crocker（我們在高中時相識，他在 1960 年介紹我認識了電腦！）；以及今日持續革新網際網路的成千上萬名工程師。

▶ 對於進入網路與網際網路領域的學生，你有任何建議嗎？

請思索現行系統限制以外的東西──請想像有什麼事情可能會發生；然後努力地研究，找出要如何從現況抵達夢想的彼岸。請勇於作夢：在噴射推進實驗室時，我和許多同事致力於設計將地面上的網際網路，延伸成為跨行星的網際網路。這也許需要好幾十年才能夠實現，一項任務接著一項，但請思索以下這句話：「人所能及的，應當超越他所能掌握的，否則天堂因何而存在？」

網路層：控制層

本章會完成整個網路層的旅程，我們會介紹網路層的組成之一「**控制層（control-plane）**」——不只有控制資料報如何從來源端主機到目的端主機之間，沿著端點到端點的路徑，在路由器之間轉送的全網路邏輯，還有網路層元件及服務如何配置與管理。在 5.2 節中，我們會介紹傳統的繞送演算法，以計算一張圖中的最低成本路徑。這些演算法是兩種廣泛部署的網際網路繞送協定—— OSPF 和 BGP ——的基礎，我們會分別在 5.3 節和 5.4 節中介紹。我們會看到，OSPF 是一種在單一 IPS 網路中運作的繞送協定。BGP 則是一種在網際網路中用來和所有網路互相連接的繞送協定；BGP 因此常常被稱為是將網際網路黏在一起的「黏合劑」。通常，控制層繞送協定是和資料層繞送功能單體地在路由器中一起實作。我們已經在第四章的介紹中學到，軟體定義網路（SDN）在資料層和控制層之間有清楚的區別，在一個截然不同的、遠端的個別「控制器」服務中實作控制層功能，從它控制的路由器轉送元件。在 5.5 節中，我們會介紹 SDN 控制器。

在 5.6 和 5.7 節中，我們會介紹一些管理 IP 網路的基本且重要的東西：ICMP（網際網路控制訊息協定）和 SNMP（簡單網路管理協定）。

5.1 導言

讓我們透過回顧圖 4.2 和圖 4.3，快速設置我們研究網路控制層的情境。在那裡，我們看到轉送表（根據目的端轉發的情況下）和路由表（在廣義轉送的情況下）是連結網路層資料和控制層的主要元素。我們學到，這些表指定了路由器的區域資料層轉送行為。也看到，在廣義轉送的情況下，所採取的措施（第 4.4.2 節）不僅包括將封包轉送到路由器的輸出埠，還包括丟棄封包、複製封包，和／或重寫第 2、3、4 層的封包標頭欄位。

在本章中，我們將研究如何計算、維護和安裝這些轉送表和路由表。在我們對 4.1 節中的網路層的介紹中，我們了解到有兩種可能的方法可以實現。

◆ **個別路由器控制**（**per-router control**）。圖 5.1 說明了繞送演算法在每個路由器中執行的情況；每個路由器都包含轉送和繞送功能。每個路由器都有一個路由元件，與其他路由器中的路由元件通訊，以計算其轉送表的值。這種個別路由器控制法已在網際網路上使用了數十年。我們在 5.3 節和 5.4 節中研究的 OSPF 和 BGP 協定是以這種個別路由器控制法為基礎。

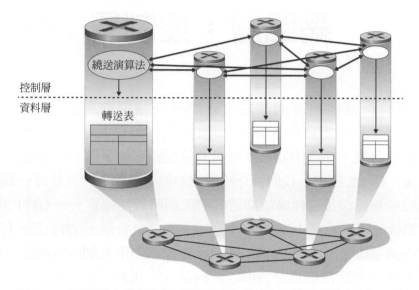

圖 5.1　個別路由器控制：各個繞送演算法元件在控制層中互動

◆ **邏輯集中控制**（**logically centralized control**）。圖 5.2 說明了邏輯集中控制器計算及分配每一具路由器要使用的轉送表的情況。如我們在 4.4 節中看到的那樣，一般的匹配加行動抽象概念允許路由器執行傳統的 IP 轉送以及先前在單獨的中間盒中實作的豐富的其他功能集（負載共享、防火牆和 NAT）。

控制器在每一具路由器中透過定義良好的協定與控制器媒介（CA）互動，以配置和管理該路由器的路由表。通常，CA 具有最低的功能性；它的工作是與控制器通訊，並作為控制器命令。與圖 5.1 中的繞送演算法不同，CA 彼此不直接相動，也不主動參與計算轉送表。這是個別路由器控制和邏輯集中控制之間的最重要的區別。

透過「邏輯集中」控制 [Levin 2012]，我們的意思是，即使存取路由控制服務很可能透過多個伺服器實作以實現容錯，以及性能可擴展性的原因，但存取路由控制服務就像它是一個單一的中央服務點一樣。就像我們將在 5.5 節中看到的，SDN 採用了邏輯集中式控制器的概念——這種方法在生產部署中有越來越多的使用。Google 使用 SDN 來控制其內部 B4 全球廣域網中的路由器，這個全球廣域網將資料中心互連起來 [Jain 2013]。來自微軟研究院（Microsoft Research）的 SWAN [Hong 2013] 使

用邏輯集中控制器來管理廣域網和資料中心網路之間的繞送和轉送。中國電信和中國聯通在資料中心內以及資料中心與資料中心之間使用 SDN [Li 2015]。AT&T 已經注意到 [AT & T 2013] 它「支援許多 SDN 功能和獨立定義的專有機制，這些機制屬於 SDN 架構框架」。

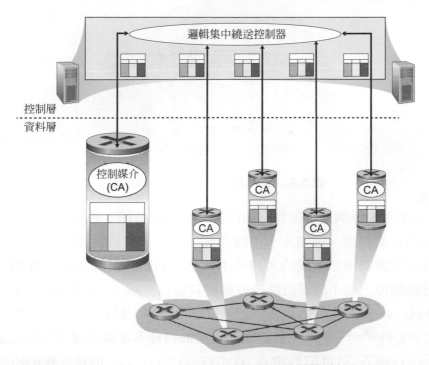

圖 5.2　邏輯集中控制：獨特的且通常是遠端的控制器與區域控制媒介（CA）互動

5.2　繞送演算法

本節中，我們會研究**繞送演算法**（**routing algorithms**），其目標是要決定從發送端路由器到接收端路由器的良好路徑（相當於路線）。通常，所謂的「良好」路徑，就是成本最小的路徑。然而，我們會看到，在實際操作上，真實世界的考量如策略性議題（例如，類似於「屬於組織 Y 的路由器 x 不該轉送任何來自於組織 Z 所屬之網路的封包」這類的規則）也會參上一腳。我們注意到，無論網路控制層採用個別路由器控制方法或是邏輯集中方法，都必須有一個明確定義的路由器序列，封包將在從發送端主機到接收端主機的過程中交叉。因此，計算這些路徑的繞送演算法基本上是很重要的，也是我們重要網路概念排行榜前 10 名的候選人。

我們用圖來描繪繞送問題。請回想一下，**圖**（**graph**）$G = (N, E)$ 是一組包含 N 個節點及 E 個邊的集合，其中每個邊都是一對屬於 N 的節點。在討論網路層繞送的情況下，圖中的節點代表路由器——進行封包轉送決策的位置——連接這些節點的邊，則代表這些路由器之間的實體連結。此種計算機網路的圖論抽象概念如圖 5.3

所示。想要看一些表示真實網路地圖的圖，請參見 [Dodge 2016, Cheswick 2000]；想要參考關於各種不同圖論模型描繪網際網路的能力的討論，請參見 [Zegura 1997, Faloutsos 1999, Li 2004]。

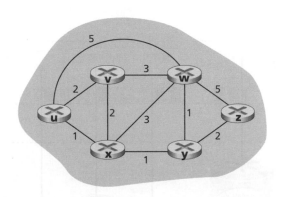

圖 5.3　計算機網路的抽象圖論模型

如圖 5.3 所示，每個邊都擁有一個代表其成本的數值。通常，邊的成本所反映的可能是連結的實體長度（例如，一道越洋連結的成本可能會比陸上的短程連結來得高）、連結速率或與連結相關的金錢成本。為了我們的討論之便，我們只需將邊的成本視為已知即可，並不需要掛懷於要如何判定這些成本。針對任何屬於 E 的邊 (x, y)，我們用 $c(x, y)$ 來表示節點 x 跟 y 之間的邊的成本。如 (x, y) 這對節點不屬於 E，則我們設定 $c(x, y) = \infty$。此外，我們從頭到尾都只會考量無向圖（意即其邊沒有方向性的圖），所以邊 (x, y) 等同於邊 (y, x)，$c(x, y) = c(y, x)$。但是，我們研究的演算法可以很容易地擴展到有向連結的情況，每個方向的成本不同。又，如果 (x, y) 屬於 E，則我們會說節點 y 是節點 x 的**相鄰節點**（**neighbor**）。

已知在圖論抽象表示法中各邊被賦予的成本，繞送演算法的目標自然便是找出來源端與目的端之間成本最小的路徑。為了讓問題更加精確，請回想在圖 $G = (N, E)$ 中，**路徑**（**path**）等於一連串的節點 $(x_1, x_2,..., x_p)$，其中每對節點 $(x_1, x_2), (x_2, x_3),...,(x_{p-1}, x_p)$ 都是屬於 E 的邊。路徑 $(x_1, x_2,..., x_p)$ 的成本，便等於此路徑上所有邊的成本總和，亦即 $c(x_1, x_2) + c(x_2, x_3) + ...+ c(x_{p-1}, x_p)$。任兩節點 x 與 y 之間通常都會有多條路徑，而每條路徑都有一個成本。這些路徑中會有一或多條是**最小成本路徑**（**least-cost path**）。因此最小成本的問題便很清楚了：請找出從來源端到目的端之間擁有最小成本的路徑。例如，在圖 5.3 中，來源節點 u 與目的節點 w 之間的最小成本路徑是 (u, x, y, w)，成本為 3。請注意，如果圖中所有邊的成本都相同，則最小成本路徑也會是**最短路徑**（**shortest path**）（也就是說，來源端與目的端之間經過的連結數量最少的路徑）。

作為簡單的練習，請你試著找出圖 5.3 中從節點 u 到節點 z 的最小成本路徑，並思考一下你是如何計算出這條路徑的。如果你跟大多數人一樣，那麼你在尋找從 u 到 z 的路徑時，會先檢視圖 5.3，追蹤從 u 到 z 的一些路由，然後用某種方式說服自己，

你所選擇的路徑是所有可能的路徑中擁有最小成本的路徑（但是你真的有檢查過從 u 到 z 全部 17 條可能的路徑嗎？應該沒有吧！）。這種計算方式是集中式繞送演算法的一例——繞送演算法在擁有關於網路的完整資訊的單一地點執行，也就是你的大腦。一種可以用來大致分類繞送演算法的方式，便是根據它是集中性或分散性的演算法來分類。

◆ **集中性繞送演算法**（**centralized routing algorithm**）會利用完整的、關於網路的整體性知識，來計算來源端與目的端之間的最小成本路徑。也就是說，此種演算法會用所有節點之間的連接關係，以及所有連結的成本，作為輸入參數。因此，演算法在實際開始執行計算之前，需要先利用某些方法取得這些資訊。計算本身可以在單一地點執行（例如圖 5.2 所示的邏輯性集中式控制器），或是複製到多處執行（如圖 5.1 所示）。然而，此處最主要的區別特徵在於，集中性繞送演算法擁有關於節點連接及連結成本的完整資訊。在實際操作上，使用整體性狀態資訊的演算法經常被稱為**連結狀態演算法**（**link state (LS) algorithm**），因為此種演算法必須知曉網路中每道連結的成本。我們會在 5.2.1 節中研究 LS 演算法。

◆ 在**分散式繞送演算法**（**decentralized routing algorithm**）中，最小成本路徑的計算，會以路由器的循環、分散的方式來進行。沒有任何節點擁有關於所有網路連結成本的完整資訊。反之，每個節點一開始都只知道與自己直接相連的連結成本。然後，透過循環式的計算過程並與相鄰節點交換資訊，節點才會逐漸計算出前往某個目的地或前往某群目的地的最小成本路徑。我們後頭將會在 5.2.2 節中加以研究的分散式繞送演算法，稱為**距離向量演算法**（**distance-vector (DV) algorithm**），因為每個節點都會維護一份向量，其中包含前往網路其他所有節點的成本（距離）估計值。這種分散演算法，在相鄰路由器之間進行互動式訊息交換，可能更適合路由器彼此直接互動的控制層，如圖 5.1 所示。

第二種將繞送演算法粗略分類的方式，是根據演算法是靜態或動態的來分類。在**靜態繞送演算法**（**static routing algorithm**）中，路由隨時間改變的速率非常緩慢，而且通常是人為介入（例如，某人手動編輯了路由器上的連結成本）的結果。**動態繞送演算法**（**dynamic routing algorithm**）則會在網路的流量負載或拓樸改變時，改變繞送的路徑。動態演算法可以週期性地執行，或對於拓樸或連結成本的改變進行直接的回應。雖然動態演算法對於網路改變的反應較為靈敏，但是它們也比較容易受到繞送迴圈或路由震盪之類的問題的影響。

第三種分類繞送演算法的方式，是根據它們是負載敏感的（load-sensitive）或非負載敏感的（load-insensitive）來進行分類。在**負載敏感的演算法**（**load-sensitive algorithms**）中，連結成本會動態地變動，以反應目前底層連結的壅塞程度。如果目前處於壅塞狀態的連結具有較高的成本，繞送演算法便會傾向於選擇避開這些壅塞

連結的路由。早期的 ARPAnet 在使用負載敏感的繞送演算法 [McQuillan 1980] 時，遭遇過許多的難題 [Huitema 1998]。今日的網際網路繞送演算法（例如 RIP、OSPF 跟 BGP）都是非負載敏感（**load-insensitive**）的演算法，其連結的成本並不會明確反應出當下（或最近）的壅塞程度。

5.2.1　連結狀態（LS）繞送演算法

請回想，在連結狀態演算法中，網路的拓樸和所有連結的成本都是已知的，也就是說，我們可以取得這些資訊，將之輸入連結狀態演算法。在實際操作上，這項工作會藉由讓所有節點都廣播連結狀態封包給網路中其他所有的節點來完成，其中每份連結狀態封包內，都包含與該節點相連的連結身份與成本。在實際操作上（例如，使用 5.3 節所討論的網際網路 OSPF 繞送協定），這項任務通常是透過**連結狀態廣播**（**link-state broadcast**）演算法 [Perlman 1999] 來完成。節點廣播的結果是，所有的節點都會對網路擁有統一且完整的觀點。如此一來每個節點都可以執行 LS 演算法，並計算出與其他所有節點相同的一組最小成本路徑。

我們以下所介紹的連結狀態演算法，稱爲 **Dijkstra 演算法**，它是以該演算法的發明者來命名。另一種關係密切的演算法稱爲 **Prim 演算法**；想參考圖論演算法的一般性討論，請參見 [Cormen 2001]。Dijkstra 演算法會計算出從某個節點（來源端，我們稱之爲 u）到網路中其他所有節點的最小成本路徑。Dijkstra 演算法是循環式的，它的特性是，在演算法的第 k 次循環之後，就可以知曉前往 k 個目的節點的最小成本路徑，而在前往所有目的節點的最小成本路徑中，這 k 條路徑會擁有 k 條最小低成本。讓我們定義下列符號：

◆ $D(v)$：在演算法該次循環時，從來源節點到目的節點 v 的最小成本路徑的成本。
◆ $p(v)$：目前從來源端到 v 的最小成本路徑上的前一個節點（v 的相鄰節點）。
◆ N'：節點的子集合；如果已確知從來源端到 v 的最小成本路徑，則 v 屬於 N'。

集中式繞送演算法是由一個初始化步驟再加上一個迴圈所構成。該迴圈執行的次數，等於網路中的節點數。執行完畢時，演算法便會計算出從來源節點 u 到網路中其他所有節點的最短路徑。

◈ **來源節點 u 的連結狀態（LS）演算法**

```
1  初始化：
2    N' = {u}
3    針對所有的節點 v
4      如果 v 是 u 的相鄰節點
5        則 D(v) = c(u,v)
6      否則 D(v) = ∞
7
8  迴圈
```

```
9      尋找不屬於 N' 的 w，使 D(w)  為最小
10     將 w 加入 N'
11     更新所有不屬於 N' 的 w 相鄰節點 v 的 D(v)：
12         D(v) = min( D(v), D(w) + c(w,v) )
13     /* 前往 v 的新成本，等於前往 v 的舊成本，
14     或已知前往 w 的最小路徑成本，加上從 w 前往 v 的成本 */
15  直到 N'= N
```

舉例來說，讓我們考量圖 5.3 中的網路，並計算從 u 到所有可能的目的端的最小成本路徑。表 5.1 將此一演算法的計算過程整理成一份表格，表中的每行都列出了在該次循環最後，各個演算法變數的數值。讓我們仔細地考量一開始的幾步。

step	N'	D(v), p(v)	D(w), p(w)	D(x), p(x)	D(y), p(y)	D(z), p(z)
0	u	2, u	5, u	1,u	∞	∞
1	ux	2, u	4, x		2, x	∞
2	uxy	2, u	3, y			4, y
3	uxyv		3, y			4, y
4	uxyvw					4, y
5	uxyvwz					

表 5-1　在圖 5.3 的網路上執行連結狀態演算法

◆ 在初始化步驟中，從 u 到其直接連接的相鄰節點 v、x 跟 w，目前已知的最小成本路徑，分別被初始化為 2、1 和 5。請特別注意，我們將前往 w 的成本設定為 5（雖然我們很快就會發現，的確有另一條成本更小的路徑存在），因為這是從 u 到 w 的直接連結（只經過一段路程）的成本。前往 y 跟 z 的成本被設定為無限大，因為它們並未直接連結到 u。

◆ 在第一次循環中，我們會檢視尚未加入集合 N' 的節點，並找出前一輪循環結束後，擁有最小成本的節點。此節點是 x，成本為 1，因此我們將節點 x 加入集合 N'。接著，LS 演算法的第 12 行會被執行以更新所有節點 v 的 $D(v)$，產生表 5.1 中第 2 行（步驟 1）所示的結果。前往 v 的路徑成本並未改變。我們發現經由節點 x 前往 w 的路徑成本為 4（在初始化步驟結束時，前往 w 的成本為 5）。因此，我們會選擇這條成本較低的路徑，而在這條從 u 到 w 的最短路徑上，w 的前一個節點會被設定為 x。同樣地，（經由 x）前往 y 的成本被計算出為 2，表格也會依此更新。

◆ 在第二次循環中，我們發現節點 v 和 y 都具有最小成本（2）路徑，我們隨機選擇其中一條，將節點 y 加入集合 N'，所以現在集合 N' 包含了 u、x 跟 y。對於尚未加入集合 N' 的節點，亦即節點 v、w 跟 z，我們會透過 LS 演算法的第 12 行更新前往這些節點的成本，產生表 5.1 中第 3 行所示的結果。

◆　以此類推……。

　　當 LS 演算法執行完畢時，針對每個節點，我們都會知道在從來源端前往此節點的最小成本路徑上，此節點的前一個節點為何。而針對每個節點的前一個節點，我們也都會知道它的前一個節點；依此方式，我們便可以建立起從來源端到所有目的端的完整路徑。而我們便可以利用這份資訊，針對所有目的端儲存從指定節點到此目的端最小成本路徑上的下一站節點，來建立節點的轉送表，例如節點 u 的轉送表。圖 5.4 顯示了在圖 5.3 的網路中，我們所得到的 u 的最小成本路徑與轉送表。

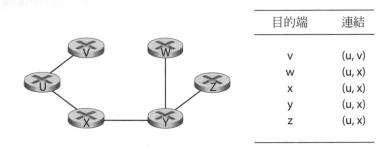

目的端	連結
v	(u, v)
w	(u, x)
x	(u, x)
y	(u, x)
z	(u, x)

圖 5.4　計算機網路的抽象圖論模型

　　此一演算法的計算複雜度為何？也就是說，已知 n 個節點（不包含來源端），在最糟狀況下，要找出從來源端到所有目的端的最小成本路徑，需要進行多少次計算？在第一次循環中，我們必須搜尋全部 n 個節點，以找出不屬於 N'，具有最小成本的節點 w。在第二次循環中，我們必須檢查 n - 1 個節點來判斷最小成本；在第三次循環中，我們必須檢查 n - 2 個節點，以此類推。總結來說，在所有循環，我們所需檢視的總節點數為 n(n + 1)/2，因此，我們可以說前述的 LS 演算法實作，其最糟狀況的複雜度為 n 平方：$O(n^2)$。[此種演算法更精巧的實作，利用稱為堆積（heap）的資料結構，可以在對數時間而非線性時間內找到第 9 行的最小值，由此降低複雜度。]

　　在結束我們關於 LS 演算法的討論之前，先讓我們想想此種演算法可能會碰上的問題。圖 5.5 顯示了一個簡單的網路拓樸，其中連結的成本等於連結所載送的負載，例如，反映出我們會遭遇到的延遲。在這個例子中，連結的成本是不對稱的；也就是說，只有在連結 (u, v) 兩方向載送的負載相同時，c(u, v) 才會等於 c(v, u)。在此例中，節點 z 會引起一個單位資料流送往 w，節點 x 也會引起一個單位資料流送往 w，節點 y 則會注入流量 e，同樣送往 w。圖 5.5(a) 顯示了初始的繞送狀態，其中連結的成本等於連結所載送的總流量。

　　再次執行 LS 演算法時，節點 y 會判斷（根據圖 5.5(a) 所示的連結成本）前往 w 的順時針路徑成本為 1，逆時針路徑（它原本所使用的路徑）的成本為 1 + e。因此，y 前往 w 的最小成本路徑現在變成了順時針的路徑。同樣地，x 也會判斷出它前往 w

的最小成本路徑爲順時針方向，而產生圖 5.5(b) 所示的成本。下次執行 LS 演算法時，節點 x、y、z 都會偵測到前往 w 的逆時針方向有一條零成本路徑，於是它們全都會將其流量繞送到逆時針的路由。再下次執行 LS 演算法時，x、y、z 又會將其流量繞送往順時針的路由。

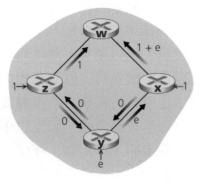

a. 一開始的繞送

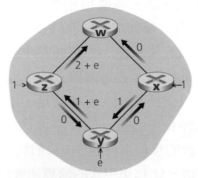

b. x、y 偵測到前往 w 的較佳路徑，順時針

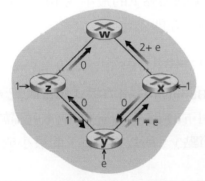

c. x、y、z 偵測到前往 w 的較佳路徑，逆時針

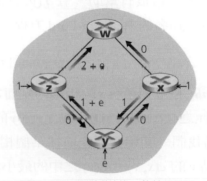

d. x、y、z 偵測到前往 w 的較佳路徑，順時針

圖 5.5　壅塞敏感性繞送的震盪情形

我們可以做什麼來避免這種震盪情形發生呢（不僅限於 LS 演算法，這種情形可能發生在任何使用壅塞狀況或延遲時間來估算連結成本的演算法中）？其中一種解決方案就是讓連結成本跟其所載送的流量無關——這是個無法接受的答案，因爲繞送的其中一項目標就是要避免高度壅塞（例如，長延遲時間）的連結。另一種解決方案是，確保所有的路由器不會在同一時刻執行 LS 演算法。這個答案似乎比較合理，因此我們希望即使路由器以相同的週期執行 LS 演算法，各節點演算法的執行實體也要有所不同。有趣的是，研究者發現，網際網路中的路由器會自動在彼此之間進行同步化 [Floyd Synchronization 1994]。也就是說，即使它們一開始在不同的時間點以相同的週期執行演算法，但是路由器中演算法的執行實體最終都會變得同步，並且一直保持下去。其中一種避免這種自我同步化的方法，是讓每具路由器都隨機選擇時間送出連結通告。

在研究過 LS 演算法之後，讓我們來考量另一種今日被使用在實作中的主要繞送演算法——距離向量繞送演算法。

5.2.2　距離向量（DV）繞送演算法

相較於 LS 演算法是一種使用整體性資訊的演算法，**距離向量**（**distance-vector**，**DV**）演算法則是一種循環式、非同步、分散式的演算法。它是分散式的，因為各節點會從一或多個直接相連的相鄰節點中得到一些資訊，進行運算，然後將其運結果傳布回給其相鄰節點。它是循環式的，因為其過程會持續執行，直到與相鄰節點之間沒有資訊可以交換為止（有趣的是，這種演算法也會自行終止——不需要訊號來告知運算應當停止，它自己便會停止）。這種演算法是非同步的，因為它不需要所有節點都用一致的步伐進行運作。我們將會看到，非同步的、循環式的、自我終止的、分散式的演算法，比起集中式的演算法要好玩有趣的多！

在我們呈現 DV 演算法之前，先討論一下存在於成本與最小成本路徑之間的重要關係，你會發現這很有幫助。令 $d_x(y)$ 為節點 x 到節點 y 的最小成本路徑的成本。此一最小成本與知名的 Bellman-Ford 方程式有關，亦即

$$d_x(y) = \min_v\{ c(x, v) + d_v(y)\} \tag{5.1}$$

方程式中的 $\min_v$ 是針對所有 x 的相鄰節點而言。Bellman-Ford 方程式相當直覺。的確，在從 x 移動到 v 之後，如果我們採取從 v 到 y 的最小成本路徑，路徑的成本就等於 $c(x, v)$ + $d_v(y)$。因為我們一開始必須先前往某個相鄰節點 v，所以從 x 到 y 的最小成本便是所有相鄰節點 v 的 $c(x, v)$ + $d_v(y)$ 之中的最小值。

不過為了某些可能會懷疑此方程式的正確性的人，還是讓我們來檢查一下圖 5.3 中的來源節點 u 與目的節點 z。來源節點 u 有三個相鄰節點：節點 v、x 跟 w。沿著圖中不同的路徑行走，我們可以很容易看出 $d_v(z) = 5$、$d_x(z) = 3$ 以及 $d_w(z) = 3$。將這些數值代入方程式 5.1 中，再加上成本 $c(u,v) = 2$、$c(u,x) = 1$、$c(u,w) = 5$，則 $d_u(z) = \min\{2 + 5, 5 + 3, 1 + 3\} = 4$，答案很明顯是正確的，跟 Dijskstra 演算法針對相同網路所計算出的結果完全一致。以上快速的驗證應該有助於消除你可能有的疑慮。

Bellman-Ford 方程式不只是個腦筋急轉彎而已。它在實際操作上具有顯著的重要性。Bellman-Ford 方程式的解答所提供的便是節點 x 轉送表中的項目。要瞭解這點，我們令 $v*$ 表示可以得到方程式 5.1 中最小值的相鄰節點。於是，如果節點 x 想要沿著最小成本路徑傳送封包給節點 y，它應該先將封包轉送給節點 $v*$。因此，節點 x 的轉送表會指定節點 $v*$ 為其前往最終目的端 y 的下一站路由器。Bellman-Ford 方程式的另一項重要實際貢獻是，它提出了 DV 演算法所採用的相鄰節點到相鄰節點的通訊形式。

其基本概念如下：一開始每個節點 x，針對所有屬於 N 的節點 y，都會有一份 $D_x(y)$，等於它前往節點 y 的最小成本路徑的成本估計值。令 $D_x = [D_x(y): y$ 屬於 $N]$ 為節點 x 的距離向量，亦即從 x 前往其他所有屬於 N 的節點 y 的成本估計值向量。使用 DV 演算法，每個節點 x 都會維護以下的繞送資訊：

◆ 針對每個相鄰節點 v，從 x 前往直接相鄰節點 v 的成本 $c(x, v)$。

◆ 節點 x 的距離向量，亦即 $D_x = [D_x(y)：y$ 屬於 $N]$，包含了 x 前往所有屬於 N 的目的端 y 的成本估計值。

◆ 所有其相鄰節點的距離向量，亦即 $D_v = [D_v(y)：y$ 屬於 $N]$。

在分散式、非同步的演算法中，各節點會不時地傳送其距離向量的副本給所有它的相鄰節點。當節點 x 從任何相鄰節點 v 收到新的距離向量時，它會儲存 v 的距離向量，然後使用 Bellman-Ford 方程式來更新它自己的距離向量，如下所示：

$$D_x(y) = \min_v\{ c(x, v) + D_v(y)\} \text{ 針對每個屬於 } N \text{ 的節點 } y$$

如果節點 x 的距離向量因為此一更新步驟而改變，節點 x 接著便會送出更新後的距離向量給所有其相鄰節點，而其相鄰節點也會接著更新它們自己的距離向量。神奇的是，只要所有的節點繼續以非同步的方式交換其距離向量，每一份估計值 $D_x(y)$ 都會收斂到 $d_x(y)$，亦即從節點 x 到節點 y 的最小成本路徑的實際成本 [Bersekas 1991]！

◈ 距離向量（DV）演算法

在每個節點 x 上：

```
1  初始化：
2     針對所有屬於 N 的目的端 y：
3        Dₓ(y)= c(x,y)  /* 如果 y 不是相鄰節點則 c(x,y) = ∞ */
4     針對每個相鄰節點 w
5        D_w(y) = ？，針對所有屬於 N 的目的端 y
6     針對每個相鄰節點 w
7        送出距離向量 Dₓ = [Dₓ(y): y 屬於 N] 給 w
8
9  迴圈
10    等待（直到我看見某個相鄰節點 w 的連結成本改變，或是
11        直到我收到來自某個相鄰節點 w 的距離向量）
12
13    針對所有屬於 N 的 y：
14        Dₓ(y) = min_v{c(x,v) + D_v(y)}
15
16 如果有任何目的端 y 的 Dₓ(y) 改變了
17     送出距離向量 Dₓ = [Dₓ(y): y 屬於 N] 給所有的相鄰節點
18
19 永遠循環下去
```

在 DV 演算法中，當節點 x 看到其中一道與它直接相連的連結成本改變，或是收到來自某個相鄰節點的距離向量更新時，便會更新自己的距離向量估計值。但是如果要針對某個目的端 y 更新其轉送表，節點 x 真正需要知道的並不是前往 y 的最短路徑距離，而是前往 y 的最短路徑上的下一站路由器，其相鄰節點 v*(y)。如你可能猜到的，下一站路由器 v*(y) 便是 DV 演算法第 14 行中，可得到最小值的相鄰節點 v（如果有多個相鄰節點 v 可得到最小值，則 v*(y) 可以是任一個可得到最小值的相鄰節點）。因此在第 13 至 14 行中，針對每個目的端 y，節點 x 也會判斷 v*(y)，並針對目的端 y 更新其轉送表。

請回想一下 LS 演算法是一種整體性的演算法，因為它要求每個節點在執行 Dijkstra 演算法前，必須先取得完整的網路地圖。DV 演算法則是分散式的，它並未使用這類整體性資訊。的確，節點唯一需要擁有的資訊便是前往其直接相鄰的節點的連結成本，以及它從這些相鄰節點所收到的資訊。每個節點都會等待來自任一相鄰節點的更新（第 10-11 行），在收到更新時計算新的距離向量（第 14 行），然後將新的距離向量傳布給其相鄰節點（第 16-17 行）。類似 DV 的演算法實際上被使用在許多繞送協定中，包括網際網路的 RIP 與 BGP、ISO IDRP、Novell IPX 以及原始的 ARPAnet。

圖 5.6 描繪了 DV 演算法針對該圖上方所示的簡單三節點網路的運作過程。我們以同步的方式來說明演算法的運作過程，其中所有節點都會同時從其相鄰節點得到距離向量，計算各自的新距離向量，如果距離向量有所改變，便通知它們的相鄰節點。在研究過這個例子之後，你應該要自行確認在非同步的方式下，此演算法也能正確地運作，其中節點的運算與更新的產生 / 接收，可能在任何時間點發生。

圖中最左欄顯示了三個節點一開始各自的**繞送表**（**routing table**）。例如，左上角的表格便是節點 x 一開始的繞送表。在特定的繞送表中，每列都是一筆距離向量——更清楚地說，每個節點的繞送表都包含自己與所有相鄰節點的距離向量。因此，節點 x 一開始的繞送表中第一列為 $\boldsymbol{D}_x = [D_x(x), D_x(y), D_x(z)] = [0, 2, 7]$。表中第二列與第三列則分別是最近從節點 y 跟 z 所收到的距離向量。因為在初始化時，節點 x 並未從節點 y 或 z 收到任何資訊，所以表中第二列跟第三列的項目會被初始化為無限大。

在初始化之後，每個節點都會送出自己的距離向量給其兩個相鄰節點。圖 5.6 中從表格第一欄指向表格第二欄的箭頭，說明了此項過程。例如，節點 x 會送出其距離向量 $\boldsymbol{D}_x = [0, 2, 7]$ 給節點 y 跟 z。在收到更新之後，這兩個節點都會重新計算自己的距離向量。例如，節點 x 會計算

$$D_x(x) = 0$$

$$D_x(y) = \min\{c(x,y) + D_y(y), c(x,z) + D_z(y)\} = \min\{2 + 0, 7 + 1\} = 2$$
$$D_x(z) = \min\{c(x,y) + D_y(z), c(x,z) + D_z(z)\} = \min\{2 + 1, 7 + 0\} = 3$$

因此各節點的第二欄顯示了該節點新的距離向量，以及它剛才從相鄰節點所收到的距離向量。例如，請注意，節點 x 前往節點 z 的最小成本估計值，$D_x(z)$，從 7 變成了 3。也請注意，針對節點 x，相鄰節點 y 會在 DV 演算法的第 14 行得到最小值；因此在演算法的這個階段，節點 x 會得到 $v^*(y) = y$ 以及 $v^*(z) = y$。

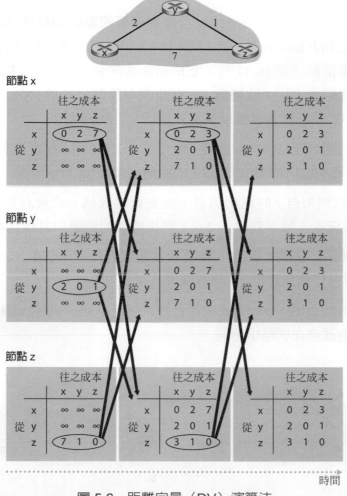

圖 5.6　距離向量（DV）演算法

　　在節點重新計算其距離向量之後，它們會再次送出更新後的距離向量給它們的相鄰節點（如果有改變的話）。圖 5.6 中從表格第二欄指向表格第三欄的箭頭說明了此項過程。請注意，只有節點 x 跟 z 有送出更新：節點 y 的距離向量並未改變，所以節點 y 並未送出更新。在收到更新之後，節點會重新計算它們的距離向量並更新其繞送表，如第三欄所示。

從相鄰節點接收更新後的距離向量、重新計算繞送表項目、通知相鄰節點前往某個目的端的最小成本路徑的成本改變；這整個程序會持續進行，直到沒有更新訊息送出為止。此時，因為沒有更新訊息送出，就不會再發生繞送表的計算，所以演算法會進入休止狀態；也就是說，所有節點都會執行 DV 演算法第 10-11 行的等待。這個演算法會維持在休止狀態，直到某道連結的成本改變為止，如我們以下將討論的。

◎ 距離向量演算法：連結成本的改變與連結失效

當某個執行 DV 演算法的節點偵測到從自身到相鄰節點的連結成本發生改變時（第 10-11 行），便會更新其距離向量（第 13-14 行）；如果最小成本路徑的成本有所改變，它也會通知其相鄰節點（第 16-17 行）它的新距離向量。圖 5.7(a) 描繪了某個情境，其中從 y 到 x 的連結成本從 4 改變為 1。在此例中我們只考量 y 與 z 前往目的端 x 的距離表格項目。DV 演算法會導致以下這一連串事件的發生：

◆ 在時刻 t_0，y 偵測到連結成本的改變（成本從 4 改變為 1），它會更新其距離向量，並通知其相鄰節點這項改變，因為它的距離向量改變了。

◆ 在時刻 t_1，z 收到來自 y 的更新訊息，並更新其表格。它會計算出新的前往 **x** 的最小成本（從成本 5 減少到成本 2），然後將新的距離向量傳送給其相鄰節點。

◆ 在時刻 t_2，y 收到 z 的更新訊息，並更新其距離表格。y 的最小成本並沒有改變，因此 y 不會傳送任何訊息給 z。演算法進入休止狀態。

因此，只需兩次循環，DV 演算法便已達到休止狀態。關於 x 跟 y 之間成本減少的好消息，很快地就會在網路中傳開。

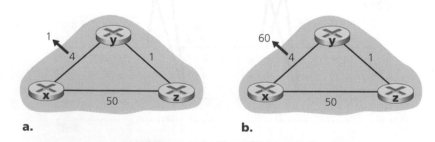

圖 5.7　連結成本的改變

現在，讓我們考量一下當連結成本增加時，會發生什麼事情。假設 x 跟 y 之間的連結成本由 4 增加為 60，如圖 5.7(b) 所示。

1. 在連結成本改變之前，$D_y(x) = 4$，$D_y(z) = 1$，$D_z(y) = 1$，$D_z(x) = 5$。在時刻 t_0 時，y 偵測到連結成本的改變（成本由 4 變為 60）。y 會計算新的前往 x 的最小成本路徑，成本為

$$D_y(x) = \min\{c(y,x) + D_x(x), c(y,z) + D_z(x)\} = \min\{60 + 0, 1 + 5\} = 6$$

當然，從我們對於網路的全知觀點來看，我們會知道這個經由 z 的新成本是錯的。但是，節點 y 唯一擁有的資訊，就是它直接前往 x 的成本是 60，而 z 上一次告訴 y，它只需要成本 5 便可以到達 x。因此，為了到達 x，y 現在會經由 z 進行繞送，並滿心期待 z 能夠用成本 5 就到達 x。於是在 t_1 時，我們遇到了**繞送迴圈**（**routing loop**）——為了前往 x，y 會經由 z 進行繞送，然後 z 會經由 y 進行繞送。繞送迴圈就像個黑洞——送往 x，在時刻 t_1 抵達 y 或 z 的封包，會永遠在這兩個節點之間來回反彈（或直到轉送表改變為止）。

2. 由於節點 y 計算出新的前往 x 的最小成本，它會在時刻 t_1 告知 z 它的新距離向量。

3. 在 t_1 之後的某個時刻，z 會收到 y 的新距離向量，指出 y 到 x 的最小成本為 6。z 知道自己可以花費成本 1 到達 y，因此它會計算出新的前往 x 的最小成本為 $D_z(x) = \min\{50 + 0, 1 + 6\} = 7$。由於 z 前往 x 的最小成本增加了，所以它會在時間點 t_2 告知 y 它的新距離向量。

4. 類似地，在收到 z 的新距離向量之後，y 會判斷 $D_y(x) = 8$，然後送出其距離向量給 z。z 接著會判斷 $D_z(x) = 9$，然後送出其距離向量給 y，以此類推。

這個過程會持續多久呢？你應該自行確認這個迴圈將會執行 44 次（y 跟 z 之間的訊息交換）——直到 z 最後計算出它經由 y 的路徑成本大於 50 為止。此時，z（終於！）會判斷出它前往 x 的最小成本路徑，是經由其連往 x 的直接連結。接著 y 會經由 z 繞送往 x。關於連結成本增加的壞消息，實在傳得很慢！如果連結成本 $c(y,x)$ 是從 4 改變為 10,000，而且 $c(z,x)$ 的成本是 9,999 時，會發生什麼事情？因為這類情境，我們有時會將前述的問題稱為算到天荒地老（count-to-infinity）問題。

◈ 距離向量演算法：加入抑制性反轉

方才我們所描述的特殊迴圈情境，可以使用稱為抑制性反轉（poisoned reverse）的技巧加以避免。它的概念很簡單——如果 z 會經由 y 繞送到目的端 x，則 z 會通知 y 它到 x 的距離是無限大，也就是說，z 會通知 y，$D_z(x) = \infty$（即使 z 知道事實上 $D_z(x) = 5$）。只要 z 是經由 y 繞送到 x，它就會繼續告訴 y 這個善意的謊言。因為 y 相信 z 並沒有前往 x 的路徑，所以只要 z 持續經由 y 繞送往 x（也繼續撒同樣的謊），y 就永遠不會嘗試經由 z 繞送往 x。

現在讓我們來看看抑制性反轉是如何解決我們之前在圖 5.5(b) 所遭遇的特殊迴圈問題。由於抑制性反轉的關係，y 的距離表格會指出 $D_z(x) = \infty$。當 (x, y) 連結的成本在時刻 t_0 從 4 變為 60 時，y 會更新其表格，並繼續直接繞送往 x，儘管需要較高的成本 60，然後它會通知 z 它前往 x 的新成本，亦即 $D_y(x) = 60$。在時刻 t_1 收到更

新訊息之後，z 會立刻將其前往 x 的路由轉變為以 50 的成本直接經由 (z, x) 連結。因為這是新的前往 x 的最小成本路徑，而且因為這條路徑不會再經過 y，所以現在 z 會在時刻 t_2 通知 y，$D_z(x) = 50$。在收到來自 z 的更新訊息之後，y 會更新其距離表格為 $D_y(x) = 51$。此外，因為 z 現在位於 y 前往 x 的最小成本路徑上，所以 y 會在時刻 t_3 告知 z，$D_y(x) = \infty$（雖然 y 知道實際上 $D_y(x) = 51$），以抑制從 z 到 x 的反向路徑。

抑制性反轉是否能解決普遍性的算到天荒地老問題呢？答案是不能。你應該自行確認，牽涉到三個以上節點的迴圈（而非簡單的兩個緊鄰節點）是無法由抑制性反轉技術加以偵測的。

◈ LS 與 DV 繞送演算法的比較

DV 與 LS 演算法在計算繞送時，採用的是完全相反的方法。在 DV 演算法中，每個節點都只會與它直接相連的相鄰節點溝通，但它會將從它自己前往網路內所有節點（它所知的）的最小成本估計值，提供給其相鄰節點。LS 算法需要全域資訊。因此，當實作於每個路由器時，如圖 4.2 和 5.1 所示，每個節點都會與其他所有的節點溝通（透過廣播），但是它只會告訴它們與它直接相連的連結成本。讓我們快速地比較一些 LS 跟 DV 演算法的性質，來結束我們對於這兩種演算法的研究。請回想一下，N 是節點（路由器）的集合，E 則是邊（連結）的集合。

◆ **訊息複雜度（Message complexity）**。我們已經知道，LS 要求每個節點都必須知道網路中所有連結的成本。這需要送出 $O(|N|\,|E|)$ 筆訊息。此外，每當連結成本改變時，新的連結成本都必須傳送給所有的節點。DV 演算法在每次循環時，都需要在直接相連的相鄰節點之間進行訊息交換。我們已經知道，演算法收斂所需的時間，取決於許多因素。當連結成本改變時，只有當新成本會造成連接到該連結的節點最小成本路徑改變時，DV 演算法才會傳播連結成本改變所造成的結果。

◆ **收斂速度（Speed of convergence）**。我們已經知道，我們的 LS 實作是一種 $O(|N|^2)$ 演算法，需要 $O(|N|\,|E|))$ 筆訊息。DV 演算法可能會收斂得很慢，而當演算法在收斂時，也可能會產生繞送迴圈。DV 也會遭遇到算到天荒地老的問題。

◆ **強韌性（Robustness）**。如果路由器發生故障、異常運作或者被破壞的話，會發生什麼事情呢？在 LS 演算法中，路由器可能會將其某道相連連結（但只有該連結）不正確的成本廣播出去。節點也可能會破壞或丟棄任何它所收到的 LS 廣播封包。但是 LS 節點只會計算它自己的轉送表；其他節點也只會為自己進行類似的計算。這表示繞送的計算在 LS 演算法中就某種程度而言是個別進行的，因此提供了一定程度的強韌性。在 DV 演算法中，節點可能會通告不正確的，前往任何目的端的最小成本路徑（實際上，在 1997 年時某家小型的 ISP 真的有一台異

常運作的路由器，提供了全國性的主幹路由器錯誤的繞送資訊。這造成其他路由器大量地將資料流傳送給該具運作異常的路由器，而造成大部分的網際網路斷線了好幾個小時 [Neumann 1997]）。更普遍地說，我們注意到，在每次 DV 的循環中，節點的計算結果都會被交給其相鄰節點，然後在下次循環時，再間接地傳送給其相鄰節點的相鄰節點。以此而言，DV 演算法中不正確的節點計算結果，可能會被散播到整個網路上。

最後，沒有哪一種演算法明顯優於另一種；確實，這兩種演算法都有被使用在網際網路中。

5.3　網際網路的 AS 內部繞送：OSPF

到目前為止，在我們學習繞送演算法時，我們將網路簡單地視為一群互相連結的路由器集合。路由器彼此之間並沒有區別，因為所有的路由器都是執行相同的繞送演算法以計算穿越整個網路的繞送路徑。在實際操作上，這種模型，以及認為所有路由器均無二致地執行相同演算法的觀點，至少在兩項重要原因上將事情簡單化了：

◆ **規模**（**scale**）。當路由器的數目增多時，交流、計算與儲存繞送資訊所帶來的負擔將會變得過於高昂。今日的網際網路包含數億個路由器。在每個路由器上為可能的目的端儲存繞送資訊，顯然需要極大量的記憶體容量。在所有路由器之間廣播連接和連結成本更新所帶來的負載，會非常巨大！在這麼大量的路由器上以循環方式執行的距離向量演算法，將永遠無法確切地收斂！明顯地，在網際網路這麼大型的網路上，我們必須做些什麼來減低繞送計算的複雜度。

◆ **管理自治權**（**administrative autonomy**）。如 1.3 節所述，網際網路是一種 ISP 的網路，每個 ISP 都由他們自己的路由器網路所組成。ISP 通常會想要依自身的喜好使用路由器（例如，在他們的網路中執行任何他們所選擇的繞送演算法），或是對外隱藏其網路內部組織的情形。理想上，組織應該要能夠依自己的意願運作並管理自己的網路，同時仍然能夠將自己的網路連接到外界的網路。

這兩個問題都可以藉由將路由器組織為**自治系統**（**autonomous systems，AS**）來加以解決，其中每組 AS 都是由一群路由器所構成，這群路由器會處於相同的管理控制底下。通常，ISP 中的路由器和互相連接它們的連結構成單個 AS。但是，有些 ISP 將其網路劃分為多個 AS。特別是某些一級 ISP 在其整個網路中使用一個巨大的 AS，而某些則將其 ISP 分解為數十個互相連接的 AS。自治系統由其全球唯一的自治系統編號（ASN）[RFC 1930] 作為識別。IP 位址等 AS 編號由 ICANN 區域註冊機構 [ICANN 2016] 所分配。

　　同一組 AS 之中的路由器都會執行相同的繞送演算法，並且擁有關於彼此的資訊。在自治系統中執行的繞送演算法，稱爲自治系統內部繞送協定（**intra-autonomous system routing protocol**）。

◈ 最短開放路徑優先（Open Shortest Path First，OSPF）

OSPF 繞送與其關係密切的表親，IS-IS，被廣用於網際網路的 AS 內部繞送中。OSPF 中的 Open，意指其繞送協定規格是公開的（例如，相對於 Cisco 的 EIGRP 協定而言。EIGRP 協定在經過大約 20 年的思科專有，這是最近才開放的 [Savage 2015]）。最新的 OSPF 版本爲第 2 版，定義於 [RFC 2328]，是一份公開的文件。

　　OSPF 是一種連結狀態協定，運用的是連結狀態資訊的散播與 Dijkstra 最小成本路徑演算法。使用 OSPF，每一具路由器會建構出整個自治系統的完整拓樸地圖（也就是一個圖）。接著，每一具路由器會在本機執行 Dijkstra 最短路徑演算法，以判斷出以自己爲根節點，前往所有子網路的最短路徑樹。個別的連結成本可以由網路管理者加以設定（請參見實務原理：設定 OSPF 連結權重）。管理者也許會選擇將所有連結的成本都設定爲 1，以達成最少躍程的繞送，或選擇將連結成本設定爲與連結容量成反比，以勸阻使用低頻寬的連結來傳送資料。OSPF 並未規範設定連結權重的策略（這是網路管理者的責任）；反之，它提供的是能夠根據已知權重集合，判斷最小成本路徑的繞送機制（協定）。

　　使用 OSPF，路由器會廣播繞送資訊給自治系統內部其他所有的路由器，而不只是其相鄰的路由器而已。每當連結狀態有所改變時（例如，成本的改變，或上下傳狀態的改變），路由器就會廣播其連結狀態資訊。它也會週期性地廣播連結狀態（最少每 30 分鐘一次），即使連結的狀態並沒有改變。RFC 2328 指出「週期性地更新連結狀態通告，可以增加連結狀態演算法的強韌性」。OSPF 通告會被夾帶在 OSPF 訊息中，OSPF 訊息會直接由 IP 所載送，其上層協定欄位會被設定爲 89 以代表 OSPF。因此，OSPF 協定本身必須實作一些功能，例如可靠的訊息傳輸，以及連結狀態廣播等。OSPF 協定也會檢查連結是否正常運作（藉由送出一則 HELLO 訊息到相鄰節點），此外此種協定也讓 OSPF 路由器得以取得相鄰路由器關於整個網路連結狀態的資料庫。

　　OSPF 所實作的一些進階特性包括以下：

◆ **安全性**。OSPF 路由器之間的訊息交換（例如連結狀態的更新）可以經過認證。透過認證，只有可信賴的路由器才能夠參與 AS 內部的 OSPF 協定，以防止惡意的入侵者（或是帶著新發現的網路知識，想來場大冒險的網路領域學生）將不正確的訊息注入繞送表中。預設上，路由器之間的 OSPF 封包是未經認證的，因此可能會被假造。我們有兩種認證可以設定──簡單認證及 MD5 認證（請參見第

八章針對 MD5 及普遍性的認證討論）。使用簡單認證，所有路由器都會設定相同的密碼。路由器在傳送 OSPF 封包時，會將密碼放在明文中。明顯地，簡單認證並不是非常安全。MD5 認證的基礎，則是設定於所有路由器之中的共用私密金鑰。針對每份送出的 OSPF 封包，路由器都會計算 OSPF 封包內容，加上私密金鑰的 MD5 雜湊值（請參見第八章關於訊息認證編碼的討論）。接著路由器會將計算出的雜湊值放入該份 OSPF 封包中。使用預設私密金鑰的接收端路由器，會計算該份封包的 MD5 雜湊值，並將之與封包所攜帶的雜湊值相較，由此驗證封包的眞實性。序號也會使用於 MD5 認證，以防阻重播（replay）攻擊。

◆ **多條成本相同的路徑**。當某個目的端有多條成本相同的路徑可以前往時，OSPF 允許我們使用多條路徑（也就是說，存在多條成本相同的路徑時，我們不需要選擇唯一的路徑來載送所有的資料流）。

實務原理

設定 OSPF 連結權重

我們關於連結狀態繞送的討論都暗自假設了已經設定好連結權重，有 OSPF 之類的繞送演算法正在執行，而且資料流會依照 LS 演算法所計算出的繞送表流動。就因果關係而言，我們已知連結權重（亦即它們會先出現），然後得到一個（透過 Dijkstra 演算法）將總體成本減至最低的繞送路徑。以此觀點來看，連結權重反映了使用某道連結的成本（例如，如果連結權重與容量成反比，因此使用高容量的連結會有較小的權重，所以就繞送的立場而言，這道連結會比較具有吸引力），Dijkstra 演算法則會被用來將總體成本減至最少。

在實際操作上，連結權重與繞送路徑之間的因果關係可能剛好相反，是由網路操作者來設定連結權重，以得到能達成某些流量工程目標的繞送路徑 [Fortz 2000, Fortz 2002]。例如，假設某位網路操作者對於從各個入口進入網路的資料流量，以及前往各個出口的資料流量，都擁有其估計值。接著這位操作者可能會想要對於入口到出口的資料流執行特定的繞送方式，以將所有網路連結中的最高使用率減至最低。但使用如 OSPF 一類的繞送演算法，操作者能夠針對網路的資料流繞送加以調整的主要「旋鈕」，是連結的權重。因此，為了達到將最高連結使用率降至最低的目標，操作者必須找到一組能夠達成這項目標的連結權重。如此一來因果關係便顛倒過來了——已知所需的資料流繞送方式，我們必須找出 OSPF 連結權重，以令 OSPF 演算法計算出我們所需的資料流繞送方式。

◆ **對於單播與群播繞送的整合支援**。群播 OSPF（MOSPF）[RFC 1584] 提供了 OSPF 的簡單擴充，以供群播繞送使用。MOSPF 會使用既有的 OSPF 連結資料庫，並且在既有的 OSPF 連結狀態廣播機制中，加上一種新的連結狀態通告。

◆ **在單一繞送網域中支援階層式架構**。OSPF 的自治系統可以階層式地設定為多個區域。每個區域都會執行自己的 OSPF 狀態連結繞送演算法，而區域內的每台路由器都會將自己的連結狀態廣播給區域內所有其他的路由器。在每個區域中，都會有一或多台區域邊境路由器（area border router）負責將封包繞送到區域之外。最後，AS 內會有唯一一個 OSPF 區域被設定為主幹（backbone）區域。主幹區域主要扮演的角色，便是在 AS 的其他區域之間繞送資料流。主幹永遠包含 AS 中所有的區域邊境路由器，此外也可能包含非邊境路由器。AS 內部跨區域的繞送，需要先將封包繞送到區域邊境路由器（區域內部繞送），然後經由主幹繞送到目的區域的區域邊境路由器，最後再繞送到最終目的地。

OSPF 相對來說是種較為複雜的協定，我們在此只簡略地進行了必要的討論；[Huitema 1998; Moy 1998; RFC 2328] 則提供了額外的細節。

5.4　ISP 之間的繞送：BGP

我們剛學到 OSPF 是 AS 內路繞送協定的一個例子。在同一個 AS 中的來源端和目的端之間繞送封包時，封包所遵循的路徑完全由 AS 內部繞送協定來決定。但是，要將封包繞送到多個 AS，例如從 Timbuktu 的智慧型手機傳送到矽谷資料中心的伺服器，我們需要一個**跨自治系統繞送協定**（**inter-autonomous system routing protocol**）。由於跨 AS 繞送協定和多組 AS 之間的協調有關，因此 AS 間的通訊必須執行相同的跨 AS 繞送協定。實際上，在網際網路中，所有 AS 都執行相同的跨 AS 繞送協定，稱為邊境閘道協定（Border Gateway Protocol），通常稱為 **BGP** [RFC 4271; Stewart 1999]。

BGP 可說是所有網際網路協定中最重要的（唯一的競爭者是我們在 4.3 節中研究過的 IP 協定），因為它是將網際網路中成千上萬的 ISP 黏合在一起的協定。正如我們即將看到的，BGP 是一種分散的非同步協定，在 5.2.2 節中描述的距離向量繞送的管路中。儘管 BGP 是一個複雜且具有挑戰性的協定，但要深入了解網際網路，我們需要熟悉它的基礎和操作。我們在學習 BGP 投入的時間非常值得。

5.4.1　BGP 的角色

要了解 BGP 的職責，請考量一組 AS 及該 AS 中的任意路由器。回想一下，每個路由器都有一個轉送表，它在轉送即將到來的封包到流出路由器連結的過程中扮演了極為重要的角色。如我們學過的，對於同一 AS 內的目的端，路由器轉送表中的條

目由 AS 的跨 AS 繞送協定決定。但是 AS 之外的目的端呢？這正是 BGP 要來救援的地方。

在 BGP 中，封包不會繞送到特定的目地端位址，而是繞送到 CIDR 格式的址首，每個址首代表一個子網路或一組子網路。在 BGP 的世界中，目的端可以採用 138.16.68/22 的形式，對這個例子來說，它包括 1,024 個 IP 位址。因此，路由器的轉發表將具有格式 (x, I) 的條目，其中 x 是址首（例如 138.16.68/22），而 I 是其中一個路由器介面的介面編號。

作為跨 AS 繞送協定，BGP 為每個路由器提供了一個工具，以便：

1. **從相鄰的 AS 獲取址首的連通資訊**。特別是，BGP 允許每個子網路將其存在通告給網際網路的其餘部分。一個子網路呼喊「我存在，我在這裡」，BGP 則會確保網際網路中所有的 AS 都知道此一子網路的存在。如果沒有 BGP，各個子網路就會是孤立的——孤立，而且不為網際網路的他處所知。

2. **決定址首的「最佳」路由**。路由器可能會得知多條前往某個址首的路由。為了決定最佳路由，路由器將在本地執行 BGP 路由選擇程序（使用透過相鄰路由器獲得的址首連通資訊）。最佳路由將根據政策以及連通資訊來決定。

現在讓我們深入研究 BGP 如何執行這兩項任務。

5.4.2　通告 BGP 路由資訊

考量如圖 5.8 所示的網路。我們可以看到，這個簡單的網路有三個自治系統：AS1、AS2 和 AS3。如圖所示，AS3 包括帶有址首 x 的子網路。對於每一個 AS 而言，每個路由器都是**閘道路由器**（**gateway router**）或**內部路由器**（**internal router**）。閘道路由器是 AS 的邊境路由器，直接連接到其他 AS 中的一個或多個路由器。內部路由器僅連接到自己 AS 內的主機和路由器。例如，在 AS1 中，路由器 1c 是閘道路由器；路由器 1a、1b 和 1d 是內部路由器。

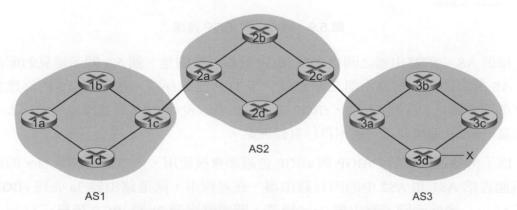

AS1　　AS2　　AS3

圖 5.8　有三個自治系統的網路。AS3 包括一個址首為 x 的子網路

　　讓我們思考將址首 x 的連通資訊通告給如圖 5.8 所示的所有路由器的任務。從較高層面來看，這很直截了當。首先，AS3 向 AS2 發送 BGP 訊息，表示 x 存在並且在 AS3 中；我們將此訊息表示爲「AS3 x」。接著，AS2 向 AS1 發送 BGP 訊息，表示 x 存在，你可以先透過 AS2 轉到 AS3 到達 x；我們將此訊息表示爲「AS2 AS3 x」。以這種方式，每個自治系統不僅會記住 x 的存在，還會記住通往 x 的自治系統路徑。

　　雖然上一段關於通告 BGP 連通資訊的討論應該可以得到一般概念，但是自治系統實際上並不會向對方發送訊息，反而是路由器會，因此這樣做在意義上並不準確。爲了理解這一點，現在讓我們重新檢查圖 5.8 中的例子。在 BGP 中，各對路由器會透過使用埠號 179 的半永久性 TCP 連線來交換繞送資訊。每一個這樣的 TCP 連線，和所有透過這個連線發送的 BGP 訊息，稱爲 **BGP 連線（BGP connection）**。此外，跨越兩組 AS 的 BGP 連線稱爲**外部 BGP 連線（external BGP (eBGP) connection）**，在同組 AS 內部的路由器之間的 BGP 連線則稱爲**內部 BGP 連線（internal BGP (iBGP) connection）**。圖 5.8 中的網路 BGP 連線範例現在如圖 5.9 所示，每個連結通常有一個 eBGP 連線，直接連接不同 AS 中的閘道路由器；因此，在圖 5.9 中，閘道路由器 1c 和 2a 之間存在 eBGP 連線，閘道路由器 2c 和 3a 之間存在 eBGP 連線。

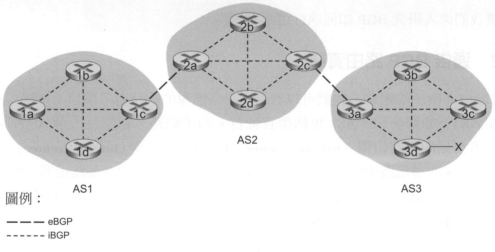

圖例：

——— eBGP
------ iBGP

圖 5.9　eBGP 與 iBGP 連線

　　每個 AS 中的路由器之間也存在 iBGP 連線。特別是，圖 5.9 顯示常見的配置方式，AS 內部的每一對路由器之間都有一筆 TCP 連線存在，在每組 AS 內部建立起 TCP 的連線網格。在圖 5.9 中，eBGP 連線以長虛線表示；iBGP 連線以短虛線表示。請注意，iBGP 連線並不一定相符於實體連結。

　　爲了傳播連通資訊，iBGP 與 eBGP 會談都會被使用。再次思考將址首 x 的連通資訊通告給 AS1 和 AS2 中的所有路由器。在過程中，閘道路由器 3a 先將 eBGP 訊息「AS3x」發送到閘道路由器 2c。接著，閘道路由器 2c 將 iBGP 訊息「AS3x」發

送到 AS2 中其他的所有路由器，包括閘道路由器 2a。然後，閘道路由器 2a 將 eBGP 訊息「AS2 AS3 x」發送到閘道路由器 1c。最後，閘道路由器 1c 使用 iBGP 將訊息「AS2 AS3 x」發送到 AS1 中的所有路由器。完成此過程後，AS1 和 AS2 中的每個路由器都知道 x 的存在，並且還知道通往 x 的 AS 路徑。

　　當然，在真實網路中，從一個已知的路由器到一個已知的目的端，可能存在許多不同的路徑，每一條路徑會通過不同的 AS 序列。例如，考慮圖 5.10 中的網路，它即是原來圖 5.8 中的網路，具有從路由器 1d 到路由器 3d 的附加實體連結。在這種情況下，從 AS1 到 x 有兩條路徑：通過路由器 1c 的路徑「AS2 AS3 x」，以及通過路由器 1d 的新路徑「AS3 x」。

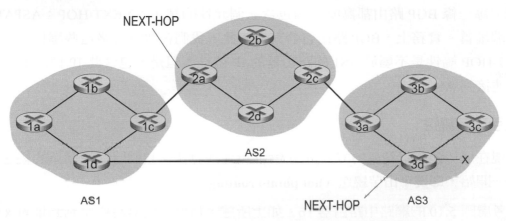

圖 5.10　AS1 和 AS3 之間以對等點連結進行網路擴充

5.4.3　決定最佳路由

如同我們才學到的，從已知路由器到目的端子網路可能會有許多條路徑。實際上，在網際網路中，路由器通常接收到和許多不同的可能路徑有關的連通資訊。路由器要如何在這些路徑中進行選擇（然後據此配置其轉送表）？

　　在解決這個關鍵問題之前，我們需要介紹更多的 BGP 術語。當路由器在 BGP 連線上通告址首時，它會在址首中包含多個 **BGP 屬性**（**BGP attribute**）。在 BGP 術語中，址首加上其屬性便稱為**路由**（**route**）。其中，有兩項比較重要的屬性是 AS-PATH 和 NEXT-HOP。AS-PATH 屬性包含這則址首通告訊息曾經經過的 AS，就像我們在前面的例子中所見。為了要生成 AS-PATH 值，當址首被傳入 AS 時，AS 會將其 ASN 加入到 AS-PATH 屬性中。例如，在圖 5.10 中，從 AS1 到子網路 x 的路由有兩條：一條使用 AS-PATH「AS2 AS3」；另一條使用 AS-PATH「A3」。BGP 路由器會利用 AS-PATH 屬性來偵測並防止迴圈通告；具體來說，如果路由器看到它自己的 AS 已經被包含在路徑清單中，便會回絕這則通告。

NEXT-HOP 屬性提供了跨 AS 協定與 AS 內部繞送協定之間的關鍵連結，它擁有一個微妙卻重要的用途。NEXT-HOP 是 AS-PATH 起點的路由器介面之 IP 位址。為了為此一屬性得到更深入的理解，讓我們再次參考圖 5.10。如圖 5.10 所示，從 AS1 通過 AS2 到 x 的路由「AS2 AS3 x」之 NEXT-HOP 屬性，是路由器 2a 上左側介面的 IP 位址。從 AS1 繞過 AS2 到 x 的路徑「AS3 x」的 NEXT-HOP 屬性，是路由器 3d 最左側介面的 IP 位址。總之，在這個玩具範例中，AS1 中的每一個路由器都知道到址首 x 的兩條 BGP 路由：

> 路由器 2a 最左側介面的 IP 位址；AS2 AS3；x
> 路由器 3d 最左側介面的 IP 位址；AS3；x

這裡，每一條 BGP 路由都寫成一個包含三個元件的清單：NEXT-HOP；ASPATH；目的端址首。實務上，BGP 路由包含其他屬性，我們會暫時忽略這些屬性。注意，NEXT-HOP 屬性是不屬於 AS1 的路由器的 IP 位址；但是，包含此 IP 位址的子網路直接連接到 AS1。

◈ 燙手山芋繞送

我們現在終於能夠以精確的方式討論 BGP 繞送演算法。我們將從最簡單的繞送演算法之一開始，即**燙手山芋繞送**（**hot potato routing**）。

考慮圖 5.10 的網路中路由器 1b。如上所述，這個路由器將會學到到址首 x 有兩條可能的 BPG 路由。在燙手山芋繞送中，所選擇的路由（從所有可能的路由中）是開始該路由的 NEXT-HOP 路由器成本最低的路由。在這個例子裡，路由器 1b 將查詢其 AS 內部繞送資訊以找出到 NEXT-HOP 路由器 2a 的成本最低的 AS 內部路徑，以及到 NEXT-HOP 路由器 3d 的成本最低的 AS 內部路徑，然後選擇具有最低成本路徑的路由。例如，假設成本定義為遍歷的連結數量，那麼，從路由器 1b 到路由器 2a 的最低成本是 2，從路由器 1b 到路由器 2d 的最低成本是 3，因此將選擇路由器 2a。接下來，路由器 1b 將查詢其轉送表（由它的 AS 內部演算法配置），並找到路由器 2a 的最低成本路徑上的介面 I。然後它將 (x, I) 加入到其轉送表中。

圖 5.11 總結了為燙手山芋繞送在路由器轉送表中加入的外部 AS 址首的步驟。重要的是要注意，在轉送表中加入外部 AS 址首時，跨 AS 繞送協定（BGP）和 AS 內部繞送協定（例如 OSPF）都可以使用。

燙手山芋繞送背後的概念是路由器 1b 盡可能快地從其 AS 中獲取封包（更具體地說，是盡量讓成本最低），而不必擔心其 AS 到目的端以外之路徑剩餘部分的成本。在「燙手山芋繞送」的名稱裡，一個封包就像手中燃燒的燙手山芋一樣。因為它正在燃燒，所以你想儘快把它交給另一個人（另一個 AS）。因此，燙手山芋繞送是一種自私的演算法——它試圖降低自身 AS 中的成本，同時忽略自身 AS 之外端點到端

點成本的其他組成部分。請注意，對於燙手山芋繞送，同一組 AS 中的兩個路由器可以選擇兩條不同的 AS 路徑到同一個址首。例如，我們剛看到路由器 1b 將通過 AS2 發送封包到達 x。但是，路由器 1d 將繞過 AS2，並且直接將封包發送到 AS3 以到達 x。

圖 5.11　將 AS 外部的目的端加入路由器繞送表的步驟

◎ 路由選擇演算法

我們現在終於能夠以精確的方式討論 BGP 繞送演算法。我們將從最簡單的繞送演算法在實務中，BGP 使用的演算法比燙手山芋繞送更複雜，但仍然採用了燙手山芋繞送。對於任何已知的目的端址首，BGP 路由選擇演算法的輸入是路由器已經得知並接受的所有到該址首的路由集合。如果只有一條這樣的路由，那麼 BGP 顯然會選擇這條路由。如果有兩條以上的路由前往相同的址首，BGP 便會依序執行以下的消去規則，直到剩下一條路由為止：

1. 路由會被賦予一個**區域偏好值**（**local preference value**）屬性（除了 AS-PATH 和 NEXT-HOP 屬性之外）。路由的區域偏好值可以由路由器加以設定，或是從同一組 AS 中的其他路由器得知。這是個留給 AS 的網路管理者做判斷的策略性決定（我們馬上就會稍微詳細地討論 BGP 的策略性議題）。擁有最高區域偏好值的路由會被選擇。

2. 從剩下的路由中（全部擁有相同的最高區域偏好值），選擇擁有最短 AS-PATH 的路由。如果這是選擇路由唯一的規則，那麼 BGP 便使用 DV 演算法來進行路徑判斷，其中距離的量度是使用途經的 AS 躍程數，而非路由器躍程數。

3. 從剩下的路由中（全部擁有相同的最高區域偏好值以及相同的 AS-PATH 長度），選擇 NEXT-HOP 路由器最近的路由。此處，最近的意思是指，由該具路由器透過 AS 內部演算法所求出的最小成本路徑的成本為最小。此種程序稱為燙手山芋繞送。

4. 如果剩下的路由仍然超過一條，則路由器會使用 BGP 識別碼來選擇路由；請參見 [Stewart 1999]。

讓我們再次考慮圖 5.10 中的路由器 1b 作為例子。回想一下，址首 x 正好有兩條 BGP 路由，一條通過 AS2，一條繞過 AS2。另外，如果使用自己的燙手山芋路由，那麼 BGP 會通過 AS2 將封包路由到址首 x。但是在上述路由選擇演算法中，規則 2

會在規則 3 之前應用，導致 BGP 選擇繞過 AS2 的路由，因為該路由具有較短的 AS 路徑。因此我們看到，使用上述路由選擇演算法，BGP 不再是自私的演算法——它會先查找具有短的 AS 路徑的路由（從而可能減少端點到端點的延遲）。

如我們先前所言，BGP 是網際網路的跨 AS 繞送的實質標準。想要觀賞一下從第一層 ISP 中的路由器取出的各種 BGP 繞送表（很龐大！），請參見 http://www.routeviews.org。BGP 繞送表通常包含超過 50 萬條路由（亦即址首和對應的屬性）。有關 BGP 繞送表大小及其特性的統計資料，請參見 [Potaroo 2016]。

5.4.4　IP 任播

除了作為網際網路的跨 AS 繞送協定之外，BGP 也經常用於實作 IP 任播（IP-anycast）服務 [RFC 1546, RFC 7094]，它通常用於 DNS。為了刺激 IP 任播，請思考在許多應用程式中，我們感興趣的是 (1) 在許多分散於各地的不同伺服器上複製相同的內容，以及 (2) 讓每個用戶從最接近的伺服器存取內容。例如，CDN 可以複製不同國家 / 地區的伺服器上的視訊和其他物件。同樣地，DNS 系統可以在全世界的 DNS 伺服器上複製 DNS 記錄。當用戶想要存取該複製內容時，希望將用戶指向具有複製內容的「最近的」伺服器。BGP 的路由選擇演算法為此提供了一種簡單而自然的機制。

為了使我們的討論具體化，讓我們描述一下 CDN 如何使用 IP 任播。如圖 5.12 所示，在 IP 任播配置階段，CDN 公司為每個伺服器指派同的 IP 位址，並且使用標準 BGP 從每個伺服器通告這個 IP 位址。當 BGP 路由器接收到這個 IP 位址的多個路由通告時，它把這些通告視為提供到同一實體位置的不同路徑（當通告用於到不同實體位置的不同路徑時）。在配置其繞送表時，每個路由器將在本地使用 BGP 路由選擇演算法來選擇到該 IP 位址的「最佳」（例如，最接近的，由 AS 躍程數決定的）路由。舉例來說，如果一條 BGP 路由（對應一個位置）只是遠離路由器的一個 AS 躍程，而且所有其他的 BGP 路由（對應於其他位置）是兩個以上的 AS 躍程，那麼 BGP 路由器將選擇路由封包到一個躍程之外的位置。在此初始 BGP 位址通告階段之後，CDN 可以完成其分發內容的主要工作。當客戶端請求視訊時，無論客戶端位於何處，CDN 都會將地理位置分散的伺服器所使用的公用 IP 位址傳回給客戶端。當客戶端向該 IP 位址發送請求時，網際網路路由器接著會請求封包轉送到「最近的」伺服器，如同 BGP 路由選擇演算法所定義的。

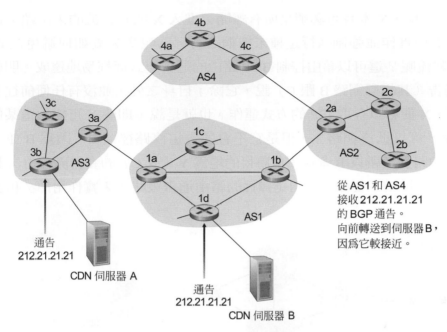

從 AS1 和 AS4
接收 212.21.21.21
的 BGP 通告。
向前轉送到伺服器 B，
因爲它較接近。

通告
212.21.21.21

CDN 伺服器 A

通告
212.21.21.21

CDN 伺服器 B

圖 5.12　使用 IP 任播將用戶帶到最近的 CDN 伺服器

　　雖然前面的 CDN 範例良好地說明了如何使用 IP 任播，但實務上 CDN 通常選擇不使用 IP 任播，因爲 BGP 繞送變更可能會導致同一個 TCP 連線的不同封包到達 Web 伺服器的不同實例。但 IP 任播被 DNS 系統廣泛用於將 DNS 查詢引導到最近的根 DNS 伺服器。回想一下 2.4 節，根 DNS 伺服器目前有 13 個 IP 位址。但是對應於這些位址中的每一個，存在多個 DNS 根伺服器，其中一些位址具有超過 100 個 DNS 根伺服器分散在世界各個角落。當 DNS 查詢發送到這 13 個 IP 位址之一時，IP 任播會被用於將查詢路由到最接近負責該位址的 DNS 根伺服器。

5.4.5　繞送策略

當路由器選擇到目的端的路由時，AS 繞送策略可以勝過所有其他的考慮因素，例如最短的 AS 路徑或燙手山芋繞送。的確，在路由選擇演算法中，首先根據區域優先（local-preference）屬性來選擇路由，其值由區域 AS 的策略確定。

　　讓我們用一個簡單的例子來說明 BGP 繞送策略的一些基本概念。圖 5.13 顯示了六組互連的自治系統：A、B、C、W、X 跟 Y。重要的是，請注意 A、B、C、W、X 跟 Y 爲 AS，不是路由器。讓我們假設自治系統 W、X、Y 爲存取 ISP，而 A、B、C 爲主幹供應商網路。我們也假設 A、B、C 直接傳送流量給彼此，它們會提供完整的 BGP 資訊給其用戶網路。所有進入 ISP 存取網路的資料流，其目的地必定是該網路，而所有離開 ISP 存取網路的資料流，也必然源自該網路。W 跟 Y 很明顯地是存取 ISP。X 是一個**多樓存取 ISP**（**multi-homed access ISP**），因爲它是透過兩家不同的供應商連接到網路的其他部分（這是種在現實中越來越普遍的情境）。然而，就

像 W 跟 Y 一樣，X 本身也必須是所有離開／進入 X 的資料流的來源端／目的端。不過，要如何實作並強制執行這種末梢網路的行為呢？X 要如何避免在 B 跟 C 之間轉送資料流呢？這可以藉由控制 BGP 路由的通告方式而輕易地達成。明確地說，如果 X 通告（其相鄰網路 B 跟 C）說，它除了自身之外，並沒有任何前往其他目的地的路徑，X 便會以存取 ISP 的方式運作。也就是說，即使 X 可能知道某條路徑，例如 XCY，可以抵達網路 Y，但是它不會通告這條路徑給 B。因為 B 並不知道 X 有前往 Y 的路徑，所以 B 永遠不會將目的地為 Y（或 C）的資料流經由 X 轉送。這個簡單的例子描繪了要如何使用選擇性的路由通告策略，來實作用戶／供應商的繞送關係。

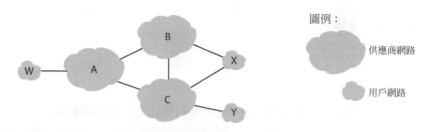

圖 5.13　一個簡單的 BGP 情境

　　接下來，讓我們將焦點轉向供應商網路，例如 AS B。假設 B（從 A）得知，A 有一條前往 W 的路徑 AW。因此 B 可以將路由 AW 加入其繞送資訊庫中。明顯地，B 也會想要將路徑 BAW 告知其用戶 X，以便讓 X 知道它可以經由 B 繞送到 W。然而，B 是否應該將路徑 BAW 告知 C 呢？如果 B 這麼做了，C 便可以經由 BAW 將資料流繞送給 W。如果 A、B、C 都是主幹供應商，則 B 可能會理直氣壯地認為它不該承擔在 A 跟 C 之間載送路過性資料流的重擔（及其成本！）。B 可能理所當然地認為確保 C 可以透過 A 跟 C 之間的直接連線繞送至／自 A 的用戶，是 A 跟 C 的責任（和成本！）。目前並沒有正式的標準可以規範主幹 ISP 之間要如何進行繞送。然而，商用 ISP 所遵循的經驗法則是，任何流經 ISP 主幹網路的資料流，其來源端或目的端所在的網路，有其一（或兩者皆是）必須是該 ISP 的用戶；否則這些資料流就等於是未付費地使用該 ISP 的網路。兩家 ISP 之間通常會協商個別的對等協議（以規範上述的問題），這份協議通常是機密的；[Huston 1999a] 提供了一份有關對等協議的有趣討論。關於繞送策略如何反映出 ISP 之間的商業關係，更詳盡的描述請參見 [Gao 2001; Dmittiropoulos 2007]。一份從 ISP 的觀點出發，關於 BGP 繞送策略的討論，請參見 [Caesar 2005b]。

　　至此，我們針對 BGP 的簡短介紹便告完結。對於 BGP 有所瞭解是件重要的事情，因為 BGP 在網際網路中扮演著核心的角色。我們鼓勵你閱讀參考文獻 [Griffin 2012; Stewart 1999; Labovitz 1997; Halabi 2000; Huitema 1998; Gao 2001; Feamster 2004; Caesar 2005b; Li 2007]，以了解更多有關 BGP 的事情。

實務原理

為什麼跨 AS 繞送協定與 AS 內部繞送協定不同？

現在，在研究過今日布設於網際網路中的特定跨 AS 繞送協定與 AS 內部繞送協定的細節後，最後讓我們來考量一個或許我們一開始就會問的最基本的關於這些協定的問題（但願你已經對這件事情好奇很久了，而且沒有因而忘了大方向！）：為什麼要使用不同的跨 AS 與 AS 內部繞送協定？

這個問題的答案指出了在 AS 內部進行繞送，以及在 AS 之間進行繞送，兩者目標的核心差異所在：

◆ **策略性**。在 AS 之間，策略性議題具有主導權。不允許源自於某組 AS 的資料，流經另一組特定的 AS，可能會是項重要考量。同樣地，某組 AS 也可能會想要控制它要傳遞哪些在其他 AS 之間傳送的路過性資料流。我們看過，BGP 會夾帶路徑屬性，並提供受控制的繞送資訊傳播，讓我們能夠進行這些以策略為本的繞送決策。在 AS 內部，所有東西表面上都處於相同的控管之下；因此，策略性議題對於在 AS 內部選擇路由而言，扮演的角色比較不那麼重要。

◆ **擴充性**。在跨 AS 繞送中，繞送演算法及其資料結構在處理大量網路之間的繞送時，其性能的擴充性是項關鍵性的議題。在 AS 內部，擴充性則較少被考量。一方面來說，如果單一管理領域變得太大，我們永遠可以將它分成兩組 AS，然後在這兩組新 AS 之間進行跨 AS 繞送（請回想一下，OSPF 允許我們將 AS 分成多個區域，以建立這樣的階層）。

◆ **效能性**。因為跨 AS 的繞送相當具有策略性導向，所以所使用的路由品質（如效能）通常會是次要的考量（也就是說，一條較長或成本較高卻滿足特定策略性需求的路由，有可能會比起較短卻不符需求的路由，要來得更優先被考慮）。的確，我們發現，AS 之間甚至沒有與路由相關的成本概念存在（除了 AS 躍程數之外）。然而，在單一的 AS 中，這類策略性考量較不重要，讓繞送能夠更強調於路由所呈現的效能等級。

5.4.6 完成整個拼圖：獲得網際網路的呈現

雖然本節與 BGP 本身無關，但匯集了我們到目前為止學到的許多協定和概念，包括 IP 定址、DNS 和 BGP。

假設你剛成立了一家有一些伺服器的小型公司，公司的伺服器包含了一個公開的網頁伺服器，用來描述公司產品和服務；一個郵件伺服器，讓你的員工可以取得

他們的電子郵件訊息；一個 DNS 伺服器。當然，你會希望全世界的人都可以瀏覽你的網站來獲知你那令人驚艷的產品和服務。而且，你會希望你的員工可以向全世界的潛在顧客收發電子郵件訊息。

為了要達到這些目標，首先你必須獲得網際網路連線。你只要和一個本地的 ISP 簽約，並連接到該 ISP，就有網際網路連線了。你的公司將會有一個閘道路由器，它將會被連接到你的本地 ISP 中的一個路由器。這個連線可能是一條透過現有電話基礎架構的 DSL 連線、一條連接到 ISP 路由器的租用專線，或是在第一章所描述之許多其他連線方法的其中之一。你的本地 ISP 也將會提供一組 IP 位址範圍，例如，一組 /24 位址範圍，內含 256 個位址。一但你有了實體連線和 IP 位址範圍，你就可以指派（在你的位址範圍中的）一個 IP 位址給你的網頁伺服器、一個給郵件伺服器、一個給 DNS 伺服器、一個給閘道路由器，並指派其他的 IP 位址給在你公司網路中其他的伺服器和網路裝置。

除了和一家 ISP 簽約，你也需要和一個網際網路資訊中心簽約以便為你的公司取得一個網域名稱，如我們在第二章所描述的。例如，假如你的公司的名稱是 Xanadu Inc.，你很自然地會希望取得 xanadu.com 這個網域名稱。另外，你的公司也必須出現在 DNS 系統中，明確地說，因為外面的人會想要聯絡你的 DNS 伺服器來取得你的伺服器 IP 位址，你也需要提供 DNS 伺服器的 IP 位址到你的網路資訊中。然後你的網路資訊中心會把你的 DNS 伺服器（網域名稱和對應的 IP 位址）條目放進 .com 的頂層域名伺服器中，如我們在第二章所描述的。在這個步驟被完成之後，任何知道你網域名稱（例如，xanadu.com）的使用者將可以透過 DNS 系統獲取你的 DNS 伺服器 IP 位址。

為了讓人們可以發現你的網頁伺服器 IP 位址，你需要把可讓你的網頁伺服器主機名稱（例如，www.xanadu.com）對應到它的 IP 位址的條目放進你的 DNS 伺服器中。對於在你公司中其他公開使用的伺服器，包括你的郵件伺服器，也要有類似的條目在其中。用這種方式，假如 Alice 想要瀏覽你的網頁伺服器，DNS 系統將會連絡你的 DNS 伺服器，找出網頁伺服器的 IP 位址，並把它交給 Alice。然後 Alice 就可以直接和你的網頁伺服器建立一道 TCP 連線。

然而，為了使外面全世界的人都可以連線到你的網頁伺服器，還有一些必須且重要的步驟要做。Alice 知道你的網頁伺服器的 IP 位址，當她送出一份 IP 資料報（例如，一份 TCP SYN 區段）給該 IP 位址時，想想看會發生什麼事。這份資料報將被繞經過網際網路，訪問一連串在許多不同 AS 中的路由器，最後到達你的網頁伺服器。當任意一個路由器接收到該資料報時，它將會在它的轉送表中查詢條目以決定它應該要把該資料報轉送到那一個輸出埠。因此，每一個路由器需要知道你公司的 /24 址首（或是某個統合目錄）的存在。一具路由器如何可知曉你公司的址首？正如我們

剛才看過的，它是從 BGP 那兒得知的！明確地說，當你的公司和本地 ISP 簽約並獲取一個址首（亦即一位址範圍）時，你的本地 ISP 將會使用 BGP 來把這個址首通告給它所連接的 ISP 們。然後那些 ISP 將會，依次地，使用 BGP 來傳播該通告。最後，所有的網際網路路由器都將會知曉你的址首（或是知曉某個內含址首的統合目錄），因此可以適當地把資料報做轉送，朝向你的網頁和郵件伺服器前進。

5.5　SDN 控制層

在本節中，我們將深入研究 SDN 控制層——網路範圍的邏輯，它控制網路的 SDN 設備之間的封包轉送，以及這些設備及其服務的配置和管理。我們的研究建立在我們之前在 4.4 節中對於廣義 SDN 轉送的討論之上，因此你可能希望在繼續之前先複習一下那個部分以及第 5.1 節。如 4.4 節所述，我們將再次採用 SDN 文獻中使用的術語，並將網路的轉送設備稱為「封包交換器」（或只稱為交換器，我們已經了解「封包」了），因為轉送決策可以以網絡層的來源端／目的端位址、連結層的來源端／目的端位址，以及傳輸層、網路層和連結層封包標頭欄位中的許多其他值為基礎。

　　SDN 架構的四個關鍵特徵如下 [Kreutz 2015]：

◆ **根據資料流的轉送**。SDN 控制的交換器轉送的封包可以傳輸層、網路層、連結層中任何數量的標頭欄位值為基礎。我們在 4.4 節中看到，OpenFlow 1.0 抽象標示法允許根據 11 個不同的標頭欄位值進行轉送。這與我們在 5.2-5.4 節中學到的根據路由器轉送的傳統方法形成鮮明對比，其中，IP 資料報的轉送僅根據資料報的目的端 IP 位址。回想一下圖 5.2，在交換器的路由表中指定了封包轉送規則；SDN 控制層的工作是在所有網路交換器中計算、管理和安裝路由表條目。

◆ **劃分資料層和控制層**。這種劃分在圖 5.2 和 5.14 中清楚地顯示出來。資料層由網路的交換器組成——是相對簡單（但快速）的設備，在其路由表中執行「匹配加行動」規則。控制層由判斷和管理交換器路由表的伺服器和軟體所組成。

◆ **網路控制功能：資料層交換器的外部**。鑑於 SDN 中的「S」是「軟體」的意思，或許 SDN 控制層在軟體中實作並不奇怪。但是，與傳統路由器不同，這個軟體在與網路交換器不同且遙遠的伺服器上執行。如圖 5.14 所示，控制層本身由兩個元件組成：一個 SDN 控制器（或網路操作系統 [Gude 2008]）和一支網路控制應用程式。控制器保持準確的網路狀態資訊（例如，遠端連結、交換器和主機的狀態）；將此資訊提供給在控制層中運作的網路控制應用程式；並且提供這些應用程式可以監視、程式編碼以及控制底層網路設備的方法。雖然圖 5.14 中的控制器顯示為單一個中央伺服器，但實際上控制器僅是邏輯上是集中的；它通常在好幾個伺服器上實作，提供協調的、可擴充的性能和高可用性。

◆ **可程式化的網路**。網路可通過在控制層中執行的網路控制應用程式進行程式編碼。這些應用程式代表 SDN 控制層的「大腦」，使用 SDN 控制器提供的 API 來指定和控制網路設備中的資料層。例如，繞送網路控制應用可以判斷來源端和目的端之間的端點到端點的路徑（例如，藉由執行 Dijkstra 演算法，使用由 SDN 控制器維護的節點狀態和連結狀態資訊）。另一個網路應用程式可能會執行存取控制，亦即判斷哪些封包將在交換器上被阻止，如 4.4.3 節中的第三個範例所示。而另外一個應用程式可能以執行伺服器負載平衡的方式轉送封包（我們在 4.4.3 節中思考過的第二個範例）。

從這段討論中，我們可以看到 SDN 代表了網路功能的重要「拆解」──資料層交換器、SDN 控制器和網路控制應用程式是可由不同營銷商和組織提供的獨立實體。這與 SDN 之前的模型形成對比，在 SDN 模型中，交換器 / 路由器（連同其嵌入式控制軟體和協定的實作）是單層、垂直整合的，並且由單一的營銷商銷售。SDN 中這種網路功能的拆解被比喻為早期從大型計算機（其中的硬體、系統軟體和應用程式由單一營銷商提供）到個人電腦（具有單獨的硬體、作業統和應用程式）的演變。計算硬體、系統軟體和應用程式的拆解可以說引領了這三個領域由創新所驅策的豐富性、開放性的生態系統；SDN 的願望之一是它也將帶領如此豐富的創新。

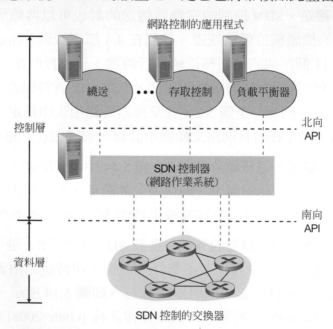

圖 5.14　SDN 架構的元件：SDN 控制交換器、SDN 控制器、網路控制應用程式

有鑑於我們對圖 5.14 的 SDN 架構的理解，自然會浮現許多問題。路由表實際進行計算的方式和位置為何？這些表如何更新以便對 SDN 控制設備上的事件作出回應（例如，附加的連結是往上走或往下走）？如何協調多個交換器上的路由表條目，以便產生協調一致的全網路功能（例如，用於將封包從來源端轉送到目的端的端點

到端點路徑，或是協調的分散式防火牆）？ SDN 控制層的角色是要提供這些功能以及許多其他的效能。

5.5.1　SDN 控制層：SDN 控制器與 SDN 網路控制應用程式

讓我們以考慮控制層必須提供的一般功能來開始抽象的 SDN 控制層的討論。如我們所見，這種抽象的「第一原理」方法將引導我們建構一個反映 SDN 控制層在實務中如何實作的整體架構。

如前所述，SDN 控制層大致分為兩個元件── SDN 控制器和 SDN 網路控制應用程式。讓我們先來探索一下控制器。自最早的 SDN 控制器以來，已經有許多 SDN 控制器被開發出來 [Gude 2008]；請參閱 [Kreutz 2015] 有非常深入且新興的調查。圖 5.15 提供了較詳細的通用的 SDN 控制器視圖。控制器的功能可以大致分為三層。讓我們以一種不尋常的由下而上的方式來思考這些層：

◆ **通訊層**：SDN 控制器和受控制的網路設備之間的通訊。明顯地，如果 SDN 控制器要控制遠端的 SDN 交換器、主機或其他設備的操作，則需要一份協定在控制器和該設備之間傳遞資訊。此外，設備必須能夠將本地觀察到的事件傳達給控制器（例如，要指出連接的連結已經往上或往下的訊息、設備剛剛加入網路的訊息，或是要指出設備往上且可運作）。這些事件提供了 SDN 控制器一個最新的網路狀態視圖。協定構成控制器架構的最底層，如圖 5.15 所示。控制器及其所控制設備之間的通訊跨越了所謂的控制器的「南向」介面。在 5.5.2 節中，我們將探討 OpenFlow ───一種提供此通訊功能的特定協定。OpenFlow 在大多數（如果不是全部）的 SDN 控制器中實作。

◆ **全網路的狀態管理層**。SDN 控制層做出的最終控制決策──例如，在所有交換器中配置路由表以實作所需的端點到端點的轉送、實作負載平衡或實作特定的防火牆功能──將要求控制器具備關於網路主機、連結、交換器和其他 SDN 控制的設備等的最新資訊。交換器的路由表包含計數器，其值也可能被網路控制的應用程式有利地使用；因此，這些值應該可供應用程式使用。由於控制層的最終目的是判斷各種受控制的設備的路由表，因此，控制器也可以保留這些表的複本。這些資訊都構成由 SDN 控制器維護的全網路「狀態」的例子。

◆ **網路控制應用層的介面**。控制器透過其「北向」介面與網路控制應用程式互動。此 API 允許網路控制應用程式在狀態管理層內讀／寫網路狀態和路由表。應用程式可以註冊在狀態更改事件發生時接獲通知，以便在 SDN 控制的設備發送網路事件通知時，讓它們可以採取行動作出回應。不同類型的 API 會被提供；我們將會看到兩個流行的 SDN 控制器使用 REST 請求－回應介面與其應用程式進行通訊 [Fielding 2000]。

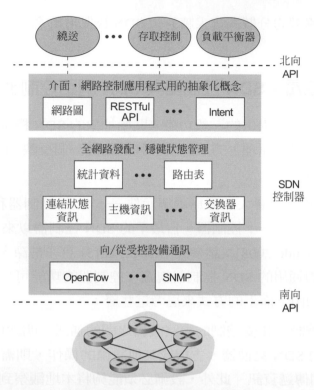

圖 5.15　SDN 控制器的組成

我們已多次注意到 SDN 控制器可以被視爲「邏輯集中」，也就是說，可以從外部（例如，從 SDN 控制的設備和外部網路控制應用程式的角度）查看控制器作爲單一、單層的服務。然而，爲了容錯、高可用性或出於性能的原因，這些服務和用於保存狀態資訊的資料庫在實務中由分散式伺服器組實作。由於控制器功能由一組伺服器實作，因此必須考慮控制器內部操作的語義（例如，維護事件的邏輯時間順序、一致性、共識等）[Panda 2013]。這種擔憂在許多不同的分散式系統中很常見；請參見 [Lamport 1989, Lampson 1996] 爲這些挑戰提供優雅的解決方案。諸如 OpenDaylight [OpenDaylight Lithium 2016] 和 ONOS [ONOS 2016]（請見專欄）等現代控制器非常重視建構邏輯集中但實體分散的控制器平台，該平台爲受控設備和網路控制應用程式提供可擴充服務和高可用性等。

圖 5.15 中描述的架構非常類似於 2008 年最初提出的 NOX 控制器的架構 [Gude 2008]，以及今天的 OpenDaylight [OpenDaylight Lithium 2016] 和 ONOS [ONOS 2016] SDN 控制器（請見專欄）。我們將在 5.5.3 節中介紹控制器操作的例子。首先，讓我們來看 OpenFlow 協定，它位於控制器的通訊層中。

實務原理

Google 軟體定義的全球網路

請回想一下 2.6 節中的案例研究，Google 部署了一個專用的廣域網路（WAN），用於互連其資料中心和伺服器叢集（在 IXP 和 ISP 中）。這個名為 B4 的網路擁有一個根據 OpenFlow 建構的 Google 設計的 SDN 控制層。長遠來看，Google 的網路能夠以將近 70% 的利用率來推動廣域網路連結（比典型的連結利用率提高了二到三倍），並根據應用軟體的優先權和現有的流量需求在多條路徑之間拆分應用資料流 [Jain 2013]。

Google B4 網路特別適用於 SDN：(i) Google 控制著 IXP 和 ISP 中的邊緣伺服器到其網路核心中的路由器之所有設備；(ii) 大多數頻寬密集型的應用程式是站點之間的大規模資料副本，可以在資源壅塞期間遵循更高優先權的交互式應用程式；(iii) 只連接了幾十個資料中心，集中控制是可行的。

Google 的 B4 網路使用客製化的交換器，每個交換器都實作了 OpenFlow 的略微擴充版本，其區域的 OpenFlow 代理（OpenFlow Agent，OFA）在精神上與我們在圖 5.2 中看到的控制代理類似。每個 OFA 依序連接到網路控制伺服器（network control server，NCS）中的 OpenFlow 控制器（OpenFlow Controller，OFC），使用獨立的「頻外」網路，不同於承載資料中心之間的資料中心流量的網路。因此，OFC 提供 NCS 用於與其受控交換器通訊的服務，在精神上類似於如圖 5.15 所示的 SDN 架構中的最底層。在 B4 中，OFC 也執行狀態管理的功能，將節點和連結狀態保存在網路資訊庫（Network Information Base，NIB）中。Google 的 OFC 實作是根據 ONIX SDN 控制器 [Koponen 2010]，實作了兩種路由協定——BGP（用於資料中心之間的繞送）和 IS-IS（OSPF 的近親，用於資料中心內的繞送）。Paxos 提出的 [Chandra 2007] 用於執行 NCS 元件的熱複製以防止故障。

邏輯上位於網路控制伺服器上的流量工程網路控制應用程式，與這些伺服器互動，以提供全球性、全網路的頻寬供應。透過 B4，SDN 向全球網路提供者目前運作中的網路邁出了重要的一步。有關 B4 的詳細說明，請參閱 [Jain 2013]。

5.5.2　OpenFlow 協定

OpenFlow 協定運作於我們先前在 4.4 節中研究過的 SDN 控制器和 SDN 控制的交換器或是實作 OpenFlow API 的其他設備之間。OpenFlow 協定透過 TCP 運作，預設的埠號為 6653。

從控制器流向受控交換器的重要訊息包括：

◆ **配置**（**Configuration**）。此訊息允許控制器查詢和設置交換器的配置參數。

◆ **修改狀態**（**Modify-State**）。控制器使用此訊息增加 / 刪除或修改交換器路由表中的條目，以及設置交換器埠的屬性。

◆ **讀取狀態**（**Read-State**）。控制器使用此訊息從交換器的路由表和埠收集統計資料和計數器的值。

◆ **發送封包**（**Send-Packet**）。控制器使用此訊息從受控交換器的指定埠發送特定封包。訊息本身包含要在其有效負載中發送的封包。

從 SDN 控制的交換器流向控制器的重要訊息包括：

◆ **刪除資料流**（**Flow-Removed**）。此訊息通知控制器已刪除的路由表條目，例如透過逾時或者作為接收到的修改狀態訊息的結果。

◆ **埠的狀態**（**Port-status**）。交換器使用此訊息通知控制器埠的狀態之更改。

◆ **封包輸入**（**Packet-in**）。回想一下 4.4 節，到達交換器埠而且未匹配任何路由表條目的封包被發送到控制器進行額外的處理。匹配的封包也可能被發送到控制器，作為在匹配上採取的行動。封包輸入訊息用於將此類封包發送到控制器。

其他的 OpenFlow 訊息可參見 [OpenFlow 2009, ONF 2016] 中的定義。

5.5.3　資料層和控制層介面：範例

為了鞏固我們對 SDN 控制的交換器與 SDN 控制器之間的交互作用之理解，讓我們思考圖 5.16 的例子，其中，Dijkstra 演算法（我們在 5.2 節中討論過）用於判斷最短路徑的路由。圖 5.16 中的 SDN 情境與 5.2.1 節和 5.3 節的早期的每個路由器控制的情境有兩個重要區別，其中 Dijkstra 演算法在每個路由器中實作，連結狀態的更新在所有網路路由器之間泛流：

◆ Dijkstra 演算法作為單獨的應用程式在封包交換器之外執行。

◆ 封包交換器將連結的更新發送到 SDN 控制器，而不是彼此發送。

在這個例子中，我們假設交換器 s1 和 s2 之間的連結斷開；實作了最短路徑繞送，並且因此影響 s1、s3 和 s4 的傳入和傳出資料流的轉送規則，但 s2 的操作不變。讓

我們假設 OpenFlow 作為通訊層協定，而且控制層不執行除了連結狀態繞送之外的其他功能。

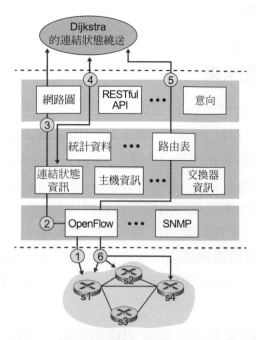

圖 5.16　SDN 控制器的情境；連結狀態改變

1. 交換器 s1，遇到自身與 s2 之間的連結故障，使用 OpenFlow 埠的狀態訊息通知 SDN 控制器連結狀態改變。

2. SDN 控制器接收到指示連結狀態改變的 OpenFlow 訊息，並通知連結狀態管理器，更新連結狀態資料庫。

3. 實作 Dijkstra 連結狀態繞送的網路控制應用程式先前已註冊在連結狀態改便時接收通知。該應用程式收到連結狀態改便的通知。

4. 連結狀態繞送應用程式與連結狀態管理器互動以獲得更新後的連結狀態；它也可能參考狀態管理層中的其他元件，然後計算新的最小成本路徑。

5. 接著，連結狀態繞送應用程式與路由表管理器互動，路由表管理器判斷路由表已更新。

6. 路由表管理器使用 OpenFlow 協定更新受影響的交換器中的路由表條目 —— s1（現在將通過 s4 路由封包到 s2）、s2（現在將開始通過中間交換器 s4 從 s1 接收封包），以及 s4（現在必須將 s1 的封包轉送到 s2）。

　　這個例子很簡單，但是說明了 SDN 控制層如何提供先前已經在每個網路路由器中執行的個別路由器控制實作的控制層服務（在這種情況下是網路層繞送）。現在，我們可以輕鬆了解支援 SDN 的 ISP 如何輕鬆地從最小成本路徑繞送交換到較為手動

製作的繞送方法。的確，由於控制器可以根據需要訂製路由表，因此可以實作任何形式的轉送——只需更改其應用程式控制軟體即可。這種易變性應該會與傳統的個別路由器控制層的情況形成對比，其中必須更改所有路由器中的軟體（可能由多個獨立供應商提供給 ISP）。

5.5.4　SDN：過去和未來

雖然對 SDN 產生濃厚興趣是近幾年的現象，但 SDN 的技術根源，特別是資料層和控制層的分離，可以回溯到更遠以前。2004 年，[Feamster 2004, Lakshman 2004, RFC 3746] 都主張把網路的資料層和控制層分離。[van der Merwe 1998] 中描述了 ATM 網路的控制架構 [Black 1995]，其中有多個控制器，每個控制器控制多個 ATM 交換器。Ethane 計畫 [Casado 2007] 率先提出以簡單的根據資料流的乙太網交換器網路為基礎的概念，該交換器具有匹配加行動路由表、管理流量進入和繞送的集中式控制器，以及將未匹配的封包從交換器轉送到控制器。2007 年，一個由 300 多台 Ethane 交換器組成的網路投入使用。Ethane 迅速發展成為 OpenFlow 計畫，後來的事就人盡皆知了！

　　許多研究工作旨在開發未來的 SDN 架構和功能正如我們所看到的，SDN 革命正透過簡單的商品交換硬體和複雜的軟體控制層，破壞性地替換專用的單層交換器和路由器（包括資料層和控制層）。歸納被稱為網絡功能虛擬化（network functions virtualization，NFV）的 SDN，同樣旨在透過簡單的商用伺服器、交換和儲存來破壞性地替換複雜的中間盒（例如具有專用硬體的中間盒和用於媒體快取／服務的專用軟體）[Gember-Jacobson 2014]。第二個重要的研究領域旨在將 SDN 概念從 AS 內部設定擴展到跨 AS 設定 [Gupta 2014]。

實務原理

SDN 控制器案例研究：OpenDaylight 與 ONOS 控制器

SDN 的最早期，有一個 SDN 協定（OpenFlow [McKeown 2008; OpenFlow 2009]）和一個 SDN 控制器（NOX [Gude 2008]）。從那時起，特別是 SDN 控制器的數量，就顯著增長 [Kreutz 2015]。某些 SDN 控制器是公司指定和專有的，例如 ONIX [Koponen 2010]、Juniper Networks Contrail [Juniper Contrail 2016]， 以及用於 Google B4 廣域網路的 Google 控制器 [Jain 2013] 。但是更多控制器是開源的，並且以各種程式語言實作 [Erickson 2013]。最近，OpenDaylight 控制器 [OpenDaylight Lithium 2016] 和 ONOS 控制器 [ONOS 2016] 獲得相當多行業的支持。它們都是開源的，並且正在與 Linux 基金會合作開發。

OpenDaylight 控制器

圖 5.17 顯示了 OpenDaylight Lithium SDN 控制器平台的簡化視圖 [OpenDaylight Lithium 2016]。ODL 的主要控制器元件組合與我們在圖 5.15 中開發的元件非常吻合。

　　網路服務應用程式是判斷控制層如何在受控制的交換器中完成轉送和其他服務，例如防火牆和負載平衡等。與圖 5.15 中的規範控制器不同，ODL 控制器有兩個介面，應用程式可以透過這兩個介面與本機控制器服務相互通訊：外部應用程式使用在 HTTP 執行的 REST 請求－回應 API 與控制器模組進行通訊。內部應用程式透過服務抽象層（Service Abstraction Layer，SAL）相互通訊。至於控制器應用程式是在外部或在內部實作的選擇，則是取決於應用程式設計者；圖 5.17 所示的應用程式之特定配置僅作為範例。

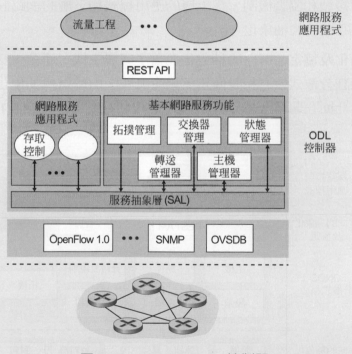

圖 5.17　OpenDaylight 控制器

　　ODL 的基本網路服務功能是控制器的核心，它們與我們在圖 5.15 中遇到的全網路狀態管理功能有密切的關係。SAL 是控制器的神經中樞，允許控制器元件和應用程式呼叫彼此的服務，並訂閱它們生成的事件。它也為通訊層中的特定底層通訊協定提供統一的抽象概念介面，包括 OpenFlow 和 SNMP（簡單網路管理協定——我們將在 5.7 節中介紹網絡管理協定）。OVSDB 是一種用於管理資料中心交換的協定，是 SDN 技術的重要應用領域。我們將在第六章介紹資料中心網路。

ONOS 控制器

圖 5.18 顯示了 ONOS 控制器的簡化視圖 [ONOS 2016]。與圖 5.15 中規範的元件相似,ONOS 控制器中可以分為三層:

◆ **北向的抽象化及協定**。ONOS 有一個獨特功能就是其意向框架(intent framework),它允許應用程式請求高等級服務(例如,在主機 A 和主機 B 之間建立連接,或反之,不允許主機 A 和主機 B 進行通訊),而毋須了解如何執行此項服務的細節。狀態資訊透過同步(經由查詢)或非同步(經由監聽器回呼,例如當網路狀態改變時)跨越北向 API 提供給網路控制應用程式。

◆ **分散式核心**。網路的連結、主機和設備的狀態保留在 ONOS 的分散式核心中。ONOS 作為一項服務部署在一組互相連接的伺服器上,每個伺服器執行相同的 ONOS 軟體副本;越來越多伺服器提供更高的服務容量。ONOS 核心提供了實例中的服務複製和協調機制,為上層的應用程式和下層的網路設備提供了邏輯集中式的核心服務的抽象化。

◆ **南向的抽象化及協定**。南向的抽象化遮蓋了底層主機、連結、交換器和協定的異質性,允許分散式核心和設備皆與協定無關。由於這種抽象化,分散式核心下面的南向介面在邏輯上高於圖 5.14 中的規範控制器或是圖 5.17 中的 ODL 控制器。

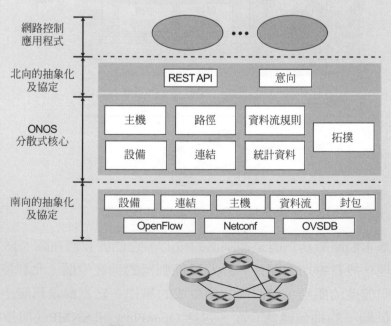

圖 5.18　ONOS 控制器架構

5.6　網際網路控制訊息協定（ICMP）

網際網路控制訊息協定（Internet Control Message Protocol，ICMP）訂定於 [RFC 792]，它被主機和路由器用來交流網路層資訊。ICMP 最典型的用途就是錯誤回報。例如，在執行 HTTP 會談時，你可能會碰「目的端網路無法抵達」之類的錯誤訊息。這個訊息便是來自於 ICMP。有時候，IP 路由器會無法找到路徑前往你的 HTTP 請求所指定的主機。這台路由器會建立並送出一則 ICMP 訊息給你的主機，指出這項錯誤。

ICMP 經常被認為是 IP 的一部分，但是就架構來說，它其實位於 IP 之上，因為 ICMP 訊息是被夾帶在 IP 資料報中。也就是說，ICMP 訊息是以 IP 內容的形式被載送，就像 TCP 或 UDP 區段也是以 IP 內容的形式被載送一樣。同樣地，當主機收到一份上層協定標記為 ICMP 的 IP 資料報時（上層協定編號 1），它也會將資料報的內容解多工給 ICMP，就像它會將資料報的內容解多工給 TCP 或 UDP 一樣。

ICMP 訊息包含類型（type）與代碼（code）欄位，也包含一開始產生該則 ICMP 訊息的 IP 資料報標頭及其最開頭的 8 個位元組（因此傳送端可以判斷出造成該筆錯誤的資料報為何）。我們在圖 5.19 中選列了一些 ICMP 訊息。請注意，ICMP 訊息不只會被用來通知錯誤狀況。

我們所熟悉的 ping 程式，會送出類型 8、代碼 0 的 ICMP 訊息給指定的主機。目的端主機看到這個迴響請求時，會回送一個類型 0、代碼 0 的 ICMP 迴響回覆。大部分的 TCP/IP 實作都會直接在其作業系統中支援 ping 伺服端；也就是說，其伺服端並不會是一個行程。[Stevens 1990] 的第十一章提供了 ping 用戶端程式的原始碼。請注意，此用戶端程式需要能夠命令作業系統產生類型 8、代碼 0 的 ICMP 訊息。

另一種有趣的 ICMP 訊息是來源抑制（source quench）訊息。這種訊息在實際操作上很少會被使用。它最初的用途是執行壅塞控制——讓壅塞的路由器可以送出 ICMP 來源抑制訊息給主機，迫使主機降低其傳輸速率。我們在第三章看過，TCP 有自己的壅塞控制機制，是在傳輸層運作，不會使用到諸如 ICMP 來源抑制訊息之類的網路層回饋。

我們在第一章介紹過 Traceroute 程式，它讓我們可以追蹤從某台主機到世界上任何一台主機的路由。有趣的是，Traceroute 也是以 ICMP 訊息來實作。為了判定來源端與目的端之間的路由器名稱及位址，來源端的 Traceroute 程式會送出一連串一般的 IP 資料報給目的端。這些資料報每份都會攜帶一筆 UDP 區段，使用不太可能有人使用的 UDP 埠號。這些資料報中第一份的 TTL 為 1，第二份的 TTL 為 2，第三份為 3，以此類推。來源端也會啟動每份資料報的計時器。當第 n 份資料報抵達第 n 台路由器時，第 n 台路由器便會注意到這份資料報的 TTL 剛好過期了。根據 IP 協定的規則，

路由器會丟棄該份資料報，並送出一則 ICMP 警告訊息（類別 11、代碼 0）給來源端。這則警告訊息會包含路由器的名稱及其 IP 位址。當這則 ICMP 訊息回到來源端時，來源端便可以從計時器取得來回時間，然後從 ICMP 訊息中取得第 n 台路由器的名稱及 IP 位址。

ICMP 類型	代碼	描述
0	0	迴響回覆 (給 ping)
3	0	目的端網路無法抵達
3	1	目的端主機無法抵達
3	2	目的端協定無法抵達
3	3	目的端連接埠無法抵達
3	6	未知的目的端網路
3	7	未知的目的端主機
4	0	來源抑制 (壅塞控制)
8	0	迴響請求
9	0	路由器通告
10	0	路由器搜尋
11	0	TTL 過期
12	0	損壞的 IP 標頭

圖 5.19　ICMP 訊息類型

Traceroute 的來源端要怎麼知道要在何時停止傳送 UDP 區段呢？請回想每當來源端送出資料報時，就會累加其 TTL 欄位。因此，這些資料報中終究會有人完成它的旅程，抵達目的端主機。因為這份資料報所包含的 UDP 區段有著不太可能被使用到的埠號，所以目的端主機會回送一則無法抵達連接埠的 ICMP 訊息（類型 3、代碼 3）給來源端。當來源端主機收到這則特別的 ICMP 訊息後，它便知道它已不再需要傳送任何其他的探測封包（實際上標準的 Traceroute 程式會送出一組三筆擁有相同 TTL 的封包；所以針對每個 TTL，標準的 Traceroute 都會提供三筆結果）。

以此方式，來源端主機便會了解到它和目的端主機之間的路由器的數量及身份，以及二台主機之間的來回時間為何。請注意，Traceroute 的用戶端程式，必須要能夠命令作業系統產生具有特定 TTL 值的 UDP 資料報，當 ICMP 訊息到來時，也必須要能夠讓作業系統通知它。現在既然你已經瞭解 Traceroute 是如何運作的，或許你會想要回頭去跟它多玩玩。

用於 IPv6 的新版 ICMP 已在 RFC 4443 中定義了。除了重新組織現行的 ICMP 類型和代碼定義外，ICMPv6 還增加了新的 IPv6 功能所需要的新類型和代碼，包括「Packet Too Big（封包太大）」類型和「無法識別的 IPv6 選項」錯誤代碼。

5.7 網路管理與 SNMP

現在，我們已經走到了網路層研究的最後階段，在我們面前只有連結層，所以我們很清楚網路是由許多複雜的、互動的硬體和軟體所組成——來自連結、交換器、路由器、主機和其他設備，包括網路的實體元件，以及控制和協調這些設備的許多協定。當一個組織將數以百計或數以千計個這樣的元件組合在一起形成網路時，網路管理者維持網路「正常運作」的工作肯定是一個挑戰。我們在 5.5 節中看到，邏輯集中式的控制器可以在 SDN 環境中幫助完成這個過程。但是網路管理的挑戰早在 SDN 之前就已經存在，這些豐富的網路管理工具和方法，可以幫助網路管理者監控、管理和控制網路。我們將在本節中研究這些工具和技術。

「什麼是網路管理？」這是一個經常被問到的問題，[Saydam 1996] 對於網路管理的定義下了一個精心設計的單句（雖然是一個冗長的句子）是：

> 網路管理包含軟、硬體以及人員的部署、整合與協調，以對於網路及元件資源進行監測、測試、調查、配置、分析、評估、控制，從而以合理的成本，滿足即時性、作業效能以及服務品質的需求。

鑑於這個廣泛的定義，我們將只涵蓋本節中網路管理的基本知識——網路管理者在執行任務時所使用的體系結構、協定和資訊庫。我們不會介紹管理者的決策過程，像是故障識別 [Labovitz 1997; Steinder 2002; Feamster 2005; Wu 2005; Teixeira 2006]、異常檢測 [Lakhina 2005; Barford 2009]、爲了達成合約條件的服務層級協議（SLA）的網路設計／工程 [Huston 1999a] 等等。因此，我們的重點因爲目的性而有點狹窄。有興趣的讀者可以參考這些文獻，例如 Subramanian 精彩的網路管理文本 [Subramanian 2000]，以及網路上爲本文提供更詳細的網路管理方法的資料。

5.7.1 網路管理架構

圖 5.20 爲網路管理的主要組成元件：

◆ **管理伺服器（managing server）** 是一個應用程式，通常由一位擁有特別權限的人所控制，這支程式會在網路操作中心（network operations center，NOC）的中央網路管理站台上頭執行。管理伺服器是網路管理活動的所在地；它會控制網路管理資訊的收集、處理、分析以及顯示。管理行動會從此處發動以控制網路的行爲，人類的網路管理者也會在此與網路裝置進行互動。

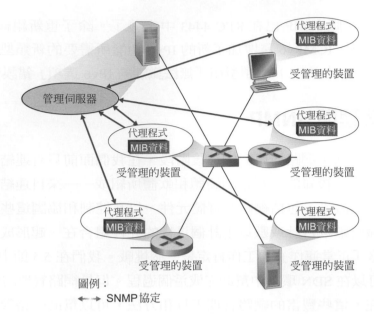

圖例：
←→ SNMP 協定

圖 5.20　網路管理架構的元素：管理伺服器、管理設備、MIB 資料、遠端代理程式、SNMP

◆ **受管理的裝置**（**managed device**）是位於受管理的網路中的網路設備（包含軟體）。受管理的裝置可能是主機、路由器、交換器、中間盒、數據機、溫度計，或是其他連接網路的設備。在受管理的裝置中，可能會有多個所謂的**受管理的物件**（**managed object**）。這些受管理的物件是受管理設備中的實際硬體零件（例如，網路介面卡只是主機或路由器的一個零件），以及這些軟、硬體元件的設定參數集合（比方說，AS 內部繞送協定，例如 OSPF）。

◆ 這些受管理物件都擁有其相關資訊，這些資訊會被收集在**管理資訊庫**（**Management Information Base，MIB**）中；我們會看到，管理伺服器可以取得這些資訊（也能夠在許多狀況下予以設定）。MIB 物件可能是一個計數器，比方說，由於 IP 資料報標頭中的錯誤而在路由器丟棄的 IP 資料報的數量，或是主機接收到的 UDP 區段的數量。MIB 物件也可能是一則描述性的資訊，例如 DNS 伺服器上執行的軟體版本。或是狀態資訊，例如特定設備是否正常運作。抑或是協定特定的資訊，例如到目的端的繞送路徑。MIB 物件由稱為 SMI（管理資訊結構）的資料描述語言所指定 [RFC 2578; RFC 2579; RFC 2580]。正式定義的語言用於確保網路管理資料的語法和語義被良好且明確地定義。相關的 MIB 物件被收集到 MIB 模組中。截至 2015 年中期，RFC 已經定義了將近 400 個 MIB 模組以及更多供應商特定（專有）的 MIB 模組。

◆ 在每一台受管理裝置中，也都會有一份**網路管理代理程式**（**network management agent**），它是在受管理裝置中執行的行程，會跟管理伺服器通訊，在管理伺服器的命令及控制下，在受管理裝置中採取區域性的行動。網路管理代理程式，類似於我們在圖 5.2 中所看到的繞送代理程式。

◆ 網路管理架構的最後一個部分是**網路管理協定**（network management protocol）。網路管理協定會在管理伺服器與受管理裝置之間執行，讓管理伺服器能夠查詢受管理裝置的狀態，並透過其代理程式，間接地在這些裝置上採取行動。代理程式可以使用網路管理協定以通知管理伺服器例外事件的發生（例如元件故障或超出效能臨界值）。重要的是，請注意，網路管理協定本身並不會管理網路。反之，它提供的是網路管理者可以用來管理（「監測、測試、調查、配置、分析、評估、控制」）網路的能力。這是一項微妙但重要的差異。在下一節，我們會討論網際網路的 SNMP（Simple Network Management Protocol，簡單網路管理協定）協定。

5.7.2　簡單網路管理協定（SNMP）

簡單網路管理協定第 2 版（SNMPv2）[RFC 3416] 是一種應用層的協定，會被用來在管理伺服器與代表管理伺服器執行運作的代理程式之間做網路管理控制及資訊的運送。SNMP 最常見的用途是請求—回應模式（request-response mode）；在這種模式下，SNMP 管理伺服器會傳送一筆請求給 SNMP 代理程式，後者收到請求之後，會採取某些行動，然後送出該筆請求的回覆訊息。通常，我們會透過請求來查詢（取得）或修改（設定）與受管理裝置有關的 MIB 物件數值。SNMP 第二常見的用途，是代理程式主動送出稱為陷阱訊息（trap message）的訊息給管理伺服器。陷阱訊息是用來告知管理伺服器，某些意外狀況（例如，連結介面往上走或往下走）導致 MIB 物件數值遭到更改。

　　SNMPv2 定義了七種訊息，統稱協定資料單元（protocol data unit，PDU），如表 5.2 所示，我們下面會加以描述。PDU 的格式如圖 5.21 所示。

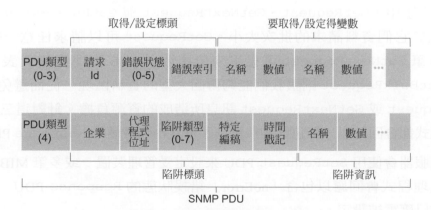

圖 5.21　SNMP 的 PDU 格式

SNMPv2 PDU 類型	傳送端—接收端	描述
GetRequest	管理者到代理程式	取得一或多個 MIB 物件實例的數值
GetNextRequest	管理者到代理程式	取得列表或表格中下一個 MIB 物件實例的數值
GetBulkRequest	管理者到代理程式	取得大區塊資料的數值，例如，大型表格中的數值
InformRequest	管理者到管理者	通知遠端的管理實體，存取對其本身來說位於遠端的 MIB 數值
SetRequest	管理者到代理程式	設定一或多個 MIB 物件實例的數值
Response	代理程式到管理者或 管理者到管理者	產生 GetRequest, GetNextRequest, GetBulkRequest, SetRequest PDU, 或 InformRequest 的回應
SNMPv2-Trap	代理程式到管理者	通知管理者意外事件的發生

表 5.2　SNMPv2 的 PDU 類型

◆ GetRequest、GetNextRequest 與 GetBulkRequest PDU，都是由管理伺服器傳送給代理程式，以請求一或多筆位於代理程式所在之受管理裝置上的 MIB 物件數值。而所進行請求數值的 MIB 物件會被指定在 PDU 內與變數相關的部分中，GetRequest、GetNextRequest 與 GetBulkRequest 的不同之處在於它們資料請求的批次大小。GetRequest 可以請求任意一組 MIB 數值；多筆 GetNextRequest 可以用來依序取得 MIB 物件清單或表格中的物件；GetBulkRequest 則讓我們能夠傳回大型的資料區塊，從而避免傳送多筆 GetRequest 或 GetNextRequest 訊息所造成的資源負擔。針對這三種 PDU，代理程式都會回應以一筆包含物件識別碼及其相關數值的 Response PDU。

◆ 管理伺服器會使用 SetRequest PDU 來設定受管理裝置一或多筆 MIB 物件的數值。代理程式會回應以包含「noError」錯誤狀態的 Response PDU，以確認該筆數值已確實被設定。

◆ 通常，Response PDU 從受管理的設備發送到管理伺服器，以回應來自該伺服器的請求訊息，傳回已經請求的資訊。

◆ 最後一種 SNMPv2 PDU 是陷阱訊息。陷阱訊息會非同步地產生；也就是說，它們並不是為了回應所收到的請求而產生，而是為了知會管理伺服器某些事件的發生。RFC 3418 定義了眾所周知的陷阱類型，包括裝置的冷開機或暖開機、連結的啟用或故障、相鄰節點的消失、認證失敗事件等。收到陷阱請求時，管理伺服器並不需要予以回應。

　鑑於 SNMP 的請求—回應特性，此處值得注意的是，雖然 SNMP PDU 可以透過許多不同的傳輸協定來載送，但 SNMP PDU 通常會被夾帶在 UDP 資料報的內容中進行傳輸。的確，RFC 3417 指出 UDP 是「偏好使用的傳輸層對應」。由於 UDP 是不可靠的傳輸協定，所以我們無法擔保某一筆請求或其回應一定會被欲送往的目的端收到。PDU 的請求 ID 欄位（請見圖 5.21）會被管理伺服器用來編號其傳送給代理程式的請求；代理程式的回應訊息則會使用所收到之請求的請求 ID 作為自己的 ID。因此，管理伺服器可以使用請求 ID 欄位來偵測請求或回覆的遺失。如果在一定的時間內沒有收到相對的回應時，管理伺服器可以自行決定是否要重送某一筆請求。明確地說，SNMP 標準並未預先規範任何特定的重送程序，甚至並未規範是否需要執行重送。它只要求管理伺服器「在重送的頻率與時間上，要以負責任的態度採取行動」。當然，這種要求會讓我們很好奇，「負責任的」協定到底該如何運作！

　SNMP 已經歷經三個版本。SNMPv3 的設計者曾經說過：「我們可以把 SNMPv3 想像成是額外加上安全性及管理功能的 SNMPv2」[RFC3410]。的確，SNMPv3 相較於 SNMPv2 來說有所改變，然而其他地方的改變，都不如管理與安全性領域上的改變來得顯著。安全性在 SNMPv3 中所扮演的核心角色特別地重要，因為缺乏足夠的安全性，會造成 SNMP 主要地只會被用於監測而非控制（比方說，SNMPv1 很少會使用到 SetRequest）。再一次，我們又看到安全性——這個議題會在第八章更深入地討論——成為重要的關注點，但也再一次地，我們或許有點晚了解到它的重要性，只是「附帶」一提而已。

5.8　總結

我們現在已經完成了進入網路核心的兩章之旅——這個旅程始於我們在第四章中研究網路層的數據層，並在此完成了對網路層控制層的研究。我們學到，控制層是全網路的邏輯，它不僅控制資料報如何沿著從來源端主機到目的端主機的端點到端點路徑在路由器之間轉送，還控制了網路層元件和服務配置和管理的方式。

　我們學到建構控制層有兩種普遍的方法：傳統的個別路由器控制（每個路由器都執行繞送演算法，而且路由器中的繞送元件都與其他路由器中的繞送元件進行通訊），以及軟體定義網路（SDN）控制（邏輯集中式的控制器計算並發配每個路由

器使用的轉送表）。我們研究兩種基本的繞送演算法，以找出 5.2 節圖中的最小成本路徑——連結狀態繞送與距離向量繞送。這些演算法在個別路由器控制和 SDN 控制中都找得到應用程式。這些演算法是我們在 5.3 節和 5.4 節中看到的兩種網際網路繞送協定（OSPF 和 BGP）廣泛部署的基礎。5.5 節中，我們討論了網路層的控制層中的 SDN 方法，並且探究了在控制器和 SDN 控制的設備之間進行通訊的 SDN 網路控制的應用程式、SDN 控制器和 OpenFlow 協定。在 5.6 節和 5.7 節中，我們研究了管理 IP 網路的一些基礎部分：ICMP（網際網路控制訊息協定）和 SNMP（簡單網路管理協定）。

完成了對網路層的研究之後，這個旅程現在把我們帶到了協定棧的下一階段，亦即連結層。與網路層一樣，連結層是每個與網路連接的設備的一部分。但我們將在下一章看到，連結層具有更多區域性的任務，亦即在同一連結或 LAN 上的節點之間移動封包。雖然與網路層的任務相比，表面上的任務可能看起來相當簡單，但我們會看到連結層涉及許多重要且引人入勝的問題，這些問題可能讓我們忙碌一段時間。

習題與問題

第五章　複習題

第 5.1 節

R1. 什麼是根據個別路由器控制的控制層？在這種情況下，當我們說網路控制層和資料層是「單層」實作時，表示什麼意思？

R2. 根據邏輯集中式控制的控制層是何意？在這種情況下，資料層和控制層是在同一設備中還是單獨的設備中實作？試說明之。

第 5.2 節

R3. 比較並對比集中式和分散式繞送演算法的屬性。舉一個採用集中式和分散式方法的繞送協定的例子。

R4. 比較並對比靜態和動態的繞送演算法。

R5. 距離向量繞送中的「算到天荒地老」的問題是什麼？

R6. 在分散式繞送演算法中如何計算出最小成本路徑？

第 5.3 － 5.4 節

R7. 網際網路中使用的跨 AS 協定和 AS 內部協定為何不同？

R8. 是非題：當 OSPF 路由發送其連結狀態資訊時，它只發送給那些直接連接的鄰

近節點。試說明之。

R9. OSPF 自治系統中的「區域」是何意？為什麼要導入區域的概念？

R10. 定義並對照下列術語：子網路、址首、BGP 路由。

R11. BGP 如何使用 NEXT-HOP 屬性？如何使用 AS-PATH 屬性？

R12. 請描述上層 ISP 的網路管理者在配置 BGP 時如何實施策略。

R13. 是非題：當 BGP 路由器從其鄰居接收到通告的路徑時，它必須將自己的識別加到所接收的路徑中，然後將這條新路徑發送給它所有鄰居。試說明之。

第 5.5 節

R14. 請描述 SDN 控制器中的通訊層、全網路狀態管理層和網路控制應用層的主要作用。

R15. 假設你想在 SDN 控制層中實作新的繞送協定，你會在哪一個層實作該協定？試說明之。

R16. 什麼類型的訊息流過 SDN 控制器的北向 API 和南向 API？誰是從控制器通過南向介面發送的這些訊息的接收者？誰通過北向介面向控制器發送訊息？

R17. 請描述從受控設備發送到控制器的兩種 OpenFlow 訊息類型（你所選擇的）的用途。請描述從控制器發送到受控設備的兩種 Openflow 訊息類型（你所選擇的）的用途。

R18. OpenDaylight SDN 控制器中服務抽象層的目的是什麼？

第 5.6 － 5.7 節

R19. 請為 ICMP 的四種不同類型命名。

R20. 在執行 Traceroute 程式的發送主機上接收哪兩種類型的 ICMP 訊息？

R21. 請定義 SNMP 文中提到的下列術語：管理服務器、受管理的設備、網路管理代理程式、MIB。

R22. 請問 SNMP 的 `GetRequest` 和 `SetRequest` 訊息的目的為何？

R23. 請問 SNMP 的陷阱訊息之目的為何？

▊ 習題

P1. 請見圖 5.3，列舉從 y 到 u 不包含任何循環的路徑。

P2. 重複習題 1，列舉從 x 到 z、z 到 u、z 到 w 不包含任何循環的路徑。

P3. 考慮以下網路。以指定的連結成本，使用 Dijkstra 的最短路徑演算法來計算從 x 到所有網路節點的最短路徑。透過計算類似於表 5.1 的表來表示演算法的工作原理。

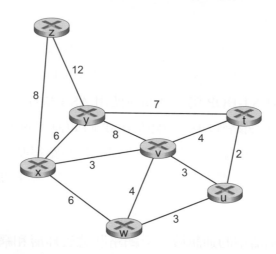

P4. 考慮如習題 P3 所示的網路。使用 Dijkstra 演算法，並使用類似於表 5.1 的表表示你的任務，執行下列操作：

a. 計算從 t 到所有網路節點的最短路徑。

b. 計算從 u 到所有網路節點的最短路徑。

c. 計算從 v 到所有網路節點的最短路徑。

d. 計算從 w 到所有網路節點的最短路徑。

e. 計算從 y 到所有網路節點的最短路徑。

f. 計算從 z 到所有網路節點的最短路徑。

P5. 考慮如下所示的網路，假設每個節點最初知道每個鄰居節點的成本。考慮距離向量演算法，並在節點 z 處顯示距離表的條目。

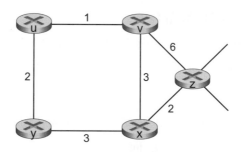

P6. 考慮一般拓樸（即非如上所顯示的特定網路）和距離向量演算法的同步版本。假設在每次迭代時，節點與其鄰居交換距離向量並接收它們的距離向量。假設演算法從每個節點開始時只知道其直接鄰居的成本，那麼在分散式演算法收斂之前所需的最大迭代次數是多少？請證明你的答案。

P7. 請考量下圖所示的部分網路。x 只有兩個相鄰節點 w 跟 y。w 前往目的端 u（未顯示）的最小成本路徑成本為 5，y 前往 u 的最小成本路徑成本為 6。從 w 跟 y 前往 u（以及 w 跟 y 之間）的完整路徑並未顯示在圖中。網路中所有連結的成本都是嚴格的正整數。

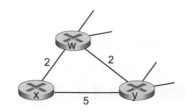

a. 請寫出 x 針對目的端 w、y、u 的距離向量。

b. 請提供 $c(x,w)$ 或 $c(x,y)$ 連結成本的改變，令 x 在執行距離向量演算法時，不會將其新的前往 u 的最小成本路徑通知其相鄰節點。

c. 請提供 $c(x,w)$ 或 $c(x,y)$ 連結成本的改變，令 x 在執行距離向量演算法時，不會將其新的前往 u 的最小成本路徑通知其相鄰節點。

P8. 請考量圖 5.6 所示的三節點拓樸。不使用圖 5.6 所示的連結成本，我們將連結成本設定為 $c(x,y) = 3$、$c(y,z) = 6$、$c(z,x) = 4$。請計算在初始步驟之後，同步版的距離向量演算法每次循環後的距離表格（如同我們先前在關於圖 5.6 的討論中所做的）。

P9. 抑制性反轉是否能解決普遍性的算到天荒地老問題呢？請解釋你的答案。

P10. 請說明對於在圖 5.6 中的距離向量演算法，在距離向量 $D(x)$ 中的每一個數值是非遞增的，並且最終會在有限的步驟數中穩定化。

P11. 請考量圖 5.7。假設有另一個路由器 w，連接到路由器 y 和 z。所有連結的成本給定如下：$c(x,y) = 4$、$c(x,z) = 50$、$c(y,w) = 1$、$c(z,w) = 1$、$c(y,z) = 3$。假設抑制性反轉被使用在距離向量繞送演算法中。

a. 當距離向量繞送被穩定化時，路由器 w、y 和 z 彼此之間告知它們與 x 間的距離。請問它們彼此之間告知的距離值為何？

b. 現在假設在 x 和 y 之間的連結成本增加到 60。就算使用抑制性反轉，會不會還是有算到天荒地老的問題呢？為什麼？假如有算到天荒地老的問題，那麼需要多少的疊代次數才能讓距離量繞送再次地達到穩定狀態？請解釋你的答案。

c. 假如 $c(y,z)$ 從 4 變化到 60，你要如何修改 $c(y,x)$ 使得完全不會有算到天荒地老的問題？

P12. LS 繞送演算法的訊息複雜度為何？

P13. BGP 路由器是否總是選擇 AS 路徑長度最短的無迴圈式（loop-free）路由？請證明你的答案。

P14. 請考量下圖所示的網路。假設 AS3 與 AS2 正在執行 OSPF 作為其 AS 內部繞送協定。假設 AS1 與 AS4 正在執行 RIP 作為其 AS 內部繞送協定。假設 eBGP 與 iBGP 被用來執行跨 AS 繞送協定。一開始請假設 AS2 與 AS4 之間沒有實

體連結存在。

a. 路由器 3c 會從那一個繞送協定得知址首 x：OSPF、RIP、eBGP 還是 iBGP ？

b. 路由器 3a 會從那一個繞送協定得知 x ？

c. 路由器 1c 會從那一個繞送協定得知 x ？

d. 路由器 1d 會從那一個繞送協定得知 x ？

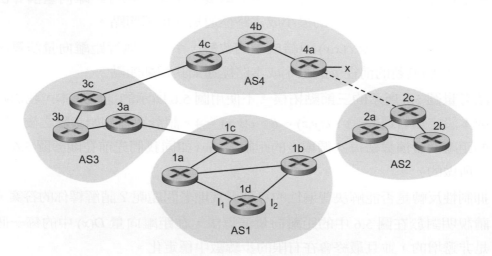

P15. 參考前一題，一旦路由器 1d 得知 x，便會在其轉送表中加入項目 (x, I)。

a. 在此項目中，I 會等於 I_1 還是 I_2 ？請以一句話解釋為什麼。

b. 現在假設 AS2 與 AS4 之間有一道實體連結，以虛線表示。假設路由器 1d 知曉 x 可以經由 AS2 或 AS3 到達。I 會被設定成 I_1 還是 I_2 ？請以一句話解釋為什麼。

c. 現在假設我們有另一組 AS，叫 AS5，介於 AS2 與 AS4 之間的路徑上（並未顯示於圖中）。假設路由器 1d 知悉 x 可以經由 AS2 AS5 AS4 或 AS3 AS4 抵達。I 會被設定成 I_1 還是 I_2 ？請以一句話解釋為什麼。

P16. 請考量以下網路。ISP B 提供了全國性的骨幹服務給區域性的 ISP A。ISP C 提供了全國性的骨幹服務給區域性的 ISP D。每家 ISP 都是由一個 AS 構成。B 跟 C 有兩處使用 BGP 的對等點。請考量從 A 到 D 的資料流。B 比較喜歡在西岸將資料流交給 C（所以 C 必須吸收載送資料流越過全國的成本），然而 C 卻比較喜歡在東岸從 B 的對等點取得資料流（所以 B 必須載送資料流越過全國）。C 可能會使用何種 BGP 機制，讓 B 需要在東岸的對等點將從 A 到 D 的資料流交給 C ？要回答這個問題，你需要深入閱讀 BGP 的規格。

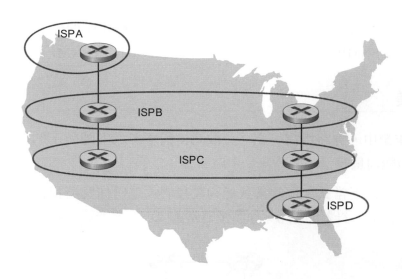

P17. 在圖 5.13 中，請考量抵達末梢網路 W、X 和 Y 的路徑資訊。根據 W 和 X 所擁有的資訊，請問它們對於網路拓樸各自的觀點為何？請解釋你的答案。Y 對於拓樸的觀點如下所示。

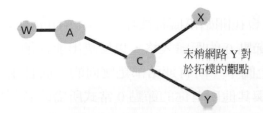

末梢網路 Y 對於拓樸的觀點

P18. 請考量圖 5.13。根據 BGP 繞送，B 永遠不會透過 X 轉送欲前往 Y 的流量。但是還是有一些非常流行的應用其資料封包先要到 X 然後才流到 Y 請指出一個如此的應用，並描述資料封包要如何走一個不是由 BGP 繞送所提供的路徑。

P19. 在圖 5.13 中，假設有另外一個末梢網路 V，它是 ISP A 的客戶。假設 B 和 C 有一對等的關係，而 A 是 B 和 C 兩者的客人。假設 A 希望讓流向 W 的流量只來自 B，而希望讓流向 V 的流量不是從 B 來就是從 C 來。A 應該要如何通告它的路由給 B 和 C？C 會收到什麼 AS 路由？

P20. 假設 AS X 跟 Z 並未直接相連，而是透過 AS Y 相連。進一步假設 X 跟 Y 之間有對等協議，Y 跟 Z 之間也有對等協議。最後，假設 Z 想要傳輸所有 Y 的資料流，但是不想要傳送 X 的資料流。請問 BGP 允許 Z 實作這種策略嗎？

P21. 請考量管理伺服器與受管理裝置之間兩種進行通訊的方式：請求─回應模式與陷阱。請問這兩種方法的優缺點為何？請就 (1) 管理負擔，(2) 例外事件發生時的通知時間，以及 (3) 處理管理實體與裝置之間遺失訊息時的強韌性，這三點來回答。

P22. 在 5.7 節中，我們看到最好在不可靠的 UDP 資料報中傳輸 SNMP 訊息。爲什麼你認爲 SNMP 的設計者選擇 UDP 而不是 TCP 作爲 SNMP 的首選傳輸協定？

▌ 程式作業

在這份程式作業中，你將撰寫一組「分散式」程序，爲下圖所示的網路，實作分散式的非同步距離向量繞送。

你將會撰寫以下常式，這些常式能夠在我們爲這份作業所提供的模擬環境中。非同步地「執行」。針對節點 0，你將撰寫常式：

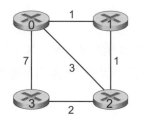

◆ *rtinit0( )*。此常式只會在開始模擬時被呼叫一次。*rtinit0( )* 沒有任何引數。這個常式應該會初始化你節點 0 的距離表格，以反映出前往節點 1、2、3 的直接成本分別爲 1、3、7。在上圖中，所有連結都是雙向的，而且兩個方向的成本都相同。在初始化距離表格與其他所有你的節點 0 常式所需的資料結構之後，它接著應該要將其前往其他所有網路節點的最小成本路徑，傳送給其直接相連的相鄰節點（在此例中爲節點 1、2、3）。這些最小成本資訊會藉由呼叫常式 *tolayer2( )*，被放入繞送更新封包中送給相鄰節點，一如完整的作業說明所描述。繞送更新封包的格式也描述於完整的作業說明中。

◆ *rtupdate0(struct rtpkt *rcvdpkt)*。當節點 0 收到其某個直接相連的相鄰節點送來的繞送封包時，便會呼叫此常式。參數 *rcvdpkt 是一份指標，指向它所收到的封包。*rtupdate0( )* 則是這個距離向量演算法的「核心」。它從來自某節點 i 的繞送更新封包所收到的數值，包含了目前 i 前往其他所有網路節點的最短路徑成本。*rtupdate0( )* 會使用這些收到的數值來更新自己的距離表格（如距離向量演算法所指示的）。如果它自身前往其他節點的最小成本會因爲更新而改變，則節點 0 會藉由送出繞送封包給直接相連的相鄰節點，以通知這些節點其最小成本的改變。請回想一下在距離向量演算法中，只有直接相連的節點會交換繞送封包。因此，節點 1 跟 2 會彼此通訊，但節點 1 跟 3 則不會彼此通訊。

節點 1、2、3 也定義了類似的常式。因此，你總共需要撰寫八個程序：*rtinit0( )*、*rtinit1( )*、*rtinit2( )*、*rtinit3( )*、*rtupdate0( )*、*rtupdate1( )*、*rtupdate2( )*、*tupdate3( )*。

這些常式合起來，便能夠對前頁圖中所示的拓樸與成本，實作出距離表的分散式非同步運算。

　　你可以在本書英文版專屬網站 http://pearsonglobaleditions.com/kurose 找到這份程式作業的完整細節，以及你需要用來建立軟硬體模擬環境的 C 語言程式碼。此外，這份作業也有 Java 的版本可以取得。

▎ Wireshark 實驗

在本書英文版的專屬網站 www.pearsonglobaleditions.com/kurose 上，你可以找到一份 Wireshark 的實驗作業，檢視 ping 和 traceroute 指令中 ICMP 協定的使用。

訪談

Jennifer Rexford

Jennifer Rexford 是普林斯頓大學計算機科學系的教授。她研究的大方向是要讓計算機網路變得更易於設計和管理，並特別重視繞送協定這一塊。從 1996 年到 2004 年，她是 AT&T 實驗室網路管理和效能部門的成員之一。在 AT&T 時，她為部署在 AT&T 骨幹網路中的網路測量、流量工程和路由器配置設計了許多的技術和工具。Jennifer 是《Web Protocols and Practice: Networking Protocols, Caching, and Traffic Measurement》的合著者，該書在  2001 年 5 月由 Addison-Wesley 出版。她曾擔任 ACM SIGCOMM 從 2003 至 2007 年的主席。她在 1991 年從普林斯頓大學取得電機工程學士學位，並分別在 1993 年和 1996 年從密西根大學電機工程和計算機科學取得碩士與博士學位。在 2004 年，Jennifer 是 ACM 的 Grace Murray Hopper Award 傑出青年計算機專業獎得主，並名列於 35 歲以下頂尖創新者名人錄 MIT TR-100 上。

▶ **請描述在你的職業生涯期間所從事之一個或兩個最刺激的計劃。當時最大的挑戰為何？**

當我還是 AT&T 的研究員時，我們一組人設計了一種新的方式來管理 ISP 骨幹網路上的繞送路由。傳統上，網路營運商分別配置每台路由器，而這些路由器執行分散式的協定來計算通過網路的路徑。我們相信，如果網路營運商可以根據整個網路的拓樸及流量視野直接控制路由器如何轉送流量，那麼網路管理將可以更簡單和更靈活。我們設計和建造的路由控制平台（Routing Control Platform，RCP）可以在單一台普通的電腦上計算出 AT&T 所有的骨幹路由，並可以控制老式路由器，無需更動它們。對我來說，這項計劃是激動人心的，因為我們有一個挑戰性的想法、一個能運作系統、並最終在一個營運網路上實際部署。

▶ **在未來的網路管理中，妳認為會發生什麼樣的變化和創新？**

不是只有簡單地對現有網路之上的網路管理做「拴緊螺栓」的動作，研究人員和從業人員都應該開始去設計在根本上更易於管理的網路。像我們早期的工作 RCP，在所謂的軟體定義網絡（Software Defined Networking，SDN）中其主要的思路是要運行一控制器，該控制器可以把低階封包處理規則安裝在使用標準協定之底層交換器中。該控制器可以運行各種應用，如動態存取控制的網路管理、無縫用戶移動性、流量工程、伺服器負載均衡、高效節能的網路等等。藉由反思在

網路設備和管理它們的軟體兩者之間的關係，我相信 SDN 是一個很好的機會來讓網路管理走向正道。

▶ **對於網路與網際網路的未來，你有什麼看法？**

網路是一個令人興奮的領域，因爲應用程式和潛在的技術隨時都在改變。我們一直都在重塑我們自己！早在五年或十年前，誰會預料到智慧型手機的優勢，使得移動用戶能夠存取現有的應用程式以及新型位置導向的服務？雲端計算的出現從根本上改變了用戶和他們所執行的應用程式之間的關係，而網路感測器正在豐富了新的應用。創新的步伐是眞正鼓舞人心的。

　　網路正是所有這些創新的一個非常重要的組成部分。然而，網路也聲名狼藉的「絆腳石」──限制效能、損害可靠性、制約應用程式、複雜化服務的佈署和管理。我們應該努力去使得未來的網路正如同我們所呼吸的空氣般的無形，所以它永遠不會成爲新思維和價値服務的擋路石。要做到這一點，我們需要把抽象水平提升高過個別的網路設備和協定（以及隨之而來的首字母縮寫），所以我們才可以把網路做整體的思維考量。

▶ **哪些人曾經在專業上激勵過你？**

我長久以來受到國際計算機科學研究所 Sally Floyd 的啓發。她的研究始終是目標鮮明的，並專注於網際網路所面臨的重要挑戰。她會深入地挖掘困難的問題，直到她完全的明白該問題和瞭解其解決方案爲止，而且她會投入大量的時間精力來「使得事情發生」，例如她常把她的想法推入到協定標準和網路設備之中。此外，她也積極地回饋這個社會，如在眾多標準和研究機構提供專業服務，和創立工具（如廣泛使用的 ns-2 和 ns-3 模擬器）使其他研究人員成功。她在 2009 年退休，但她在網路領域中的影響力將還會在未來好幾年中影響我們的思維。

▶ **對於想要以計算機科學和網路事業當作是其終身事業的的學生，妳有何建議？**

網路是一個在本質上跨好幾個學科的領域。把其他學科的技術應用到網路問題上，是一個很棒的的方式來把網路領域繼續地往前推進。我們已經看到了網路中的巨大突破，受惠於排隊理論、賽局理論、控制理論、分散式系統、網路最佳化、程式語言、機器學習、演算法、資料結構等等不同領域。我認爲，熟悉相關的領域，或和這些領域的專家們密切的合作，是一個美妙的方式來把網路置於一個更強大的基礎上，使得我們可以學習如何建立値得社會信任的網路。除了理論的學科之外，網路是激動人心的，因爲我們爲眞實的人們創造出眞正可以使用的東西。精通如何設計和構建系統──由作業系統、計算機結構等等中獲得經驗──是另一種奇妙的方式來倍增你的網路知識以用於改變這個世界。

Chapter 6

連結層與區域網路

在前一章中，我們學習了網路層在任意兩台主機之間所提供的通訊服務。在兩台主機之間，資料報（datagram）流經一連串的通訊連結，有些是有線的有些是無線的，從來源端主機出發，經過一連串封包交換器（交換器和路由器），最後終結於目的端主機。當我們繼續往協定堆疊下層前進，從網路層進入連結層時，我們自然會好奇，封包是如何通過構成端點到端點通訊路徑的個別連結。網路層資料報是如何封裝在連結層訊框（frame）內，透過單一連結傳送呢？我們可以在通訊路徑的不同連結上，使用不同的連結層協定嗎？在廣播連結中的傳輸衝突是如何解決的？連結層要定址嗎？如果要的話，連結層定址和我們在第四章中所學的網路層定址要如何一起運作？交換器和路由器之間的差異究竟為何？我們會在本章中回答這些問題，以及其他的重要問題。

在討論連結層時，我們會發現基本上有兩種不同類型的連結層通道。第一種類型是廣播通道，諸如無線 LAN（區域網路）、衛星網路以及混合光纖同軸電纜（hybridfiber-cable，HFC）連線網路。因為會有許多主機連接到相同的廣播通訊通道，我們需要所謂的媒介存取協定（medium access protocol）來協調訊框傳輸。在某些情況中，以一台中央控制器來做協調傳輸；在其他的情況中，主機間自己要協調傳輸。第二種型態的連結層通道是點到點的通訊連結，像是我們經常在兩台路由器之間所採用的長距離連結，或是在使用者辦公室電腦和附近乙太交換器之間的連結。協調點到點連結的存取比較簡單；本書英文版的專屬網站上的參考資料有對點對點協定（Point-to-PointProtocol，PPP）做詳盡的討論，該協定使用在一些設施中，範圍從透過電話線的撥接服務到透過光纖連結的高速點對點訊框傳輸都有。

我們會在本章探討一些重要的連結層技術。我們會深入探討錯誤偵測與更正，該課題我們曾在第三章中簡短地接觸過。我們將會考慮多重存取網路和交換式的 LAN，包括乙太網路（Ethernet）——它顯然是目前最普及的有線 LAN 技術。我們

也會檢視虛擬 LAN 和資料中心網路。雖然 WiFi 以及其他更廣泛的無線 LAN，確實也屬於連結層的議題，但是我們將這些重要議題的討論挪後至第七章。

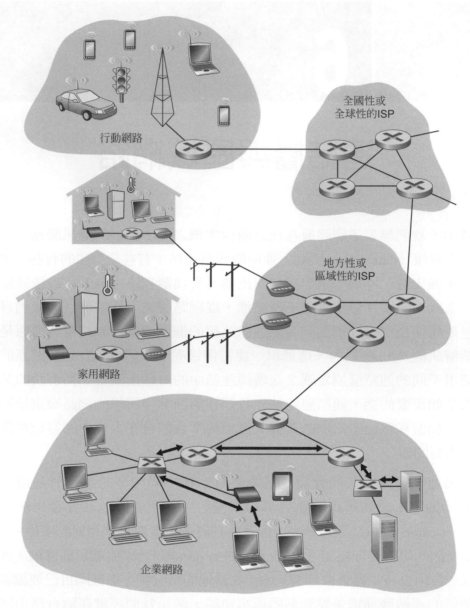

圖 6.1　在無線主機和伺服器之間的六次連結層跳躍

6.1　連結層：導言

一開始，先讓我們來討論一些重要的術語。為便於討論，我們在本章中把任何執行連結層（即第 2 層）協定的裝置都簡稱為**節點**（**node**）。節點包含了主機、路由器、交換器和 WiFi 熱點（第七章會討論）。我們也會將通訊路徑上連接相鄰節點的通訊通道稱作**連結**（**link**）。為了將資料報從來源端主機傳送到目的端主機，資料報必須

通過端點到端點路徑上所有個別的連結。舉一個例子，請看圖 6.1 下方的公司網路。請考慮要從一台無線主機傳送一份資料報給一台伺服器。這份資料報實際上將通過六道連結：在傳送主機和 WiFi 熱點之間的 WiFi 連結；在熱點和連結層交換器之間的乙太連結；在該連結層交換器和路由器之間的連結；在那兩具路由器之間的連結；在該路由器和一連結層交換器之間的乙太連結；最後是在該交換器和接收端伺服器之間的乙太連結。在各個連結上，進行傳輸的節點會將資料報封裝在**連結層訊框**（**link-layer frame**）中，然後將該訊框送入該連結中。

　　為了更深入瞭解連結層以及它跟網路層之間的關係，讓我們來考量某個關於運輸的比方。請想想某位旅行社職員正在為某位旅客計劃一趟從紐澤西普林斯頓，前往瑞士洛桑的旅程。這位職員判斷，對這位旅客而言最方便的旅行方式，便是搭乘豪華轎車從普林斯頓前往甘迺迪機場，然後從甘迺迪機場搭機前往日內瓦的機場，最後搭乘火車從日內瓦的機場前往洛桑的火車站。一旦旅行社職員做好三次訂位，普林斯頓的豪華轎車出租公司就必須負責將這位旅客從普林斯頓送到甘迺迪機場；航空公司必須負責將他從甘迺迪機場送到日內瓦；而瑞士鐵路服務必須負責將他從日內瓦送到洛桑。這三段旅程都是「相鄰」地點間的「直接」路徑。請注意，這三段旅程都是由不同公司所管理，並且使用完全不同的運輸方式（豪華轎車、飛機和火車）。雖然運輸方式不同，但是它們所提供的，都是將旅客從一個地點移往另一個相鄰地點的基本服務。在這個運輸的比方中，旅客就是資料報，各段旅程就是通訊連結，運輸方式就是連結層協定，而旅行社的職員就是繞送協定。

6.1.1　連結層所提供的服務

雖然任何連結層的基本服務都是透過單一的通訊連結將資料報從某個節點移動到其相鄰節點，但其所提供的服務細節，則可能會依連結層協定不同而有所不同。連結層協定可能提供的服務包括：

◆ **建立訊框**。幾乎所有的連結層協定在透過連結傳輸資料之前，都會將網路層資料報封裝在連結層訊框內。訊框包含一份資料欄位，其中會放入網路層資料報；此外還有一些標頭欄位。訊框的結構是由連結層協定所制訂。本章後半在檢視特定的連結層協定時，我們會看到幾種不同的訊框格式。

◆ **連結存取**。媒介存取控制（Medium Access Control，MAC）協定規範了將訊框傳輸到連結上頭的規則。針對連結一端只有單一傳送者，另一端也只有單一接收者的點到點連結而言，MAC 協定很簡單（或不存在）——只要連結閒置，傳送端就可以送出訊框。比較有趣的情況是當有多個節點共用單一的廣播連結時——所謂的多重存取問題。這時，MAC 協定會負責協調多個節點的訊框傳輸。

◆ **可靠的投遞**。當連結層協定提供可靠的投遞服務時，它會保證正確無誤地將網路層資料報搬移通過連結。請回想一下，某些傳輸層協定（如 TCP）也提供了可靠的投遞服務。與傳輸層的可靠投遞服務類似，連結層的可靠投遞服務通常也是透過確認及重送機制來達成（請參見 3.4 節）。連結層的可靠投遞服務通常會使用在容易出現高錯誤率的連結，例如無線連結上，目的是就地更正錯誤——在發生錯誤的連結上更正錯誤——而非由傳輸層或應用層協定強制執行端點到端點的重送。然而，對於低位元錯誤率的連結，包括光纖、同軸電纜，還有多種雙絞銅線連結而言，連結層的可靠投遞有可能會被視爲無謂的負擔。因此，許多有線連結層協定並不提供可靠的投遞服務。

◆ **錯誤偵測和更正**。接收端節點的連結層硬體，可能會將訊框中某個送出時值爲 1 的位元誤判爲 0，或反之。訊號衰減或電磁雜訊便可能會造成這類位元錯誤。因爲我們並不需要轉送包含錯誤的資料報，所以許多連結層協定會提供偵測這類位元錯誤的機制。我們會讓傳送端的節點在訊框中加入錯誤偵測位元，然後令接收端節點執行錯誤檢查，藉以完成這項任務。請回想第三章與第四章，網際網路的傳輸層跟網路層也會提供有限形式的錯誤偵測——網際網路檢查和。連結層的錯誤偵測通常比較精密，並且會在硬體中實作。錯誤更正與錯誤偵測類似，然而接收端不僅可以偵測到訊框中發生位元錯誤，也可以準確地判斷出訊框是在哪裡發生錯誤（進而更正這些錯誤）。

6.1.2　連結層實作於何處

在深入連結層的詳盡研讀之前，讓我們先想想連結層究竟實作於何處的問題。此處我們會將重點放在終端系統上，因爲我們在第四章學過，連結層是如何實作在路由器的線路卡上。主機的連結層是以硬體還是軟體來實作？它是實作在各別的介面卡，還是晶片上？它與主機的其他硬體、以及作業系統元件之間如何介接？

圖 6.2 顯示了典型的主機架構。大部分的連結層是實作在**網路轉接卡**（**network adapter**）上，網路轉接卡有時也稱作**網路介面卡**（**network interface card，NIC**）。網路轉接卡的核心部分是一具連結層控制器，通常使用單一的特殊用途晶片來實作許多本節前述的網路層服務（建立訊框、連結存取、錯誤偵測等等）。因此，連結層控制器大部分的功能都實作在硬體之中。例如，Intel 的 710 控制器 [Intel 2016] 實作了我們將會在 6.5 節學到的乙太網路協定；Atheros AR5006 [Atheros 2016] 控制器則實作了我們會在第七章中加以研讀的 802.11 WiFi 協定。直到 1990 年代晚期，大多數網路轉接卡都還是獨立的卡片（例如 PCMCIA 卡或是可以插入 PC 的 PCI 插槽的插卡），但是有越來越多網路轉接卡被整合到主機的主機板上——所謂的主機板內建 LAN 配置。

在傳送端，控制器會取出由協定堆疊的較高層級所建立並存放在主機記憶體中的資料報，將其封裝在連結層訊框中（填入訊框的各個欄位），然後依照連結存取協定，將訊框傳入到通訊連結中。在接收端，控制器會接收整份訊框，然後將網路層資料報取出。如果連結層具備錯誤偵測功能，則其傳送端控制器會設定訊框標頭中的錯誤偵測位元，接收端控制器則會執行錯誤偵測。

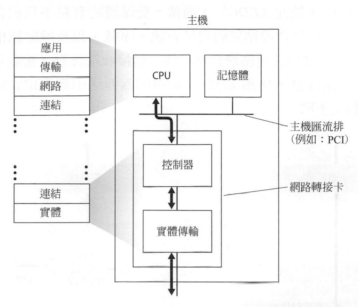

圖 6.2　網路轉接卡：它與其他主機元件，以及協定堆疊功能之間的關連

圖 6.2 顯示了一張連接到主機匯流排（例如 PCI 或 PCI-X 匯流排）的網路轉接卡，它看起來與其他主機元件的 I/O 裝置並無二致。圖 6.2 也說明了雖然大多數連結層是實作在介面卡的硬體上，但是也有部分的連結層是實作在主機 CPU 所執行的軟體中。連結層的軟體元件實作了較高層級的連結層功能，例如整合連結層的定址資訊以及啟動控制器硬體。在接收端，連結層軟體會回應來自於控制器的中斷（例如因為收到一或多份訊框），處理錯誤狀況，以及將資料報上交給網路層。因此，連結層是軟體與硬體的組合——協定堆疊中軟硬體相遇的所在。[Intel 2016] 從軟體設計的角度，提供了一份關於 XL710 控制器流暢易讀的概述（以及詳盡的說明）。

6.2　錯誤偵測與更正技術

在前一節中，我們提過位元層級的錯誤偵測與更正（**bit-level error detection andcorrection**），意即針對從節點傳送給與其實體相連之相鄰節點的訊框，偵測及更正其中位元的損毀。錯誤偵測及更正是兩種連結層經常會提供的服務。我們在第三章看到，傳輸層通常也會提供錯誤偵測與更正服務。在本節中，我們會檢視一些最簡單的，可以用來偵測，並且能夠在某些情況中更正這類位元錯誤的技術。關於此

項議題之理論與實作的完整論述，本身便是許多教科書的主題（例如 [Schwartz 1980] 或 [Bertsekas 1991]），我們在此只提供必要的簡短描述。我們在此處的目標是對於錯誤偵測與更正技術所提供的功能取得直覺性的認知，並瞭解一些簡單技術的運作方式，以及這些技術要如何實際使用於連結層中。

圖 6.3 描繪了我們的學習環境。傳送端節點為了防阻位元錯誤，而在資料 D 上加入了錯誤偵測與更正位元（EDC）。通常，受保護的資料不只包含網路層向下交給連結層的資料報，也包含連結層的定址資訊、序號、以及連結訊框標頭中的其他欄位。D 跟 EDC 都會被放在連結層訊框中傳送給接收端節點。接收端會收到一連串的位元 D' 跟 EDC' 請注意，D' 跟 EDC' 可能會因為傳送中發生位元的改變，而與原本的 D 跟 EDC 有所不同。

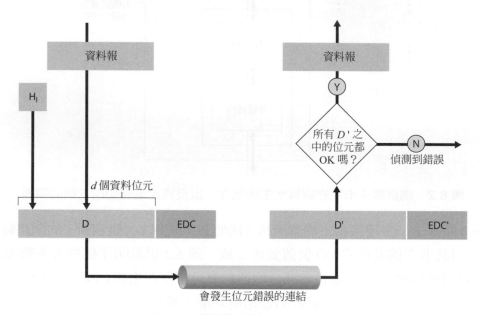

圖 6.3　錯誤偵測與更正的情境

接收端所面臨的挑戰是在只收到 D' 跟 EDC' 的狀況下，判斷 D' 是否與原本的 D 相同。在圖 6.3 中，接收端所做的判斷為何，其確切用詞很重要（我們問的是，是否有偵測到錯誤，而非是否有發生錯誤！）。錯誤偵測與更正技術讓接收端有時可以，但並非必然可以偵測出位元錯誤的發生。即使使用錯誤偵測位元，還是可能會有偵測到的**位元錯誤（undetected bit error）**；也就是說，接收端可能沒有察覺到它所收到的資訊中含有位元錯誤。因此，接收端可能會將毀損的資料報交給網路層，或是沒有發覺訊框標頭欄位中的內容已然損毀。因此，我們希望能選擇一種錯誤偵測的策略，將這種情形發生的可能性盡量降低。一般而言，越精密的錯誤偵測與更正技術（也就是說，未偵測到位元錯誤的可能性較小）會造成越大的負擔——需要越多的運算資源以進行運算及傳輸較多的錯誤偵測與更正位元。

現在，讓我們來檢視三種用來偵測資料傳輸錯誤的技術——同位檢查（以說明錯誤偵測與更正技術背後的基本觀念）、檢查和方法（較常使用於傳輸層中），以及循環冗餘檢查（較常使用於轉接卡的連結層中）。

6.2.1　同位檢查

也許最簡單的錯誤偵測形式，就是使用單一的**同位位元（parity bit）**。假設我們要傳送的資訊，圖 6.4 中的 D，包含 d 個位元。在偶同位檢查策略中，傳送端只需加入一個額外的位元，選擇其數值，使得在這 $d + 1$ 個位元（原來的資料再加上一個同位位元）中，1 的總數為偶數。在奇同位策略中，我們則會選擇同位位元的數值，使得 1 總共有奇數個。圖 6.4 描繪了偶同位策略，其中單個同位位元是被儲存在個別的欄位中。

圖 6.4　一位元的偶同位策略

使用單個同位位元時，接收端的操作也很簡單。接收端只需要計算它所收到的 $d + 1$ 個位元中，1 的數目有多少個即可。如果在偶同位策略中發現奇數個數值為 1 的位元，接收端便知道至少發生了一個位元錯誤。更精確地說，它便知道發生了奇數次的位元錯誤。

但是如果發生了偶數次的位元錯誤時，會發生什麼事情？可以想見，這會造成未被偵測到的錯誤。如果位元錯誤發生的機率很小，而且可以假設各位元發生的錯誤之間是無關的，則封包中有多個位元發生錯誤的機率將會極小。在這種情形下，單個同位位元可能就足夠了。然而，量測數據顯示，錯誤通常是以「爆量」（burst）的方式集群出現，而非各自獨立地發生。在爆量的錯誤情形下，受單個同位位元保護的訊框，發生未偵測到的錯誤的機率可能將近 50% [Spragin 1991]。顯然，我們需要更強韌的錯誤偵測策略（而且幸運地，它們已經被使用在實際運作上！）。但是在檢視實際採行的錯誤偵測策略前，讓我們先考量一下單位元同位策略簡單的延伸改良，這會讓我們對於錯誤更正技術有更深刻的理解。

圖 6.5 顯示了單位元同位策略的二維延伸。在這種狀況下，D 中的 d 個位元會被排成為 i 列跟 j 行。我們會為每行跟每列都計算其同位值。如此所得的 $i + j + 1$ 個同位位元，便構成了連結層訊框的錯誤偵測位元。

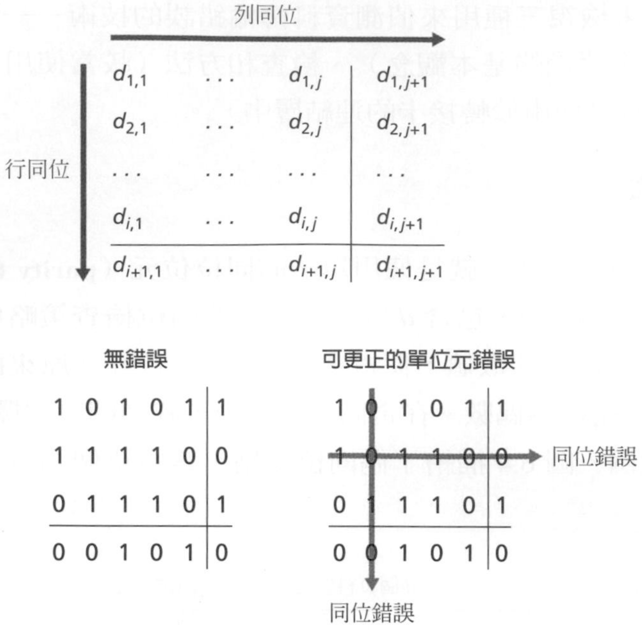

列同位

行同位

$d_{1,1}$ ... $d_{1,j}$ $d_{1,j+1}$
$d_{2,1}$ ... $d_{2,j}$ $d_{2,j+1}$
... ...
$d_{i,1}$ ... $d_{i,j}$ $d_{i,j+1}$
$d_{i+1,1}$ ... $d_{i+1,j}$ $d_{i+1,j+1}$

無錯誤

1 0 1 0 1 | 1
1 1 1 1 0 | 0
0 1 1 1 0 | 1
0 0 1 0 1 | 0

可更正的單位元錯誤

1 0 1 0 1 | 1
1 0 1 1 0 0 → 同位錯誤
0 1 1 1 0 1
0 0 1 0 1 0

↓ 同位錯誤

圖 6.5　二維的偶同位策略

　　現在，假設原始的 d 個位元資訊中，發生了單一的位元錯誤。使用這種二**維同位**（**two-dimensional parity**）策略，包含該錯誤位元的行跟列，其同位值都會出現錯誤。因此，接收端不只能夠偵測到單一位元錯誤的發生，也可以使用發生同位錯誤的行索引跟列索引，確切指出損毀的位元為何，並加以更正！圖 6.5 顯示了一個例子，其中位於位置（2, 2）的 1 值位元遭到損毀而改變為 0——這是個接收端有辦法加以偵測並更正的錯誤。雖然我們的討論著重在原始的 d 位元資訊上，但同位位元本身所發生的單一錯誤也是可以加以偵測並更正的。二維同位也可以偵測到（但無法更正！）封包中任兩個位元同時發生錯誤的情形。其他二維同位元策略的特性，我們會在章末的習題加以探討。

　　接收端能夠偵測並更正錯誤的能力，稱作**向前糾錯**（**forward error correction，FEC**）。這些技術經常會被使用在音訊儲存與播放裝置，如音樂 CD 上。在網路環境下，FEC 技術可以單獨使用，或是跟類似於我們在第三章中檢視過的連結層 ARQ 技術一起使用。FEC 技術很有價值，因為它們可以減少傳送端所需的重送次數。或許更重要的是，它們讓接收端可以馬上更正錯誤。這讓我們可以不需等待傳送端收到 NAK 封包，然後將重送的封包傳回給接收端，兩者所需的來回傳播延遲——這對於即時性的網路應用 [Rubenstein 1998] 或是有著冗長傳播延遲的連結（例如外太空連結）來說，可能是項很重要的優勢。檢驗 FEC 要如何使用在錯誤控制協定中的研究包括 [Biersack 1992; Nonnenmacher 1998; Byers 1998; Shacham 1990]。

6.2.2　檢查和方法

在檢查和技術中，圖 6.4 中 d 位元的資料會被視爲一連串 k 位元的整數。某種簡單的檢查和方法，就是簡單地將這些 k 位元的整數加總，然後使用所得的總和值作爲錯誤偵測位元。**網際網路檢查和（Internet checksum）** 便是建立在此種方法之上——位元組的資料被視爲許多個 16 位元的整數然後將它們加總。接著，這份總和值的 1 補數便構成網際網路檢查和，它會被夾帶在區段的標頭中。如 3.3 節所討論的，接收端會計算所收到之資料（包括檢查和）的總和的 1 補數，然後檢查計算結果是否每個位元都爲 1，以確認檢查和。如果有任何位元爲 0，就表示有錯誤發生。RFC 1071 詳盡討論了網際網路檢查和的演算法及其實作。在 TCP 與 UDP 協定中，網際網路檢查和是針對所有的欄位（包括標頭與資料欄位）進行計算。在 IP 協定中，檢查和則只會針對 IP 標頭進行計算（因爲 UDP 或 TCP 區段有自己的檢查和）。在其他協定，例如 XTP [Strayer 1992] 中，會有一筆針對標頭進行計算的檢查和，以及另一筆針對整份封包進行計算的檢查和。

　　檢查和方法所需的封包負擔相對來說較小。例如，TCP 與 UDP 的檢查和只會使用 16 位元。然而比起我們以下將要討論且經常使用在連結層中的循環冗餘檢查來說，檢查和所提供的錯誤防堵機制相對來說也比較薄弱。此處，一個很自然的問題是，爲什麼要在傳輸層使用檢查和，在連結層使用循環冗餘檢查呢？請回想一下，傳輸層通常是在主機中，以軟體實作爲主機作業系統的一部分。因爲傳輸層的錯誤偵測是以軟體來實作，使用簡單且快速的錯誤偵測策略如檢查和，是很重要的。另一方面來說，連結層的錯誤偵測則是以專用的硬體實作在轉接卡上，這種硬體可以快速地執行較複雜的 CRC 操作。Feldmeier [Feldmeier 1995] 不僅針對加權檢查和編碼，也針對 CRC（見後）與其他編碼呈現了數種快速的軟體實作技術。

6.2.3　循環冗餘檢查

　　普遍使用在今日計算機網路中的錯誤偵測技術，是建立在**循環冗餘檢查（cyclic redundancy check，CRC）** 編碼之上。CRC 編碼也稱作**多項式編碼（polynomialcode）**，因爲它會將欲傳送的位元串列視爲多項式，以位元串列的 0 與 1 值爲係數；然後把針對位元串列所進行的操作解讀爲多項式的算術。

　　CRC 編碼的運作如下。請考量某份 d 位元的資料 D，傳送端節點想要將之傳送給接收端節點。傳送端與接收端必須先協議出某個 $r + 1$ 位元的樣式（pattern），稱作**產生器（generator）**，我們以 G 來表示。我們要求 G 的最高有效（最左邊的）位元爲 1。圖 6.6 說明了 CRC 背後的主要概念。針對某份資料 D，傳送端會選擇 r 個額外的位元，R，然後將 R 附加到 D，使得所產生的 $d + r$ 位元圖樣（解讀爲二進位數字）

使用 2 模數的除法正好可以被 G 整除（亦即沒有餘數）。如此一來，CRC 的錯誤檢查程序就很簡單了：接收端會將收到的 $d + r$ 位元除以 G。如果餘數不為 0，接收端就知道有錯誤發生；否則，所收到的資料就是正確的。

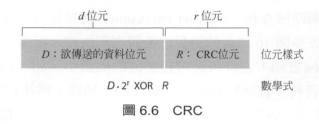

圖 6.6　CRC

所有的 CRC 計算都是以加法不進位，減法不借位的 2 模數運算來進行。這表示加法和減法一模一樣，兩種運算都等同於對運算元進行逐位元互斥或（exclusive-or）運算。因此，例如，

```
1011 XOR 0101 = 1110
1001 XOR 1101 = 0100
```

同樣地，我們也可以得到

```
1011 - 0101 = 1110
1001 - 1101 = 0100
```

乘法和除法使用的一樣也是 2 進位算術，只是任何過程中所需的加法及減法都不會進位或借位。就像一般的二進位算術一樣，乘以 2^k 會將位元樣式左移 k 個位元。因此，已知 D 跟 R，量值 $D \cdot 2^r$ XOR R 會產生圖 6.6 所示的 $d + r$ 位元的樣式。我們會在以下討論中使用圖 6.6 的 $d + r$ 位元樣式的代數特性。

現在，讓我們轉而探討傳送端要如何計算 R 這項重要問題。請回想一下，我們想要求出 R，使得會有某個 n 值令

$$D \cdot 2^r \text{ XOR } R = nG$$

也就是說，我們想要選擇 R 使得 $D \cdot 2^r$ XOR R 除以 G 不會有餘數。如果我們對上述等式的兩側都做 XOR（也就是說，2 模數的加法，沒有進位）R，便會得到

$$D \cdot 2^r = nG \text{ XOR } R$$

這個等式告訴我們，如果我們將 $D \cdot 2^r$ 除以 G，餘數就一定剛好是 R。換句話說，我們可以使用以下方法來計算 R

$$R = 餘數 \frac{D \cdot 2^r}{G}$$

　　圖 6.7 說明了針對 $D = 101110$、$d = 6$、$G = 1001$ 以及 $r = 3$ 進行這項運算的情形。在這個情況下所送出的 9 個位元會是 101110 011。你應該自行檢查這些計算，並檢查等式 $D \cdot 2^r = 101011 \cdot G$ XOR R 確實正確。

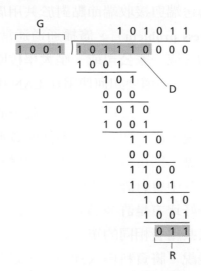

圖 6.7　CRC 的計算範例

　　人們針對 8 位元、12 位元、16 位元以及 32 位元的產生器 G 定義了國際標準。CRC-32 的 32 位元標準被許多連結層的 IEEE 協定所採用，此種標準所使用的產生器為

$$G_{CRC\text{-}32} = 100000100110000010001110110110111$$

　　各種 CRC 標準都可以偵測出少於 $r + 1$ 位元的爆量錯誤（這意味著我們可以偵測出所有小於等於 r 位元的連續位元錯誤）。此外，在適當的假設下，偵測出長度大於 $r + 1$ 位元爆量錯誤的機率是 $1 - 0.5^r$。此外，每種 CRC 標準都可以偵測出任何奇數位元的錯誤。請參見 [Williams 1993] 對於實作 CRC 檢查的討論。CRC 編碼背後的理論以及威力更強大的編碼方式，已經超出本書的範圍了。[Schwartz 1980] 提供了有關這個主題的極佳介紹。

6.3　多重存取連結與協定

在本章的導言中，我們提過網路連結有兩種：點到點連結與廣播連結。**點到點連結**（**point-to-point link**）是由連結其中一端的單一傳送端，以及連結另一端的單一接收端所構成。許多連結層協定都是針對點到點連結所設計的；點對點協定（pointto-point protocol，PPP）與高階資料連結控制（high-level data link control，HDLC）就是這類協定的其中兩者。連結的第二種類型，**廣播連結**（**broadcast link**），可以將多個傳送端節點與多個接收端節點全都連接到同一條共用的廣播通道上。我們在此處使用廣

播這個詞彙，是因爲當任何節點傳送訊框時，通道都會將這份訊框廣播出去，而其他所有節點都會收到一份副本。乙太網路跟無線 LAN 就是使用廣播連結層技術的例子。在本節中，我們暫時擱置特定的連結層協定，先探討對連結層來說一個重要的核心問題：如何協調多個傳送端與接收端節點對於共用廣播通道的存取——所謂的**多重存取問題（multiple access problem）**。廣播通道通常會被使用在 LAN 中，一種實體位置集中在單一建築物（或一家公司或一座大學校園）中的網路。因此，在本節最後，我們也會檢視多重存取通道要如何使用在 LAN 中。

我們都很熟悉廣播的概念——從電視發明以來就一直在使用廣播。但是，傳統電視是單向的廣播（也就是說，從一個固定節點傳輸資料給多個接收節點），然而計算機網路廣播通道中的節點，則可以同時接收跟傳送資料。或許廣播通道比較貼切的人際比喻是雞尾酒會，其中會有許多人聚在一間大房間裡說話及聆聽（空氣提供了廣播的媒介）。第二個好比方是許多讀者所熟悉的地方——教室——其中老師（們）跟學生（們）也同樣共用著相同的單一廣播媒介。這兩種情境的核心問題都在於決定誰要發言（也就是說，將資料傳入通道），以及何時發言。身爲人類，我們已經發展出一套精密的協定來共用廣播通道：

「人人都有機會發言。」

「沒叫你發言之前不可以發言。」

「不要獨占對話時間。」

「有問題請舉手。」

「不要打斷別人的發言。」

「別人在說話的時候，不可以睡著。」

計算機網路也擁有類似的協定——所謂的**多重存取協定（multiple accessprotocol）**——節點會藉之來規範它們對於共用廣播通道的傳輸。如圖 6.8 所示，各式各樣的網路環境都需要多重存取協定，其中包括有線及無線區域網路，還有衛星網路。雖然技術上來說每個節點都是透過其轉接卡使用廣播通道，但是在本節中，我們會使用節點來指稱進行傳送與接收的裝置。在實際運作上，可能會有數百甚至數千個節點直接透過廣播通道進行通訊。

因爲所有節點都可以傳送訊框，所以同時可能會有超過兩個節點在傳送訊框。當這種情形發生時，所有節點都會同時收到多份訊框；也就是說，所傳送的訊框會在所有的接收端發生**碰撞（collide）**。一般來說，發生碰撞時，沒有任何接收端節點可以瞭解任何被傳送的訊框的意義；就某種概念來說，發生碰撞的訊框其訊號會變得糾結難分。因此，所有涉入碰撞的訊框都會遺失，而在發生碰撞的期間，廣播通道便被浪費掉了。顯然地，如果有許多節點會經常想要傳送資料，就會有許多傳送導致碰撞，廣播通道就會有大量的頻寬被浪費掉。

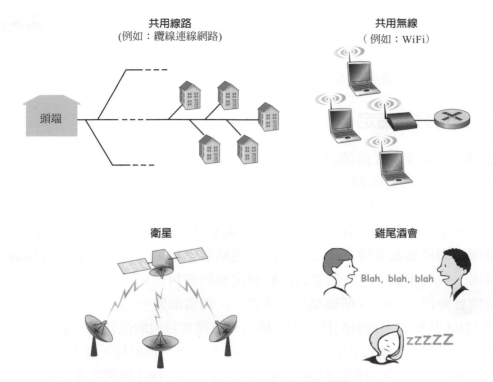

圖 6.8　各式各樣的多重存取通道

　　為了確保有多個節點正在運作時，廣播通道仍然能夠執行有效的工作，我們需要採取某些措施來協調這些正在運作的節點的傳輸。這項協調工作，便是多重存取協定的職責。過去 40 年來，有數以千計的論文跟數以百計的博士論文以多重存取協定為主題撰寫；關於這個主題前 20 年研究成果的廣泛綜合考察報告，請參見 [Rom1990]。此外，關於多重存取協定的研究持續活絡地進行著，因為新型態的連結一直出現，特別是新型態的無線連結。

　　這些年來，有許多多重存取協定被實作在各式各樣的連結層技術中。不過，所有的多重存取協定幾乎都可以分為三種類型之一：**通道分割協定（channel partitioning protocol）**、**隨 機 存 取 協 定（random access protocol）**和**輪 流 存 取 協 定（taking-turnsprotocol）**。在以下三個小節中，我們會分別討論這三類存取協定。

　　在這份概述的最後，讓我們指出，理想上，針對傳輸速率為每秒 R 位元的廣播通道，我們希望多重存取協定應該擁有以下特性：

◆ 在只有一個節點有資料要傳送時，可以得到 R bps 的產出率。

◆ 當 M 個節點有資料要傳送時，每個節點都可以得到 R/M bps 的產出率。這不一定意味這 M 個節點都會一直得到穩定的傳輸速率 R/M，而是每個節點在某段適當定義的期間，應該都可以得到平均傳輸速率 R/M。

◆ 此協定爲分散式的，也就是說，沒有所謂的主節點，其失效足以導致整體網路的失效。

◆ 協定要簡單，才能廉價地實作。

6.3.1　通道分割協定

請回想我們先前於 1.3 節的討論，分時多工（TDM）與分頻多工（FDM）是兩種可以用來將廣播通道的頻寬分割給所有共用通道的節點的技術。例如，假設通道可以支援 N 個節點，而通道的傳輸速度是 R bps。TDM 會將時間分割成**時框**（time frame），再進一步地將每個時框分割成 N 個**時槽**（time slot）（請不要把 TDM 的「時框」跟傳送端與接收端轉接卡之間交換的連結層資料單位「訊框」兩者搞混。爲了避免混淆，在這小節中，我們會將連結層交換的資料單位稱作「封包」）。接著，各個時槽會分別分配給 N 個節點的其中之一。每當節點有封包要傳送時，它必須在輪轉的 TDM 時框中，就分配給它的時槽內，傳送其封包的位元。一般來說，時槽大小會適當加以選擇，使得我們能夠在一個時槽內送出一份封包。圖 6.9 描繪了簡單的四節點 TDM 例子。讓我們回到雞尾酒會的比喻，以 TDM 規範的雞尾酒會會在固定的時段中讓某位客人發言，接著再讓另一位客人以同樣長的時間發言，然後依此類推。一旦每個人都有過發言機會之後，這個模式便會再次重複。

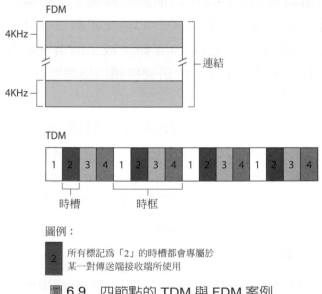

圖 6.9　四節點的 TDM 與 FDM 案例

　　TDM 的迷人之處在於它消除了碰撞，而且相當公平：每個節點在每個時框時間內，都可以得到專用的傳輸速率 R/N bps。然而，它有兩項主要的缺點。首先，節點會受限於 R/N bps 的平均傳輸速率，縱使它是唯一有封包要傳送的節點亦然。第二項缺點是，節點永遠必須等待傳輸順序輪到自己——同樣地，縱使它是唯一有訊框要

傳送的節點亦然。想像一下，有某位客人是唯一有話想說的人（請再想像甚至更罕見的情形，宴會裡所有人都想聽聽這個人要說些什麼）。顯然，對這場特殊的宴會而言，TDM 是種差勁的多重存取協定選擇。

相較於 TDM 是以時間來共用廣播通道，FDM 會將 R bps 的通道切分成不同的頻率（每段都擁有 R/N 的頻寬），然後將各段頻率分別分配給 N 個節點的其中之一。因此，FDM 會在一個較大的 R bps 通道下，建立 N 個較小的 R/N bps 通道。FDM 與 TDM 擁有共同的優缺點。它可以避免碰撞，並且公平地將頻寬分配給 N 個節點。然而 FDM 也擁有 TDM 的主要缺點——節點會受限於 R/N 的頻寬，縱使它是唯一有封包要傳送的節點亦然。

第三種通道分割協定為**分碼多重存取**（code division multiple access，CDMA）。相較於 TDM 及 FDM 分別會將時槽跟頻率分配給節點，CDMA 則是會為每個節點分配不同的。接著各個節點就會使用它獨有的碼，來編碼其傳送的資料位元。如果我們謹慎地選擇碼，CDMA 網路便會擁有相當良好的特性，不同節點可以同時進行傳輸，而儘管傳輸會被其他節點所干擾，但各自的接收端還是能夠正確地收到傳送端的資料位元（假設接收端知道傳送端的碼）。CDMA 已在軍事系統中被使用良久（因為其防壅塞的特性），現在也被廣泛運用在日常生活裡，特別是在行動電話網路中。因為 CDMA 的用途與無線通道息息相關，所以我們會將關於 CDMA 技術性細節的討論保留到第七章。目前，我們只需知道 CDMA 編碼跟 TDM 的時槽及 FDM 的頻率一樣，都可以配置給多重存取通道的使用者即可。

6.3.2　隨機存取協定

多重存取協定的第二大類，便是隨機存取協定。在隨機存取協定中，進行傳輸的節點永遠是以通道的全速，亦即 R bps 來進行傳輸。發生碰撞時，所有涉及碰撞的節點都會反覆地重送其訊框（意指封包），直到訊框成功送出不再發生碰撞為止。但是當節點經歷碰撞時，不一定要馬上重送其訊框。反之，在重送訊框前，它會等待一段隨機的延遲時間。所有涉及碰撞的節點都會各自獨立地選擇其隨機的延遲時間。因為隨機的延遲時間是獨立選擇的，所以可能會有其中一個節點所選擇的延遲時間比其他發生碰撞的節點所選擇的延遲時間來得短上夠多，而因此能趁隙將訊框送上通道，不再發生碰撞。

過往的文獻中，就算沒有數百種，也有好幾打描繪隨機存取的協定 [Rom 1990; Bertsekas 1991]。在本節中，我們會說明幾種最常用的隨機存取協定—— ALOHA 協定 [Abramson 1970; Abramson 1985; Abramson 2009] 與載波感測多重存取（carrier sense multiple access，CSMA）協定 [Kleinrock 1975b]。乙太網路 [Metcalfe 1976] 是一種很受歡迎並且被廣泛採用的 CSMA 協定。

◈ 分槽式 ALOHA

讓我們從一種最簡單的隨機存取協定，分槽式 ALOHA 協定，來展開我們對於隨機存取協定的學習。在針對分槽式 ALOHA 的描述中，我們假設：

◆ 所有的訊框都包含恰好 L 位元。

◆ 時間會被切分成大小為 L/R 秒的時槽（也就是說，一個時槽等同於傳送一份訊框的時間）。

◆ 節點只會在時槽的起始點開始傳輸訊框。

◆ 各節點是同步的，因此每個節點都知道時槽是從何時開始。

◆ 如果有兩份以上的訊框在時槽內發生碰撞，則所有節點都會在時槽結束前偵測到碰撞。

令 p 代表一個機率，亦即一個介於 0 與 1 之間的數值。分槽式 ALOHA 在各節點中的運作方式很簡單：

◆ 當節點有新訊框要傳送時，它會等待到下個時槽開始時，在該時槽內傳輸整份訊框。

◆ 如果沒有發生碰撞，此節點就能成功地傳輸其訊框，因此無需考慮重送訊框（此節點可以準備另一份新訊框來傳輸，如果有的話）。

◆ 如果發生碰撞的話，節點會在時槽結束前偵測到碰撞。此節點會在之後的各個時槽中，以機率 p 重送該訊框，直到送出的訊框不再發生碰撞為止。

所謂以機率 p 進行重送，我們意指節點就像是在投擲一枚不公平的硬幣一樣；投出正面代表「重送」，發生機率為 p。投出反面則代表「略過這個時槽，在下個時槽再投擲一次硬幣」；發生機率為 $(1 - p)$。所有涉及碰撞的節點都會各自獨立地投擲它們的硬幣。

分槽式 ALOHA 看來似乎有許多優點。與通道分割不同，只要節點是唯一在運作的節點，分槽式 ALOHA 便能讓該節點持續地以全速 R 進行傳輸（如果節點有訊框要傳送，我們便說它是正在運作的節點）。分槽式 ALOHA 也是高度分散式的，因為每個節點都會偵測碰撞，並且會各自獨立地決定何時要進行重送（然而，分槽式 ALOHA 卻會要求各節點的時槽必須同步；稍後我們會討論非分槽式版本的 ALOHA 協定以及 CSMA 協定，這兩種協定都不需要這種同步化行為）。分槽式 ALOHA 也是一種極度簡單的協定。

只有一個節點正在運作時，分槽式 ALOHA 的運作相當良好，但是有多個節點正在運作時，其效率又如何呢？此處有兩種可能的效率考量。首先，如圖 6.10 所示，有多個節點正在運作時，有一部分時槽會因為發生碰撞而被「浪費掉」。第二

項考量是，會有另一部分時槽是閒置的，因為所有正在運作的節點都因為機率性的傳輸策略的緣故，而按兵不動不進行傳輸。只有恰好有一個節點在進行傳輸時，時槽才「不會被浪費」。恰好只有一個節點在進行傳輸的時槽，稱作成功的**時槽**（**successfulslot**）。分槽式多重存取協定的**效率**（**efficiency**），其定義為當有大量正在運作的節點，而且每個節點都有大量的訊框要傳送時，在長時運作下成功的時槽所佔的比例。請注意，如果不使用任何形式的存取控制，每個節點在每次發生碰撞之後都會立即進行重送，其效率將會是零。顯然地，分槽式 ALOHA 會將效率增加至 0 以上，但是以上多少？

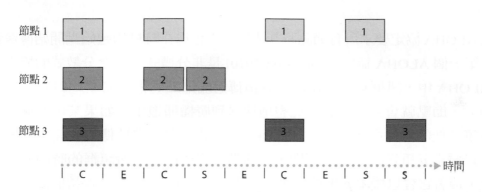

圖 6.10 節點 1、2、3 在第一個時槽發生碰撞。節點 2 最後在第四個時槽成功傳送，節點 1 在第八個時槽，節點 3 則在第九個時槽

我們現在繼續來描繪要如何推導分槽式 ALOHA 的最大效率。為了讓這份推導過程簡單易懂，我們稍微修改一下這個協定，假設每個節點在每個時槽內都會試圖以機率 p 傳送訊框（也就是說，我們假設每個節點永遠都有訊框要傳送，不管是新訊框或發生過碰撞的舊訊框，節點都會以機率 p 進行傳送）。假設有 N 個節點。則某個時槽為成功時槽的機率，就等於只有一個節點在進行傳輸，而其他 $N - 1$ 個節點都沒有在進行傳輸的機率。某一特定節點進行傳輸的機率為 p；剩下的節點沒有在進行傳輸的機率則為 $(1 - p)^{N-1}$。

因此，特定節點的成功機率為 $p(1 - p)^{N-1}$。因為總共有 N 個節點，所以 N 個節點中剛好只有一個節點成功的機率便等於 $Np(1 - p)^{N-1}$。因此，當總共有 N 個節點在運作，分槽式 ALOHA 的效率便等於 $Np(1 - p)^{N-1}$。要求出 N 個運作中節點的最大效能，我們必須求出能令此運算式得到最大值的 p*（請參見習題對於此一推導過程的普遍性描述）。此外，為了針對大量正在運作的節點求取最大效率，我們會針對 N 趨近於無限大，求取 $Np*(1 - p*)^{N-1}$ 的極限（同樣地，請參見習題）。在執行這些計算之後，我們發現此協定的最大效率為 $1/e = 0.37$。也就是說，當有大量節點各自

擁有許多訊框要進行傳輸時,則(在最佳情況下)只有 37% 的時槽會執行有用的工作。因此,通道的有效傳輸速率不是 R bps,而是 0.37 R bps!類似的分析也顯示出有 37% 的時槽是未使用的,還有 26% 的時槽會發生碰撞。

　　請想像一下某位可憐的網管,他購買了 100-Mbps 的分槽式 ALOHA 系統,然後期待他可以使用網路在大量使用者之間以,例如,合計 80 Mbps 的速率來傳送資料!雖然通道能夠以 100 Mbps 的完整通道速率來傳送個別的訊框,但是長期來看,此通道的成功產出率將小於 37 Mbps。

◇ Aloha

分槽式 ALOHA 協定要求所有節點將其傳輸同步化為在時槽的起始點開始傳送資料。事實上第一個 ALOHA 協定 [Abramson 1970] 是非分槽式,完全分散式的協定。在純粹的 ALOHA 中,訊框只要一出現(意指傳送端節點的網路層將網路層資料報傳遞下來時),節點就會立即將訊框完整地傳送到廣播通道中。如果某份傳輸的訊框與一或多筆其他的傳輸發生碰撞,則此節點會立即(在完整地傳輸完發生碰撞的訊框之後)以機率 p 重送該訊框。否則,該節點會等待傳輸一份訊框的時間。在該次等待之後,接著它會以機率 p 來傳輸訊框,或以機率 $1 - p$ 等待(保持閒置)另一次訊框時間。

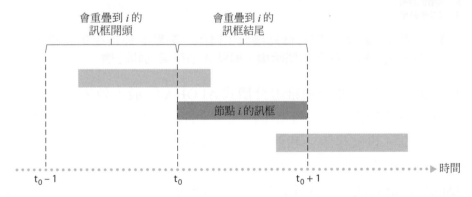

圖 6.11　在純粹 ALOHA 中受到干擾的傳輸

　　為了判斷純粹 ALOHA 的最大效率,我們將焦點放在個別的節點上。我們使用與分槽式 ALOHA 分析中相同的假設,並且將訊框的傳輸時間當作單位時間。在任何時刻,節點正在傳輸訊框的機率是 p。假設這份訊框是在時刻 t_0 開始進行傳輸。如圖 6.11 所示,為了讓這份訊框能成功傳輸,任何節點都不可以在時間區間 $[t_0 - 1, t_0]$ 內開始進行傳輸。因為這些傳輸將會與節點 i 傳輸訊框的起始點重疊。在這段期間中,其他所有節點都不會開始進行傳輸的機率為 $(1 - p)^{N-1}$。同樣地,當節點 i 正在進行傳輸時,也沒有任何節點可以開始傳輸,因為如此進行的傳輸將會與節點 i 所進行的傳輸的後半部重疊。在這段時間內其他所有節點都不會開始進行傳輸的機率也

是 $(1-p)^{N-1}$。因此，特定節點能夠成功進行傳輸的機率為 $p(1-p)2^{N-1}$。就像分槽式 ALOHA 的情形一樣，我們也對之取極限值，我們會發現純粹 ALOHA 協定的最大效率只有 $1/(2e)$ ——正好是分槽式 ALOHA 的一半。這便是使用完全分散式 ALOHA 協定所必須付出的代價。

◈ 載波感測多重存取（CSMA）

在分槽式與純粹 ALOHA 中，節點的傳輸判斷跟廣播通道上其他相連節點的活動完全無關。更明確的說，節點在開始進行傳輸時，並不會去注意到是否有其他節點正好也在進行傳輸，有其他節點開始干擾它的傳輸時，它也不會停止傳輸。就我們的雞尾酒會比喻而言，ALOHA 協定就像一位無禮的客人，不管別人有沒有在講話，都一直喋喋不休。身為人類，我們也有人類的協定，不僅讓我們舉止更加有禮，也能夠減少談話時花在跟別人「碰撞」的時間，從而增加我們在談話時所能交換的資料量。具體而言，有禮貌的人類交談有兩項重要規矩：

◆ **說話之前先聆聽**。如果有人正在說話，請等到他們把話說完。在網路世界中，這被稱作**載波感測**（**carrier sensing**）——一個節點在進行傳輸前，會先聆聽通道的情形。如果有另一個節點正在將訊框傳輸到通道中，則節點會等待直到它感測到通道已經處於閒置狀態一小段時間了，然後才會開始傳輸訊框。

◆ **如果有別人跟你同時開始發言，則停止發言**。在網路世界中，這稱作**碰撞偵測**（**collision detection**）——進行傳輸的節點在傳輸時也會聆聽通道。如果它偵測到有另一個節點也在傳輸會造成干擾的訊框，它便會停止傳輸並等待一段隨機時間，然後才重複這種「感測並在閒置時才傳輸」的循環。

這兩條規則均被實際採用於**載波感測多重存取**（**carrier sense multiple access**，**CSMA**）與使用碰撞偵測的 CSMA（CSMA with collision detection，CSMA/CD）協定中 [Kleinrock 1975b; Metcalfe 1976; Lam 1980; Rom 1990]。研究者提出過許多不同版本的 CSMA 與 CSMA/CD。此處，我們則會考量 CSMA 與 CSMA/CD 一些最重要且最基本的特性。

關於 CSMA 你可能會問的第一個問題是，如果所有的節點都會進行載波感測，為什麼還會發生碰撞呢？畢竟，節點只要偵測到有其他節點正在進行傳輸，它就會抑制自己的傳輸。這個問題的答案利用時空示意圖便可以做出最佳的說明 [Molle 1987]。圖 6.12 展示了四個連接到線性廣播匯流排的節點（A、B、C、D）的時空示意圖。橫軸顯示了各個節點在空間中的位置；縱軸則表示時間。

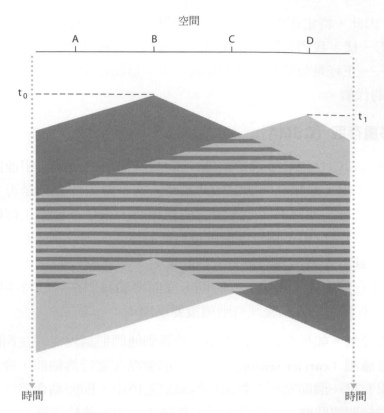

圖 6.12　傳輸時發生碰撞的兩個 CSMA 節點的時空示意圖

在時刻 t_0，節點 B 感測到通道是閒置的，因為沒有別的節點正在進行傳輸。因此節點 B 開始進行傳輸，它所傳送的位元會沿著廣播媒介雙向傳播。圖 6.12 中，B 的位元隨時間增加向下前進的傳播路徑，表示 B 的位元實際在沿著廣播媒介進行傳播（儘管速度接近於光速）時，所需的時間量大於零。在時刻 $t_1(t_1>t_0)$，節點 D 有訊框想要傳送。雖然在時刻 t_1 節點 B 正在進行傳輸，但是 B 所傳送的位元還沒有到達 D，因此 D 在時間 t_1 會感測到通道是閒置的。根據 CSMA 協定，D 便會開始傳送其訊框。短時間後，B 的傳輸會開始在 D 處與 D 的傳輸彼此干擾。從圖 6.12 中可以明顯看出，廣播通道的端點到端點**通道傳播延遲**（**channel propagation delay**）——訊號從一個節點傳播到另一節點所需的時間——對效能有決定性的影響。傳播延遲時間越長，載波感測節點就有越大的機會無法感測到網路中另一個節點已經開始進行傳輸。

◈ 使用碰撞偵測的載波感測多重存取（CSMA/CD）

在圖 6.12 中，節點並沒有執行碰撞偵測；即使已發生碰撞，B 跟 D 仍然會繼續完整地送出各自的訊框。當節點執行碰撞偵測時，只要一偵測到碰撞，就會馬上中止傳輸。圖 6.13 顯示與圖 6.12 相同的情境，不同的是這兩個節點在偵測到碰撞之後，會在短時間內中止它們的傳送。明顯地，在多重存取協定中加入碰撞偵測，便不用將無用、毀損（由於另一節點的訊框干擾）的訊框完整傳送，從而有助於提升協定的效能。

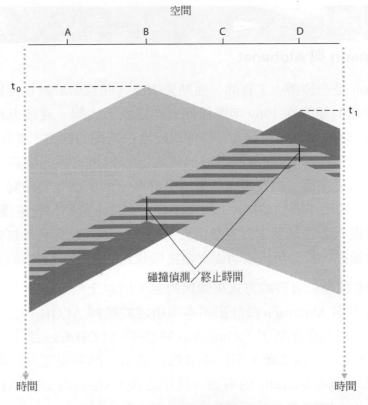

空間

A　　　B　　　C　　　D

t_0

t_1

碰撞偵測／終止時間

時間　　　　　　　　　　　　　　　　時間

圖 6.13　使用碰撞偵測的 CSMA

在我們分析 CSMA/CD 協定之前，先讓我們用連上一個廣播通道的轉接卡（在一個節點中）的觀點，總結一下它的運作情況：

1. 轉接卡會從網路層取得資料報，備妥連結層訊框，然後將訊框放入轉接卡的緩衝區中。

2. 如果轉接卡感測到通道是閒置的（也就是說，沒有來自於通道的訊號能量進入轉接卡中），便會開始傳輸訊框。如果，在另一方面，轉接卡感測到通道正在忙碌，它便會等到它感測不到訊號能量爲止，然後才開始傳輸訊框。

3. 在傳輸訊框時，轉接卡會監控是否有來自於其他正在使用廣播通道的轉接卡的訊號能量出現。

4. 如果轉接卡在傳輸整份訊框的過程中都沒有偵測到來自於其他轉接卡的訊號能量，轉接卡便完成了這份訊框的傳輸。如果，在另一方面，轉接卡在傳輸過程中偵測到來自於其他轉接卡的訊號能量，它會中止傳輸（也就是說，它就會停止傳輸訊框）。

5. 在中止傳輸之後，轉接卡便會等待一隨機的時間量，然後再回到步驟 2。

歷史案例

Norm Abramson 與 Alohanet

Norm Abramson 是一位博士工程師，他熱愛衝浪，而且對於封包交換技術深感興趣。這兩項興趣的組合在 1969 年帶領他來到夏威夷大學。夏威夷是由許多多山的小島所組成，這使得當地很難安裝運作以陸地為基礎的網路。沒去衝浪的時候，Abramson 便思考著要如何設計能透過無線電進行封包交換的網路。他所設計的網路包含一台中央主機，以及遍布於夏威夷群島上的多個次要節點。這個網路有兩個通道，各自使用不同的頻帶。下傳通道會從中央主機將封包廣播給次要主機；上傳通道則會從次要主機傳送封包給中央主機。除了傳送資訊封包外，中央主機也會利用下傳通道，針對每份成功從次要主機收到的封包，發出確認訊息。

因為次要主機是以分散的方式來傳送封包，所以上傳通道無可避免地會發生碰撞。這項觀察讓 Abramson 設計出如本章所述的純粹 ALOHA 協定。1970 年，在來自 ARPA 的持續資助下，Abramson 將他的 ALOHAnet 連上了 ARPAnet。Abramson 的成果之所以重要，不只是因為它是第一個無線電封包網路的案例，也因為他啟發了 Bob Metcalfe 的靈感。幾年之後，Metcalfe 修改 ALOHA 協定，創建了 CSMA/CD 協定與乙太網路 LAN。

需要等待一隨機（而非固定）時間量的理由顯而易見——假如兩個節點在同一時間傳輸訊框，然後它們又等待相同的時間量，那麼它們會永遠地持續碰撞。但是隨機的倒退時間是要從那個良好的時間區間中選出呢？假如該時間區間很大而碰撞節點的數量很小，那麼節點可能會要等上很長的時間（而通道都維持在閒置狀態）之後才能重複其感測並在閒置時才傳輸的步驟。在另一方面，假如該時間區間很小而碰撞節點的數量很大，那麼所選擇的隨機值很可能都幾乎相同，導致傳輸節點會再次的碰撞。我們心目中的時間區間為：當碰撞節點的數量很小時，時間區間很短；當碰撞節點的數量很大時，時間區間很長。

二進制指數退位（**binary exponential backoff**）演算法，使用在乙太網路以及使用在 DOCSIS 纜線網路多重存取協定中 [DOCSIS 2011]，優雅地解決了這個問題。具體地說，在傳輸一已經經歷 n 次碰撞之訊框時，節點便會從 $\{0,1,2, ..., 2^n - 1\}$ 之中隨機選擇一個 K 值。因此，一訊框所經歷的碰撞次數愈多，可以選擇 K 值的區間就愈大。對於乙太網路來說，一個節點實際會等待的時間量為 $K \cdot 512$ 個位元時間（也就是說，把 512 個位元送進乙太網路所需要時間的 K 倍）而 n 的最大上限值為 10。

　　讓我們來看一個例子。假設一個節點是第一次嘗試傳輸訊框,並且在傳輸時偵測到碰撞。接著,該節點會以 0.5 的機率選擇 $K = 0$,或是以 0.5 的機率選擇 $K = 1$。如果該節點選擇 $K = 0$,則它會立刻開始感測通道。如果該節點選擇 $K = 1$,則在開始感測並在閒置時才傳輸的循環之前,它會等待 512 位元時間(例如,對於 100 Mbps 的乙太網路來說,一位元時間為 5.12 微秒)。在第二次碰撞後,K 會以相等的機率從 {0,1,2,3} 中選出。在第三次碰撞後,K 會以相等的機率從 {0,1,2,3,4,5,6,7} 中選出。在 10 次或 10 次以上的碰撞後,K 會以相等的機率從 {0,1,2, . . . , 1023} 中選出。因此,選擇 K 值的集合大小會隨著碰撞次數呈現指數成長;這就是為什麼這個演算法會被稱為二進制指數退位的緣故。

　　我們也要在此提及,每當一節點準備好一份新的訊框要進行傳輸時,便會執行上述的 CSMA/CD 演算法,並不會考量任何近期內可能已經發生過的碰撞。所以可能會有某一個擁有新訊框的節點,有辦法在其他的節點都處於指數倒退狀態時,馬上成功地趁隙進行傳輸。

◈ CSMA/CD 的效率

在只有一個節點有訊框要傳輸時,該節點便可以使用通道的全速來進行傳輸(例如,典型的乙太網路速率為 10 Mbps、100 Mbps 或 1 Gbps)。然而,如果有許多節點有訊框要傳輸時,通道的有效傳輸速率便可能會降低許多。我們將 **CSMA/CD 的效率**(**efficiency of CSMA/CD**)定義為在長時間的執行中,當有大量節點正在運作而且每個節點都有大量訊框要傳送時,訊框能夠在通道上進行傳輸而不會發生碰撞的時間比例。為了呈現乙太網路效率的封閉形式近似值,我們令 d_{prop} 表示在任兩張轉接卡之間,訊號能量傳播所需的最大時間。令 d_{trans} 表示傳輸最大的乙太網路訊框所需的時間(對 10 Mbps 的乙太網路而言,約為 1.2 msec)。乙太網路效能的推導過程已超出本書的範圍(請參見 [Lam 1980] 跟 [Bertsekas 1991])。此處,我們只會簡單地告訴你以下近似值:

$$效率 = \frac{1}{1 + 5d_{prop}/d_{trans}}$$

我們從此式中可以看到,當 d_{prop} 趨近於 0 時,效能會趨近於 1。這點與我們的直覺相符,因為如果傳播延遲為零,發生碰撞的節點便會立即中止,而不會浪費通道頻寬。此外,當 d_{trans} 變得非常大時,效率也會趨近於 1。這點也相當直覺,因為當某份訊框佔據通道時,它會佔用通道非常長的時間;因此通道在大部分的時間裡都會執行具有生產力的工作。

6.3.3　輪流存取協定

請回想一下，我們希望多重存取協定擁有的兩項特性爲 (1) 只有一個節點在運作時，該節點的產出率爲 R bps，以及 (2) 有 M 個節點在運作時，每個運作中的節點產出率會接近於 R/M bps。ALOHA 跟 CSMA 協定都具有第一項特性，但沒有第二項特性。這促使研究者創造出另一種協定──**輪流存取協定**（**taking-turns protocol**）。就像隨機存取協定一樣，輪流存取協定也有好幾十種，而每種協定都有許多不同的版本。此處，我們會討論其中兩種比較重要的協定。其一是**輪詢協定**（**polling protocol**）。輪詢協定需要指定其中一個節點爲主控節點。主控節點會以循環的方式**輪詢**（**poll**）每個節點。清楚地說，主控節點會先傳送訊息給節點 1，告知它（節點 1）最多可以傳輸的最大訊框量。在節點 1 送出一些訊框之後，主控節點會告訴節點 2，它（節點 2）最多可以傳輸的最大訊框量（主控節點會藉由觀察通道中訊號的消失，來判斷節點已完成傳送）。這個程序會以此方式持續進行，主控節點會循環地輪詢每個節點。

　　輪詢協定可以解決令隨機存取協定感到苦惱的碰撞與閒置時槽問題。這讓輪詢能夠得到高出許多的效率。但是它也有一些缺點。第一項缺點是，這種協定會造成輪詢延遲──通知節點可以進行傳輸所需的時間量。如果，例如，只有一個節點正在運作，則此節點會以低於 R bps 的速率進行傳輸，因爲每當運作中的節點送出其最大數量的訊框之後，主控節點就必須一一輪詢所有非運作中的節點。第二項缺點可能更嚴重；如果主控節點失效了，整個通道便會停擺。我們將在 6.3 節研讀的 802.15 協定與藍芽協定便是輪詢協定的例子。

　　第二種輪流存取協定爲**令牌傳遞協定**（**token-passing protocol**）。這種協定並不使用主控節點。它會以某種固定順序，在節點間交換一種小型的，特殊用途的訊框，稱作**令牌**（**token**）。例如，節點 1 可能永遠都會將令牌傳送給節點 2，節點 2 可能永遠都會將令牌傳送給節點 3，而節點 N 可能永遠都會將令牌傳送給節點 1。節點在收到令牌時，只有在有訊框要傳送時，才會留住令牌；否則，它會立即將令牌轉送給下一個節點。如果節點收到令牌時確實有訊框要傳送，則它會送出最大上限數量的訊框，然後將令牌轉送給下個節點。令牌傳遞是分散式的，而且極有效率。但是它也有它的問題。例如，某個節點的失效，可能導致整個通道停擺。或者，如果有某個節點意外地忘記釋出令牌，我們便必須採取某種回復程序，才能讓令牌繼續循環傳遞下去。這些年來研究者已經開發出多種令牌傳遞協定，包括光纖分散式資料介面（fiber distributed data interface，FDDI）協定 [Jain 1994] 和 IEEE 802.5 令牌環協定 [IEEE 802.5 2012]，而每種協定都必須處理上述問題與其他棘手的問題。

6.3.4 DOCSIS: 纜線網際網路連線的連結層協定

在前三個子節中，我們已經學到多重存取協定的三種廣大的類型：通道分割協定、隨機存取協定和輪流存取協定。纜線連線網路將會是這裡的一個很棒的案例研究，因為我們將會在纜線連線網路那兒看到這三類多重存取協定的樣子！

回想在 1.2.1 節中，我們提及纜線連線網路通常把幾千台家用纜線數據機連接到位於纜線網路頭端的纜線數據機終端系統（cable modem termination system，CMTS）。有線電纜數據服務介面規範（Data-Over-Cable Service Interface Specifications，DOCSIS）[DOCSIS 2011] 明確的指出纜線數據網路架構和它的協定。DOCSIS 使用 FDM 把下傳（CMTS 到數據機）和上傳（數據機到 CMTS）網路分割成許多個頻率通道。每一個下傳通道寬度為 6 MHz，其最大的產出率大約為每通道 40 Mbps（雖然這個資料率在實務上很難在一台纜線數據機那兒看到）；每一個上傳通道的最大通道寬度為 6.4 MHz，而最大的上傳產出率大約為 30 Mbps。每一個上傳和下傳通道都是一廣播通道。由 CMTS 發出在下傳通道上傳輸的訊框會被接收該通道之所有的纜線數據機所接收；然而，因為只有單一台 CMTS 會把訊框傳進下傳通道中，所以沒有多重存取的問題。然而，上傳方向就比較有趣，在技術方面的挑戰也較大，因為多台纜線數據機共用同一個上傳通道（頻率）連到 CMTS，因此碰撞是有可能發生的。

如圖 6.14 所示，每一個上傳通道會分割成一些時間區段（類似 TDM），每一時段包含許多個迷你槽，在迷你槽的期間中纜線數據機便可以傳訊框給 CMTS。CMTS 明顯地授予個別的纜線數據機在特定的迷你時槽中傳送訊框的權力。CMTS 完成這項授予的方式是藉由送出一所謂的 MAP 控制訊息到下傳通道上，來指定哪一台纜線數據機（有資料要送傳送）可以在該控制訊息所指定時間區段中的那一個迷你時槽中傳送資料。因為迷你槽被明顯地分配給纜線數據機，CMTS 可以保證在一個迷你槽的期間中是不會有碰撞的。

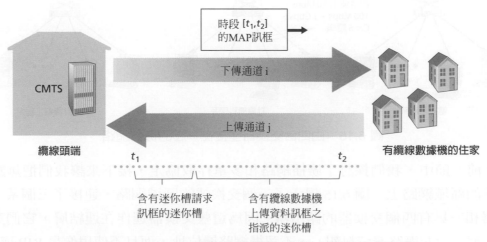

圖 6.14 在 CMTS 和纜線數據機之間的上傳和下傳通道

但是 CMTS 怎麼會知道哪一台纜線數據機有資料要傳？有一段特別的迷你槽集合是專門為此目的而設的，在該段期間讓纜線數據機送出迷你槽請求訊框給 CMTS 即可達此目的，如圖 6.14 所示。這些迷你槽請求訊框是用隨機存取的方式傳出的，所以它們可能會彼此地碰撞。纜線數據機無法感測上傳通道是否忙碌，也無法偵測碰撞。纜線數據機的替代方案是：在下一個下傳控制訊息中，若它沒有收到該請求分配的回應，那麼它會推論出它的迷你槽請求訊框遭到碰撞。當一碰撞被推論出時，纜線數據機使用二進制的指數倒退方式來延後它把它的迷你槽請求訊框重傳到一未來時槽的時間。當上傳通道上沒有什麼流量時，纜線數據機才可以在那些名義上指派給迷你槽請求訊框的時槽中真正的來傳送資料訊框（因此免除了迷你槽指派的等待）。

因此，纜線連線網路可以當作討論多重存取協定的一個絕佳的例子——FDM、TDM、隨機存取和中央分配式的時槽全都包含在一個網路中！

6.4　交換式區域網路

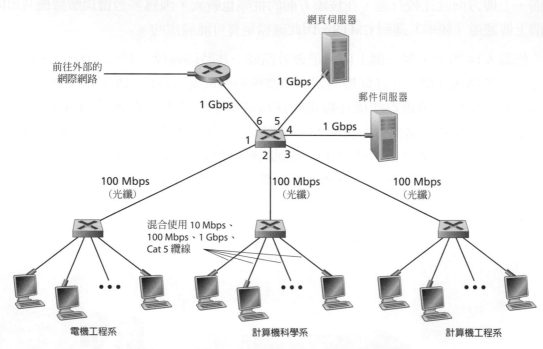

圖 6.15　由四台交換器連接在一起的機構網路

在前一節中，我們探討了廣播網路和多重存取協定，接下來讓我們把焦點放在交換式的區域網路上。圖 6.15 展示了一個交換式的區域網路，連接了三個系、兩台伺服器和一具有四個交換器的路由器。因為這些交換器運作在連結層，它們交換連結層訊框（而非網路層資料報），不認得網路層位址，而且不使用像是 RIP 或 OSPF

的繞送演算法來決定經過第 2 層交換器網路的路徑。不使用 IP 位址，我們將馬上看到它們使用連結層位址來在交換器網路中轉送連結層訊框。我們由探討連結層定址（6.4.1 節）來開始我們的交換式 LAN 之旅。然後我們檢視鼎鼎有名的乙太網路協定（6.5.2 節）。在看完連結層定址和乙太網路之後，我們將檢視連結層交換器如何地運作（6.4.3 節），然後看看（6.4.4 節）這些交換器如何常常被用來建構大型的 LAN。

6.4.1　連結層定址和 ARP

主機和路由器有連結層位址。你現在可能會覺得訝異，因為你記得第四章提過，主機和路由器也有網路層位址。你可能會問，究竟為什麼我們在網路層跟連結層都需要位址？除了描述連結層位址的語法及作用外，本節也希望能闡明為什麼這兩個層級的位址都有其用途，而且，事實上，兩者都不可偏廢。我們也會討論位址解析協定（Address Resolution Protocol，ARP），它提供了將 IP 位址轉譯成連結層位址的機制。

◈ MAC 位址

事實上，並不是主機或路由器擁有連結層位址，而是它們的轉接卡（也就是說，網路介面）擁有連結層位址。擁有多個網路介面的主機或路由器因此會有擁多個連結層位址，正如同它也會有多個 IP 位址一樣。然而，重要的是要留意到連結層交換器並沒有配給連結層位址。這是因為連結層交換器的工作是要在主機和路由器之間攜帶資料報；交換器是通透地做這項工作，也就是說，主機和路由器不需要明顯地為訊框指出中介交換器的位址。圖 6.16 說明了這個情形。連結層位址有許多稱呼，LAN 位址、實體位址（physical address）或 MAC 位址。因為 MAC 位址似乎是最常被使用的名稱，所以之後我們都會將連結層位址稱作 MAC 位址。對大多數 LAN 而言（包括乙太網路與 802.11 無線 LAN），MAC 位址的長度是 6 位元組，提供了 2^{48} 種可能的 MAC 位址。如圖 6.16 所示，這些 6 位元組的位址通常是以 16 進位來表示，其中每個位元組都會被表示為一對 16 進位數字。雖然 MAC 位址被設計為固定不變，但是現在我們也可以透過軟體來更改轉接卡的 MAC 位址。然而，在本節剩下的部分，我們還是會假設轉接卡的 MAC 位址是固定的。

　　MAC 位址其中一項有趣的特性，就是沒有兩張轉接卡會擁有相同的位址。這聽起來可能有點令人吃驚，因為轉接卡是由許多不同國家的許多不同公司所製造的。一家在台灣製造轉接卡的公司，要如何確定它所使用的位址不同於在比利時製造轉接卡的公司呢？答案是，IEEE 會管理 MAC 的位址空間。清楚地說，當某家公司想要製造轉接卡時，它必須付出象徵性的費用，來購買一塊包含 2^{24} 個位址的位址空間。IEEE 會以 MAC 位址固定的前 24 位元，來配置包含 2^{24} 個位址的區塊，然後讓製造商自行為每張轉接卡建立後 24 位元獨一無二的組合。

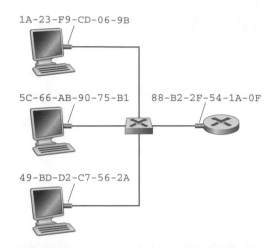

圖 6.16　每一連接到 LAN 上的介面都擁有一個獨一無二的 MAC 位址

　　轉接卡的 MAC 位址是一種平坦式架構（相對於階層式架構而言），而且無論轉接卡去到哪裡，位址都不會改變。一台配有乙太網路介面的筆記型電腦不論走到何處，都會擁有相同的 MAC 位址。一台配有 802.11 介面的智慧型手機不論位於何處，也都會擁有相同的 MAC 位址。請回想一下，相對來說，IP 位址爲階層式架構（也就是說，它分爲網路部分與主機部分），當主機移動時，亦即改變它所連接的網路時，節點的 IP 位址也必須跟著改變。轉接卡的 MAC 位址就像一個人的社會安全號碼，後者也擁有平坦式的定址架構，而且無論你走到哪裡它都不會改變。而 IP 位址就像一個人的郵政地址，它是階層式的，而且當你搬家時，就必須跟著改變。就像我們可能會發現同時擁有郵政地址以及社會安全號碼是件有用的事情，讓節點同時擁有網路層位址與 MAC 位址，也會有其用處。

　　當轉接卡想要傳送訊框給某張目的端轉接卡時，進行傳送的轉接卡會將目的端轉接卡的 MAC 位址放入訊框內，然後將該筆訊框送入 LAN 中。正如我們將馬上看到的，一交換器偶爾會把某一收到的訊框廣播到它所有的介面。我們將在第七章中看到 802.11 也是廣播訊框。因此，轉接卡可能會接收到和其 MAC 位址不符的訊框。因此，每張收到訊框的轉接卡，都會檢查訊框中的目的端 MAC 位址是否與自身的 MAC 位址相符。如果相符，轉接卡便會取出內含的資料報，然後將該份資料報向協定堆疊上層傳送。如果不符，轉接卡就會丟棄該訊框，而不會將網路層資料報向協定堆疊上層傳送。因此，在收到該訊框時，只有目的端才會產生中斷。

　　然而，有時進行傳送的轉接卡確實會想要 LAN 中其他所有的轉接卡都收到它將要傳送的訊框並且加以處理。在此情形下，進行傳送的轉接卡會在訊框的目的端位址欄位中放入特殊的 MAC **廣播位址**（**broadcast address**）。對於使用 6 位元組位址的 LAN（例如乙太網路與 802.11）而言，廣播位址是由連續的 48 個 1 所構成的串列（也就是 16 進位表示法的 FF-FF-FF-FF-FF-FF）。

實務原理

保持各層級獨立

主機和路由器除了網路層位址外，也具有 MAC 位址，這有幾個原因。首先，LAN 是為了任意的網路層協定所設計，而不僅是為了 IP 與網際網路。如果轉接卡是被指派給 IP 位址，而非「中立的」MAC 位址，轉接卡將無法輕易地支援其他的網路層協定（例如 IPX 或 DECnet）。其次，如果轉接卡使用的是網路層位址而非 MAC 位址，網路層位址就必須儲存在轉接卡的 RAM 中，而且每當轉接卡移動（或重新啟動）時，都需要重新加以配置。另一種選擇是不要在轉接卡上使用任何位址，而讓所有轉接卡都將收到的訊框資料（一般而言就是 IP 資料報）交給協定堆疊的上層。接著網路層便可以檢查網路層位址是否相符。這種做法的其中一個問題，就是主機會被每一筆在 LAN 上傳送的訊框中斷，包括前往同個廣播 LAN 上其他節點的訊框。總而言之，為了讓網路架構的各個層級是大致獨立的建構區塊，不同層級必須擁有各自的定址策略。現在，我們已經看過三種不同的位址：應用層的主機名稱、網路層的 IP 位址以及連結層的 MAC 位址。

◈ 位址解析協定（ARP）

因為有網路層位址（如網際網路 IP 位址）以及連結層位址（亦即 MAC 位址），所以我們需要在兩者之間進行轉譯。對網際網路而言，這是**位址解析協定**（**Address Resolution Protocol，ARP**）[RFC 826] 的工作。

　　為了瞭解對於 ARP 這類協定的需求，請考量圖 6.17 所示的網路。在這個簡單的例子中，每個主機和路由器都擁有單一的 IP 位址和單一的 MAC 位址。一如常例，IP 位址是以附點十進位表示法來表示，MAC 則是以十六進位表示法來表示。就本次討論而言，我們將假設在本節中交換器廣播所有的訊框；也就是說，每當交換器在一介面接收到一訊框時，它會轉送該訊框給所有其他的介面。在下一節中，我們將會對交換器如何運作提供一個更為精確的解釋。

　　現在假設擁有 IP 位址 222.222.222.220 的主機想要傳送 IP 資料報給主機 222.222.222.222。在此例中，以 4.3.3 節的定址概念而言，來源端節點與目的端節點都位於同一子網路中。為了傳送資料報，來源端節點不只需要將 IP 資料報交給其轉接卡，也需要將目的端節點 222.222.222.222 的 MAC 位址交給其轉接卡，傳送端節點的轉接卡接著會建立一份連結層訊框，內含目的端節點的 MAC 位址，然後將此訊框送入 LAN 中。

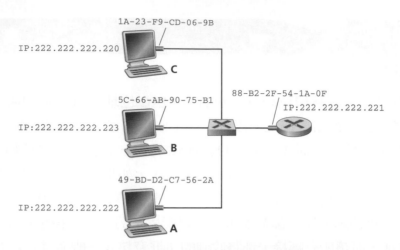

圖 6.17　LAN 上的每個介面都擁有一份 IP 位址和一份 MAC 位址

　　本節所要處理的重要問題是，傳送端主機要如何判斷 IP 位址為 222.222.222.222 的目的端主機，其 MAC 位址為何？如你可能已經猜到的，它會使用 ARP。傳送端主機的 ARP 模組會以同一 LAN 中任何的 IP 位址作為輸入值，然後傳回對應的 MAC 位址。在眼前的案例中，傳送端主機 222.222.222.220 會提供 IP 位址 222.222.222.222 給其 ARP 模組，而 ARP 模組會傳回對應的 MAC 位址 49-BD-D2-C7-56-2A。

　　所以我們可以看到，ARP 會將 IP 位址解析成 MAC 位址。就許多方面來說，它類似於會將主機名稱解析為 IP 位址的 DNS（我們曾在 2.5 節加以研讀）。然而，這兩種解析機制的重要差異在於，DNS 會為位於網際網路任何位置的主機名稱進行解析，ARP 卻只會為在同一子網路上的主機解析 IP 位址。如果某個位於加州的節點試圖使用 ARP 來解析某個位於密西西比州節點的 IP 位址，ARP 便會傳回錯誤訊息。

　　既然我們已解釋過 ARP 會做什麼，現在就讓我們來檢視它是如何運作的。每台主機或路由器在其記憶體中都會存有一份 **ARP 表格**（**ARP table**），包含了 IP 位址與 MAC 位址的對映。圖 6.18 顯示了節點 222.222.222.220 的 ARP 表格可能的長相。這份 ARP 表格也包含生存期（TTL）數值，指出各筆對映資訊會在何時從表格中刪除。請注意，這張表格未必會包含子網路中所有主機或路由器的條目；有些主機或路由器可能已經逾期了，有些主機或路由器則可能從未被存入表格中過。通常各個項目的逾期時間是從它被放入 ARP 表格之後的 20 分鐘。

IP 位址	MAC 位址	TTL
222.222.222.221	88-B2-2F-54-1A-0F	13:45:00
222.222.222.223	5C-66-AB-90-75-B1	13:52:00

圖 6.18　節點 222.222.222.220 可能的 ARP 表格

　　現在假設主機 222.222.222.220 想要傳送一資料報，該資料報 IP 定址到子網路中另一台主機主機或路由器。已知目的端的 IP 位址，傳送端主機需要取得其 MAC 位址。如果傳送端的 ARP 表格中已有關於該目的端節點的條目時，這項任務很簡單。但如果目前 ARP 表格中並沒有關於該目的端節點的條目時，該怎麼辦？明確地說，假設 222.222.222.220 想要傳送資料報給 222.222.222.222。在這種情況下，傳送端會使用 ARP 協定來解析此一位址。首先，傳送端會建立一份特殊的封包，稱作 **ARP 封包**（**ARP packet**）。ARP 封包擁有幾個欄位，包括傳送端與接收端的 IP 與 MAC 位址。ARP 的查詢與回應封包擁有相同的格式。ARP 查詢封包的目的，是查詢子網路中其他所有的主機或和路由器，以判斷它要解析的 IP 位址所對應的 MAC 位址爲何。

　　回到我們的例子，節點 222.222.222.220 會傳送 ARP 查詢封包傳給轉接卡，並指示轉接卡應該將此封包傳送到 MAC 廣播位址，亦即 FF-FF-FF-FF-FF-FF。轉接卡會將這份 ARP 封包封裝到連結層訊框中，使用廣播位址作爲訊框的目的端位址，然後將訊框傳入子網路中。請回想一下我們關於社會安全號碼與郵政地址的比喻，ARP 查詢就像是某人在某間公司（例如 AnyCorp）擁擠的辦公室隔間中大喊：「請問地址爲加州，Palo Alto，AnyCorp，112 室，隔間 13 的人，你的社會安全號碼是多少？」內含該則 ARP 查詢訊息的訊框會被子網路中其他所有的轉接卡收到，而（因爲廣播位址）所有的轉接卡都會將訊框中的 ARP 封包上交給其節點的 ARP 模組。每個 ARP 模組都會檢查其 IP 位址是否相符於該份 ARP 封包的目的端 IP 位址。唯一一個相符的節點會傳回一份 ARP 回應封包給發出查詢的主機，內含它所需的對應資料。於是發出查詢的主機 222.222.222.220 便可以更新其 ARP 表格，送出 IP 資料報，封裝至連結層訊框中，而訊框的目的端 MAC 位址便是先前回應其 ARP 查詢的主機或路由器的 MAC 位址。

　　關於 ARP 協定，有兩件有趣的事情值得注意。首先，ARP 查詢訊息是透過廣播訊框來傳送，然而 ARP 回應訊息則是以標準訊框來傳送。在繼續閱讀之前，你應該想想爲什麼會是如此。其次，ARP 是一種隨插即用協定；也就是說，節點的 ARP 表格會自動建立──不需由系統管理者來設定。而且如果某個主機從子網路中離線了，它的條目終究會從子網路中的其他的 ARP 表格那裡移除。

　　同學們通常會好奇，ARP 究竟是一種連結層協定，還是種網路層協定。如我們方才所言，ARP 封包會被封裝在連結層訊框中，因此在架構上它位於連結層之上。然而，ARP 封包中包含存放連結層位址的欄位，因此有人主張它是一種連結層協定，但是它也包含網路位址，因此也有人主張它是種網路層協定。最後，我們或許最好將 ARP 視爲一種橫跨在連結層與網路層邊界上的協定──無法乾淨的歸入我們在第一章所學的簡單分層式協定堆疊。這就是眞實世界的協定的複雜之處！

◈ 傳送資料報到子網路之外

現在讀者應該很清楚，當主機想要傳送資料報給在相同子網路上的其他節點時，ARP 是如何運作的。不過，現在讓我們來檢視更複雜的情形，亦即當子網路的主機想要傳送網路層資料報給子網路以外的主機時（也就是說，跨越路由器到另一個子網路）。讓我們以圖 6.19 的情境來探討這個議題，此圖顯示了一個由一具路由器連接兩個子網路所構成的簡單網路。

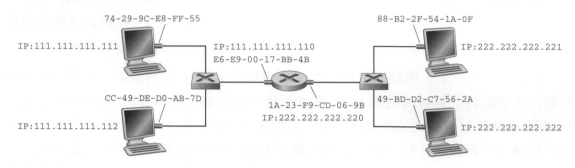

74-29-9C-E8-FF-55
IP:111.111.111.111

IP:111.111.111.110
E6-E9-00-17-BB-4B

88-B2-2F-54-1A-0F
IP:222.222.222.221

CC-49-DE-D0-AB-7D
IP:111.111.111.112

1A-23-F9-CD-06-9B
IP:222.222.222.220

49-BD-D2-C7-56-2A
IP:222.222.222.222

圖 6.19　由路由器相連的兩個子網路

關於圖 6.19，有幾件有趣的事情值得注意。每台主機都只有唯一的 IP 位址與唯一的轉接卡。但是，如第四章所討論的，路由器的每個介面都擁有一個 IP 位址。路由器的每個介面也都擁有各自的 ARP 模組（在路由器中）以及轉接卡。因為圖 6.19 的路由器包含兩個介面，所以它有兩個 IP 位址、兩個 ARP 模組以及兩張轉接卡。當然，網路中的每張轉接卡都擁有各自的 MAC 位址。

同時請注意，子網路 1 的網路位址為 111.111.111/24，子網路 2 的網路位址則為 222.222.222/24。因此所有連到子網路 1 的介面都具有形式為 111.111.111.xxx 的位址，而所有連到子網路 2 的介面都具有形式為 222.222.222.xxx 的位址。

現在，讓我們來檢視子網路 1 的主機要如何傳送資料報給子網路 2 的主機。明確地說，假設主機 111.111.111.111 想要傳送 IP 資料報給主機 222.222.222.222。一如常例，傳送端主機會將資料報交給其轉接卡。但是傳送端主機也必須指示適當的目的端 MAC 位址給其轉接卡。轉接卡該使用什麼 MAC 位址？你可能會猜測，適當的 MAC 位址便是主機 222.222.222.222 的轉接卡的 MAC 位址，亦即 49-BD-D2-C7-56-2A。然而，這個猜測是錯的！如果傳送端轉接卡使用這個 MAC 位址，則子網路 1 中不會有任何轉接卡將這份 IP 資料報上交給其網路層；因為此訊框的目的端位址與任何子網路 1 上的轉接卡都不相符。這份資料報將會死去，然後進入資料報天堂。

如果我們仔細檢視圖 6.19，我們會看到為了將資料報從 111.111.111.111 送往子網路 2 中的節點，這份資料報必須先送至路由器介面 111.111.111.110，這是前往最後的目的端的路徑上，第一站路由器的 IP 位址。因此，這份訊框適當的 MAC 位址是

路由器介面 111.111.111.110 的轉接卡位址,亦即 E6-E9-00-17-BB-4B。然而傳送端主機要如何取得 111.111.111.110 的 MAC 位址呢?當然是使用 ARP !一旦傳送端轉接卡取得這份 MAC 位址,它便會建立訊框(包含定址到 222.222.222.222 的資料報),然後將之送入子網路 1。當子網路 1 的路由器轉接卡看到這份連結層訊框定址到它,便會將這份訊框交給路由器的網路層。好耶── IP 資料報已經成功地從來源端主機移動到了路由器!但我們的工作還沒完。我們還必須將資料報從路由器移動到目的端才行。現在路由器必須決定資料報要轉送到的正確介面。如第四章所討論的,這會透過查詢路由器的轉送表來完成。轉送表會告訴路由器,該份資料報應該經由路由器介面 222.222.222.220 轉送出去。接著,這個介面會將資料報交給其轉接卡,轉接卡會將資料報封裝至新的訊框中,然後將這份訊框送入子網路 2。此時,訊框的目的端 MAC 位址,便真的是最終目的端的 MAC 位址了。而路由器要如何取得這份目的端 MAC 位址呢?當然還是 ARP !

乙太網路的 ARP 定義於 RFC 826。在 TCP/IP 的教學文件,RFC 1180 中,有關於 ARP 的完善簡介。我們會在習題中更詳盡地探討 ARP。

6.4.2 乙太網路

乙太網路幾乎已經拿下了整個有線 LAN 的市場。在 1980 年代與 1990 年代早期,乙太網路面臨其他許多 LAN 技術的挑戰,包括令牌環、FDDI 和 ATM。這些技術有些曾經成功地取得部分的 LAN 市場數年之久。然而,自從在 1970 年代中期被發明出來以後,乙太網路便一直持續地演進成長,並且穩穩地站在市場的主導位置上。現今,乙太網路顯然是最普及的有線 LAN 技術,而且在可見的未來裡,它很可能還是會持續地保有這個地位。人們可能會說,乙太網路之於區域網路,就像網際網路之於全球網路一般地重要。

乙太網路的成功因素有很多。首先,乙太網路是第一個被廣為布設的高速 LAN。因為它很早就被布設,所以網管們都非常熟悉乙太網路──它的美好與它的古怪──因而有別的 LAN 技術出現時,他們都不願意轉換使用其他的 LAN 技術。其次,令牌環、FDDI 與 ATM 都比乙太網路來得複雜且昂貴,這更讓網管對於轉換望而卻步。第三,轉換到另一種 LAN 技術(例如 FDDI 或 ATM)最強而有力的誘因,通常是新技術擁有較高的資料傳輸速率;然而,乙太網路永遠有辦法反擊,製造出能以相同或更高速率運作的版本。交換式乙太網路也在 1990 年代早期問世,更進一步地增加了有效資料傳輸速率。最後,因為乙太網路如此普及,所以乙太網路的硬體(特別是轉接卡跟交換器)都變成了日常用品而相當便宜。

原始的乙太網路 LAN 是在 1970 年代中期由 Bob Metcalfe 與 David Boggs 所發明。原始的乙太網路 LA 使用的是同軸匯流排來互連節點。乙太網路的匯流排拓樸實際上

一延續歷經整個 1980 年代，直到 1990 年代中期爲止。匯流排拓樸的乙太網路是一種廣播 LAN——所有被傳輸的訊框，都會抵達所有連接到匯流排上的轉接卡，並且被加以處理。回想一下，我們在 6.3.2 節中曾提及乙太網路其使用二進制指數倒退的 CSMA/CD 多重存取協定。

到了 1990 年代晚期時，大多數公司與大專院校都已將其 LAN 更換成使用集線器的星狀拓樸乙太網路裝置。在這種裝置中，主機（及路由器）是使用雙絞銅芯線直接連接到集線器上。集線器（hub）是一種實體層裝置，它會對於個別的位元進行操作，而非訊框。當代表 0 或 1 的位元到達它其中一個介面時，集線器會簡單地重建該位元，提高其能量強度，然後將之傳輸到其他所有介面上。因此，使用集線器星狀拓樸的乙太網路也是一種廣播 LAN——每當集線器從其中一個介面收到位元時，就會將該位元的副本送出給其他所有的介面。更清楚地說，如果集線器同時從兩個不同的介面收到訊框，就會發生碰撞，而製造這兩份訊框的節點就必須執行重送。

在 2000 年代早期，乙太網路又經歷了另一次重大的革命性變革。乙太網路裝置繼續使用星狀拓樸，但是位於中心點的集線器被更換成了交換器（switch）。我們會在本章稍後深入地檢視交換式乙太網路。目前，我們只會告訴你，交換器不僅能夠達到「無碰撞」，它本身也是貨真價實的儲存並轉送封包交換器；然而與會運作至第三層的路由器不同，交換器只會運作至第二層。

◈ 乙太網路訊框結構

透過檢視圖 6.20 所示的乙太網路訊框，我們可以學到許多關於乙太網路的事情。爲了賦予這份關於乙太網路訊框的討論一個具體的情境，讓我們考量從某台主機傳送 IP 資料報到另一台主機的情形，這兩台主機都位於相同的乙太網路 LAN（例如圖 6.17 的乙太網路 LAN）上（雖然此例中乙太網路訊框的內容是 IP 資料報，不過我們要提醒你，乙太網路訊框也可以攜帶別種網路層封包）。令傳送端的轉接卡 A 的 MAC 位址爲 AA-AA-AA-AA-AA-AA，接收端的轉接卡 B 的 MAC 位址爲 BB-BBBB-BB-BB-BB。傳送端的轉接卡會將 IP 資料報封裝於乙太網路訊框中，然後將此訊框交給實體層。接收端的轉接卡會從實體層收到這份訊框，取出 IP 資料報，然後將這份 IP 資料報交給網路層。以此情境爲例，現在讓我們來檢視乙太網路訊框的六個欄位，如圖 6.20 所示。

圖 6.20　乙太網路訊框的結構

◆ **資料欄位（46 到 1,500 位元組）**。這個欄位會攜帶 IP 資料報。乙太網路的最大傳輸單位（MTU）是 1,500 位元組。這意味著如果 IP 資料報超過 1,500 位元組，主機就必須如 4.3.2 節所討論的將資料報分段。資料欄位的大小至少為 46 位元組。這意味著如果 IP 資料報小於 46 位元組，資料欄位就必須被「填塞」到 46 位元組。在使用填塞時，交給網路層的資料會包含填塞的位元以及 IP 資料報。網路層會使用 IP 資料報標頭內的長度欄位來移除填塞位元。

◆ **目的端位址（6 位元組）**。此欄位包含的是目的端轉接卡的 MAC 位址，BB-BBBB-BB-BB-BB。當轉接卡 B 收到目的端位址為 BB-BB-BB-BB-BB-BB 或 MAC 廣播位址的乙太網路訊框時，便會將此訊框資料欄位的內容交給網路層；如果所收到的訊框包含其他的 MAC 位址，它便會丟棄這份訊框。

◆ **來源端位址（6 位元組）**。此欄位包含的是將這份訊框傳入 LAN 的轉接卡的 MAC 位址，在此例中為 AA-AA-AA-AA-AA-AA。

◆ **類型欄位（2 位元組）**。類型欄位讓乙太網路能夠多工處理網路層協定。要瞭解這項概念，我們得記住，主機有可能使用 IP 以外的網路層協定。事實上，某台主機可能會支援多種網路層協定，針對不同的應用程式使用不同的協定。因此，當乙太網路訊框抵達轉接卡 B 時，轉接卡 B 必須知道它該將資料欄位的內容交（即解多工）給哪一個網路層協定。IP 與其他網路層協定（例如 Novell IPX 或 AppleTalk）都各自擁有自己的標準類型編號。此外，ARP 協定（前一節所討論的）也擁有自己的類型編號，如果到來的訊框包含的是 ARP 封包（亦即類型欄位的內容為十六進位的 0806），這份 ARP 封包便會被向上解多工給 ARP 協定。請注意，類型欄位類似於網路層資料報的協定欄位以及傳輸層區段的埠號欄位；這些欄位都是用來將某層級的協定與其上層的協定結合在一起。

◆ **循環冗餘檢查（CRC）（4 位元組）**。如 6.2.3 節所討論的，CRC 欄位的用途是讓接收端的轉接卡 B 能夠偵測到訊框中的位元錯誤。

◆ **前置訊號（8 位元組）**。乙太網路訊框會以 8 位元組的前置訊號欄位作為開頭。前置訊號前 7 個位元組的數值都是 10101010；最後一個位元組則是 10101011。前 7 個前置訊號位元組是用來「喚醒」接收端的轉接卡，並使其時脈與傳送端的時脈同步化。為什麼時脈會變得不同步呢？請記得轉接卡 A 會依據乙太網路 LAN 的類型，以 10 Mbps、100 Mbps 或 1 Gbps 為目標來傳輸訊框。然而，因為沒有事情是絕對完美的，所以轉接卡 A 並沒有辦法完全按照目標速率來傳輸訊框；傳輸速率與目標速率間總是會有些許飄移（drift），而這種飄移是無法為 LAN 中其他的轉接卡所預先得知的。接收端轉接卡只需要鎖定前置訊號中前 7 個位元組的位元，便可以鎖定到轉接卡 A 的時脈。前置訊號第 8 個位元組的最後兩位元（首度出現兩個連續的 1）會警告轉接卡 B「重要的東西」即將到來。

Bob Metcalfe 與乙太網路

1970 年代早期，當 Bob Metcalfe 還是哈佛大學的博士生時，他在 MIT 致力於研究 ARPAnet。研究期間，他也開始接觸 Abramson 關於 ALOHA 的研究成果以及隨機存取協定。在完成博士學位，開始到 Xerox Palo Alto 研究中心（Xerox PARC）工作之前，他去拜訪了 Abramson 以及後者在夏威夷大學的同事，他停留了 3 個月，親眼觀察了 ALOHAnet。在 Xerox PARC 期間，Metcalfe 開始接觸 Alto 電腦；Alto 電腦在許多方面來說，是 1980 年代個人電腦的先驅。Metcalfe 看到了以低成本將這些電腦連接成網路的需求。因此，帶著關於 ARPAnet、ALOHAnet 以及隨機存取協定的知識，Metcalfe ——與他的同事 David Boggs ——發明了乙太網路。

　　Metcalfe 與 Boggs 原始的乙太網路是以 2.94 Mbps 的速率進行運作，連接了 256 台相隔最多遠及 1 哩的主機。Metcalfe 和 Boggs 成功地讓大部分 Xerox PARC 的研究人員，都可以透過它們的 Alto 電腦彼此進行通訊。接著，Metcalfe 在 Xerox、Digital 與 Intel 之間締結了合作關係，以將乙太網路樹立為 IEEE 認可的 10 Mbps 乙太網路標準。Xerox 對於將乙太網路商業化並沒有太大的興趣。在 1979 年，Metcalfe 成立了他自己的公司，3Com，這家公司開發網路技術並將之商業化，其中也包括乙太網路技術。特別值得一提的是，3Com 在 1980 年代早期為廣受歡迎的 IBM PC 開發並銷售乙太網路卡。Metcalfe 在 1990 年離開 3Com，當時這家公司已經擁有 2,000 名員工與 4 億美元的營收。

　　所有乙太網路技術提供給網路層的，都是無連線服務（connectionless service）。也就是說，當轉接卡 A 想要傳送資料報給轉接卡 B 時，轉接卡 A 會將資料報封裝於乙太網路訊框中，然後將訊框送入 LAN，而不必先與轉接卡 B 進行握手。這種第 2 層的無連線服務類似於 IP 的第 3 層資料報服務，以及 UDP 的第 4 層無連線服務。

　　所有乙太網路技術提供給網路層的，都是不可靠的服務（unreliable service）。具體的說，當轉接卡 B 收到來自轉接卡 A 的訊框時，它會對訊框進行 CRC 檢查，但是當訊框通過 CRC 檢查時，它並不會送出確認訊息；訊框沒有通過 CRC 檢查時，它也不會送出否定確認訊息。訊框無法通過 CRC 檢查時，轉接卡 B 只會簡單地丟棄訊框。因此，轉接卡 A 完全不會知道它所傳輸的訊框是否有抵達轉接卡 B，或是否有通過 CRC 檢查。這種缺乏可靠性的（連結層）傳輸機制，有助於讓乙太網路簡單且廉價。但這也意味著交給網路層的資料報串流可能會出現間斷。

如果因為丟棄乙太網路訊框而造成資料報串流的間斷，主機 B 的應用程式會發現此種間斷情形嗎？如我們在第三章所學的，這端賴於應用程式所使用的是 UDP 或 TCP 而定。如果應用程式使用的是 UDP，則主機 B 的應用程式的確會面對資料的間斷。另一方面來說，如果應用程式使用的是 TCP，主機 B 的 TCP 就不會對於被丟棄的訊框所包含的資料發出確認訊息，而導致主機 A 的 TCP 進行重送。請注意，當 TCP 執行重送時，資料最終還是會回到丟棄它的乙太網路轉接卡上。因此，就此點而言，乙太網路確實重送了資料，雖然乙太網路並不知道它所傳送的究竟是包含全新資料的全新資料報，還是包含至少已經被傳送過一次的資料的資料報。

◈ 乙太網路技術

我們在上述討論中，都將乙太網路視為單一的協定標準。然而事實上，乙太網路有許多不同的技術可以選擇，這些技術所使用的頭字語有些混亂，例如 10BASE-T、10BASE-2、100BASE-T、1000BASE-LX 和 10GBASE-T 和 40GBASE-T。這些技術以及其他許多乙太網路技術，多年來皆已被 IEEE 802.3 CSMA/CD（乙太網路）工作小組予以標準化 [IEEE 802.3 2012]。這些頭字語雖然看來可能有些混亂，但是它們其實有某種規矩存在。頭字語的第一部分意指此一標準的速率：10、100、1000 或 10G、40G；分別代表 10 Megabit（每秒）、100 Megabit、Gigabit、10 Gigabit 以及 40 Gigabit 的乙太網路。「BASE」表示基頻的乙太網路，意指其實體媒介只有載送乙太網路的資料流；幾乎所有的 802.3 標準都是基頻乙太網路。頭字語的最後一部分表示實體媒介本身；乙太網路同時是連結層實體層規格，它可以藉由各式各樣的實體媒介來載送，包括同軸電纜、銅芯線以及光纖等。一般來說，「T」代表的是雙絞銅芯線。

歷史上，乙太網路一開始的構想是同軸電纜的區段。早期的 10BASE-2 與 10BASE-5 標準制訂了兩種使用同軸電纜的 10 Mbps 乙太網路，兩者的長度限制都是 500 公尺。更長程的運輸則需要仰賴於**中繼器（repeater）**——某種會在輸入端接收訊號，然後在輸出端重新產生訊號的實體層裝置。同軸電纜良好地呼應了我們將乙太網路視為廣播媒介的觀點——所有介面傳輸的訊框，都會被其他的介面收到，乙太網路的 CDMA/CD 協定則妥善地解決了多重存取的問題。節點只需簡單地連上纜線，我們就得到區域網路了！

這些年來，乙太網路經歷了一連串的革命性變革，而今日的乙太網路，已經和原本使用同軸電纜的匯流排拓樸設計大相逕庭。在今日大多數裝置中，節點是透過由雙絞銅芯線或光纖電纜所構成的點到點線段連接到交換器上，如圖 6.15–6.17 所示。

在 1990 年代中期，乙太網路被標準化為 100 Mbps，比 10 Mbps 的乙太網路快上 10 倍。原始的乙太網路 MAC 協定以及訊框格式被保留了下來，但是針對銅芯線

（100BASE-T）與光纖（100BASE-FX、100BASE-SX、100BASE-BX）定義了更高速的實體層。圖 6.21 展示了這些不同的標準，以及共通的乙太網路 MAC 協定及訊框格式。100 Mbps 的乙太網路在雙絞線上的距離限制爲 100 公尺，在光纖上則爲數公里，後者讓位於不同建築物中的乙太網路交換器能夠彼此相連。

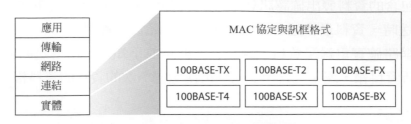

圖 6.21　100 Mbps 的乙太網路標準：相同的連結層，不同的實體層

　　Gigabit 乙太網路，是相當成功的 10 Mbps 及 100 Mbps 乙太網路標準的延伸。40 Gigabit 乙太網路提供約 40,000 Mbp 的原始資料傳輸速率，而針對現有大量裝設的乙太網路基礎設備，Gigabit 乙太網路也維護著完整的相容性。Gigabit 乙太網路的標準稱作 IEEE 802.3z，它會執行以下工作：

◆ 使用標準的乙太網路訊框格式（圖 6.20），向後相容於 10Base-T 與 100Base-T 技術。這讓 Gigabit 乙太網路更容易整合到現已裝設的乙太網路基礎設備上。

◆ 允許使用點到點連結與共用廣播通道。點到點連結使用交換器，廣播通道則使用集線器，如前所述。在 Gigabit 乙太網路的術語中，集線器被稱作緩衝分配器（buffered distributor）。

◆ 在共用廣播通道上使用 CSMA/CD。爲了得到可接受的效能，節點間的最大距離必須嚴格地加以限制。

◆ 讓點到點通道能夠以 40Gbps 的速率進行雙向全雙工的運作。

Gigabit 乙太網路一開始是在光纖上運作，現在則可以在第 5 類 UTP 纜線上運作。

　　且讓我們提出一個可能會開始困擾你的問題，來結束我們關於乙太網路技術的討論。在使用匯流排拓樸與使用集線器的星狀拓樸的時代，乙太網路顯然是一種廣播連結（如 6.3 節所定義的），其中節點同時進行傳輸時，便會發生訊框碰撞。爲了處理這些碰撞，乙太網路標準納入了 CSMA/CD 協定，這種協定對於散布在小型地理範圍內的有線廣播 LAN 來說特別有效。但是如果今日被廣爲使用的乙太網路，是使用交換器的星狀拓樸，採取儲存並轉送的封包交換機制，我們真的還需要乙太網路 MAC 協定嗎？如我們將馬上會看到的，交換器會協調其傳輸，而且任何時刻都決計不會轉送超過一筆訊框到相同的介面上。此外，現代的交換器是全雙工的，所以交換器與節點可以同時傳送訊框給彼此，而不會產生干擾。換句話說，在使用交換器的乙太網路 LAN 中，並不會發發生碰撞，因此，便不需要 MAC 協定了！

　　如我們所見，今日的乙太網路已經非常不同於 Metcalfe 與 Boggs 在 30 多年前所構想的原始乙太網路——速率增加了三個量級、乙太網路訊框被載送在各式各樣的媒介上、交換式乙太網路主導了市場、現在甚至連 MAC 協定也通常不需要了！這些東西真的還是乙太網路嗎？答案當然是：「是的，因為這是我們的定義」。然而，請注意一件有趣的事情，經歷過這許多改變，還是有一件恆久如常的事情歷經了 30 年未曾改變過——乙太網路的訊框格式。或許這才是乙太網路標準唯一真正的且永恆的核心部分。

6.4.3　連結層交換器

在此之前，我們對於交換器究竟會做些什麼，以及它是如何運作的，都是故意地含糊帶過。交換器所扮演的角色是接收到來的連結層訊框，然後將之轉送到輸出連結；我們馬上就會詳盡地探討此項轉送功能。我們將會看到交換器本身對主機和路由器來說是**通透的**（**transparent**）；也就是說，主機／路由器會將訊框定址到另一個主機／路由器（而非將訊框定址到交換器），然後開心地將訊框送入 LAN 中，完全不知道有一具交換器將會接收此份訊框並將之轉送。訊框抵達交換器任何一個輸出介面的速率，一時之間可能會超過該介面的連結容量。為了處理這個問題，交換器的輸出介面備有緩衝區，運作方式大致類似於路由器的輸出介面為資料報所準備的緩衝區。現在讓我們來更仔細的檢視交換器是如何運作的。

◈ 轉送與過濾

交換器的**過濾**（**filtering**）功能會判斷是否應將訊框轉送給某個介面，還是應當直接將其丟棄。交換器的**轉送**（**forwarding**）功能則會決定應該要將訊框交給哪些介面，然後將訊框移往這些介面。交換器的過濾與轉送，都是透過**交換表**（**switch table**）來完成的。交換表包含 LAN 中某些主機和路由器的條目，但不一定包含所有的主機和路由器。交換表中的條目包含 (1) 一 MAC 位址、(2) 前往該 MAC 位址的交換器介面、以及 (3) 該條目被放入至表格的時間。圖 6.15 最上方交換器的交換表實例，如圖 6.22 所示。雖然這些關於訊框轉送的描述，聽起來可能類似於我們在第四章所討論的資料報轉送，事實上，在 4.4 節關於一般性轉送的討論中，我們學到許多現在的封包交換器可被設定為根據第 2 層終端 MAC 位址（亦即，用作第 2 層交換器）或第 3 層 IP 終端位址（亦即，用作第 3 層路由器）轉送封包。但是我們馬上就會看到兩者之間的重要差異所在。其中一項重要的差異在於，交換器是根據 MAC 位址來轉送封包，而非 IP 位址。我們也會看到，傳統的（以非 SDN 的關係）交換表建構方式與繞送表大相逕庭。

位址	介面	時間
62-FE-F7-11-89-A3	1	9:32
7C-BA-B2-B4-91-10	3	9:36
......	......	......

圖 6.22　圖 6.15 最上方交換器的部分交換表

　　要瞭解交換器過濾與轉送的運作方式，請假設某個目的端位址為 DD-DD-DDDD-DD-DD 的訊框抵達了交換器的介面 x。交換器會使用 MAC 位址 DD-DD-DDDD-DD-DD 來查詢其交換表。有三種可能的情形：

◆ 表中並沒有關於 DD-DD-DD-DD-DD-DD 的條目。在此情況下，交換器會將該筆訊框的副本轉送給所有介面前端的輸出緩衝區，除了介面 x 以外。換句話說，如果表中沒有關於目的端位址的條目，交換器就會廣播該筆訊框。

◆ 表中有一項條目，將 DD-DD-DD-DD-DD-DD 關連至介面 x。在此情況下，這筆訊框是來自於包含轉接卡 DD-DD-DD-DD-DD-DD 的 LAN 區段。因此我們不需要再將訊框轉送給其他任何介面，交換器會執行過濾功能，將這筆訊框丟棄。

◆ 表中有一項條目，將 DD-DD-DD-DD-DD-DD 關連至介面 $y \neq x$。在此情況下，我們需要將這筆訊框轉送給連到介面 y 的 LAN 區段。交換器會將訊框放入介面 y 前端的輸出緩衝區，來執行其轉送功能。

　　讓我們針對圖 6.15 最上方的交換器，以及圖 6.22 中這台交換器的交換表，來逐一討論這些規則。假設目的端位址為 62-FE-F7-11-89-A3 的訊框從介面 1 抵達交換器。交換器會檢查其表格，發現此目的端位於介面 1 所連接的 LAN 區段（亦即電機工程系）。這表示訊框已經在包含此目的端的 LAN 區段中廣播過了。因此，交換器會過濾掉（意即丟棄）該筆訊框。現在，假設擁有相同目的端位址的訊框從介面 2 抵達。交換器同樣會檢查其表格，發現目的端位於介面 1 的方向；因此，它會將此訊框轉送至介面 1 前端的輸出緩衝區。從這個例子我們應該可以清楚看出，只要交換表是完整且正確的，交換器便會將訊框轉送往目的端，不會進行任何廣播動作。

　　就此點而言，交換器比集線器要來得「聰明」。但是我們一開始要如何設定交換表呢？連結層有等同於網路層繞送協定的東西嗎？還是我們必須由工作過度的管理者來手動設定交換表？

◈ 自我學習

交換器有個很棒的特性（特別是對於已經過勞的網管而言），它的表格會自動、動態、且自主地建立——不需要網管或任何組態協定的介入。換句話說，交換器能夠**自我學習**（**self-learning**）。這項功能是以如下的方式完成：

1. 交換表一開始是空的。

2. 針對在介面上收到的每份訊框，交換器都會在其表格內儲存 (1) 訊框來源端位址欄位中的 MAC 位址，(2) 訊框抵達的介面，以及 (3) 目前的時間。以此方式，交換器便能夠在其表格中記錄下傳送端節點所屬的 LAN 區段。如果 LAN 中的每個節點都終究會送出訊框，則每個節點也都終究會被記錄在表格中。

3. 如果交換器在某段時間（**老化時間，aging time**）內都沒有收到來源端位址為表格中某個位址的訊框時，交換器便會將該筆位址從表格中刪除。以此方式，如果某台 PC 換成了另一台 PC（使用不同的轉接卡），原先的 PC 的 MAC 位址便終將會從交換表中移除。

讓我們針對圖 6.15 最上方的交換器，以及圖 6.22 中對應的交換表，來逐步探討自我學習的性質。假設在 9:39 時，來源端位址為 01-12-23-34-45-56 的訊框從介面 2 抵達。假設這則位址沒有在交換表中。於是交換器會增加一筆新條目到表格中，如圖 6.23 所示。

位址	介面	時間
01-12-23-34-45-56	2	9:39
62-FE-F7-11-89-A3	1	9:32
7C-BA-B2-B4-91-10	3	9:36
……	……	……

圖 6.23　交換器會學習到位址為 01-12-23-34-45-56 的轉接卡位在何處

繼續同一個例子，假設交換器的老化時間為 60 分鐘，而在 09:32 分到 10:32 分之間，沒有任何來源端位址為 62-FE-F7-11-89-A3 的訊框抵達交換器。則在 10:32 分時，交換器便會將此位址從其表格中移除。

交換器是一種**隨插即用裝置**（**plug-and-play device**），因為它不需要網管或使用者的介入。想要安裝交換器的網管，只需要將 LAN 區段連接到交換器的介面上即可。管理者並不需要在安裝交換器時，或是在主機從某個 LAN 區段移除時，設定交換表。交換器也是全雙工的，這意味著任何交換器介面都能夠同時進行傳送和接收。

◈ 連結層交換的性質

在描述過連結層交換器的基本運作方式之後，現在讓我們來考量一下它們的特性與特質。我們可以指出幾個使用交換器，而非使用匯流排或集線器星狀拓樸之類的廣播連結的優點：

◆ **消除碰撞**。在使用交換器（而且沒有使用集線器）建立的 LAN 中，沒有頻寬會因為碰撞而被浪費掉！交換器會將訊框暫存起來，而且絕不會在任何時間點同時傳輸多份訊框。與路由器相同，交換器的最大總體產出率，等同於所有交換器介面速率的總和。因此，交換器比起使用廣播連結的 LAN，提供了巨大的效能改善。

◆ **不同種類的連結**。因為交換器將連結各自獨立開來，所以 LAN 中不同的連結便可以使用不同的媒介以不同的速率運作。例如，在圖 6.15 中最上面那個交換器可能有 3 道 1 Gbps 的 1000BASE-T 銅芯線連結，2 道 100 Mbps 的 100BASE-FX 光纖連結，和一道 100BASE-T 銅芯線連結。因此，在混合使用舊設備與新設備上，交換器是一種理想的裝置。

◆ **管理**。除了提供更佳的安全性之外（請參見安全性焦點的附欄），交換器也能夠減輕網路管理的負擔。例如，如果某張轉接卡運作異常，不停地送出乙太網路訊框（稱作喋喋不休的轉接卡），交換器便能夠偵測到此一問題，並且在內部將這張異常運作的轉接卡給斷線。有了這項功能，網管就不需要在半夜起床開車趕回工作崗位來修正問題了。同樣地，電纜的斷裂也只會讓使用斷掉的電纜連接到交換器的節點斷線而已。在同軸電纜的時代，許多網管得花上好幾個小時在「爬線」（更精確地說，是在「爬地」），以便找到拖垮整個網路的斷裂電纜。交換器也會蒐集頻寬使用率、碰撞率、資料流類型等統計數據，然後將這份資訊提供給網管使用。這些資訊可以用來偵錯並修正問題，也可以用來規劃未來的 LAN 應當如何改進。研究者正在探索增加更多的管理功能到標準的乙太網路 LAN 布署上 [Casado 2007; Koponen 2011]。

安全性焦點

竊聽交換式 Lan：交換器污染

當主機連接到交換器時，通常只會收到明確指示要送交給它的訊框。例如，請考量圖 6.17 中的交換式 LAN。當節點 A 傳送訊框給節點 B，而且交換表中包含關於節點 B 的條目時，交換器就只會把訊框轉送給節點 B。如果節點 C 剛好在執行封包竊聽器，它就沒辦法竊聽到這份 A 傳送給 B 的訊框。因此，在交換式的 LAN 環境中（相較於廣播連結環境如 802.11 LAN 或使用集線器的乙太網路

　　LAN），攻擊者比較難以竊聽訊框。然而，因為對於目的端位址不在交換表中的訊框，交換器會將其廣播出去，位於 C 的竊聽程式依然能夠竊聽到一些並未明確定址到 C 的訊框。此外，竊聽程式也有辦法竊聽到所有使用廣播目的端位址 FF–FF–FF–FF–FF–FF 的乙太網路廣播訊框。某種針對交換器的知名攻擊，稱作**交換器污染**（**switch poisoning**），這種攻擊會送出大量封包給交換器，使用許多假造的不同來源端 MAC 位址，藉此用假造的條目塞滿交換表，不留下任何空間給合法節點的 MAC 位址使用。這會造成交換器廣播大部分的訊框，如此一來竊聽程式便能夠捕捉到它們 [Skoudis 2006]。即使對於經驗老到的攻擊者來說，這種攻擊也相當複雜，因此交換器比起集線器跟無線 LAN 來說，對於竊聽的抵禦能力要來得強悍許多。

◈ 比較交換器與路由器

如我們在第四章所了解到的，路由器是一種儲存並轉送封包交換器，會使用網路層位址來轉送封包。雖然交換器也是一種儲存並轉送封包交換器，但是它與路由器的根本性差異在於，它是使用 MAC 位址來轉送封包。相較於路由器是一種第 3 層的封包交換器，交換器則是種第 2 層的封包交換器。

　　但是，回想一下，我們在 4.4 節中了解到，使用「匹配加行動（match plus action）」操作的現代交換器可以用來轉發訊框終端 MAC 位址的第 2 層訊框，以及使用資料報終端 IP 位址的第 3 層資料報。的確，我們看到使用 OpenFlow 標準的交換器可以進行以 11 個不同訊框、資料報和傳輸層標頭欄位中的任一個為基礎的對一般性封包的轉送。

　　縱使交換器與路由器有著根本性的差異，網管在安裝互連裝置時，通常必須在兩者之間做選擇。例如圖 6.15 中的網路，網管也可以同樣輕易地使用路由器來取代交換器，以將各系所的 LAN、伺服器、以及網際網路閘道路由器連結在一起。確實，路由器也可以讓系所之間彼此進行通訊而不會產生碰撞。既然交換器跟路由器都可以作為互連裝置的選擇，那麼這兩種方案的優缺點各自為何？

　　首先我們來考量交換器的優缺點。如上所述，交換器是一種隨插即用裝置，這對於全世界工作過度的網管來說，是一種珍貴的性質。交換器也可以得到相對來說較高的封包過濾與傳送速率——如圖 6.24 所示，交換器只需處理到第 2 層的訊框，反之路由器卻必須處理到第 3 層的資料報。但另一方面來說，為了避免迴路地廣播訊框，交換器網路的運作拓樸必須限制為擴展樹（spanning tree）。此外，大型的交換器網路需要在主機和路由器中儲存大型的 ARP 表格，因此會造成大量的 ARP 資料流與處理時間。此外，交換器不提供任何防範廣播風暴的保護機制——如果某台主機陷入瘋狂狀態，並且無止盡地送出乙太網路廣播訊框，交換器仍然會轉送所有這些訊框，而造成整個網路的癱瘓。

現在請考量路由器的優缺點。因為網路位址通常是階層式的（而不像 MAC 位址是平坦式的），所以即使網路有多餘的路徑，封包通常也不會在路由器之間循環傳遞（然而，當繞送表設定錯誤時，封包還是有可能發生迴路傳遞的情形；但便如我們在第四章所學到的，IP 會使用特殊的資料報標頭欄位來約束循環傳遞的情形）。因此，封包可以不受限於擴展樹，並且可以使用來源端與目的端之間的最佳路徑。因為路由器沒有擴展樹的限制，它們讓網際網路可以使用多樣化的拓樸來建立；例如，歐洲與北美洲之間便使用了多條運作中的連結。路由器的另一項特性是，它提防火牆保護，以防範第 2 層的廣播風暴。或許路由器最明顯的缺點在於它們並非隨插即用——路由器本身及連接到它們的主機都需要設定 IP 位址。此外，路由器所需的每封包處理時間通常也比交換器要來得長，因為它們必須處理到第 3 層的欄位。最後，路由器 router 這個詞有兩種不同的發音，「rootor」或是「rowter」，這點讓人們浪費了許多時間在爭論到底哪一種發音才是正確的 [Perlman 1999]。

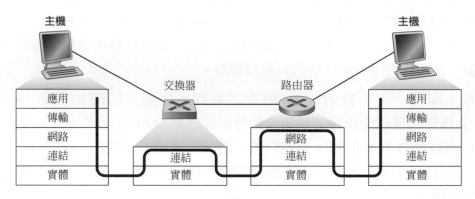

圖 6.24　交換器、路由器與主機中的封包處理層

既然交換器跟路由器各有其優缺點（如表 6.1 所整理的），那麼機構網路（例如大學校園網路或是企業園區網路）到底該在何時使用交換器，又該在何時使用路由器呢？一般來說，由幾百台主機所構成的小型網路，會由少量 LAN 區段所構成。交換器便足以滿足這些小型網路的需求，因為它們可以將資料流限制在區域內，增加總體產出率，而且不需要設定任何 IP 位址。但是由數千台主機所構成的較大型網路，則通常（除了交換器之外）也會在其網路中加入路由器。路由器能夠提供更強韌的流量隔離、廣播風暴控制、並且能夠在網路主機之間使用更「聰明」的路由。

	集線器	路由器	交換器
流量區隔	無	有	有
隨插即用	有	無	有
最佳化繞送	無	有	無

表 6.1　常用的互連裝置其典型特性的比較

　　針對更多關於交換式及路由式網路優缺點的討論，以及關於交換式 LAN 技術要如何擴充至比今日的乙太網路主機數量多上兩個量級的網路的討論，請參見 [Meyers2004; Kim 2008]。

6.4.4　虛擬區域網路（VLAN）

在我們先前關於圖 6.15 的討論中，我們提過現代的機構 LAN 通常是以階層式的方式來配置，其中每個工作群組（系所或部門）都擁有自己的交換式 LAN，並透過階層式的交換器，連接至其他群組的交換式 LAN。雖然這樣的配置方式在理想世界中可以良好的運作，但真實世界通常距離理想甚遠。我們可以指出圖 6.15 中的配置方式的三項缺點：

◆ **缺乏流量隔離措施**。雖然階層式的配置能夠將群組資料流限制在單一交換器的區域內，但是廣播資料流（例如攜帶 ARP 及 DHCP 訊息的訊框，或自我學習的交換器尚未得知其目的端位址的訊框）還是必須傳遍整個機構網路。限制這類廣播資料流的範圍，可以改善 LAN 的效能。或許更重要的是，我們也可能會為了安全性／隱私性的原因，而想要限制 LAN 的廣播資料流。例如，如果某個群組包含了營運管理團隊，另一個群組則包含了心懷不滿，正在執行 Wireshark 封包竊聽器的員工，則網管可能會相當希望管理階層的資料流永遠不要抵達員工的主機。如果我們將圖 6.15 的中央交換器改換成路由器，便可以提供這種隔離措施。我們馬上就會看到，透過交換式（第 2 層）方案，也可以達成這種隔離措施。

◆ **交換器使用上的沒效率**。如果機構並非擁有三個群組，而是 10 個群組的話，我們便需要 10 台第一層的交換器。如果每個群組的規模都很小，例如，少於 10 個人的話，則單一台 96 埠的交換器似乎便足以滿足所有人的需求，但是這台單獨的交換器並沒有辦法提供流量隔離。

◆ **管理使用者**。如果員工在群組之間移動，則我們必須改變實體的線路以將這位員工連接至圖 6.15 中不同的交換器上。同時屬於兩個群組的員工會讓問題變得更加困難。

　　幸運的是，這些難處都可以透過支援**虛擬區域網路**（virtual local area network，**VLAN**）的交換器來加以處理。正如其名所示，支援 VLAN 的交換器讓我們可以在單一的實體區域網路基礎設施下，定義多個虛擬區域網路。VLAN 中的成員主機可以連接到交換器，自成一個區域網路，彼此進行通訊（好似沒有其他主機存在）。在使用連接埠來建立的 VLAN 中，交換器的連接埠（介面）會被網管切分為群組。每個群組都構成一個 VLAN，其中屬於每個 VLAN 底下的連接埠都會構成一個廣播網域（亦即來自於某個連接埠的廣播資料流，只會抵達群組中其他的連接埠）。圖 6.25 顯示了一台擁有 16 個連接埠的交換器。連接埠 2 到 8 屬於 EE VLAN，連接埠 9

到 15 則屬於 CS VLAN（連接埠 1 跟 16 則未被指派）。這種 VLAN 解決了上述所有的困難──EE 與 CS VLAN 的訊框會彼此隔離開來，圖 6.15 中的兩台交換器換成了一台，而如果位於連接埠 8 的使用者加入了 CS 系所，網路操作者只需要簡單地重新設定 VLAN 軟體，使連接埠 8 現在關連至 CS VLAN 即可。我們可以輕易地想像如何設定與操作 VLAN 交換器──網管會使用交換器管理軟體宣告某個連接埠屬於指定的 VLAN（未被宣告的連接埠則屬於預設的 VLAN），交換器會維護一份連接埠與 VLAN 的對應表格；而交換器硬體只會在屬於相同 VLAN 的連接埠之間投遞訊框。

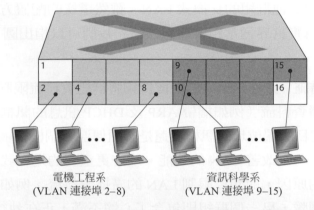

電機工程系
(VLAN 連接埠 2–8)

資訊科學系
(VLAN 連接埠 9–15)

圖 6.25　設定了兩個 VLAN 的單一交換器

　　但是因為完全隔離了兩個 VLAN，我們造成了新的困難！來自於 EE 系所的資料流，要如何送往 CS 系所？其中一種處理這項問題的方法，是將 VLAN 交換器的其中一個連接埠（例如圖 6.25 中的連接埠 1）連接到一台外部路由器，然後將此連接埠設定為同時屬於 EE 及 CS 的 VLAN。在這種情況下，即使 EE 跟 CS 系所共用相同的實體交換器，且邏輯設定會使得 EE 及 CS 系所看起來像是擁有各自的交換器，並透過路由器相連。從 EE 到 CS 系所的 IP 資料報，會先跨越 EE 的 VLAN 抵達路由器，然後再由路由器透過 CS 的 VLAN 轉送回 CS 的主機。幸運的是，交換器的製造商讓網管得以輕易的進行這項設定，它們將 VLAN 交換器與路由器製造在同一台裝置中，如此一來我們就不需要個別的外部路由器。章末的某題習題更詳盡地探討了此項情境。

　　讓我們再次回到圖 6.15，現在我們假設除了有分開的資訊與電機系所外，某些 EE 及 CS 的教員是位在個別的建築物中，在該處他們需要網路連線（當然！），而且他們也希望成為其系所 VLAN 的一部分（當然！）。圖 6.26 顯示了第二台 8 埠的交換器，其交換埠也依需求被定義為屬於 EE 或 CS 的 VLAN。然而我們要如何連接這兩台交換器？其中一種簡單的解決方案是，在兩台交換器上各定義一個連接埠屬於 CS 的 VLAN（針對 EE 的 VLAN 做法也類似），然後將兩者相連，如圖 6.26(a) 所示。然而，這種解決方案沒有擴充性，因為只為了連接兩台交換器，N 個 VLAN 在每台交換器上就會需要使用掉 N 個連接埠。

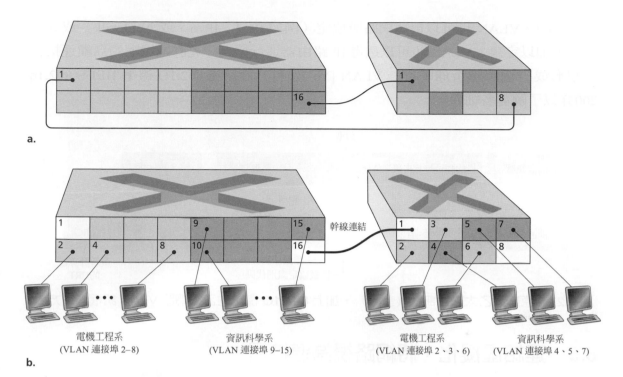

圖 6.26　連接兩台擁有兩個 VLAN 的 VLAN 交換器：(a) 兩條纜線　(b) 幹線連接

　　另一種連接 VLAN 交換器較具擴充性的方法稱作 **VLAN 幹線連接（VLANtrunking）**。在圖 6.26(b) 所示的 VLAN 幹線連接方法中，兩台交換器上各有一個特殊的連接埠（左側交換器的連接埠 16 以及右側交換器的連接埠 1）被設定為幹線連接埠以連接兩台 VLAN 交換器。幹線連接埠屬於所有的 VLAN，而傳送給任何 VLAN 的訊框都會透過幹線連結被轉送至另一台交換器。但是這樣做會引發另一項問題：交換器要如何得知抵達幹線連接埠的訊框屬於哪一個特定的 VLAN？IEEE 為跨越 VLAN 幹線的訊框定義了擴充的乙太網路訊框格式，802.1Q。如圖 6.27 所示，802.1Q 訊框是由標準的乙太網路訊框加上標頭中加入四位元組的 **VLAN 標籤（VLAN tag）** 所構成，VLAN 標籤會指出訊框所屬的 VLAN 為何。VLAN 標籤會由交換器在 VLAN 幹線的傳送端加入到訊框中，然後在幹線的接收端由交換器所解析並予以移除。VLAN 標籤本身是由 2 位元組的標籤協定識別代碼（Tag Protocol Identifier，TPID）欄位（包含固定的十六進位數值 81-00），2 位元組的標籤控制資訊（Tag ControlInformation）欄位所構成，後者包含了 12 位元的 VLAN 識別代碼欄位，以及 3 位元的優先權欄位，後者的意圖類似於 IP 資料報的 TOS 欄位。

　　在這份討論中，我們只簡短地觸及 VLAN，並且將重點放在使用連接埠建立的 VLAN 上。我們應該要提一下，我們也可以使用其他幾種方式來定義 VLAN。在使用 MAC 建立的 VLAN 中，網管會指定屬於各個 VLAN 的 MAC 位址集合；每當有裝置連接到連接埠時，此連接埠就會根據裝置的 MAC 位址，將其關連至適當

的 VLAN。VLAN 也可以根據網路層協定（例如 IPv4、IPv6、或 Appletalk）或其他
條件來加以定義。VLAN 也可以透過 IP 路由器進行擴充，允許區域網的島嶼連接在
一起形成一個跨越全球的單一 VLAN [Yu 2011]。請參見 802.1Q 標準 [IEEE 802.1q
2005] 以了解更多細節。

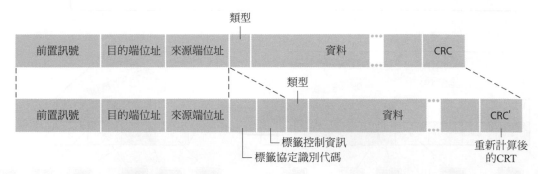

圖 6.27　原始的乙太網路訊框（上方），加上 802.1Q 標記的乙太網路 VLAN 訊框（下方）

6.5　連結虛擬化：將網路視為連結層

由於本章所關注的是連結層協定，而鑑於現在我們已經接近本章的尾聲，便讓我們
來思索一下我們對於連結（link）一詞的理解，有著怎樣的轉變。在本章開始時，我
們將連結視為連接兩台通訊主機的實體線路。在學習多重存取協定時，我們得知多
台主機可以透過共用線路相連，而連接這些主機的「線路」可以是無線電頻譜，或
其他的媒介。這讓我們在思考連結時，會更抽象地將之想像成通道，而非線路。在
學習乙太網路 LAN 時（圖 6.15），我們得知連接的媒介實際上可以是相當複雜的交
換結構。雖然經過了這一連串的轉變，主機本身仍然保持對於互連媒介的簡單看法，
亦即連接兩台以上主機的連結層通道。我們知道，例如，乙太網路的主機可以幸福
地不需要知道它究竟是透過單一短距離的 LAN 區段（圖 6.17），或是透過散布各地
的交換式 LAN（圖 6.15），還是透過 VLAN（圖 6.26）與 LAN 中的其他主機相連。

　　考慮在兩台主機之間的撥接數據機連線。在此情況中，連接兩台主機的連結實
際上是電話網路──一個在邏輯上獨立的全球電信網路，擁有自己用來進行資料傳
輸與訊號發送的交換器、連結以及協定堆疊。然而，從網際網路連結層的觀點來看，
透過電話網路進行的撥接連線，也只會被視為簡單的「線路」而已。就此點而言，
網際網路是將電話網路虛擬化了，它將電話網路視為某種能夠在兩台網際網路主機
之間提供連結層連線能力的連結層技術。重疊網路也類似地將網際網路視為能夠為
重疊網路的節點間提供連線能力的一種憑藉，它會以相同於網際網路覆蓋電話網路
的方式，設法將網際網路覆蓋於其下。

在本節中，我們會考量多重協定標籤交換（Multiprotocol Label Switching，MPLS）網路。與電路交換的電話網路不同，MPLS 本身便是一種封包交換式的虛擬迴路網路。它擁有自己的封包格式與轉送行為。因此，從教學的角度來看，關於 MPLS 的討論既適於放入網路層的學習，也適於放入連結層的學習中。然而從網際網路的觀點來看，就像電話網路與交換式乙太網路一樣，我們也可以將 MPLS 視為可用來連接 IP 裝置的連結層技術。因此，我們選擇在關於連結層的討論中考量 MPLS。訊框轉播（frame-relay）網路與 ATM 網路也可以用來連接 IP 裝置，不過它們所代表的是有點老舊（但仍在使用中）的技術，因此並不會在此處加以討論；請參見一本非常具可讀性的書籍 [Goralski 1999] 來參考其細節。我們對於 MPLS 的介紹只會簡短擷取必要的部分，因為光是以這些網路為主題，便可以撰寫一整本書了（也已經有人這麼做了）。關於 MPLS 的細節，我們推薦你 [Davie 2000]。此處我們的重點會主要放在如何使用 MPLS 來連接 IP 裝置，雖然我們也會稍微深入地探討其底層的技術。

6.5.1　多重協定標籤交換（MPLS）

多重協定標籤交換（Multiprotocol Label Switching，MPLS）演變自 1990 年代中期到後期，業界為了改善 IP 路由器的轉送速率所做的努力；這些努力採用了一項源自於虛擬迴路網路世界的關鍵性概念：固定長度的標籤。其目標並非捨棄以目的端為基礎的 IP 資料報轉送基礎結構，改採用以固定長度標籤為基礎的虛擬迴路；而是將之擴充為可選擇性加以標記的資料報，並且在可能的情形下允許路由器根據固定長度的標籤（而非目的端 IP 位址）來轉送資料報。重要的是，這些技術會使用 IP 的定址與繞送，與 IP 攜手共同運作。IETF 將這些努力整合於 MPLS 協定 [RFC 3031,RFC 3032] 中，它有效地將 VC 技術整合在資料報繞送網路中。

讓我們藉由考量具備 MPLS 功能的路由器所處理的連結層訊框格式，來開始我們對於 MPLS 的學習。圖 6.28 顯示了一份在具 MLPS 功能的裝置之間上進行傳輸的連結層訊框，它加入了一小段 MPLS 標頭在第 2 層（像是乙太網路）標頭與第 3 層（亦即 IP）標頭之間。RFC 3032 定義了這類連結的 MPLS 標頭格式；其他的 RFC 也定義了針對 ATM 與訊框轉播網路的標頭。MPLS 標頭欄位包括標籤、保留給實驗用途的 3 位元、單一的 S 位元用來指出連串「堆疊的」MPLS 標頭的結尾（這是個我們不會在此處討論的進階主題），以及生存期欄位等。

從圖 6.28 我們可以立即看出，加入 MPLS 的訊框只能夠在兩台都具備 MPLS 功能的路由器之間傳送（因為當不具備 MPLS 功能的路由器在預期會看到 IP 標頭的地方發現 MPLS 標頭時，會感到相當困惑！）。具備 MPLS 功能的路由器通常稱作**標籤交換路由器**（**label-switched router**），因為它會藉由檢視轉送表中的 MPLS 標籤，

立即將資料報交給適當的輸出介面，以轉送 MPLS 訊框。因此，具備 MPLS 功能的
路由器並不需要取出目的端位址，然後查詢轉送表中的最長相符址首。但是路由器
要怎麼知道其相鄰節點是否真的可使用 MPLS ？又要怎麼知道關連於特定 IP 目的端
的標籤為何？要回答這些問題，我們需要看看一群具備 MPLS 功能的路由器彼此之
間的互動。

圖 6.28　MPLS 標頭：位於連結層與網路層標頭之間

在圖 6.29 的例子中，路由器 R1 到 R4 都具備 MPLS 功能。R5 與 R6 則是標準的
IP 路由器。R1 已通告 R2 跟 R3，它（R1）有辦法繞送到目的端 A，如果收到 MPLS
標籤為 6 的訊框，它會將其轉送到目的端 A。路由器 R3 已通告給 R4 說它有辦法繞
送到目的端 A 跟 D，如果收到 MPLS 標籤為 10 或 12 的訊框，它會分別將其交換到
兩者各自的目的地。路由器 R2 也已通告 R4，它（R2）有辦法抵達目的端 A，如果
收到 MPLS 標籤為 8 的訊框，它會將其交換到 A。請注意，路由器 R4 現在處於一個
有趣的位置，它有兩條前往 A 的 MPLS 路徑：透過介面 0 使用 MPLS 標籤 10 輸出，
以及透過介面 1 使用 MPLS 標籤 8。圖 6.29 所描繪的宏幅觀點為，IP 裝置 R5、R6、A、
D 是以大致類似於交換式 LAN 或 ATM 網路連接 IP 裝置的方式，透過 MPLS 基礎設
施（具備 MPLS 功能的路由器 R1、R2、R3、R4）相連。就像交換式 LAN 與 ATM
網路一樣，具備 MPLS 功能的路由器 R1 至 R4 在進行這項工作時，完全不會觸及封
包的 IP 標頭。

在上述討論中，我們並未描述用來在具備 MPLS 能的路由器之間散布標籤的
特定協定，因為此種信令機制的細節已經超出了本書的範圍。然而，我們要指出，
IETF 的 MPLS 工作小組已經在 [RFC 3468] 之中指定了某種 RSVP 協定的延伸，稱
作 RSVP-TE [RFC 3209]，這種協定會致力於 MPLS 的信令機制。我們並沒有討論
MPLS 如何實際地為封包在具備 MPLS 功能的路由器之間計算路徑，也沒有討論它
如何收集連結狀態資訊（例如，未被 MPLS 預定的連結頻寬量）以使用在這些路徑
計算中。現存的連結狀態繞送演算法（例如，OSPF）已經被延伸來把這項資訊提供
給具備 MPLS 功能的路由器。有趣的是，現實的路徑計算演算法尚未標準化，目前
都是廠商各佔山頭。

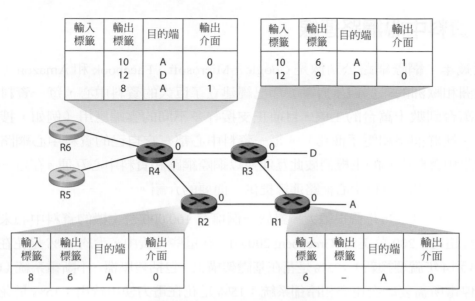

圖 6.29　加入 MPLS 的轉送

到目前為止，我們針對 MPLS 的討論重點都集中在一項事實上：MPLS 可以根據標籤執行交換，無需考量封包的 IP 位址。然而 MPLS 真正的優點，以及它目前受到關注的原因，並不在於它可以增加交換速率的潛力，而是在於它所帶來的新的資料流管理能力。如上所述，R4 有兩條前往 A 的 MPLS 路徑。如果轉送是在 IP 層根據 IP 位址執行，我們在第五章所學的 IP 繞送協定只會指出一條前往 A 的最小成本路徑。因此，MPLS 提供了使用標準的 IP 繞送協定不可能使用的路由來轉送封包的能力。這是種透過 MPLS 進行的流量工程（traffific engineering）的簡單手法 [RFC 3346;RFC 3272; RFC 2702; Xiao 2000]，其中網路操作者可以推翻正常的 IP 路由，逼迫某些前往特定目的端的資料流使用其中一條路徑，其他前往相同目的端的資料流則使用另一條路徑（不管是因為策略、效能、還是其他原因）。

我們也有可能會為了其他許多目的而使用 MPLS。MPLS 可以用來執行 MPLS 轉送路徑的快速回復，例如，將資料流重新繞送到某條預先安排好的備用路徑，以應對某條連結的失效 [Kar 2000; Huang 2002; RFC 3469]。最後，我們要指出，MPLS 可以，也已經被用來實作所謂的**虛擬私人網路**（**virtual private networks**，**VPN**）。在為用戶實作 VPN 時，ISP 會利用其具備 MPLS 功能的網路來連接用戶的各類網路。MPLS 可以在 ISP 網路中用來區隔用戶的 VPN 彼此所使用的資源及位址；詳情請參見 [DeClercq 2002]。

我們針對 MPLS 的討論僅止於必要的重點，我們鼓勵你去查閱我們曾提及的參考資料。我們注意到 MPLS 有這麼多種可能的用途，看來它將快速地成為網際網路流量工程上的瑞士刀！

6.6　資料中心網路連線

在最近幾年，網際網路公司像是 Google、Microsoft、Facebook 和 Amazon（以及它們在亞洲和歐洲的一些競爭對手）都已經建立了巨大的資料中心，每一資料中心都內含數萬台到數十萬台的主機，目前正支援許多不同的雲端應用（例如，搜尋、電子郵件、社群網路和電子商務）。每一資料中心都有它自己的資料中心網路；資料中心網路和資料中心的主機們彼此互連並以網際網路和資料中心互連。在這一節中，我們對雲端應用的資料中心網路連線提供一簡要的介紹。

大型資料中心的花費很龐大，對於一個擁有 100,000 台主機的資料中心來說，每月的花費超過 1,200 萬美元 [Greenberg 2009a]。在這些花費中，大約 45% 是花在主機本身（每 3 到 4 年就要換新）；25% 是花在基礎架構上，包括變壓器、不斷電系統（UPS）、長時間停電所需要的發電機和冷卻系統；15% 是花在電力使用費用；15% 是花在網路連線，包括網路設備（交換器、路由器和負載平衡器）、外界連結和傳輸流量成本（在這些百分比中，設備的花費是分期攤銷的，所以對於一次性的購買和持續性的花費如電費，我們可以使用一般常用的花費度量方式）。雖然網路連線並不是最大塊的花費，但網路連線的創新是降低整體費用以及最大化效能的關鍵 [Greenberg2009a]。

在資料中心的工蜂為主機：它們提供內容（例如，網頁和視訊）、儲存電子郵件和文件、並全體一起執行大量的分散式運算（例如，搜尋引擎的分散式索引運算）。在資料中心的主機，我們稱為刀鋒（blades），樣子很像比薩盒，一般而言是內含 CPU、記憶體和硬碟儲存裝置的主機。主機被疊放在機架中，每一個機架通常有 20 到 40 台刀鋒。在每一個機架的頂端有一台交換器，我們將之稱為**機架頂端（Top of Rack，TOR）**交換器，它和機架中的主機彼此互連並且和資料中心其他的交換器互連。明確地說，機架中的每一台主機有一個連接到它的 TOR 交換器的網路介面卡，而每一具 TOR 交換器有額外的埠可連接到其他的交換器。在今日，主機通常有 40Gbps 的乙太網路連線到它們的 TOR 交換器。每一台主機也配有它自己的資料中心內部 IP 位址。

資料中心網路支援兩種型態的流量：在外界用戶端和內部主機之間的流量和在內部主機與主機之間的流量。為了處理在外界用戶端和內部主機之間的流量，資料中心網路包含了一台或多台的界接路由器（border routers），連接資料中心網路到公用的網際網路。資料中心網路因此使機架彼此互連並把機架連到界接路由器。圖 6.30 展示了資料中心網路的一個例子。資料中心網路設計，是一門設計互連網路和協定的藝術，使得機架可相互連接並把機架連到界接路由器，在最近幾年已經變成電腦網路連線研究的一個重要的子領域 [Al-Fares 2008; Greenberg 2009a; Greenberg 2009b;Mysore 2009; Guo 2009; Wang 2010]。

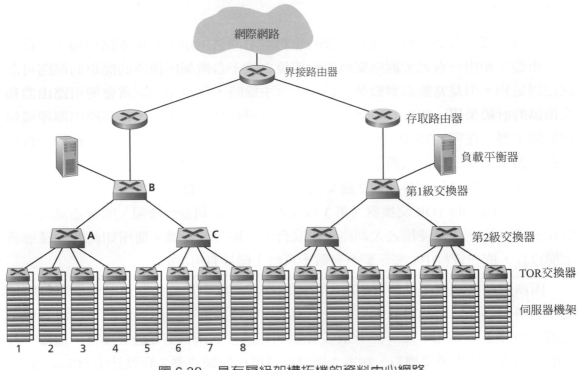

圖 6.30　具有層級架構拓樸的資料中心網路

◈ 負載平衡

雲端資料中心，像是 Google 或 Microsoft 資料中心，同時提供許多的應用，像是搜尋、電子郵件和視訊應用。為了支援從外界用戶端來的請求，每一個應用都關聯到一公開可見的 IP 位址，用戶端可以對該位址送出它們的請求，並從該位址那兒接收回應。在資料中心內部，外界請求首先被引導到一**負載平衡器**（load balancer）那兒，它的工作就是要把請求分配給主機，根據目前各主機的負載量來分散平衡在主機之間的負載。一大型的資料中心通常有好幾台負載平衡器，每一台負載平衡器負責一組特定的雲端應用。如此的負載平衡器有時候我們稱爲「第 4 層交換器」因爲它是根據目的端埠號（第 4 層）以及封包中的目地端 IP 位址來下決定的。一但接到某個特定應用的請求，負載平衡器會轉送它給處理該應用主機的其中一台（一台主機然後可能會請求其他主機的服務來幫忙處理該請求）。當主機完成該請求的處理時，它會把它的回應送回給負載平衡器，負載平衡器接下來會接力式地把該回應傳回給該外界用戶端。負載平衡器不只是平衡主機之間的工作負載，也提供一個類似 NAT 的功能，把公開的外界 IP 位址轉譯成適當主機的內部的 IP 位址，然後當封包要以反方向行走返回用戶端時，再把位址轉譯回來。這可以避免用戶端直接和主機接觸，具有隱藏內部網路結構和避免用戶端直接和主機互動的安全性優點。

◈ 層級架構

對於一個內部只有數千台主機的小型的資料中心而言，由一台接界路由器、一台負載平衡器、和由一台乙太網路交換器所連接之數十台機架所構成的簡單的網路可能就已經足夠。但是當膨脹到數萬到數十萬台主機時，資料中心通常會使用**路由器和交換器的層級架構**，如圖 6.30 所示的拓樸。在層級架構的頂端，接界路由器連接到存取路由器（在圖 6.30 中只有畫出 2 台，但實際狀況可以有很多台）。在每一台存取路由器下方有三級的交換器。每一台存取路由器連接到一台第 1 級交換器，每一台第 1 級交換器連接到多個第 2 級交換器和一台負載平衡器。每一台第 2 級交換器接下來透過機架的 TOR 交換器（第 3 級交換器）連接到多台機架。所有連結的連結層和實體層協定通常使用乙太網路，並混合使用銅線和光纖。使用如此的一種層級架構設計，把一資料中心膨脹到含有數十萬台主機是有可能的。

　　因為對於雲端應用供應者來說，持續地提供高度可用性的應用是一個關鍵的議題，資料中心在它們的設計中也包含了備用的網路設備和備用的連結（並沒有展示在圖 6.30 中）。例如，每一台 TOR 交換器可以連接到兩台第 2 級交換器，而每一台存取路由器、第 1 級交換器、和第 2 級交換器可以複製並整合到設計中 [Cisco 2012; Greenberg 2009b]。在圖 6.30 的層級架構設計中，我們觀察到在每一台存取路由器下方的主機形成一個單一的子網路。為了要局部化 ARP 廣播流量，這些子網路的每一個會再分割成更小的 VLAN 子網路，每一包括數百台主機 [Greenberg 2009a]。

　　雖然剛才我們描述之傳統的層級架構可以解決擴張的問題，它有個缺點就是會受限於有限的主機到主機（host-to-host）容量 [Greenberg 2009b]。為了瞭解這個限制，請再次考慮圖 6.30，並假設每一台主機用 1 Gbps 的連結連接到它的 TOR 交換器，而在交換器之間的連結為 10 Gbps 的乙太網路連結。在同一機架中的兩台主機始終可以用全速的 1 Gbps 通訊，僅受限於主機網路介面卡的速率。然而，假如在資料中心網路中有許多同時存在的流量，那麼在不同的機架中的兩台主機之間最大的速率可能會少很多。為了更深入這個議題，請考慮一個流量型態，在不同的機架中的 40 對主機之間同時存在 40 個資料流。明確地說，假設在圖 6.30 機架 1 中的 10 台主機每一台皆送出一流量給機架 5 中對應的主機。類似地，在機架 2 和機架 6 的主機對之間同時存在 10 個流量，在機架 3 和機架 7 的主機對之間同時存在 10 個流量，和在機架 4 和機架 8 的主機對之間同時存在 10 個流量。假如在一連結中所有流量在均分該連結的容量，那麼 40 個流量跨越 10 Gbps 的 A 到 B 連結（以及 10 Gbps 的 B 到 C 連結）將只會收到 10 Gbps / 40 = 250 Mbps，這比起 1 Gbps 的網路介面卡速率要小得很多。對於需要往更高網路層級跑的主機間的流量，這個問題會變得更為嚴重。對於這種限制，一個可能的解決之道為部署高速率的交換器和路由器。但是這樣子會大大地增加了資料中心的成本，因為高速交換器和路由器是非常昂貴的。

支援高頻寬的主機到主機通訊是重要的課題，因為資料中心的一個關鍵需求為配置運算和服務的高度彈性 [Greenberg 2009b; Farrington 2010]。例如，一個大型的網際網路搜尋引擎可能是在數千台散布在多個機架中的主機上執行，在所有的主機對之間有大量的頻寬需求。類似地，一個像是 EC2 的雲端運算服務，可能希望把由多個虛擬機器所組成的客戶服務放置在實體主機上且要求大部分的容量和它們在資料中心的位置無關。假如這些實體主機散布在多個機架中，那麼如上所述的網路瓶頸可能會導致出很糟糕的效能。

◈ 資料中心網路連線中的趨勢

為了降低資料中心的成本，並在同一時間改善它們的延遲和產出率效能，網際網路雲端巨人像是 Google、Facebook、Amazon 和 Microsoft 一直都持續的在部署新的資料中心網路設計。雖然這些設計都是有專利的，但是我們仍然還是可以指出許多重要的趨勢。

一種趨勢就是部署可以克服傳統層級架構設計缺點的新的互連架構和網路協定。一種方式就是把交換器和路由器的層級架構換成一個**完全連通的拓樸**（**fully connected topology**）[Facebook 2014; Al-Fares 2008; Greenberg 2009b; Guo 2009]，如圖 6.31 中所示的拓樸。在這種設計中，每一台第 1 級交換器連接到所有的第 2 級交換器，使得 (1) 主機到主機的流量用遠不需要高過交換器層級，和 (2) 有了 n 個第 1 級交換器，在任何兩個第 2 級交換器之間有 n 條不相交的路徑。如此的設計可以大量的改善主機到主機的容量。要看出這點，請再次考慮我們 40 個流量的例子。圖 6.31 中的拓樸可以處理如此的一個流量型態，因為在第一個第 2 級交換器和第二個第 2 級交換器之間有四條不同的路徑，一起在前兩個第 2 級交換器之間提供了 40 Gbps 的總容量。如此的設計不但減輕了主機到主機的容量限制，而且也產生了一個更具彈性的運算和服務環境，其中在任兩個沒有連接到相同交換器的機架之間的通訊在邏輯上是等價的，和它們在資料中心的位置無關。

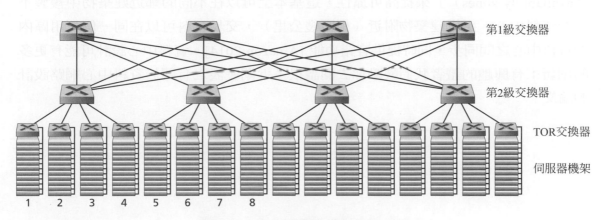

圖 6.31　高度互連的資料網路拓樸

　　另一個主要的趨勢為布署以運輸貨櫃為基礎的模組化資料中心（modular datacenters ，MDC）[YouTube 2009; Waldrop 2007]。在一個 MDC 中，工廠在一個標準的 12 公尺運輸貨櫃中建造了一個「迷你的資料中心」，並把那個貨櫃運送到資料中心的位置。每一個貨櫃可裝多達數千台主機，堆疊在數十台機架中，並緊密地擺放在一起。在資料中心的位置上，多個貨櫃彼此地互連在一起也和網際網路連在一起。一旦一個預製的貨櫃被部署在一個資料中心處，通常很難維修。因此，每一個貨櫃當效能下降時的處理方式如下:隨著元件（伺服器和交換器）因時間長久而失效，貨櫃雖持續地運作，但是效能是下降的。當許多元件都已經失效而效能已經掉到一臨界值以下時，整個貨櫃會移走並換一個新的來。

　　用貨櫃建構出一資料中心產生了新的網路連線挑戰。使用 MDC，有兩種型態的網路：在每一個貨櫃之中的貨櫃內部網路和連接每一個貨櫃的核心網路 [Guo 2009;Farrington 2010]。在每一個貨櫃之中，規模最多為數千台主機，使用不昂貴 Gigabit 等級的乙太網路交換器來建立一個完全連通的網路（如上面所述）是有可能的。然而，核心網路的設計，互連數百到數千個貨櫃，同時還要為一般的工作負載提供在貨櫃間的高速主機到主機頻寬，還是一個具高度挑戰性的問題。互連貨櫃的一種混合電纜／光纖交換器架構已在 [Farrington 2010] 被提出。

　　當使用高度互連的拓樸，主要問題之一就是設計在交換器之間的繞送演算法。一個可能性 [Greenberg 2009b] 就是使用一種隨機繞送的形式。另一個可能性 [Guo 2009] 就是在每一台主機中布署多個網路介面卡，把每一台主機連接到多個低成本的交換器商品，並讓主機它們自己在交換器間智慧式的繞送流量。這些方法的延伸和變型目前都正被部署在現代的資料中心中。

　　另一個重要趨勢是大型雲端供應商正在增加建構或制定其資料中心內的所有東西，包括網路配接器、交換器、路由器、TOR、軟體，以及網路協定 [Greenberg 2015，Singh 2015]。另一個趨勢，是由亞馬遜率先推出的，透過「可用區域（availability zones）」來提高可靠性，這基本上可以在不同的鄰近建築物中複製不同的資料中心。透過建築物附近（相距幾公里），交易資料可以在同一個可用區內的資料中心之間同步，同時提供容錯功能 [Amazon 2014]。資料中心設計可能有更多的創新；有興趣的讀者我們鼓勵你去閱讀很多近期發表之有關於資料中心網路設計的論文。

6.7　回顧：網頁查詢生活的一天

現在，我們已經在本章中討論過連結層，在前面的章節中討論過網路層、傳輸層以及應用層，我們向下探索協定堆疊的旅程至此便告完結了！在本書的最最開始（1.1節），我們寫道：「本書大部分的內容關於計算機網路的協定」，而在前五章中，我們確實發現了事情正是如此！在邁向本書第二部分的主題性章節之前，我們想要對於我們到目前為止學習過的協定，採用一個整合過的，整體性的觀點，來總結我們向下探索協定堆疊的旅程。其中一種取得這種「全局」觀點的方法，就是指出即使在滿足最簡單的請求——下載網頁時，所需涉入的許多（很多！）協定為何。圖6.32 說明了我們的討論背景：某位學生，Bob，將他的筆記型電腦連接到學校的乙太網路交換器上，然後下載了一份網頁（例如 www.google.com 的首頁）。如我們現在所了解的，要滿足這個看似簡單的請求，「檯面下」需要進行許多事情。本章章末的 Wireshark 實驗會更詳盡地檢驗一些蹤跡檔案，這些檔案包含在類似情境下所牽涉到的一些封包。

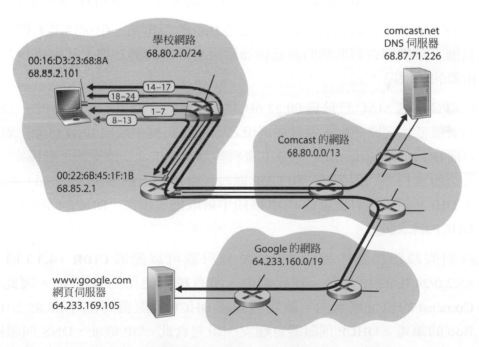

圖 6.32　網頁查詢生活的一天：網路設定和行動

6.7.1　起步：DHCP、UDP、IP 和乙太網路

讓我們假設 Bob 開啟了他的筆電，然後將筆電連接到一條乙太網路線以連接到學校的乙太網路交換器，而後者又連接到學校的路由器，如圖 6.32 所示。學校的路由器則連接至 ISP，在此例中，為 comcast.net。在此例中，comcast.net 會為學校提供

DNS 服務；因此 DNS 伺服器是位於 comcast 的網路中，而非位於學校網路中。我們假設 DHCP 伺服器是在路由器中執行，就像普遍的情形一樣。

當 Bob 一開始將筆電連接到網路時，如果沒有 IP 位址，他沒辦法做任何事情（例如下載網頁）。因此，Bob 的筆電所採取的第一項跟網路有關的行動，便是執行 DHCP 協定以向區域的 DHCP 伺服器取得 IP 位址與其他資訊：

1. Bob 筆電的作業系統會建立一份 **DHCP 請求訊息**（4.3.3 節），然後將這份訊息放入一 **UDP 區段**（3.3 節）中，使用目的端埠號 67（DHCP 伺服端）與來源端埠號 68（DHCP 用戶端）。接著這份 UDP 區段會被放入 **IP 資料報**（4.3.1 節），使用廣播 IP 目的端位址（255.255.255.255）以及來源端 IP 位址 0.0.0.0，因為 Bob 的筆電尚未取得 IP 位址。

2. 接著包含 DHCP 請求訊息的 IP 資料報會被放入**乙太網路訊框**（6.4.2 節）中。這份乙太網路訊框擁有目的端 MAC 位址 FF:FF:FF:FF:FF:FF，如此一來這份訊框就會被廣播給所有連接到交換器上的裝置（希望其中包含 DHCP 伺服器）；而此訊框的來源端 MAC 位址，便是 Bob 筆電的位址，00:16:D3:23:68:8A。

3. 包含 DHCP 請求的廣播乙太網路訊框是 Bob 的筆電第一份送給乙太網路交換器的訊框。交換器會將收到的訊框廣播給所有外出的連接埠，其中也包含連接到路由器的連接埠。

4. 路由器會在其 MAC 位址為 00:22:6B:45:1F:1B 的介面上收到包含此一 DHCP 請求的廣播乙太網路訊框，並且從這份乙太網路訊框中取出 IP 資料報。資料報中的廣播 IP 目的端位址指出，這份 IP 資料報應當要被此一節點的上層協定所處理，因此這份資料報的內容（一份 UDP 區段）會被向上**解多工**（3.2 節）給 UDP，然後 DHCP 請求訊息便會從 UDP 區段中被取出。現在，DHCP 伺服器得到了這份 DHCP 請求訊息。

5. 讓我們假設路由器中執行的 DHCP 伺服器可以配置 **CIDR**（4.3.3 節）區塊 68.85.2.0/24 中的 IP 位址。在此例中，所有校內使用的 IP 位址，因此都會位於 Comcast 的位址區塊內。讓我們假設 DHCP 伺服器將位址 68.85.2.101 配置給 Bob 的筆電。DHCP 伺服器會建立一份包含此一 IP 位址、DNS 伺服器 IP 位址（68.87.71.226）、預設閘道路由器位址（68.85.2.1）、以及子網路區塊位址（68.85.2.0/24）（意即「網路遮罩」）的 **DHCP ACK 訊息**（4.3.3 節）。這份 DHCP 訊息會被放入 UDP 區段，再放入 IP 資料報，再放入乙太網路訊框中。這份乙太網路訊框擁有路由器前往家用網路之介面的來源端 MAC 位址（00:22:6B:45:1F:1B）以及 Bob 筆電的目的端位址（00:16:D3:23:68:8A）。

6. 這份包含 DHCP ACK 訊息的乙太網路訊框會被路由器傳送（單播）給交換器。因為交換器具有**自我學習能力**（6.4.3 節），而且先前收到過來自於 Bob 筆電的乙太網路訊框（包含 DHCP 請求），因此這台交換器知道定址到 00:16:D3:23:68:8A 的訊框只需要轉送給前往 Bob 筆電的輸出埠。

7. Bob 的筆電會收到這份包含 DHCP ACK 訊息的乙太網路訊框，它會從乙太網路訊框中取出 IP 資料報，從 IP 資料報中取出 UDP 區段，然後從 UDP 區段中取出 DHCP ACK 訊息。接著 Bob 的 DHCP 用戶端會記錄其 IP 位址及其 DNS 伺服器的 IP 位址。它也會將其預設閘道路由器的位址加入其 **IP 轉送表**（4.1 節）中。Bob 的筆電會將所有目的端位址位於其子網路 68.85.2.0/24 以外的資料報送給其預設閘道路由器。此刻，Bob 的筆電已然將其網路元件初始化完成，並且準備好可以開始處理網頁的抓取（請注意，在第四章所呈現的四個 DHCP 步驟中，實際上我們只需要最後兩步）。

6.7.2　仍在起步：DNS 和 ARP

當 Bob 在網頁瀏覽器中鍵入 www.google.com 的 URL 時，便開展了一連串事件，而這些事件最終會導致 Google 的首頁被顯示在他的網頁瀏覽器上。Bob 的網頁瀏覽器會從建立一份 **TCP socket**（2.7 節）來開始這項程序，這份 socket 會被用來傳送 **HTTP 請求**（2.2 節）給 www.google.com。為了建立這份 socket，Bob 的筆電需要知道 www.google.com 的 IP 位址。我們從 2.5 節得知，網際網路是使用 DNS 協定來提供這項域名到 IP 位址的**轉譯服務**。

8. 因此 Bob 筆電的作業系統會建立一則 **DNS 查詢訊息**（2.5.3 節），並將字串「www.google.com」放入到這則 DNS 訊息的問題段落中。接著這則 DNS 訊息會被放入到目的端埠號為 53（DNS 伺服器）的 UDP 區段中。接著這份 UDP 區段會被放入 IP 目的端位址為 68.87.71.226（在步驟 5 中由 DHCP ACK 所傳回的 DNS 伺服器位址），來源端 IP 位址為 68.85.2.101 的 IP 資料報中。

9. 接著 Bob 的筆電會將包含這則 DNS 查詢訊息的資料報放入到乙太網路訊框中。這份訊框會被傳送給（在連結層定址到）Bob 學校網路的閘道路由器。然而，縱使 Bob 的筆電在上述的步驟 5 中透過 DHCP ACK 訊息得知了學校閘道路由器的 IP 位址（68.85.2.1），但是它並不知道這台閘道路由器的 MAC 位址。為了取得閘道路由器的 MAC 位址，Bob 的筆電需要使用 **ARP 協定**（6.4.1 節）。

10. Bob 的筆電會建立一則目標 IP 位址為 68.85.2.1（預設閘道）的 **ARP 查詢訊息**，將這則 ARP 訊息放入到使用廣播目的端位址（FF:FF:FF:FF:FF:FF）的乙太網路訊框中，然後將這份乙太網路訊框傳送給交換器，而交換器會將這份訊框送交給所有相連的裝置，其中也包括閘道路由器。

11. 閘道路由器會在通往學校網路的介面上收到這份包含 ARP 查詢訊息的訊框，它會發現 ARP 訊息中的目標 IP 位址 68.85.2.1 與其介面的 IP 位址相符。因此閘道路由器會準備一則 **ARP 回覆**，指出其對應到 IP 位址 68.85.2.1 的 MAC 位址為 00:22:6B:45:1F:1B。它會將這則 ARP 回覆訊息放入到乙太網路訊框中，使用目的端位址 00:16:D3:23:68:8A（Bob 的筆電），然後將這份訊框傳送給交換器，而交換器會將之送交給 Bob 的筆電。

12. Bob 的筆電會收到這份包含 ARP 回覆訊息的訊框，然後從 ARP 回覆訊息中取出閘道路由器的 MAC 位址（00:22:6B:45:1F:1B）。

13. Bob 的筆電現在（終於！）可以將包含 DNS 查詢訊息的乙太網路訊框定址到閘道路由器的 MAC 位址。請注意，這份訊框中的 IP 資料報其 IP 目的端位址為 68.87.71.226（DNS 伺服器），然而訊框的目的端位址則為 00:22:6B:45:1F:1B（閘道路由器）。Bob 的筆電會將這份訊框傳送給交換器，後者會再將其送交給閘道路由器。

6.7.3　仍在起步：網域內部繞送到 DNS 伺服器

14. 閘道路由器會收到訊框，然後從中取出包含 DNS 查詢的 IP 資料報。路由器會查詢這份資料報的目的端位址（68.87.71.226），並從其轉送表中判斷出，這份資料報應當要傳送給圖 6.32 中 Comcast 網路最左端的路由器。這份 IP 資料報會被放入到適用於連接學校路由器與最左端 Comcast 路由器的連結的連結層訊框中，然後透過這道連結將訊框送出。

15. Comcast 網路最左端的路由器會收到這份訊框，取出 IP 資料報，檢視資料報的目的端位址（68.87.71.226），然後從其轉送表中判斷，要將這份資料報轉送往 DNS 伺服器所需經由的外出介面為何，其轉送表則是由 Comcast 的網域內部協定（如 **RIP**、**OSPF** 或 **IS-IS**，5.3 節），以及**網際網路的跨網域協定**（**Internet's inter-domain protocol**）所填入。

16. 最終，包含 DNS 查詢的 IP 資料報會抵達 DNS 伺服器。DNS 伺服器會取出 DNS 查詢訊息，在其 DNS 資料庫中查詢域名 www.google.com（2.5 節），然後找到包含 www.google.com 之 IP 位址（64.233.169.105）的 **DNS 資源記錄**（假設這筆記錄目前有被快取在這台 DNS 伺服器中）。請回想一下，這份快取資料是源自於 google.com 的**官方 DNS 伺服器**（2.5.2 節）。DNS 伺服器會建立一則包含這份主機名稱與 IP 位址對應資訊的 DNS 回覆訊息，然後將這份 **DNS 回覆訊息**放入到 UDP 區段中，再將此區段放入到 IP 資料報中定址到 Bob 的筆電（68.85.2.101）。這份資料報會反向轉送通過 Comcast 的網路到達學校的路由器，然後從路由器經由乙太網路交換器到達 Bob 的筆電。

17. Bob 的筆電會從這則 DNS 訊息中取出伺服器 www.google.com 的 IP 位址。最後，在大量的工作之後，Bob 的筆電終於準備好來聯繫 www.google.com 伺服器了！

6.7.4　資訊網的用戶端－伺服端互動：TCP 與 HTTP

18. 現在，既然 Bob 的筆電已經取得 www.google.com 的 IP 位址，便可以建立一份 **TCP socket**（2.7 節），用來送出 **HTTP GET** 訊息（2.2.3 節）給 www.google.com。當 Bob 建立 TCP socket 時，Bob 筆電的 TCP 必須先與 www.google.com 的 TCP 進行三次握手（3.5.6 節）。因此 Bob 的筆電會先建立一份目的端埠號為 80（供 HTTP 使用）的 **TCP SYN** 區段，將這份 TCP 區段放入到目的端 IP 位址為 64.233.169.105（www.google.com）的 IP 資料報中，將這份資料報放入到目的端 MAC 位址為 00:22:6B:45:1F:1B（閘道路由器）的訊框中，然後將這份訊框送給交換器。

19. 學校網路、Comcast 的網路、還有 Google 的網路會利用各台路由器的轉送表，將這份包含 TCP SYN 區段的資料報轉送往 www.google.com，就像上述的步驟 14–16 一樣。請回想一下，針對 Comcast 與 Google 網路之間的跨網域連結，掌控封包轉送的路由器轉送表條目，是由 **BGP** 協定（第五章）所決定的。

20. 最後，包含 TCP SYN 區段的資料報會抵達 www.google.com。這份 TCP SYN 訊息會從資料報中被取出，然後被解多工給關連於埠號 80 的接待 socket。在 Google 的 HTTP 伺服器與 Bob 的筆電之間，會建立一份供 TCP 連線使用的連線 socket（2.7 節）。伺服器會建立一份 TCP SYNACK（3.5.6 節）區段，將之放入到資料報中定址到 Bob 的筆電，最後再將之放入到適用於連接 www.google.com 與其第一站路由器的連結的連結層訊框中。

21. 包含 TCP SYNACK 區段的資料報會被轉送通過 Google、Comcast 與學校網路，最終抵達 Bob 筆電的乙太網路卡。這份資料報會在作業系統中被解多工給步驟 18 所建立的 TCP socket，這份 socket 便會進入連線狀態。

22. Bob 筆電上的這份 socket 現在（終於！）準備好要將位元組傳送給 www.google.com，Bob 的瀏覽器會建立包含它要抓取的 URL 的 HTTP GET 訊息（2.2.3 節）。接著這則 HTTP GET 訊息會被寫入到 socket 中，其中 GET 訊息會變成 TCP 區段的內容。這份 TCP 區段會被放入到資料報中，然後如上述步驟 18-20，被送交到 www.google.com。

23. 位於 www.google.com 的 HTTP 伺服器會從 TCP socket 中讀出 HTTP GET 訊息，建立一則 **HTTP 回應訊息**（2.2 節），將所請求的網頁內容放入到 HTTP 回應訊息的主體中，然後將這則訊息送入 TCP socket。

24. 包含 HTTP 回覆訊息的資料報會轉送通過 Google、Comcast 與學校網路，然後抵達 Bob 的筆電。Bob 的網頁瀏覽器程式會從 socket 中讀出 HTTP 回應，從 HTTP 回應的主體中取出網頁的 html，然後最後（終於！）顯示出網頁！

我們上述的情境包含了一大堆網路基礎！如果你已經了解了上例中大多數或全部的觀念，則從閱讀 1.1 節以來，你也已經獲得了大量的基礎知識，當時，我們寫道：

「本書大部分的篇幅會關注於計算機網路協定」，而你可能好奇，到底什麼是協定！就算像上例那麼的詳盡，我們還是忽略掉一些其他的，我們可能會在公眾網際網中遭遇到的協定（例如在學校閘道路由器中執行的 NAT、無線連線到學校網路、用來存取學校網路或加密區段或資料報的安全性協定、網路管理協定等）以及考量（網頁快取、DNS 階層架構等）。我們會在本書的第二部分考量其中一些這類議題，以及更多的考量。

最後，我們要提醒你，我們上述的例子是針對許多我們在本書第一部分所學習的協定，一份具有整合性與整體性，但也非常「基本細節」的觀點。這個例子更關注於「如何」，而非「為何」。關於普遍性的網路協定設計，更廣泛也更具思考性的觀點，請參見 [Clark 1988, RFC 5218]。

6.8　總結

在本章中，我們檢視了連結層──其服務、其底層的運作原理，以及許多使用這些原理來實作連結層服務的重要特定協定。

我們看到，連結層的基本服務就是將網路層資料報從一個節點（主機、交換器、路由器、WiFi 熱點）搬移到相鄰的節點。我們看到所有連結層協定的運作，在將訊框透過連結傳輸到相鄰節點之前，都會先將網路層資料報封裝到連結層訊框中。然而，除了這項共通的訊框建立功能之外，我們也瞭解到，不同的連結層協定所提供的是大相逕庭的連結存取、遞送以及傳輸服務。這些差異部分是源於連結層協定必須在各式各樣的連結類型上運作。簡單的點到點連結讓單一傳送端及接收端可以透過單一的「線路」進行通訊。多重存取連結則是由許多傳送端與接收端所共用；因此，多重存取通道的連結層協定會包含能夠協調連結存取的協定（它的多重存取協定）。在 MPLS 的案例中，連接兩個相鄰節點（就 IP 觀點而言，兩台路由器視為相鄰倘若互為路由時的下一站）的「連結」，本身可能其實是一個網路。就某種意義而言，將網路視為連結的想法並不古怪。例如，將家用數據機 / 電腦連接到遠端數據機 / 路由器的電話連結，實際上就是一條穿越精密複雜的電話網路的路徑。

在連結層通訊的底層原理中，我們檢視了錯誤偵測與更正技術、多重存取協定、連結層定址、虛擬化（VLAN），以及擴充的交換式 LAN 和資料中心網路的建立。

今日在連結層處的焦點大部分是放在這些交換式網路上。在錯誤偵測／更正的討論中，我們檢視了如何在訊框標頭中加入額外的位元，以偵測出當訊框傳輸於連結時可能發生的位元翻轉錯誤，並且在某些情況下加以更正。我們討論了簡單的同位與檢查和策略，以及更強韌的循環冗餘檢查。接著，我們轉向多重存取協定的主題。我們指出三大類協調廣播通道存取的方法，並加以探討：通道分割方法（TDM、FDM）、隨機存取方法（ALOHA 協定與 CSMA 協定）、以及輪流存取方法（輪詢與令牌傳遞）。我們研究了纜線連線網路並發現它使用了這些多重存取方法的其中許多方法。我們瞭解到，讓多個節點共用單一廣播通道的結果便是我們需要在連結層提供節點位址。我們了解到實體位址與網路層位址相當不同，而且，就網際網路的情況而言，一個特殊的協定（ARP ——位址解析協定）用來在這兩種定址格式之間進行轉譯。然後，我們詳細研究了獲得巨大成功的乙太網路協定。接著我們檢視了共用廣播通道的節點要如何構成 LAN，以及要如何將多個 LAN 連接在一起以構成更大的 LAN ——完全不需要網路層繞送的介入，便能夠連接這些本地節點。我們也學到多個虛擬的 LAN 如何建立在一個單一的實體 LAN 基礎架構上。

最後我們將焦點放在 MPLS 網路在連接 IP 路由器時是如何提供連結層服務，以及針對今日的大型資料中心的網路設計做個鳥瞰，來結束我們對於連結層的研讀。我們藉由指出抓取一份簡單的網頁所需的許多協定，來總結本章（事實上是總結前五章）。在討論過連結層之後，現在我們向下探索協定堆疊的旅程，已經結束了！沒錯，資料連結層的下方還有實體層，但實體層的細節最好還是留給其他的課程來討論（例如通訊理論，而非計算機網路）。不過，我們在本章與第一章中，曾經觸及一些實體層的面向（我們在 1.2 節中討論過實體媒介）。當我們在下一章探討無線連結的特性時，也會再次考量到實體層。

雖然我們向下探索協定堆疊的旅程已經告終，我們對於計算機網路的探討卻尚未終結。在接下來的三個章節中，我們將涵蓋無線網路、網路安全，以及多媒體網路。這些主題都不太適於放到任何一層來討論；的確，每個主題都橫跨了許多層級。因此，要瞭解這些主題（在某些網路書籍中，它們被標示為進階主題），需要對於協定堆疊的各個層級奠定紮實的基礎——我們對於資料連結層的學習，已經完成了這項基礎！

習題

第六章　複習題

第 6.1-6.2 節

R1. 在連結層中的訊框化程序為何？

R2. 如果網際網路中所有的連結都會提供可靠的投遞服務，則 TCP 的可靠投遞服務是多餘的嗎？為什麼？

R3. 說出連結層所採用的三種錯誤偵測策略。

第 6.3 節

R4. 假設兩個節點於同一時刻開始在速率為 R 的廣播通道上傳輸長度為 L 的封包。我們將這兩個節點之間的傳播延遲表示為 d_{prop}。如果 $d_{prop} < L/R$，會發生碰撞嗎？為什麼或為什麼不？

R5. 在 6.3 節中，我們列出了四項我們希望廣播通道擁有的特性。其中有哪些特性是分槽式 ALOHA 所擁有的？其中有哪些特性是令牌傳遞機制所擁有的？

R6. 請問在 CSMA/CD 中，第五次碰撞之後，節點選擇 $K = 4$ 的機率為何？如此得到的 $K = 4$，在 10 Mbps 的乙太網路上，等同於幾秒的延遲？

R7. 相較於 TDM 及 FDM 分別會將時槽跟頻率分配給節點，CDMA 則是會為每個節點分配不同的碼。請解釋 CDMA 基本的工作原理。

R8. 在 CSMA 中，假如所有的節點在傳輸之前都會執行感測載波，為何還會發生碰撞？

第 6.4 節

R9. MAC 的位址空間有多大？IPv4 的位址空間有多大？IPv6 的位址空間有多大？

R10. 假設節點 A、B、C 都連接到相同的廣播 LAN 上（透過其轉接卡）。如果 A 會送出數千筆 IP 資料報給 B，其中每一份封裝的訊框都定址到 B 的 MAC 位址，則 C 的轉接卡會處理這些訊框嗎？如果會的話，C 的轉接卡會將訊框中的 IP 資料報交給網路層 C 嗎？如果 A 所送出的訊框使用的是 MAC 廣播位址，你的答案會有何改變？

R11. 為什麼 ARP 查詢是在廣播訊框中發送？為什麼 ARP 回應是在具有特定目的端 MAC 位址的訊框中發送？

R12. 在圖 6.19 的網路中，路由器擁有兩個 ARP 模組，兩者都擁有自己的 ARP 表格。相同的 MAC 位址有可能同時出現在兩份表格中嗎？

R13. 集線器是做什麼用的？

R14. 請考量圖 6.15。就 4.3 節的定址概念而言，請問圖中包含多少個子網路？

R15. 每一台主機和路由器在它的記憶體中都有一個 ARP 表。這個表的內容為何？

R16. 乙太網路訊框會以 8 位元組的前置訊號欄位作為開頭。前 7 個位元組的目的是為了要「叫醒」接收轉接卡，並把它們的時脈和傳送端的時脈同步。這 8 個位元組的內容為何？最後一個位元組的目的為何？

習題

P1. 假設某份封包的資訊內容為位元圖樣 1010 0111 0101 1001，並且使用偶同位檢查策略。在使用二維同位檢查策略時，包含同位位元的欄位值是多少？你的答案應該要假設使用了最小長度的檢查和欄位。

P2. 請證明（除了圖 6.5 的範例以外）二維同位檢查可以校正並偵測單一一個位元錯誤。請提供一個我們可以偵測到雙位元的錯誤，但無法予以更正的例子。

P3. 假設封包的資訊部分包含 6 個位元組，內容為字串「CHKSUM」的 8 位元無號二進位 ASCII 表示法。試計算這份資料的網際網路檢查和。

P4. 試針對以下這些資料計算網際網路檢查和：

　　a. 數字 1 到 6 的二進位表示法。

　　b. 字母 C 到 H（大寫）的 ASCII 表示法。

　　c. 字母 c 到 h（小寫）的 ASCII 表示法。

P5. 請考量產生器 $G = 1001$，並且假設 D 值為 11000111010。請問 R 值為何？

P6. 請重做前一題，但假設 D 值為

　　a. 01101010101.

　　b. 11111010101.

　　c. 10001100001.

P7. 在這個習題中，我們將探討 CRC 的某些特質。請以給定在 6.2.3 節中的產生器 G（=1001），回答以下的問題。

　　a. 為什麼它可以檢測出在 D 中的任意一個單一位元的錯誤？

　　b. 它可以檢測出在 G 中的奇數位元的錯誤嗎？為什麼？

P8. 在 6.3 節中，我們提供了分槽式 ALOHA 的效率的大略推導過程。在本題中，我們會完成這項推導過程。

　　a. 請回想一下，當有 N 個節點正在運作時，分槽式 ALOHA 的效率為 $Np(1 - p)^{N-1}$。試求能最大化此運算式的 p 值。

　　b. 請利用 (a) 部分所求得的 p 值，試求當 N 趨近於無限大時，分槽式 ALOHA 的效率。提示：（當 N 趨近於無限大時，$(1 - 1/N)^N$ 會趨近於 $1/e$）。

P9. 試證明純粹 ALOHA 的最大效率為 1/(2e)。請注意：如果你已經完成前一題，本題便輕而易舉了！

P10. 考慮兩個節點，A 和 B，它們使用分槽式 ALOHA 協定來競爭一個通道。假設節點 A 比起節點 B 有更多的資料要傳，而節點 A 的重傳機率 p_A 大於節點 B 的重傳機率 p_B。

a. 請提供節點 A 其平均產出率的公式。這兩個節點使用這個協定的總效率為何？

b. 若 $p_A = 2p_B$，節點 A 的平均產出率會是節點 B 的平均產出率的兩倍嗎？為什麼？或為什麼不？假如不是的話，我們要如何選擇 p_A 和 p_B 才能使其發生？

c. 一般來說，假設有 N 個節點，在它們之中節點 A 有重傳機率 $2p$ 而所有其他的節點有重傳機率 p。請提供節點 A 和其他節點的平均產出率的計算式。

P11. 假設有四個節點正在運作——節點 A、B、C 和 D——它們正使用分槽式 ALOHA 來競爭通道的存取權。假設每個節點都有無窮無盡的封包要傳送。每個節點在每個時槽中都會以機率 p 試圖進行傳輸。我們將第一個時槽編號為時槽 1，第二個時槽編號為時槽 2，以此類推。

a. 節點 A 是在時槽 5 首度成功進行傳輸的機率為何？

b. 有某個節點（不論是 A、B、C 或 D）在時槽 4 成功的機率為何？

c. 第一次成功傳輸是出現在時槽 3 的機率為何？

d. 這個四節點系統的效率為何？

P12. 請針對下列 N 值，將分槽式 ALOHA 與純粹 ALOHA 的效率，繪製為 p 的函數圖形。

a. $N = 15$。

b. $N = 25$。

c. $N = 35$。

P13. 請考量包含 N 個節點，傳輸速率為 R bps 的廣播通道。假設廣播通道會使用輪詢（透過一個外加的輪詢節點）來進行多重存取。假設從這個節點從完成傳輸，到下一個節點被允許進行傳輸之間所需的時間（亦即輪詢延遲）是 d_{poll}。假設在一輪輪詢中，我們允許每個節點最多可以傳輸 Q 位元。請問此一廣播通道的最大產出率為何？

P14. 請考量由兩台路由器所連接的三個 LAN，如圖 6.33 所示。

a. 請指定所有介面的 IP 位址。針對子網路 1，請使用形式為 192.168.1.xxx 的位址；針對子網路 2，請使用形式為 192.168.2.xxx 的位址；針對子網路 3，請使用形式為 192.168.3.xxx 的位址。

b. 請指定所有轉接卡的 MAC 位址。

c. 請考量從主機 E 傳送 IP 資料報給主機 B。假設所有 ARP 表格包含的都是最新的資訊。請列舉所有步驟，就像 6.4.1 節中單一路由器的範例一樣。

d. 請重做 (c) 部分，現在假設傳送端主機的 ARP 表格是空的（其他節點的表格則都已包含最新資訊）。

P15. 請考量圖 6.33。現在請假設子網路 1 與子網路 2 之間的路由器被換成了交換器 S1，且子網路 2 與子網路 3 之間的路由器被標記為 R1。

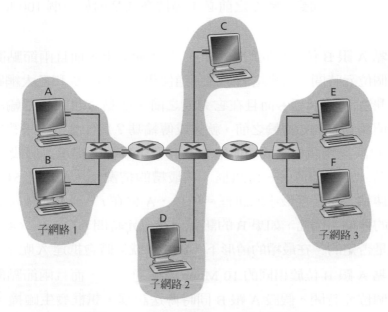

圖 6.33　三個子網路，以路由器相連

a. 請考量從主機 E 傳送 IP 資料報給主機 F。主機 E 會要求路由器 R1 幫忙轉送該資料報嗎？為什麼？在包含該 IP 資料報的乙太網路訊框中，來源端和目地端的 IP 和 MAC 位址為何？

b. 假設主機 E 想要傳送 IP 資料報給主機 B，並假設 E 的 ARP 快取並無包含 B 的 MAC 位址。E 會執行一 ARP 查詢來找尋 B 的 MAC 位址嗎？為什麼？在被傳送給路由器 R1 乙太網路訊框（內含欲傳往 B 的 IP 資料報）中，來源端和目地端的 IP 和 MAC 位址為何？

c. 假設主機 A 想要傳送 IP 資料報給主機 B，但 A 的 ARP 快取並無包含 B 的 MAC 位址，B 的 ARP 快取也無包含 A 的 MAC 位址。進一步假設交換器 S1 的轉送表只含有主機 B 和路由器 R1 的條目。因此，A 將會廣播一 ARP 請求訊息。一旦交換器 S1 接收到該 ARP 請求訊息，它會執行什麼動作？路由器 R1 也會收到這個 ARP 請求訊息嗎？假若如此的話，R1 會轉送該訊息到子網路 3 嗎？一旦主機 B 接收到這個 ARP 請求訊息，它會傳回給主機

A 一個 ARP 回應訊息。但它會傳一個 ARP 查詢訊息詢問 A 的 MAC 位址嗎？為什麼？一旦交換器 S1 接收到來自主機 B ARP 回應訊息，它會執行什麼動作？

P16. 請考量前一題，但現在請假設子網路 2 與子網路 3 之間的路由器被換成了交換器。請以這個新情境重新回答前一題的 (a) － (c) 部分。

P17. 請回想一下，在使用 CSMA/CD 協定時，在發生碰撞之後轉接卡會等待 536K 個位元時間，其中 K 為隨機選擇的數字。如果 K=115，則在 10Mbps 的廣播通道中，轉接卡在回到步驟 2 之前必須等待多久？對於一個 100 Mbps 的廣播通道呢？

P18. 假設節點 A 跟 B 位於相同的 12 Mbps 廣播通道上，而且兩節點間的傳播延遲為 316 個位元時間。假設這個廣播通道使用 CSMA/CD 和乙太網路封包。假設節點 A 開始傳輸訊框，而且在它完成之前，節點 B 也開始傳輸訊框。A 有辦法在它偵測到 B 開始傳輸之前，就完成傳輸嗎？為什麼？如果答案是肯定的，則 A 便會誤以為訊框已成功傳輸，沒有發生碰撞。提示：假設在時刻 $t = 0$ 位元時間時，A 開始傳送一份訊框。在最糟的情況下，A 會花 512 + 64 個位元時間來傳輸一份長度最小的訊框。所以，A 會在 $t = 512 + 64$ 位元時間時，完成訊框的傳輸。因此，如果 B 的訊號會在位元時間 $t = 512 + 64$ 之前抵達 A，答案就是否定的。在最糟的情形下，B 的訊號何時會抵達 A 呢？

P19. 假設節點 A 跟 B 位於相同的 10 Mbps 廣播通道上，而且兩節點間的傳播延遲為 245 個位元時間。假設 A 跟 B 同時傳送訊框，訊框發生碰撞，然後 A 跟 B 在 CSMA/CD 演算法中選擇了不同的 K 值。假設沒有其他節點正在運作，則 A 跟 B 的重送會發生碰撞嗎？針對我們的目的，我們只需求出下面這個例子的解答便足以回答此題。假設 A 跟 B 會在 $t = 0$ 位元時間時開始進行傳輸。當 $t = 245$ 個位元時間時，兩者都偵測到碰撞。假設 $K_A = 0$，$K_B = 1$。B 會安排自己在何時進行重送？A 又會在何時開始進行重送？（請注意：在回到步驟 2 之後，節點必須等待閒置的通道——請參見協定內容）。A 的訊號何時會抵達 B？B 在它安排好的時刻，會抑制自己不進行傳輸嗎？

P20. 在本題中，你將會推導出與 CSMA/CD 類似的多重存取協定的效率。在這種協定中，時間會被分為時槽，而所有的轉接卡都會依循這些時槽同步化。然而，與分槽式 ALOHA 不同的是，其時槽的長度（以秒計）遠小於訊框時間（傳輸一份訊框所需的時間）。令 S 代表時槽的長度。假設所有訊框長度皆為固定的 $L = kRS$，其中 R 為通道的傳輸速率，而 k 為一個大整數。假設共有 N 個節點，而每個節點都有無窮無盡的訊框要傳送。我們也假設 $d_{prop} < S$，因此所有節點都可以在時槽結束前偵測到碰撞。此協定如下：

- 如果某個時槽中沒有節點在佔用通道，則所有的節點都會競爭使用通道；更清楚的說，每個節點都會以機率 p 在此時槽中進行傳輸。如果在此時槽中剛好只有一個節點要進行傳輸，該節點就會在後續的 $k-1$ 個時槽中佔據該通道，傳輸其整份訊框。
- 如果有某個節點已經佔用了通道，則其他所有節點都會按兵不動，直到佔用通道的節點完成其訊框傳輸爲止。一旦該節點傳輸完訊框，所有的節點就會競爭該通道。

請注意，通道會在兩種狀態之間切換：具產能狀態（productive state），會延續剛好 k 個時槽；以及無產能狀態（nonproductive state），會延續隨機數量個時槽。顯然地，通道效率爲比值 $k/(k+x)$，其中 x 代表連續無產能時槽數量的期望值。

a. 請針對固定的 N 跟 p，判斷此協定的效率。

b. 請針對固定的 N，判斷可以將此效率最大化的 p。

c. 請利用 (b) 部分所求得的 p（爲 N 的函數），判斷當 N 趨近於無限大時，此協定的效率。

d. 請證明當訊框長度越來越長時，效率會趨近於 1。

P21. 請考慮在習題 P14 中的圖 6.33。請提供主機 A、兩台路由器，以及主機 F 的介面的 MAC 位址與 IP 位址。假設主機 A 要傳送資料報給主機 F。請寫出封裝此 IP 資料報的訊框的來源端與目的端 MAC 位址，當該筆訊框 (i) 從 A 傳輸到左側的路由器，(ii) 從左側的路由器傳輸到右側的路由器，(iii) 從右側的路由器傳輸到 F 時。也請寫出在這些時刻，訊框中封裝的 IP 資料報的來源端與目的端 IP 位址。

P22. 現在假設圖 6.33 中最左側的路由器被更換成一台交換器。主機 A、B、C、D，以及右側的路由器全都是以星狀連接到這台交換器。請寫出封裝此 IP 資料報的訊框的來源端與目的端 MAC 位址，當這筆訊框 (i) 從 A 傳輸到交換器，(ii) 從交換器傳輸到右側路由器，(iii) 從右側路由器傳輸到 F 時。也請寫出在這些時刻，訊框中封裝的 IP 資料報的來源端與目的端 IP 位址。

P23. 請考量圖 6.15。假設所有連結都是 120 Mbps。在此網路的 12 台主機（每一系有 4 台）和 2 台伺服器中，能夠達到的最大整體產出率爲何？你可以假設任意一台主機或伺服器可以送流量到任意其他的主機或伺服器。爲什麼？

P24. 假設圖 6.15 中的三台系所交換器都被換成了集線器。所有連結都是 120Mbps。現在請再次回答習題 P23 中的問題。

P25. 假設圖 6.15 中所有的交換器都被換成了集線器。所有連結都是 120 Mbps。現在請再次回答習題 P23 中的問題。

P26. 讓我們考量一學習式交換器的運作，身處的網路環境為：有 6 個分別標記為 A 到 F 的節點，星狀連接到一乙太網路交換器。假設 (i)B 會送出訊框給 E，(ii)E 會回覆訊框給 B，(iii)A 會送出訊框給 B，(iv) B 會回覆訊框給 A。交換表一開始是空的。請寫出在這些事件個別發生前後的交換表狀態。對於每個事件，請指出所傳輸的訊框會經由哪道 (些) 連結進行轉送，並簡短地解釋你的答案。

P27. 在這一習題中，我們探索網路電話應用中所使用的小封包。小封包有一個缺點就是大部分的連結頻寬會被標頭負擔位元組給浪費掉了。在本習題中，假設封包是由 P 位元組和 5 位元組的標頭所構成。

　　a. 請考量直接傳送數位編碼後的音源。假設音源是以固定取樣率 128 Kbps 進行編碼。假設來源端在將每個封包送入網路之前，都會將封包完全填滿。填滿封包所需的時間，便是**封包化延遲（packetization delay）**。請以 L 來表示封包化延遲，單位為 ms。

　　b. 大於 20 ms 的封包化延遲，可能會造成顯著且不悅耳的迴音。試判斷當 L =1,500 位元組（大致相當於最大的乙太網路封包大小）與 L = 50 位元組（相當於 ATM 的單元大小）時的封包化延遲。

　　c. 請分別針對 L = 1,500 位元組以及 L = 50 位元組，計算連結速率為 R = 622Mbps 時，單一交換器的儲存並轉送延遲。

　　d. 請評論使用小封包的優點。

P28. 請考量在圖 6.25 中的單一交換器 VLAN，並假設一個外界路由器被連接到交換器埠 1。請指派 IP 位址給 EE 和 CS 主機和路由器介面。請追蹤網路層和連結層所採取的步驟來從一 EE 主機傳送一 IP 資料報給一 CS 主機（提示：請重讀課文中對圖 6.19 的討論）。

P29. 請考量圖 6.29 所示的 MPLS 網路，並假設路由器 R5 跟 R6 現在也可以使用 MPLS。假設我們想要實施流量工程，讓從 R6 前往 A 的封包會經由 R6-R4-R3-R1 進行交換，從 R5 前往 A 的封包則會經由 R5-R4-R2-R1 進行交換。請寫出 R5 跟 R6 的 MPLS 表格，以及修改後的 R4 表格，以讓我們能夠執行此種流量工程。

P30. 請再次考量與前一題相同的情境，但假設從 R6 前往 D 的封包會經由 R6-R4-R3 進行交換，從 R5 前往 D 的封包則會經由 R4-R2-R1-R3。請寫出所有路由器的 MPLS 表格，以讓我們能夠執行這種流量工程。

P31. 在這一習題中，你將會把很多你已經學過的網際網路協定的知識集結再一起。假設你走進一個房間，連上乙太網路，並想要下載一個網頁。從打開 PC 電源到得到該網頁之間，所有發生的協定步驟有那些？假設當你打開 PC 電源時，我們的 DNS 或瀏覽器快取中空無一物（提示：步驟包括了使用乙太網路、

DHCP、ARP、DNS、TCP 和 HTTP 協定）。請清楚的指出你如何獲得一閘道路由器的 IP 位址和 MAC 位址的步驟。

P32. 考慮在圖 6.30 中具層級架構拓樸的資料中心網路。假設現在共有 80 對的流量，即在第一機架和第九機架間的 10 個流量、在第二機架和第十機架間的 10 個流量，以此類推。進一步假設網路中所有的連結都是 10 Gbps，但是在主機和 TOR 交換器之間的連結除外，它們是 1 Gbps。

 a. 每一流量都有相同的資料率；。

 b. 對於相同的流量型態，針對在圖 6.31 之高度互連拓樸，請判定一流量的最大資料率。

 c. 現在假設有一個類似的流量型態，但是在每一機架上有 20 台主機，所以有 160 對的流量。請針對兩種拓樸分別判定一流量的最大資料率。

P33. 請考慮在圖 6.30 中的層級架構網路，並假設資料中心除了其他的應用之外，還需要支援電子郵件和視訊散布。假設四台伺服器機架保留給電子郵件，四台伺服器機架保留給視訊。對於每一個應用，所有的四個機架必須位於單一一個第 2 級交換器之下，因為第 2 級到第 1 級的連結沒有足夠的頻寬來支援應用內部的流量。對於電子郵件應用，假設 99.9% 的時間只有三台機架被使用，而視訊應用也有相同的使用狀況。

 a. 多少比例的時間電子郵件應用需要用到第四台機架？視訊應用的情況呢？

 b. 假設電子郵件的使用和視訊的使用是獨立的，多少比例的時間（等價地說，多少機率）兩個應用都需要用到第四台機架？

 c. 假設對於一個應用來說，伺服器匱乏的時間少於或等於 0.001% 的時間（對於使用者來說，所產生的效能下降期間很稀少）是可以接受的。請討論在圖 6.31 中的拓樸要如何的使用，使得兩個應用只要一起分配七台機架給它們就可以了（假設該拓樸可以支援所有的流量）。

█ Wireshark 實驗

在本書英文版的專屬網站 http://www.pearsonglobaleditions.com/kurose 上，你可以找到一份檢視 IEEE802.3 協定運作過程，及 Wireshark 訊框格式的 Wireshark 實驗。第二份 Wireshark 實驗則是檢驗家用網路情境中所採得的封包蹤跡。

訪談

Simon S. Lam

Simon S. Lam 是德州大學奧斯汀分校計算機科學系的教授與董事主席。1971 到 1974 年，他在 UCLA 的 ARPA 網路測量中心從事關於衛星與無線電封包交換的工作。他所領導的研究小組發明了具安全性的 socket，並且在 1993 年制訂了第一個安全 socket 層級的標準，稱作安全網路程式設計（Sercure Network Programming），並贏得了 2004 年的 ACM 軟體系統獎。他的研究興趣在於設計及分析網路協定與安全性服務。他在華盛頓州立大學取得電機工程學士學位，在 UCLA 取得碩士及博士學位。他在 2007 年獲選爲美國國家工程學院的院士。

▶ **為什麼你決定專攻網路領域？**

1969 年秋季，當我以研究所新生的身份來到 UCLA 時，原本打算要研究控制理論。接著我修了 Leonard Kleinrock 的佇列理論課程，這堂課令我印象深刻。有一陣子，我從事於佇列系統的適應性控制研究，作爲可能的論文題目。1972 年初，Larry Roberts 開始進行 ARPAnet 衛星系統計畫（後來稱作封包衛星 [PacketSatellite]）。Kleinrock 教授邀我加入這個計畫。我所做的第一件工作，便是在分槽式 ALOHA 協定中加入一個簡單但實用的倒退演算法。不久之後，我發現許多有趣的研究議題，例如 ALOHA 的不穩定問題，與對於調整性倒退機制的需求，它們成爲我論文的核心主題。

▶ **1970 年代，你還是 UCLA 的學生時，便開始在早期的網際網路界十分活躍。當時網際網路是什麼樣的景況？當時人們對於網際網路會變成什麼模樣，有感受到任何跡象嗎？**

當時的氣氛與我在業界及學術界所見到的其他系統建構專案，實在沒什麼差別。ARPAnet 一開始所設定的目標相當保守，亦即對於昂貴的電腦，提供從遠端加以存取的能力，以便讓更多科學家能夠利用它們。然而，當封包衛星計畫與封包無線電計畫分別於 1972 及 1973 年啓動時，ARPA 的目標便顯著地擴張了。到了 1973 年，ARPA 同時建立了三種不同的封包網路，這使得 Vint Cerf 與 BobKahn 覺得我們必須發展出某種互連的策略。

在當時，所有這些關於網路連接的積極發展都被視爲（我相信）邏輯上的必然，而非魔術。沒有人可以想像到今日網際網路的規模與個人電腦的效能。那

是在出現第一台 PC 的十年以前。說得明白一點，大部分的學生還要用一疊疊的打洞卡來繳交他們的電腦程式，送給批次處理。只有少數學生有辦法直接接觸電腦，當時電腦通常會被設置在限制區域內。數據機既緩慢又稀少。身為研究生，我的桌上只有一具電話，而且是使用紙筆完成大部分的工作。

▶ 你認為網路與網際網路領域未來將朝什麼方向邁進？

過去，網際網路 IP 協定的簡易性是 IP 最大的長處，讓它能夠擊敗諸多競爭者成為網際網路的實質標準。與其他競爭對手，例如 1980 年代的 X.25 與 1990 年代的 ATM 不同，IP 可以在任何連結層網路技術上運作，因為它只提供盡力而為的資料報服務。因此任何封包網路都能夠連上網際網路。

　　不幸的是，IP 最大的長處，現在變成了一項缺點。IP 就像一件緊身衣，限制網際網路只能往某些特定方向發展。近年來，有許多研究者將他們的心力只轉而放在應用層上。此外也有大量關於無線隨機網路、感測器網路與衛星網路的研究。這些網路可以視為獨立的系統或連結層系統，它們有辦法開花結果，因為它們位於 IP 的緊身衣之外。

　　許多人對於 P2P 系統可能成為新一代的網際網路應用平台而感到十分興奮。然而，P2P 系統就使用網際網路的資源而言，是非常沒有效率的。我個人的顧慮是，當網際網路成長到要連接所有種類的裝置，還要支援未來採用 P2P 方式運作的應用程式時，網際網路核心的傳輸與交換容量的增加速率，是否能夠持續高於網際網路流量需求的增加速率。如果沒有足夠供應過剩的容量，在面臨惡意攻擊與壅塞狀況時，如何確保網路的穩定性，將會繼續成為主要的挑戰。

　　網際網路驚人的成長也造成我們需要以急遽的速率分配新的 IP 位址給全世界的網路操作者與公司企業。以目前的速率而言，剩餘未被分配的 IPv4 位址將會在幾年內耗盡。當此一情形發生時，我們就只能夠從 IPv6 的位址空間中分配大型的連續位址空間區塊。由於缺乏對於早期採用者的誘因，使得 IPv6 的採行起跑的較慢，因此在未來的許多年中，IPv4 與 IPv6 非常有可能會並存在網際網路上。要成功的由 IPv4 主導的網際網路轉換成由 IPv6 主導的網路，將會需要全球性的龐大努力。

▶ 在你的工作中，最具挑戰性的部分為何？

身為一名教授，我的工作最具挑戰性的部分就是教學與激勵所有我課堂上的學生，以及所有我指導的博士生，而不僅是針對成績好的學生。那些非常聰明又好學的學生，也許只需要一點點指引就夠了，不需要太多其他的東西。我從這些學生身上學到的東西，往往比他們從我身上學到的還多。教育並激勵那些成績不理想的學生，對我來說是一項很大的挑戰。

▶ **關於未來的科技對於學習會造成的衝擊，你有何預想？**

總有一天，幾乎所有的人類知識都可以透過網際網路取得，網際網路將成爲最強而有力的學習工具。這份龐大的知識寶庫有辦法讓全世界的學生都站在相同的起跑點上。例如，任何國家好學的學生都可以取得最佳的課程網站、多媒體講義以及教學資料。據說 IEEE 跟 ACM 的數位圖書館已經加速了中國計算機科學研究者的養成。短時間內，網際網路將會穿透所有學習上的地域藩籬。

無線與行動網路

在電話世界中，過去 20 年可說是行動電話的黃金時代。全球行動電話用戶數量從 1993 年的 3400 萬增加到 2014 年將近 70 億，如今行動電話用戶的數量已然超越了有線電話線路的數量。行動電話有許多眾所皆知的優點——可以在任何時間、任何地點，透過輕巧、非常便於攜帶的裝置，脫離線路束縛地使用全球電話網路。最近，膝上型電腦、智慧型手機和平板電腦經由蜂巢式網路或 WiFi 網路以無線的方式連接網際網路，越來越多像是遊戲機、溫控器、家庭保全系統、家電設備、手錶、眼鏡、汽車、交通控制系統及其他各式各樣的裝置都以無線的方式連上網際網路了。

不管未來無線網際網路裝置會如何成長，我們都清楚知道，無線網路與其所帶來的行動性相關服務將會持續地存在於我們周遭。從網路的角度來看，這類網路所帶來的挑戰，特別是就連結層與網路層而言，與傳統的有線計算機網路相當不同，因此我們應當用一個獨立的章節來專門探討無線與行動網路（也就是本章）。

本章一開始我們會討論行動使用者、無線連結與無線網路、以及它們與其所連接的較大型網路（通常為有線網路）之間的關係。我們將會區分在這類網路中通訊連結的無線特性所帶來的挑戰，以及這些無線連結帶來的行動性所呈現的挑戰。弄清楚這項重要的區別——無線與行動性的差異——讓我們能夠更容易地區別、辨識以及掌握這兩個領域的關鍵性概念。請注意，確實有許多網路環境，節點是無線的但不具行動性（例如使用固定工作站與大型顯示器的無線家用或辦公室網路），此外，也有某些形式的行動性可以不需要無線連結（例如某位員工在家中使用有線的筆電，他將電腦關機，開車到公司，再把電腦連上公司的有線網路）。當然，最令人興奮的網路環境，大部分還是使用者同時具有無線行動性的環境——例如在某個情境中，行動使用者（例如坐在車子的後座）正以時速 160 公里奔馳在高速公路上，同時維持著網路電話的通話以及多筆正在進行的 TCP 連線。就是這裡，在無線與行動性的交會點，我們會發現最有趣的技術性挑戰！

一開始我們先描繪即將探討的無線通訊與行動性情境——無線的（也可能是行動的）使用者透過位於網路邊際的無線連結連接到較大型的網路基礎設施。接著我們會在 7.2 節考量無線連結的特性。在 7.2 節中，我們的探討涵蓋了分碼多重存取（Code Division Multiple Access，CDMA）的簡介，這是一種經常使用在無線網路中的共用媒介存取協定。在 7.3 節中，我們會深入檢視 IEEE 802.11（WiFi）無線 LAN 標準的連結層層面，我們也會提及一些有關藍牙以及其他無線個人區域網路的議題。在 7.4 節，我們會提供行動電話網際網路連線的概觀，包括 3G 和正在萌芽的 4G 行動電話技術，它同時提供了語音與高速的網際網路連線。在 7.5 節，我們會把目光轉向行動性，將焦點鎖定在行動使用者的定位問題、繞送問題，以及行動使用者動態地從某個網路連接點移往另一連接點時會產生的「換手（handing off）」問題。我們會分別在 7.6 節與 7.7 節檢視這些行動性服務要如何實作在行動 IP 標準與 LTE 行動網路（LTE cellular networks）中。最後，在 7.8 節，我們會考量無線連結與行動性對於傳輸層協定以及網路應用所造成的影響。

7.1　簡介

圖 7.1 描繪了一個典型的情境，我們將就其考量無線資料通訊與行動性議題。一開始我們先作普遍性的探討，以涵蓋廣泛的網路範疇，包括無線 LAN 如 IEEE802.11，以及行動電話網路如 4G 網路；我們將在後面幾節中，更深入地探討特定的無線架構。我們可以列舉出以下無線網路的元素：

◆ **無線主機**。與有線網路的情況相同，主機是執行應用程式的終端系統裝置。**無線主機（wireless host）**可能是筆記型電腦、平板電腦、智慧型手機或桌上型電腦。主機本身可能是行動的，也可能不是。

◆ **無線連結**。主機會透過**無線通訊連結（wireless communication link）**連接到基地台（定義如下）。不同的無線連結技術會有不同的傳輸速率以及不同的傳輸距離。圖 7.2 顯示無線網路標準中常見的兩項重要特性——涵蓋範圍與連結速率（這張圖的目的只是為了提供你關於這兩項特性的粗略概念。例如，這些網路中有些才正處於部署階段，而有些的連結速率有可能會依距離、通道狀況以及無線網路的使用者數不同而與圖中所示的數值有所出入）。我們之後將在本章的前半部探討這些標準；我們也會在 7.2 節考量其他的無線連結特性（例如它們的位元錯誤率與位元錯誤的成因）。

在圖 7.1 中，無線連結將位於網路邊際的無線主機，連接到較大型的網路基礎設施上。我們要快速地補充一下，無線連結有時候也會使用於網路內部，以連接路由器、交換器以及其他的網路設備。然而，本章的重點會放在網路邊際上的無線通訊運用上，因為這正是諸多技術挑戰，以及大多數用戶成長發生的所在。

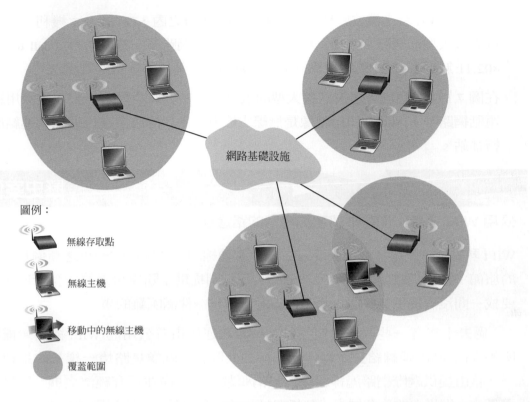

圖例：

無線存取點

無線主機

移動中的無線主機

覆蓋範圍

圖 7.1　無線網路的元素

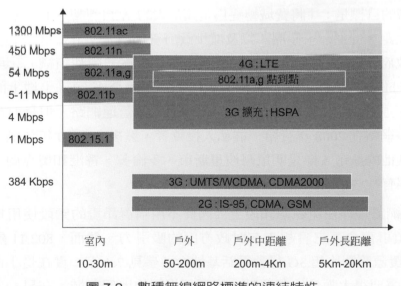

圖 7.2　數種無線網路標準的連結特性

◆ **基地台**。基地台（base station）是無線網路基礎設施的關鍵部分。與無線主機跟無線連結不同，基地台在有線網路中並沒有明顯的對照物。基地台會負責傳送接收與該基地台繫合的無線主機的資料（如封包）。基地台通常也要負責協調多台與其繫合的無線主機的傳輸。當我們說無線主機與某個基地台「繫合」時，我們

指的是 (1) 該台主機位於基地台的無線通訊距離之內，(2) 該台主機利用基地台進行與較大型的網路之間的資料轉遞。行動電話網路中的**無線塔台（cell tower）**與 802.11 無線 LAN 中的**存取點（access point）**，都是基地台的實例。

在圖 7.1 中，基地台連接到較大型的網路（例如，網際網路、公司或家用網路或電話網路），因此其作用就像是無線主機與世界其他角落進行通訊的連結層中繼轉播站。

歷史案例

公用 WiFi 連線：即將來部署你身旁的路燈柱？

WiFi 熱點——使用者可以取得 802.11 無線連線的公共區域——正逐漸遍及全世界的旅館、機場與咖啡廳中。大部分的大學校園提供了隨處可得的無線接取，現在要找一間沒有提供無線網際網路連線的旅館是一件滿困難的事。

過去十年有一些城市已經設計、布署和運作市有公用的 WiFi 網路。提供無所不在的 WiFi 連線給公眾當作是一個公共服務（就像是路燈一樣）的這種夢想——藉由提供網際網路連線給大眾來消弭數位的鴻溝並提升經濟發展——是令人讚嘆的。世界上的許多城市，包括費城、多倫多、香港、明尼阿波里斯市、倫敦、和奧克蘭，都有要在市內提供隨處可得的無線連線的計畫，或是已經做到某種程度了。費城的目標是：「將費城轉變為全國最大的 WiFi 熱點，以助於改善教育、彌補數位差距、促進鄰里發展、以及減少政府管理成本。」這個雄心勃勃的計畫——由市政府、Wireless Philadelphia（無線費城，為非營利組織）、與網際網路供應商 Earthlink 三方所達成的共同協議——在覆蓋全市 80% 土地上的路燈桿的懸臂以及交通號誌上安裝 802.11b 熱點來建構一個營運網路。但是財政和營運的考量使得該網路在 2008 年賣給一群私人投資者，然後在 2010 年該網路又賣回給市政府。其他的城市，像是明尼阿波里斯市、多倫多、香港和奧克蘭，在小型網路方面已經有一些小成。

802.11 網路運作在免執照頻段上（因此不用購買昂貴的頻段使用權就可以部署之）這項事實會讓它看起來有財政方面的吸引力。然而，802.11 熱點（參見 7.3 節）其覆蓋範圍比起 3G 行動電話基地台（參見 7.4 節）實在是小得很多，所以比起 3G 需要很大數量的部署點才能覆蓋相同的地理區域。在另一方面，行動電話數據網路提供了網際網路連線，但是卻是運作在有執照頻段上。行動電話供應商付出好幾十億美元來為它們的網路取得頻段使用權，使得行動電話數據網路是一門生意，而不是市府辦的工作。

通常我們會說與基地台繫合的主機是以**基礎設施模式**（**infrastructure mode**）在進行運作，因為所有的傳統網路服務（例如位址指派跟繞送）都是由該台主機透過基地台相連的網路所提供。在 **ad hoc 網路**中，無線主機則沒有這類基礎設施可以連接。在缺少這類基礎設施的情況下，主機本身必須提供這些服務，例如繞送、位址指派、類似 DNS 的名稱轉譯以及其他工作。

當一個行動主機超出一個基地台的範圍，並且進入另一個基地台的範圍時，它將改變其連接點到更大的網絡中（即改變與之相關的基地台）——這個過程稱為**切換**（**handoff**）。這種行動性會引發很多具有挑戰性的問題。如果主機可以移動，那麼，如何找到行動主機在網路中目前的位置，以便將資料轉送到該行動主機呢？考慮到主機可能會在許多不確定的位置之一，定址要如何執行呢？如果主機在 TCP 連接或電話通話的期間移動，資料要如何發送以使連接不中斷？這些和許多（很多！）其他的問題使得無線網路和行動網路成為一個令人興奮的網路研究領域。

◆ **網路基礎設施**。即為無線主機欲與其進行通訊的較大型網路。

　　在討論過無線網路的這些「零件」之後，我們要告訴你，這些零件可以用許多不同的方式來組合，以構成各種不同類型的無線網路。當你繼續閱讀本章，或是學習更多本書範圍以外的無線網路課題時，你可能會發現，一份關於這些無線網路類型的分類表將會對你有所助益。以最高層級而言，我們可以依據兩項準則來分類無線網路；(i) 無線網路中的封包會經過**一段無線行程，或是多段無線行程**，以及 (ii) 網路中是否有類似基地台的**基礎設施**：

◆ **單程，建立於基礎設施上**。這類網路會有一座基地台連接到較大型的有線網路（例如網際網路）。此外，所有基地台與無線主機之間的通訊，都只會經過單一的無線行程。你在教室、咖啡廳或圖書館使用的 802.11 網路，以及我們馬上就會學到的 4G LTE 數據網路，都屬於此類。我們絕大多數的日常相互影響都是以單程、基礎設施的無線網絡為基礎。

◆ **單程，無基礎設施**。這類網路中沒有無線網路基地台。不過，如我們將會看到的，這類單程網路中會有一個節點負責協調其他節點的傳輸。藍牙網路（可連接小型無線設備，如鍵盤、揚聲器和耳機，我們將在 7.3.6 節加以研讀）以及 ad hoc 模式的 802.11 網路便是單程、無基礎設施的網路。

◆ **多程，建立於基礎設施上**。在這類網路中，會有一座基地台以線路連接至較大型的網路。然而，某些無線節點可能必須透過其他的無線節點轉傳，才能夠透過基地台進行通訊。某些無線感測器網路與所謂的**無線網格網路**（**wireless mesh network**）便屬於此一類型。

◆ **多程，無基礎設施**。這類網路中並沒有基地台存在，節點有可能必須在數個節點之間轉傳訊息，才能抵達目的端。節點也可能具有行動性，而節點間的連線狀態會不停地改變——這類網路稱爲**行動 ad hoc 網路**（mobile ad hoc network，MANET）。如果行動節點是車輛，所構成的網路就是行車 **ad hoc 網路**（vehicular ad hoc network，VANET）。如你可能想像的，開發這類網路的協定很具挑戰性，也是大部分正在進行的研究主題所在。

在本章中，我們會將內容大部分限於單程網路，其中又大部分限於建立在基礎設施之上的網路。

現在，讓我們更深入地挖掘會出現於無線與行動網路中的技術性挑戰。我們一開始會先考量個別的無線連結，將關於行動性的討論推遲到本章較後段的部分。

7.2　無線連結與網路特性

一開始先讓我們考量某個簡單的有線網路，例如，使用有線乙太網路交換器（參見 6.4 節）連接主機的家用網路。如果我們將有線的乙太網路改換成無線的 802.11 網路，則主機上的有線乙太網路介面會被更換成無線網路介面，存取點將會取代乙太網路交換器，但網路層以上則幾乎不需要任何變動。這告訴我們，在找尋有線網路與無線網路之間的重要差異時，應該將重點放在連結層上。的確，我們可以發現一些有線連結與無線連結之間的重要差異：

◆ **訊號強度的衰減**。電磁輻射在穿越物質時（例如無線電訊號穿越牆壁時）會產生衰減。即使在空曠處，訊號仍然會發散，造成訊號強度隨著傳送端與接收端之間距離的增加而減弱（有時稱爲**路徑損耗，path loss**）。

◆ **來自其他訊號源的干擾**。使用相同頻帶進行傳輸的無線電來源會彼此干擾。例如，2.4 GHz 的無線電話與 802.11b 無線 LAN 使用的是相同的頻帶來進行傳輸。因此，正在使用 2.4 GHz 無線電話通話的 802.11b 無線 LAN 使用者，可以預期不管是網路或電話的效能都會不盡理想。除了傳輸來源所造成的干擾之外，環境中的電磁雜訊（例如鄰近的汽車、微波爐等）也會造成干擾。

◆ **多重路徑傳播**。**多重路徑傳播**（multipath propagation）的發生，是因爲會有部分的電磁波會從物體及地面反射，而在傳送端與接收端之間行經了不同長度的路徑。這會導致接收端所收到的訊號模糊不清。在傳送端與接收端之間移動的物體，會導致多重路徑傳播隨時間而有所變化。

關於無線通道的特性、模型與量測的詳盡討論，請參見 [Anderson 1995]。

　　上述討論告訴我們，無線連結的位元錯誤，會比有線連結更爲常見。因此，或許你並不訝異無線連結協定（例如我們將在下一節加以檢視的 802.11 協定）不僅使用了強力的 CRC 錯誤偵測編碼，還採行了會重送受損訊框的連結層可靠資料傳輸協定。

　　在考量過無線通道上可能產生的耗損之後，接下來讓我們將目光轉向接收無線訊號的主機。主機所收到的電磁訊號，會是傳送端所傳輸的原始訊號的低品質形式（源於衰減及上述的多重路徑傳播效應，還有其他的因素），以及環境背景雜訊兩者的混合。**訊號雜訊比（signal-to-noise ratio，SNR）**是所收到的訊號（亦即所傳輸的資訊）強度與雜訊強度的相對計量單位。SNR 通常是以分貝（dB）爲單位來量測，有些人認爲電機工程師根本是爲了困擾計算機科學家，才會使用這樣的計量單位。SNR，以 dB 爲計量單位，等於所收到的訊號振幅與雜訊振幅的比值，以 10 爲底取對數的二十倍。就本書的教學目的而言，我們只需要知道 SNR 越高，接收端便可以越容易地從背景雜訊中擷取出所傳輸的訊號即可。

　　圖 7.3（改編自 [Holland 2001]）描繪了在理想化的無線通道傳輸中，位元錯誤率（BER）——大體上來說，等於接收端所收到的傳輸位元有誤的機率——與三種不同的資訊編碼調變（modulation）技術之間的關係。調變與編碼的理論，以及訊號的擷取與 BER，已超出本書的範圍（請參見 [Schwartz 1980] 以參考這些課題的相關討論）。儘管如此，圖 7.3 還是說明了幾種對於要瞭解較高層的無線通訊協定而言，重要的實體層特性。

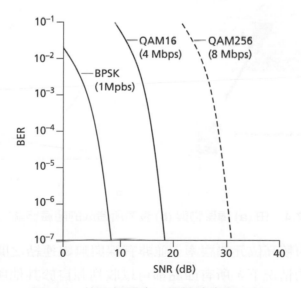

圖 7.3　位元錯誤率、傳輸速率與 SNR

◆ **針對固定的調變策略而言，SNR 越高，BER 就越低**。由於傳送端可以藉由增加傳輸功率來增加 SNR，所以傳送端可以藉由增加傳輸功率來減少接收端所收到的訊框有誤的機率。然而，請注意，將功率增加到超過某個門檻值之後，能夠得

到的實際增益可說微乎其微，例如，將 BER 從 10^{-12} 減少到 10^{-13}。增加傳輸功率也會帶來一些缺點：傳送端必須消耗更多能量（這對於用使用電池能源的行動使用者來說是一項重要的考量），傳送端的傳輸也越可能跟其他傳送端的傳輸彼此干擾（參見圖 7.4 (b)）。

◆ **針對固定的 SNR，擁有較高位元傳輸速率（不管有沒有出錯）的調變技術，也會有較高的 BER**。例如，在圖 7.3 中，如果 SNR 為 10 dB，傳輸速率為 1 Mbps 的 BPSK 調變策略，其 BER 小於 10^{-7}；傳輸速率為 4 Mbps 的 QAM16 調變策略，BER 則為 10^{-1}，這麼高的錯誤率在實際操作上是毫無用處的。然而，在 SNR 為 20 dB 時，QAM16 調變擁有 4 Mbps 的傳輸速率與 10^{-7} 的 BER，BPSK 調變則只有 1 Mbps 的傳輸速率，以及（真的）低到「破表」的 BER。如果我們可以容忍 10^{-7} 的 BER，則此時 QAM16 所提供的較高傳輸速率，會讓我們比較偏好於使用這項調變技術。這些考量會帶來最後一項特性，如下所述。

◆ **動態地選擇實體層的調變技術，讓我們可以視通道狀況來調整調變技術。SNR（連同 BER）可能會因為行動或環境的改變而發生改變**。可動態調整的調變技術與編碼被使用在行動電話資料系統，還有我們將在 7.3 節和 7.4 節加以探討的 802.11WiFi 與 4G 行動電話數據網路中。這讓我們能夠針對通道的特性，選擇符合 BER 限制的最高可能傳輸速率。

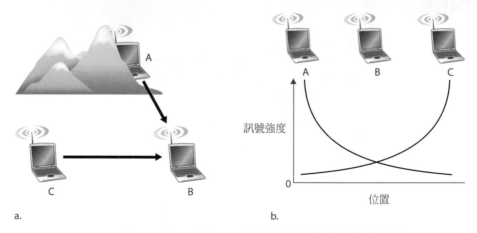

圖 7.4　由 (a) 障礙物與 (b) 衰減所造成的隱藏終端問題

　　會隨時間變化的較高位元錯誤率，並非有線與無線連結之間唯一的差異。請回想在有線廣播連結的情況下，所有節點都可以收到源自於其他所有節點的傳輸。在無線連結的情況下，事情卻沒有那麼簡單，如圖 7.4 所示。假設站台 A 正在對站台 B 進行傳輸。假設站台 C 也在對站台 B 進行傳輸。在所謂的**隱藏端點問題**（**hidden terminal problem**）裡，環境中的實體障礙物（例如一座山或一棟建築物），可能會令 A 跟 C 無法得知彼此的傳輸，即使 A 跟 C 的傳輸確實在目的端 B 處造成干擾。

如圖 7.4(a) 所示。第二種會令我們無法在接收端偵測到碰撞的情境，肇因於訊號強度在無線媒介中傳播時所產生的**衰減（fading）**。圖 7.4(b) 描繪了 A 跟 C 所在的位置使得它們的訊號強度無法強到讓彼此偵測到對方的傳輸，然而它們的訊號強度卻足以在站台 B 對彼此造成干擾。如我們將在 7.3 節所見，隱藏端點問題與衰減使得無線網路的多重存取問題，比起有線網路要來得複雜許多。

7.2.1　CDMA

請回想第六章，當主機透過共用媒介進行通訊時，我們需要某種協定讓多個傳送端所傳送的訊號不會在接收端彼此造成干擾。我們在第六章描述過三種媒介存取協定：通道分割、隨機存取與輪流存取。分碼多重存取（code division multipleaccess，CDMA）屬於通道分割協定家族的一員。這種技術普遍地使用於無線 LAN 以及行動電話技術中。因為 CDMA 在無線世界中是如此重要，所以我們在後續幾節深入探討特定的無線存取技術前，會先在此快速地檢視一下 CDMA。

在 CDMA 協定中，每個送出的位元都會被會乘上一份訊號（也就是碼）來加以編碼，這份編碼結果會以比原始的資料位元序列快上許多的速率進行變化（稱為**切片速率，chipping rate**）。圖 7.5 描繪了一個簡單而理想化的 CDMA 編碼／解碼情境。假設我們將原始資料位元抵達 CDMA 編碼器的速率定義成單位時間；也就是說，傳輸每位元的原始資料都需要一位元的時槽時間。令 d_i 為第 i 個位元時槽的資料位元值。為了計算方便，我們將包含 0 值的資料位元表示為 -1。每個位元時槽會再進一步被分割成 M 個小時槽；在圖 7.5 中 $M = 8$，雖然在實際操作上 M 會大上許多。傳送端所使用的 CDMA 碼包含一系列 M 個數值，c_m, $m = 1, \ldots, M$，其中每個數值都是 $+1$ 或 -1。在圖 7.5 的例子中，傳送端所使用的 M 位元 CDMA 編碼為（1, 1, 1, -1, 1, -1, -1, -1）。

為了說明 CDMA 的運作方式，讓我們將焦點集中在於第 i 個資料位元，d_i 上。在 d_i 的位元傳輸時間的第 m 個小時槽中，CDMA 編碼器的輸出 $Z_{i,m}$，便等於 d_i 值乘以我們所指定的 CDMA 碼的第 m 個位元，c_m：

$$Z_{i,m} = d_i \cdot c_m \tag{7.1}$$

在沒有造成干擾的傳送端介入的簡單世界中，接收端會收到編碼後的位元 $Z_{i,m}$，並透過以下計算復原原始的資料位元 d_i：

$$d_i = \frac{1}{M} \sum_{m=1}^{M} Z_{i,m} \cdot c_m \tag{7.2}$$

讀者可能會想要親自仔細計算圖 7.5 中的例子，以確認接收端真的有辦法使用公式 7.2 正確地復原原始的資料位元。

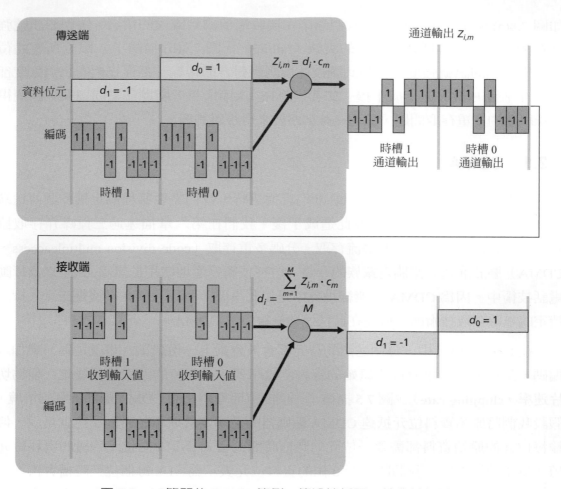

圖 7.5　一簡單的 CDMA 範例：傳送端編碼，接收端解碼

　　然而現實總是與理想相去甚遠，如上所述，CDMA 必須在有其他相互干擾的傳送端出現的情況下運作，這些傳送端會使用不同的指定碼來編碼並傳輸它們的資料。但是當傳送端所傳輸的資料位元跟其他傳送端所傳輸的位元彼此糾結在一起時，CDMA 的接收端要如何復原傳送端的原始資料位元呢？ CDMA 運作時會假設彼此干擾的位元傳輸訊號具有加成性。例如，這表示如果在同個小時槽中，有 3 個傳送端送出 1 值，第 4 個傳送端則送出 –1 值，則在這個小時槽中，所有接收端所收到的訊號就會是 2（因為 $1 + 1 + 1 - 1 = 2$）。在有多個傳送端的情形下，傳送端 s 會使用與公式 7.1 完全相同的方式，來計算編碼後的傳輸值 $Z_{i,m}^s$。然而，在第 i 個位元時槽的第 m 個小時槽中，接收端現在所收到的數值，則變成了來自於全部 N 個傳送端在這個小時槽內所傳輸的位元的總合：

$$Z_{i,\,m}^* = \sum_{s=1}^{N} Z_{i,\,m}^s$$

令人驚訝的是，如果我們審慎地選擇傳送端的碼，則每個接收端都可以使用指定傳送端的碼，以完全相同於公式 6.2 的方式，從混雜在一起的訊號中復原此一傳送端所送出的資料：

$$d_i = \frac{1}{M}\sum_{m=1}^{M} Z_{i,m}^* \cdot c_m \tag{7.3}$$

如圖 7.6 所示，以包含兩個傳送端的 CDMA 為例。上方傳送端所使用的 M 位元 CDMA編碼為（1, 1, 1, –1, 1, –1, –1, –1），下方傳送端所使用的CDMA編碼則為（1,–1, 1, 1, 1, –1, 1, 1）。圖 7.6 描繪了接收端要如何復原來自上方傳送端的原始資料位元。請注意，儘管受到來自傳送端 2 的傳輸干擾，接收端仍然有辦法復原來自傳送端 1 的資料。

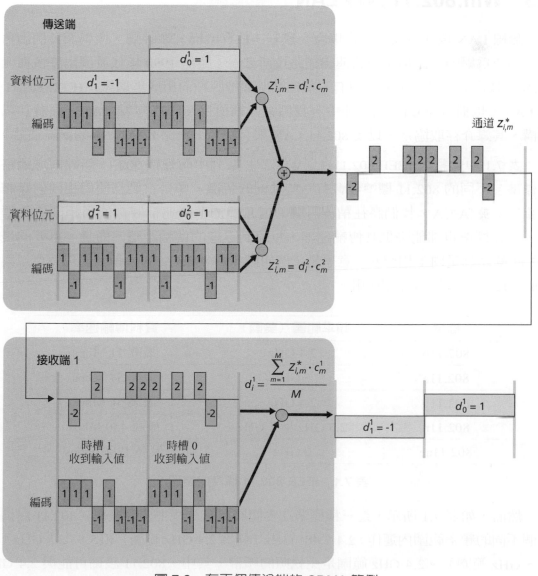

圖 7.6　有兩個傳送端的 CDMA 範例

請回想一下我們在第六章的雞尾酒會比喻。CDMA 協定就像是讓宴會客人用不同的語言交談；在這種情況下，人們相當善於鎖定使用他所瞭解的語言進行的談話，而過濾掉其他的談話。我們在此看到，CDMA 也是一種分割協定，然而它所分割的是碼空間（相對於時間或頻率），它會為每個節點指定一塊專用的碼空間。

我們在此只會簡單扼要地討論 CDMA；實際上還有許多難題必須解決。首先，為了讓 CDMA 的接收端能夠擷取出特定傳送端的訊號，我們必須審慎地選擇 CDMA 的碼。其次，我們的討論中假設了針對不同的傳送端，接收端所收到的訊號強度是相同的；然而這在實際上很難達成。有大量的文獻資料探討過上述與其他的 CDMA 相關議題；請參見 [Pickholtz 1982, Viterbi 1995] 以參考箇中細節。

7.3　Wifi:802.11 無線 LAN

無線 LAN 現在遍布在工作場合、家庭、教育機構、咖啡廳、機場與各個街角，它已經成為網際網路最重要的連線網路技術之一。雖然 1990 年代發展出許多種無線 LAN 的技術與標準，但其中只有一種標準明顯地脫穎而出成為贏家：**IEEE 802.11 無線 LAN**，也稱為 **WiFi**。在本節中，我們會仔細檢視 802.11 無線 LAN，檢驗其訊框架構、其媒介存取協定，以及 802.11 LAN 與有線乙太網路 LAN 之間的網際連結。

表 7.1 中彙整了 IEEE 802.11（「WiFi」）系列中的幾種 802.11 無線區域網路技術標準。不同的 802.11 標準也會有一些共同的特徵，像是它們都使用相同的媒體存取協定 CSMA/CA，我們將在稍後討論。這三種標準的連結層都使用相同的訊框結構，三種標準也都能降低其傳輸速率，以達到更遠的傳輸距離。而且，重要的是，802.11 的產品是向下相容的，意思是，例如僅支持 802.11g 的行動裝置仍然可以與較新的 802.11ac 基地台互相作用。

標準	頻率範圍（美國）	資料傳輸速率
802.11b	2.4 GHz	最高 11 Mbps
802.11a	5 GHz	最高 54 Mbps
802.11g	2.4 GHz	最高 54 Mbps
802.11n	2.5 GHz 與 5 GHz	最高 450 Mbps
802.11ac	5 GHz	最高 1300 Mbps

表 7.1　IEEE 802.11 標準的整理

然而，如表 7.1 所示，這三種標準在實體層上有一些主要的差異。802.11 設備在兩個不同的頻率範圍內運作：2.4-2.485 GHz（稱為 2.4 GHz 範圍）和 5.1 - 5.8 GHz（稱為 5 GHz 範圍）。2.4 GHz 範圍是免執照的頻帶，其中，802.11 設備可能與 2.4 GHz

的電話和微波爐競爭頻譜。在 5 GHz 時，802.11 LAN 對於給定的功率位準有較短的傳輸距離，並且受到多徑傳播的影響較大。最近的兩個標準 802.11n [IEEE 802.11n 2012] 和 802.11ac [IEEE 802.11ac 2013; Cisco 802.11ac 2015] 使用多重輸入多重輸出（multiple-input multiple-output，MIMO）天線；也就是說，傳送端與接收端都會備有兩支以上的天線來傳送及接收不同的信號 [Diggavi 2004]。802.11ac 基地台可以同時傳送到多個基地台，並且使用「智慧型」天線來可調適地在接收器的方向上將波束成形對準目標傳輸上。這減少了干擾，也增加了在給定資料傳輸速率下可到達的距離。表 7.1 所示的資料傳輸速率適用於理想化的環境，例如，距離基地台 1 公尺遠的接收器，沒有干擾——這是我們在實務中不太可能遇到的情況！正如俗話所說，YMMV：相同的航程，每個人的里程數（在這種情況下是指你的無線資料傳輸速率）可能會有所不同。

7.3.1　802.11 架構

圖 7.7 描繪了 802.11 無線 LAN 架構的主要構件。802.11 架構的基本建構區塊稱為**基本服務集合（basic service set，BSS）**。一組 BSS 通常包含一或多個無線站台，以及一座中央基地台；後者在 802.11 的術語中，稱為**存取點（access point，AP）**。圖 7.7 顯示了兩組 BSS 的 AP 都連接到某具互連裝置（例如交換器或路由器）上，而這具互連裝置會再連上網際網路。在典型的家用網路中，會有一台 AP 與一台路由器（通常會被整合成單一元件）將 BSS 連接到網際網路。

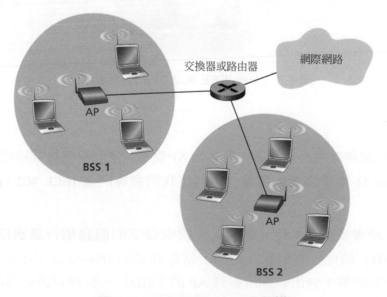

圖 7.7　IEEE 802.11 LAN 架構

就像乙太網路裝置一樣，每個 802.11 無線站台也都擁有 6 位元組的 MAC 位址，儲存在此站台轉接卡（亦即 802.11 網路介面卡）的韌體中。每個存取點的無線介面也都會有一個 MAC 位址。與乙太網路相同，這些 MAC 位址也是由 IEEE 所管理，而且（理論上）是全球獨一無二的。

如 7.1 節所言，使用 AP 的無線 LAN 通常會被稱為**基礎設施無線 LAN**，其中「基礎設施」意指 AP 本身，以及連接 AP 與路由器的有線乙太網路基礎設施。圖 7.8 顯示了 IEEE 802.11 站台也可以自己結成群組，構成 ad hoc 網路———一個沒有中央控制者，也沒有連接到「外界」的網路。在此種情況下，網路是因為有需要進行通訊的行動裝置發現彼此鄰近，而且它們所在的地點沒有現存的網路基礎設施，而「動態地」建立的。Ad hoc 網路的建立，可能會發生在一群持有筆電的人聚在一起，想交換資料卻又沒有集中式 AP 存在的時候。Ad hoc 網路已經引起大量的關注，因為可進行通訊的攜帶式裝置正在持續激增中。然而在本節中，我們還是會將目光聚焦在基礎設施無線 LAN 上。

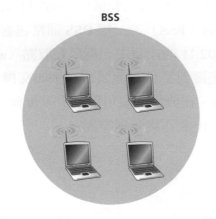

BSS

圖 7.8　一組 IEEE 802.11 ad hoc 網路

◇ 通道與繫合

在 802.11 中，每個無線站台都需要先與某台 AP 繫合，才能夠傳送或接收網路層資料。雖然所有的 802.11 標準都會使用繫合，但是我們會專門就 IEEE 802.11b/g 的情況來討論此一主題。

當網路管理者安裝 AP 時，會指定一或兩個字的**服務集合識別碼**（**Service Set Identifier**，**SSID**）給此一存取點（例如，當你在你的 iPhone 設定中選擇 Wi-Fi 時，便會顯示出一份清單，列出範圍內每具 AP 的 SSID）。管理者也必須指定一個通道編號給 AP。要瞭解通道編號的意義，請回想 802.11 會在 2.4 GHz 到 2.4835 GHz 的頻率範圍內運作。在這個 85 MHz 的頻帶中，802.11 定義了 11 條部分重疊的通道。任兩條通道只有在相隔四條通道以上時，才會完全不重疊。更清楚地說，通道組合 1、

6、11 是唯一一組有三條不重疊的通道的組合。這意味著管理者可以在同一地點安裝三台 802.11b AP，指派通道 1、6、11 給這三台 AP，然後用交換器將這三台 AP 相連，以建立最大總體傳輸速率為 33 Mbps 的無線 LAN。

現在既然我們已經對於 802.11 通道有了基本的瞭解，讓我們來描繪一個有趣的（而且不是太罕見的）情況──WiFi 叢林。**WiFi 叢林（WiFi jungle）**意指任何地點，而無線站台在此一地點可以收到兩台以上 AP 所發出的強度夠強的訊號。例如，在許多紐約市的咖啡館中，無線站台可以從多台鄰近的 AP 中選擇訊號。其中一台 AP 可能是由這家咖啡館所管理，其他的 AP 則可能位於咖啡館鄰近的公寓中。這些 AP 可能都位於不同的 IP 子網路中，並且各自獨立地指派其通道。

現在假設你帶著你的手機、平板或筆記型電腦進入了這樣的 WiFi 叢林，想要一邊無線上網，一邊享用你的藍莓鬆餅。假設這個 WiFi 叢林中有五台 AP。若要連上網際網路，你的無線裝置必須加入其中一個子網路，因此需要與其中一台 AP **繫合（associate）**。繫合意指無線裝置在其自身與 AP 之間建立了一條虛擬線路。更清楚地說，只有你所繫合的 AP 會傳送資料訊框（亦即包含資料的訊框，例如包含資料報的訊框）到你的無線裝置，而你的無線裝置也只會透過相繫合的 AP 傳送資料訊框到網際網路中。但是你的無線裝置要如何與特定的 AP 相繫合呢？更基本的問題是，你的無線裝置要如何得知此一叢林中有哪些 AP 存在呢？

802.11 標準要求 AP 週期性地送出**信標訊框（beacon frame）**，其中包含該具 AP 的 SSID 與 MAC 位址。你的無線裝置知道 AP 會送出信標訊框，它會掃描 11 個通道，找尋可能存在的 AP 所送出的信標訊框（其中有些可能會使用相同的通道進行傳輸──這是個叢林！）。在透過信標訊框獲悉可用的 AP 之後，你（或是你的無線裝置）會選擇其中一台 AP 進行繫合。

802.11 標準並沒有對於要選擇哪一台可用的 AP 進行繫合加以規範，這個演算法被留給無線裝置的 802.11 韌體與軟體設計者來決定。通常，裝置會選擇所收到的信標訊框訊號強度最強的那台 AP。雖然說擁有高訊號強度是件好事（例如，參見圖 7.3），但是訊號強度並不是唯一取決裝置所能得到的效能的 AP 特性。更清楚地說，我們所選擇的 AP 雖然可能擁有較強的訊號，卻可能因為其他繫合的裝置（而因此需要共用該 AP 的無線頻寬）而處於負載過量的情況，同時另一台沒有負載的 AP 卻只因為稍微弱一點的訊號而未被選擇。因此，近來研究者提出了一些別的選擇 AP 的方法 [Vasudevan 2005; Nicholson 2006; Sundaresan 2006]。關於要如何量測訊號強度的有趣而實際的討論，請參見 [Bardwell 2004]。

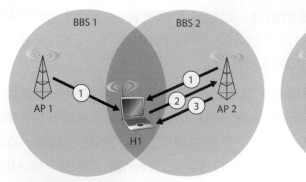

a. 被動掃描
　1. AP 送出信標訊框
　2. 送出繫合請求訊框：H1 到所選擇的 AP
　3. 送出繫合回應訊框：所選擇的 AP 到 H1

a. 主動掃描
　1. H1 廣播探測請求訊框
　2. AP 送出探測回應訊框
　3. 送出繫合請求訊框：H1 所選擇的 AP
　4. 送出繫合回應訊框：所選擇的 AP 到 H1

圖 7.9　存取點的主動式與被動式掃描

　　掃描通道與聆聽信標訊框的過程，稱為**被動式掃描（passive scanning）**（參見圖 7.9a）。無線主機也可以藉由廣播在其範圍內所有 AP 都會收到的探測訊框，來進行**主動式掃描（active scanning）**，如圖 7.9b 所示。AP 會使用探測回應訊框，來回應探測請求訊框。接著無線裝置便可以從送出回應的 AP 之中選擇其中一台與之繫合。

　　在選擇要與之繫合的 AP 之後，無線裝置便會送出繫合請求訊框給 AP，AP 則會回覆以繫合回應訊框。請注意在主動式掃描中，這個第二次的請求 / 回應握手是必要的，因為回應最初的探測請求訊框的 AP 並不知道裝置會選擇哪台送出回應的 AP（可能會有許多）進行繫合，情況大致類似於 DHCP 用戶端也可能會從多台 DHCP 伺服器中做選擇（請參見圖 4.21）。一旦與 AP 相繫合，裝置便會想要加入這台 AP 所屬的子網路（以 4.3.3 節的 IP 定址概念而言）。因此，裝置通常會透過 AP 送出 DHCP 搜尋訊息（參見圖 4.21）到子網路中，以在該子網路中取得一個 IP 位址。一旦取得了位址，世界其餘的部分便只會簡單地將該台裝置視為另一台擁有此一子網路 IP 位址的裝置。

　　為了建立與特定 AP 的繫合，無線裝置可能會需要向 AP 認證其自身。802.11 無線 LAN 提供了數種進行認證與存取的選擇。其中一種為許多公司所使用的方式，是根據裝置的 MAC 位址核許站台對於無線網路的存取。第二種為許多網咖所使用的方式，則是採用使用者名稱與密碼。在這兩種方式中，AP 都通常會與某台認證伺服器進行通訊，在無線端點裝置與認證伺服器之間使用如 RADIUS [RFC 2865] 或 DIAMETER [RFC 3588] 一類的協定轉傳資訊。把認證伺服器與 AP 分開，可以讓一台認證伺服器服務多台 AP，將認證與存取的決策（通常是敏感性的資訊）集中於單一伺服器，同時保持 AP 的成本與複雜度不致太高。我們會在第八章看到，新開發的，定義了 802.11 協定家族安全性層面的 IEEE 802.11i 協定，所採取的便是這種方式。

7.3.2　802.11 的 MAC 協定

一旦無線裝置與 AP 相繫合，便可以開始對存取點傳送接收資料訊框。但是因為同時可能會有多個無線裝置或是 AP 自己想要透過相同的通道傳輸資料訊框，我們需要多重存取協定以協調傳輸。接下來，我們會將裝置或 AP 稱為共享多重存取通道的無線「站台」。如第六章與 7.2.1 節所討論的，廣泛地說，多重存取協定共有三種：通道分割（包括 CDMA）、隨機存取與輪流存取。由於乙太網路與其隨機存取協定所獲得的巨大成功，驅使了 802.11 的設計者選擇在 802.11 無線 LAN 中使用隨機存取協定。802.11 的隨機存取協定稱為**免碰撞的 CSMA**（**CSMA with collision avoidance**），或簡稱 **CSMA/CA**。與乙太網路的 CSMA/CD 相同，此處 CSMA/CA 中的「CSMA」指的是「載波感測多重存取」，意指每個站台在進行傳輸前都會先感測通道，並且在感測到通道為忙碌狀態時抑制其傳輸。雖然乙太網路與 802.11 使用的都是載波感測隨機存取，但是這兩種 MAC 協定之間有些重要的差異。首先，802.11 所使用的並非碰撞偵測，而是避免碰撞的技術。其次，因為無線通道相對來說較高的位元錯誤率，802.11（與乙太網路不同）會使用連結層的確認／重送（ARQ）策略。以下我們將會描述 802.11 的避免碰撞與連結層確認策略。

　　請回想 6.3.2 節與 6.4.2 節的乙太網路碰撞偵測演算法，乙太網路站台會在進行傳輸時聆聽其通道。如果在進行傳輸時，它偵測到另一個站台也在進行傳輸，便會中斷其傳輸，並且在等待一段短暫、隨機的時間之後，再嘗試進行傳輸。與 802.3 乙太網路協定不同，802.11 MAC 協定並未實作碰撞偵測。這是因為兩項重要的原因：

◆ 要能夠偵測碰撞，站台需要能夠同時進行傳送（站台本身的訊號）與接收（以判斷是否有另一個站台也在進行傳輸）。因為在 802.11 轉接卡上，所收到的訊號強度通常比起所傳輸的訊號強度小上非常多，要建立能夠偵測碰撞的硬體，成本將會相當高。

◆ 更重要的是，即使網路卡能同時進行傳輸與聆聽（或許也能夠在感測到通道為忙碌時中斷其傳輸），但是因為 7.2 節所討論的隱藏終端問題與衰減，轉接卡仍然無法偵測到所有的碰撞。

　　由於 802.11 無線 LAN 並不使用碰撞偵測，一旦站台開始傳輸訊框，**便會將訊框完整傳輸**；也就是說，一旦站台開始傳輸，便再也無法回頭。如你可能預料到的，在經常發生碰撞的情況下，傳輸整份訊框（特別是長訊框）會顯著地降低多重存取協定的效能。為了降低碰撞發生的可能性，802.11 採用了數種避免碰撞的技術，我們馬上便會加以討論。

　　然而，在考量避免碰撞的機制之前，我們需要先檢視 802.11 的**連結層確認**（**link layer acknowledgement**）策略。請回想一下 7.2 節，當無線 LAN 站台送出訊框時，

訊框可能會因為各式各樣的原因而無法完整無缺地抵達目的端站台。為了處理這種不可忽視的錯誤可能性，802.11 MAC 協定使用了連結層的確認策略。如圖 7.10 所示，當目的端站台收到通過 CRC 檢查的訊框時，會等待一段稱為**短暫訊框間隔（Short Inter-frame Spacing，SIFS**）的短暫時間，然後送回一份確認訊框。如果進行傳輸的站台在一定時間內沒有收到確認訊息，便會假設有錯誤發生，然後使用 CSMA/CA 協定存取通道以重送該份訊框。如果在某個固定的重送次數之後，進行傳輸的站台仍然沒有收到確認訊息，便會放棄並捨棄該訊框。

在討論過 802.11 是如何使用連結層確認之後，我們現在便可以來描述 802.11 的 CSMA/CA 協定。假設站台（無線裝置或 AP）有一份訊框要傳輸。

1. 如果一開始站台感測到通道是閒置的，它會在等待一段稱為**分散式訊框間隔（Distributed Inter-frame Space，DIFS**）的短暫時間後再傳輸其訊框，如圖 7.10 所示。

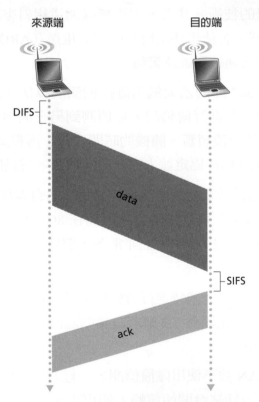

圖 7.10   802.11 會使用連結層的確認機制

2. 否則，站台會選擇一個隨機的倒退值，該倒退值是使用二進制指數倒退機制所得到的（如我們在 6.3.2 節中所遇到狀況一樣），並且在感測到通道為閒置時，在 DIFS 之後以該值進行倒數。只要感測到通道是忙碌的，計數器的數值便會保持不動。

3. 當計數器倒數到零時（請注意這只會發生在它感測到通道為閒置時），站台便會傳輸整份訊框，然後等待確認訊息到來。

4. 如果收到確認訊息，進行傳輸的站台就知道其訊框已經正確地由目的端站台所接收。如果這個站台還有另一筆訊框要傳送，便會從步驟 2 開始進行 CSMA/CA 協定。如果沒有收到確認訊息，則進行傳輸的站台會重新進入步驟 2 的倒退階段，然後從較大的區間中選擇隨機值。

請回想一下，在乙太網路的 CSMA/CD 多重存取協定中（6.3.2 節），站台會在感測到通道為閒置時，立即開始進行傳輸。然而，在使用 CSMA/CA 時，站台會在倒數時按兵不動，即使它感測到通道是閒置的。為什麼此處 CSMA/CD 與 CDMA/CA 要採用如此不同的方式？

要回答這個問題，先讓我們考量某個情境；在此情境中，兩個站台都有一筆資料訊框要傳輸，但是因為它們都感測到已經有第三個站台正在進行傳輸，所以兩個站台都不會立刻進行傳輸。使用乙太網路的 CSMA/CD，這兩個站台在偵測到第三個站台完成傳輸時，都會馬上開始進行傳輸。如此便會導致碰撞，這在 CSMA/CD 中並不是嚴重的問題，因為這兩個站台都會中止其傳輸，由此能夠避免無用地傳輸訊框剩餘的部分。然而在 802.11 中，情況卻相當不同。因為 802.11 並不會偵測碰撞並終止傳輸，所以遭遇碰撞的訊框仍然會被完整地傳輸。因此 802.11 的目標是盡可能地避免碰撞。在 802.11 中，如果兩個站台都感測到通道是忙碌的，它們會立即進入隨機的倒退程序中，並期望彼此能夠選擇不同的倒退值。如果這兩個數值真的不同，一旦通道閒置下來，兩個站台之中就會有其中一個比另一個先開始進行傳輸，而（如果這兩個站台間沒有隱藏端的問題）「落敗的站台」便會聽到「獲勝的站台」的訊號，凍結其計時器，然後抑制其傳輸直到獲勝的站台完成傳輸為止。以此方式，我們便可以避免掉代價高昂的碰撞。當然，在此情境中，802.11 仍然有可能會發生碰撞：這兩個站台可能會彼此隱藏，或者選擇了相當接近的隨機倒退值，使得先啟動的站台所進行的傳輸還來不及抵達第二個站台。請回想先前在圖 6.12 的情境裡，我們關於隨機存取演算法的討論中所遭遇到的問題。

◎ 處理隱藏終端：RTS 與 CTS

802.11 MAC 協定也包含一個很讚的（但是是選用的）預約策略可以幫助我們避免碰撞，即使在出現隱藏終端時也一樣。讓我們以圖 7.11 的情境來探討這種策略，此圖中有兩個無線站台以及一個存取點。這兩個站台都位於該台 AP 的範圍內（其涵蓋範圍以套色的圓圈顯示），並且都已經與該台 AP 相繫合。然而，由於衰減的緣故，無線站台的訊號範圍僅限於圖 7.11 所示的套色圓圈內部。因此，即使它們都未超出 AP 的視線範圍，這兩個無線站台是彼此隱藏的。

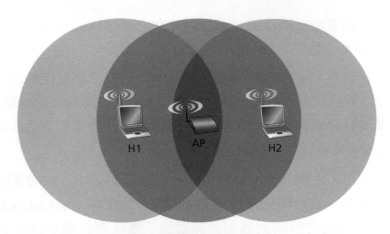

圖 7.11　隱藏終端的實例：H1 與 H2 彼此隱藏

現在讓我們來想想，為何隱藏終端有可能會釀成問題。假設站台 H1 正在傳輸某份訊框傳輸到一半，而站台 H2 也想要傳送訊框給 AP。H2 並未聽到 H1 正在進行傳輸，它會先等待一段 DIFS 時間，然後開始傳輸訊框，造成碰撞。因此在整段 H1 與整段 H2 的傳輸期間，通道都會被浪費掉。

為了避免這個問題，IEEE 802.11 協定允許站台使用**簡短的傳送請求**（**Request to Send，RTS**）控制訊框，以及**簡短的允許傳送**（**Clear to Send，CTS**）控制訊框來預約通道的存取權。當傳送端想要傳送資料訊框時，可以先傳送一份 RTS 訊框給 AP，指出傳輸該份資料訊框及其確認（ACK）訊息訊框所需的總時間。當 AP 收到 RTS 訊框時，會廣播一份 CTS 訊框作為回應。這份 CTS 訊框有兩個目的：它給予傳送端明確的傳送許可，同時指示其他站台不可以在其預約的時間內進行傳送。

因此，在圖 7.12 中，H1 在傳輸資料訊框前，先廣播了一份 RTS 訊框，這份訊框會被其圓圈範圍內所有的站台聽到，包括 AP 在內。接著 AP 會回應以一份 CTS 訊框，這份訊框也會被其範圍內所有的站台聽到，其中包括 H1 與 H2。聆聽到這份 CTS 的站台 H2，會在該份 CTS 訊框所指示的時間內抑制其傳輸。RTS、CTS、資料與 ACK 訊框如圖 7.12 所示。

使用 RTS 與 CTS 訊框可以在兩個重要的方面改善效能：

◆ 隱藏站台的問題得以減緩，因為長資料訊框只有在事先預約通道之後才會被傳輸。

◆ 因為 RTS 與 CTS 訊框都很短，所以牽涉到 RTS 或 CTS 訊框的碰撞只會持續一段短暫的 RTS 或 CTS 訊框傳輸時間。一旦 RTS 跟 CTS 訊框被正確地傳輸，接下來的資料跟 ACK 訊框便應當可以免於碰撞地進行傳輸。

我們鼓勵你試試本書英文版專屬網站上的 802.11 applet。這份互動式的 applet 展示了 CSMA/CA 協定，其中也包括 RTS/CTS 交換程序。

　　雖然交換 RTS/CTS 可以幫助減少碰撞，但是它也會帶來延遲以及通道資源的消耗。因此，交換 RTS/CTS 只會被使用在（如果有使用的話）傳輸長資料訊框時。在實際操作上，每個無線站台都可以設定其 RTS 門檻值，讓 RTS/CTS 程序只有在訊框長度高於門檻值時，才會被使用。對許多無線站台而言，其預設的 RTS 門檻值大於最大訊框長度，因此，其資料訊框的所有傳送都會略過 RTS/CTS 程序。

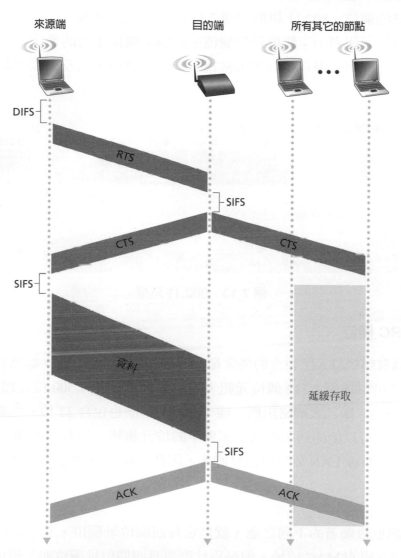

圖 7.12　使用 RTS 與 CTS 訊框的避免碰撞機制

◈ 使用 802.11 作為點對點連結

到目前為止我們的討論都只聚焦於在多重存取的環境中使用 802.11。我們應當指出，如果兩個節點都具有定向天線，便可以將各自的定向天線指向彼此，然後執行 802.11 協定以形成一條實質上的點到點連結。源於 802.11 硬體的低廉成本，加上使用定向天線與增加傳輸功率，讓 802.11 可以用來作為在數十公里的距離內，提供無

線點到點連結的廉價設施。[Raman 2007] 描述了這種點對點 802.11 連結的多程無線
網路在印度恆河平原鄉村地區的運作情形。

7.3.3　IEEE 802.11 訊框

雖然 802.11 訊框與乙太網路訊框之間有許多相似之處，但是前者還包含了幾個專門
用於無線連結的欄位。802.11 訊框如圖 7.13 所示。訊框各欄位上方的數字代表該欄
位的長度，以位元組表示；訊框控制欄位中每個子欄位上方的數字則代表該子欄位
的長度，以位元表示。現在讓我們來檢視訊框中的欄位，以及訊框控制欄位中一些
較重要的子欄位。

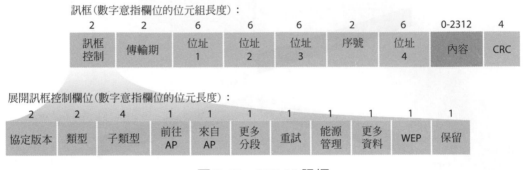

圖 7.13　802.11 訊框

◈ 內容與 CRC 欄位

訊框的核心為資料內容，所包含的通常是 IP 資料報或 ARP 封包。雖然我們允許此欄
位的長度最高可以達到 2,312 個位元組，但是它通常少於 1,500 位元組，存放 IP 資
料報或 ARP 封包。跟乙太網路訊框一樣，802.11 訊框也包含 32 位元的循環冗餘檢查
欄位，讓接收端可以偵測到所收到之訊框中的位元錯誤。如我們所知，在無線 LAN
中位元錯誤比起有線 LAN 要來得常見許多，因此 CRC 在此更能發揮其功能。

◈ 位址欄位

也許 802.11 訊框最顯著的不同之處，就是它有四個位址欄位，其中每個欄位都可以
存放一份 6 位元組的 MAC 位址。但是為什麼要有四個位址欄位呢？難道像乙太網路
一樣，只包含來源端 MAC 欄位與目的端 MAC 欄位還不夠嗎？事實證明，要連接網
路——更清楚地說，要從無線站台將網路層資料報經由 AP 搬移到路由器介面——至
少需要三個位址欄位。第四個位址欄位則是在 ad hoc 模式中，用於 AP 間轉送訊框。
因為我們在本章中只會考量基礎設施網路，且讓我們將目光聚焦在前三個位址欄位
上。802.11 標準定義這三個欄位如下：

◆ 位址 2 是傳輸該筆訊框的站台 MAC 位址。因此，如果是無線站台傳輸了該筆訊框，則此站台的 MAC 位址便會被填入到位址 2 欄位中。同樣地，如果是 AP 傳輸了該筆訊框，該具 AP 的 MAC 位址便會被填入到位址 2 欄位中。

◆ 位址 1 是要接收該筆訊框的無線站台的 MAC 位址。因此如果是行動無線站台傳輸了該筆訊框，位址 1 便會包含目的端 AP 的 MAC 位址。同樣地，如果是 AP 傳輸了該筆訊框，位址 1 便會包含其目的端無線站台的 MAC 位址。

◆ 要瞭解位址 3 為何，請回想一下，BSS（由 AP 與無線站台構成）是子網路的一部分，而這個子網路會透過某個路由器介面連接到其他子網路。位址 3 所包含的，便是此一路由器介面的 MAC 位址。

　　為了對於位址 3 的用途有更深入的瞭解，讓我們逐步地探討圖 7.14 的網路互連案例。此圖中有兩台 AP，各自負責數個無線站台。兩台 AP 都有一條與路由器的直接連線，這台路由器會再連接到全球網際網路。我們應該謹記於心，AP 是一種連結層裝置，因此它們不會「說 IP 話」，也看不懂 IP 位址。現在請考量將資料報從路由器介面 R1 移動到無線站台 H1。路由器並不曉得有一台 AP 介於它與 H1 之間；從路由器的角度來看，H1 只是與它（路由器）相連的子網路中的一台主機而已。

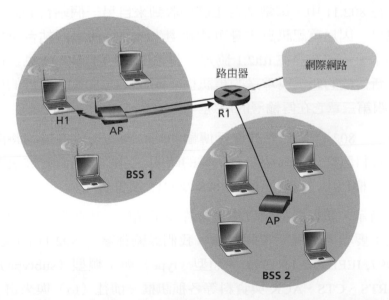

圖 7.14　802.11 訊框中，位址欄位的用途：在 H1 與 R1 之間傳送訊框

◆ 路由器知悉 H1 的 IP 位址（由資料報的目的端位址得知），它會使用 ARP 來判斷 H1 的 MAC 位址，就像傳統的乙太網路 LAN 一樣。在取得 H1 的 MAC 位址之後，路由器介面 R1 會將資料報封裝在乙太網路訊框中。這份訊框的來源端位址欄位存放的是 R1 的 MAC 位址，目的端位址欄位存放的則是 H1 的 MAC 位址。

◆ 當這份乙太網路訊框抵達 AP 時，AP 在將訊框送入無線通道之前，會先將這份 802.3 的乙太網路訊框轉換成 802.11 的訊框。AP 會在位址 1 與位址 2 中分別填入 H1 的 MAC 位址以及自身的 MAC 位址，如上所述。在位址 3 中，AP 則會填入 R1 的 MAC 位址。如此一來，H1 便能夠得知（從位址 3）將該份資料報送入子網路的路由器介面的 MAC 位址。

現在請想想，當無線站台 H1 要予以回應，從 H1 傳送資料報給 R1 時，會發生什麼事情。

◆ H1 會建立一份 802.11 訊框，分別使用 AP 的 MAC 位址跟 H1 的 MAC 位址填入位址 1 跟位址 2 中，如上所述。在位址 3 中，H1 則會填入 R1 的 MAC 位址。

◆ 當 AP 收到這份 802.11 訊框時，會將這份訊框轉換為乙太網路訊框。這份訊框的來源端位址欄位為 H1 的 MAC 位址，目的端位址欄位則為 R1 的 MAC 位址。因此，位址 3 讓 AP 能夠在建立乙太網路訊框時，判斷正確的目的端 MAC 位址為何。

總結來說，位址 3 扮演了連接 BSS 與有線 LAN 的關鍵性角色。

◈ 序號、傳輸期、訊框控制欄位

請回想一下，在 802.11 中，每當站台正確地收到來自另一個站台的訊框時，便會回傳一筆確認訊息。因為確認訊息本身可能會遺失，進行傳送的站台可能會送出特定訊框的多份副本。一如我們在 rdt2.1 協定的討論中（3.4.1 節）所見，使用序號讓接收端能夠分辨新傳輸的訊框與重送的舊訊框。因此此處 802.11 訊框的序號欄位在連結層的用途，跟第三章它在傳輸層的用途一模一樣。

請回想一下，802.11 協定允許進行傳輸的站台預約一段通道的時間，這段時間中包含傳輸其資料訊框以及確認訊息所需的時間。這段時間值會被包含在訊框的傳輸期（duration）欄位中（資料訊框與 RTS 及 CTS 訊框皆然）。

如圖 7.13 所示，訊框控制欄位中包含許多子欄位。我們只會略微提及幾個比較重要的子欄位；要參考較為完整的討論，我們鼓勵你參考 802.11 的規格說明 [Held 2001, Crow 1997, IEEE 802.11 1999]。類型（type）與子類型（subtype）欄位會被用來區別繫合、RTS、CTS、ACK 與資料等各種訊框。前往（to）與來自（from）欄位則被用來定義不同位址欄位的意義（這些意義會依所使用的是 ad hoc 模式或基礎設施模式，以及在基礎設施模式中，傳送訊框的是無線站台或 AP，而有所不同）。最後，WEP 欄位會指出是否有使用加密（我們將在第八章中討論 WEP）。

7.3.4　在同個 IP 子網路中的行動性

為了擴大無線 LAN 的實體範圍，公司跟大學經常會在同個 IP 子網路中部署多組 BSS。這自然會引發在 BSS 之間的行動性問題——無線站台要如何平順無縫地從一組 BSS 移動到另一組 BSS，而仍然維持 TCP 會談的進行呢？如我們將在此一小節所看到的，當這些 BSS 都是子網路的一部分時，行動性可以用相當簡單直接的方式來處理。當站台是在不同的子網路之間移動時，我們便需要更為複雜的行動性管理協定，例如我們將在 7.5 節與 7.6 節加以研究的協定。

現在讓我們來檢視一個在相同子網路的 BSS 之間行動的特例。圖 7.15 顯示了兩組相連的 BSS，其中主機 H1 正由 BSS1 移動到 BSS2。因為在此例中，連接兩組 BSS 的互連裝置並非路由器，所以這兩組 BSS 中的所有站台，包括 AP，都屬於相同的 IP 子網路。因此，當 H1 從 BSS1 移動到 BSS2 時，它可以保留它的 IP 位址以及所有進行中的 TCP 連線。如果互連裝置是一台路由器，H1 就必須在它移往的子網路中取得新的 IP 位址。這樣的位址改變會中斷（而且終究會關閉）任何 H1 正在進行的 TCP 連線。在 7.6 節中，我們會看到要如何使用網路層的行動性協定，例如行動 IP，來避免這類問題的發生。

但是當 H1 從 BSS1 移動到 BSS2 時，到底發生了什麼事情呢？當 H1 遠離 AP1 時，它會偵測到來自 AP1 的訊號愈來愈弱，並且開始掃描更強的訊號。H1 會收到來自 AP2 的信標訊框（在許多公司與大學的設定下，會使用與 AP1 相同的 SSID）。接著 H1 會與 AP1 切斷繫合，改與 AP2 繫合，同時保有其 IP 位址並維持進行中的 TCP 會談。

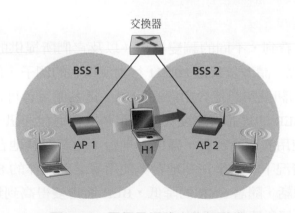

圖 7.15　同個子網路中的行動性

從主機與 AP 的觀點來看，如此便解決了換手的問題。但是對圖 7.15 中的交換器來說又如何呢？它要怎麼知道這台主機已經從某台 AP 移動到了另一台？正如你可能想起第六章曾說過的，交換器會「自我學習」，並自動建立其轉送表。這種自我學習的特性能夠妥善地處理偶發性的移動（例如，當員工從一個部門被調到另一個部門時）；然而，交換器並未被設計來支援具高度行動性的使用者，這些使用者

在 BSS 之間移動時，還想維持 TCP 連線的進行。要瞭解此處的問題，請回想一下，在移動前，交換器的轉換表中已有一筆條目，將 H1 的 MAC 位址對應到交換器可以由之抵達 H1 的輸出介面。如果 H1 一開始位於 BSS1，則前往 H1 的資料報便會經由 AP1 被引領到 H1。然而一旦 H1 與 BSS2 繫合了，這些訊框就應該被引領至 AP2。其中一種解決方案（有點不太高明，真的）是讓 AP2 在一建立新的繫合之後，便送出來源端位址為 H1 的廣播乙太網路訊框給交換器。當交換器收到這份訊框時，便會更新其轉送表，讓 H1 能夠經由 AP2 到達。802.11f 標準工作小組正在開發一種跨 AP 的協定，以處理這些相關議題。

我們上面的討論側重於使用同一 LAN 子網路的行動性。回想一下，我們在 6.4.4 節中研究的 VLAN 可以用來將區域網連接成一個大的虛擬區域網，它可以跨越很大的地理區域。這種 VLAN 內的基地台之間的行動性可以用與上述相同方式處理 [Yu 2011]。

7.3.5　在同個 IP 子網路中的行動性

我們會簡短地討論兩種可以在 802.11 網路中看到的進階能力，來結束我們關於 802.11 的討論。如同我們即將瞭解到的，這兩種能力並未完整地規範於 802.11 標準中，而是標準所規範的機制讓我們有可能去施行這兩項功能。這讓不同的供應商能夠使用各自（具專利）的方法來實作這些功能，這或許是為了提供它們一個競爭的戰線。

◈ 802.11 速率調節

我們先前在圖 7.3 中看到，不同的調變技術（以及它們所提供的不同傳輸速率）適用於不同的 SNR 情境。請考量某個 802.11 行動使用者的例子，他一開始距離基地台 20 公尺，擁有很高的訊號雜訊比。由於高 SNR，這名使用者可以使用提供高傳輸速率，同時仍維持低 BER 的實體層調變技術來跟基地台進行通訊。這是位快樂的使用者！現在假設這位使用者開始行動，離開基地台，隨著與基地台漸行漸遠，其 SNR 也逐漸滑落。在此情況下，如果在基地台與使用者之間運作的 802.11 協定所使用的調變技術並未改變的話，隨著 SNR 的降低，BER 將會變得高到無法接受，而我們終將無法正確地收到任何所傳輸的訊框。

因此，某些 802.11 的實作擁有速率調節的能力，能夠根據目前或近來的通道特性，調節性地選擇底層的實體層調變技術。如果節點連續送出兩份訊框，而沒有收到任何確認時（通道中出現位元錯誤的暗示），其傳輸速率便會掉回前一級較低的速率。如果連續 10 份訊框都收到確認訊息，或如果會追蹤從前次速率掉落到現在經過多少時間的計時器時間到了，傳輸速率便會增加到下一級較高的速率。這種速率

調節機制與 TCP 的壅塞控制機制使用了相同的「探測」哲學——狀況好時（由收到 ACK 所反映）便增加傳輸速率，直到某件「壞事」發生（沒有收到 ACK）為止；而當「壞事」發生時，便降低傳輸速率。因此 802.11 的速率調節與 TCP 的壅塞控制機制，就像是不停跟父母央求更多又更多（例如，小孩央求糖果，長大後的青少年央求晚歸時間），直到父母最後說：「夠了！」，才會退回的小孩（只有在稍後情況有望改善時，才會再次嘗試！）。研究者也提出了一些其他的策略來改良這種基本的自動速率調整策略 [Kamerman 1997; Holland 2001; Lacage 2004]。

◈ 能源管理

能源對行動裝置來說是一項珍貴的資源，因此 802.11 標準提供了能源管理（power-management）的能力，讓 802.11 的節點可以將它們需要「開啟」感測、傳輸、接收功能，以及其他電路的時間減至最低。802.11 能源管理的運作方式如下。節點能夠明確地在休眠與甦醒狀態之間切換（跟教室裡打瞌睡的同學不一樣！）。節點會藉由將 802.11 訊框標頭中的能源管理位元設定為 1，來告知存取點它要進入休眠狀態。接著節點的計時器便會被設定為在 AP 預定要送出信標訊框的前一刻，將節點喚醒（請回想一下，AP 通常是每隔 100 msec 送出一份信標訊框）。因為 AP 會從能源傳輸位元的設定而得知節點要進入休眠狀態，AP 瞭解它不該傳送任何訊框給此節點，因此會將所有前往休眠中主機的訊框都先暫存起來，稍後再行傳輸。

節點會在 AP 送出信標訊框前醒過來，然後快速地進入全力運作的狀態（與打瞌睡的學生不同，這個甦醒過程只需要 250 微秒 [Kamerman 1997] ！）。AP 所送出的信標訊框會包含一份清單，這份清單會列出有訊框被暫存在 AP 之中的節點。如果節點沒有被暫存的訊框，便可以回到休眠狀態。否則，節點可以藉由傳送輪詢訊息給 AP，明確地請求 AP 送出暫存的訊框。在信標與信標之間的 100 msec 中，使用 250 微秒的喚醒時間，然後使用類似的短暫時間來接收信標訊框並進行檢查以確認沒有訊框被暫存，如此一來沒有訊框要傳送或接收的節點，就可以在 99% 的時間中處於休眠狀態，從而得到顯著的能源節約。

7.3.6　個人區域網路：藍牙和 Zigbee

如圖 7.2 所示，IEEE 802.11 WiFi 標準的目標，是在相隔最多 100 公尺的裝置之間進行通訊（除了當 802.11 是使用在具有指向性天線的點對點配置時外）。另外兩種 IEEE 802 家族的無線協定是藍牙和 Zigbee（定義於 IEEE 802.15.1 和 IEEE 802.15.4 標準中 [IEEE 802.15 2012]）。

◈ 藍牙

IEEE 802.15.1 網路會在小範圍中，以低功率、低成本的方式運作。802.15.1 基本上是一種低功率、小範圍、低速率的「纜線替代」技術，將電腦與其無線鍵盤、滑鼠或其他週邊裝置、行動電話、喇叭、耳機，以及許多其他裝置等互連；反之，802.11則是一種較高功率、中型範圍、以及較高速率的「連線」技術。因此，802.15.1 網路有時會被稱作無線個人區域網路（wireless personal area network，WPAN）。802.15.1的連結層與實體層是建立在早先的個人網路**藍牙**（**Bluetooth**）規格上 [Held 2001, Bisdikian 2001]。802.15.1 網路是以 TDM 的方式運作於 2.4 GHz 的免執照無線電頻帶上，使用 625 微秒的時槽。在各個時槽中，傳送端會使用 79 條通道的其中之一進行傳輸，而其通道在各時槽間會以已知但為虛擬隨機的方式改變。這種通道跳躍的形式，稱作**跳頻展頻**（**frequency-hopping spread spectrum，FHSS**），會隨時間將傳輸分散於不同的頻譜中。802.15.1 可以提供最高 4 Mbps 的資料傳輸速率。

　　802.15.1 網路是一種 ad hoc 網路：我們不需要網路基礎設施（如存取點）來連接 802.15.1 裝置。因此，802.15.1 裝置必須自行組織。802.15.1 裝置會先組織成最多可以容納八個運作中裝置的**微網路**（**piconet**），如圖 7.16 所示。這些裝置的其中一個會被指定為主控節點，其他裝置則會扮演從屬節點的角色。主控節點真的會支配這個微網路——它的時脈會決定微網路的時脈，它可以在每個奇數時槽中進行傳輸；從屬節點則只能夠在主控節點於前一個時槽與其通訊之後進行傳輸，而即使在此刻，從屬節點也只能向主控節點進行傳輸。除了從屬裝置外，網路中最多還可以包含 255個停歇（parked）裝置。這些裝置在主控節點將其狀態從停歇改變為運作中之前，並沒有辦法進行通訊。

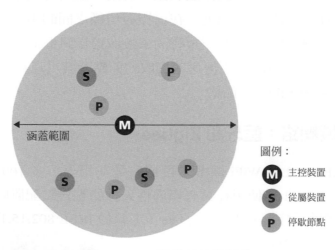

涵蓋範圍

圖例：

- **M** 主控裝置
- **S** 從屬裝置
- **P** 停歇節點

圖 7.16　一組藍牙的微網路

想要取得更多關於 WPAN 的資訊，有興趣的讀者可以查閱藍牙的參考文獻 [Held 2001, Bisdikian 2001] 或 IEEE 802.15 的官方網站 [IEEE 802.15 2012]。

◈ Zigbee

被 IEEE 所標準化的第二種個人區域網路為 802.15.4 標準 [IEEE 802.15 2012]，就是我們熟知的 Zigbee。雖然藍牙網路提供了一個「纜線替代」每秒超過一百萬位元的資料率，但 Zigbee 比起藍牙，其目標是瞄準較低功率的、較低資料率的、較低工作週期的應用。雖然我們可以傾向於認為「愈大愈快就是愈好」，但不是所有的網路應用都需要高頻寬和其隨之而來的較高成本（經濟成本和電力成本都是）。例如，家用溫度和光線感測器、安全裝置和掛壁式開關全都是非常簡單、低功率、低工作週期和低成本的裝置。對這些裝置來說，Zigbee 因此非常的適合。Zigbee 定義了通道速率 20、40、100 和 250 Kbps，取決於通道頻率。

Zigbee 網路中的節點有兩種類型。所謂的「精簡功能裝置」其運作的方式很像在單一一個「全功能裝置」操控之下的從屬裝置，行為很像藍牙的從屬裝置。藉由控制多個從屬裝置；另一類一個全功能裝置其運作的方式很像藍牙中的主控裝置，而且多個全功能裝置還可以組織成一個網格網路，在其中全功能裝置可以在它們自己之間繞送訊框。Zigbee 也有許多我們已經在其他的連結層遇到過的協定協定機制：信標訊框和連結層確認（類似 802.11）、使用二進制指數倒退的載波感測隨機存取協定（類似 802.11 和乙太網路），以及時間槽的固定保證配置（類似 DOCSIS）。

Zigbee 網路可以用許多不同的方式來配置。讓我們考慮單一簡單的情況：一個全功能裝置使用信標訊框以時間分槽的方式來控制多個精簡功能裝置。圖 7.17 展示了該情況，其中 Zigbee 網路分割時間成循環的超級訊框，每一超級訊框都是用一個信標訊框做開頭。信標訊框將超級訊框分割成一個活動週期（在該段期間裝置可以傳送）和一個閒置週期（在該段期間所有的裝置，包括控制者，可以休眠因此節省電源）。活動週期由 16 個時槽組成，其中的某些被一些裝置以 CSMA/CA 隨機存取的方式來使用，其中部分時槽由控制者分派給特定的裝置，因此為那些裝置提供了保證的通道存取。欲知更多有關於 Zigbee 網路的詳情，讀者可以參見 [Baronti 2007, IEEE 802.15.4 2012]。

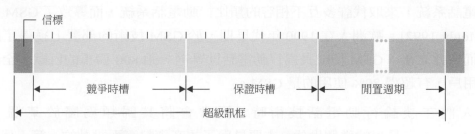

圖 7.17　Zigbee 802.14.4 超級訊框結構

7.4　行動電話網際網路

在前一節中，我們檢視了網際網路主機在 WiFi 熱點中——也就是說，當主機位於 802.11 存取點附近時——要如何存取網際網路。但是大多數的 WiFi 熱點都只有直徑 10 到 100 公尺的小型涵蓋範圍。當我們迫切地需要無線網際網路連線，但是又無法存取 WiFi 熱點時，該怎麼辦呢？

　　由於今日行動電話遍及世界的許多角落，因此一個很自然的策略便是擴充行動電話網路，讓它們不只能夠支援語音電話，也能夠支援無線的網際網路連線。理想上，這種網際網路連線會有夠高的速率，並且提供完美無瑕的行動性，讓使用者能夠在旅行時，例如在公車或火車上，維持他們的 TCP 會談。如果有夠高的上下傳位元速率，使用者甚至能夠在四處移動時維持視訊會議會談。這種情景並非遙不可及。每秒數百萬位元的資料傳輸速率正以寬頻資料服務的方式出現在市場上，我們將會在這裡探討這些越來越廣爲布署的技術。

　　在本節中，我們將會針對現有的，以及正在發展中的行動電話網際網路連線技術，提供簡單的概略介紹。此處我們的焦點將會放在第一個無線躍程以及該躍程如何進入較大電話網路 / 網際網路；在 7.7 節中，我們則會考量要如何將通話繞送至在基地台與基地台之間移動的使用者。在我們簡短的討論中，只會提供一份簡化的，關於行動電話技術必要的概述。當然，現代的行動電話通訊具有相當的廣度與深度，許多大專院校都會針對此一主題提供數門專業課程。我們鼓勵想要更深入瞭解的讀者參閱 [Goodman 1997; Kaaranen 2001; Lin 2001; Korhonen 2003; Schiller 2003; Palat 2009; Scourias 2012; Turner 2012; Akyildiz 2010]，以及一份絕佳且鉅細彌遺的參考資料 [Mouly 1992; Sauter 2014]。

7.4.1　行動電話網路的架構概觀

在本節關於行動電話網路架構的描述中，我們所採用的是全球行動通訊系統（Global System for Mobile Communications，GSM）標準的術語（給歷史愛好者，GSM 這個頭字語原本源自於 *Groupe Spécial Mobile*，一直到更英語化的名字出現爲止，但還是保留了原本的頭字語字母）。1980 年代時，歐洲人了解到他們需要一個泛歐洲的數位行動電話系統，來取代許多互不相容的類比行動電話系統，而導致了 GSM 標準的誕生 [Mouly 1992]。歐洲人在 1990 年代早期，於 GSM 技術的部署上獲得了廣大的成功，而自此之後，GSM 便成長爲行動電話世界裡一頭 800 磅重的巨獸，全球的行動電話用戶，有超過 80% 使用的是 GSM。

　　當人們在談論行動電話技術時，經常會將其歸類爲屬於某個「世代（generation）」。最早的幾個世代，主要是爲了語音資料流而設計的。第一代（1G）

系統是專門只爲語音通訊設計的類比式 FDMA 系統。現在這些 1G 系統幾乎已經絕跡了，它已由數位式的 2G 系統所取代。原始的 2G 系統也是爲了語音所設計，但後來被擴充（2.5G）爲能夠同時支援語音服務與數據服務（意即網際網路）。3G 系統也能夠支援語音及數據，而且強調數據傳輸能力以及更高速的無線電連線連結。今天部署的 4G 系統是以 LTE 技術爲基礎，具有 all-IP 核心網路，並以多兆位的速度提供整合式的話音和資料。

歷史案例

4G 行動電話較之於無線 LAN

許多行動電話業者正在部署 4G 行動電話系統，有些國家（例如韓國和日本）的 4G 網路涵蓋率高達 90% 以上——幾乎無所不在。2015 年，布設 LTE 系統的平均下載率從美國和印度的 10 Mbps 到紐西蘭的將近 40 Mbps。這些 4G 系統是布設在需要執照的無線電頻帶中，有些業者支付了高額的費用給政府以取得執照。4G 系統讓使用者能夠以類似於今日行動電話連線的方式，邊移動邊從遠端的戶外地點存取網際網路。很多時候，使用者同時連線到無線 LAN 和 4G。由於 4G 系統的容量受限而且昂貴，當兩者皆可使用時，許多行動裝置預設爲使用 WiFi，而非 4G。而無線邊緣網路存取主要取決於無線 LAN 或是行動電話系統，仍然是一個懸而未決的問題：

◆ 正在萌芽的無線 LAN 基礎設施將會變得近乎無所不在。以 54 Mbps 及更高速率進行運作的 IEEE 802.11 無線 LAN，正廣泛地被部署著。幾乎所有的可攜式電腦與智慧型手機在出廠時都備有內建的 802.11 LAN 存取能力。此外，正在萌芽的網際網路家電——例如無線相機與數位相框——也有小型、低功率的無線 LAN 存取能力。

◆ 無線 LAN 的基地台也可以處理行動電話設備。許多電話出廠時已經能夠連接到行動電話網路或 IP 網路，或是使用類似 Skype 的網路電話服務連接到 IP 網路，由此而無需使用業者的行動電話語音及 4G 資料服務。

　　當然，也有許多專家相信 4G 不僅會大爲成功，也會大大顛覆我們工作及生活的方式。最爲可能的是，WiFi 和 4G 都會成爲普及的無線技術，移動中的無線裝置可以自動選擇在其目前的位置上，能夠提供最佳服務的連線技術。

◇ 行動電話網路架構，2G：語音連線到電話網路

Cellular 一詞意指行動電話網路所涵蓋的區域，會被分割爲多個稱作 **網格**（**cell**）的地理涵蓋範圍，如圖 7.18 左側的六角形所示。就像我們在 7.3.1 節所研讀的 802.11 WiFi

標準一樣，GSM 也擁有自己特殊的術語稱呼。每個網格都包含一座**基地收發台**（**base transceiver station，BTS**），它會傳送並接收網格中的行動站台訊號。網格的涵蓋範圍取決於許多因素，包括 BTS 的傳輸功率、使用者裝置的傳輸功率、網格中的障礙建物、以及基地台天線的高度等。雖然圖 7.18 顯示了每個網格都包含一座位於網格中央的基地收發台，然而今日有許多系統會將 BTS 放在三個網格相交的角落，如此一來，使用指向性天線的單一基地台便能夠服務三個網格。

2G 行動電話系統的 GSM 標準，針對空氣介面使用了 FDM/TDM 混合的機制。請回想第一章，使用純粹的 FDM 時，通道會被分割爲數個頻帶，其中每個頻帶都是由某一筆通話所專用。第一章中也提到，使用純粹的 TDM 時，時間會被分割爲時框，每個時框會再被分割爲時槽，各筆通話則會被指定使用輪轉的時框中的特定時槽。在 FDM/TDM 的混合系統中，通道會被分割爲多個子頻帶；而在每個子頻帶中，時間會再被分割爲時框與時槽。因此，在 FDM/TDM 的混合系統中，如果通道被分割爲 F 個子頻帶，時間被分割爲 T 個時槽，此通道便可以同時支援 $F \cdot T$ 筆通話。回想起在 6.3.4 節中我們看到纜線連線網路也是使用了一種 FDM/TDM 的混合系統。GSM 系統是由許多 200 kHz 的頻帶所構成，每個頻帶可以支援八筆 TDM 通話。GSM 會以 13 kbps 與 12.2 kbps 將語音編碼。

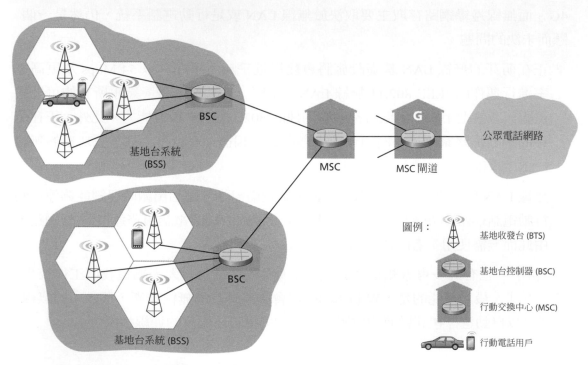

圖 7.18　GSM 2G 行動網路架構的元件

一台 GSM 網路的**基地台控制器**（**base station controller，BSC**）通常會服務數十座基地收發台。BSC 所扮演的角色是將 BTS 無線電通道分配給行動用戶，執行呼

（paging）（尋找行動使用者所在的網格為何）以及行動使用者的換手——我們會在 7.7.2 節簡短地討論此一主題。基地台控制器與其所控制的基地收發台，合起來便構成了 GSM 的**基地台系統**（base station system，BSS）。

如我們將在 7.7 節中所見，**行動交換中心**（mobile switching center，MSC）會在使用者的認證與帳戶管理（意即判斷是否允許某具行動裝置連接至此行動網路）、通話的建立與終止、還有換手上，扮演著核心的角色。單一的 MSC 通常包含多達五組 BSC，使每座 MSC 大約會服務 20 萬名用戶。行動電話業者的網路通常包含許多 MSC，其中稱作閘道 MSC 的特殊 MSC 會將業者的行動電話網路連接至更廣大的公眾電話網路。

7.4.2　3G 行動電話數據網路：將網際網路延伸至行動電話用戶

我們在 7.4.1 的討論把焦點放在把行動電話語音使用者連接至公眾電話網路。但是，當然，當我們正在移動時，我們也想要讀取電子郵件、瀏覽網頁、取得和位置有關的服務（例如，地圖和餐廳推薦）、甚至是觀看串流視訊。要達到這個目的，我們的智慧型手機將需要執行一套完整的 TCP/IP 協定堆疊（包括實體連結、網路、傳輸和應用層）並透過行動電話數據網路連到網際網路中。行動電話數據網路的課題就是把相互競爭和持續發展的一些標準作一種相當令人困惑的集合，使之成為繼承前者的新的一代（和半代），並以新的字首縮寫引入新的技術和服務。更糟糕的是，沒有任何一家官方團體為 2.5G、3G、3.5G 或 4G 技術設定需求，使得我們很難去釐清在這些相互競爭標準之間的差異性。在我們以下的討論中，我們將聚焦在由第三代合作夥伴計劃（3rd Generation Partnership project，3GPP）所開發的通用移動通訊系統（Universal Mobile Telecommunications Service，UMTS）3G 及 4G 標準 [3GPP 2016]，它是一個廣為部署的 3G 技術。

讓我們先來由上而下地檢視如圖 7.19 所示的 3G 行動電話數據網路架構。

◈ 3G 核心網路

3G 核心行動電話數據網路把無線電存取網路連接到公眾網際網路。核心網路和我們之前在圖 7.18 所碰過現存的行動電話語音網路（特別的是，MSC）的元件互連運作。因為在現存的行動電話語音網路中有著大量現存的基礎架構（且是仍可獲利的服務！），3G 數據服務設計者所採取的方式很明顯：不去更動現存核心 GSM 行動電話語音網路，以額外附加行動電話數據功能的方式並存於已有的行動電話語音網路。另外一種方式——直接整合新的數據服務進入到現存行動電話語音網路的核心——會引起相同於起我們在 4.3 節所面臨的挑戰，在那兒我們討論如何把新的（IPv6）和既有的（IPv4）技術整合進網際網路中。

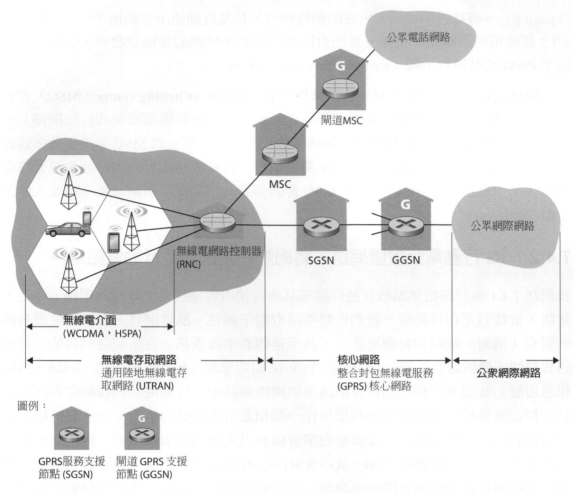

圖 7.19　3G 系統架構

　　3G 核心網路中有兩種型態的節點：**GPRS 服務支援節點**（**Serving GPRS Support Nodes，SGSN**）和 **GPRS 閘道支援節點**（**Gateway GPRS Support Nodes，GGSN**）[GPRS 代表整合封包無線電服務（Generalized Packet Radio Service），一種早期在 2G 網路中的行動電話數據服務；在這裡我們討論其在 3G 網路中的進化版本]。一 SGSN 連接到一無線電存取網路，並負責傳送資料報給該無線電存取網路中的行動節點或是傳送來自該網路中行動節點的資料報。SGSN 和該區域的行動電話語音網路 MSC 互動，提供使用者認證和換手，維護有關於行動節點的位置（網格）資訊，和執行在無線電存取網路中的行動節點和 GGSN 兩者之間的資料報轉送。GGSN 行為像是一個閘道，連接多個 SGSN 到網際網路中。因此，源自於一行動節點的資料報在它進入到網際網路之前，它在 3G 基礎架構中所碰到的最後一塊就是 GGSN。對於外面的世界，GGSN 看起來很像是任何其他的閘道路由器；在 GGSN 網路中 3G 節點的行動性對於在 GGSN 之外的世界而言，是看不到的。

◈ 3G 無線電存取網路：無線 Edge

以 3G 使用者的角度來看，**3G 無線電存取網路**（**3G radio access network**）是無線第一個躍程網路。**無線電網路控制器**（**Radio Network Controller，RNC**）通常控制好幾個網格基地收發站，它們類似於在 2G 系統中的基地台（但是以 3G UMTS 的說法，它們正式稱為「節點 B」——一個相當沒有描述性的名稱！）。每一個網格的無線連結是運作在行動節點和基地收發站之間，正如同 2G 網路中的情形。RNC 透過一個 MSC 連接到電路交換式的行動電話語音網路，並透過一個 SGSN 連接到封包交換式的網際網路。因此，雖然 3G 行動電話語音和行動電話數據服務使用不同的核心網路，它們共用了第一個／最後一個躍程無線電存取網路。

比起 2G 網路，3G UMTS 一項顯著的改變為它不使用 GSM 的 FDMA/TDMA 策略，而是在 TDMA 時槽中使用稱為直接序列寬頻 CDMA（Direct Sequence Wideband CDMA，DS-WCDMA）的 CDMA 技術 [Dahlman 1998]；其中，我們可以在多個頻率上取得由 TDMA 時槽所構成的時框，此一技術套用了第六章中所述及的三種通道共用方式，如同在有線電纜連線網路中所採取的方式（請參見 6.3.4 節）。這項改變需要新的 3G 行動電話無線連線網路，並與圖 7.19 所示的 2G BSS 無線電網路並行運作。與 WCDMA 規格相關的數據服務稱作 HSPA（高速封包連線 [High Speed Packet Access]），聲稱最高可達到 14 Mbps 的資料傳輸速率。與 3G 網路有關的細節，可以在第三代合作夥伴計劃（3GPP）的網站上找到 [3GPP 2016]。

7.4.3　邁向 4G：LTE

第四代（4G）行動系統正廣泛部署中。2015 年，超過 50 個國家的 4G 覆蓋率超過 50％。正如下面所討論的，由 3GPP 提出的 4G 長期演進技術（Long-Term Ecolution，LTE）標準 [Sauter 2014] 比起 3G 系統，在全 IP 核心網路和增強型無線電存取網路方面有兩項重要創新。

◈ 4G 系統架構：全 IP 核心網路

圖 7.20 展示了 4G 網路架構的全貌，它（不幸地）為網路元件引入了另一個（相當難以理解的）新詞彙和一組首字母縮略詞。但是，讓我們不要迷失在這些縮略詞中！關於 4G 架構有兩個重要的高層次觀察：

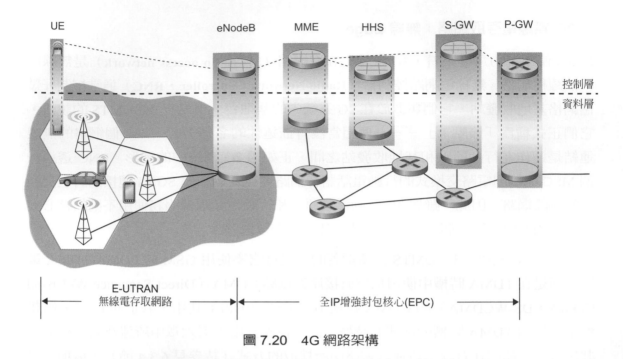

圖 7.20　4G 網路架構

◆ **統一的、全 IP 網路架構**。與圖 7.19 所示的 3G 網路不同，該網路具有獨立的語音和資料流量網路元件和路徑，圖 7.20 中顯示的 4G 架構為「全 IP」──語音和資料都透過 IP 資料報傳送到無線裝置（使用者設備，即 4G 用語中的 UE）到閘道器，再到連接於 4G 邊緣網路到網路其餘部分的封包資料網路閘道器（P-GW）；反向亦然。藉由 4G，行動網路在電話業務中的最後痕跡已經消失，讓位給普遍的 IP 服務了！

◆ **4G 資料層和 4G 控制層清楚劃分**。4G 網路架構分別反映了我們在 IP 網路層的資料層和控制層之間的區別，也將資料層和控制層清楚劃分。我們將在下面討論它們的功能。

◆ **無線電存取網路和全 IP 核心網路之間明顯劃分**。攜帶使用者資料的 IP 資料報在 4G 內部 IP 網路的使用者設備（UE）和閘道器（圖 7.20 中的 P-GW）之間被轉發到外部的網際網路。控制封包透過 4G 控制服務元件之中的同一個內部網路進行交換，其角色如下所述。

4G 架構的主要組成元件如下：

◆ **eNodeB** 是 2G 基地台和 3G 無線電網路控制器（又名節點 B）的邏輯後裔，並且在這裡再次扮演了核心角色。其資料層的作用是在 UE 之間轉發資料報（透過 LTE 無線電存取網路）和 P-GW。

UE 資料報被封裝在 eNodeB 處，並透過 4G 網路的全 IP 增強封包核心（enhanced packet core，EPC）傳輸到 P-GW。eNodeB 和 P-GW 之間的這種通道，近似於我

們在 4.3 節看到的，通過 IPv4 路由器網路的兩個 IPv6 端點之間的 IPv6 資料報。這些通道可能具有相關的服務品質（QoS）保證。例如，4G 網路可以保證語音傳輸流量在 UE 與 P-GW 之間的延遲不超過 100 毫秒，丟包率小於 1%；TCP 流量可能有 300 毫秒的保證和低於 0.0001% 的丟包率 [Palat 2009]。我們將在第九章介紹 QoS。

在控制層中，eNodeB 代表 UE 處理註冊和行動性信號傳遞。

◆ **封包資料網路閘道**（**Packet Data Network Gateway**，**P-GW**）為 UE 分配 IP 位址，並且執行 QoS 的實施。作為通道端點，它還在向 / 從 UE 轉發資料報時執行資料報封裝 / 解封裝。

◆ **服務閘道器**（**Serving Gateway**，**S-GW**）是資料層行動性的錨點──所有 UE 流量將通過 S-GW。S-GW 也執行收費 / 計費功能和合法的流量攔截。

◆ **行動性管理實體**（**Mobility Management Entity**，**MME**）代表駐留在其控制的小區中的 UE 執行連接和行動性管理。它從 HHS 接收 UE 的訂閱訊息。我們在 7.7 節中會詳細介紹行動網路中的行動性。

◆ **家庭用戶伺服器**（**Home Subscriber Server**，**HSS**）包含 UE 資訊，這些 UE 資訊包括漫遊存取能力、服務品質規範和認證資訊。正如我們將在 7.7 節中看到的，HSS 從 UE 的家庭蜂巢式網路供應商那裡獲取這些資訊。

4G 網路架構和 EPC 有一些非常具有可讀性的介紹請見 [Motorola 2007; Palat 2009; Sauter 2014]。

◈ LTE 無線電存取網路

LTE 在下傳通道上使用了一種分頻多工和分時多工的特殊組合，就是所謂的正交分頻多工（orthogonal frequency division multiplexing，OFDM）[Rohde 2008; Ericsson 2011]（「正交」這一詞來自於以下事實：在不同頻率通道上所傳送的信號它們彼此之間的干擾非常的少，就算通道頻率隔開的很近也一樣）。在 LTE 中，每一個活動的行動節點以一個或多個通道分配到一個或多個 0.5 ms 的時槽。圖 7.21 展示出在四個頻率上八個時槽的配置。若配給更多的時槽（不管是在相同的頻率上還是在不同的頻率上），一行動節點就可以達到更高的傳輸率。在行動節點之間的時槽（重新）分配的執行率可以高達每毫秒一次。不同的調變技術也可以被使用來改變傳輸率；請參見我們先前對圖 7.3 的討論和和在 WiFi 網路中的動態選擇調變技術。

　　把時槽分配給行動節點的方式並沒有在 LTE 標準中定義。反而，在一特定頻率上的特定時槽中要讓哪一個行動節點傳輸，是由排程演算法來決定的，而該演算法是由 LTE 設備廠商和 / 或網管人員來提供的。這種見機排班（opportunistic scheduling) 的形式 [Bender 2000; Kolding 2003; Kulkarni 2005] 為傳送端與接收端之間的通道狀況選擇最適宜的實體層協定,並根據通道狀況選擇要送出封包的接收端,讓無線網路控制器能夠對於無線媒介做最佳的利用。除此之外,使用者優先權和服務各種不同的簽約等級(例如,白銀會員、黃金會員或白金會員)可用以規畫下傳的封包傳輸。除了上述的 LTE 能力,藉由把通道聚合在一起分配給單一行動節點,LTE 的後續版本 LTE-Advanced 可以讓下傳頻寬高達數百個 Mbps [Akyildiz 2010]。

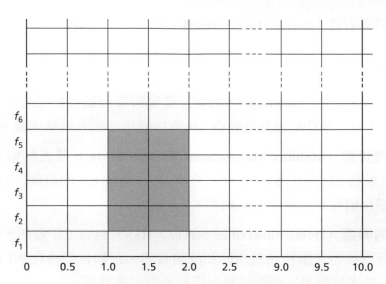

圖 7.21　在每一個頻率的 10 ms 時框中安排 20 個 0.5 ms 的時槽,一種八個時槽的配置,用套色表示

另一個 4G 無線技術——WiMAX(World Interoperability for Microwave Access,全球互通微波存取)——是一系列的 IEEE 802.16 標準,它和 LTE 有非常大的差異。WiMAX 還無法享受到 LTE 的廣泛部署。對於 WiMAX 的詳盡討論請參見本書英文版專屬網站。

7.5　行動性管理:原理

在探討過無線網路中通訊連結的無線特性之後,現在該是將我們的目光轉向這些無線連結所促成的行動性的時候了。廣義來說,行動節點意指會隨時間而改變其網路連接點的節點。因為行動性(mobility)這個詞在計算機與電話世界中都擁有許多意義,我們最好先稍微詳盡地考量一下行動性的幾個面向。

◆ 從網路層的觀點而言,使用者的行動性為何?一個在實體上有所行動的使用者,會根據他如何在網路連接點之間移動,而讓網路層面臨到非常不同的挑戰。就圖 7.22 的其中一個極端而言,使用者可能會帶著一台備有無線網路介面卡的筆電,在一棟建築物中移動。如我們在 7.3.4 節中所見,就網路層的觀點而言,這位使

用者並不具有行動性。更甚者,如果使用者不管在哪裡,都是與相同的存取點繫合的話,則甚至從連結層的觀點而言,這位使用者也不具有行動性。

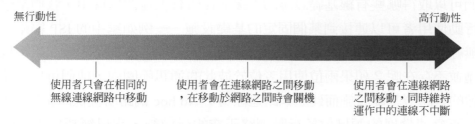

無行動性　　　　　　　　　　　　　　　　　　　　　　　　　高行動性

使用者只會在相同的　　　使用者會在連線網路之間移動　　使用者會在連線網路
無線連線網路中移動　　　,在移動於網路之間時會關機　　之間移動,同時維持
　　　　　　　　　　　　　　　　　　　　　　　　　　運作中的連線不中斷

圖 7.22　從網路層的觀點而言,各種行動性的程度

就另一極端來說,請想想某位開著 BMW 或 Tesla,以 150 公里的時速,在高速公路上呼嘯而過的使用者,他會經過多個無線連線網路,同時想要在旅程中維持與遠端應用程式的 TCP 連線不被中斷。這個使用者毫無疑問具有行動性!在這兩個極端之間,是帶著筆電從一個地點(例如辦公室或宿舍)移動到另一個地點(例如咖啡店或教室),並且想要在新的地點連線到網路的使用者。這位使用者也具有行動性(雖然比起 BMW 或 Tesla 駕駛其程度遠為不及!),但是他並不需要在網路的連接點之間移動時維持連線的運作。圖 7.22 描繪了就網路層的觀點而言,使用者行動性的光譜。

◆ 行動節點永遠保持相同的位址有多重要?使用行動電話時,如果你從某家業者的行動電話網路移動到另一家行動電話網路,你的電話號碼——本質上就是你的電話的網路層位址——將會保持不變。當筆電在 IP 網路之間移動時,也一樣必須保持相同的 IP 位址嗎?

這個問題的答案取決於正在執行的應用程式為何。對於想要在高速公路上呼嘯而過時,保持與遠端應用的 TCP 連線不被中斷的 BMW 或 Tesla 駕駛而言,維持相同的 IP 位址會是件方便的事情。請回想一下第三章,網際網路應用需要知道它正在與之進行通訊的遠端對象的 IP 位址及埠號為何。如果具行動性的對象能夠在移動時保持它的 IP 位址,則從應用程式的觀點來看,其行動性將是通透而且察覺不到的。這種通透性有很大的價值——應用程式不需要掛懷於可能會經常改變的 IP 位址,而同樣的應用程式碼便可以同時用來處理具有行動性與不具行動性的連線。在下節中我們會看到行動 IP 便提供了這種通透性,讓行動節點在網路之間移動時,保持其永久的 IP 位址。

從另一方面來說,比較無趣的行動使用者可能只想要關閉辦公室的筆電,將筆電帶回家,開機,然後在家裡工作。如果這台筆電在用戶端—伺服端應用中,主要是在家中扮演用戶端的角色(例如寄送 / 讀取電子郵件、瀏覽網頁、Telnet 到遠端主機等),這台筆電所使用的特定 IP 位址便不是那麼地重要。更清楚地說,

以家中所使用的 ISP 暫時配給的位址，我們便能夠過得很好。我們在 4.3 節看過，DHCP 已經提供了這項功能。

◆ 我們可以取得哪些有線基礎設施的支援？在所有上述的情境中，我們都暗自假設了行動使用者可以連接到某個固定的基礎設施——例如家中的 ISP 網路、辦公室的無線連線網路，或者是沿著高速公路設置的無線連線網路等。如果這樣的基礎設施並不存在呢？如果兩位使用者位於彼此的通訊範圍內，他們可以不藉由任何其他的網路層基礎設施而建立網路連線嗎？ Ad hoc 網路所提供的正是這些功能。這個正急速發展的領域位於行動網路研究的最前線，它已經超出本書的範疇。[Perkins 2000] 與 IETF 行動 Ad Hoc 網路（manet）工作小組的網頁 [manet 2016] 提供了關於此一主題的完整討論。

　　為了說明行動使用者在網路之間移動時要保持連線持續進行所牽涉到的議題，讓我們來考量一個人類的比喻。一個二十多歲的成年人從家中搬出，成為行動者，住在各處宿舍或公寓中，並且經常改變其住址。如果某位老朋友想要與其聯絡，他要如何找到他的行動朋友的住址呢？其中一種常見的方式，是聯絡其家人，因為這位行動者會經常向家人報告他目前的住址（如果不是為了讓爸媽能夠寄錢給他幫他付房租，還會有什麼其他原因！）。他家人的住處及永久地址，就成了其他人想要與這位行動者通訊時，第一步可以前往的地方。之後這位朋友所進行的通訊可以是間接的（例如，將郵件先寄給其雙親的住處，然後再轉交給該位行動者），也可以是直接的（例如，這位朋友可以利用其雙親所給的住址，直接將信件寄給該位行動者）。

　　在網路環境中，行動節點（例如筆電或智慧型手機）的永久住處稱為**本地網路**（**home network**），而在本地網路中代表行動節點，執行後述的行動性管理功能的個體，則稱為**本地代理器**（**home agent**）。行動節點目前所處的網路則稱為**外地網路**（**foreign network**）或**寄居網路**（**visited network**），在外地網路中，幫助行動節點進行後述行動性管理功能的個體，則稱為**外地代理器**（**foreign agent**）。對於行動的上班族而言，本地網路可能是其公司的網路，寄居網路則可能是他們正在拜訪的同事所處的網路。**通信端**（**correspondent**）則是想要與行動節點進行通訊的個體。圖 7.23 描繪了這些概念，以及以下我們將會考量的定址概念。請注意，在圖 7.23 中我們將代理器與路由器畫在一起（也就是說，將之視為在路由器上執行的行程），但是我們也可以選擇在網路的其他主機或伺服器上執行它們。

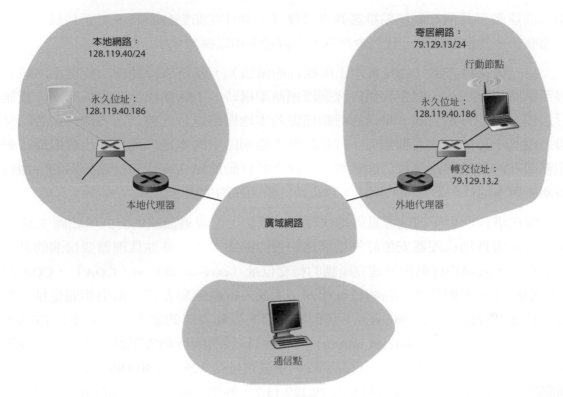

圖 7.23　行動網路架構的初始元件

7.5.1　定址

我們先前提過，為了讓使用者的行動對網路應用來說是不知不覺的，我們希望行動節點從某個網路移動到另一個時，可以保有它的位址。當行動節點身處於外地網路時，所有定址到該節點永久位址的資料流，現在都需要被繞送到外地網路。這項任務該如何達成呢？其中一種選擇是讓外地網路通告其他所有的網路，此一行動節點位於其網路中。這可以藉由一般的網域內部與跨網域繞送資訊交換來達成，並且對於現有的繞送基礎設施只需要極少量的修改。外地網路只需簡單地通告其相鄰網路，它具有高度精確的，前往此一行動節點永久位址的路由（也就是說，基本上它是在告知其他網路，它具有繞送資料報給此一行動節點永久位址的正確路徑；請參見 4.3 節）。這些相鄰網路接著便會依循更新繞送資訊與轉送表的正規程序，將這筆繞送資訊傳遍整個網路。當行動節點離開了某個外地網路，加入另一個網路時，新的外地網路會通告一條新的，前往此一行動節點高度精確的路徑，舊的外地網路則會丟棄與此一行動節點相關的繞送資訊。

　　這種方案一口氣解決了兩個問題，而且不需要對於網路層的基礎設施做任何顯著的修改。其他的網路能夠得知此一行動節點的位置，也很容易將資料報繞送給此一行動節點，因為轉送表會將資料報指引到外地網路。然而，這種方案其中一項顯著的缺點，便是其擴充性。如果行動性管理是網路路由器的責任，則路由器可能必

須為高達數百萬個行動節點維護轉送表條目，並且在節點移動時，更新其條目。此外還有一些其他的缺點，我們會在章末的習題中加以探討。

另一種選擇方案（也是實際上所採行的做法），就是將行動性功能從網路核心移至網路邊際——一個在我們研究網際網路架構時，不斷重複上演的情節。一種施行這項方案的自然方式，是透過行動節點的本地網路進行。與二十多歲行動者的父母追蹤其小孩的方式大致類似，行動節點本地網路中的本地代理器，也會追蹤行動節點所在的外地網路。我們顯然需要某種介於行動節點（或代表行動節點的外地代理器）與本地代理器之間的協定，以更新行動節點的位置。

現在讓我們更仔細地考量外地代理器。概念上來說最簡單的方式，如圖 7.23 所示，就是將外地代理器安放於外地網路的邊際路由器上。外地代理器要扮演的其中一個角色，就是為行動節點建立所謂的**轉交位址**（care-of address，COA），COA 位址的網路部分，與外地網路的位址相同。因此，行動節點會擁有兩則相關位址，其**永久位址**（permanent address）（類似於我們的行動青年的家人住址）及其 COA，有時也稱為**外地位址**（foreign address）（類似於我們的行動青年目前所居住的住屋地址）。在圖 7.23 的例子中，行動節點的永久位址是 128.119.40.186。當行動節點拜訪網路 79.129.13/24 時，其 COA 為 79.129.13.2。外地代理器所扮演的第二個角色，就是通知本地代理器目前此一行動節點位於它的（外地代理器的）網路中，並使用著特定的 COA 位址。我們馬上就會看到，COA 會被用來將資料報經由其外地代理器，「重新繞送」給行動節點。

雖然我們之前都把行動節點與外地代理器的功能分開，但值得注意的是，行動節點本身也可以擔起外地代理器的責任。例如，行動節點可以在外地網路取得 COA（例如，使用諸如 DHCP 一類的協定），然後再自己通知本地代理器其 COA 為何。

7.5.2　繞送往行動節點

現在我們已經知道行動節點要如何取得 COA，以及要如何告知本地代理器這個位址。然而讓本地代理器知悉 COA，只解決了部分的問題。我們該如何將資料報定址並轉送到行動節點呢？因為只有本地代理器（而非遍布全網路的路由器）知道行動節點的位置，如果只簡單的將資料報定址到行動節點的永久位址然後將之送入網路層基礎設施，再也不足以解決問題。我們還有一些事情必須完成。我們可以指出兩種不同的方案，稱為間接繞送以及直接繞送。

◇ 前往行動節點的間接繞送

首先，讓我們考量某個想要傳送資料報給行動節點的通信端。在**間接繞送**（indirect routing）方案中，通信端只需簡單地將資料報定址到行動節點的永久位址，然後將

資料報送入網路，渾然不知行動節點目前到底是位於本地網路，還是正在拜訪外地網路；因此，對通信端來說，行動性是完全通透的。一如往常，這些資料報會先被繞送到行動節點的本地網路。這個過程如圖 7.24 的步驟 1 所描繪。

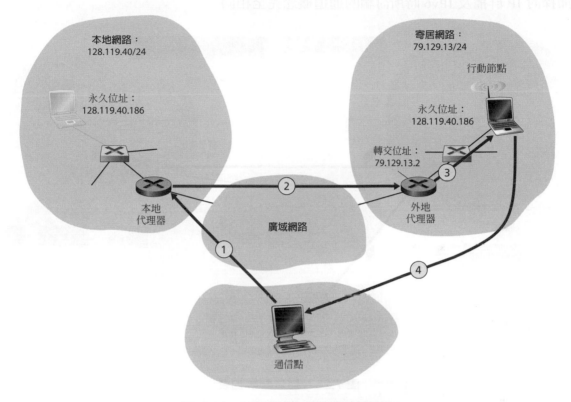

本地網路：
128.119.40/24

永久位址：
128.119.40.186

本地
代理器

廣域網路

寄居網路：
79.129.13/24

行動節點

永久位址：
128.119.40.186

轉交位址：
79.129.13.2

外地
代理器

通信點

圖 7.24　前往行動節點的間接繞送

現在讓我們目光轉向本地代理器。除了負責與外地代理器互動以追蹤行動節點的 COA 之外，本地代理器還有另一項非常重要的功能。它的第二項任務是監視到來的資料報中，有哪些是定址到目前正位於外地網路，但本地網路為這台本地代理器所在之網路的節點。本地代理器會攔截這些資料報，然後用兩個步驟將它們轉送給行動節點。資料報會先使用行動節點的 COA 轉送到外地代理器（圖 7.24 的步驟 2），再從外地代理器轉送到行動節點（圖 7.24 的步驟 3）。

更詳盡地探討這種重新繞送機制，將會對你有所啟發。本地代理器需要使用行動節點的 COA 來定址資料報，以便讓網路層可以將資料報繞送至外地網路。另一方面來說，我們希望保留通信端的資料報原封不動，因為接收資料報的應用程式不該察覺該份資料報是經由本地代理器轉送。藉由讓本地代理器將通信端的原始資料報完整地封裝在新的（較大的）資料報中，便可以滿足上述兩項目標。這個較大的資料報會被定址並投遞到行動節點的 COA。「擁有」該 COA 的外地代理器會接收並解封裝該份資料報——也就是說，從較大的封裝資料報取出通信端的原始資料報，

然後再將此原始資料報轉送給（圖 7.24 的步驟 3）行動節點。圖 7.25 描繪了通信端的原始資料報被送給本地網路，封裝後的資料報被送給外地代理器，以及原始的資料報被傳送給行動節點。眼尖的讀者會注意到，此處所描繪的封裝與解封裝，與 4.3 節探討 IP 群播及 IPv6 時所討論的通道概念完全相同。

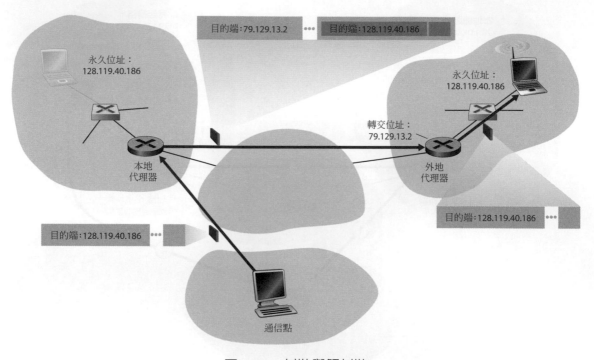

圖 7.25　封裝與解封裝

接著，讓我們來考量一下行動節點要如何傳送資料報給通信端。這件事情相當簡單，因為行動節點可以將其資料報直接定址到通信端（使用它自己的永久位址作為來源端位址，使用通信端的位址作為目的端位址）。因為行動節點知道通信端的位址，所以它不需要透過本地代理器將資料報繞送回去。此一過程如圖 7.24 的步驟 4 所示。

讓我們整理一下我們關於間接繞送的討論，列舉出支援行動性所需的網路層新功能。

◆ **行動節點向外地代理器的協定**。行動節點在連上外地網路時，會向外地代理器進行登記。同樣地，當行動節點要離開外地網路時，也要向外地代理器取消其登記。

◆ **外地代理器向本地代理器進行登記的協定**。外地代理器會向本地代理器登記行動節點的 COA。當行動節點離開外地網路時，外地代理器並不需要明確地取消其 COA 登記，因為當行動節點移動到新的網路時，後續進行的新 COA 登記，將會負起這項責任。

◆ **本地代理器的資料報封裝協定**。將通信端的原始資料報封裝在定址到 COA 的資料報中，並將之轉送出去。

◆ **外地代理器的解封裝協定**。從封裝後的資料報中取出通信端的原始資料報，並且將該份原始資料報轉送給行動節點。

　　上述討論提供了行動節點想要在網路之間移動時保持連線繼續運作所需的所有元素——外地代理器、本地代理器與間接轉送。為了以例證說明要如何將這些元素拼合在一起，我們假設行動節點連接到外地網路 A，它向本地代理器登記了它在網路 A 的 COA，並且正在接收經由本地代理器間接繞送過來的資料報。現在，行動節點移動到外地網路 B，並且向網路 B 的外地代理器進行登記，後者會將行動節點新的 COA 通知其本地代理器。從此刻開始，本地代理器便會將資料報重新繞送到網路 B。對通信端而言，行動性是透明的——在移動前後，資料報都是經由相同的本地代理器進行繞送。而對於本地代理器而言，資料報的流動也未曾中斷——到來的資料報會先轉送到外地網路 A；COA 改變之後，資料報則會轉送到外地網路 B。但是當行動節點在網路之間移動時，會發現資料報流動的中斷嗎？只要行動節點從網路 A 斷線（此刻它無法再經由 A 接收資料報），到連上網路 B（此刻它會向其本地代理器登記新的 COA）之間所花的時間夠短，就幾乎不會有資料報遺失。請回想第三章，端點到端點連線也會因為網路壅塞而遭逢資料報遺失。因此，當節點在網路間移動時，連線中偶爾出現的資料報遺失，絕對不會造成嚴重的問題。如果我們需要不會遺失資料報的通訊，較上層的機制將會復原遺失的資料報，不論這些遺失是因為網路的壅塞或是使用者的行動所造成。

　　行動 IP 標準 [RFC 5944] 所使用的便是間接繞送方案，如 7.6 節將會討論的。

◎ 直接繞送到行動節點

圖 7.24 所描繪的間接繞送方案，會招致稱為三角繞送問題（**triangle routing problem**）的效率問題——定址到行動節點的資料報必須先繞送到本地代理器，然後才能繞送到外地網路，縱使通信端與行動節點之間有一條效率高上許多的路徑存在亦然。在最糟的情況下，請想像某位拜訪同事的外地網路的行動使用者。他們兩人並肩而坐，並透過網路交換著資料。通信端（在本例中為該位訪客的同事）所送出的資料報會被繞送到行動使用者的本地代理器，然後再繞送回到該外地網路！

　　直接繞送（**direct routing**）可以克服三角繞送的效率問題，但是要付出複雜度增加的代價。在直接繞送方案中，通信端所處的網路內，會有一個**通信端代理器**（**correspondent agent**）先得知行動節點的 COA。我們可以讓通信端代理器向本地代理器發出查詢來完成這項任務，前提是（就像間接繞送的情形一樣）行動節點已經向其本地代理器登記了最新的 COA 值。通信端本身也可以執行通信端代理器的

功能，就像行動節點也可以執行外地代理器的功能一樣。這項工作如圖 7.26 的步驟 1 與步驟 2 所示。接著，通信端代理器會直接將資料報以通道的方式送交到行動節點的 COA，方式類似於本地代理器所執行的通道傳輸，如圖 7.26 的步驟 3 與步驟 4 所示。

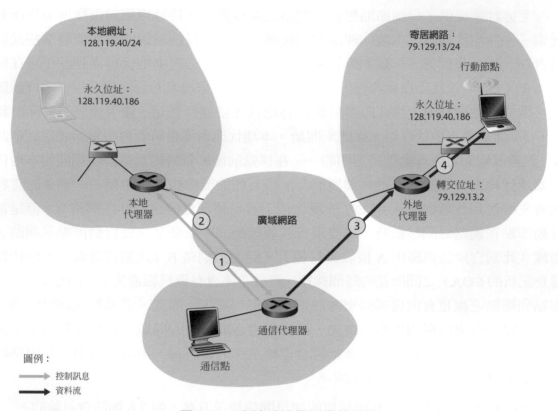

本地網址：
128.119.40/24

永久位址：
128.119.40.186

寄居網路：
79.129.13/24

行動節點

永久位址：
128.119.40.186

本地
代理器

廣域網路

外地
代理器

轉交位址：
79.129.13.2

通信代理器

通信點

圖例：
控制訊息
資料流

圖 7.26　直接繞送至行動使用者

　　雖然直接繞送克服了三角繞送的問題，但是它也造成了另外兩項重要的挑戰：

◆ 通信端代理器需要**行動使用者定位協定**（**mobile-user location protocol**）以查詢本地代理器，取得行動節點的 COA（圖 7.26 的步驟 1 與步驟 2）。

◆ 當行動節點從某個外地網路移動到另一個時，資料現在要如何轉送到新的外地網路？在間接繞送的情況下，這個問題可以藉由更新本地代理器所維護的 COA 而輕易地解決。然而，在直接繞送中，通信端代理器只會在會談剛開始時，向本地代理器查詢一次 COA。因此，更新本地代理器的 COA 雖然是必要的，卻不足以解決要如何將資料繞送到行動節點新的外地網路的問題。

　　解決方案之一是建立一種新的協定，以告知通信端 COA 的改變。有另一種解決方案，實際採行於 GSM 網路中，其運作方式如下。假設資料目前會被轉送到位於外地網路的行動節點，而這個外地網路是在會談最開始時，行動節點座落的所在（圖

7.27 的步驟 1）。我們將行動節點第一次出現的外地網路的外地代理器，稱爲**錨點外地代理器**（**anchor foreign agent**）。當行動節點移動到新的外地網路時（圖 7.27 的步驟 2），行動節點會向新的外地代理器進行登記（步驟 3），新的外地代理器則會將此行動節點的新 COA 提供給錨點外地代理器（步驟 4）。當錨點外地代理器收到要送給已離開的行動節點的封裝資料報時，它可以將該份資料報重新封裝，然後用新的 COA 將之轉送（步驟 5）給行動節點。如果行動節點之後又移動到新的外地網路，則其新前往的網路的外地代理器會聯絡錨點外地代理器以設定轉送到新的外地網路。

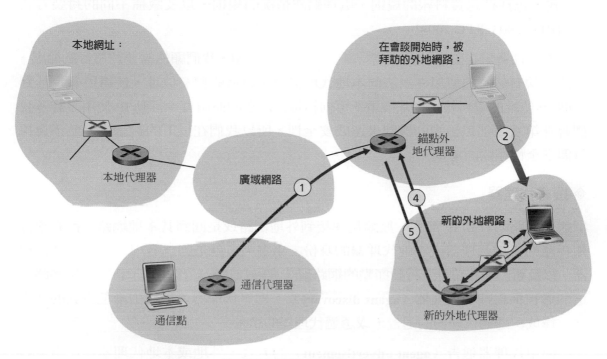

圖 7.27　使用直接繞送在網路之間的行動傳輸

7.6　行動 IP

支援行動性的網際網路架構與協定，統稱行動 IP（mobile IP），主要針對於 IPv4，定義於 RFC 5944。行動 IP 是一種具彈性的標準，它支援多種不同的操作模式（例如使不使用外地代理器）、多種代理器與行動節點找尋彼此的方法、使用單一或多個 COA 以及多種封裝格式。因此，行動 IP 是一套複雜的標準，需要整本書來詳加描述，而 [Perkins 1998b] 便是這樣的一本書。此處我們的目標是針對行動 IP 最重要的層面提供一份概觀，同時說明行動 IP 在一些常見情境下的用途。

行動 IP 架構包含許多我們先前考量過的元素，包括本地代理器、外地代理器、轉交位址、封裝／解封裝等概念。目前的標準 [RFC 5944] 指定使用間接繞送前往行動節點。

行動 IP 標準包含三個主要部分：

◆ **搜尋代理器**。行動 IP 定義了本地或外地代理器用來將其服務通告給行動節點的協定，以及行動節點用來向本地或外地代理器請求服務的協定。

◆ **向本地代理器登記**。行動 IP 定義了行動節點與外地代理器用來向行動節點的本地代理器進行 COA 登記與取消 COA 登記的協定。

◆ **資料報的間接續送**。這個標準也定義了本地代理器將資料報轉送到行動節點的方式，包括轉送資料報的規則、處理錯誤情況的規則，以及數種不同的封裝方式 [RFC 2003, RFC 2004]。

安全性考量在整套行動 IP 標準中一再強調。例如，我們顯然需要認證行動節點，以確保懷有惡意的使用者無法向本地代理器登記偽造的轉交位址，使得所有定址到某個 IP 位址的資料報，全都被重新導向給這位惡意的使用者。行動 IP 使用了許多我們會在第八章加以檢視的機制來達成安全性，所以我們在以下的討論中，並不會探討與安全性相關的考量。

◎ **搜尋代理器**

抵達新網路的行動 IP 節點，無論是連接到外地網路或是回到其本地網路，都必須得知相應的外地代理器或本地代理器的身份。事實上，就是因為發現了新的外地代理器，以及新的網路位址，行動節點的網路層才會得知它已經移動到了新的外地網路。這個過程稱為**搜尋代理器**（**agent discovery**）。搜尋代理器可以經由兩種方式的其中之一達成：透過代理器的通告，或透過代理器的請求。

使用**代理器通告**（**agent advertisement**）的方式，外地或本地代理器會使用現有路由器搜尋協定的擴充 [RFC 1256]，來通告它所提供的服務。代理器會在所有相連的連結上，週期性地廣播類型欄位為 9（意指搜尋路由器）的 ICMP 訊息。這份路由器搜尋訊息包含了路由器（也就是代理器）的 IP 位址，藉此讓行動節點能夠得知代理器的 IP 位址。這份路由器搜尋訊息中也包含了擴充的行動代理器通告訊息，其中包含行動節點所需的額外資訊。在這份擴充訊息內，比較重要的欄位如下：

◆ **本地代理器位元**（**H**）。指出這具代理器是其所在之網路的本地代理器。

◆ **外地代理器位元**（**F**）。指出這具代理器是其所在之網路的外地代理器。

◆ **登記請求位元**（**R**）。指出在這個網路中，行動使用者必須向外地代理器進行登記。更清楚地說，行動使用者如果沒有向外地代理器進行登記，就無法取得外地網路的轉交位址（例如使用 DHCP），也無法為自己取用外地代理器的功能。

◆ **M, G 封裝位元**。指出是否有使用 IP 內裝 IP 以外的封裝方式。

◆ **轉交位址（COA）欄位**。外地代理器所提供的一或多則轉交位址的清單。在我們以下的例子中，COA 會與外地代理器相結合，代理器會接收傳送給 COA 的資料報，然後將之轉送給適當的行動節點。行動使用者在向其本地代理器進行登記時，會從這些位址中擇一作為它的 COA。

圖 7.28 描繪了代理器通告訊息的一些重要欄位。

　　透過**代理器請求**（**agent solicitation**），想要得知代理器的身份但不想等待代理器通告的行動節點，可以廣播代理器請求訊息，這種訊息就是類型欄位為 10 的 ICMP 訊息。收到請求訊息的代理器會直接單播一份代理器通告訊息給行動節點，後者會將收到的訊息當作非經請求而來的通告訊息，然後繼續其工作。

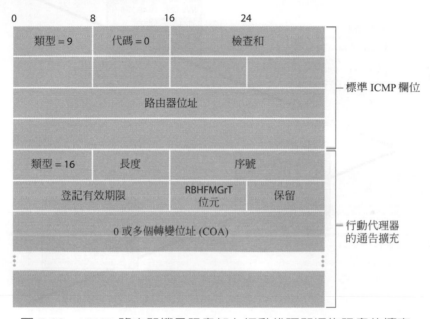

圖 7.28　ICMP 路由器搜尋訊息加上行動代理器通告訊息的擴充

◈ **向本地代理器進行登記**

一旦行動 IP 節點收到 COA，它必須向本地代理器登記此一位址。這可以透過外地代理器（它會再向本地代理器登記此 COA）來進行，或直接由行動 IP 節點自行完成。以下我們會考量前者的情形。這種做法牽涉到的步驟有四。

1. 在收到外地代理器的通告後，行動節點會送出行動 IP 登記訊息給外地代理器。這則登記訊息會被夾帶在 UDP 資料報中，傳送給連接埠 434。這份登記訊息攜帶外地代理器所分配的 COA、本地代理器的位址（HA）、行動節點的永久位址（MA）、該筆登記所請求的使用期限，以及 64 位元的登記識別碼。所請求的登記使用期限，便是該筆登記有效的秒數。如果這筆登記並沒有在指定的使用期限內向本地代理器更新，就會變為無效。登記識別碼的功能類似於序號，是用來比對所收到的登記回覆與登記請求，如下所述。

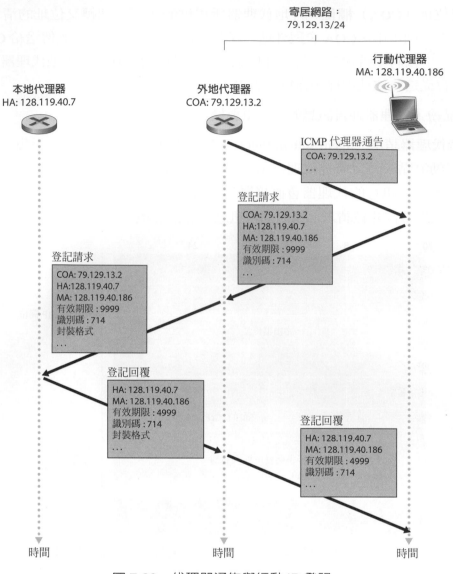

圖 7.29　代理器通告與行動 IP 登記

2. 外地代理器收到登記訊息，記錄下行動節點的永久 IP 位址。現在，外地代理器便知道它應該要注意內含的封裝資料報，其目的端位址相符於行動節點永久位址的資料報。接著，外地代理器會送出行動 IP 登記訊息（同樣使用 UDP 資料報）到本地代理器的連接埠 434。這份訊息包含 COA、HA、MA、所請求的封裝格式、所請求的登記使用期限以及登記識別碼。

3. 本地代理器會收到登記請求訊息，並檢查授權及正確性。本地代理器會將行動節點的永久 IP 位址跟 COA 相繫在一起；往後抵達本地代理器並且定址到此一行動節點的資料報，便會被封裝起來透過通道送往 COA。本地代理器會送出行動 IP 登記回覆訊息，其中包含 HA、MA、實際的登記使用期限，以及該則回覆所服務的請求訊息的登記識別碼。

4. 外地代理器會收到該則登記回覆訊息，然後將之轉送給行動節點。

此時登記程序便完成了，行動節點便可以收到送往它永久位址的資料報。圖 7.29 描繪了這些步驟。請注意，本地代理器所指定的使用期限，會比行動節點所請求的期限要來得短。

當行動節點離開外地網路時，外地代理器並不需要明確地取消 COA 的登記。這件事情在行動節點移動到新的網路（不論是另一個外地網路或其本地網路）並登記新的 COA 時，便會自動發生。

除了上述內容外，行動 IP 標準還提供了其他許多情境與功能。有興趣的讀者可以查閱 [Perkins 1998b; RFC 5944]。

7.7　管理行動電話網路的行動性

檢視過在 IP 網路中要如何管理行動性之後，現在讓我們將目光轉向另一種支援行動性歷史還要來得更加悠長的的網路——行動電話網路。相較於 7.4 節中，我們將重點放在行動電話網路的第一躍程無線連結上，此處我們則會將重點放在行動性上，使用 GSM 行動電話網路 [Goodman 1997; Mouly 1992; Scourias 2012; Kaaranen2001; Korhonen 2003; Turner 2012] 作為我們的案例研究，因為它是一種成熟而且被廣泛部署的技術。3G 和 4G 網絡中的行動性原則上與 GSM 中使用的類似。就像行動 IP 的情形一樣，我們也會看到許多我們在 7.5 節所指出的基本原則被實作在 GSM 的網路架構中。

跟行動 IP 一樣，GSM 所採用的也是間接繞送（參見 7.5.2 節），它會將通信端的通話先繞送到行動使用者的本地網路，然後再將其繞送到寄居網路。在 GSM 的術語中，行動使用者的本地網路稱為行動使用者的**本地公眾陸地行動網路**（home publicland mobile network，home PLMN）。因為 PLMN 這個頭字語有點拗口，再加上我們想起自己肩負著避免端出頭字語字母大鍋湯的任務，所以我們把 GSM 的本地 PLMN 簡稱為**本地網路**（home network）。本地網路就是行動使用者與之簽約的行動電話業者（也就是說，向使用者收取行動電話服務月租費的業者）。而寄居的 PLMN，我們簡稱為**寄居網路**（visited network），則是行動使用者目前所處的網路。

就跟行動 IP 的情形一樣，本地網路與寄居網路所擔負的責任差異相當大。

◆ 本地網路會維護一份稱為**本地位置登記簿**（home location register，HLR）的資料庫，其中包含所有其用戶的行動電話永久號碼，以及用戶的基本資料。重要的是，HLR 也包含了關於這些用戶目前所在位置的資訊。也就是說，如果行動使用者目前正在另一家業者的行動電話網路中漫遊，HLR 會包含足夠的資訊讓我們能夠在寄居網路中取得一則位址（透過一個我們馬上就會加以描述的程序），而所

有打給該行動使用者的通話，都應該被繞送到該則位址。如我們將會看到的，本地網路中會有一台特別的交換器，稱爲**閘道行動服務交換中心**（**Gateway Mobile services Switching Center，GMSC**），當通信端發話給行動使用者時，便會聯繫這台交換器。同樣地，爲了我們避免端出頭字語字母大鍋湯的任務，此處我們把 GMSC 改稱爲更具描述性的術語，**本地 MSC**（**home MSC**）。

◆ 寄居網路會維護一份稱爲**寄居位置登記簿**（**visitor location register，VLR**）的資料庫。針對所有目前位於這份 VLR 所負責的部分網路的行動使用者，VLR 都會包含一筆相關的條目。因此隨著行動使用者進入跟離開網路，VLR 的條目也會隨之增加跟移除。VLR 通常會與行動交換中心（MSC）放在一起，後者會負責協調設定從寄居網路撥出及接入的通話。

在實際操作上，業者的行動電話網路會是其自身用戶的本地網路，也是其他行動電話業者用戶的寄居網路。

7.7.1　將通話繞送到行動使用者

現在，我們便可以開始來描述要如何將電話接通到位於寄居網路的行動 GSM 使用者了。以下我們會考量一個簡單的案例；更複雜的情境請參見 [Mouly 1992] 的描述。如圖 7.30 所描繪的，此程序的步驟如下：

1. 通信端撥打行動使用者的電話號碼。這則號碼本身並未指涉到特定的有線電話線路或位置（畢竟，電話號碼是固定的而使用者是行動的！）。這則號碼的前幾碼已足以在全球辨識出這位行動者的本地網路爲何。這通電話會從通信端，透過 PSTN 繞送到該位行動者本地網路的本地 MSC。這是通話的第一步。

2. 本地 MSC 接到這通電話，它會詢問 HLR 以判斷該位行動使用者所在的位置。在最簡單的情況下，HLR 會傳回**行動站台漫遊號碼**（**mobile station roaming number，MSRN**），我們稱之爲**漫遊號碼**（**roaming number**）。請注意，這個號碼不同於行動者的永久電話號碼，永久號碼只跟行動者的本地網路有關。漫遊號碼則是臨時的。漫遊號碼會在行動者進入寄居網路時，暫時性地被指派給行動者。漫遊號碼所扮演的角色類似於行動 IP 的轉交位址，而跟 COA 一樣，行動者跟通信端對之都是渾然不覺的。如果 HLR 沒有該位行動者的漫遊號碼，則會傳回其寄居網路的 VLR 位址。在此情形下（並未顯示於圖 7.30 中），本地 MSC 需要查詢 VLR 以取得行動節點的漫遊號碼。不過 HLR 一開始要如何取得漫遊號碼或 VLR 的位址呢？當行動使用者移動到另一個寄居網路時，這些數值會如何變化呢？我們馬上就會考量這些重要的問題。

3. 有了漫遊號碼之後，本地 MSC 便可以踏出這通電話的第二步，穿越網路抵達寄居網路的 MSC。當這通電話從通信端到達本地 MSC，再從本地 MSC 到達寄居 MSC，然後再從寄居 MSC 到達服務該位行動使用者的基地台後，通話便告完成。

　　步驟 2 中一個未解的問題是，HLR 要如何取得行動使用者的位置相關資訊。當行動電話開機，或進入寄居網路由某份新的 VLR 所負責的部分時，行動者就必須向此寄居網路進行登記。這會藉由在行動者與 VLR 之間交換通知訊息來進行。接著，寄居 VLR 會送出位置更新請求訊息給該位行動者的 HLR。這筆訊息會告知 HLR 可以聯繫到該位行動者的漫遊號碼，或是該份 VLR 的位址（之後 HLR 可以再向其進行查詢以取得行動者的號碼）。在這次訊息交換時，VLR 也會從 HLR 處取得該位行動者的用戶資訊，並由此決定寄居網路應該要提供哪些服務（如果有的話）給該位行動使用者。

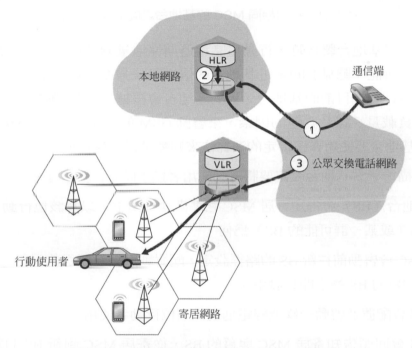

圖 7.30　將電話接通至行動使用者：間接繞送

7.7.2　GSM 的換手

換手（handoff）是發生在通話中，當行動站台改變其繫合的基地台時。如圖 7.31 所示，打給行動者的通話一開始（在換手前）是經由某座基地台（我們稱之為舊基地台）繞送給該位行動者；而在換手之後，則是經由另一座基地台（我們稱之為新基地台）繞送給該位行動者。請注意，基地台之間的換手不只會造成行動者從新的基地台進行傳輸或接收，也會導致進行中的通話從網路中的某個交換點被改繞送到新的基地台。讓我們先假設舊的基地台與新的基地台共用相同的 MSC，而因此重新繞送會發生在這台 MSC 上。

　　換手發生的原因可能有幾個，包括 (1) 目前的基地台與行動者之間的訊號已惡化到通話隨時可能會斷線的程度，以及 (2) 處理大量通話的網格可能即將過載。網格可能會藉由將行動者換手到較不壅塞的鄰近網格，以減緩壅塞。

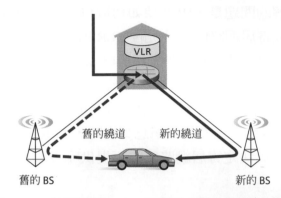

圖 7.31　共同相同 MSC 的基地台之間的換手情境

　　當行動者與基地台繫合時，行動電話會週期性地量測其目前基地台的信標訊號強度，以及它所能「聽見」的鄰近基地台的信標訊號強度。這些量測結果每秒會報告一到兩次給行動者目前的基地台。舊的基地台會根據這些量測結果、目前鄰近網格的行動者負載量、以及其他的因素，來啟動 GSM 的換手 [Mouly 1992]。GSM 標準並未指定基地台要使用哪種特定的演算法來判斷是否要執行換手。

　　圖 7.32 描繪了當基地台決定要將行動使用者換手時牽涉到的步驟：

1. 舊的基地台（BS）會告知寄居 MSC 它準備執行換手，以及該位行動者會被換手到的 BS（或某一群可能的 BS）為何。

2. 寄居 MSC 會啟動前往新 BS 的路徑設定，配置載送重新繞送的通話所需的資源，然後通知新的 BS 換手即將發生。

3. 新的 BS 會配置並啟動一條無線電通道供該位行動者使用。

4. 新的 BS 會回頭告知寄居 MSC 與舊的 BS，從寄居 MSC 到新 BS 的路徑已經建立，而行動者應當被告知，換手即將發生。新的 BS 會提供所有行動節點要與新的 BS 進行繫合所需的資訊。

5. 接著行動者會被告知它應該要進行換手。請注意，直到此刻之前，行動者都渾然未覺網路已經做好所有換手的準備工作（例如，在新的 BS 配置通道，以及配置從寄居 MSC 到新 BS 的路徑）。

6. 行動者和新的 BS 會交換一或多筆訊息，以完全啟動新 BS 的通道。

7. 行動者會送出換手完成的訊息給新的 BS，新的 BS 會再將之轉送給寄居 MSC。寄居 MSC 接著便會將行動者仍在進行的通話改經由新的 BS 繞送。

8. 前往舊的 BS 的路徑上所配置的資源都會被釋出。

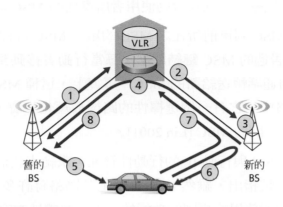

圖 7.32　在共同相同 MSC 的基地台之間完成換手所需的步驟

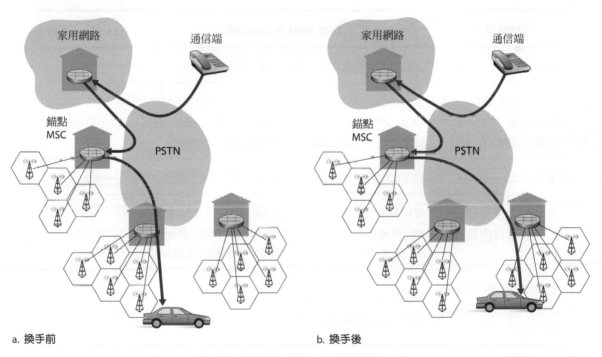

a. 換手前

b. 換手後

圖 7.33　透過 MSC 進行重新繞送

　　讓我們思考一下，當行動者移動到的 BS 所繫合的 MSC，與舊的 BS 不同時，會發生什麼事情，以及當這種跨 MSC 的換手發生不只一次時又會發生什麼事情，來結束我們關於換手的討論。如圖 7.33 所示，GSM 定義了**錨點 MSC（anchor MSC）**的概念。錨點 MSC 是在通話最開始時，行動者所寄居的 MSC；從此在該次通話期間，錨點 MSC 都將維持不變。在整個通話期間，無論行動者進行了多少次跨 MSC 的轉換，該通電話都會從本地 MSC 繞送到錨點 MSC，然後再從錨點 MSC 繞送到行動節點目前所在的寄居 MSC。當行動者從某座 MSC 的覆蓋範圍移動到另一座時，正在進行中的通話會從錨點 MSC 重新繞送到包含新基地台的新寄居 MSC。因此，在任

何時間點,通信端與行動者之間最多只會經過三座 MSC(本地 MSC、錨點 MSC、寄居 MSC)。圖 7.33 描繪了通話在行動使用者所寄居的 MSC 之間的繞送。

　　除了維持從錨點 MSC 到目前所在之 MSC 的單一 MSC 行程之外,另一種選擇方案是乾脆將行動者寄居過的 MSC 鏈結起來,每當行動者移動到新的 MSC 時,就讓舊的 MSC 將進行中的通話轉送給新的 MSC。事實上,這種 MSC 鏈結機制確實出現在 IS-41 行動電話網路中,它有一個選擇性的路徑最短化步驟,可以移除錨點 MSC 與目前所寄居之 MSC 之間的 MSC [Lin 2001]。

　　讓我們比較一下 GSM 與行動 IP 的行動性管理,來結束我們關於 GSM 行動性管理的討論。表 7.2 的比較指出,雖然 IP 與行動電話網路有許多本質上的差異,然而它們在處理行動性時,所使用的相同的功能性元素及整體性方案,卻叫人吃驚地多。

GSM 元素	對於 GSM 元素的註解	行動 IP 的元素
本地系統	行動使用者的永久電話號碼所屬的網路	本地網路
閘道行動交換中心,或簡稱本地 MSC,本地位置登記簿 (HLR)	本地 MSC:可取得行動使用者可繞送位址的接洽點。HLR:本地系統中的資料庫,包含永久電話號碼、個人檔案資訊、目前行動使用者的位置以及訂閱資訊。	本地代理器
寄居系統	除了本地系統以外,目前行動使用者所棲身的網路	寄居網路
寄居行動服務交換中心,寄居位置登記簿 (VLR)	寄居 MSC:負責為網格中與 MSC 相繫合的行動節點,建立來電與去電通話。VLR:寄居系統中臨時的資料庫項目,其中包含每個寄居行動使用者的訂閱資訊。	外地代理器
行動站台漫遊號碼 (MSRN)或簡稱漫遊號碼	在本地 MSC 與寄居 MSC 之間電話通話區段的可繞送位址,行動者或通信點都看不到它	轉交位址

表 7.2　行動 IP 與 GSM 行動性之間的共通點

7.8　無線與行動性:對於較高層協定的影響

在本章中,我們已經瞭解到無線網路與有線網路在連結層(因為無線通道的特性諸如衰減、多重路徑以及隱藏終端等)與網路層(因為行動使用者會改變它們連接到網路的連接點)都有顯著的差異。但是兩者在傳輸層與應用層上會有什麼重要的差異嗎?我們傾向於認為這些差異是細微的,因為網路層不論在有線或無線網路中,提供給上層的都是相同的盡力而為投遞服務模型。同樣地,如果在有線與無線網路

中，都是以 TCP 或 UDP 之類的協定來提供傳輸層服務給應用程式，則應用層也應當維持不變才對。就某方面來說我們的直覺是對的──TCP 跟 UDP 也可以（並且也會）在使用無線連結的網路中運作。但另一方面來說，不論是普遍的傳輸層協定，或專指 TCP 皆然，它們在有線與無線網路中，有時會呈現出非常不同的效能；所以，就效能來說，兩者的差異很明顯。讓我們來看看為什麼會這樣。

請回想一下，TCP 會重送在傳送端與接收端之間路徑上遺失或損毀的區段。就行動使用者的情形而言，區段的遺失有可能是肇因於網路的壅塞（路由器緩衝區溢位），或換手程序（源自於將區段重新繞送至行動者新的網路連接點所需的延遲時間）。無論是哪一種情形，TCP 從接收端傳送給傳送端的 ACK 都只會指出區段並未完好無缺地被收到；傳送端並不會曉得區段到底是因為壅塞、換手、還是因為偵測到位元錯誤而遺失。無論是哪一種情形，傳送端的回應都一樣──重送這份區段。無論是何種情形，TCP 壅塞控制的回應都一樣──TCP 會縮小其壅塞窗格，如 3.7 節所討論的。無條件地縮小其壅塞窗格，意味著 TCP 會假設區段的遺失是肇因於壅塞，而非損毀或換手。我們在 7.2 節瞭解到，在無線網路中，位元錯誤遠比在有線網路中來得常見。當發生這類位元錯誤或換手所造成的遺失時，TCP 傳送端實在沒有理由縮小其壅塞窗格（而由此降低其傳送速率）。的確，情形很有可能是，路由器的緩衝區是空的，而封包順暢無阻地在端點到端點路徑上流動，未受到壅塞的影響。

研究者在 1990 年代早期至中期瞭解到，源於無線連結的高位元錯誤率與換手遺失的可能性，會使得 TCP 的壅塞控制反應在無線環境中造成大麻煩。要處理這個問題，可能有三大類方案：

◆ **本地復原**。本地復原協定會在位元錯誤發生的當時當地（例如無線連結上）進行復原，例如我們在 7.3 節所學到的 802.11 ARQ 協定；更複雜的方案也會同時使用 ARQ 與 FEC [Ayanoglu 1995]。

◆ **令 TCP 傳送端知曉無線連結的存在**。在本地復原方案中，TCP 傳送端對於其區段會通過無線連結，是渾然不覺的。另一種選擇是，讓 TCP 傳送端與接收端知曉無線連結的存在，以區分有線網路中發生的壅塞性遺失，以及無線連結中發生的損毀和遺失，並且只對於有線網路的壅塞性遺失動用壅塞控制作為回應。[Balakrishnan 1997] 探討了多種 TCP，令終端系統能夠對兩者的情況加以區別。[Liu 2003] 則探討了在端點到端點路徑上，區別發生在有線路段與無線路段上的遺失的技術。

◆ **連線切割方案**。在連線切割方案中 [Bakre 1995]，行動使用者與另一端點之間的端點到端點連線會被分割為兩段傳輸層連線：一段從行動主機到無線存取點的連線，一段從無線存取點到另一通訊端點（此處我們假設為一台有線主機）的連線。因此端點到端點連線會由無線部分與有線部分接續而成。在無線路段上的傳

輸層可以是標準的 TCP 連線 [Bakre 1995]，或是特別設計的，建構在 UDP 上頭的錯誤回復協定。[Yavatkar 1994] 探討了在無線連線上使用傳輸層的選擇性重複協定。[Wei 2006] 所報告的量測資料則指出，切割式 TCP 連線被廣泛使用在行動電話資料網路中，而透過切割式 TCP 連線，確實能夠帶來可觀的效能改善。

我們此處針對在無線連結上使用 TCP 的討論，只簡短擷取了必要的部分。有關於 TCP 在無線網路中的挑戰和解決之道的深度研究，可以在 [Hanabali 2005; Leung 2006] 中找到。我們鼓勵你查詢參考資料，以取得與這個持續發展的研究領域相關的細節。

在考量過傳輸層協定之後，接下來讓我們來考量無線與行動性對於應用層協定的影響。此處的一項重要考量是，如我們在圖 7.2 中所見，無線連結的頻寬通常較低。因此，透過無線連結運作的應用，特別是透過行動電話無線連結運作的應用，必須將頻寬視為稀有物品。例如，網頁伺服器在提供內容給 4G 手機上執行的網頁瀏覽器時，不太可能跟在面對透過有線連線運作的瀏覽器時一樣，提供同樣富於影像的內容。雖然無線連結確實造成了應用層的挑戰，但其所提供的行動性，卻讓我們有可能開發出各式各樣能夠對位置資訊或環境資訊加以利用的應用 [Chen 2000; Baldauf 2007]。更普遍地說，無線與行動網路將會在實踐未來無所不在的運算環境時，扮演關鍵性的角色 [Weiser 1991]。要談到無線與行動網路對於網路應用及其協定所造成的影響，說我們目前看到的只是冰山一角，並不為過！

7.9　總結

無線與行動網路已然徹頭徹尾地顛覆了電話的世界，而其對於計算機網路世界的影響也越來越深遠。因為它們在任何時刻、任何地點，都能脫離線路束縛地連線到全球網路基礎設施，這不僅使得網路連線能力更為無所不在，也讓我們能夠提供各種令人興奮而新穎的位置相關服務。鑑於無線與行動網路持續增長的重要性，本章將重點聚焦在用來支援無線與行動通訊的原理、常見的連結技術以及網路架構上。

本章一開始，我們簡介了無線與行動網路，並指出在這類網路中，通訊連結的無線特性所帶來的挑戰，以及這些無線連結所帶來的行動性所呈現的挑戰，兩者之間的重要區別為何。這讓我們更能夠區隔、辨識、並掌握這兩個領域的關鍵性概念。我們先將重點放在無線通訊上，並在 7.2 節中考量無線連結的特性。在 7.3 節與 7.4 節中，我們檢視了 IEEE 802.11（WiFi）無線 LAN 標準、兩個 IEEE 802.15 個人區域網路（藍牙和 Zigbee），以及 3G 和 4G 行動電話網際網路連線各者的連結層觀點。接著我們將目光轉向行動性的議題。在 7.5 節中，我們指出數種行動性的型式，並指出這份光譜上各點所呈現的不同挑戰，以及所容許的不同解決方案。我們考量了行動使用者的定位與繞送問題，以及當行動使用者動態地從網路的某個連接點移動到

另一個時，如何進行換手的方式。我們分別在 7.6 節與 7.7 節中檢視了行動 IP 標準與 GSM 會如何處理這些議題。最後，在 7.8 節中，我們考量了無線連結與行動性對於傳輸層協定及網路應用的影響。

　　雖然我們花了一整章來研究無線與行動網路，但若要完整地探討這個令人興奮且快速擴張的領域，可能得要花上整本書（甚至更多）的篇幅才夠。我們鼓勵你參閱本書所提供的許多參考資料，以更深入地探索這個領域。

▌習題

第七章　複習題

第 7.1 節

R1. 所謂無線網路以「基礎設施模式」進行運作，是什麼意思？如果網路並非處於基礎設施模式，那是用何種模式在運作呢？這種運作模式跟基礎設施模式之間有什麼差異？

R2. MANET 和 VANET 均源自於多躍程無基礎設施無線網路。它們之間的差異為何？

第 7.2 節

R3. 以下各種無線通道耗損的差別何在？路徑遺失、多重路徑傳播、其他訊號來源的干擾。

R4. 當行動節點離基地台越來越遠時，基地台可以採取哪兩種行動來確保傳輸訊框的損耗率不會增加？

第 7.3 − 7.4 節

R5. 請描述在 802.11 中信標訊框所扮演的角色。

R6. 一個存取點會週期性地傳送出信標訊框。信標訊框的內容為何？

R7. 為什麼 802.11 要使用確認訊息，但有線乙太網路不用？

R8. 被動掃描和主動掃描之間的差異為何？

R9. CTS 訊框的兩個主要的目的為何？

R10. 假設 IEEE 802.11 的 RTS 與 CTS 訊框長度，與標準資料訊框及 ACK 訊框的長度相等。如此一來使用 CTS 及 RTS 訊框會有任何好處嗎？為什麼或為什麼不？

R11. 7.3.4 節討論了 802.11 的行動性，其中無線站台會從同個子網路中的某座 BSS 移動到另一座 BSS。當 AP 之間是由交換器相連時，AP 可能需要傳送具有變造的 MAC 位址的訊框，以便交換器能正確地轉送訊框。為什麼？

R12. 用資料率的角度來看，藍牙和 Zigbee 之間的差異為何？

R13. 在 802.15.4 Zigbee 標準中，超級訊框是什麼意思？

R14. 「核心網路」在 3G 行動數據網路架構中的角色是什麼？

R15. RNC 在 3G 行動電話數據網路架構中的角色為何？ RNC 在行動電話語音網路中扮演什麼角色？

R16. 4G 架構中，eNodeB、MME、P-GW 和 S-GW 分別扮演了什麼角色？

R17. 3G 和 4G 行動網路架構有哪三個重要的差異？

第 7.5 - 7.6 節

R18. 如果某個節點擁有無線的網際網路連線，這個節點必然具有行動性嗎？試解釋之。假設某位持有筆電的使用者，帶著他的電腦在家中到處走動，並且永遠經由相同的存取點連接網際網路。就網路的觀點而言，這位使用者具有行動性嗎？試解釋之。

R19. 請問永久位址與轉交位址之間的差異為何？請問轉交位址是由誰指派的？

R20. 請考量透過行動 IP 進行的 TCP 連線。是非題：通信端與行動主機在 TCP 連線階段時，會經由行動者的本地網路進行，但是在資料傳輸階段中，則會直接在通信端與行動主機之間進行，不經由本地網路。

第 7.7 節

R21. 請問 GSM 網路的基地台控制器（BSC）所扮演的角色為何？

R22. 請問在 GSM 網路中，錨點 MSC 所扮演的角色為何？

第 7.8 節

R23. 請問我們可以採取哪三種方案，以避免單一的無線連結降低了端點到端點傳輸層 TCP 連線的效能？

習題

P1. 請考量圖 7.5 中，單一傳送端的 CDMA 案例。如果傳送端的 CDMA 碼為（1, 1, −1, 1, 1, −1, −1, 1），則傳送端的輸出為何（針對圖中所示的兩個資料位元）？

P2. 請考量圖 7.6 的傳送端 2。假設傳送端 2 所送出的前兩位元都是 −1。請問該傳送端輸出到通道為何（在加入來自傳送端 1 的訊號之前）？

P3. 在選擇要與之繫合的 AP 之後，無線主機便會送出繫合請求訊框給 AP，AP 則會回覆以繫合回應訊框。一旦與 AP 相繫合，主機便會想要加入這台 AP 所屬的子網路（以 4.4.2 節的 IP 定址概念而言）。該主機接下來要做何事？

P4. 假如兩個 CDMA 傳送端的碼為（1, 1, 1, −1, 1, −1, −1, −1）和（1, −1, 1, 1, 1, 1, 1, 1），請問對應的接收端可以正確地解碼資料嗎？請驗證之。

P5. 假設在某家咖啡館中，有兩家提供 WiFi 連線的 ISP，這兩家 ISP 是以各自的存取點進行運作，並且擁有各自的 IP 位址區塊。

a. 我們進一步地假設，源於意外，兩家 ISP 都將其 AP 設定為透過通道 11 進行運作。在此情形下，802.11 協定會完全失效嗎？試討論當兩個繫合於不同 ISP 的站台試圖同時傳輸資料時，會發生什麼情況。

b. 現在假設其中一台 AP 是透過通道 1 進行運作，另一台則是透過通道 11。你的答案有何改變？

P6. 在 CSMA/CA 協定的步驟 4 中，成功傳輸訊框的站台，會由步驟 2 開始第二份訊框的 CSMA/CA 協定，而非步驟 1。CSMA/CA 的設計者可能是因為想到何種理由，而不讓這類站台立即傳輸第二份訊框（即使感測到通道是閒置的）？

P7. 假設我們將某個 802.11b 站台設定為永遠會使用 RTS/CTS 保留通道。假設此站台突然想要傳送 1,000 位元組的資料，而且此刻其他所有的站台都處於閒置狀態。假設傳輸率為 12 Mbps。試以 SIFS 與 DIFS 的函數形式，計算傳輸訊框與接收確認訊息所需的時間，請忽略傳播延遲，並假設沒有位元錯誤發生。

P8. 請考量圖 7.34 所示的情境，其中有四個無線節點 A、B、C、D。我們將這四個節點的無線電覆蓋範圍以套色的橢圓形來表示；所有節點都共用相同的頻率。當 A 進行傳輸時，只會被 B 聽見／收到；當 B 進行傳輸時，A 跟 C 都可以聽見／收到來自 B 的訊息；當 C 進行傳輸時，B 與 D 都可以聽見／收到來自 C 的訊息；而當 D 進行傳輸時，只有 C 能夠聽見／收到來自 D 的訊息。

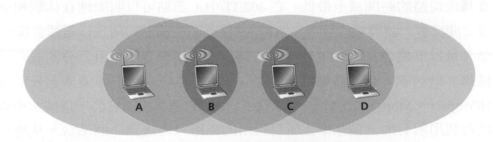

圖 7.34　習題 P8 的情境

現在假設每個節點都有無窮無盡的訊息想要傳送給其他所有的節點。如果訊息的目的端並非緊鄰的節點，則該筆訊息就必須被轉傳。例如，如果 A 想要傳送到 D，則來自 A 的訊息必須先送給 B，然後 B 再將訊息送給 C，接著 C 再將訊息送給 D。時間會被分槽，其中傳輸每筆訊息的時間剛好會花費一個時槽，就像分槽式 Aloha 的情形一樣。在每個時槽中，節點可以做下列三件事情的其中之一：(i) 傳送訊息；(ii) 接收訊息（如果正好只有一筆訊息要送給它）；(iii) 保持沈靜。一如往常，如果節點同時聽到兩筆以上的傳輸，就會發生碰撞而無法成功地收到任何所傳輸的訊息。此處你可以假設沒有位元層級的錯誤會

發生，因此如果恰好只有一筆訊息被送出，它便會被所有位於傳送端傳輸範圍內的接收端收到。

a. 現在假設有某個全知的控制器（亦即知曉網路中所有節點狀態的控制器）可以命令各節點做所有它（全知的控制器）想做的事情，亦即傳送訊息、接收訊息或保持沈靜。如果有這種全知的控制器存在，請問資料訊息從 C 傳輸到 A 所能達到的最高速率為何？假設在任何來源端／目的端之間，都沒有其他的訊息存在。

b. 現在假設 A 要傳送訊息給 B，D 要傳送訊息給 C。請問資料訊息從 A 流動到 B，以及從 D 流動到 C，所能達到的最大總和速率為何？

c. 現在假設 A 要傳送訊息給 B，C 要傳送訊息給 D。請問資料訊息從 A 流動到 B，以及從 C 流動到 D，所能達到的最大總和速率為何？

d. 現在假設將無線連結置換成有線連結。請在有線的情境中，重做一次問題 (a) 到 (c)。

e. 現在假設我們還是處於無線情境中，而針對每一筆從來源端送往目的端的資料訊息，目的端都會回送一筆 ACK 訊息給來源端（就像 TCP 一樣）。也假設每一個 ACK 訊息占用一個時槽。請針對此種情境，再做一次問題 (a) 到 (c)。

P9. 能源對行動裝置來說是一項珍貴的資源，因此 802.11 標準提供了能源管理的能力，讓 802.11 的節點可以將它們需要「開啓」感測、傳輸、接收功能，以及其他電路的時間減至最低。在 802.11 中，節點可以明顯地在休眠和清醒狀態之間交替。請簡短的解釋一個和 AP 作通訊的節點如何執行電源管理。

P10. 請考量以下理想化的 LTE 情境。下傳通道（請參見圖 7.21）分割成時間槽，橫跨 F 個頻率。有四個節點 A、B、C、D，基地台在下傳通道上分別可以用 10Mbps、5 Mbps、2.5 Mbps、以及 1 Mbps 的速率抵達它們。這些速率假設基地台利用所有的 F 個頻率上所有可用的時槽只傳送到一個站台。基地台有無窮無盡的資料要傳送給各個節點，而且可以使用 F 個頻率的任意一個在下傳子時框的任何時槽中傳送資料給這四個節點之中的任何一者。

a. 請問基地台傳送資料給節點能夠達到的最大速率為何？假設它可以在每個時槽中傳送資料給任何它所選擇的節點。請問你的解答公平嗎？請解釋並定義你對於「公平」的解讀。

b. 如果有某個公平性需求是：每個節點在每一秒時段中都必須收到等量的資料，請問在下傳子時框中，基地台（前往所有節點）的平均傳輸速率為何？請解釋你是如何求得你的答案的。

c. 假設某項公平性準則是：任一節點在子時框中最多只能收到兩倍於其他任

何節點的資料量。請問在子時框中,基地台(前往所有節點)的平均傳輸速率為何?請解釋你是如何求得你的答案的。

P11. 在 7.5 節中,讓行動使用者在外地網路之間移動時還能保有其 IP 位址,我們提出的其中一種解決方案是,讓外地網路通告一條前往該位行動使用者高度明確的路由,然後使用現存的繞送基礎設施以將這份資訊傳播到整個網路。我們指出擴充性會是一項考量。假設當行動使用者從一個網路移動到另一個時,新的外地網路通告了前往該位行動使用者的明確路由,舊的外地網路則取消了其路由。請考量在距離向量演算法中,繞送資訊會如何傳播(特別是在遍布全球的網路之間,進行跨網域繞送的情形)。

　　a. 其他路由器是否有辦法在外地網路剛開始通告其路由時,就馬上將資料報繞送到新的外地網路?

　　b. 不同的路由器是否有可能認為行動使用者位於不同的外地網路中?

　　c. 試討論網路中其他路由器終究得知前往該位行動使用者的新路徑所需的時間量級。

P12. 假設圖 7.23 中的通信端具有行動性。請畫出要將資料報從原本的行動使用者繞送到(現在具有行動性的)通信端額外所需的網路層基礎設施。請按照圖 7.24,寫出原本的行動使用者與(現在具有行動性的)通信端之間的資料報結構。

P13. 在行動 IP 中,行動性對來源端和目的端之間的端點到端點之資料傳輸延遲會有什麼影響?

P14. 請考量 7.7.2 節末所討論的鏈結案例。假設某位行動使用者會拜訪外地網路 A、B、C,而當行動使用者位於外地網路 A 時,某個通信端開始與其連線。請列出當行動使用者從網路 A 移動到 B,再移動到 C 時,外地代理器之間以及外地代理器與本地代理器之間所傳送的訊息序列。接下來,假設我們並未使用鏈結,而是必須明確地告知通信端(以及本地代理器)行動使用者轉交位址的改變。請列出在第二項情境中,所需交換的訊息序列。

P15. 請考量兩個身處於擁有外地代理器的外地網路中的行動節點。在行動 IP 中,這兩個行動節點有可能會使用相同的轉交位址嗎?請解釋你的答案。

P16. 在我們針對 VLR 要如何將行動者目前的位址相關資訊更新到 HLR 的討論中,將 MSRN,而非 VLR 的位址提供給 HLR 的優缺點分別為何?

▌Wireshark 實驗

在本書英文版專屬網站 http://www.pearsonglobaleditions.com/kurose 上,你可以找到一份本章的 Wireshark 實驗,這份實驗會捉取並研究在無線筆電與一個存取點之間交換的 802.11 訊框。

訪談

Deborah Estrin

Deborah Estrin 是紐約市康乃爾理工學院（Cornell Tech）計算機科學系的教授、威爾醫學院公共衛生學系的教授，也是康乃爾理工學院 **Health Tech Hub** 的創辦人以及非營利團體 **Open mHealth** 的共同發起人。她從 M.I.T. 獲得計算機科學博士學位（1985），而是在 UC Berkeley 獲得學士學位（1980）。Estrin 的早期研究聚焦在網路協定的設計，包括群播和跨網域的繞送。在 2002 年，Estrin 在 UCLA 成立國家科學基金會資助的科學和技術中心 CENS（http://cens.ucla.edu），啓動了從環境監測的感測器網路到公民科學參與式傳感的多學科計算機系統研究的新領域。她目前的重點是行動健康和小數據（small data），充分利用行動通訊的普遍性，用於健康及生活管理的數位互動，如同她在 2013 年 TEDMED 演講中所描述的。Estrin 教授是美國藝術與科學學院當選成員（2007）和國家工程學院當選成員（2009）。她是 IEEE、ACM 和 AAAS 的院士。她被推選爲第一位 ACM-W 雅典娜講師（ACM-W Athena Lecturer, 2006），榮獲 Anita Borg Institute's Women of Vision Award for Innovation 獎（2007），入選爲 WITI 名人堂（2008），洛桑聯邦理工學院（2008）和 Uppsala 大學（2011）亦授予她榮譽博士學位。

▶ **請描述在你的職業生涯期間所從事之一個或兩個最刺激的計劃。當時最大的挑戰為何？**

在 90 年代中期，我在南加大和 ISI，很榮幸的可以和 Steve Deering、Mark Handley、和 Van Jacobson 一起從事他們喜歡的工作，即有關於群播繞送協定的設計（特別是 PIM）。我試圖進行許多的結構設計課程，從群播進入到生態監測陣列的設計，那是第一次我眞正的開始嚴肅地看待應用和有關於跨領域的研究。該興趣把社會和科技一起創新，大大的引發了我最新的研究領域，行動健康。在這些計劃中所面臨的挑戰其多變性正如同問題的領域，但它們的共同點爲當我們在設計和部署、原型和試點之間來回思索的同時，我們需要非常留意於是否正確的定義了問題。那些問題沒有一個是可以靠分析與模擬，甚至建構一實驗室做實驗就可以解決的。那些問題挑戰我們的能力，看看我們可否在凌亂的問題和環境中維持清析的架構，而且那些問題都要求大量的團隊合作。

▶ 未來在無線網路和行動性方面你認為會發生什麼樣的變化和創新？

在先前的訪談中我曾說過，預測未來我從來沒有太大的信心，但我確實繼續推測我們可能會看到一般手機（即那些不能程式化的，並只用於語音和簡訊用途的）的結束，因為智慧型手機變得越來越強大而且是許多網際網路存取的主要工具——現在看來，才過沒幾年，情況已經很明顯了。我也預測我們會看到嵌入式 SIM 卡的繼續擴展，因為經由它們，各式各樣的裝置就會有能力透過行動電話網路用低資料傳輸率來作溝通。當這種情況發生時，我們看到許多裝置和「物聯網」，使用的是嵌入式 WiFi，以及其他功耗更低、距離更短，連接到區域集線器的形式。當時我並沒有預料到大型消費者可穿戴設備市場的出現。在本書下一版發行時，我期待來自物聯網和其他數位軌跡的利用在個人應用上有廣泛的普及。

▶ 妳認為網路連線和網際網路的未來是在何處？

再一次，我認為瞻前顧後是有用的。之前，我觀察到，在具名資料和軟體定義網路上的努力將會建構出一個更易於管理、更進步、和更豐富的基礎設施。這意味著把結構的角色移動到堆疊層中更高的位置。在網際網路一開始時，架構是在第 4 層和在下方，應用比較孤立，位於頂端。現在數據和分析主導傳輸。SDN 的採用（我很高興看到在本書的第 7 版中有介紹）已經遠遠超出了我的預期。然而，看看堆疊，我們的主要應用程式越來越像是生活在圍牆花園中，無論是行動應用程式還是 Facebook 等大型的消費型平台。隨著資料科學和大數據技術的發展，由於與其他應用程式和平台連接的價值，它們可能有助於將這些應用程式從孤島中剔除。

▶ 那些人在專業方面對妳有所啓發？

浮現在腦海中的有三人。第一位，Dave Clark，他堪稱網際網路的秘密武器和的無名英雄。我有幸在早年他扮演 IAB 與網際網路管理的「組織原則」（"organizing principle" of the IAB and Internet governance）角色時就結識他，在初步共識與執行準則上，他均扮演著祭司的角色。第二位，Scott Shenker，我特別欣賞他光耀的智慧、正直和擇善固執。我常常很努力要達成他在界定問題和解決辦法中的清晰思路，但常難於望其項背。當我對大事情和小事情都需要意見時，他始終是第一位我會發電子郵件去詢問的人。第三位，我的姊妹 Judy Estrin，她有創造力和勇氣用她的職業生涯把思想和觀念帶進市場之中。沒有 Judys 的世界，網際網路技術決不會改變我們的生活。

▶ 對於想要把計算機科學和網路連線當作是職業的學生你有沒有什麼建議？

首先，在您的學術工作中先建立堅實的基礎，並和在現實世界中你可以從中獲得經驗的工作兩者之間取得平衡。當你尋找工作環境時，請在你真正關心的問題領域中找尋機會，並參與可以從中學習的智能團隊。

索引

國家圖書館出版品預行編目資料

電腦網路概論 / James F. Kurose, Keith W. Ross 原著
; ... 編譯. -- 七版. -- 新北市 : 全華圖書, 2018.10
面 ; 公分
譯自 : Computer networking : a top-down approach, 7th ed.
ISBN 978-986-463-950-2（平裝）

1. 電腦網路 2. 通訊協定

312.1653

Computer Networking
A Top-Down Approach, Global Edition, 7/E

原著 : James F. Kurose、Keith W. Ross
編譯 : 全華研究室
執行編輯 : 李文淵
封面設計 : 楊昭琅
發行人 : 嘉慶閱讀與科技事業公司
出版者 : 全華圖書股份有限公司
郵政帳號 : 0100836-1號
印刷者 : 宏懋打字印刷股份有限公司
圖書編號 : 06335027
出版日期 : 2023 年 8 月
定價 : 新台幣 680 元
ISBN : 978-986-463-950-2（平裝）（平裝）
全華圖書 : www.chwa.com.tw
全華網路書店 Open Tech : www.opentech.com.tw
若您對書籍內容、排版印刷有任何問題，歡迎來信指導 book@chwa.com.tw

臺北總公司（北區營業處）   中區營業處
地址 : 23671 新北市土城區忠義路 21 號   地址 : 40256 臺中市南區樹義一巷 26 號
電話 : (02) 2262-5666   電話 : (04) 2261-8485
傳真 : (02) 6637-3695、3696   傳真 : (04) 3600-9806（高中職）
                                        (04) 3601-8600（大專）
南區營業處
地址 : 80769 高雄市三民區應安街 12 號
電話 : (07) 381-1377
傳真 : (07) 862-5562

國家圖書館出版品預行編目資料

電腦網際網路 / James F. Kurose, Keith W. Ross 原著 ; 全華
翻譯小組編譯. -- 七版. -- 新北市 : 全華圖書, 2018.10
　面 ; 　公分
譯自 : Computer networking : a top-down approach, 7th ed.
ISBN 978-986-463-950-2(平裝附光碟片)

1.網際網路　2.電腦網路
312.1653　　　　　　　　　　　　　　　　107016134

電腦網際網路(第七版)(國際版)(附部分內容光碟)
Computer Networking
A Top-Down Approach, Global Edition, 7/E

原著 / James F. Kurose、Keith W. Ross
編譯 / 全華翻譯小組
執行編輯 / 王詩蕙
發行人 / 陳本源
出版者 / 全華圖書股份有限公司
郵政帳號 / 0100836-1 號
印刷者 / 宏懋打字印刷股份有限公司
圖書編號 / 06133027
七版七刷 / 2023 年 8 月
定價 / 新台幣 680 元
ISBN / 978-986-463-950-2(平裝附光碟片)

全華圖書 / www.chwa.com.tw
全華網路書店 Open Tech / www.opentech.com.tw
若您對書籍內容、排版印刷有任何問題，歡迎來信指導 book@chwa.com.tw

臺北總公司(北區營業處)
地址：23671 新北市土城區忠義路 21 號
電話：(02) 2262-5666
傳真：(02) 6637-3695、6637-3696
南區營業處
地址：80769 高雄市三民區應安街 12 號
電話：(07) 381-1377
傳真：(07) 862-5562

中區營業處
地址：40256 臺中市南區樹義一巷 26 號
電話：(04) 2261-8485
傳真：(04) 3600-9806(高中職)
　　　(04) 3601-8600(大專)

版權所有・翻印必究

版權聲明

勘 誤 表

書 號		
頁 數	行 數	書 名
		錯誤或不當之詞句
		作 者
		建議修改之詞句

我有話要說： （其它之批評與建議，如封面、編排、內容、印刷品質等・・・）